Die Psychologie des Essens und Trinkens

A. W. Logue, Professorin für Psychologie am Baruch College der City University of New York, lädt den Leser zu einer Entdeckungsreise in die Psychologie des Essens und Trinkens ein, bei der man – in einem vermeintlich alltäglichen Bereich – spannende Aha-Effekte erleben kann.

In dem Wust von Anleitungen zu Diäten und gesunder Ernährung ist dieses Buch eine Rarität. Nach dem Motto, die beste Erkenntnis ist die Selbsterkenntnis, kann man sich alle paar Seiten fragen „Wie ist das denn bei mir?" und gewinnt so ein besseres Verständnis von Essen und Trinken. Wohl bekomm's.

Volker Pudel, Göttingen

A. W. Logue

Die Psychologie des Essens und Trinkens

Aus dem Amerikanischen
übersetzt von Constanze Vorwerg

Deutsche Übersetzung herausgegeben
und mit einem Vorwort versehen von Volker Pudel

Spektrum Akademischer Verlag · Heidelberg · Berlin · Oxford

Originaltitel: The Psychology of Eating and Drinking, second edition
Aus dem Amerikanischen übersetzt von Constanze Vorwerg

Amerikanische Originalausgabe bei W. H. Freeman and Company, New York
© 1986, 1991 by Alexandra Woods Logue

Die Deutsche Bibliothek – CIP-Einheitsaufnahme

Logue, Alexandra W.:
Die Psychologie des Essens und Trinkens / A. W. Logue. Aus dem Amerikan. übers.
von Constanze Vorwerg. Dt. Übers. hrsg. und mit einem Vorw. vers. von Volker Pudel.
– Heidelberg ; Berlin : Spektrum, Akad. Verl., 1998
  Einheitssacht.: The psychology of eating and drinking <dt.>
  ISBN 3-8274-0393-6

© 1998, 1995 Spektrum Akademischer Verlag GmbH Heidelberg · Berlin

Alle Rechte, insbesondere die der Übersetzung in fremde Sprachen, sind vorbehalten.
Kein Teil des Buches darf ohne schriftliche Genehmigung des Verlages photokopiert
oder in irgendeiner anderen Form reproduziert oder in eine von Maschinen verwendbare
Sprache übertragen oder übersetzt werden.

Wir haben uns bemüht, sämtliche Rechteinhaber von Abbildungen zu ermitteln. Sollte
dem Verlag gegenüber dennoch der Nachweis der Rechtsinhaberschaft geführt werden,
wird das branchenübliche Honorar nachträglich gezahlt.

Lektorat: Katharina Neuser-von Oettingen/Marianne Vollmer/Sabine Berger (Ass.)
Copy-editing: Thomas Schwarz/Ulrike Reinl
Produktion: Brigitte Trageser
Umschlaggestaltung: Kurt Bitsch, Birkenau
Druck und Verarbeitung: Franz Spiegel Buch GmbH, Ulm

Titelbild: *Der Herbst* (1572) von Giuseppe Arcimboldo (1527–1593).

Für meine Eltern,
Camille Woods Logue und
James Gibson Logue, Jr.

Inhalt

Vorwort zur deutschen Ausgabe 11

Vorwort 17

1. **Einführung** 25
   - Essen und Trinken als Forschungsgegenstand 26
   - Essen, Trinken und die Evolution 27
   - Zum Aufbau des Buches 28
   - Unterschiede und Ähnlichkeiten zwischen den Arten 29
   - Fazit 38

Teil I: Die Mengen an Nahrungsmitteln 41

2. **Hunger** 43
   - Homöostase 45
   - Periphere Signale 46
   - Zentrale Mechanismen 61
   - Physiologische Modelle der Nahrungsaufnahme 73
   - Nichtphysiologische Modelle 75
   - Fazit 80

3. **Durst** 82
   - Typen von Trinkverhalten 83
   - Theorien des Durstes 88
   - Durst und Altern 94
   - Fazit 95

Die Psychologie des Essens und Trinkens

Teil II: Die Auswahl der Nahrungsmittel 97

4. Geschmack und Geruch 99
Die Bedeutung des Geschmacks- und des Geruchssinnes 100
Die Kodierung von Geschmacks-
und Geruchsempfindungen 102
Individuelle Unterschiede in der Geschmacks-
und Geruchsempfindlichkeit 117
Gesundheitheitliche Konsequenzen 121
Fazit 121

5. Genetische Beiträge zu Nahrungsmittelpräferenzen 122
Präferenz, Auswahl und Mögen 124
Nahrungsmittelpräferenz: Genetische Faktoren
und Umwelteinflüsse 124
Vorliebe für Süßes 126
Vorliebe für Salziges 138
Vorliebe für Milch und Milchprodukte 144
Allgemeine empirische Belege für genetische Anteile 149
Fazit 153

6. Umweltbeiträge zu Nahrungsmittelpräferenzen 155
Lernerfahrungen mit Nahrungsmitteln 156
Übernahme der Präferenzen anderer 176
Eine Klassifikation menschlicher
Nahrungsmittelaversionen 186
Fazit 189

7. Auswahl 191
Evolution und Auswahl 192
Das Theorem der Wahrscheinlichkeitsangleichung 193
Die Theorie der optimalen Nahrungssuche 204
Theorem der Wahrscheinlichkeitsangleichung
versus Theorie der optimalen Nahrungssuche 215
Fazit 218

Teil III: Experimente mit Nährstoffen und anderen Stoffen 219

8. Auswirkungen von Nahrungsmitteln auf das Verhalten 221
Forschungsstrategien und -probleme 222
Auswirkungen des Entzuges von Nährstoffen 230
Auswirkungen der Gabe von Nährstoffen 234
Zusatzstoffe in Lebensmitteln und Hyperaktivität 241
Fazit 250

Teil IV: Eß- und Trinkstörungen 253

9. Anorexie und Bulimie 255
Krebs-Anorexie 260
Die Auswirkungen von Medikamenten auf Anorexie 263
Stimmung und Anorexie 266
Anorexia nervosa 267
Bulimia nervosa 282
Fazit 289

10. Übermäßiges Essen und Adipositas 290
Merkmale des Adipösen 292
Ursachen von übermäßigem Essen und Adipositas 295
Methoden der Verringerung von übermäßigem Essen und Adipositas 313
Fazit 331

11. Alkoholkonsum und Alkoholmißbrauch 334
Übermäßiger Alkoholkonsum 334
Die Auswirkungen des Alkoholkonsums 340
Mögliche Ursachen des Alkoholismus 350
Behandlung des Alkoholismus 365
Fazit 379

Teil V: Anwendungen auf Alltagsthemen und -probleme   381

12. Essen und Trinken in Schwangerschaft und Stillzeit   383
    Der Menstruationszyklus   384
    Schwangerschaft   389
    Stillen   397
    Fazit   399

13. Rauchen: Gewichtsverlust und Gewichtszunahme   401
    Die Auswirkungen des Rauchens   402
    auf das Körpergewicht
    Auswirkungen auf das Körpergewicht,
    wenn man aufhört zu rauchen   407
    Fazit   412

14. Küche und Weinkeller   414
    Nationale Küchen   414
    Weinprobe   427
    Fazit   430

Beratungsstellen und Selbsthilfeorganisationen   432

Literaturverzeichnis   437
I: Zitierte Fachliteratur   437
II: Ergänzende deutschsprachige Literatur   496

Namensindex   499

Sachindex   503

Vorwort zur deutschen Ausgabe

„Warum starten Sie mit Ihrer Mahlzeit?" – „Warum hören Sie überhaupt auf zu essen?" – „Warum essen Sie das, was Sie essen?" – „Warum ißt ein Mensch plötzlich keine Sauce béarnaise mehr, die ihm Jahrzehnte lang so gut schmeckte?" – „Warum quälen sich Millionen mit Diäten, ohne nachhaltig schlanker zu werden?" – „Ist die Abneigung gegen Spinat bei Kindern ein genetisches Programm?" – „Ist die süße Schokoladen-Lust ein Produkt der Evolution?" – „Warum verbrennen sich Menschen an Chili so gerne die Zunge?" – „Warum essen Menschen anders, als sie sich ernähren sollten?" – „Warum hungern sich Magersüchtige im Wohlstand zu Tode, und warum essen andere wahllos Tausende von Kalorien und erbrechen?"

Fragen über Fragen, die unser aller ganz alltägliches Eßverhalten betreffen. Fragen, die aber dennoch selten gestellt werden. Essen und Trinken sind die mit Abstand am häufigsten Verhaltensweisen des Menschen. Essen und Trinken sind für uns aber so selbstverständlich wie das Blau des Himmels, daß über Ursachen und Hintergründe kaum nachgedacht wird.

Klar, wir essen, weil wir hungrig sind! Klar, wir hören auf zu essen, wenn wir satt sind! Klar, wir essen das, was uns schmeckt! Solche Antworten haben wir natürlich alle parat. Doch sind das die Antworten, mit denen wir uns zufrieden geben können?

Tatsächlich lassen sie überraschend viele Fragen ungeklärt. Menschen essen nicht nur, wenn sie hungrig sind. Sie hören auch häufig damit auf, bevor sie satt sind. Und ganz oft essen wir Speisen, die uns nicht besonders gut schmecken. Abgesehen davon: *Wie wird ein Mensch hungrig? Wie wird er satt? Warum schmeckt ihm Schokolade?*

Ist das ein genetisches Programm, das uns die Signale Hunger und Sättigung erleben läßt? Oder hat das Gehirn dafür seine eigene Software? Ist der Griff zur Schokolade eine freie Willensentscheidung des „mündigen" Bürgers oder läßt uns die Evolution zum Fetten und Süßen greifen, weil Menschen mit Fett und Kohlenhydraten auf dem Teller früher besser überlebten und mehr Nachkommen hatten?

Wenn Sie bereits durch diese wenigen Fragen für eine ganz andere Betrachtung von Essen und Trinken sensibilisiert wurden, dann sollten Sie sich das Buch von meiner amerikanischen Kollegin A. W. Logue mit Genuß schmecken lassen. Sie werden eine Fülle von spannenden Zusammenhängen erfahren, die auch genutzt werden können, um den eigenen Horizont zwischen Supermarkt und Küche zu erweitern. Mit ihrem Buch hat Logue eine umfassende *Psychologie des Essens und Trinkens* verfaßt, die auf zahlreichen klinischen und experimentellen Untersuchungen basiert. Die Quellen sind zitiert; somit kann jeder, den die Autorin in dieses umfassende Gebiet einführt, sein Selbststudium vertiefen. Das Spektrum ist außerordentlich breit: vom Neurotransmitter Serotonin bis hin zur Aromabestimmung bei einer Weinprobe.

Für deutsche Leser mag der Titel „*Psychologie des Essens und Trinkens*" die Erwartung wecken, als würde die Seele im Essen gespiegelt oder die menschliche Psyche an der Speisenwahl erkannt. Nein, die Psychologin Logue ist eine strikte Naturwissenschaftlerin, die biologische und physiologische Erkenntnisse im erweiterten Rahmen einer psycho-bio-sozialen Betrachtung, ergänzt durch evolutions- und lerntheoretische Aspekte, einordnet und interpretiert. Mehr Fakten und Resultate, keine Spekulationen, aber auch die offene Darlegung von Problemen, die die Forschung bislang nicht lösen konnte.

Die deutsche Bevölkerung hat eine ganz besondere Beziehung zu „Ernährungsfragen". Weite Teile der Bevölkerung sind verunsichert. Man fürchtet die Schadstoffe in der täglichen Nahrung, hat Angst vor Zusatzstoffen. Über 100 Milliarden Mark sollen, nach einer neuen Schätzung, jährlich durch ernährungsabhängige Erkrankungen pro Jahr aufzuwenden sein. Wir essen zuviel Fett, das ist ein wirkliches Risiko für ernsthafte Gesundheitsstörungen. Viele fürchten sich vor Schadstoffen. Sie fürchten sich auch vor der Waage, denn die Unzufriedenheit mit dem (tatsächlich oder vermeintlich) zu hohen Gewicht

Vorwort zur deutschen Ausgabe

trübt die nationale Lebensqualität. Unwirksame Blitz- und Crashdiäten haben 50% der Frauen und 25% der Männer hinter sich. Über Süß- und Heißhunger, Streßessen oder Kalorienangst klagen 20% bis 40% der Bevölkerung. Eßstörungen, wie die Eßbrechsucht, verbreiten sich nicht nur bei Frauen, sondern inzwischen auch mehr und mehr unter Männern. Dazu gibt dieses Buch detaillierte Analysen.

Frauenzeitschriften werben mit superschlanken Models, drucken Rezepte ab, die jedem das Wasser im Munde zusammenlaufen lassen, um im hinteren Teil die „allerneueste" Diät anzupreisen – mit Garantieanspruch auf Konfektionsgröße 38. Eltern kämpfen gegen Hamburger und Cola und stellen resigniert fest, wie Fast-Food dennoch (oder gerade) zu den Lust-Favoriten ihrer Kids werden. Senioren verlieren den Spaß am Essen und haben keinen Durst mehr. So reiht sich ein Problem ans andere – und man steht ratlos davor. Man müßte halt wissen, wie sich Nahrungspräferenzen entwickeln. Warum Erwachsene Kaffee trinken, den spontan kein Kind mag. Nach der Lektüre dieses Buches weiß man mehr.

Doch bitte keine falschen Hoffnungen: Die Autorin will und kann in ihrer *Psychologie des Essens und Trinkens* für solche und ähnliche Probleme keine Patentrezepte geben. Aber ihre umfassende Darstellung informiert über wissenschaftliche Studien, erläutert Hintergründe, veranschaulicht Theorien. Aufmerksame und informationsbereite Leser erhalten ein vertieftes Verständnis für die wesentlichen Zusammenhänge der Regulation der Nahrungsaufnahme, der Speisenwahl und mancher psychophysiologischen „Entgleisungen" in Form der Anorexie, Bulimie, Alkoholismus oder Adipositas.

Wer lernt, unser Eßverhalten im Schlaraffenland im Kontrast zur Nahrungssuche im verknapptem Lebensraum unserer Vorfahren zu verstehen, wer einsieht, warum Erwachsene ihre Lieblingsspeisen absichtlich selten essen, Kinder aber ihre geliebten Spaghetti täglich essen möchten, wer erfährt, wie uns biologische Programme am Leben erhalten, uns vor schädlichen Substanzen im Essen schützen und wie kompliziert abgesichert die biologische Hunger- und Sättigungssteuerung ist, der kann vieles, wenngleich nicht alles, besser verstehen, was mit Essen und Trinken zu tun hat.

Ich habe dieses Buch gerne bearbeitet – und viel dazugelernt. Natürlich wurde mir an vielen Stellen deutlich, daß in der Art der Auswahl und Zusammenstellung wissenschaftlicher Befunde auch ein Gutteil persönlicher Überzeugung offenbar wird. Das – so meine ich – muß aber so sein, denn schließlich hat eine Wissenschaftlerin dieses Buch geschrieben – nicht die Wissenschaft (die selbst nicht schreiben kann). Und sie hat es persönlich an ihre Studenten gerichtet, die in diesem das ernährungspsychologische Grundwissen für viele Eßstörungen finden, die in der therapeutischen Praxis einen wichtigen Stellenwert haben. Die Systematik, Stringenz und Schlüssigkeit, die dieses Buch auszeichnet, wollte ich daher auch nicht mit Anmerkungen aus einer „zweiten Überzeugung" verwässern. Lediglich kleinere Ergänzungen, die deutsche LeserInnen interessieren können, habe ich eingefügt. (Das betrifft im wesentlichen statistische Angaben für die Bundesrepublik oder vergleichbare hiesige Besonderheiten, die in den Text integriert wurden.) Dabei hatte ich die Hoffnung, daß die Ernährungspsychologie sowohl in der Öffentlichkeit, aber auch in Institutionen und Universitäten, die Ernährungsmediziner und Ernährungswissenschaftler ausbilden, auf mehr Interesse stößt.

Für mich ist es fast unverständlich, daß insbesondere das Interesse der Psychologen an der Ernährungspsychologie nicht in dem Maße geweckt wurde, wie es eigentlich zu erwarten wäre. Viele Kollegen haben den Zugang zu Fragen des Essens und Trinkens in den letzten Jahren zwar in der klinischen Praxis durch die epidemische Ausbreitung der Eßstörungen bekommen, doch wünschenswert wäre ein ebenso großes Interesse an den grundlegenden Regulationsmechanismen des menschlichen Eßverhaltens. Daher hoffe ich, daß dieses Buch bereits im Psychologiestudium seine Anhänger findet, die so in das faszinierende Gebiet der Ernährungspsychologie eingeführt werden.

Es ist schon ein geistiges Abenteuer, begreifen zu können, warum das leibliche Wohl uns so ans sprichwörtliche Herz gewachsen ist, obschon über 50 % der Bevölkerung an jenen Herz-Kreislauf-Krankheiten sterben, denen die enge Verbindung zu dem nachgesagt wird, was auf unseren Tellern liegt. Wer bei A. W. Logue gelernt hat, wie komplex unsere Verhaltensprogramme für Essen und Trinken sind, der wird einsehen, daß ein paar Seiten bedrucktes Papier mit rationalen Appellen an die Vernunft bestenfalls unser „schlechtes Gewissen" schüren, aber unsere Verhaltensprogramme nicht ändern. Da aber auf dem Weg zur Erkenntnis die beste Erkenntnis die Selbsterkenntnis ist, werden Sie dieses Buch lesen und wie bei keinem anderen Buch alle paar Seiten erneut die Frage stellen: „Wie ist denn das bei mir?"

In dem Wust von laienhaften, pseudologischen und oft einfach frei erfundenen Anleitungen zu Diäten und „gesunder" Ernährung ist dieses Buch eine Rarität zum besseren Verständnis von Essen und Trinken. Wohl bekomm's!

Volker Pudel

Vorwort

Als ich ein Jahr alt war, hörte ich auf, irgend etwas außer Brot und Milch zu essen. Über Jahre hinweg zeigte meine Diät kaum Verbesserungen, und mit 15 aß ich hauptsächlich Fleisch, Milch, Kartoffeln, Brot, Orangensaft und Desserts. Ich aß *keine* Pizza, Spaghetti oder irgendwelche anderen Speisen, die ich als „ausländisch" betrachtete. Ich vermied Soda, frisches Obst außer Bananen, Gemüse außer Erbsen, Möhren und Roten Beten und Käse außer gegrillten Käsesandwiches. Fisch betrachtete ich als Gift.

Meine Eltern waren nicht beunruhigt. Ich stamme aus einer Familientradition von Menschen mit ungewöhnlichen Nahrungspräferenzen ab. Meine Mutter serviert zu Hause möglichst selten frisches Obst oder Fisch. Sie macht niemals Leber, weil sie sie nicht ausstehen kann, auch wenn mein Vater gern Leber mag. Er ißt immer die Sachen zuerst, die er am wenigsten mag; ich habe ihn oft Salat und grüne Bohnen zuerst aufessen sehen, bevor er die gebackene Kartoffel und das Steak anrührte. Von meinem Großvater hat meine Mutter mir oft erzählt, wie er Schokoladennapfküchlein aß, aber keinen aus demselben Teig hergestellten Kuchen. Er sagte, der Kuchen bereite ihm Verdauungsstörungen.

Zu Hause gaben meine Eltern mir Vitaminpillen und ließen mich im Prinzip essen, was ich wollte. Aber überall sonst hatte ich mit peinlichen gesellschaftlichen Anlässen zu kämpfen, bei denen mir etwas, das ich verabscheute zu essen, vorgesetzt wurde.

Eine der schlimmsten Situationen ergab sich während meiner Collegezeit, als ich die Familie Rappaport auf Martha's Vineyard besuchte. Ich kannte diese Familie damals nicht sehr gut, und sie wußten ganz sicher nichts von meinen besonderen Eßgewohnheiten. Zu Ehren meines Besuchs hatten sie eigens Hummer gekocht. Die Hummer waren so teuer, und es wurde so viel Aufhebens um sie gemacht, daß es keinen Ausweg für mich zu geben schien: ich mußte Hummer essen. Glücklicherweise ist es bei Hummer leicht zu verbergen, wie wenig man wirklich gegessen hat, und irgendwie gelang es mir, eine ansehnliche Portion hinunterzubekommen. Aber nachdem ich ihn gegessen hatte, konnte ich den Hummergeschmack nicht mehr aus meinem Mund herausbekommen. Zur Schlafenszeit putzte ich meine Zähne, aber der Geschmack blieb, und ich konnte nicht einschlafen. Schließlich stand ich auf und steckte einige Klümpchen Zahnpasta in den Mund, so daß ich endlich einschlafen konnte.

Nahrungsabneigungen waren nicht das einzige Problem meiner Jugend. Auch Nahrungspräferenzen machten mir Probleme. Zwar gab es viele Dinge, die ich nicht mochte, wenn ich aber etwas gern aß, konnte ich es zu jeder Tages- und Nachtzeit essen. Meine Großmutter aus dem Süden war glücklich, mir, wann immer ich wollte, gebackenes Hühnchen, Kartoffelbrei und buttertriefende süße Brötchen zu essen zu geben. Ich hatte ständig zu kämpfen, um mein Gewicht auf einem vernünftigen Niveau zu halten. Einer der gefährlichsten Orte für mich war die Farm meiner Großtante und meines Großonkels in South Carolina, wo der Abendbrot-Tisch sich unter all den Dingen bog, die ich am liebsten aß. Eine Ausnahme war die Milch von ihren Kühen. Wenngleich ich sie gern mochte, wenn sie von der Verpackungsfirma zurückkam, fand ich Milch absolut inakzeptabel, wenn sie direkt von der Kuh kam (obwohl mein Großonkel sie pasteurisiert hatte).

Zwei Dinge retteten mich von einer vordergründigen Beschäftigung mit dem Essen bestimmter Speisen: mein Mann und mein Studium der Experimentalpsychologie.

Mein Mann, Ian Shrank (in seiner Kindheit bekannt als MME, oder menschlicher Mülleimer, wegen seiner unersättlichen und wahllosen Eßgewohnheiten), war direkt verantwortlich für die erfolgreichste Diät, die ich jemals unternahm. 1974, als wir verlobt waren und ich sehr wenig Geld hatte, zahlte er mir 5 Dollar für jedes Pfund, das ich abnahm. Nach drei Wochen war ich 10 Pfund leichter und 50 Dollar reicher, damals ein Vermögen für eine arme Studentin. Durch Beispiel, Bitten und gelegentliches Tyrannisieren während der 17 Jahre unserer Ehe hat er es geschafft, daß ich jetzt regelmäßig (und manchmal sogar gern) Gemüse, Obst und Gerichte aus aller Herren Länder esse. (Aber niemand wird mich je dazu bringen, Fisch zu essen – unter keinen Umständen.)

Eine Experimentalpsychologin zu werden, der andere rettende Faktor, verwandelte meine frühere Verlegenheit in Forschungsenthusiasmus. Als graduierte Studentin zog es mich beständig zur Forschung über Eß- und Trinkverhalten hin. Manchmal führte ich Untersuchungen durch, die aus Hypothesen über die Entstehung meiner eigenen Eßbesonderheiten erwachsen waren. Erst sehr viel später wurde mir klar, daß sich ein großer Teil der Psychologie auf das Essen und Trinken konzentrierte.

Als graduierte Studentin an der Harvard-Universität wurde ich ermutigt, meinen Interessen zu folgen, wohin sie mich auch führen würden, eine Strategie, die mich für das Schreiben dieses Buches gut vorbereitet hat. Als Teil meiner Studien unterrichtete ich ein kleines Seminar für College-Studenten mit Hauptfach Psychologie im zweiten Jahr. Ich sollte mir ein Thema für ein einjähriges Tutorium überlegen, das Material aus vielen Gebieten der Psychologie integrieren würde. Ich wählte Essen und Trinken.

Später, als Assistenz-Professorin an der State University of New York in Stony Brook, schlug ich eine neue Vorlesungsreihe vor: die Psychologie des Essens und Trinkens. Mit der Unterstützung des Leiters des Nichtgraduierten-Programms, Marvin Levine, wurde der Kurs eingerichtet. Und obwohl es ein fortgeschrittener, nicht obligatorischer Kurs ist, ist seine Beliebtheit mit jedem Jahr gewachsen. Im ersten Jahr des Kurses lasen die Studenten nur Originalartikel; die einzigen Lehrbücher, die überhaupt relevant waren, beschäftigten sich mit isolierten Themen wie Hunger oder Alkoholismus. Das Fehlen eines geeigneten Textes für meinen Kurs und der Enthusiasmus meiner Lehrassistenten und Studenten überzeugten mich schließlich, daß ich dieses Buch schreiben sollte.

Die Geschichte meines Weges zum Schreiben dieses Buches wäre unvollständig ohne die Erwähnung Paul Rozins, einem der wichtigsten Ernährungspsychologen überhaupt. Ich traf Paul 1977 in der University of Pennsylvania, wo er Untersuchungen darüber durchführte, warum Menschen Chilipfeffer essen. Das erste Zusammentreffen mit

Paul und seiner Frau Elisabeth, Kochbuchautorin und kulinarische Historikerin, und die Zeit, die wir in ihrer Küche verbrachten, katalysierten mein Interesse für die Psychologie des Essens und Trinkens, und dieser Effekt hat noch nicht nachgelassen. Ihr Kochbuch zur multikulturellen Küche nach dem Geschmacksprinzip ist immer mein liebstes gewesen, und ich glaube nicht, daß sich das jemals ändern wird.

In späteren Jahren, nachdem ich bereits in Stony Brook arbeitete, organisierte Paul die *Cuisine*-Gruppe, eine kleine Gruppe von Anthropologen, Volkskundlern, kulinarischen Historikern, Psychologen und anderen mit Interesse an Ernährungsfragen, die sich gelegentlich sonnabends in Manhattan zum Mittagessen, Vorträgen (mit Snacks) und anschließendem Abendessen traf. Als das einzige Mitglied der Gruppe, dessen Interesse an der Ernährungsforschung in erster Linie durch Nahrungs*aversionen* geweckt worden war, bin ich ständiger Gegenstand des Diskutierens und Experimentierens der anderen Gruppenmitglieder gewesen. Bei einem Treffen testete mich Linda Bartoshuk von der Yale University, eine Spezialistin in der Geschmackspsychologie, und entdeckte, daß ich ungewöhnlich empfindlich auf den Geschmack des chemischen Stoffes PTC (siehe Kapitel 4, „Geschmack und Geruch") reagiere. Linda konstatierte, daß diese Empfindlichkeit zumindest einige meiner Nahrungsmittelaversionen erklären könnte. Ich bin ihr auf ewig dankbar für ihre Hilfe, mich über PTC und andere Feinheiten der Geschmackswahrnehmung zu unterrichten, insbesondere wenn ich ihre Informationen nutze, um jemandem zu erklären, warum ich bestimmte ungewohnte Speisen nicht probieren muß, auch wenn er darauf besteht.

Mein Buch beschreibt die wissenschaftliche Erforschung des Eß- und Trinkverhaltens. Ich habe mich entschlossen, nur jene Aspekte der Psychologie des Essens und Trinkens darzustellen, die gut erforscht und interessant zu sein scheinen, und ich konnte einige von diesen nur sehr kurz darstellen. Eine vollständige Darstellung der Eß- und Trinkpsychologie würde viele, viele Bände erfordern. Dieses Buch soll nur eine Einführung sein. Dennoch beschreibe ich auch, wie die Forschung durchgeführt wurde – nicht nur die Ergebnisse –, so daß der Leser sich selbst ein Urteil über die Schlußfolgerungen bilden kann. Leser, die genauere Informationen wünschen, können die Literaturhinweise in den einzelnen Kapiteln und das Literaturverzeichnis am Ende des Buches zu Rate ziehen.

Dieses Buch behandelt die wichtigsten Eß- und Trinkstörungen, aber es enthält keine genaue Anweisung, wie man seine eigenen Eß- und Trinkprobleme und die von jemand anderem diagnostizieren und behandeln kann. Einige Prinizipien dafür sind beschrieben, aber die Problemlösung in der Praxis bedarf professioneller Hilfe. Der Abschnitt über Kliniken und Selbsthilfeorganisationen im hinteren Teil des Buches kann zum Finden professioneller Hilfe von Nutzen sein.

Die Psychologie des Essens und Trinkens ist sowohl für Leser mit als auch ohne psychologische Ausbildung gedacht. Das Buch kann als ergänzender oder als Haupttext in psychologischen Lehrveranstaltungen verwendet werden, für einen Psychologen mag es als Einführung zum Eß- und Trinkverhalten dienen. Es ist auch für gebildete Laien geschrieben. Die einzige Voraussetzung für das Lesen und die Freude an diesem Buch ist die Bereitschaft, sich der Psychologie als Wissenschaft zu nähern. Eines meiner Ziele beim Schreiben dieses Buches wie auch in der Lehre war zu zeigen, wieviel durch die Anwendung wissenschaftlicher Methoden auf das Studium des Verhaltens gelernt werden kann.

Die zweite Auflage bietet gegenüber der ersten einige Verbesserungen. Alle Kapitel wurden umfassend überarbeitet und mit neuen und aufregenden Forschungsbefunden auf den neuesten Stand gebracht. Außerdem wurden drei neue Kapitel hinzugefügt, in denen Anwendungen der Eß- und Trinkpsychologie auf Alltagsfragen und -probleme geschildert werden. Im einzelnen beschäftigt sich Kapitel 12 mit der Fortpflanzungsfunktion der Frau, Kapitel 13 mit Gewichtsveränderungen im Zusammenhang mit dem Rauchen und Kapitel 14 mit Kochkunst und Weinverkostung. Diese Kapitel demonstrieren einige Vorteile eines vereinheitlichten, wissenschaftlichen Zugangs der Psychologie des Essens und Trinkens.

Danksagung

Viele Menschen und Organisationen unterstützten mich bei der Vorbereitung dieses Buches. Für die erste Auflage gab James Hassett mir sehr viele wertvolle, allgemeine Hinweise, wie man ein Psychologiebuch schreibt. Meine Bibliotheksforschungsassistenten Lawrence Epstein, Pilar Pena-Correal, Telmo Pena-Correal und Michael Smith waren stets bereit, zur Bibliothek zu eilen, um Quellenmaterial für mich zu finden. Herbert Terrace und die Columbia University versorgten mich freundlichst mit Freiräumen und Bibliotheksnutzungsrechten, die mir halfen, das Buch während meines Forschungsurlaubs fertigzustellen. Auch die Gespräche mit Alex Kacelnik über Nahrungssuche und mit Nori Geary über Hunger waren sehr hilfreich. Unschätzbare Hinweise zum Manuskript habe ich Lorraine Collins, Howard Rachlin, Monica Rodriguez, Elisabeth Rozin, Paul Rozin, Diane Shrank, Ian Shrank, Michael Smith und Richard Thompson zu danken. Insbesondere danke ich Camille M. Logue, deren Stunden verständiger und geistreicher Kommentare auf Band mir in den einsamen Stunden der Korrektur Gesellschaft leisteten; sie ging weit über die Erfordernisse geschwisterlicher Pflichten hinaus.

Bei der Vorbereitung der zweiten Auflage waren die in den vielen Besprechungen der ersten Auflage gemachten Kommentare äußerst hilfreich. Verschiedene Gutachter (Leann L. Birch, John P. Foreyt, Bonnie Spring und Rudy E. Vuchinich) machten viele durchdachte und nützliche Vorschläge in bezug auf einen früheren Entwurf der zweiten Auflage. Viele Forscher haben sich meine scheinbar endlosen Fragen über diesen oder jenen Aspekt des Essens und Trinkens gefallen lassen. Insbesondere übermittelte mir Kelly Brownell viele Informationen zu übermäßigem Essen und Adipositas, Jasper Brener half mir, Forschungsarbeiten über den Energieumsatz zu finden, und die *Cuisine*-Gruppe (besonders zu erwähnen sind Linda Bartoshuk, Barbara Kirschenblatt-Gimblet, Rudolph Grewe, Solomon Katz, Elisabeth Rozin und Paul Rozin) war eine beständige Quelle der Inspiration. Ich danke auch James Allison für die Übersendung von Warm Feet („Warme Füße"). (Werden die Wunder des Kapsikums niemals abreißen?) Lori Bonvino übertraf alle möglichen Standards in der Textverarbeitung und in der Organisation der endlos scheinenden Literaturliste. Bereitwillig und fähig griff John Chelonis fünf Minuten vor zwölf ein, um den Namensindex zu beenden.

Ann Streissguth, an der Universität Washington, stellte großzügig die Photographien für die Abbildung 12.2 (die Kinder mit Alkoholembryopathie) zur Verfügung. Twentieth Century Fox überließ mir die Photographie von Marilyn Monroe aus dem Film *Monkey Business* für die Abbildung 9.3a und Columbia Pictures die Photographie von Jamie Lee Curtis aus dem Film *Perfect* für die Abbildung 9.3b. Phototeque, in New York, war eine große Hilfe beim Ausfindigmachen der letztgenannten beiden Photos. Jacob Steiner, von der Hebrew University in Jerusalem, Israel, stellte freundlicherweise die Photographie von Neugeborenen, die verschiedene Lösungen kosten (Abbildung 5.2), zur Verfügung.

Auch der Lektoratsstab bei W. H. Freeman soll an dieser Stelle gerühmt werden. Für die erste Auflage zeichnete W. Hayward (Buck) Rogers verantwortlich, und sie wurde von Stephen Wagley mit Geschick durch den Produktionsprozeß geleitet. Die zweite Auflage wurde enthusiastisch und erfolgreich von Jonathan Cobb unterstützt (der vom Thema Essen weit mehr fasziniert ist, als er zugeben möchte) und deren Produktion schneller als geplant vorankam dank der ruhigen, intelligenten und äußerst gründlichen Bemühungen von Sonia DiVittorio; sie machte einen potentiell beschwerlichen Prozeß ausgesprochen erträglich.

Die ganze Zeit hindurch sorgte die Long Island Railroad für viele, viele Stunden ununterbrochener Arbeitszeit. Harvard University, die United States Public Health Services Biomedical Research Support Grants, das National Institute of Mental Health, die National Science Foundation und die State University of New York unterstützten meine hier vorgestellten Forschungsarbeiten durch die Bereitstellung von Mitteln. Viele Ideen und Inspirationen erhielt ich durch die Studenten und Lehrassistenten meiner Nichtgraduierten- und Graduiertenkurse über die Psychologie des Essens und Trinkens. Eine Studentin, Victoria Thode, besorgte in den Kapiteln 10 und 11 verwendetes Material. Besonderen Dank schulde ich auch meinen graduierten Studenten Lori Bonvino, Adolfo Chavarro, George King, Telmo Pena-Correal, Monica Rodriguez und Henry Tobin für ihre Begeisterung und dafür, daß sie den Wert dieses Projekts niemals angezweifelt haben. Schließlich möchte ich meine tiefe Dankbarkeit meinem Mann, Ian Shrank, und meinem Sohn, Samuel Logue Shrank, gegenüber zum Ausdruck bringen für ihre beständige und bedingungslose Ermutigung und Unterstützung.

1
Einführung

Man betrachte die folgenden Zitate:

Kein Tier kann ohne Nahrung leben. Lassen Sie uns also die logische Folgerung daraus ziehen: nämlich, Nahrung ist einer der wichtigsten Einflußfaktoren, die die Organisation des Gehirns und das durch diese Hirnorganisation diktierte Verhalten bestimmen. (J. Z. Young, 1968)

Fast jedes Tier und fast jede Pflanze dient einem Tier mit der entsprechenden Ernährungsstrategie als Nahrung. ... Nahrung ist einfach das Mittel, um die Materialien zu erwerben, mit denen das Medium aufgebaut, aufrechterhalten und mit Energie versorgt wird, das die nächste Generation trägt, und um deren frühe Entwicklungsstadien zu ernähren. ... Organismen müssen sich ernähren, um zu überleben. Aber das Überleben des Individuums ist nur in Hinblick auf seinen Beitrag für die nächste Generation relevant. Alle Lebensprozesse sind in letzter Instanz darauf ausgerichtet, die Reproduktion zu sichern. Und das einzige Maß für den Erfolg von Überlebensstrategien ist der Fortpflanzungserfolg. (Jennifer Owen, 1980)

Es versteht sich von selbst, daß die Ernährung das wichtigste Erfordernis aller lebenden Systeme darstellt. ... Eine aktive Ernährung, das heißt eine Ernährung, der ein Futtersuchverhalten vorausgeht, ist eine Notwendigkeit für das tierische Leben. ... Sie war und ist die mächtigste Triebkraft in der Evolution der Arten. (Jacques Le Magnen, 1985)

Warum ist Nahrung im größeren Rahmen von Bedeutung? Von den ersten Bemühungen an, die biologische und kulturelle Evolution des Menschen zu erklären, hat man diese ursächlich mit der Ernährungsweise in Verbindung gebracht. Man geht davon aus, daß der Ursprung der Art mit Veränderungen in der Ernährungsweise der Primaten in Beziehung stand. (Anna Roosevelt, 1987)

Es scheint unglaublich, daß der primitive Mensch solch ein merkwürdiges, kompliziertes Gerät erdacht haben könnte. Und doch wurde es von

Jägern auf mehreren Kontinenten erfunden: *Atlatl* wurde es benannt nach der Variante, die den Europäern in Mexiko begegnete, aber alle Versionen waren ähnlich. Irgendwie hatten Menschen ohne Kenntnisse des Maschinenbaus oder der Dynamik geschlußfolgert, daß ihre Harpunen dreimal so effektiv sein würden, wenn sie in ihre Atlatls geladen und vorwärts geschleudert würden, anstatt geworfen. ... (M)an muß daran denken, daß die Menschen hunderttausend Jahre lang den größten Teil ihrer wachen Zeit damit verbrachten zu versuchen, Tiere als Nahrung zu töten; es gab keine wichtigere Beschäftigung. (James Michener, 1988)

JUNKER TOBIAS:
Besteht unser Leben nicht aus den vier Elementen
[Erde, Luft, Feuer und Wasser]?
JUNKER CHRISTOPH:
Ja wahrhaftig, so sagen sie; aber ich glaube eher, daß es aus Essen und Trinken besteht.
JUNKER TOBIAS:
Du bist ein Gelehrter; laß uns also essen und trinken!
(William Shakespeare, *Was Ihr wollt.*)

Wie diese Zitate belegen, messen literarische Schriftsteller wie auch Psychologen der Untersuchung von Essen und Trinken große Bedeutung bei. Alle Tiere (und auch der Mensch) müssen essen und trinken, um zu überleben. Daher muß sich ein großer Teil ihres Verhaltens darauf richten, Nahrung und Flüssigkeit zu beschaffen und zu sich zu nehmen. Das Verständnis des Eß- und Trinkverhaltens einer bestimmten Tierart trägt zudem auch wesentlich zu einem vollen Verständnis des Verhaltens dieser Art bei.

Essen und Trinken als Forschungsgegenstand

Die *Psychologie* ist die Wissenschaft vom Verhalten, also die Wissenschaft davon, „wie Organismen das tun, was sie tun, und warum sie es tun". Man kann Essen und Trinken auf verschiedenen Untersuchungsebenen erforschen. Dazu gehören zum Beispiel Forschungen über die neuronale Basis der Geschmacksempfindlichkeit für Süßes (physiologische Ebene), die Auswirkung von Krankheiten auf die Präferenz des Süßgeschmacks (Lernstudien) oder den Einfluß leicht verfügbarer, preiswerter süßer Lebensmittel auf den Zuckerverbrauch (Gruppenstudien).

In der Psychologie ist es üblich, von einer bestimmten Untersuchungsebene auszugehen und sich unter dieser Perspektive dann verschiedenen Fragestellungen zuzuwenden. Beispielsweise untersuchen physiologische Psychologen die physiologischen Determinanten von Verhaltensbereichen wie Essen, Trinken, Sexualverhalten, Aggression und Elternschaft. Dieses Buch wählt einen etwas anderen Weg und beleuchtet einen speziellen Verhaltensbereich – das Essen und Trinken – unter Heranziehung verschiedener Untersuchungsebenen. Dieses Vorgehen erhellt die Beziehungen zwischen den verschiedenen Gebieten der Psychologie und erleichtert es zu erkennen, welchen Beitrag jedes Spezialgebiet zum Verständnis der hier behandelten Fragen leistet.

Die einzige in diesem Buch durchgängig eingenommene Position ist eine naturwissenschaftliche Sicht, die Annahme, daß das Verhalten Naturgesetzen unterliegt und als Folge von genetischen und Umwelteinflüssen vollständig erklärt werden kann. Eine naturwissenschaftliche Position wird auch insofern eingenommen, als zwischen Geist und Körper weder eine Trennung noch ein wesenhafter Unterschied vorausgesetzt wird; und das, was oft mit „Geist" bezeichnet wird, besteht, so betrachtet, insgesamt aus physiologischen Reaktionen. Nur unter dieser Perspektive ist es möglich, anhand von Experimenten die Ursachen von Verhalten zu bestimmen. Wäre der Geist etwas völlig Unphysiologisches, und würden die herkömmlichen Naturgesetze für ihn nicht gelten, so könnte ein Experimentator auch nicht davon ausgehen, daß die gezielte Veränderung einer experimentellen Variablen Ursache einer nachfolgenden Verhaltensänderung war.

Essen, Trinken und die Evolution

Nach der Evolutionstheorie verhalten sich Organismen so, daß ihre Gene möglichst große Überlebensvorteile haben: Sie maximieren die *Gesamttauglichkeit* (inclusive fitness), die Wahrscheinlichkeit des Überlebens der Art. Auf diese Weise findet eine natürliche Auslese

(Selektion) statt, bei der nur die am besten angepaßten oder tauglichsten Individuen überleben und sich fortpflanzen. Da Überleben mit Essen und Trinken so eng verknüpft ist, hat die Evolution bei der Herausbildung des Eß- und Trinkverhaltens der heute bestehenden Arten zweifellos eine große Rolle gespielt. Die Evolutionstheorie bietet daher hier einen fruchtbaren allgemeinen Erklärungsrahmen. Stammesgeschichtliche Erklärungen werden auch in diesem Buch wiederholt auftauchen. Daß eine natürliche Selektion stattgefunden hat und stattfindet, bedeutet jedoch nicht, daß jedes Artverhalten anpassungsbedingt (adaptiv) ist. Zum Beispiel könnte sich eine Tierart in einer Umwelt entwickelt haben, die sich von ihrer heutigen stark unterscheidet. Möglicherweise hat es Mutationen oder eine Gendrift gegeben. Oder es könnte sein, daß die besten Überlebenschancen für eine Art durch ein Verhalten erreicht würde, das mehr Informationen erfordert, als der Organismus aufnehmen oder behalten kann. Aus all diesen Gründen kann es vorkommen, daß sich Organismen sehr unangepaßt verhalten – ungeachtet der weitgehend einhelligen Meinung, daß das Verhalten von Organismen durch Evolutionsprozesse bestimmt ist. In diesem Buch wird es nicht wenige Beispiele solchen nicht-adaptiven Verhaltens geben.

Zum Aufbau des Buches

Das vorliegende Buch ist in fünf Teile gegliedert, wobei zuerst die grundlegenden Informationen über Essen und Trinken vermittelt werden (Teile I, II und III). Teil I behandelt Einflußfaktoren auf die Menge dessen, was gegessen und getrunken wird, während Teil II sich mit den Gründen für die Auswahl ganz bestimmter Nahrungsmittel und Getränke beschäftigt. In Teil III schließlich geht es um den Einfluß von Nahrungsmittelkonsum auf das Verhalten. Danach werden die Inhalte der Teile I, II und III erweitert, um Eß- und Trinkstörungen zu beschreiben und zu erklären (Teil IV). Abschließend untersucht Teil V einige spezielle Themen, wie den Zusammenhang zwischen Schwangerschaft und Stillzeit und dem Verzehr bestimmter Nahrungsmittel und Getränke. Ein weiteres Kapitel befaßt sich mit dem

Zusammenhang zwischen Rauchen und Gewichtsveränderungen, und in einem letzten Kapitel geht es um nationale Küchen sowie Weinproben.

Viele der in diesem Buch vorgestellten Befunde wurden in Tierversuchen erhoben. Daher ist es notwendig, sich zuerst mit den Problemen des Nutzens von Tierexperimenten in der Psychologie zu beschäftigen und damit, welche Tierarten als Modelle menschlichen Eß- und Trinkverhaltens in Frage kommen. Diese Diskussion vermittelt gleichzeitig einen kurzen Überblick über viele Themen, die in den späteren Kapiteln behandelt werden.

Unterschiede und Ähnlichkeiten zwischen den Arten

Die Psychologie untersucht zwar die Gesetze des Verhaltens von Organismen im allgemeinen, konzentriert sich aber dabei auf menschliches Verhalten. Unter diesem Blickpunkt stellt sich die Frage, warum man das Eß- und Trinkverhalten eigentlich an Tieren untersucht.

Erstens erfordern Experimente üblicherweise kontrollierte Bedingungen, die bei menschlichen Versuchspersonen nur schwer aufrechtzuerhalten sind. Wenn man beispielsweise untersuchen will, in welchem Ausmaß Verhalten von der Umwelt beeinflußt wird, könnte es in einem Experiment erforderlich sein, daß alle Versuchspersonen die gleiche genetische Herkunft haben, eine Anforderung, die mit menschlichen Versuchspersonen unmöglich zu realisieren ist. Zweitens könnte ein Experiment darin bestehen, daß man die lebenslange Entwicklung bestimmter Individuen oder auch mehrerer Generationen beobachten will. Dies ist beim Menschen bedeutend schwieriger, weil die Zeit von der Geburt bis zur Geschlechtsreife ziemlich lang ist. Drittens sind Studien an Tieren, insbesondere langandauernde Studien, oft weniger kostspielig. So erwarten Menschen in der Regel eine gute Bezahlung für die Zeit, die sie bei der Teilnahme an einem Experiment verbringen. Schließlich gibt es bestimmte Experimente, die aus Sicherheitsgründen oder aus ethischen Erwägungen mit Menschen nicht durchgeführt werden können. So würde ein Experiment, in dem der Versuchsperson so lange Nahrung entzogen wird, bis sie 20 Prozent ihres normalen Körpergewichts verloren hat, im allgemeinen bei menschlichen Versuchspersonen als ethisch nicht vertretbar betrachtet.

Welche Tiere eignen sich nun für Experimente, um zu Ergebnissen zu gelangen, die mit einiger Wahrscheinlichkeit auf den Menschen übertragbar sind? Bis zu einem bestimmten Grade muß das Verhalten aller Arten durch die gleichen Regeln bestimmt sein, da alle Arten in einer Welt leben, die denselben Naturgesetzen gehorcht. Ein Beispiel für ein solches Gesetz ist das folgende (siehe auch Kapitel 6): Ein Ereignis, das eine Krankheit verursacht, muß vor dieser Krankheit geschehen sein. Dementsprechend tendieren alle Arten mehr oder weniger dazu, ein Ereignis, das einer Krankheit vorausgeht, mit dieser Krankheit in Verbindung bringen, während sie dies kaum tun, wenn das Ereignis auf die Krankheit folgt. Dennoch wird das Eß- und Trinkverhalten einer Art auch von ihrer jeweiligen ökologischen Nische beeinflußt. Damit sind viele Unterschiede im Eß- und Trinkverhalten zwischen verschiedenen Arten zu erklären. Die folgenden Abschnitte beschreiben das Eß- und Trinkverhalten einiger unterschiedlicher Arten im Hinblick auf die Frage, welche von ihnen als Modelle menschlichen Eß- und Trinkverhaltens hilfreich sein könnten.

Wirbellose

Die schwarze Schmeißfliege. Man würde erwarten, daß das Eß- und Trinkverhalten der gewöhnlichen Schmeißfliege in vielerlei Hinsicht von dem des Menschen abweicht. Man betrachte jedoch die folgende kleine Episode:

> Eine Fliege sitzt auf einer Lampe in einem Wohnzimmer. Seit ihrer letzten Mahlzeit sind schon viele Stunden vergangen. Es ist zwei Uhr nachmittags. Die Fliege startet, fliegt im Raum umher und nähert sich dann allmählich der Küche. Schließlich fliegt sie durch die geöffnete Küchentür und landet auf einem Honigtopf, der auf dem Tisch steht. Sie spaziert auf dem Topf herum, bis sie sich an der Seite des Topfes nach unten begibt. Sie streckt ihren Rüssel heraus und beginnt den Honig aufzusaugen. Schließlich hört das Saugen auf, und die Fliege fliegt wieder weg.

1. Einführung

Dieses Verhalten ist dem eines Menschen vergleichbar, der hungrig wird, sich auf den Weg macht, um Essen zu suchen, Essen findet, ißt und weitergeht, wenn er satt ist. Die Mechanismen, die für das Verhalten der Fliege verantwortlich sind, sind jedoch vollkommen andere als beim Menschen.

Abbildung 1.1 zeigt das Ernährungsverhalten der Fliege im Überblick. Unter der Bedingung, daß Tageslicht herrscht und der Darm leer ist, fliegt sie los. Wenn sie während des Fluges auf den Geruch von Zucker stößt, dann fliegt sie in Richtung Geruchsquelle (gegen die Strömung des Duftstoffs) und landet schließlich auf der Substanz, von der der Geruch ausgeht. Wenn sie auf den Zucker tritt, werden Sinneshaare in den Beinen der Fliege stimuliert, welche wiederum bewirken, daß der Rüssel aufgerollt wird. Kommt der Rüssel seinerseits in Kontakt mit dem Zucker, so wird die Fliege über sensorische Zellen (Sinneszellen) veranlaßt, den Zucker durch den Rüssel aufzusaugen, bis der Darm gefüllt ist. Die Fliege hört auf zu saugen und fliegt davon.

Das Eßverhalten der Fliege ist ungemein adaptiv. Kaum ist der Darm geleert, sucht sie – bei noch hohem Blutzuckerspiegel – schon wieder nach Nahrung, bevor die Nahrungsstoffe vollständig aufgebraucht sind. Dieses Verhalten bewahrt die Fliege davor, für eine

```
S-Licht und
leerer Darm → R-Flug
    +
    S-Zuckergeruch → R-Flug in
                     Richtung Zucker;
                     Landung auf
                     dem Zucker
        +
        S-Reizung der
        Sinneshaare
        in den Beinen → R-Aufrollen
                        des Rüssels
            +
            S-Reizung des
            Rüssels durch
            den Zucker → R-Pumpen von
                         Zucker in den Darm
                +
                S-gefüllter Darm → R-Fliege hört auf
                                   zu fressen
```

1.1 Ein Modell der am Ernährungsverhalten der Fliege beteiligten Reflexe. S steht für Stimulus, R steht für Reaktion. Jede Sequenz, die einen Stimulus in Verbindung mit einem Pfeil zeigt, ist ein Reflex.

gefährlich lange Zeit ohne Nahrung zu bleiben. Es ist als *antizipatorische Ernährung* bekannt. Die Fliege ist in der Lage, Nahrung zu finden und frißt, bis sie satt ist. Aber ihr Verhalten wird ausschließlich durch angeborene Reflexe reguliert, das heißt, daß spezifische Reaktionen auf spezifische Reize folgen. Es ist keinerlei Lernen daran beteiligt. Die Fliege führt diese Verhaltenssequenz beim ersten Eintreten der entsprechenden Bedingungen aus, und ihr Verhalten wird immer sehr ähnlich sein, so oft es auch auftritt.

Dem menschlichen Verhalten sind nicht derartig enge Grenzen gesetzt. Es mag dem Verhalten der Fliege zwar in vielerlei Hinsicht ähnlich scheinen, beruht aber im Gegensatz dazu sehr stark auf Lernen. Entsprechend variabel ist menschliches Verhalten. Es verändert sich von einem Zeitpunkt zum nächsten und von einer Situation zur anderen. Bei der Fliege hingegen ist eine gegebene Menge von Reflexen für das verantwortlich, was als willentliches, zweckgerichtetes Verhalten erscheint. Obwohl die Fliege vielleicht kein besonders gutes Modell für das Studium menschlichen Essens und Trinkens darstellt, so regt die Untersuchung ihres Freß- und Trinkverhaltens in einer Hinsicht doch zur Vorsicht bei der Arbeit über menschliches Verhalten an: Verhalten, das absichtsvoll und zweckgerichtet erscheint, kann tatsächlich auch auf Reflexen beruhen.

Meeresschnecken. Bestimmte Meeresweichtiere, zum Beispiel die *Flankenkiemer* (siehe Abbildung 1.2), können in Untersuchungen der Psychologie des Essens und Trinkens durchaus von Nutzen sein. Diese Nacktschnecken sind Fleischfresser. Ihr Nervensystem ist relativ einfach aufgebaut, und daher ist es leicht, ihre Neuronen (Nervenzellen) zu identifizieren und zu manipulieren. Die Freß-Neigung der Flankenkiemer, ihre *Motivation*, kann durch die vorausgegangene Ernährung beeinflußt werden. Solchen motivationalen Veränderungen entsprechen Veränderungen des Ausmaßes, in dem die zentralen inhibitorischen (hemmenden) Neuronen die Aktivität der Freßbefehlsneuronen hemmen. Diese verbinden die sensorischen Neuronen (welche das Vorhandensein von Nahrung entdecken) mit den Motoneuronen (welche Bewegungen induzieren). Die Freß-Neigung dieses Weichtieres kann durch Lernen, also den Erwerb von Wissen darüber, welche Stimuli und Reaktionen assoziiert sind und welche nicht, beeinflußt

1. Einführung

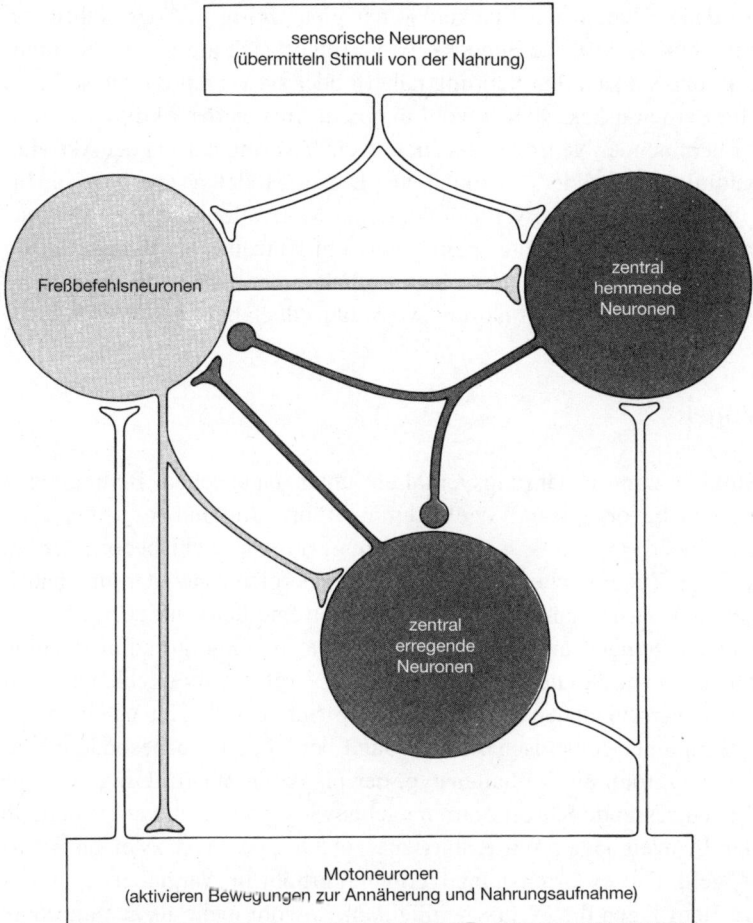

1.2 Vereinfachte Darstellung des neuronalen Freßbefehlssystems des Flankenkiemers. Wenn diese Nacktschnecke nicht kürzlich etwas zu fressen erhalten hat, feuern die Freßbefehlsneuronen mit hoher Geschwindigkeit, sobald sie durch sensorischen Input erregt werden. Als Folge nähert sich der Flankenkiemer der Nahrung. Wenn die Nacktschnecke andererseits kürzlich gefressen hat, feuern die Freßbefehlsneuronen infolge des Einflusses der zentral hemmenden Neurone mit niedriger Geschwindigkeit. Dann nähert sich der Flankenkiemer der Nahrung nicht. Gibt man ihm jedes Mal, wenn er seinen Nahrungsrüssel in Richtung der Nahrung ausstreckt, einen leichten Schlag, nähert er sich der Nahrung ebenfalls nur selten. Diese verringerte Häufigkeit der Nahrungsnäherung ist jedoch jetzt ein Ergebnis sowohl der verstärkten Hemmung durch die zentral hemmenden Neuronen als auch der verringerten Wirkung der zentral erregenden Neuronen. (Adaptiert aus: Davis, 1984.)

werden. Erhalten die Flankenkiemer gleichzeitig mit der Nahrungsaufnahme elektrische Schocks, so verringert sich die Wahrscheinlichkeit, daß sie sich der Nahrung nähern oder sie verzehren. Diese Form von Lernen drückt sich sowohl in einem Anstieg der Aktivität zentraler hemmender Neuronen als auch in einer Verminderung der Aktivität zentraler erregender Neuronen aus. Dieses Modellsystem ist zwar für Untersuchungen zur Neurobiologie der Motivation und des Erlernens von Ernährungsverhalten von gewissem Nutzen, aber dieser Nutzen ist aufgrund des eingeschränkten Verhaltensrepertoires der Weichtiere einschließlich ihres Ernährungsverhaltens doch begrenzt.

Vögel

Studien zum Ernährungsverhalten unter natürlichen Bedingungen werden bevorzugt an Vögeln durchgeführt. Sie sind in großer Zahl vorhanden, tags aktiv und groß genug, um sie leicht beobachten zu können. Zudem haben sie einen hohen Energieumsatz, der eine häufige Nahrungsaufnahme erfordert. Es gibt eine beträchtliche Zahl von Untersuchungen an Vögeln. Sie können als Hintergrundinformation für jede neue Studie dienen und bieten Vergleichsmöglichkeiten zwischen verschiedenen Untersuchungen. Schließlich gibt es Beobachtungen einer gemeinschaftlichen Jagd bei Vögeln (insbesondere Wüstenbussarde), ein Verhaltenstyp, der bis dahin nur für einige wenige fleischfressende Säugetierarten nachgewiesen worden war. Außerhalb der Brutzeit jagen Wüstenbussarde in Gruppen von zwei bis sechs Vögeln. Dieses Gruppenjagdverhalten erhöht im Vergleich zu individuellem Jagen die Wahrscheinlichkeit, sowohl mehr als auch größere Beutetiere zu fangen und steigert die Energieausbeute (Bednarz, 1988). Das komplexe Sozialverhalten dieser Vögel scheint daher mit dem Energiegewinn (gemessen in Kalorien) – und damit dem Überlebensvorteil – zusammenzuhängen. Wir werden später in Kapitel 14 sehen, wie die Maximierung der Energieausbeute auch beim komplexen Sozialverhalten des Menschen eine Rolle spielen kann. Dennoch findet ein großer Teil des Eß- und Trinkverhaltens des Menschen bei Vögeln keine Entsprechung.

1. Einführung

Säugetiere

Alle Säugetierjungen werden gesäugt, daher auch ihr Name. Dieses Verhalten ist im wesentlichen genetisch determiniert. Tatsächlich ist das Säugen der Jungtiere die einzige allen Säugetieren gemeinsame Verhaltensweise. Da der Mensch zu den Säugetieren gehört, könnte man annehmen, daß Säugetiere als Modelle zur Untersuchung des menschlichen Eß- und Trinkverhaltens am besten geeignet sind.

Primaten. Stammesgeschichtlich sind die Primaten – zur Gattung der Primaten oder Herrentiere gehören die Halbaffen, die Affen und der Mensch – unsere engsten Verwandten. Wie der Mensch sind sie Allesfresser: Die meisten Primaten ernähren sich zwar in der Hauptsache von Früchten, sie fressen aber auch Blätter, Insekten und manchmal Fleisch. Zudem gibt es – ähnlich wie beim Menschen – einige Schimpansen mit einer verminderten Fähigkeit, die chemische Substanz Phenylthiocarbamid schmecken zu können (PTC, siehe Kapitel 4).

Einige Arten von Primaten sind in starkem Maße zu fokussierter Aufmerksamkeit befähigt und in der Lage, mit großer Genauigkeit Gegenstände zu handhaben, insbesondere Insektenfresser. Fokussierte Aufmerksamkeit und die Handhabung von Gegenständen haben ihre Parallelen im Eß- und Trinkverhalten des Menschen. Jane Goodall studierte das Verhalten von Schimpansen in der Wildnis und beobachtete, daß sie Zweige, von denen sie die Blätter abgestreift hatten, benutzten, um Termiten zu angeln. Die Schimpansen stecken die Halme in die Löcher des Termitenhügels, ziehen sie mit den Termiten, die sich an den Zweigen festklammern, wieder heraus und lecken die Termiten ab (Abbildung 1.3). Dies war das erste berichtete Beispiel für die Herstellung von Werkzeugen durch Tiere. Goodall berichtete auch noch von einem anderen Beispiel für Werkzeugherstellung, die mit der Ernährung in Zusammenhang steht: Sie beobachtete, wie Schimpansen Blätter zerkauen, um sie dann zum Aufsaugen von Wasser aus Baumhöhlen zu benutzen.

Die Veränderung der vorgefundenen Nahrung im Sinne einer Art „Würzens", die dem beim Menschen üblichen Würzen der Speisen sehr ähnlich ist, hat man bei einer Gruppe von japanischen Affen beobachtet, welche auf der kleinen Insel Kashima beheimatet sind.

1.3 Ein Schimpanse angelt Termiten aus einem Termitennest.

1948 wurden sie von japanischen Wissenschaftlern dort zum ersten Mal untersucht. 1952 begannen die Wissenschaftler, den Affen Süßkartoffeln zu fressen zu geben. 1953 dann zeigte ein weiblicher Affe, dem man den Namen Imo gegeben hatte, als erster ein Verhalten, das die Wissenschaftler Süßkartoffel-Waschverhalten nannten. Die Süßkartoffeln waren häufig mit Sand bedeckt. Imo tauchte die Süßkartoffel mit einer Hand in das Wasser und streifte dann mit der anderen Hand den Sand ab. Bis zum Jahr 1958 zeigten dann ungefähr 80 Prozent der Affen das Süßkartoffel-Waschverhalten. Während der Zeit, in der die meisten Affen dieses Waschverhalten übernahmen, begann sich dieses Verhalten zu ändern. Am Anfang waren die Kartoffeln nur in Süßwasser getaucht worden. 1961 dagegen wurden sie hauptsächlich in Salzwasser gehalten. Überdies tauchten die Affen nach dem ersten Biß die Kartoffel noch einmal ein und bissen wieder ab. Auf diese Weise „würzten" sie ihre Süßkartoffeln.

Goodall hat auch Fälle von Jagen und Fleischfressen bei Schimpansen beschrieben. Sie stellte fest, daß sich normalerweise die Männ-

1. Einführung

chen mit der Jagd beschäftigen und daß die Jäger Grundelemente von kooperativem Jagdverhalten zeigen: Ein Schimpanse schleicht sich an die Beute an, normalerweise ein junger Pavian oder ein anderes kleines Tier, während andere Schimpansen sich so aufstellen, daß sie der Beute den Fluchtweg abschneiden. Nachdem die Jäger die Beute gefangen und getötet haben, teilen sie sie oft unter sich und auch anderen Schimpansen auf. Es ist allerdings möglich, daß die Häufigkeit des Jagens und Fleischfressens sich bei Goodalls Schimpansen durch die extreme Nähe zu anderen Tieren, insbesondere Pavianen, erhöht hat. Um die Schimpansen anzulocken und damit ihre Beobachtungen zu erleichtern, hatte Goodall große Mengen von Bananen ausgelegt. Unglücklicherweise zogen diese Bananenanhäufungen auch Paviane an, während sich Schimpansen und Paviane gewöhnlich voneinander fernhalten. Nichtsdestotrotz ist die Sozialstruktur der Schimpansen, auch bei Abwesenheit von Nahrungsködern, derjenigen des Menschen sehr ähnlich.

Insgesamt zeigt das Eß- und Trinkverhalten des Schimpansen viele Ähnlichkeiten zu dem des Menschen. Primaten nehmen fast dieselbe Nahrung zu sich wie Menschen. Sie fertigen auch manchmal Werkzeuge an, die ihnen dabei helfen, Nahrung zu beschaffen. Außerdem sind sie fähig, kooperativ zu jagen. Aus all diesen Gründen scheinen sie als Modell des menschlichen Eß- und Trinkverhalten besonders in Frage zu kommen. Es gibt jedoch einige praktische Nachteile bei der Verwendung von Primaten in Experimenten. Sie zu erwerben und zu halten ist sehr kostspielig. Es kann unter Umständen schwierig sein, mit ihnen umzugehen. Und es nimmt eine lange Zeit in Anspruch, geschlechtsreife Nachkommen zu erzeugen (wie beim Menschen). Da sie dem Menschen sehr ähnlich sind, könnten ethische Grenzen, die für Experimente am Menschen gelten, auch auf Primaten Anwendung finden. Aus all diesen Gründen arbeiten Psychologen normalerweise nicht mit Primaten bei der Erforschung des Eß- und Trinkverhaltens.

Schweine. Einige Forscher schlugen vor, daß vielleicht das Schwein das ideale Tier für Eß- und Trinkexperimente sein könnte, da sich Schweine und Menschen hinsichtlich Körpergröße, Wachstumsrate, Verdauungskanal, Nahrung und Geschmackspräferenzen ähneln (zum Beispiel bevorzugen Schweine süße Nahrungsmittel).

Dennoch sind die Schweine nicht zu den bevorzugten Versuchstieren für die Erforschung des Essens und Trinkens geworden. Gerade die Tatsache, daß ihre Größe der des Menschen nahekommt, macht es schwierig, sie zu versorgen und zu halten – da ausgewachsene Schweine eine ziemliche Menge fressen. Und obwohl Schweine schneller geschlechtsreife Nachkommen hervorbringen als einige Primaten, so ist die Zeit zwischen Konzeption und Geschlechtsreife im Vergleich zu anderen Tieren doch immer noch recht lang (ungefähr 1 Jahr).

Ratten. Die vielleicht beste Alternative stellt die Ratte dar, deren Kost vielgestaltig und der des Menschen sehr ähnlich ist – was wohl auch ihre Fähigkeit erklärt, durch die Jahrhunderte menschlicher Zivilisation hinweg so weitverbreitet zu gedeihen. Mit der Ausnahme ihrer Unfähigkeit zu erbrechen, ist das individuelle und das soziale Verhalten der Ratte in Hinblick darauf, giftige Stoffe zu meiden und bekömmliche Nahrungsmittel als solche zu erkennen, demjenigen des Menschen in vielerlei Hinsicht vergleichbar (siehe Kapitel 6 und 14). Zudem sind Laborratten, als gelehrige Tiere herangezüchtet, leicht zu handhaben. Sie sind preiswert zu kaufen und zu halten. Und die Zeit zwischen Geburt und Geschlechtsreife ist bei der Ratte nur ungefähr 2 Monate lang. Aufgrund dieser Vorteile ist die Ratte das bei weitem beliebteste Versuchstier für Forschungen auf dem Gebiet der Psychologie des Essens und Trinkens und zu einem guten Teil auch in anderen psychologischen Bereichen. Das bedeutet, daß es eine umfassende Datenbasis über alle Aspekte des Verhaltens und der Physiologie von Ratten gibt, wodurch es möglich wird, die Ergebnisse neuer Experimente in einen vorhandenen, umfassenden Forschungsrahmen einzuordnen.

Fazit

Lassen finanzielle, ethische oder methodologische Belange Experimente an Menschen unratsam erscheinen, so kann man psychologische Versuche mit Tieren durchführen. Wenn es auch um das Verständnis des Eß- und Trinkverhaltens des Menschen geht, so kann uns die experimentelle Forschung an Tieren doch einige wertvolle Einsichten dafür vermitteln. Ratten sind die am häufigsten in solchen Untersuchungen verwendeten Tiere, zum einen aufgrund der Ähnlichkeiten in der Art, wie sie und der Mensch Nahrung zu sich nehmen, und zum anderen, weil es leicht ist, mit ihnen zu arbeiten. Im folgenden Kapitel „Hunger" spielen Ratten eine große Rolle.

Teil I
Die Mengen an Nahrungsmitteln

Die folgenden zwei Kapitel, „Hunger" und „Durst", beschäftigen sich damit, wieviel Nahrung und Flüssigkeit Organismen zu sich nehmen. Das Kapitel über Hunger befaßt sich mit dem Verzehr fester und flüssiger Nahrungsmittel, die verschiedene Nährstoffe enthalten. Das Kapitel über Durst behandelt den Konsum von Wasser. Im Zentrum dieser beiden Kapitel, die den Teil I dieses Buches bilden, steht die Frage, durch welche Faktoren Essen und Trinken ausgelöst und beendet werden. Wodurch die Auswahl bestimmter Speisen oder Getränke bedingt ist, wird Gegenstand von Teil II sein.

2
Hunger

Der typische Amerikaner oder Deutsche ißt nicht nur beim Frühstück, Mittagessen oder Abendbrot, sondern nimmt auch zwischen den Mahlzeiten Kleinigkeiten zu sich. Der mitternächtliche Sturm auf den Kühlschrank ist für manche, die Kaffeepause am Vormittag für viele zur Gewohnheit geworden. Zumindest einige von uns scheinen fortwährend zu essen. Aber obwohl wir während des Tages sehr häufig mit Nahrungsmitteln in Berührung kommen, essen wir gewöhnlich nicht pausenlos, sondern phasenweise. Dabei wechseln Phasen eines intensiven Kontakts mit Nahrung mit solchen minimalen oder fehlenden Kontakts ab. Mahlzeiten und kleine Pausensnacks sind Beispiele für solche Eßphasen. In ganz ähnlicher Weise ernähren sich auch viele Tierarten.

Wenn jemand anfängt zu essen, beschreiben wir ihn gewöhnlich als hungrig. Ohne nähere Ausführungen besagt das jedoch wenig. Jemand ist hungrig, wenn er ißt; jemand ißt, wenn er hungrig ist. Solch eine zirkuläre Definition trägt nicht zum Verständnis der beteiligten Vorgänge bei und ermöglicht es kaum, Vorhersagen über bevorstehende Mahlzeiten zu machen. Der Begriff „Hunger" ist für Psychologen aber nur dann von Nutzen, wenn sie damit viele ähnliche Verhaltensweisen zusammenfassen können, die beim Beginn oder am Ende von Eßphasen auftreten. Indem Psychologen in vielen verschiedenen Einzelfällen den Beginn und das Ende einer Eßphase untersuchen und einordnen, können sie allgemeine Regeln aufstellen, die diese Fälle beschreiben und außerdem Vorhersagen über weitere Fälle erlauben. Die Psychologen können außerdem auch versuchen, die Mechanismen zu bestimmen, die diesen Regeln zugrundeliegen.

Man betrachte dazu das folgende hypothetische Beispiel: Ein Psychologe stellt fest, daß Erwachsene fast immer in den ersten 30 Minuten nach Sonnenuntergang essen. Er könnte dann wie folgt verallgemeinern: Menschen sind in den ersten 30 Minuten nach Sonnenuntergang hungrig. Diese Regel beschreibt nicht nur, was der Psychologe beobachtet hat, sondern erlaubt auch die Vorhersage, daß eine beliebige erwachsene Person in den ersten 30 Minuten nach Sonnenuntergang mit hoher Wahrscheinlichkeit etwas essen wird. Außerdem kann der Psychologe nun untersuchen, worauf dieser Zusammenhang zwischen Hunger und Sonnenuntergang beruht. Sind Veränderungen der Helligkeit, der Lufttemperatur oder einfach der Zeitabstand zum Sonnenaufgang maßgeblich (Frage nach den Ursachen).

Hunger zu verstehen bedeutet, Regeln und Prinzipien aufzustellen, die Vorhersagen darüber erlauben, wann ein Organismus mit der Nahrungsaufnahme beginnen oder aufhören wird, auch in neuen Situationen. Die entscheidende Fragestellung dabei ist, *wieviel* Nahrung ein Organismus aufnimmt, das heißt, wie er die Nahrungsmenge reguliert.

Organismen müssen die Nahrungsaufnahme sowohl kurzfristig als auch längerfristig steuern, und das macht das Verständnis von Hunger komplizierter. Tiere (und auch der Mensch) müssen die Nahrungsaufnahme nicht nur nach ihrem täglichen Bedarf, sondern auch im Hinblick auf ihr längerfristiges Durchschnittsgewicht regulieren. Würde beim Menschen beispielsweise jedes Stückchen Butter oder Margarine, das über den täglichen Fettbedarf hinausgeht, tatsächlich in Körperfettgewebe umgesetzt, würde dies im Laufe eines Jahres zu einer Gewichtszunahme von zwei bis drei Kilogramm führen. Insofern ist es erstaunlich, daß die meisten von uns ihr Gewicht weitgehend stabil halten, denn das läßt auf ein äußerst sensibles Regulationssystem schließen, das unser Körpergewicht langfristig stabilisiert. Um Hunger zu verstehen, kommt es darauf an, den Unterschied zwischen Kurz- und Langzeitregulation des Energieumsatzes zu verstehen, denn es könnten verschiedene Mechanismen dafür verantwortlich sein.

Homöostase

Wenn von der Regulation der Nahrungsaufnahme nach dem lang- und kurzfristigen Energiebedarf des Organismus die Rede ist, so sprechen wir von *Homöostase* – der Aufrechterhaltung eines konstanten, optimalen inneren Milieus. Das Konzept der Homöostase geht auf die Ideen Claude Bernards über das *milieu intérieur* zurück. Wie Bernard, ein französischer Physiologe des 19. Jahrhunderts, betonte, besteht für einen Organismus die Notwendigkeit, sein inneres Milieu auf einem konstanten, optimalen Niveau zu halten, um zu existieren. »Die Voraussetzung für ein freies und unabhängiges Leben ist die Beständigkeit des 'milieu intérieur'. ...[A]lle Lebensmechanismen, wie verschiedenartig sie auch sein mögen, haben nur ein Ziel, die Lebensbedingungen im inneren Milieu konstant zu halten.« (Bernard, C. 1878, zit. nach Cannon, W. B. 1929). Der Terminus *Homöostase* wurde 1929 von dem US-amerikanischen Physiologen Walter B. Cannon geprägt.

Homöostase wirkt als Funktionsprinzip außerhalb und auch innerhalb unseres Körpers. Der Homöostasebegriff läßt sich am Beispiel des Thermostaten illustrieren. Ein Thermostat kann auf eine bestimmte Raumtemperatur (einen *Sollwert*) eingestellt werden. Auf Abweichungen von dieser Temperatur infolge Umgebungsveränderungen reagiert er in einer Weise, die diese Abweichungen vermindert oder beseitigt. Das kann bei einem Temperaturanstieg beispielsweise durch das Abschalten der Heizung oder das Anstellen einer Klimaanlage erreicht werden. Umgekehrt wird bei Absinken der Temperatur unter den Sollwert vielleicht die Klimaanlage abgestellt oder die Heizung eingeschaltet. Dieser Prozeß, bei dem Abweichungen von einem Sollwert Mechanismen in Gang setzen, die den Sollwert wiederherstellen, wird *negative Rückkopplung* genannt. Abweichungen von einem Sollwert führen zu Reaktionen, die diese Abweichungen reduzieren. Indem sich die Abweichungen vermindern, verringern sich auch die Reaktionen auf sie, bis schließlich ein stabiler Zustand erreicht ist und beibehalten wird.

Die meisten Theorien über die Mechanismen, die für Hunger verantwortlich sind, basieren auf der Annahme von Homöostase durch negative Rückkopplung. Das Homöostaseprinzip wird in den folgenden Darstellungen häufig wieder auftauchen.

Die Psychologie des Essens und Trinkens

Periphere Signale

Periphere Hunger- und Sättigungssignale sind solche Wahrnehmungssignale, an denen andere Teile der Körperphysiologie als das *Zentrale Nervensystem* (das *ZNS*, das heißt Gehirn und Rückenmark) beteiligt sind. Insbesondere in den Anfängen einer wissenschaftlichen Psychologie, als über das ZNS noch nicht allzuviel bekannt war, beschäftigten sich die Wissenschaftler vorrangig mit peripheren Faktoren (z. B. leerer Magen) als Erklärungen des Entstehens von Hunger.

Magenkontraktionen

Für die meisten Menschen ist ein kontrahierender, knurrender Magen gleichbedeutend mit Hunger. Wenn der Magen knurrt, sehen wir darin den Beweis, daß wir hungrig sind. Auch das Gegenteil trifft oft zu: Wenn wir nicht spüren, daß der Magen leer ist und knurrt, werden wir wahrscheinlich sagen, daß wir nicht hungrig sind. Vielleicht können Beginn und Beendigung der Nahrungsaufnahme auf der Basis der Magenkontraktionen vorhergesagt werden: Jemand, dessen Magen knurrt, wird mit größerer Wahrscheinlichkeit essen und umgekehrt.

Cannon ist außer für die Prägung des Begriffs Homöostase auch für seine Forschungen über die Hungerkontraktionentheorie bekannt geworden. Tatsächlich war seine gemeinsam mit A. L. Washburn (1912) durchgeführte Arbeit eine der ersten experimentellen Untersuchungen zum Hungerempfinden überhaupt.

In dieser Studie war es notwendig, die Magenkontraktionen und die Berichte der Versuchsperson über Hunger simultan zu erfassen. Cannon und Washburn mußten eine Technik entwickeln, mit der sie die Magenkontraktionen messen konnten. Wie sie dabei vorgingen, zeigt Abbildung 2.1. Zunächst mußten die Versuchspersonen sich daran gewöhnen, daß eine dünne Sonde durch die Speiseröhre in den Magen eingeführt wurde und dort täglich für mehrere Stunden verblieb. Teilweise wurde während des Experiments im Magen ein Ballon mit Luft aufgeblasen, die durch die Sonde eingepumpt wurde. Um die Magenkontraktionen zu messen, wurde ein Manometer, welches Luftdruckveränderungen aufzeichnet, mit der Sonde verbunden. Die

2. Hunger

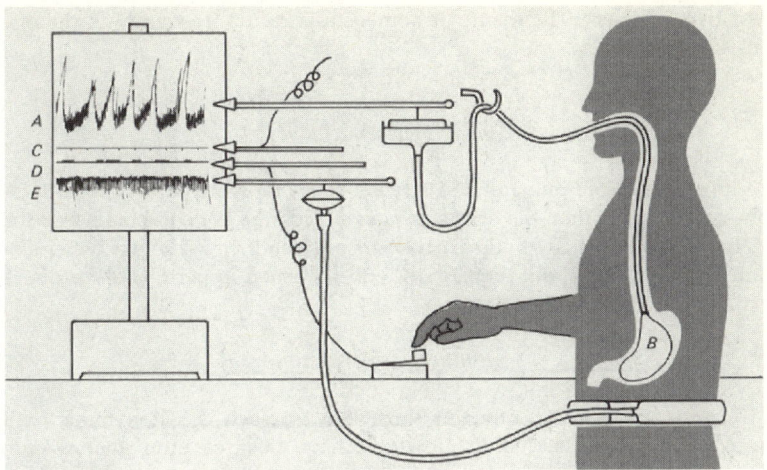

2.1 Die Methode von Cannon und Washburn für die Messung von Magenkontraktionen. A zeichnet die Veränderungen des Volumens des Magenballons (B) auf. Die Zeit in Minuten wird durch C angegeben. Wann die Versuchsperson über Hungerempfindungen berichtet, wird in D gezeigt. E registriert die Bewegungen der Bauchdecke, um zu sichern, daß diese für Veränderungen des Magenvolumens (A) oder die Berichte der Versuchsperson über Hungergefühle (D) nicht verantwortlich sind (nach Cannon, 1929).

Versuchsperson drückte immer, wenn sie Hunger empfand, auf einen Knopf.

Diese Prozedur führte Washburn zunächst an sich selbst durch. Die dabei gewonnenen Befunde waren eindeutig: Die mit dem Manometer gemessenen Magenkontraktionen standen in deutlichem zeitlichem Zusammenhang mit Washburns eigenen Hungermeldungen. Augenscheinlich fielen seine Hungermeldungen jeweils mit dem Höhepunkt der Hungerkontraktionen zusammen und nicht mit deren Anfang, was dafür spricht, daß die Magenkontraktionen die Hungergefühle verursachten, und nicht umgekehrt. In Abbildung 2.2 sind diese Ergebnisse graphisch dargestellt. Wenn Washburn nicht hungrig war, traten keine Kontraktionen auf. Spätere Studien an weiteren Versuchspersonen führten zu ähnlichen Resultaten. Die Magenkontraktionstheorie war die erste periphere Hungertheorie, die durch experimentell erhobene Daten gestützt wurde. Sie war viele Jahre lang die vorherrschende periphere Theorie des Hungers.

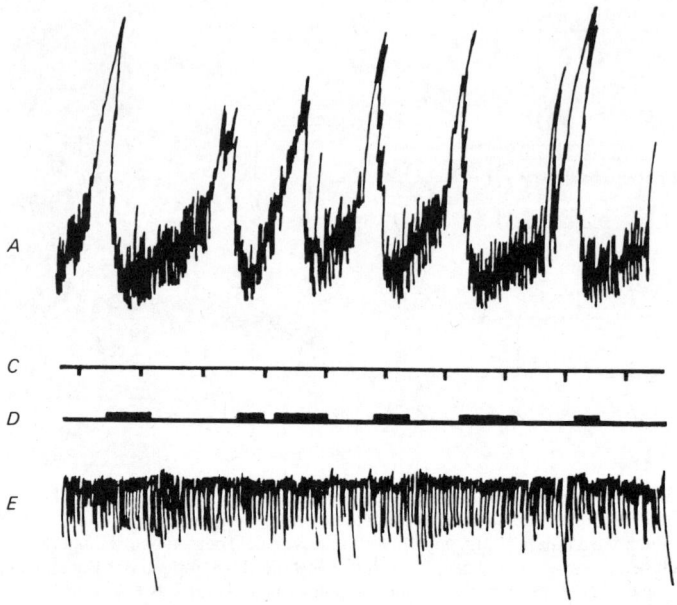

2.2 Ergebnisse von einem der Experimente Cannons und Washburns (für die Erklärung der Symbole siehe Abb. 2.1; nach Cannon, 1929).

Kritische Überprüfungen der peripheren Hungertheorie von Cannon deuteten aber darauf hin, daß weder Magenkontraktionen noch ein Magen selbst notwendige Vorbedingungen für das Empfinden von Hunger sind. Neueren Forschungen zufolge, in denen verbesserte Methoden wie das Messen der Magenkontraktionen über Katheter anstelle von Ballons angewendet wurden, ist der Zusammenhang zwischen Hunger und Magenkontraktionen tatsächlich äußerst schwach. Die Magenkontraktionstheorie scheint heute von kaum mehr als historischem Interesse zu sein.

Magendehnung und sensorische Prozesse im Mundbereich

Die Nahrungsaufnahme ist mit einer Stimulierung des gesamten Verdauungstraktes vom Mund bis hin zum Dickdarm verbunden. In Hinblick auf die Auslösung von Hunger und die Sättigung haben zwei Aspekte dieser Stimulierung besondere Aufmerksamkeit erfahren: der Geschmack des Essens, der – wie auch Aussehen oder Geruch – zu den sensorischen Eigenschaften der gegessenen Nahrung gehört, und die Magendehnung. Oft hört man jemanden sagen, daß der Geschmack einer Speise, während man sie ißt, immer fader wird. Vielleicht ist das ein Hinweis darauf, daß eine fortgesetzte Sinnesreizung im Mundbereich (orale Stimulierung) dazu beiträgt, das Essen zu beenden. Forscher stellten fest, daß anfangs oft mit größerer Geschwindigkeit gegessen wird (wenn die Speise einen angenehmen Geschmack hat) und daß die Eßgeschwindigkeit (Eßrate) im Verlaufe der Mahlzeit abnimmt.

Vor einer Mahlzeit fühlen sich Menschen oft „leer" und beschreiben sich nach der Mahlzeit als „voll". Oft nehmen Menschen, die durch eine Diät abnehmen wollen, große Mengen an Wasser oder ballaststoffhaltigen kalorienarmen Lebensmitteln wie Karotten, Kleie oder Kohl zu sich. Dadurch führen sie dem Körper weniger Kalorien zu und haben dennoch das Gefühl, etwas gegessen zu haben. Somit könnte die Magendehnung ein Anzeichen von Sättigung sein. Möglicherweise ist sie die eigentliche Ursache für die Beendigung einer Eßphase.

Um orale Stimulierung und Magendehnung experimentell untersuchen zu können, brauchten die Wissenschaftler ein Verfahren, mit dem man Magenfüllung und orale Stimulierung im Tierexperiment unabhängig voneinander variieren kann (siehe Tabelle 2.1). Eine gebräuchliche Methode ist die *Ösophagotomie*. Dabei wird die Speiseröhre durch den Nacken nach außen verlegt und anschließend durchtrennt, so daß ein oberer und ein unterer Teil entstehen. Wenn ein Tier nach dieser Operation Nahrung zu sich nimmt, tritt sie durch den Hals nach außen anstatt zum Magen zu gelangen, was *Scheinfütterung* genannt wird. Bei einer Scheinfütterung treten alle oralen Stimuli wie beim normalen Fressen auf. Es gibt aber keinerlei Stimuli im Magen. Das

Tabelle 2.1 Anatomische Methoden zur Untersuchung der getrennten Wirkung oraler und gastrointestinaler Faktoren bei der Kontrolle des Essens

Technik	Reizdarbietung	Vorhandensein von Reizen oral	gastrointestinal	Ergebnisse
Ösophagotomie mit Scheinfütterung	Durch den Mund aufgenommene Nahrung tritt durch den hinteren Hals wieder aus.	ja	nein	Es wird mehr Nahrung aufgenommen als gewöhnlich; orale Faktoren allein steuern die Nahrungsaufnahme nicht genau.
Ösophagotomie mit intragastrischer Fütterung	Flüssige oder halbfeste Nahrung, die über den unteren Abschnitt der durchtrennten Speiseröhre aufgenommen wird, gelangt in den Magen.	nein	ja	Magendehnung allein hat wenig Einfluß auf das Ernährungsverhalten.
Magenfistel	Nahrung oder träge Substanzen werden in den Magen eingebracht.	nein	ja	Durch Nahrung verursachte Magendehnung ist belohnend und führt zur Beendigung des Essens.

Versuchstier schmeckt, kaut und schluckt die Nahrung, die aber den Magen nicht erreicht.

Ebenso ist es möglich, den Mund zu umgehen und die Nahrung direkt in den unteren Abschnitt der durchtrennten Speiseröhre des Versuchstieres einzuflößen. Diese Methode wird *intragastrisches Füttern* genannt. Hierbei treten alle Magenstimuli, aber keine oralen Stimuli auf. Bei einer anderen Variante dieser Methode wird anstelle der Ösophagotomie eine *Magenfistel* angelegt (eine röhrenförmige Verbindung, durch die man von außen Substanzen in den Magen einführen kann). Durch die Fistel werden Nahrungsstoffe oder zähe Substanzen wie Gummiarabikum oder ein aufgeblasener Ballon in den Magen gebracht. Diese Verfahren, die einzeln und in Kombination angewendet werden, ermöglichen die experimentelle Trennung oraler und gastrointestinaler Faktoren.

2. Hunger

Zu den ersten Untersuchungen, die mit Hilfe dieser Techniken durchgeführt wurden, gehörte eine Versuchsreihe von Henry D. Janowitz und M. I. Grossman, über die sie 1949 berichteten. Sie zeigten erstens, daß scheingefütterte Hunde schließlich zwar auch aufhören zu fressen, aber erst nachdem sie zuvor viel mehr als gewöhnlich gefressen haben. Weiterhin hat eine Scheinfütterung, die eine Stunde oder mehr zurückliegt, keinen Einfluß auf die Nahrungsmenge, die in späteren Scheinfütterungen gefressen wird. Anders ausgedrückt tragen orale Faktoren zwar zur Beendigung des Fressens bei, können aber allein die Nahrungsaufnahme nicht genau regulieren. Das wurde besonders deutlich, als die Versuche über längere Zeitspannen hinweg fortgesetzt wurden.

Janowitz und Grossman verabreichten ihren Hunden auch intragastrische Fütterungen. Dies hatte nur dann eine Verminderung der Nahrungsaufnahme bei Scheinfütterungen zur Folge, wenn sehr große Mengen (intragastrisch) gefüttert wurden und wenn dies zur selben Zeit wie die Scheinfütterungen erfolgte. Wurde anstelle von Nahrung ein Ballon verwendet, so hatte das keinen Einfluß auf die Scheinfütterung, außer wenn der Ballon so weit aufgeblasen wurde, daß er Übelkeit und Brechreiz erzeugte. Daraus zogen Janowitz und Grossman den Schluß, daß die Magendehnung mit der Beendigung einer Eßphase wenig zu tun hat.

Einige wenige Versuche unter experimentellen Bedingungen reichen jedoch nicht aus, um das Vermögen eines Organismus, die Nahrungsaufnahme zu steuern, vollständig zu prüfen. Tiere lernen es, ihre Nahrungsaufnahme über eine lange Zeitspanne hinweg zu regulieren. Wie man in späteren Untersuchungen herausfand, sind Hunde mit gastrischen Fisteln oder Ösophagotomie durchaus in der Lage, ihre orale Nahrungsaufnahme den gastrischen Fütterungen anzupassen, wenn sie der Prozedur für mehrere Monate ausgesetzt sind. Auch die weitere Forschung bestätigte das Ergebnis, daß das Einbringen eines aufgeblasenen Ballons in den Magen kaum Auswirkung auf orale Fütterungen hat.

1952 untersuchten Neal E. Miller und Marion L. Kessen Ratten mit gastrischen Fisteln und stellten fest, daß Ratten in der Lage waren zu lernen, zu einem Arm eines T-förmigen Labyrinths zu gehen, wo ihnen Milch in den Magen eingespritzt wurde. J. A. Deutsch berichtete 1983 über eine Reihe von Experimenten, in denen Ratten mit Milch gefüttert worden waren. Die Nährstoffe in der Milch, nicht aber die Magendehnung selbst (solange sie nicht extrem war), spielten bei der Beendigung des Fressens eine Rolle. Befunde wie diese unterstützten die Schlußfolgerungen von Janowitz und Grossman: Die Magendehnung allein hat keinen großen Einfluß auf die Beendigung der Nahrungsaufnahme, es sei denn, die Dehnung ist extrem. Die durch Nahrung verursachte Magendehnung dagegen beeinflußt die Beendigung einer Mahlzeit. Das gilt auch, wenn orale Faktoren ausgeschaltet wurden, sofern das Tier einige Zeit hat, sich daran zu gewöhnen. Orale Faktoren sind zwar ebenfalls von Bedeutung für die Beendigung der Nahrungsaufnahme, aber sie haben allein eine geringere Wirkung als in Kombination mit Magendehnung.

Eine andere Vorgehensweise, um sensorische und postingestionale Effekte, also die Effekte, die nach der Nahrungsaufnahme einsetzen, voneinander zu trennen, ist der Vergleich verschiedener Nahrungstypen. Dabei werden niedriger oder hoher Kaloriengehalt mit niedrigem oder hohem Süßgeschmack systematisch kombiniert (Abbildung 2.3). Ein Beispiel für ein Nahrungsmittel vom Typ A, also die Kombination von „süß" und „kalorienreich", wäre ein Pfannkuchen, der mit sehr viel Zucker und Butter gemacht ist. Ein Beispiel für ein Nahrungsmittel vom Typ B, also süß, aber mit wenigen Kalorien, wäre ein Pfannkuchen, der mit künstlichem Süßstoff und sehr wenig Butter gemacht ist. Ein Nahrungsmittel vom Typ C, kalorienreich ohne Süße, könnte ein Pfannkuchen mit einem relativ hohen Anteil von Butter, aber ohne Zucker oder Süßstoff sein. Ein Nahrungsmittel vom Typ D schließlich, wenig Kalorien und nicht süß, könnte ein Pfannkuchen sein, der ohne viel Zucker, Süßstoff oder Butter hergestellt wurde. Wenn die Versuchspersonen diese vier Nahrungsmitteltypen an vier verschiedenen Tagen entweder als reguläre Mahlzeit oder als Vorspeise zu einer Hauptmahlzeit zu sich nehmen, kann man die Nahrungsmengen, die während der regulären Mahlzeiten verzehrt werden, miteinander vergleichen und damit den Einfluß der Faktoren Süße und Kalorienhaltigkeit bestimmen. Wenn der sensorische Faktor der Süße allein die Nahrungsmenge beeinflußt, dürfte nur im Falle A oder B weniger während der regulären Mahlzeiten gegessen werden. Ist allein der gastrointestionale Faktor Kalorien ausschlaggebend, so würde nur im

2. Hunger

Falle A oder C die Nahrungszufuhr während der regulären Mahlzeiten eingeschränkt. Wird die Nahrungsmenge nur dann reduziert, wenn das Nahrungsmittel kalorienreich und süß zugleich ist, so würde verringerte Nahrungszufuhr nur im Fall A gefunden und so weiter.

Wie man in Experimenten mit der beschriebenen Versuchsanordnung feststellte, führt eine Verminderung des Kaloriengehalts einer Speise nicht dazu, daß die Versuchsperson mehr ißt. Es werden also in diesem Fall insgesamt weniger Kalorien zugeführt. Die Versuchspersonen essen jedoch mehr bei süßen als bei nicht süß schmeckenden Lebensmitteln, unabhängig davon, ob der süße Geschmack durch Zucker oder durch künstlichen Süßstoff hervorgerufen wird (Abbildung 2.3b). Dieses Ergebnis könnte damit zusammenhängen, daß der süße Geschmack zu einer erhöhten Freisetzung von Insulin (und damit einer Absenkung des Blutzuckerspiegels) und/oder einer vermehrten

(a)

		Kaloriengehalt	
		hoch oder vorhanden	niedrig oder nicht vorhanden
Süße	vorhanden	A	B
	nicht vorhanden	C	D

(b)

		Kaloriengehalt	
		hoch oder vorhanden	niedrig oder nicht vorhanden
Süße	vorhanden	erhöhter Verzehr	erhöhter Verzehr
	nicht vorhanden	kein Effekt	kein Effekt

2.3 Die isolierten Beiträge von Süße und Kaloriengehalt zur Steuerung des Essens. (a) Versuchsplan. (b) Ergebnisse. (nach Blundell, Rogers & Hill, 1988).

Einlagerung metabolischer Brennstoffe führt, wodurch diese nicht mehr so leicht verfügbar sind.

Mit dieser Versuchsreihe und den zuvor beschriebenen Experimenten zu Magenkontraktionen beginnt sich ein Bild zu formen, auf welche Weise die Regulation der Nahrungsaufnahme durch den Organismus erfolgt. Es gibt nicht einen einzigen, vollkommenen Mechanismus. Ein Regulationssystem wird eher versagen, wenn es nur einen Weg der Informationsgewinnung und -nutzung hat. Statt dessen nutzt der Körper verschiedene Wege, um zu bestimmen, wieviel schon gegessen wurde und wieviel noch gegessen werden sollte. All diese Informationen, zu denen auch sensorische Prozesse und die Magendehnung gehören, spielen bei der Auslösung und Beendigung des Essens eine Rolle. Ein weiterer bedeutender Faktor in diesem Prozeß ist die Umgebungstemperatur.

Einfluß der Temperaturregulation

Möchte man den Appetit der Gäste auf einer Abendgesellschaft, die im Sommer stattfindet, etwas eindämmen, so gibt es eine einfache Methode: Man stellt die Klimaanlage ab. In ähnlicher Weise reagieren viele Leute auf ein kaltes Haus, indem sie eine besonders große Mahlzeit einnehmen oder irgendeine stark kalorienhaltige Speise wie zum Beispiel Schokoladenkuchen essen. Die meisten Menschen sind sich wahrscheinlich dessen bewußt, daß sie in kälterer Umgebung durchschnittlich mehr essen als in wärmerer.

Man kann diesen Einfluß der Umgebungstemperatur auf die gegessene Menge damit erklären, daß der Körper bei kaltem Wetter eine größere Menge an Energie aufwenden muß, um die eigene Körpertemperatur bei etwa 37°C zu halten. Da die Hauptquelle der Wärmebildung für jeden Organismus die aufgenommene Nahrung ist, kann man zwischen der Auslösung und Beendigung der Nahrungsaufnahme auf der einen Seite sowie der Aufrechterhaltung einer spezifischen, optimalen Körpertemperatur mittels homöostatischer Mechanismen auf der anderen Seite einen Zusammenhang vermuten. Demnach müßte eine niedrigere Umgebungstemperatur dazu führen, daß eine Person mehr ißt. Bei einer höheren Umgebungstemperatur bräuchte

2. Hunger

sie hingegen nur weniger zu essen. Diese Theorie wurde Ende der vierziger Jahre von John R. Brobeck vorgestellt. Er stützte seine Hypothesen durch Experimente an Ratten, in denen er zeigen konnte, daß die Ratten bei einer Umgebungstemperatur von 18°C mehr fressen als bei 36°C.

Inzwischen hat man anhand vieler Beobachtungen festgestellt, daß auch verschiedene andere Spezies in kalter Umgebung mehr Nahrung zu sich nehmen. Das gilt auch für den Menschen. Man hat eine Reihe verschiedener Mechanismen vorgeschlagen, um zu erklären, warum dies so ist. Wie neuere Experimente zeigen, wird der Transport der Nahrung aus dem Magen in den Darm beschleunigt, wenn der Körper niedrigen Temperaturen ausgesetzt ist. Dieser Prozeß verringert natürlich Reizungen des Magen wie zum Beispiel die Magendehnung, die ja normalerweise hemmend auf die Nahrungsaufnahme wirkt.

Wenn die Umgebungstemperatur die Geschwindigkeit, mit der der Magen geleert wird, beeinflußt, so müßte das einen Einfluß auf die Häufigkeit der Mahlzeiten und die verzehrte Gesamtmenge haben. Indem die Umgebungstemperatur sinkt und die Entleerungsrate des Magens steigt, müßten die Signale zur Beendigung der Mahlzeit schneller verschwinden, und daher würden häufiger Mahlzeiten ausgelöst. In Übereinstimmung mit dieser Hypothese nahmen Ratten, die man der Kälte aussetzte, mehr Nahrung auf, allerdings nicht in Form von größeren, sondern durch häufigere Mahlzeiten. Es scheint jedoch noch einen zusätzlichen Effekt der Kälte auf die Ernährung zu geben, der von der Magenentleerung unabhängig ist. So unternehmen die Ratten bei Kälte größere Anstrengungen, Futter zu finden, und akzeptieren auch weniger schmackhaftes Futter als gewöhnlich. Aus diesen Untersuchungen ergeben sich erste Erkenntnisse über die offenbar komplexen Wirkungen der Umgebungstemperatur auf die Ernährung.

Energieverbrauch

Die Theorien, denen zufolge Hunger auf Energieverbrauch beruht, gehen davon aus, daß ein Organismus dann beginnt, Nahrung aufzunehmen, wenn er eine bestimmte Menge an Energie umgesetzt, also aufgebraucht, hat und wieder aufhört, wenn er diese Energie zurückgewonnen hat. Einige dieser Modelle beziehen das Körperfett, das dem Körper als Energiespeicher dient, in ihre Modellvorstellungen mit ein. Allen Energieverbrauchsmodellen zufolge paßt der Organismus die Energiezufuhr dem Energiebedarf an. Er nutzt also eine effiziente homöostatische Methode zur Regulation der Nahrungsaufnahme.

Derartige Theorien gehen davon aus, daß der Körper über eine Art Signal oder auch mehrere Signale verfügt, die ihm sagen, wieviel Energie im jeweiligen Moment zur Verfügung steht. Im allgemeinen herrscht Übereinstimmung, daß dieses Signal über das Blut transportiert werden muß. Dafür sprechen Befunde, die man aus Forschungen an *parabiotischen Ratten* gewonnen hat. Dabei werden Paare von Ratten operativ an den Seiten so miteinander verbunden, daß das Blut an der Stelle, wo der Schnitt verheilt, zwischen ihnen zirkuliert. Im allgemeinen fressen und wachsen diese Ratten normal. Sie haben das Erscheinungsbild zweier normaler Ratten, die an der Seite miteinander verbunden sind.

Auf diese Weise war es möglich, die Rolle des Blutes bei der Regulation der Ernährung zu untersuchen. In einer Reihe von Experimenten, über die David G. Fleming 1969 berichtete, fütterte man die Einzeltiere der parabiotischen Paare getrennt voneinander, um den Einfluß der Fütterung einer Ratte auf das Freßverhalten der anderen zu untersuchen. Fleming fütterte erst eine Ratte und nach einem bestimmten Zeitabstand dann die zweite. Er variierte sowohl die Fütterungszeiten jedes Einzeltieres als auch den Abstand zwischen den beiden Fütterungen. Er konnte zeigen, daß über das Blut von einer Ratte des parabiotischen Paares zur anderen etwas übermittelt wurde. Wenn man über mehrere Wochen hinweg die beiden Ratten jeweils drei Stunden lang fütterte und die erste zwei Stunden früher zu füttern anfing als die zweite, so fraß diese zweite Ratte bedeutend weniger als die erste. Es ist ersichtlich, daß zwischen dem Organismus der beiden Ratten Information darüber, was gefressen wurde, ausgetauscht worden sein muß.

Eine der Theorien, die *glucostatische Theorie des Hungers*, geht davon aus, daß die Information durch den Blutzuckerspiegel (Glukosegehalt des Blutes) übermittelt wird. Diese Theorie wurde 1952 von dem international bekannten Physiologen und Ernährungswissenschaftler Jean Mayer aufgestellt. Mayer zog die Schlußfolgerung, daß der zirkulierende Blutzucker als Signal an das Gehirn fungiert, das diesem die unmittelbar verfügbare oder benötigte Energiemenge anzeigt. Der Blutzucker steigt nach der Nahrungsaufnahme schnell an und sinkt dann langsam ab bis zur nächsten Nahrungsaufnahme. Es ist ebenfalls bekannt, daß der Blutzucker die einzige Energiequelle für das Gehirn ist.

Zumindest einige spezielle Fälle von Nahrungsregulation kann die glucostatische Theorie jedoch nicht ausreichend erklären. Mayer war sich darüber im klaren, daß Diabetiker noch immer ein Bedürfnis nach Süßem haben können, selbst wenn ihr Blutzuckerspiegel infolge unangepaßter Insulinproduktion sehr hoch ist. Um dieses Problem zu lösen, wurde die Theorie von Mayer dahingehend spezifiziert, daß sie sich auf den effektiven Blutzucker bezieht, der sich als Differenz zwischen der Blutzuckerkonzentration in den Venen und in den Arterien, auch als *arteriovenöse Blutzuckerdifferenz* oder *A.-V.-Differenz* bekannt, messen läßt. Eine hohe Differenz zeigt einen Zuckerabstrom aus den Arterien in die Gewebe an, die das Blut auf dem Weg zu den Venen durchströmt (Abbildung 2.4). Dem Körper wird somit eine merkliche Menge Zucker zugeführt. Ist die Differenz dagegen niedrig, erhält der Körper nicht viel Zucker. Dies kann zum einen geschehen, wenn die arterielle Glukosezufuhr niedrig ist, zum anderen, wenn nicht genügend Insulin produziert wird, um den Blutzucker abzubauen, wie es bei Diabetes der Fall ist. Um diese Theorie zu stützen, führte Mayer einige Experimente durch, in denen die A.-V.-Glukose-Differenz beim Menschen gemessen wurde. Er stellte fest, daß diese Differenz mit den berichteten Hungergefühlen der Versuchspersonen sowohl bei Gesunden als auch bei Personen mit Diabetes mellitus gut korrelierte.

Mayer erkannte, daß sein glucostatischer Mechanismus fehlerhaft arbeiten würde, wenn man ihn auf einen Untersuchungszeitraum von jeweils einem Tag bezog. Es mußte irgendeinen Langzeitmechanismus geben, der diese Fehler korrigieren würde. Da überschüssige Energie im Körper als Fett gespeichert wird, ist es naheliegend, einen Mechanismus anzunehmen, der mit diesen Fettdepots des Körpers in Zusammenhang steht. Ein halbes Kilogramm reines Fett entspricht 4 500 *Kalorien* (obwohl der korrekte Fachausdruck *„Kilokalorie"*

Die Psychologie des Essens und Trinkens

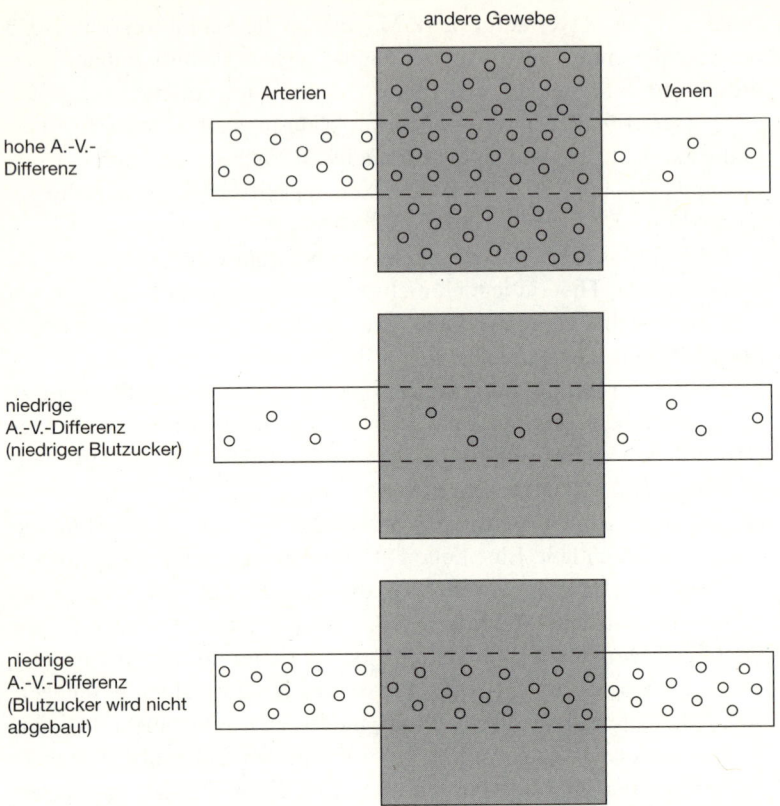

2.4 Darstellung der Entstehung hoher und niedriger arteriovenöser Blutzuckerdifferenzen. Die Anzahl von Pünktchen je Einheit symbolisiert die Zuckerkonzentration. Nur bei einer hohen A.-V.-Differenz tritt eine große Menge Zucker aus, wenn das Blut aus den Arterien in die Venen gelangt.

heißt, werden wir in diesem Buch den üblichen Ausdruck „Kalorie" verwenden); beim Körperfett sind es 3 500 Kalorien pro halbes Kilogramm. Um dieses Speichersystem nutzen zu können, muß der Körper auf irgendeine Weise den Umfang der gespeicherten Energie herausfinden können. *Lipostatischen Theorien* liegt die Annahme zugrunde, daß ein zirkulierender Metabolit des Körperfettes für die langfristige Regulation des gespeicherten Fettes zuständig ist. (Metaboliten sind Substanzen, die im normalen Stoffwechsel unentbehrlich sind wie

2. Hunger

beispielsweise Vitamine, Hormone oder Enzyme.) Mayer war einer der ersten, die eine lipostatische Theorie der langfristigen Regulation vorgeschlagen haben.

Die spezifischen Metaboliten des gespeicherten Fettes sind *freie Fettsäuren*. Wenn die zirkulierenden Anteile freier Fettsäuren als Folge der Spaltung gespeicherten Fettes hoch sind, steigert der Organismus seine Nahrungsaufnahme. Wenn sie niedrig sind als Zeichen dafür, daß Fette eher gespeichert als verbraucht werden, nimmt der Organismus weniger Nahrung auf. Somit sind die Fettdepots an der Bestimmung des *Setpoints* (oder Sollwertes), auf dem sich das Körpergewicht stabilisiert, beteiligt. Auf diese Weise wirken wahrscheinlich glucostatische und lipostatische Mechanismen bei der täglichen und langfristigen Regulation der Nahrungsaufnahme zusammen.

Dennoch hat die Hypothese der A.-V.-Glukose-Differenz als einem primären Faktor bei der Entstehung des Hungergefühls in der Folge keine weitgehende empirische Stützung erfahren. Zudem lassen sich einige neuere experimentelle Ergebnisse nur mit alternativen Hypothesen sowohl für die glucostatische als auch für die lipostatische Theorie von Mayer erklären. So verändert sich beispielsweise der Glukosegehalt des Blutes manchmal zu stark, um zuverlässige Vorhersagen des Ernährungsverhaltens zu ermöglichen. Daher wurde der Gehalt an *Glykogen* als Alternative zum Glukosegehalt des Blutes in der glucostatischen Theorie vorgeschlagen. (Als Glykogen werden Kohlenhydrate in den Zellen, insbesondere in der Leber und in den Muskeln gespeichert.) Da die Menge von Glykogen im Körper sowohl Veränderungen des Anteils von Glukose als auch von Fetten im Blut widerspiegelt, kann diese Theorie als ein glucostatische und lipostatische Mechanismen integrierendes Modell betrachtet werden. Zu einigen anderen Forschungsgebieten, welche die glucostatische und die hypostatische Hypothese von Mayer in Frage stellen, gehören die folgenden: die Untersuchung von Zellen in der Leber, die besonders empfindlich auf Glukose reagieren (*Glukorezeptoren*) und am Prozeß der Sättigung beteiligt zu sein scheinen; die Untersuchung der Oxydation von Fett während des Stoffwechsels, die einen weiteren Sättigungsfaktor darstellt; und die Untersuchung der kurzfristigen Herabsetzung des Glukosegehalts im Blut und deren Rolle bei der Auslösung der Nahrungssuche und Nahrungsaufnahme. Die ursprüngliche glucostatische und lipostatische Theorie von Mayer hat eine umfangreiche und komplexe Literatur über die Rolle der Glukose und der Fette bei der Auslösung und Beendigung der Mahlzeit hervorgebracht. Es zeigt sich, daß eine Theorie, die nur einen einzigen, einfachen Mechanismus in ihre Überlegungen einbezieht, die Rolle des Blutzuckers und des Körperfettes bei der Nahrungsaufnahme nicht adäquat beschreiben kann.

Darmpeptide

Auch bestimmte *Darmpeptide*, die am Stoffwechsel der Nährstoffe beteiligt sind, stehen mit den Prozessen der Sättigung in enger Beziehung. Ein relativer hoher Gehalt an diesen Peptiden, zu denen das in der Bauchspeicheldrüse produzierte *Glukagon* und das im Dünndarm freigesetzte *Cholecystokinin* (*CCK*) gehören, verringern die Nahrungsmenge, die ein Tier während einer Mahlzeit zu sich nimmt. Die Freisetzung dieser Peptide während der Verdauung trägt offenbar zur Beendigung der Mahlzeit bei. Das gilt in besonders starkem Maße für das Cholecystokinin.

In einem neueren Experiment wurde Rattenjungen eine Chemikalie verabreicht, welche die Freisetzung von CCK aus dem Dünndarm bewirkt. Diese Experimentalratten fraßen daraufhin weniger als nicht behandelte Ratten. Wenn den Experimentalratten jedoch zuvor eine andere chemische Substanz gegeben wurde, die die Rezeptorzellen für CCK blockiert, wurde der Nahrungsverbrauch nicht reduziert. Insgesamt sprechen diese Ergebnisse dafür, daß das CCK bei der Sättigung der Rattenjungen eine Rolle spielte und daß diese Wirkung von den CCK-Rezeptorzellen abhängt.

Andere periphere Faktoren

Magenkontraktionen, orale Stimulierung, Magendehnung, thermostatische, glukostatische, lipostatische und hormonelle Wirkungsmechanismen sind die wesentlichen peripheren Faktoren, die als Determinanten des Hungergefühls postuliert wurden, einige mit mehr Erfolg als andere. An der Verdauung und am Stoffwechsel sind jedoch viele Teile des Körpers beteiligt; und so ziemlich alle wurden irgendwann einmal als Faktoren vorgeschlagen, die für die Steuerung und nicht nur den Prozeß der Ernährung von Bedeutung wären. Einigen Untersuchungen zufolge haben auch der Aminosäuregehalt des Blutes und das Verhältnis von Nahrung und Wasser in Magen und Dünndarm einen peripheren Einfluß auf die Auslösung und Beendigung des Eßverhaltens. Die Vielzahl an peripheren Theorien spiegelt die Komplexität des Ernährungssystems wider.

Zentrale Mechanismen

Die Untersuchungen zur Beteiligung des zentralen Nervensystems an den Mechanismen der Ernährungsregulation widmeten sich vor allem der Frage, ob es besondere Orte im Gehirn gibt, die die Wahrnehmung von Hunger und Sättigung steuern und damit die Auslösung und Beendigung der Eßphase. Es wäre denkbar, daß diese Gehirnregionen unter Nutzung sensorischer Nervenbahnen Informationen über den Energiezustand des Organismus sammeln und auf der Basis dieser Informationen über motorische Bahnen Nahrungsaufnahme auslösen oder beenden. Mit der Existenz solcher Zentren im Gehirn wäre es wesentlich leichter zu erklären, wie die Nahrungsaufnahme gesteuert wird.

Sättigung

Ernsthaft begann die Suche nach einem besonderen Teil des Gehirns, der die Sättigung steuert, ungefähr 1940, als A. W. Hetherington und S. W. Ranson die erste detaillierte physiologische Studie zur Rolle des Gehirns bei der Steuerung des Eßverhaltens veröffentlichten. Vorhergehende Untersuchungen machten es wahrscheinlich, daß dieser Ort im Hypothalamus (Abbildung. 2.5a) zu suchen sei. So war im Jahre 1901 ein berühmter Fall von Adipositas (Fettsucht) bei einem heranwachsenden Jungen mit einem großen Tumor der Hirnanhangdrüse

Die Psychologie des Essens und Trinkens

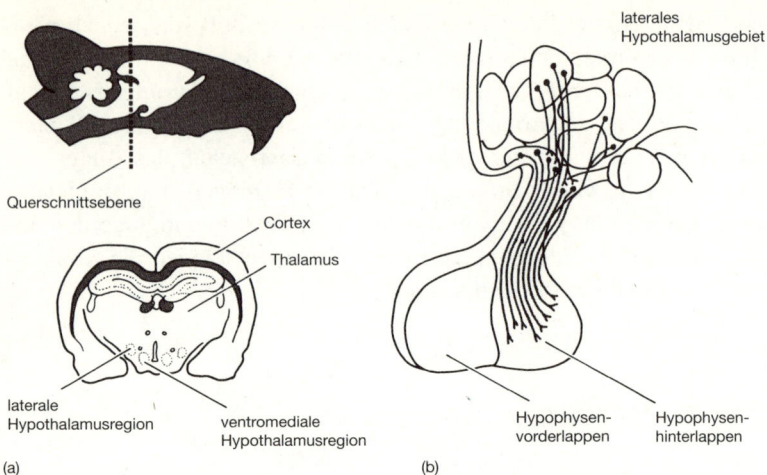

2.5 (a) Sitz des Hypothalamus im Gehirn der Ratte. (b) Anatomische Relation zwischen dem Hypothalamus und der Hypophyse; größere Nervenbahnen sind dargestellt. ([a] nach Gleitman, 1981; [b] nach House & Pansky)

(Hypophyse) berichtet worden (Exkurs 2.1). Funktional und anatomisch ist die Hypophyse eng mit dem Hypothalamus verbunden (Abbildung 2.5b). Daher schien es möglich, daß der Hypothalamus etwas mit dem Eßverhalten zu tun hat.

In den Experimenten von Hetherington und Ranson wurden betäubten Ratten kleine Elektroden ins Gehirn implantiert. Wenn die Elektrode an der richtigen Stelle im Gehirn angebracht war, wurde elektrischer Strom hindurchgeleitet, der die Zellen zerstörte, die die Elektrode umgaben. Mehrere solcher kleinen Läsionen wurden im Gehirn einer jeden Ratte angelegt. Die Ratten, die dieser Prozedur unterworfen wurden, erholten sich für gewöhnlich nach der Operation und machten einen recht normalen Eindruck. Sie fraßen jedoch übermäßig viel und wurden fettleibig (*Hyperphagie*). Ungeachtet der Tatsache, daß das Verfahren größere Läsionen verursacht hatte als beabsichtigt, konnten Hetherington und Ranson den *ventromedialen Hypothalamus* (VMH) als wahrscheinlichen Ort ausfindig machen, der bei Schädigung zu Fettleibigkeit führen würde. Da die Ratten sich nach der Zerstörung des VMH überfraßen, kamen die Forscher zu der An-

Exkurs 2.1
Beschreibung eines Jungen mit Fröhlichscher Krankheit

R. D., ein Junge, wurde 1887 geboren. ... Seit März 1899 hatte der Junge, der zuvor schlank gewesen war, rapide an Gewicht zugenommen. Im Januar 1901 klagte er über nachlassendes Sehvermögen auf dem linken Auge. ... Später begann auch die Sehkraft auf dem rechten Auge schwächer zu werden. ... Da der Patient an starken Kopfschmerzen litt und seine Sehkraft rapide abnahm, schien eine Operation gerechtfertigt. Die Operation auf nasalem Wege wurde am 21. Juni [1907] durch von Eiselsberg durchgeführt. In der Tiefe des Sinus sphenoidalis [Keilbeinhöhle, eine der Nasennebenhöhlen] wurde die weißliche Membran einer haselnußgroßen Zyste entdeckt. Nach einem Schnitt in die Mittellinie flossen mehrere Löffelvoll einer altem Blut ähnelnden Flüssigkeit aus. Durch Messen mit dem Finger und Vergleiche mit dem Röntgenogramm konnte gesichert werden, daß die Zyste, die diese Flüssigkeit enthielt, der Hypophyse zugeordnet war. Die Wände des Hohlraumes wurden weggeschnitten, so weit es möglich war, ohne das Chiasma opticum [die Sehnervenkreuzung] und die Kopfschlagader zu beschädigen. ... Der postoperative Verlauf war günstig. ... Es gab eine deutliche Verbesserung des allgemeinen Zustandes.

Aus H. Bruch: „The Frölich Syndrome: Report of the Original Case", American Journal of Diseases of Children 58 (1939): 1282, 1283, 1285.

sicht, daß der VMH an der Steuerung der Sättigungsprozesse beteiligt wäre.

In nachfolgenden Studien, die 1942 publiziert wurden, gewann man weitere Informationen über Ratten mit VMH-Läsion. Erstens ist ihr Aktivitätsniveau viel niedriger als das von Ratten ohne Läsion. Zweitens essen VMH-geschädigte Ratten nur dann so viel, daß sie fettleibig werden, wenn das Futter besonders schmackhaft ist. Ist das Futter nicht schmackhaft, fressen sie nicht mehr oder weniger als Kontrollratten. Aus diesem Grunde sind die VMH-geschädigten Ratten auch „wählerisch" genannt worden. Drittens sind VMH-geschädigte Ratten in geringerem Maße bereit, sich anzustrengen, um Futter zu bekommen. Viertens findet das Überfressen, das zu einer Gewichtszunahme führt, nur zeitweilig statt, während der *dynamischen Phase*. Später stabilisieren sich Nahrungsaufnahme und Gewicht der Ratten wieder, in der *statischen Phase*, aber auf höherem Gewichtsniveau. Fünftens zeigten die Experimente, daß eine Stimulierung des VMH (Aktivierung der Zellen durch elektrischen Strom, statt sie mit Läsionen zu zerstören) das Fressen hemmt.

Weiterhin veranlaßte die Injektion von toxischen Glukoseanaloga in das Gehirn die Ratten, sich wie die VMH-geschädigten Ratten zu verhalten. *Glukoseanaloga* werden von den Zellen absorbiert, die Glukose nutzen; und toxische Glukoseanaloga zerstören die Zellen, welche sie absorbieren. Diese Injektionsexperimente zeigten, daß einige Zellen besonders empfindlich gegenüber Glukose sind und daß die Zerstörung dieser Glukorezeptoren zum VMH-Syndrom führt. Möglicherweise empfangen die Glukorezeptoren des VMH Informationen über den Blutzuckerspiegel. Die Ergebnisse zum VMH scheinen sich damit gut in die glucostatische periphere Theorie des Hungers einzufügen und sprechen für die Annahme einer zentralen Integration der beteiligten Mechanismen.

Hunger

Die Wissenschaftler stellten die Überlegung an, daß, wenn es eine Stelle im ventromedialen Hypothalamus gibt, die die Sättigung steuert, also die Nahrungsaufnahme hemmt, es auch eine Stelle im Hypothalamus geben könnte, die mit der Anregung der Nahrungsaufnahme, das heißt dem Hungergefühl, in Zusammenhang steht. 1951 fanden Bal K. Anand und John R. Brobeck eine solche Stelle im *lateralen Hypothalamus* (LH). Ihre Studie schien zu zeigen, daß die Zerstörung dieses spezifischen Gebiets im Hypothalamus dazu

2. Hunger

führt, daß die Ratten nie wieder etwas fressen und schließlich verhungern.

Der Hungertod ist jedoch keine notwendige Folge einer LH-Läsion. LH-geschädigte Ratten weigerten sich zunächst, irgendwelche Nahrung zu fressen oder Wasser zu trinken (*Aphagie* und *Adipsie*). Aber wenn die Ratten sorgfältig behandelt wurden, fraßen sie nach einigen Wochen wieder besonders schmackhaftes Futter, später auch trockenes und tranken schließlich auch Wasser. Scheinbar trägt das die Läsionen umgebende Gewebe zu dieser Erholung bei. Wenn die erholten Ratten in diesen Gebieten, die die ursprüngliche LH-Läsion umgeben, noch einmal einer Läsion unterzogen werden, kehren Aphagie und Adipsie zurück.

Ratten mit LH-Schädigung zeigen auch Defizite in der Sensomotorik und im Erregungsniveau. Beispielsweise haben sie Schwierigkeiten bei der Koordinierung ihrer Gliedmaßen, wenn sie im Käfig herumklettern. Aber sie können ihre Fähigkeit zum Käfigklettern ebenso wiedererlangen wie ein angemessenes Freß- und Trinkverhalten.

Die Hypothese vom Hunger- und vom Sättigungszentrum

All diese Ergebnisse, zu denen der Befund hinzutrat, daß eine Stimulierung des lateralen Hypothalamus die Ratten zum Fressen veranlaßt, schienen für diejenigen, die sich um ein Verständnis der Wirkungsmechanismen der Auslösung und Beendigung des Eßverhaltens bemühten, ein abgerundetes Bild zu ergeben. (Eine Zusammenfassung dieser Daten findet man in Tabelle 2.2.) Von Eliot Stellar wurde 1954 die Auffassung vertreten, daß der ventromediale Hypothalamus als Sättigungszentrum und der laterale Hypothalamus als Hungerzentrum des Gehirns aufzufassen seien. Seiner Ansicht nach werden in diesen Zentren (eigentlich kleinere „Gehirne" innerhalb des großen Gehirns) durch Glukorezeptoren und andere Sensorezeptoren des Hypothalamus Informationen aufgenommen und zusammengefaßt sowie bei Bedarf Aktivitäten ausgelöst. Gehirnzentren betrachtete Stellar als Schwerpunkte der Informationsintegration im Gehirn. Dennoch ging er davon aus, daß an der Auslösung und Beendigung der Nahrungs-

Tabelle 2.2 Zusammenfassung der Befunde zum Hypothalamus in den fünfziger Jahren

Hypothalamusgebiet	Läsion	Reizung
ventromedialer Hypothalamus	vermehrt Essen	vermindert Essen
lateraler Hypothalamus	vermindert Essen	vermehrt Essen

aufnahme mit großer Wahrscheinlichkeit auch andere Gehirnabschnitte als der Hypothalamus beteiligt sind.

Periphere Theorien allein hatten sich als ungeeignet erwiesen, um die Regulation der Nahrungsaufnahme vollständig zu erklären. Stellars Konzeption der Gehirnzentren schloß die peripheren Theorien nicht aus, sondern integrierte sie in zentrale Modellvorstellungen. Er betrachtete die peripheren Theorien als Beschreibungen der verschiedenen Arten von Informationen, die im Hypothalamus verarbeitet werden, wie beispielsweise die Temperatur oder der Blutzuckerspiegel. Die Hirnzentrenannahme blieb in den theoretischen Vorstellungen darüber, wie Eßverhalten ausgelöst, aufrechterhalten und beendet wird, für lange Zeit vorherrschend.

Probleme der Annahme eines Hunger- und eines Sättigungszentrums

In den 35 Jahren, seit Stellar die Hypothese eines Hunger- und eines Sättigungszentrums im Hypothalamus aufstellte, ergaben sich in einer Reihe von Forschungsbefunden Anhaltspunkte für Probleme mit dieser Hypothese.

Ergebnisse, die nach der Theorie nicht zu erwarten wären. Einerseits entwickelt sich das VMH-Syndrom nicht immer so, wie es nach dieser Theorie der Fall sein müßte. Untersuchungen in jüngerer Zeit haben zum Beispiel ergeben, daß die VMH-lädierten Ratten sich dann, wenn man sie während der statischen Phase zwang, kleine Mahlzeiten zu fressen, weiterhin überfraßen und fetter wurden, statt ihr Gewicht zu stabilisieren. Oder ein anderes Beispiel: Selbst wenn man die VMH-geschädigten Ratten in der dynamischen Phase davon abhält, sich zu überfressen, so werden sie dennoch fett. Die Theorie konnte auch nicht erklären, warum die Ratten nach der Zerstörung des Sättigungszentrums so wählerisch wurden. Schließlich wurde das Freßverhalten der VMH-geschädigten Ratten durch periphere Faktoren (wie Magendehnung oder die Injektion von Nährstoffen) ebenso beeinflußt wie das der nichtgeschädigten Ratten. Diese und andere Ergebnisse waren mit der Hypothese, daß die Zerstörung des ventromedialen Hypothalamus einfach die Zerstörung eines Sättigungszentrums darstellt, schwer zu vereinbaren.

Andererseits wurden in jüngerer Zeit durch die Forschung *Neurotransmitter* gefunden, die für die Auslösung und Beendigung der Nahrungsaufnahme verantwortlich sind. Neurotransmitter nennt man die chemischen Substanzen, die in dem schmalen Spalt (der *Synapse*) zwischen zwei benachbarten Neuronen freigesetzt werden. Diese Substanzen bewirken die Übertragung der Erregung von einer Nervenzelle zur anderen und ermöglichen den Informationsaustausch zwischen den Nervenzellen. Zu den Neurotransmittern, die für die Stimulierung der Nahrungsaufnahme zuständig sind, gehören die *Katecholamine*, wie zum Beispiel *Noradrenalin* (Norepinephrin). An der Hemmung der Nahrungsaufnahme sind Neurotransmitter wie *Dopamin* und *Serotonin* beteiligt. Über zugrundeliegende Mechanismen dieser Art sagt die Hirnzentrenhypothese nichts aus. (Für weitere Diskussionen der Beziehung zwischen Nahrungsaufnahme und Neurotransmittern siehe Kapitel 8.)

Verhaltensspezifität. Eine weitere Schwierigkeit erwuchs aus einem methodischen Problem vieler Experimente, auf denen die Theorie basierte. Dieses besteht darin, daß die Verhaltensänderungen, die durch experimentelle Manipulationen am Gehirn bewirkt werden, sehr allgemein und unspezifisch sein können. Nehmen wir zum Beispiel an, bei einem Versuchstier wird eine Läsion in einem bestimmten Hirnabschnitt erzeugt. Nach der Operation kann das Tier eine bestimmte Aufgabe nicht mehr ausführen. Ein Kontrolltier, an dem unter Anästhesie eine Scheinoperation ohne chirurgischen Eingriff ausgeführt wurden, zeigt keine derartige Beeinträchtigung. Man könnte nun schlußfolgern, daß der zerstörte Hirnabschnitt für die auszuführende Aufgabe zuständig ist. Wenn umgekehrt ein bestimmter Hirnabschnitt eines Versuchstieres gereizt wird, könnte man, was immer das Tier auch tut, schlußfolgern, daß dieser eine stimulierte Hirnabschnitt dieses Verhalten bewirkt. Physiologische Psychologen haben diese Art des Vorgehens viele Jahre lang genutzt, um eine Karte des Gehirns zu erstellen und zu bestimmen, welche Areale für welche Funktionen zuständig sind.

Es ist jedoch sehr schwierig, genaue Schlüsse zu ziehen, welches spezifische Verhalten durch die Läsionen oder Reizung beeinflußt wurde. Jedes Verhalten besteht aus vielen Verhaltenskomponenten. Schon die scheinbar simple Aufgabe, einen Ball aufzuheben, erfordert es, die durch den Experimentator gegebene Instruktion zu hören und zu verstehen, den Ball zu sehen, die Knie zu beugen, dabei das Gleichgewicht zu halten, nach dem Ball zu greifen, die Auge-Hand-Koordination aufrechtzuerhalten, den Ball zu ergreifen, aufzustehen und zudem, diese Handlung in irgendeiner Weise lohnend zu finden. Ein physiologischer Eingriff, der das Aufheben des Balles beeinträchtigt, könnte eine oder mehrere dieser Komponenten beeinflußt haben. Inzwischen hat man herausgefunden, daß Eingriffe in scheinbar sehr kleine Abschnitte des Gehirns eine tiefgehende Wirkung auf das allgemeine Aktivierungsniveau oder auf komplexe sensorische Funktionen haben können.

Diese kritischen Überlegungen finden auch auf die Theorie der Zentren für Hunger und Sättigung im Gehirn Anwendung. Eine der Schädigung des ventromedialen Hypothalamus folgende Hyperphagie oder Nahrungsaufnahme infolge einer Reizung des lateralen Hypothalamus können auf eine Stoffwechselstörung, auf eine hormonelle Störung oder auf eine veränderte Empfindlichkeit gegenüber der Umwelt zurückzuführen sein. In ähnlicher Weise wäre es möglich, daß Änderungen der Hirnaktivität eines Tieres nach dem Füttern eher durch eine veränderte Umweltempfindlichkeit des Versuchstieres als durch das Füttern selbst bewirkt werden.

Spezifität der Manipulation. Eine weitere Kritik betraf die spezifischen Lokalisationen der Läsionen, der Reizungen und der gemessenen Hirnaktivität in den Untersuchungen der Hirnzentrentheorie. Zeitweilig wurde irrtümlich angenommen, daß nur die Hirnzellen am Ort der Elektrode zerstört, gereizt beziehungsweise in ihrer Aktivität ge-

2. Hunger

messen wurden. Tatsächlich ist es möglich, daß solche Eingriffe jedoch nicht den eigentlichen Zellkörper eines Neurons, sondern vielmehr eine Nervenfaser treffen, deren Ursprung Millimeter weit entfernt sein kann. Daher wäre es ebensogut denkbar, daß nicht neuronale Zentren, sondern neuronale Bahnen die Nahrungsaufnahme steuern.

Das läßt sich an einigen Beispielen sowohl für das Sättigungszentrum im ventromedialen Hypothalamus als auch für das Hungerzentrum im lateralen Hypothalamus illustrieren. Läsionen im ventromedialen Hypothalamus sind nicht die einzigen Läsionen, die zu Hyperphagie führen können. Auch Läsionen an anderen Orten in unmittelbarer Umgebung können sämtliche Symptome des VMH-Syndroms hervorrufen. Tatsächlich scheinen die eng auf den ventromedialen Hypothalamus begrenzten Läsionen eine geringere Wirkung auf die Erzeugung des VMH-Syndroms zu haben als Läsionen, die nicht so eng auf den ventromedialen Hypothalamus begrenzt sind. Läsionen des *paraventrikulären Kerns*, der genau über dem ventromedialen Kern im Hypothalamus lokalisiert ist, können eine größere Wirkung auf die Beseitigung des Sättigungsgefühls ausüben als Läsionen des VMH. Möglicherweise sind frühere Demonstrationen des VMH-Syndroms nach Zerstörung des VMH ganz einfach darauf zurückzuführen, daß die genutzten Techniken noch zu grob waren und einen größeren Teil des Hirns zerstörten, als beabsichtigt war. Zudem gibt es viele aufsteigende und absteigende Nervenbahnen (Zentralnervensystem und Peripherie verbindende Nervenfasern), die durch diese Läsionen unterbrochen werden. Die Unterbrechung dieser Nervenbahnen reicht zwar nicht aus, um alle Symptome des VMH-Syndroms hervorzurufen, sie ist aber für die Auslösung des Syndroms offensichtlich von Bedeutung.

Bei der Entstehung des LH-Syndroms scheinen zwei Mechanismen zusammenzuwirken. Der auf LH-Läsionen folgende Rückgang von Essen und Trinken kann allein durch die Zerstörung von Zellkörpern im lateralen Hypothalamus verursacht werden. Sensorische Ausfälle und Aktivierungsstörungen jedoch, die ebenfalls zum LH-Syndrom gehören, werden anscheinend durch die Zerstörung bestimmter (dopaminergischer) Nervenfasern, die durch die Hypothalamusregion hindurchtreten, verursacht. Die bereits beschriebenen Erholungsstadien nach LH-Läsionen scheinen darauf zurückzuführen zu sein, daß die Versuchstiere in wachsendem Maße auf niedrige Reizniveaus reagieren, wenn sie sich von der Schädigung dopaminergischer Fasern erholen, die durch den lateralen Hypothalamus verlaufen. Die alleinige Schädigung dieser Fasern beeinträchtigt das Freß- und Trinkverhalten infolge der durch sie bewirkten sensorischen Ausfälle und Aktivierungsstörungen.

Fazit. Nicht alle in diesen ersten 35 Forschungsjahren erzielten Ergebnisse sprechen gegen Stellars Theorie. So zeigte sich zum Beispiel in einem Experiment, daß auf örtlich begrenzte Injektionen einer chemischen Substanz, die die Nerventätigkeit hemmt, an spezifischen Stellen im Hypothalamus der Ratten in einem Falle spontane Nahrungsaufnahme oder im anderen Falle überhaupt keine Nahrungsaufnahme folgte. In Übereinstimmung mit Stellars Theorie lagen die Injektionsstellen, die die Nahrungsaufnahme erhöhten, im ventromedialen Hypothalamus, während jene, die die Nahrungsaufnahme verminderten, im lateralen Hypothalamus lagen. Danach wurde eine Nährsubstanz in den *Zwölffingerdarm*, den mit dem Magen verbundenen Teil des Dünndarms, eingeflößt. Als Reaktion darauf zeigten die Stellen im LH (Stellars Hungerzentrum) eine gehemmte Aktivität, während die Stellen im VMH (Stellars Sättigungszentrum) eine erhöhte Aktivität aufwiesen. Die Vermittlung erfolgt wahrscheinlich über eine Aktivierung des *Nervus vagus*, der den Darm mit jenem Hirnabschnitt verbindet, zu dem der Hypothalamus gehört. Dieses Experiment zeigte nicht nur, daß der laterale und der ventromediale Hypothalamus in Abhängigkeit von Hunger und Sättigung in ihrer Aktivierung variieren (genau, wie es nach Stellars Theorie zu erwarten wäre), sondern auch, daß die Information über die Menge aufgenommener Nahrung sehr schnell vom Magen einer Ratte zum LH und zum VMH übertragen werden kann.

Dennoch gibt es inzwischen eine Reihe von Belegen dafür, daß weder das VMH- noch das LH-Syndrom allein durch Neuronen, die ihren Ursprung in diesen Stellen nehmen, ausgelöst wird. Eine Vielzahl untereinander verbundener Bahnen ist für diese Syndrome verantwortlich. Der Hypothalamus ist einer der wesentlichsten Verknüpfungsorte von externen und internen sensorischen Reizen sowie der

2. Hunger

Aktivierung aus höheren und niederen Hirnstrukturen. Indes, die kleinen „Gehirne" innerhalb des Gehirns, die die Auslösung und Beendigung von Essen so hübsch erklärt hätten, die existieren nicht.

Die Nervale-Phase-Hypothese

Während der Forschungen über den Einfluß des Hypothalamus auf die Nahrungsaufnahme stellte es sich heraus, daß Läsionen des ventromedialen Hypothalamus bestimmte Stoffwechselfunktionen des Körpers beeinträchtigen, welche wiederum auf das Ernährungsverhalten einwirken. Diese Befunde führten zur Formulierung der *Nervale-Phase-Hypothese (NPH)*. Grundlage dieser Hypothese sind die Reflexe der ersten (nervalen beziehungsweise reflektorischen) Phase [beispielsweise der Magensaftsekretion], Reiz-Reaktions-Sequenzen, die mit der Nahrungsaufnahme und Verdauung in Zusammenhang stehen und unmittelbar auf den direkten Kontakt mit Nahrung hin erfolgen. Zu diesen Reflexen gehören die Insulinausschüttung als Reaktion auf Nahrungsaufnahme sowie der Würge- und der Brechreflex. Der durch Iwan Pawlow untersuchte Speichelreflex, den Hunde als Reaktion auf Futter zeigen, ist ein Beispiel für diese bedingten Reflexe, die die nervale Phase der Speichelsekretion ausmachen.

Die NPH geht von der Annahme aus, daß die Zerstörung des VMH zu unangemessen verstärkten Reaktionen innerhalb der reflektorischen Phase führt. Es wird weiterhin angenommen, daß diese erhöhten Reaktionen das energetische Gleichgewicht des Organismus stören. Die VMH-Läsion steigert die Insulinsekretion und stört das für die Speicherung und Umwandlung von Fett zuständige Gleichgewicht von *Sympathikus* und *Parasympathikus*, so daß eine erhöhte Menge an Fett gespeichert wird. Diese Verringerung der für den Energiebedarf unmittelbar zur Verfügung stehenden Nahrung versucht der Organismus durch eine erhöhte Nahrungszufuhr auszugleichen.

Diese Hypothese scheint viele der VMH-Läsionen folgenden Verhaltensänderungen erklären zu können. Beispielsweise das durch VMH-Läsionen verursachte wählerische Freßverhalten kann durch die NPH in der folgenden Weise erklärt werden: Bei einem normalen Tier sind die zur reflektorischen Phase gehörenden Reaktionen, wie zum Beispiel Speichelabsonderung, umso größer, je schmackhafter die Nahrung ist. Nehmen wir an, die VMH-Läsionen steigern alle Reflexe der nervalen Phase in demselben Ausmaß. Dann erfolgen als Reaktionen auf einige Nahrungsmittel sehr starke Reflexe, und das Tier würde eine große Menge dieser Nahrungsmittel verzehren, was als Hyperphagie in Erscheinung tritt. Die Reaktionen auf weniger schmackhaftes Futter hingegen könnten noch immer unterhalb der Schwelle zur Nahrungsaufnahme liegen. Gleichzeitig würden auch die Ablehnungsreflexe (Würgen und Erbrechen) auf wenig schmackhaftes Futter hin verstärkt werden. Auf diese Weise scheint es so, als habe das Tier eine gesteigerte Vorliebe für seine Lieblingsspeisen und eine erhöhte Ablehnung für weniger schmackhafte Nahrung (wählerisches Freßverhalten).

Wenn die durch die NPH gegebene Darstellung der Entstehung des VMH-Syndroms zutreffend ist, dann müßte die Ausschaltung der psychischen Reflexe bei einer VMH-lädierten Ratte auch die Hyperphagie dieser Ratte beseitigen. Die psychischen Reflexe können entfernt werden, indem man den Vagusnerv durchtrennt oder pharmakologisch blockiert. In verschiedenen (allerdings nicht allen) Experimenten bestätigte sich, daß durch derartige Eingriffe die Nahrungsaufnahme der VMH-geschädigten Versuchstiere vermindert wird. Diese Ergebnisse stützen die Hypothese der nervalen Phase und sprechen gegen die Hypothese des ventromedialen Hypothalamus als Sättigungszentrum.

Es muß betont werden, daß die NPH die Möglichkeit nicht ausschließt, daß auch andere Reaktionen als die der nervalen Phase durch VMH-Schädigungen beeinträchtigt werden. Viele verschiedene Aspekte des motivationalen Verhaltens werden durch solche Läsionen in Mitleidenschaft gezogen. Dazu gehören das Sexualverhalten, der Schlaf-Wach-Rhythmus und die Lernfähigkeit. Es ist hinzuzufügen, daß die Vorhersagen der NPH nicht in jedem Falle bestätigt wurden. So ist zum Beispiel die Tatsache, daß durch den Magen ernährte VMH-lädierte Ratten ebenso an Gewicht zunehmen wie oral gefütterte Ratten, durch die NPH schwierig zu erklären. Dieser Befund steht im Widerspruch zur NPH, weil es ohne orale Stimulation keine übermäßigen Reflexe der cephalischen Phase geben kann, also auch nicht den in der NPH angenommenen Mechanismus zur Erklärung der Gewichtszunahme VMH-geschädigter Ratten. Die NPH ist eine Arbeitshypothese, die dazu dienen soll, die verfügbaren Daten in einer Weise zu ordnen, die es erlaubt, unsere Einsicht in die dem VMH-Syndrom zugrundeliegenden Mechanismen zu erweitern.

Physiologische Modelle der Nahrungsaufnahme

Man weiß heute einiges über die peripheren und zentralen physiologischen Mechanismen, die zur Entstehung von Hunger beitragen. Eine Strategie, die von einigen Forschern angewendet wurde, um die zahlreichen Befunde zu verknüpfen und zu integrieren, ist die Einbindung vieler dieser Mechanismen in ausgearbeitete Modelle des Hungers. So haben D. A. Booth, F. M. Toates und S. V. Platt ein physiologisches Ernährungsmodell beschrieben, das versucht, einige der zahlreichen physiologischen Einflußgrößen für die Entstehung von Hunger einzubeziehen (Abbildung 2.6). Dieses Modell berücksichtigt viele Variablen, wie die Magenentleerungsrate, den Energiegehalt der Nahrung und des gespeicherten Fettes, den Energieinhalt des Darmkanals und so weiter. Mit diesem Modell ist es möglich, den Wert einer Variablen zu bestimmen, wenn man alle übrigen kennt. Booth und seine Kollegen behaupten, daß das Modell »zeitliche Muster von Eßphasen, Darminhalten, aktueller oder virtueller Hemmung oder Förderung der Nahrungsaufnahme durch Energiezufuhr [und] die Veränderung der Gesamtenergie des Körpers« erfolgreich vorhersagen kann. Alle Variablen und alle Umwandlungen von einem Teil des Systems zu einem anderen (wie zum Beispiel vom Energiegehalt des Darmes zur Absorptionsrate der Energie aus dem Darm) werden physiologisch gemessen. Man muß aber erwähnen, daß all dies periphere Messungen sind. Booth und seine Kollegen beziehen sich nie auf zentrale Mechanismen der Nahrungsaufnahme. Sie nehmen an, daß die einzige Funktion zentraler Mechanismen darin besteht, periphere Informationen zu integrieren. Booth und seine Kollegen beschäftigen sich allerdings nicht mit dem komplizierten Problem, wo genau im Körper diese Integration stattfindet; für diese Forscher findet die Integration in ihrem Modell statt.

Die Psychologie des Essens und Trinkens

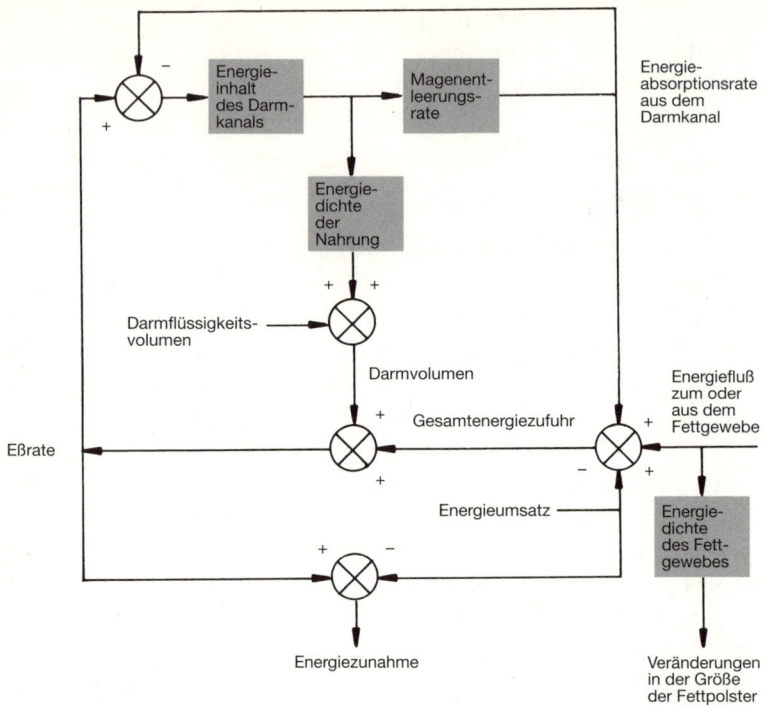

2.6 Vereinfachtes Schema des Ernährungsmodells von Booth, Toates und Platt. (Nach Booth, Toates & Platt, 1976.)

Modelle sind abstrakte und vereinfachte Abbildungen der verfügbaren Information. Kein Modell kann einen ausschließlichen Anspruch auf die Wahrheit erheben. Für jede gegebene Menge Daten gibt es mindestens zwei Modelle, die diese Daten vorhersagen können. Sehr erfolgreiche Modelle nähren oft die Hoffnung, daß eines Tages eine physiologische Entsprechung des Modells gefunden werden wird. Es kann aber sein, daß es eine solche Entsprechung nicht gibt.

Nichtphysiologische Modelle

Alle bisher besprochenen Theorien und Modelle des Hungers beziehen nur physiologische Mechanismen ein. Die Erklärungen, die sie für die Auslösung und Beendigung des Eßverhaltens geben, beruhen vollständig auf physiologischen Faktoren. Kritiker an diesem generellen Ansatz betonen, daß es unmöglich ist, irgendein Verhalten vollständig zu beschreiben, wenn man ausschließlich die Physiologie eines Organismus berücksichtigt. Physiologische Untersuchungen sagen wenig aus, wenn sie sich nicht auch den Reizen aus der Umwelt zuwenden, die die physiologischen Reaktionen im Körper verursachen, und den Verhaltensantworten, die durch diese physiologischen Reaktionen wiederum bewirkt werden.

Die Einflüsse des Lernens auf das Essen

Daß Umweltreize eine Bedeutung für die Auslösung und Beendigung des Eßverhaltens haben, ist in den vielen Experimenten deutlich gezeigt worden, die die Auswirkungen von Lernprozessen auf die Bereitschaft des Versuchstieres zu fressen demonstriert haben. So führen zum Beispiel wiederholte Erfahrungen, in denen Scheinfütterung an Nahrung mit einem Geschmack A gekoppelt ist, wirkliche Fütterung aber an Futter, das den Geschmack B hat, dazu, daß die Versuchstiere mehr Nahrung mit dem Geschmack A verzehren, auch wenn es sich bereits nicht mehr um Scheinfütterung handelt. Die Versuchstiere haben gelernt, daß bei Futter mit dem Geschmack A nur wenige Kalorien zugeführt werden. Daher steigern sie den Umfang von Mahlzeiten mit diesem Geschmack.

Um ein weiteres Beispiel anzuführen: Wenn Ratten gelernt haben, Geschmack A mit einer kalorienhaltigen Lösung und Geschmack B mit einer nicht kalorienhaltigen Lösung zu assoziieren, so werden sie durch die Freisetzung von Cholecystokinin (CCK) davon abgehalten, etwas von einer Lösung mit dem Geschmack A zu trinken, nicht jedoch mit dem Geschmack B. Mit anderen Worten, CCK bewirkt nur dann Sättigung, wenn die Ratte erwartet, Kalorien aufzunehmen (obwohl sie es nicht unbedingt tut).

Als abschließendes Beispiel in diesem Zusammenhang sei eine Untersuchung von Leann Birch und ihren Kollegen erwähnt. Sie gaben Vorschulkindern in einer spezifischen Umgebung und bei Vorhandensein charakteristischer visueller und auditiver Reize kleine Snacks, in einer anderen Umgebung mit anderen visuellen und akustischen Reizen jedoch nicht. Selbst wenn die Kinder erst kurz zuvor etwas zu sich genommen hatten, aßen sie mit größerer Wahrscheinlichkeit bei Vorhandensein der Reize, die in der Vergangenheit mit Essen gekoppelt gewesen waren als bei solchen, wo das nicht der Fall gewesen war.

Verhaltenshomöostase

In all den im vorausgehenden Abschnitt dargestellten Beispielen für die Beeinflussung des Ernährungsverhaltens durch Lernen waren die Auslösung und die Beendigung der Nahrungsaufnahme nicht mehr allein durch das Bestreben des Körpers, sich selbst in einen optimalen physiologischen inneren Zustand zurückzuversetzen, d.h. durch Homöostase, bestimmt. In Übereinstimmung mit diesen Befunden hat Jerry A. Hogan die Ansicht vertreten, daß die Homöostase vernünftigerweise nicht als ein allein durch physiologische Faktoren beeinflußtes System aufzufassen ist. Er wies darauf hin, daß das innere Milieu des Organismus immer sowohl durch Reaktionen innerhalb des Körpers als auch durch Geschehnisse in der äußeren Umgebung des Körpers beeinflußt wird. So fressen Tiere nach einem Nahrungsmangel keineswegs immer, selbst wenn sie die Möglichkeit dazu haben. Die Nahrungsaufnahme einer brütenden Henne zum Beispiel beträgt 20 Prozent weniger als sonst. Den meisten Definitionen zufolge müßte man den Hungerzustand bei brütenden Hennen demnach als nichthomöostatisch bezeichnen.

Die an der Aufrechterhaltung eines optimalen inneren Milieus beteiligten Mechanismen sind sehr komplex. Außer negativen Rückkopplungsmechanismen kann das Verhalten von Tieren auch durch *positive Rückkopplung* beeinflußt werden, indem eine Abweichung von einem Sollwert zu Reaktionen führt, die diese Abweichung noch vergrößern, wie auch durch Mechanismen, in denen überhaupt keine Rückkopplung wirkt. Weiterhin kann ein System, das sich selbst immer demselben Sollwert entsprechend reguliert, nicht als Modell für ein homöostatisches System dienen. Es gibt nur wenige Systeme, wenn überhaupt, die unter diese Definition fallen.

Das Homöostasekonzept muß entweder stark erweitert oder ganz aufgegeben werden. Für Hogan sind mit dem Homöostasebegriff – auf motivationale Prozesse angewendet – so viele Probleme verbunden, daß er auf diesen Terminus ganz verzichten würde. Er vertritt die Ansicht, daß man den für einen Organismus optimalen inneren Zustand und die Mechanismen, die zu diesem Zustand führen, nur genauer angeben kann, wenn man die jeweilige besondere Situation des Organismus kennt.

Der psychodynamische Ansatz

Psychodynamische Theoretiker haben schon vor vielen Jahren einen kombinierten physiologisch-umweltbezogenen Ansatz entwickelt. Für diese Wissenschaftler hat Hunger eine physiologische Grundlage, wird aber durch unbewußte Lernvorgänge unmittelbar beeinflußt. Von ihren ersten Ernährungserfahrungen an lernen Organismen, ihre Nahrungsaufnahme ihrem Energiebedarf entsprechend zu steuern.

Durch das Lernen kann die Nahrungsaufnahme in den frühen Lebensabschnitten mit Erfahrungen assoziiert werden, die mit dem Essen in dieser Zeit gewöhnlich verbunden sind, wie die Wärme und Aufmerksamkeit der Mutter. Harry F. Harlows Experimente an Affenkindern können uns eine Vorstellung davon vermitteln, wie dieser Lernprozeß ablaufen könnte. In einem typischen Experiment gab Harlow den Jungtieren die Möglichkeit, zwischen zwei „Pseudomüttern" zu wählen. Eine Mutter war aus Draht, aber enthielt eine Milchflasche. Die andere hatte keine Milchflasche, aber der Drahtrahmen war mit weichem Stoff umwickelt (siehe Abbildung 2.7). Die Affenkinder ernährten sich von der Drahtmutter, verbrachten aber den größten Teil der Zeit in engem Kontakt mit der Stoffmutter. Durch diese Forschung zeigte Harlow, daß die Weichheit der Mutter in sich selbst für ein Affenjunges äußerst erstrebsam ist, unabhängig von Ernährungserfahrungen. Er nannte dieses Hingezogensein des Affenkindes zu der Stoffmutter „Liebe". Normalerweise sind die weiche Mutter und die

Die Psychologie des Essens und Trinkens

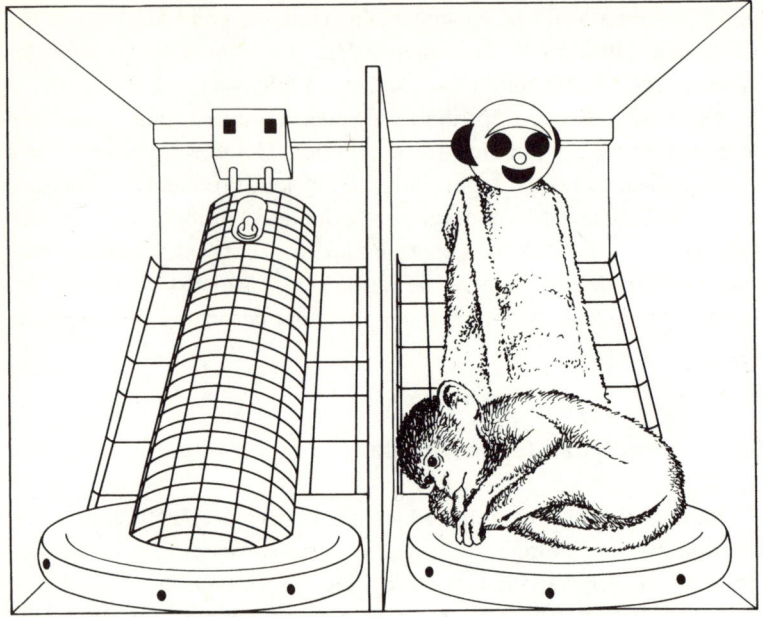

2.7 Die Draht- und die Stoffmutter des Affenbabys. Nur die Drahtmutter enthält eine Flasche und liefert Milch. (Nach Harlow, 1958.)

milchgebende Mutter ein und dieselbe. Man kann daher leicht einsehen, wie „Liebe" mit Nahrung gekoppelt werden könnte, obwohl sie vielleicht ursprünglich unabhängig voneinander waren.

Die Vertreter psychodynamischer Theorien nehmen an, daß infolge dieser Mechanismen Essen für viele Dinge stehen und damit auch als inadäquate Verhaltensweise in Erscheinung treten kann. Umgekehrt können die Betreuungspersonen eines kleinen Kindes, wenn sie bei seiner Ernährung umsichtig vorgehen und auf seine biologischen Bedürfnisse angemessen reagieren, das Kind lehren, Nahrung nur dann zu sich zu nehmen, wenn es sie wirklich benötigt.

Dies mag allerdings für die Betreuungspersonen schwierig sein, weil Kinder sehr verschieden sind und es daher leicht geschehen kann, daß die Signale, die ein Kind aussendet, fehlinterpretiert werden. Wie auch immer, die psychodynamischen Theoretiker glauben, daß Lernen so eng mit der physiologischen Regulation von Hunger gekoppelt ist, daß es eigentlich unmöglich ist, beides zu trennen. Nach der psychodynamischen Theorie ist es leicht zu verstehen, wie ein Kind dazu kommen könnte zu essen, wenn es Angst hat oder einsam ist, da es Essen mit Sicherheit und Mutterliebe assoziiert hat.

Der psychodynamische Ansatz erscheint zwar außergewöhnlich einleuchtend. Allgemein mangelt es ihm aber an Forschungsbefunden, die seinen Schlußfolgerungen in den Augen experimenteller Psychologen Bedeutsamkeit verleihen würden. Es gibt jedoch noch weitere Ansätze, die über eine rein physiologische Erklärung der Entstehung von Hunger hinausgehen.

Verhaltenstheoretische Modelle des Essens

Verhaltenstheoretische Modelle versuchen, den Hunger zu erklären, ohne auf irgendwelche inneren physiologischen Variablen zurückzugreifen. Statt dessen basieren die Prinzipien, die Hunger erklären und vorhersagen sollen, vorrangig auf Verhalten, vor allem *operantem Verhalten*, das durch Aktivitäten des Muskel-Skelett-Systems zustande kommt und willkürlich steuerbar ist. Zum Beispiel entwickelten Gary A. Lucas und William Timberlake ein Modell, wonach der Umfang einer Mahlzeit durch zwei Faktoren determiniert ist. Der erste Faktor besteht darin, daß sich der Umfang der Mahlzeit erhöht, wenn der Geschmack als positiver Stimulus empfunden wird (ein positiver Rückkopplungsmechanismus). Der zweite Faktor besteht in einer Verminderung der Mahlzeitengröße als Funktion der konsumierten Gesamtmenge (ein negativer Rückkopplungsmechanismus). Diese beiden Faktoren wirken bei der Bestimmung der Mahlzeitengröße zusammen.

J. E. R. Staddon nimmt in seinem Modell vier Faktoren an: „das Körpergewicht (die Größe des Energiespeichers), das Stoffwechselniveau (Energieumsatz), die Eßhäufigkeit (Energiezufuhr) und den Geschmack (als entwicklungsbedingten Indikator der Nahrungsqualität)". Im Zentrum von Staddons Modell steht der Energiehaushalt. Aber statt nach einem physiologischen Fokus für Energie-Input und -Output innerhalb des Organismus zu suchen, betrachtet er den ganzen Organismus als ein Energiepaket und interessiert sich für das beobachtbare Verhalten des Organismus. Auch in Staddons Modell, ebenso wie in den physiologischen Modellen, sind Rückkopplungsmechanismen in die Betrachtung einbezogen. Aber diese Mechanismen werden vollständig in der Begrifflichkeit des operanten Verhaltens ausgedrückt. Das Modell ist durch drei Annahmen über Rückkopplungsfunktionen charakterisiert. Erstens wird die Eßrate durch operantes Verhalten auf einem optimalen Niveau gehalten. Zweitens besteht die Auswirkung des Geschmacks darin, die Eßrate zu erhöhen oder zu verringern. Drittens neigen Organismen dazu, mehr und öfter Nahrung zu sich zu nehmen, wenn ihr Körpergewicht niedrig ist.

Es gibt zwar einige schwierigere Einzelprobleme der Auslösung und Beendigung von Eßverhalten, die durch keines dieser Modelle erklärt werden können; sie sind aber einfach und allgemein genug, um sehr viele Fälle von Ernährungsverhalten leicht zu erklären.

Die Untersuchungen von Lucas und Timberlake einerseits und von Staddon andererseits sind nur zwei Beispiele dafür, wie nichtphysiologische Psychologen versucht haben, Ernährungsverhalten über die Regulation der Nahrungsaufnahme zu erklären. Zum Teil hat ihr Verzicht auf physiologische Erklärungen auch mit der wachsenden Komplexität unseres Wissens über physiologische Komponenten des Hungers zu tun, wobei noch immer vieles unbekannt ist. Physiologische Modelle aufzustellen, kann unter diesen Umständen hoffnungslos erscheinen. Aber wichtiger ist vielleicht etwas anderes: Bei vielen Psychologen hat sich die Auffassung durchgesetzt, daß ein Organismus mit seiner Umwelt auf der Ebene des Verhaltens interagiert, nicht auf neuronaler Ebene. Sie vertreten daher die Ansicht, daß Erklärungen des Verhaltens auch Verhalten zur Grundlage haben sollten.

Fazit

Die wissenschaftliche Untersuchung des Hungers begann mit der Betrachtung peripherer Signale, die zur Auslösung und Beendigung von Eßphasen gehören. Magenkontraktionen, Magendehnung, Umgebungstemperatur, glucostatische und lipostatische Theorien sind über

Jahre hinweg untersucht worden und haben unsere Einsicht in die Regulation der Nahrungsaufnahme vorangebracht. Theorien, die solche peripheren Faktoren wie orale Stimulierung und Darmpeptide zum Inhalt haben, wurden in jüngerer Zeit vorgeschlagen und getestet. Die Verschiedenartigkeit und der Umfang dieser Theorien verdeutlichen, daß an der Entstehung von Hunger eine Vielzahl von Faktoren beteiligt ist. Aus diesem Grunde suchten viele Forscher nach besonderen Orten im Gehirn, die die peripheren Informationen vielleicht koordinieren und integrieren. Als potentielle Sättigungs- und Hungerzentren schienen vor allem der ventromediale beziehungsweise der laterale Hypothalamus in Frage zu kommen.

Die neuere Forschung hat gezeigt, daß kleine, engumschriebene Areale, die ausschließlich dafür zuständig wären, auf das Hunger- und Sättigungsverhalten einzuwirken, nicht existieren. Der Hypothalamus spielt zwar eine wesentliche Rolle bei der Integration einlaufender sensorischer und auslaufender motorischer Impulse, die für das Essen von Bedeutung sind, die neuronale Kontrolle des Eßverhaltens scheint aber durch das Gehirn als Ganzes geleistet zu werden. Neuere Versuche, das Hunger- und Ernährungsverhalten zu erklären, führten daher zur Entwicklung ausgearbeiteter Verhaltensmodelle oder physiologischer Modelle ohne jegliche Bezugnahme auf zentrale Determinanten der Ernährung.

3
Durst

Hunger und Durst sind nicht voneinander unabhängig. Ein Tier konsumiert unter Nahrungsentzug weniger Wasser (Adolph, 1947; Kleitman, 1927) und desgleichen bei Wassermangel weniger Nahrung (Engell, 1988; Lepkovsky et al., 1957). Diese beiden Sachverhalte können zu dem Verhältnis zwischen Nahrung und Wasser im Magen, das ein Tier beizubehalten anstrebt, in Beziehung stehen. Bei der Ratte beträgt dieses Verhältnis ungefähr 1:1. Auch im Darmtrakt der Ratte zeigt sich die Tendenz, ein bestimmtes Gleichgewicht von Nahrung und Wasser aufrechtzuerhalten. Dieses Verhältnis liegt ungefähr bei einem Teil Nahrung auf drei Teile Wasser (Lepkovsky et al., 1957). Ratten, und vielleicht auch andere Spezies, benötigen offenbar für eine optimale Verdauung und die Absorption der Nährstoffe ein bestimmtes Verhältnis von Nahrung zu Wasser im Magen-Darm-Kanal. Dies läßt die Vermutung zu, daß ein Tier umso mehr trinkt, je mehr es ißt. Weiterhin ist anzunehmen, daß ein Tier – wenn es nicht gerade schwitzt oder auf andere Weise Wasser verliert – nur wenig Durst haben wird, solange keine Nahrung verfügbar ist.

Durst und Hunger beeinflussen sich auch deshalb wechselseitig, weil zahlreiche Nahrungsmittel zumindest etwas Wasser enthalten und viele Flüssigkeiten wenigstens einige Nährstoffe. Somit kann Essen dazu beitragen, den Durst zu löschen, und Trinken kann etwas zur Sättigung beisteuern. So wird jemand, der einen großen Schoko-Shake getrunken hat, nicht sehr viel Hunger verspüren; und es ist kaum zu erwarten, daß jemand nach dem Verzehr großer Mengen Kopfsalat besonders durstig ist (Kopfsalat besteht zu 96 Prozent aus Wasser; Guthrie, 1975).

Typen von Trinkverhalten

In gewisser Weise ist Durst leichter zu untersuchen als Hunger, da es sich nur um die Aufnahme eines einzigen Stoffes handelt: nämlich Wasser. Trotz dieser Einfachheit läßt sich eine erstaunliche Anzahl unterschiedlicher Trinkverhaltenstypen beobachten. Diese Verhaltensweisen können in zwei Hauptkategorien eingeteilt werden: homöostatisches und nichthomöostatisches Trinken. Homöostatisches Trinken stellt das Wassergleichgewicht eines Organismus nach Flüssigkeitsentzug oder -verlust wieder her. Nichthomöostatisches Trinken umfaßt alle übrigen Trinktypen. Beide grundlegenden Typen kommen sehr häufig vor. Um umfassend zu sein, muß eine Theorie des Durstes sowohl homöostatisches als auch nichthomöostatisches Trinken einbeziehen.

Homöostatisches Trinken

Das allgemeine Ziel homöostatischen Trinkens besteht darin, innerhalb ziemlich enger Grenzen die Konzentration gelöster Stoffe im Blutplasma wie auch das Gesamtvolumen an Blutplasma aufrechtzuerhalten (Stricker & Verbalis, 1988). Es gibt zwei Arten homöostatischen Trinkens: Trinken nach extrazellulärem Flüssigkeitsverlust und Trinken nach intrazellulärem Flüssigkeitsverlust. Der Begriff *intrazellulärer Flüssigkeitsraum* bezieht sich auf das Wasser innerhalb der Zellen. Der *extrazelluläre Flüssigkeitsraum* umfaßt das Wasser außerhalb der Zellen, also das Wasser zwischen den Zellen und im Blutplasma. Diese beiden Flüssigkeitsräume interagieren miteinander durch die Zellgrenzen hindurch. Wenn die Ionenkonzentration (elektrisch geladene Teilchen wie Natrium- und Kaliumionen) auf einer Seite der Zellmembran größer ist als auf der anderen, tritt Wasser in einem *Osmose* genannten Prozeß durch die Zellwand hindurch, bis die Ionenkonzentration auf beiden Seiten gleich groß ist (Rolls & Rolls, 1982).

Der extrazelluläre Raum kann sich verkleinern, ohne den intrazellulären Raum zu beeinflussen – dann, wenn einfach ein Teil der extrazellulären Flüssigkeit entfernt wird. Dadurch ändert sich weder die

Konzentration der verbleibenden extrazellulären noch diejenige der intrazellulären Flüssigkeit. Ein typisches Beispiel für diese Art extrazellulären Flüssigkeitsverlusts ist ein plötzlicher Blutverlust infolge eines Autounfalls. Wenn so etwas geschieht, wird im allgemeinen unter medizinischer Betreuung intravenös Flüssigkeit zugeführt. Wird das extrazelluläre Flüssigkeitsniveau jedoch nicht wiederhergestellt, so wird die Person, die den Flüssigkeitsverlust erlitten hat, durstig werden (Fitzsimons, 1961; Russell, Abdelaal & Mogenson, 1975). Diese Art Flüssigkeitsverlust wird als *Hypovolämie* bezeichnet.

Intrazellulärer Flüssigkeitsverlust kann dann vorkommen, wenn die Ionen im Plasma eine sehr hohe Konzentration erreichen, etwa infolge einer Injektion physiologischer Kochsalzlösung. Dies führt dazu, daß Wasser durch Osmose aus den Zellen herausdiffundiert (Rolls & Rolls, 1982). Jemand, der diese Art von Flüssigkeitsverlust erleidet, wird durstig (Fitzsimons, 1972). Eine andere Weise, intrazelluläre Flüssigkeit zu verlieren, ist Wasserentzug, der auch zu extrazellulärem Flüssigkeitsverlust führt. Auch hier bringt der Wasserverlust Durst mit sich (Rolls & Rolls, 1982).

In all diesen Fällen ist der Sollwert für den Flüssigkeitsgehalt in einem oder beiden Flüssigkeitsräumen gestört. Es besteht kein optimales inneres Milieu mehr. Trinken verringert diese Abweichungen vom optimalen Zustand – durch negative Rückkopplung –, bis der optimale Zustand wiederhergestellt ist. Wie Wasserentzug wirkt sich auch Wasseraufnahme auf beide Flüssigkeitsräume aus. Sie erhöht die Menge an Wasser im extrazellulären Flüssigkeitsraum, wodurch die Ionenkonzentration in diesem gesenkt wird. Daraufhin erfolgt Osmose: Jetzt diffundiert Wasser von der Außenseite zur Innenseite der Zellwand und gleicht die Ionenkonzentrationen auf beiden Seiten aus (Rolls & Rolls, 1982). Die einem Wasserentzug folgende Aufnahme von Wasser ist homöostatisches Trinkverhalten.

Nichthomöostatisches Trinken

Zu einem großen Teil trinken Tiere und Menschen nicht, um ein Wasserdefizit aufzufüllen. Ratten zeigen zum Beispiel einen ausgeprägten Schlaf-Wach-Rhythmus in ihrem Trinkverhalten. Sie nehmen

3. Durst

ungefähr 75 Prozent ihres Wassers während der 12 dunklen Stunden des Tages auf, obwohl ihre Mahlzeiten in 2,4-Stunden-Intervallen rund um die Uhr erfolgen (Oatley, 1971).

Als ein weiteres Beispiel nichthomöostatischen Trinkens vergegenwärtige man sich die Tatsache, daß wir meistens dann trinken, wenn wir eine Mahlzeit einnehmen (Engell, 1988). Befragt nach den physiologischen Gründen dafür, mögen wir vielleicht sagen, daß wir das Wasser brauchen, da es bei der Verdauung der Nahrung hilft oder weil das Essen salzig ist und wir das Wasser auffüllen wollen, das durch das Salz aus den Zellen gezogen wird. Beide Gründe sind jedoch nur zum Teil richtig. Man benötigt das Wasser eigentlich erst einige Stunden nach dem Essen. Wir antizipieren einen späteren Bedarf an Wasser und nutzen momentan verfügbares Wasser, um einem Defizit zuvorzukommen. Dies ist bekannt als antizipatorisches Trinken (Rolls & Rolls, 1982). *Antizipatorisches Trinken* ist der in Kapitel 1 für die Schmeißfliege beschriebenen antizipatorischen Ernährung vergleichbar. Tiere trinken und fressen, bevor der Bedarf dafür wirklich vorhanden ist.

Antizipatorisches Trinken könnte ein erlerntes Trinkverhalten sein. Vielleicht lernen Organismen, Essen mit darauffolgendem Flüssigkeitsmangel zu assoziieren und werden dadurch veranlaßt zu trinken, während sie essen. Oder aber die Organismen haben sich in der Evolution in einer solchen Weise entwickelt, daß antizipatorisches Trinken automatisch erfolgt. Es ist bis heute nicht bekannt, in welchem Ausmaß antizipatorisches Trinken erlernt oder vererbt wird.

Andere Aspekte nichthomöostatischen Trinkverhaltens sind klar und in starkem Maße durch Lernen beeinflußt. Menschen, die in der Wüste unterwegs sind und über keinerlei Mittel verfügen, Wasser mit sich zu führen, werden an jedem einzelnen Wasserloch so viel Wasser wie möglich trinken, ehe sie weitergehen. Dies gilt allgemein: Sofern Wasser rar ist, lernen Organismen, immer dann zu trinken, wenn es verfügbar ist. So zeigte R. S. Weisinger (1975) in Laboruntersuchungen, daß Reize, die bei Tieren normalerweise keine Reaktion hervorrufen, Trinkverhalten auslösen können, wenn sie zuvor mit einem auf sie folgenden Trinkbedürfnis gekoppelt worden sind (Weisinger, 1975).

Ein anderes Beispiel für nichthomöostatisches Trinken ist *Hysterese* (griech. „Zurückbleiben"). Dieses Wort ist die wissenschaftliche

Bezeichnung für das Zurückbleiben einer Wirkung hinter den Veränderungen der verursachenden Einflußgröße. Organismen zeigen Hysterese, wenn sie weitertrinken (oder weiterhin nicht trinken), obwohl die Ursache für das jeweilige Verhalten, beispielsweise Flüssigkeitsmangel, weggefallen (oder eingetreten) ist. Man betrachte das folgende Beispiel: Bei einer stark kohlenhydrathaltigen Nahrung braucht ein Tier weniger Wasser als bei einer sehr eiweißreichen. Wenn nun eine Ratte von eiweißreichem auf kohlenhydratreiches Futter umgestellt wird, so könnte man (bei kontrollierten Bedingungen) erwarten, daß sie ihre Flüssigkeitsaufnahme unmittelbar verringern würde. Tatsächlich dauert es einige Tage, bis diese Verminderung eintritt (Toates, 1979).

Ein weiteres Beispiel nichthomöostatischen Trinkens stellt die Motivationsforscher seit vielen Jahren vor ein Rätsel. Wenn eine Ratte nach einem Nahrungsentzug (bei uneingeschränkter Versorgung mit Wasser) täglich drei Stunden in einem Käfig gehalten wird, in welchem Futter auf Hebeldruck hin alle 60 Sekunden verfügbar ist und ständig Wasser bereitsteht, trinkt sie während dieses dreistündigen Experimentaldurchgangs riesige Mengen an Wasser. Warum nimmt sie in diesem Experiment so viel Wasser zu sich, wie es ihrem halben Körpergewicht entspricht, während die aufgenommene Nahrungsmenge dem normalen Bedarf für einen Zeitraum von 24 Stunden entspricht (Falk, 1971)? Ein solches Verhalten kann im Labor leicht demonstriert werden. Dieses Verhalten ist nicht nur nichthomöostatisch, es widerspricht auch der Beobachtung, daß Nahrungsentzug zu einer verringerten Wasseraufnahme führt. Dieses überraschende Verhalten ist als *schemainduzierte Polydipsie* (*SIP*) bekannt.

Das Phänomen SIP ist nicht auf das Labor beschränkt. In einer Arkade in New York Citys Chinatown gibt es einige ungewöhnliche Spiele, in welchen ein Huhn anstelle von Elektronik für die Spannung sorgt. Eines von ihnen ist eine Tic-tac-toe-Version (siehe Abbildung 3.1: Ein Spieler muß versuchen, auf einem Spielfeld mit 3 × 3 Kästchen drei Kreuze in einer Linie einzuzeichnen, was der Gegenspieler durch das Einzeichnen von Nullen zu verhindern sucht). Ein Kunde steckt Geld hinein und wählt dann ein Kästchen für das erste *X*. Das Huhn pickt auf das Brett, um sein *O* anzubringen. Im Verlaufe des Spieles erhält das Huhn Futter nach jedem Picken. Im hinteren Teil

3. Durst

3.1 Kreuzchen-und-Kringelspiel (tic-tac-toe) mit einem Huhn in einer Kammer. Jedesmal, wenn ein menschlicher Gegenspieler (von außen) ein Zeichen auf das Spielgitter einzeichnet, pickt das Huhn auf den runden Knopf an der rechten Wand der Kammer. Es erscheint dann eines der Zeichen des Huhns in einem Feld des Gitters, und das Huhn erhält eine Futterbelohnung durch die Öffnung am Boden der rechten Kammerwand. Wasser ist ununterbrochen in der Schale auf der linken Seite der Kammer erhältlich.

des Käfigs befindet sich eine Schale mit Wasser (Abbildung 3.1). Jedesmal, wenn das Huhn Futter bekommt, läuft es zu der Wasserschale und trinkt reichlich. Die Leute in der Arkade sind oft der Ansicht, daß das Huhn sehr durstig sein muß oder daß das arme Huhn wohl gewöhnlich nicht genug zu trinken bekommt. Aber das Huhn hat keinen Wassermangel; es zeigt einfach SIP. (Nebenbei bemerkt, der Kunde gewinnt nie.)

Ebensowenig ist schemainduzierte Polydipsie auf Tiere beschränkt. Wenn man Versuchspersonen im Laborversuch alle 90 Sekunden finanzielle Belohnungen aus einem Automaten gibt, so trinken sie im Durchschnitt 285 Milliliter (etwa 1,2 Tassen) Wasser in einer halbstündigen Sitzung, ohne Essen verfügbar zu haben und ohne Wasserentzug (Doyle & Samson, 1985).

Theorien des Durstes

Eine gute Theorie des Durstes muß alle diese Variationen im Trinkverhalten erklären können. Ebenso wie die Theorien des Hungers entwickelten sich auch die Theorien des Durstes, indem zunächst der Schwerpunkt auf periphere physiologische Signale und später auf zentrale physiologische Mechanismen gelegt wurde. Einige neuere Theorien des Durstes bauen auf nichthomöostatischen Modellen auf. Der verbleibende Teil dieses Kapitels wird sich mit jeder dieser Klassen von Theorien beschäftigen und ihre Vor- und Nachteile diskutieren.

Die Trockener-Mund-Theorie

Die periphere Theorie des Durstes, die die Forschung über Durst nach 1919 beherrschte, ist Walter B. Cannons Trockener-Mund-Theorie. Cannon (1917–18, 1929) zufolge trinken Organismen, wenn ihr Mund trocken wird, und sie trinken nicht, wenn er sich feucht anfühlt. In den Jahren vor und nach der Aufstellung dieser Theorie hatten sich sowohl für als auch gegen sie eine ganze Reihe von Belegen angesammelt.

Gestützt wird die Trockener-Mund-Theorie wahrscheinlich am stärksten durch die Tatsache, daß Speichelfluß und Wasserentzug in starkem Zusammenhang stehen. Mit wachsendem Wassermangel vermindert sich der Speichelfluß beim Menschen entsprechend (Adolph, 1969).

Es gibt aber noch weitere Argumente zugunsten dieser Theorie. So wird zum Beispiel durch verschiedene Methoden, das Trockenheitsgefühl im Mund zu entfernen, auch der Durst beseitigt. Der Durst von Krankenhauspatienten, die kurz nach einer Operation nicht trinken dürfen, kann dadurch gemildert werden, daß sie ganz einfach ihren Mund mit einer Flüssigkeit ausspülen. Dies erhöht die Flüssigkeitszufuhr in ihrem Körper in keiner Weise, verringert aber ihren Durst. Wird Kokain im Mund einer Person oder eines Hundes appliziert, so betäubt dies den Mund und vermindert auch den Durst. Noch ein weiteres Beispiel bieten Menschen in der Wüste, die ihren Durst manchmal verringern, indem sie die Speichelbildung steigern. Sie

3. Durst

erhöhen die Speichelbildung, indem sie geringe Mengen saurer Fruchtsäfte oder unlösliche Gegenstände wie Steine in den Mund legen (Rolls & Rolls, 1982).

Ein letzter Befund, der für die Trockener-Mund-Theorie spricht, betrifft die nur geringe Verminderung des Durstgefühls, die einer direkten Infusion von Wasser in den Magen folgt. Wenn man Ratten nach Wasserentzug 14 Milliliter Wasser infundiert, trinken sie daraufhin fast ebensoviel wie Ratten, die keine Infusion bekamen. Ratten dagegen, die man 14 Milliliter normal trinken ließ, nahmen daraufhin viel weniger Flüssigkeit zu sich als Ratten, die eine Infusion hatten oder Ratten ohne Vorbehandlung (Miller, Sampliner & Woodrow, 1957).

Der wahrscheinlich stärkste Beleg gegen die Trockener-Mund-Theorie stammt aus Experimenten zum *Schein-Trinken*. Beim Schein-Trinken wird verhindert, daß das Wasser, das ein Versuchstier zu sich nimmt, den Magen erreicht, beispielsweise durch Ösophagotomie. Diese Experimente führen im allgemeinen zu der Feststellung, daß Scheintrinken nicht besonders wirksam ist, um zukünftiges Trinken zu stoppen. Die Versuchstiere trinken viel größere Mengen an Wasser, als sie bei gleichem Wasserdefizit normalerweise tun würden (Bellows, 1939). Obgleich der Mund kontinuierlich angefeuchtet wird, wird der Durst nicht gelöscht.

Ein weiterer Befund gegen die Trockener-Mund-Theorie stammt aus Experimenten, in denen die Speicheldrüsen entfernt wurden. Tiere, die man dieser Operation unterzogen hat, trinken annähernd normale Mengen. Dies zeigte sich in Experimenten an Hunden und in Untersuchungen an Menschen, die seit ihrer Kindheit keine Speicheldrüsen hatten (Montgomery, 1931; Steggerda, 1941). In all diesen Fällen wird der Mund niemals befeuchtet, aber der Durst funktioniert ziemlich normal.

Man kam zu der allgemein übereinstimmenden Meinung, daß ein trockener Mund ein Signal für Durst ist, aber keine Ursache. Wenn der Mund angefeuchtet wird, führt das zu einer unmittelbaren, aber nur vorübergehenden Verminderung des Durstes. Für eine andauernde Durststillung ist es erforderlich, Flüssigkeiten zu trinken, die den Magen erreichen (Fitzsimons, 1972; Rolls & Rolls, 1982). Zudem kann die Auslösung von Durst durch einen trockenen Mund oder die Beendigung von Durst durch einen befeuchteten Mund hauptsächlich für homöostatisches Trinken Geltung haben. Zum nichthomöostatischen Trinken hat die Trockener-Mund-Theorie wenig zu sagen.

Der laterale Hypothalamus

Da sich die Trockener-Mund-Theorie als unbefriedigend erwiesen hatte, suchten die Forscher nach zentraleren neuronalen Mechanismen als Ursachen des Durstes. Unter Anwendung eines ähnlichen Vorgehens wie bei der Forschung zum Hunger fahndeten die Wissenschaftler nach einer besonderen Stelle im Gehirn, die zwei Kriterien erfüllen sollte. Zum einen sollte dieser Ort im Gehirn Informationen des Körpers über Flüssigkeitszufuhr integrieren. Das zweite Kriterium war, daß diese Stelle unter Nutzung der integrierten Information Trinken entweder auslösen oder beenden oder unverändert lassen sollte. Die Suche nach einer solchen Stelle im Gehirn konzentrierte sich auf den lateralen Hypothalamus.

Zum ersten Mal zog der Hypothalamus die Aufmerksamkeit in den frühen fünfziger Jahren durch Untersuchungen von B. Andersson auf sich. Andersson (1952, 1953; Andersson & McCann, 1955a) zeigte, daß Injektionen von Natriumchlorid in den Hypothalamus bei Ziegen dazu führt, daß sie zu trinken anfangen. Seine Arbeit ließ vermuten, daß es im Hypothalamus Zellen gibt, die – wenn sie Substanzen ausgesetzt werden, welche intrazellulären Flüssigkeitsverlust bewirken – den Organismus veranlassen zu trinken. Diese Zellen sind *Osmorezeptoren* genannnt worden.

Später konnte Andersson zeigen, daß auch eine elektrische Reizung von Zellen in derselben Hirnregion Trinken bewirkte (Andersson & McCann, 1955b). Andere Forscher zeigten, daß Schädigungen im Bereich des Hypothalamus zu Störungen des Trinkverhaltens führen. Diese Forschung, die im vorangegangenen Kapitel über Hunger dargestellt wurde, ergab, daß Läsionen im lateralen Hypothalamus nicht nur Aphagie, sondern auch Adipsie verursacht (siehe Teitelbaum, 1961; Teitelbaum & Epstein, 1962).

Ein weiterer Hinweis darauf, daß der Hypothalamus das zentrale Verbindungsstück bei der Regulation des Wasserhaushalts darstellt, ist seine Rolle bei der Freisetzung des *antidiuretischen Hormons* (*ADH*, auch als *Vasopressin* bekannt). Die Freisetzung dieses Hormons durch den Hypothalamus steigert die Wasserrückresorption in den Nieren: Es wird mehr Wasser durch die Nieren zurückbehalten. Wenn die hypothalamischen Osmorezeptoren einen intrazellulären Flüssigkeitsverlust registrieren oder wenn Blutdruckrezeptoren (*Barorezeptoren*) einen extrazellulären Flüssigkeitsverlust anzeigen, setzt der Hypothalamus ADH frei (Rolls & Rolls, 1982).

All diese Ergebnisse schienen dafür zu sprechen, daß eine Stelle innerhalb des Hypothalamus für die Regulation von Durst und den Wasserhaushalt zuständig ist. Diese Schlußfolgerung wird jedoch mit ähnlichen Argumenten kritisiert, wie sie gegenüber der Theorie von Hunger- und Sättigungszentren im Gehirn vorgebracht wurden. Diese Einwände verweisen auf die Möglichkeit, daß weder die experimentellen Beeinflussungen am Gehirn noch die aus ihnen resultierenden Verhaltensveränderungen spezifisch genug sind, um die Theorie beweisen zu können. Mit anderen Worten, eine Hypothalamusläsion, die scheinbar Auswirkungen auf das Trinken hat, könnte in Wirklichkeit einen anderen Motivations- oder Verhaltensaspekt betreffen. Wenn zum Beispiel die Fähigkeit, die Zunge zu bewegen, beeinträchtigt wird, so könnte das auch Veränderungen im Eß- und Trinkverhalten mit sich bringen. Oder aber der elektrische Strom, der angewendet wird, um die Hirnläsionen vorzunehmen, könnte außer den Neuronen in der Nähe der Elektroden auch noch Nervenfasern zerstören, die durch dieses Gebiet hindurch verlaufen.

Angiotensin

Eine Theorie, die in jüngster Zeit an Akzeptanz gewinnt, geht davon aus, daß *Angiotensin* die Ursache von Durst ist (Abbildung 3.2). Wasserentzug verursacht periphere physiologische Veränderungen wie eine Absenkung des arteriellen Blutdruckes und eine Steigerung der Natriumkonzentration im Blut. Diese Veränderungen im extrazellulären Flüssigkeitsraum werden durch spezialisierte Zellen in der Niere erfaßt, welche daraufhin das Enzym *Renin* absondert. Wenn das Renin mit Blut in Kontakt kommt, wird Angiotensin gebildet. Damit ist die

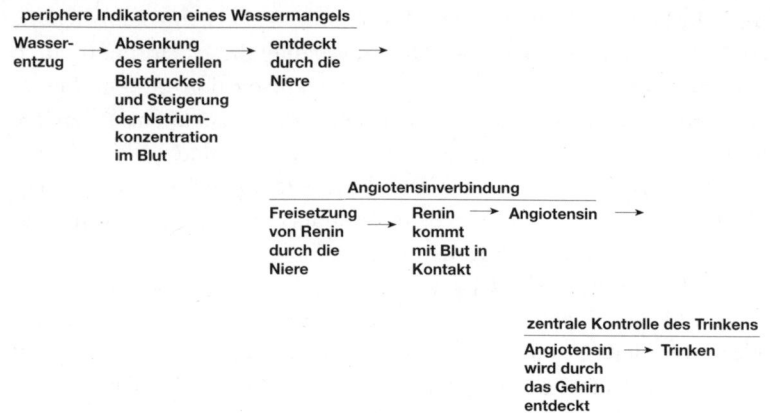

3.2 Ein Modell der möglichen Funktion des Angiotensins bei der Verbindung peripherer Indikatoren eines Wassermangels mit der zentralen Kontrolle des Trinken.

Konzentration von Angiotensin im Blut bei Wassermangel größer (Rolls & Rolls, 1982; Russel, Abdelaal & Mogenson, 1975). Wie man experimentell gezeigt hat, regt intravenös injiziertes oder direkt auf das Gehirn aufgebrachtes Angiotensin zu vermehrtem Trinken an (Rolls & Rolls, 1982). In ähnlicher Weise, wie der Blutzuckergehalt einen Einfluß auf das Essen hat, könnte der Angiotensinspiegel im Blut durch die Einwirkung auf zentral lokalisierte Rezeptoren das Trinken steigern. Möglicherweise wirkt Angiotensin als Verbindungsstück zwischen peripheren Indikatoren des Wasserbedarfs und einer zentralen Kontrolle des Trinkens. Angiotensin sorgt auch mit drei weiteren physiologischen Mechanismen für einen Ausgleich von Flüssigkeitsverlust: (1) Es wirkt gefäßverengernd und damit blutdrucksteigernd, (2) es verursacht eine erhöhte Freisetzung von *Aldosteron*, einem für die Regulation der Natrium-Rückresorption in den Nieren bedeutsamen Hormon, (3) es bewirkt eine erhöhte Ausschüttung des antidiuretischen Hormons (Kupfermann, 1985). Das Renin-Angiotensin-System scheint bei vielen Säugetierarten recht ähnlich zu sein. Vielleicht spiegelt dies die Tatsache wider, daß alle Arten Wasser brauchen und dieser Bedarf relativ unabhängig von der jeweiligen besonderen Ernährungsweise der einzelnen Art ist (Stricker & Verbalis, 1988).

3. Durst

Nichthomöostatische Theorien des Trinkens

Die bisher diskutierten Theorien können bestenfalls das homöostatische Trinkverhalten erklären. Die hypothalamische Theorie zum Beispiel macht die Annahme, daß Durst entsteht, wenn ein spezifischer Hirnabschnitt unangemessene Flüssigkeitsspiegel im Körper meldet. Da ein großer Teil des Trinkens bei Mensch und Tier nichthomöostatisch ist und keine Reaktion auf irgendein Wasserdefizit darstellt, ist eine rein homöostatische Theorie des Durstes inadäquat. Dieser Abschnitt wird einige der alternativen Theorien darstellen.

Ein wichtiges Argument für ein nichthomöostatisches Modell des Trinkens hat der Motivationstheoretiker F. M. Toates (1979) vorgetragen. Toates hielt die homöostatischen Erklärungen für Durst und Hunger für unbefriedigend. Wie andere Theoretiker (siehe Kapitel 2) stellte er fest, daß ein großer Teil des Eß- und Trinkverhaltens nichthomöostatisch und durch Umwelt und Lernen determiniert ist (nicht durch periphere physiologische Reize), so daß es wenig Nutzen bringt, die traditionelle Homöostasedefinition beizubehalten. Nach Toates Auffassung sollte in zukünftigen Ansätzen zur Erklärung des Trinkens auf das Konzept der Homöostase ganz verzichtet werden zugunsten von Modellen, welche die vielen verschiedenen physiologischen und umweltbedingten Faktoren, die das Trinken beeinflussen, mit berücksichtigen.

Zweifellos wäre es schwierig, sich ein homöostatisches Modell zur Erklärung von SIP vorzustellen. Eine weitgehend anerkannte Erklärung von SIP bezieht sich in keiner Weise auf physiologische Faktoren. John L. Falk (1971) klassifizierte SIP, zusammen mit anderem schemainduziertem Verhalten, als *adjunktives Verhalten*. Darunter fallen solche Verhaltensweisen, die auch auf Verstärker ansprechen, welche diesen Verhaltenstyp normalerweise gar nicht motivieren. Die adjunktiven Verhaltensweisen, in diesem Falle Trinken, kommen als „Beigabe" oder „Anhängsel" zu einem anderen motivationalen System vor, in diesem Falle Nahrungsaufnahme. Bei einer schema-induzierten Polydipsie trinkt ein Tier, obwohl als Verstärker in diesem Experiment Nahrung dient, die das Trinken normalerweise eben nicht verstärkt. Trotz der Tatsache, daß der Wunsch zu fressen die Tiere motiviert, wächst die Wahrscheinlichkeit, daß sie trinken. Falk zufolge zeigen Tiere SIP dann, wenn sie fressen wollen, aber nicht können. Ihre Motivation zu fressen wird durch einen anderen Antrieb ersetzt, dessen Erfüllung zugänglich ist, in diesem Falle Durst. Falk nimmt an, daß durch dieses Ersatzverhalten die Wahrscheinlichkeit steigt, daß Tiere in der Wildnis die Verstärker nutzen, die sie jeweils zur Verfügung haben. Unter den besonderen Bedingungen jedoch, unter denen SIP im Labor gezeigt wurde, erfolgt ein völlig unangepaßtes Verhalten (d.h. exzessives Trinken).

Das nichthomöostatische Trinken fällt zeitlich mehr oder weniger mit den Mahlzeiten zusammen, wobei die Zeitspanne nach dem Essen zu kurz ist, um ein physiologisches Bedürfnis nach Wasser hervorzurufen. Die physiologischen Grundlagen für diesen Trinktyp können nun erklärt werden. Bevor und während man anfängt zu essen, läuft jedoch eine Vielzahl neuroendokriner Vorgänge ab, von denen viele auch an den Prozessen beteiligt sind, die uns veranlassen zu trinken. Insbesondere wird durch den Nervus vagus während der Mahlzeiten, aber bevor die Nährstoffe absorbiert werden oder sogar bevor sie in den Magen eintreten, eine Freisetzung von *Histamin* bewirkt, welches wiederum Trinken auslöst (Kraly, 1984, 1985). Dies ist ein adaptiver Mechanismus, da – ähnlich wie bei dem in Kapitel 1 für die Schmeißfliege beschriebenen Ernährungssystem – eine Substanz (hier: Wasser) durch den Organismus aufgenommen wird, bevor der Bedarf an dieser Substanz kritisch werden kann. Damit bilden physiologische Mechanismen eine Grundlage für die Erklärung antizipatorischen Essens und Trinkens.

Durst und Altern

Die Erforschung des Durstes ist von mehr als nur theoretischem Interesse. Wenn man die Ursachen kennt, durch die Trinken ausgelöst beziehungsweise beendet wird, läßt sich dies auch klinisch anwenden. Zum Beispiel kann diese Forschung dabei helfen, Methoden für die Verhütung und Behandlung eines potentiell gefährlichen Wassermangels bei älteren Personen zu finden. Ein solches Wasserdefizit kann infolge von Wasserentzug oder sehr großer Wärme sogar bei scheinbar gesunden älteren Menschen vorkommen. Viele ältere Menschen trinken nicht genug, um die durch Umgebungseinflüsse verlorene Flüssigkeit zu kompensieren. Obwohl die genauen Ursachen dieses Durstverlustes bis heute unbekannt sind, kann man doch annehmen, daß sie mit einer Verringerung der homöostatischen Kapazität bei älteren Menschen in Beziehung stehen. Dazu gehört auch eine verminderte Fähigkeit, überschüssiges Wasser auszuscheiden. Künftige Forschungen über Flüssigkeitshomöostase und Flüssigkeitsausscheidung können sowohl für die grundlegenden Theorien des Durstes als auch für die Gesundheit älterer Menschen bedeutsam sein (Rolls & Phillips, 1990).

Fazit

Mit einer ähnlichen Herangehensweise wie bei den Forschungen zum Hunger haben die Wissenschaftler versucht, die Wirkungsmechanismen des Durstes mit zunächst peripheren und später zentralen physiologischen Faktoren zu erklären. Obschon diese Faktoren von deutlichem Einfluß bei der Auslösung und Beendigung des Trinkens sind, ist doch ein großer Teil des Trinkens nicht homöostatisch und kann daher mit diesem Ansatz nicht voll erklärt werden. In jüngerer Zeit haben sich die Forscher nichthomöostatischen Modellen zur Erklärung des Durstes zugewandt. Diese Modelle konzentrieren sich auf die vielen verschiedenen Faktoren, welche das Trinkverhalten beeinflussen, einschließlich der Wechselwirkung mit der Umwelt.

Weiterführende Untersuchungen der physiologischen Grundlagen des Durstes können die auf Lernverhalten beruhenden Interpretationen bereichern, die man in jüngerer Zeit herangezogen hat, um Durst zu erklären (Kraly, 1984).

Teil II
Die Auswahl der Nahrungsmittel

Nachdem im ersten Teil dieses Buches die Frage untersucht wurde, auf welche Weise Organismen die Menge der aufgenommenen Nahrung und Flüssigkeit regulieren, wendet sich Teil II nun einer damit zusammenhängenden Fragestellung zu: Vorausgesetzt, ein Organismus sei hungrig und durstig, wie wählt er dann aus, was er ißt und trinkt? Die folgenden Kapitel beschäftigen sich mit dieser Frage zunächst auf einer sensorischen Ebene, um dann zu verhaltensbezogenen Messungen von Nahrungsmittelpräferenzen überzugehen. Das abschließende Kapitel dieses Teiles diskutiert formale Modelle, mit denen Psychologen versuchen zu beschreiben, wie Organismen das auswählen, was sie essen oder trinken.

4
Geschmack und Geruch

Die zwei am stärksten an Essen und Trinken beteiligten Sinne sind der Geschmacks- und der Geruchssinn. Sowohl das Schmecken als auch das Riechen sind chemische Sinne: Ihre Rezeptoren reagieren auf Moleküle chemischer Substanzen. Der Geschmackssinn, das *gustatorische* System, reagiert auf gelöste Moleküle auf der Zunge. Der Geruchssinn, das *olfaktorische* System, spricht auf Moleküle in der Atemluft an, wenn sie mit dem Riechepithel in der Nase in Berührung kommen.

Beim Menschen sind sowohl der Geschmacks- als auch der Geruchssinn hochgradig empfindlich. Der Durchschnittsmensch kann das Vorhandensein von Natriumsaccharin in einer Lösung bei einer molaren Konzentration von nur 0,000023 Mol Saccharin je Liter Gesamtlösung feststellen (Geldard, 1972). Im Durchschnitt sind Menschen in der Lage, den Duft eines Parfüms zu entdecken, von dem nicht mehr als ein Tropfen im Luftvolumen eines durchschnittlichen Hauses verdunstet ist. Unsere Fähigkeit, niedrige Geruchskonzentrationen wahrzunehmen, ist der Empfindlichkeit künstlicher Detektoren, wie zum Beispiel Rauchmelder, vergleichbar (Engen, 1982).

Das gustatorische und das olfaktorische System sind nicht unbedingt unabhängig voneinander. Chemische Reize, die das eine System ansprechen, können auch auf das andere eine Wirkung ausüben. Jeder hat schon einmal erlebt, wie fade Speisen schmecken, wenn man starken Schnupfen hat. Der Geschmack von Essen und Getränken scheint weniger intensiv zu sein, wenn er nicht auch durch ihren Geruch begleitet wird. *Aroma* ist eigentlich eine Kombination aus verschiedenen Sinnesempfindungen. Dazu gehört nicht nur der Geschmackssinn, sondern auch Geruchs- und Tastsinn, zusammen mit

Temperatur- und Schmerzempfindungen („scharfer" Geschmack) (Pfaffmann, Frank & Norgren, 1979).

Ein Experiment von J. G. Beebe-Center illustriert den relativ geringen Beitrag des Geschmacks zum Aroma. Beebe-Center (1949) ließ Versuchspersonen 14 Nahrungsmittel und Getränke nach vier Geschmacksqualitäten einstufen: süß, sauer, salzig und bitter. Zu den Nahrungsmitteln und Getränken gehörten beispielsweise Pickles (saurer eingelegtes Gemüse), Honig, Rieslingwein, Himbeermarmelade und Anchovis. Diese Nahrungsmittel konnten auf einer Skala, die von 0 bis 100 reichte, für jede der vier Geschmacksqualitäten eingestuft werden. Jedoch nur in einem einzigen Falle, der Süße des Honigs, überschritt eine der Einstufungen durch die Versuchspersonen die 50. Tatsächlich ist die geschmackliche Komponente des Aromas bei vielen Nahrungsmitteln, die wir essen, ziemlich gering.

Die Bedeutung des Geschmacks- und des Geruchssinnes

Schmecken und Riechen sind für das Überleben eines Tieres entscheidende Sinne, insbesondere für Allesfresser. Allesfresser haben die schwierige Aufgabe, Nahrungsmittel und Flüssigkeiten so zu identifizieren, daß sie giftige Stoffe meiden können und die Nahrungsmittel und Getränke herausfinden, die für sie am nahrhaftesten sind.

Ist ein Nahrungsmittel oder Getränk einmal in den Magen gelangt, kann es schwierig oder gar unmöglich sein, es wieder aus dem Körper zu entfernen. Ratten fehlt die Muskulatur zum Erbrechen (Garcia, Ervin & Koelling, 1966). Aber selbst bei Tierarten, die in der Lage sind zu erbrechen, wirken einige Gifte so schnell oder werden mit einer solchen Verzögerung wirksam, daß Erbrechen sie nicht schützen könnte. Die Fähigkeit, ein giftiges Nahrungsmittel aus dem Mund zu entfernen, bevor es verschluckt wird, bietet einen klaren Vorteil.

Die Lokalisierung der Geschmacksrezeptoren auf der Zunge hilft zu verhindern, daß irgendwelche nicht wünschenswerten Stoffe den Magen erreichen. Zudem ist bei den meisten Tieren der Geschmackssinn mit den Würge- und Brechreflexen verbunden (Pfaffmann et al.,

4. Geschmack und Geruch

1979). Jemand, der in ein Stück bitteren Meerrettich beißt, der in einer Portion Speiseeis versteckt ist, wird wahrscheinlich heftig alles ausspucken, was er im Mund hat, ohne überhaupt nachzudenken.

Geschmacksempfindungen können auch positiv sein. Einige Geschmacksqualitäten, wie Süße, können auch dann angenehm sein, wenn sie vielleicht nicht mit positiven Folgen, wie einem Anstieg der verfügbaren Energiemenge (Kalorien), verbunden sind. Der Süßgeschmack bleibt jedoch nur angenehm, solange die süße Substanz nicht verschluckt wird. Das Verschlucken eines süßen Stoffes führt offensichtlich zu einer negativen Rückkoppelung aus dem Magen, welche eine Reduzierung der wahrgenommenen Angenehmheit jenes Stoffes bewirkt (ein *Aliästhesie* genanntes Phänomen; Cabanac, 1971; Pfaffmann et al., 1979). Vermutlich geschieht dies, weil der Bedarf des Körpers an süßen Stoffen sinkt, sobald solche verschluckt worden sind.

Noch besser als zu vermeiden, daß schädliche Stoffe in den Magen gelangen, ist zu verhindern, daß sie überhaupt in den Mund kommen. Und dies ist eine der Aufgaben des olfaktorischen Systems. Wie das Schmecken ist auch das Riechen mit den Würgereflexen verbunden und trägt zur Bestimmung und Auswahl genießbarer Nahrungsmittel und Getränke bei (Steiner, 1977).

Der Körper hat sich während der Evolution so entwickelt, daß ein Nahrungsmittel oder Getränk erst mehrere Tests durchlaufen muß, bevor es als annehmbar akzeptiert wird. Obgleich der Geruch bei der Zurückweisung einer Speise eine größere Rolle spielt als der Geschmack, wirken doch beide bei der Annahme oder Ablehnung eines Nahrungsmittels oder Getränks zusammen, bevor etwas davon in den Körper gelangt.

Die Kodierung von Geschmacks- und Geruchsempfindungen

Definition der Grundempfindungen

Die Forschung zum gustatorischen und olfaktorischen System ist großenteils darauf gerichtet zu untersuchen, auf welchem Wege Geschmacks- und Geruchsqualitäten wahrgenommen werden, das heißt, wie die chemischen Reize durch den Körper in spezifische subjektive Geschmacks- und Geruchseindrücke umgesetzt (kodiert) werden. Die Forschung auf diesem Gebiet ist nicht so weit fortgeschritten wie die Forschung über die Kodierung visueller und akustischer Signale. Zumindest zum Teil ist diese Diskrepanz auf die Tatsache zurückzuführen, daß es sich beim Schmecken und Riechen um chemische Sinne handelt, was die Forschung über diese Sinnessysteme komplizierter macht. In Experimenten zum olfaktorischen System beispielsweise ist es schwierig, einen bestimmten Geruch ohne Vermischung mit anderen darzubieten, die während des Versuchsdurchganges gelegentlich auftreten. Zudem besteht eines der Hauptprobleme der Forscher darin festzustellen, welche Komponenten der chemischen Reize für die Geschmacks- und Geruchswahrnehmungen, die sie auslösen, verantwortlich sind. Im Unterschied zu den verschiedenen Wellenlängen bei der visuellen Wahrnehmung, welche gut mit Farbton und Farbsättigung korrespondieren, kennt man keine einzelne physikalische Dimension, deren Veränderungen allen möglichen Geschmacks- und Geruchsqualitäten entsprechen würden (Uttal, 1973).

Die ernsthafte Untersuchung der Kodierung der Sinnesmodalitäten Geschmack und Geruch begann Anfang des 20. Jahrhunderts, als man nur über eine geringe Ausstattung und wenig entwickelte Techniken verfügte. In dieser Zeit versuchten die Wissenschaftler, *Grundqualitäten* des Geschmacks und Geruchs ausfindig zu machen – die kleinste Zahl von Geschmacks- und Geruchsqualitäten, mit denen man alle Geschmacks- und Geruchsempfindungen beschreiben kann. Wenn sich solche Grundqualitäten finden lassen, so könnte die Forschung über die Kodierungen chemischer Reize im Körper auf die Merkmale beschränkt werden, die diese Grundqualitäten kennzeichnen.

4. Geschmack und Geruch

Dabei darf man nicht vergessen, daß mit Grundqualitäten von Geschmack und Geruch nicht jene gemeint sind, mit denen sich alle anderen Qualitäten chemisch herstellen ließen, sondern nur diejenigen, mit denen man alle anderen Gerüche und Geschmacksqualitäten *beschreiben* könnte. Wenn zum Beispiel die geschmacklichen Grundqualitäten in „süß", „sauer", „salzig" und „bitter" bestünden, würde das nicht unbedingt heißen, daß es möglich wäre, durch Mischung von Zucker, Tafelsalz, Zitronensaft und Chinin im richtigen Verhältnis das Aroma eines Hamburgers zu schaffen. Chemische Reaktionen unter den Zutaten könnten bewirken, daß die Mischung völlig anders schmeckt. Anhand solcher Grundqualitäten könnte man (wenn sie sich identifizieren ließen) ganz einfach den Geschmack etwa eines Hamburgers als Kombination aus wenigen geschmacklichen Qualitäten wie Süße, Säure, Salz und Bitterkeit in verschiedenen Anteilen beschreiben (Uttal, 1973).

Grundqualitäten des Geschmacks

Die erste Beschreibung. H. Henning (1916), der oft als der erste Erforscher der Primärqualitäten bezeichnet wird, vertrat eine Einteilung des Geschmacks in die Qualitäten „süß", „sauer", „salzig" und „bitter". Unter Nutzung dieser vier Grundqualitäten versuchte er zu zeigen, daß die Beschreibung eines jeden Geschmacks mit Hilfe seines Tetraeders (Abbildung 4.1) dargestellt werden könne.

Die Zusammensetzung eines bestimmten Geschmacks wird durch einen speziellen Punkt im Tetraeder dargestellt. Jeder der vier Eckpunkte repräsentiert die maximale Empfindung einer Grundqualität ohne die gleichzeitige Wahrnehmung einer der drei anderen Geschmacksqualitäten. Das heißt, wenn ein Geschmack durch einen Punkt in der mit „Salz" bezeichneten Ecke darstellbar ist, so wäre dieser Geschmack absolut salzig und sonst nichts. Geschmacksempfindungen, die auf den Kanten des Tetraeders liegen, also auf den zwei Eckpunkte verbindenden Linien, werden durch jeweils unterschiedliche Mengen der beiden Grundqualitäten an den Eckpunkten beschrieben. Liegt ein Punkt näher zu einem der beiden Eckpunkte, so ist der Anteil dieses Geschmacks entsprechend größer. Ein Geschmack, der

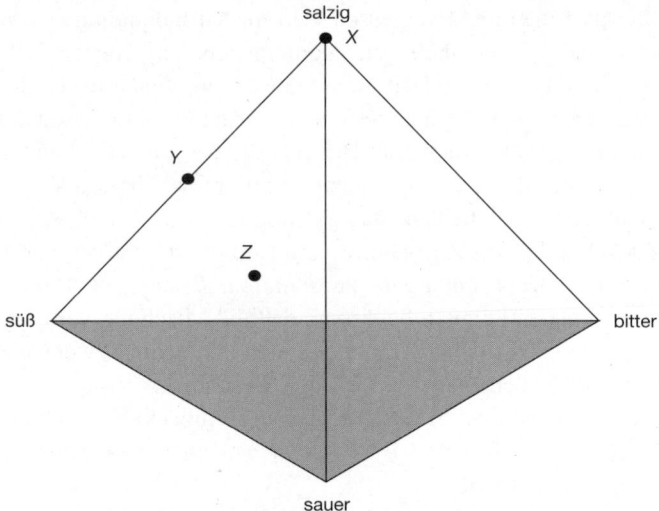

4.1 Hennings Tetraeder zur Beschreibung des Geschmacks als Funktion der vier Grundqualitäten: süß, sauer, salzig und bitter. Punkt X, an der mit *salzig* bezeichneten Spitze des Tetraeders, stellt einen Geschmack dar, der nur als salzig beschrieben würde. Punkt Y, auf der Kante zwischen den mit *salzig* und *süß* bezeichneten Eckpunkten, stellt einen Geschmack dar, der sowohl als salzig als auch als süß beschrieben würde. Punkt Z, innerhalb des Tetraeders, stellt einen Geschmack dar, der als süß, sauer, salzig und bitter beschrieben würde. (Nach Geldard, 1972.)

durch einen Punkt repräsentiert wird, der auf einer Fläche des Tetraeders liegt, wird durch die drei Grundqualitäten beschrieben, deren Eckpunkte die Fläche definieren. Ein Geschmack, der nur unter Einbeziehung aller vier Grundqualitäten beschrieben werden kann, hätte seinen Platz demzufolge innerhalb des Tetraeders.

Die physiologische Grundlage der vier Geschmacksqualitäten. Da die meisten Geschmacksempfindungen durch Hennings vier Grundqualitäten ziemlich gut beschreibbar zu sein schienen (Geldard, 1972; Bartoshuk, 1988), folgerten die Wissenschaftler daraus, daß die physiologische Kodierung des Schmeckens in irgendeiner Weise entsprechend Hennings vier Grundqualitäten funktionieren müsse. Möglicherweise gibt es, so dachten die Wissenschaftler, vier Typen von Sinneszellen auf der Zunge, und jeder Typ ist für eine der vier Grundqualitäten maximal empfindlich.

4. Geschmack und Geruch

Es sprach einiges für diese Annahme. Schon lange war bekannt, daß auf der Oberfläche der menschlichen Zunge vier verschiedene Typen von *Geschmackspapillen*, mit bloßem Auge wahrnehmbaren kleinen Höckern, vorhanden sind. Abbildung 4.2 zeigt diese vier Typen von Papillen und ihre Lage auf der Zunge. Die Fadenpapillen, die wie kleine Nadeln aussehen, sind über die ganze Oberfläche der Zunge verteilt. Die Blätterpapillen, die Hügelketten ähneln, befinden sich größtenteils an den hinteren Seitenrändern der Zunge. Die Wallpapillen, welche wie ringförmige Mauern aussehen, sind am Zungengrund gelegen. Die pilzförmigen Papillen schließlich befinden sich an der Zungenspitze und den vorderen Seiten der Zunge (Geldard, 1972; Bartoshuk, 1988). Darüber hinaus waren von vielen der Substanzen, deren Geschmack sich vornehmlich einer der vier Grundqualitäten zuordnen ließ, bestimmte charakteristische chemische Eigenschaften bekannt (Uttal, 1973). So enthalten Substanzen, die süß schmecken, oft Stickstoff oder Sauerstoff, die in einer bestimmten Molekülstruktur an Wasserstoff gebunden sind. Bitter schmeckende Stoffe sind oft fettlöslich. Salzige Substanzen zerfallen leicht in Ionen, sauer schmeckende sind oft Säuren (Bartoshuk, 1988).

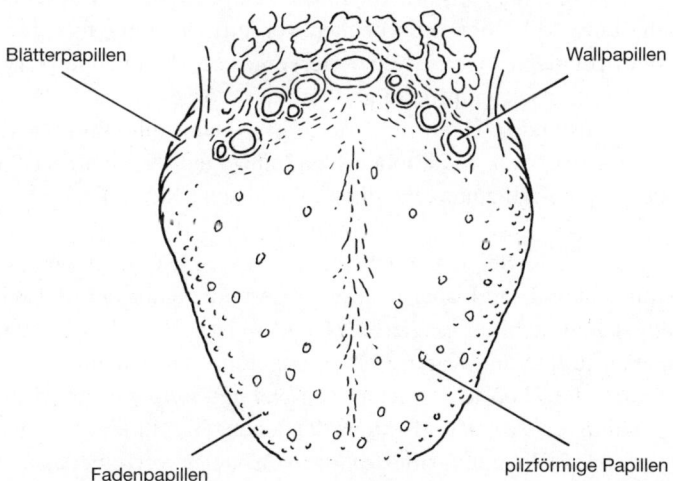

4.2 Schematische Darstellung der Zungenoberfläche, die die vier Papillentypen und ihre Lage widergibt. (Nach Williams & Warwick, 1980.)

Geht man von all diesen Hinweisen aus, die ohne Rückgriff auf die Messung der Impulse gustatorischer Nervenzellen mittels Mikroelektrode gewonnen wurden, ist es leicht, eine Hypothese darüber zu formulieren, wie Geschmacksqualitäten kodiert werden. Vielleicht repräsentiert jede der vier Geschmacksqualitäten eine allgemeine Klasse chemischer Stimuli und jeder der vier Typen von Geschmackspapillen spricht am besten auf eine dieser Klassen chemischer Reize an. Wenn die vier Papillentypen mit verschiedenen Nervenzellen in Kontakt stehen, dann könnte das Gehirn die verschiedenen Geschmacksqualitäten unterscheiden, indem es bestimmt, welcher der vier Neuronentypen am aktivsten ist. Das erfaßt die Theorie, die davon ausgeht, daß es spezifische sensible Nervenzellen gibt, die auf bestimmte Reize selektiv ansprechen. Die Reize gehören verschiedenen Kategorien an, und es wird angenommen, daß einige Neuronen auf bestimmte Kategorien gut ansprechen, auf andere jedoch nicht.

Carl Pfaffmann (1941) testete diese Theorie für das Geschmackssystem mit elektrophysiologischen Untersuchungen, die er 1941 zu veröffentlichen begann. Er war der erste, der die neuronalen Reaktionen eines Säugetieres (der Katze) auf Reizung der Zunge mit Geschmacksstoffen intensiv erforschte. Zunächst anästhesierte er die Katzen und legte die *Chorda tympani*, einen Ast des Nervus facialis, der nahe dem Mittelohr im Knochen verläuft, operativ frei. Dieser aus einem Bündel vieler einzelner Nervenfasern bestehende Nerv ist für die Geschmacksempfindungen in den vorderen zwei Dritteln der Zunge zuständig. Dann registrierte Pfaffmann mit Mikroelektroden die elektrischen Reaktionen von einzelnen Nervenfasern der Chorda tympani auf unterschiedliche chemische Substanzen auf der Zunge.

Pfaffmann fand bei der Katze keine Nervenfasern, die für süße Stoffe empfindlich sind, aber mehrere Fasern, die auf sauer und salzig oder auf sauer und bitter reagieren. Nachdem er noch weitere Untersuchungen an Ratten und Kaninchen durchgeführt hatte, kam er zu dem Schluß, daß die Theorie der selektiven Nervenfasern falsch sei. Statt dessen nahm er an, daß die verschiedenen Geschmacksqualitäten durch komplexe Erregungsmuster, die von vielen verschiedenen Fasern herrühren, kodiert werden müssen. Pfaffmann zufolge zeigt die Impulsfrequenz die Konzentration oder Intensität des Geschmacks-

4. Geschmack und Geruch

stoffes an. Seine Theorie ist als Erregungsmustertheorie der Geschmackswahrnehmung bekanntgeworden (Pfaffmann, 1955).

Andere Untersuchungen haben gezeigt, daß die Papillen nicht die Geschmacksrezeptoren sind und diese auch nicht unbedingt innerhalb der Papillen liegen müssen. Die fadenförmigen Papillen stehen überhaupt nicht mit Geschmackszellen in Beziehung, die Wallpapillen haben Geschmacksrezeptoren in den Furchen rings um ihre Außenseiten. Nur bei den Pilz- und den Blätterpapillen befinden sich oben Sinneszellen (Bartoshuk, 1988).

Abbildung 4.3 zeigt einen Querschnitt durch eine Geschmacksrezeptorzelle unterhalb eines Porus, einer engen Öffnung an der Oberfläche der Zunge, durch welche die Geschmacksstoffe zu den Sinneszellen gelangen. Die Nervenfasern in der Chorda tympani stehen mit einem oder mehreren dieser Geschmacksrezeptoren in Verbindung (Pfaffmann et al., 1979). Insbesondere dieser letzte Befund schränkt die Glaubwürdigkeit einer Theorie selektiver Nervenfasern des Geschmackssinnes stark ein; die Möglichkeit, daß eine einzige Nervenfaser einen besonderen Geschmack kodiert, erscheint höchst unwahrscheinlich.

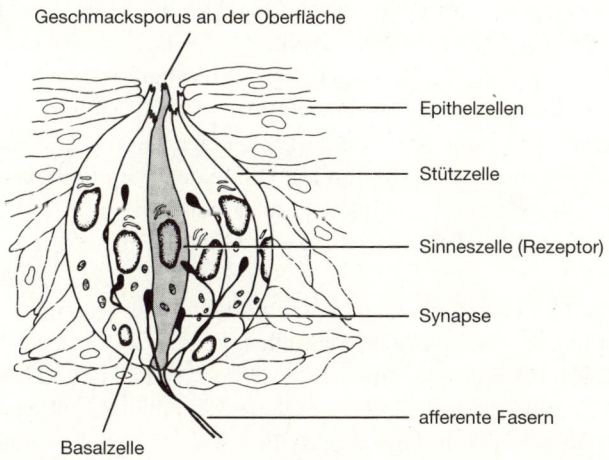

4.3 Anatomischer Bau der Umgebung einer Geschmacksrezeptorzelle. (Nach Castellucci, 1985.)

Neuere Forschungsarbeiten haben jedoch gezeigt, daß die Fasern in der Chorda tympani zwar auf alle Grundqualitäten ansprechen, im allgemeinen aber für eine der Qualitäten empfindlicher sind. Zudem weisen diejenigen, die mit derselben Nervenfaser in Kontakt stehen, eine ähnliche Empfindlichkeit für die verschiedenen Geschmacksqualitäten auf (Pfaffmann et al., 1979).

Ein hervorragendes Experiment von Kristina Arvidson und Ulf Friberg (1980) verdeutlicht diese Fragen. Sie isolierten bei Versuchspersonen pilzförmige Papillen der Zunge, indem sie mit einer Absaugtechnik einzelne Papillen in winzige Röhrchen einpaßten. Auf diese Weise ließen sich diese Papillen einzeln mit verschiedenen chemischen Substanzen reizen. Die Papillen wurden dann herausgezogen und unter einem Mikroskop untersucht, um festzustellen, wie viele Geschmacksrezeptoren sich in jeder von ihnen befanden. Die Ergebnisse zeigten, daß eine Papille, die nur eine Geschmackszelle enthielt, für mehr als eine der vier Qualitäten empfindlich sein konnte. Es ergab sich weiterhin, daß die Anzahl der Grundqualitäten, auf die eine Papille reagierte, proportional zur Anzahl der in ihr vorhandenen Rezeptoren anwuchs.

Geschmacksempfindungen scheinen durch ein System kodiert zu werden, in dem sowohl Elemente der Theorie der selektiven Nervenfasern als auch der Erregungsmustertheorie zusammenwirken (Bartoshuk, 1988; Castellucci, 1985; Smith, 1985). Die Geschmackswahrnehmung ähnelt der Farbwahrnehmung: Ein allein feuerndes Neuron genügt nicht, um einen Geschmack beziehungsweise eine Farbe zu übertragen; es ist ein Muster von Entladungen nötig. Dennoch sind bestimmte Neuronen für bestimmte Qualitäten empfindlicher. Diese Grundqualitäten, sind zumindest beim Menschen, süß, sauer, salzig und bitter (Dethier, 1978; Mc Burney & Gent, 1979).

Die Evolution und die Geschmacksqualitäten. Für jemanden, der die Entwicklungsgeschichte des Menschen kennt, ist es nicht überraschend, daß die vier Grundqualitäten süß, sauer, salzig und bitter sein sollen. Zumindest drei dieser Geschmacksqualitäten helfen bei der Bestimmung von Nahrungsmitteln, die für das Überleben von Allesfressern entscheidend sind. Ein süßer Geschmack weist auf eine gute Kohlenhydratquelle hin, mit anderen Worten, Nahrungsmittel, die süß schmecken, stellen gewöhnlich eine gute Energiequelle dar (und sind nicht giftig). Giftige Stoffe sind oft bitter. Salz ist für die Aufrechterhaltung der zellulären Homöostase unentbehrlich (Bartoshuk, 1980); die Unfähigkeit, Salz zu schmecken, könnte das Überleben eines Tieres gefährden.

Die Übertragung. Ein Teil des Kodierungspuzzles fehlt noch immer: Auf welche Weise veranlassen die gelösten chemischen Substanzen die Rezeptorzellen auf der Zunge zu feuern (das heißt, wie erfolgt die Übertragung)? Anders ausgedrückt, wenn die chemischen Stoffe in den Porus hinein diffundiert und mit den Zellfortsätzen der Rezeptoren, die in den Porus hineinragen, in Kontakt gekommen sind, wie verändert dieser Reiz dann die Zellmembran des Rezeptors, so daß ein neuronales Signal entsteht? Die Befunde dazu sind unvollständig und widersprüchlich. Eine weitgehend anerkannte Theorie wurde von Lloyd M. Beidler vorgeschlagen (1967).

Nach Beidlers Modell besteht die Oberflächenmembran der Rezeptorzellen aus Fett- und Eiweiß-Ketten, die durch mehrere verschiedene chemische Bindungen zusammengehalten werden. Die Bindungen sind unvollkommen und werden durch elektrische Änderungen der Membranoberfläche beeinflußt. Die Oberfläche der Rezeptorzellen bietet daher Andockstellen für chemische Verbindungen mit anderen Stoffen, die sich gerade in der Nachbarschaft befinden. Einige Substanzen können an vielen verschiedenen Orten und auf sehr unterschiedliche Weise gebunden werden. Eine solche Verbindung kann die neuronale Aktivität sowohl hemmen als auch erregen (Uttal, 1973). In neueren Untersuchungen konnten einige der spezifischen physikalisch-chemischen Bedingungen, die eine Veränderung der Rezeptorzellaktivität bewirken, identifiziert werden. Der salzige Geschmack von Natriumchlorid (Kochsalz) scheint beispielsweise festgestellt zu werden, wenn die positiv geladenen Natriumionen durch die negativen Ladungen der Rezeptorzellmembran angezogen und danach neutralisiert werden. Dies verursacht eine Änderung der Oberflächenspannung der Membran, so daß Ionenkanäle geöffnet werden, die nur Natriumionen passieren lassen. Es sind diese durch die Zellmembran aufgenommenen Natriumionen, die eine Potentialänderung an der Rezeptorzelle bewirken (Bartoshuk, 1988).

Weitere Hinweise auf Geschmacksrezeptoren, die für spezielle Reize empfindlich sind

Kreuzadaptationsversuche. Eine allgemeine Methode zur Untersuchung von für spezifische Reize empfindlichen Rezeptorzellen ist die der Kreuzadaptation. *Adaptation* bedeutet eine Verringerung der Antwort auf einen sensorischen Reiz, wenn dieser Reiz kontinuierlich einwirkt. Die menschliche Zunge zum Beispiel ist gewöhnlich an den Geschmack des Natriumchlorids im Speichel adaptiert. Wenn diese Adaptation beseitigt wird – etwa durch Eintauchen der Zunge in Wasser – so können weit geringere Konzentrationen von Natriumchlorid geschmeckt werden (Bartoshuk, 1988).

In *Kreuzadaptations*versuchen wird die Zunge zunächst an einen spezifischen Geschmack adaptiert. Wenn dann auch die wahrgenommene Intensität eines anderen Geschmacks nachläßt, so soll eine Kreuzadaptation erfolgt sein. Man nimmt an, daß Geschmacksqualitäten, bei denen die Adaptation der einen Qualität auch zur Adaptation der anderen führt, durch dieselben Rezeptormechanismen übermittelt werden. Studien zur Kreuzadaptation lassen vermuten, daß es mehr als einen Typ von Rezeptormechanismen für den Süßgeschmack und mehr als einen Typ für den Bittergeschmack geben könnte, aber nur je einen für salzig und sauer (Bartoshuk, 1988).

Süßrezeptoren. Zwei in der Natur gefundene Substanzen, die ungewöhnliche Veränderungen in der Geschmackswahrnehmung hervorrufen, scheinen die Existenz von Süßrezeptoren auf der Zunge zu bestätigen. Eine dieser Substanzen ist Gymnemasäure, die aus den Blättern einer in Indien beheimateten Pflanze gewonnen wird. Nach Beträufeln der Zunge mit Gymnemasäure wird die Fähigkeit, Süßes zu schmecken, für längere Zeit aufgehoben (Bartoshuk et al., 1969; Kurihara, Kurihara & Beidler, 1969; Warren & Pfaffmann, 1959). Die Chorda tympani reagiert nicht mehr auf süße Stoffe auf der Zunge, obwohl sie auf andere Geschmacksqualitäten weiterhin anspricht (Borg et al., 1963). Aus der Tatsache, daß nur die Reaktionen auf süße Stoffe betroffen sind, kann man folgern, daß die Zunge spezialisierte Rezeptoren für *süß* hat und daß Gymnemasäure diese Rezeptoren auf irgendeine Weise blockiert.

4. Geschmack und Geruch

Die westafrikanische Mirakelfrucht, eine Beere von der Größe kleiner Weintrauben, verursacht den entgegengesetzten Effekt. Nachdem man diese Frucht gegessen hat, schmecken saure Stoffe süß. Die aktive Substanz in dieser Mirakelfrucht wird passenderweise Mirakulin genannt (Bartoshuk, 1980; Bartoshuk et al., 1969; Henning et al., 1969; Kurihara et al., 1969). Wiederum läßt die Tatsache, daß eine auf die Zunge aufgebrachte Substanz spezifisch den Süßgeschmack betrifft, vermuten, daß auf der Zunge spezialisierte Rezeptoren für *süß* vorhanden sind.

Bitterrezeptoren. Läßt man Menschen verschiedene Konzentrationen einer Substanz schmecken, ergibt die grafische Darstellung der geringsten Konzentrationen, die jede Person wahrzunehmen in der Lage ist, eine Kurve mit einem einzigen Gipfel. Die Wahrnehmungsschwelle ist im allgemeinen für verschiedene Menschen ähnlich. Von dem Gipfelpunkt, der die Konzentration anzeigt, die von den meisten Menschen geschmeckt werden kann, fällt die Kurve zu beiden Seiten hin ab (Abbildung 4.4a). Phenylthiocarbamid (PTC) jedoch ergibt eine zweigipflige Kurve (Abbildung 4.4b). Das bedeutet, daß es statt einer durchschnittlich niedrigsten Konzentration, die Menschen schmecken können, zwei gibt. Versuchspersonen, bei denen die Werte im Bereich des linken Gipfels liegen, sind in der Lage, eine relativ niedrige Konzentration von PTC zu schmecken; sie werden „Schmecker" genannt. Diejenigen, deren Daten in der Nähe des rechten Gipfels liegen, vermögen PTC nur in einer relativ hohen Konzentration zu schmecken und werden „Nichtschmecker" genannt. Auch einige andere bittere Substanzen, wie Koffein oder Saccharin, ergeben ähnliche Ergebnisse, ohne dem PTC unbedingt chemisch ähneln zu müssen (Bartoshuk, 1979; Bartoshuk, 1988; Kalmus, 1952).

Ob jemand ein „Schmecker" oder ein „Nichtschmecker" ist, hängt, wie sich herausstellte, von genetischen Faktoren ab. Der Anteil der Genträger für „Schmecken" oder „Nichtschmecken" variiert zwischen verschiedenen ethnischen Gruppen. Ungefähr ein Drittel der Nordeuropäer sind „Nichtschmecker". In anderen Gruppen ist der Anteil der „Nichtschmecker" weitaus geringer (Bartoshuk, 1979; Bartoshuk, 1988; Kalmus, 1952).

Die Psychologie des Essens und Trinkens

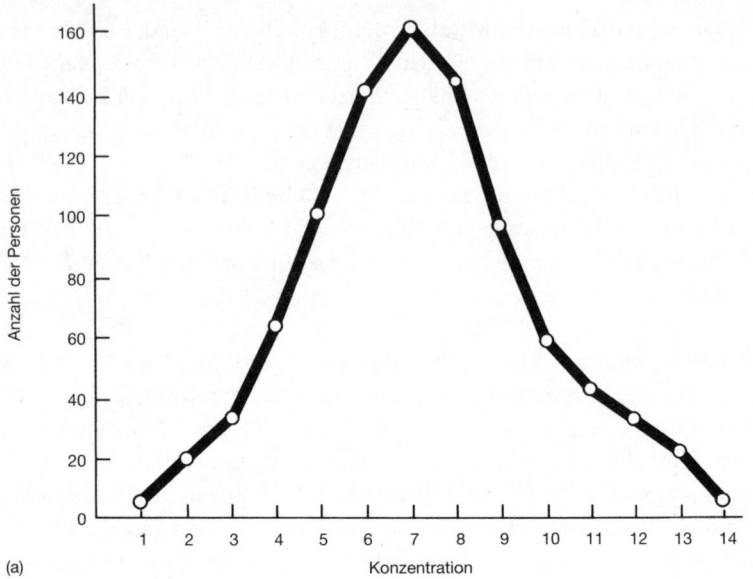

(a)

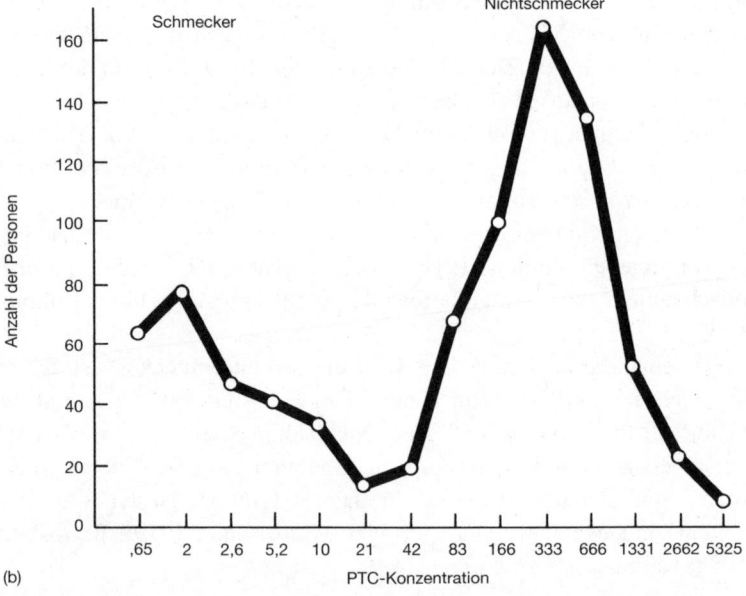

(b)

All diese Informationen lassen vermuten, daß es eine allgemeine Klasse von Mechanismen für das Schmecken bitterer Stoffe gibt. Ob diese Mechanismen die Bitterrezeptoren auf der Zunge betreffen oder aber zentralere Mechanismen, ist bisher nicht bekannt.

Grundqualitäten des Geruchs

Die Forschung zur Geruchswahrnehmung entwickelte sich parallel zu den Untersuchungen des Geschmacks. Die Wissenschaftler versuchten zum einen, Primärqualitäten ausfindig zu machen, und zum anderen herauszufinden, wie der Körper sie erkennt.

Es gibt keine allgemein anerkannte Einteilung der Düfte in Primärqualitäten. Viele Jahre lang stand ein von John E. Amoore (1970) vorgeschlagenes System von sieben Duftklassen im Zentrum der Aufmerksamkeit. Er stellte folgende Grundqualitäten fest: ätherisch, kampferartig, moschusartig, blumig, pfefferminzartig, faulig und stechend. Bei der Untersuchung dieser Grundqualitäten konne man einige Aufschlüsse aus der Untersuchung partieller *Anosmien* (Ausfälle oder Beeinträchtigung der Riechfähigkeit für bestimmte Stoffe) gewinnen. Die Tatsache, daß partielle Anosmien häufig angeboren sind und daß sie oft den von Amoore angenommenen Grundqualitäten entsprechen, führt zu der Vermutung, daß die Fähigkeit, bestimmte Gerüche wahrzunehmen, genetisch determiniert ist (Amoore, 1971) und daß Amoores sieben Grundgerüche tatsächlich Elemente im System des Körpers zur Kodierung von Gerüchen sind.

Aufgrund dieser Befunde schlug Amoore eine Beschreibung vor, wie der Körper die sieben Düfte erkennen könnte. Seine Theorie ist bekannt als die stereochemische Theorie der Geruchsdiskrimination (Amoore, Johnston & Rubin, 1964; Uttal, 1973). Ähnlich wie Beid-

4.4 (a) Hypothetisches Diagramm der Anzahl von Menschen, für die eine bestimmte Konzentration eines typischen Geschmacksreizes die minimale Konzentration ist, die sie wahrnehmen. (b) Anzahl der Menschen, für die eine bestimmte Konzentration von PTC die minimale Konzentration ist, die sie wahrnehmen. Diese Daten stammen aus einer Stichprobe von 855 Menschen und sind in gewisser Weise untypisch, da es in dieser Stichprobe mehr Nichtschmecker als Schmecker gibt. (Nach Kalmus, 1952.)

lers Theorie der Geschmacksdiskrimination geht Amoores Theorie davon aus, daß es im Riechepithel Stellen gibt, die Geruchsmoleküle der geeigneten Form binden können, und daß die Art der verfügbaren Bindungsstellen im allgemeinen mit einer der Grundqualitäten übereinstimmen sollte. Wenn ein Molekül in eine bestimmte Stelle paßt, dann wirkt dieses Molekül als „Schlüssel" für dieses „Schloß" (Abbildung 4.5; Cain, 1988).

Es scheint heute, daß Amoores sieben Grunddüfte unzureichend sind, um alle Gerüche zu beschreiben. Weiterhin ist es nicht gelungen, im Riechepithel unterschiedliche Arten von Stellen zu finden, die den Formen dieser Grundqualitäten entsprechen würden. Neuere Forschungen haben Gruppen von nicht weniger als 146 Primärqualitäten angenommen; indes ist die Frage, welche Gerüche die Grundqualitäten ausmachen, keineswegs geklärt (Cain, 1988; Engen, 1982). Die Geruchsrezeptoren scheinen zwar tatsächlich aus Eiweißmolekülen zu bestehen (Mason, Clark & Morton, 1984), aber es ist nicht genau bekannt, auf welche Weise die Moleküle auf dem olfaktorischen Epithel die Rezeptoren veranlassen, eine Geruchswahrnehmung zu signalisieren. Man weiß auch nicht, in welchem Ausmaß es auf dem Riechepithel Stellen gibt, die auf bestimmte Molekülformen reagieren, auf andere aber nicht, obwohl die Molekülform bei der Geruchskodierung eine Rolle zu spielen scheint. Aus all diesen Gründen hat die stereochemische Theorie an Bedeutung verloren (Cain, 1988).

Was die Anatomie und den Übermittlungsprozeß des olfaktorischen Systems betrifft, verfügen wir über einige allgemeine Kenntnisse. Abbildung 4.6 zeigt die auf der Oberfläche des Riechepithels vorhandenen Zellen. Auf irgendeine Weise verändern Riechstoffe, die mit den Zilien (haarförmigen Fortsätzen) der Riechsinneszellen in Kontakt kommen, das Membranpotential der Rezeptorzellen. Die das Sinnesepithel bedeckende Schleimschicht beeinflußt den Übermittlungsprozeß. Nur bestimmte Moleküle können durch den Schleim hindurchtreten, und einige Moleküle verändern sich dabei (Cain, 1988).

Weiterhin gibt es, ähnlich wie beim gustatorischen System, Hinweise darauf, daß das olfaktorische System Elemente sowohl der Theorie der selektiven Nervenfasern als auch der Erregungsmustertheorie der Sinneswahrnehmung enthält. Die einzelnen Sinneszellen reagieren auf nicht nur einen, sondern eine bestimmte Gruppe von Duftstoffen.

4. Geschmack und Geruch

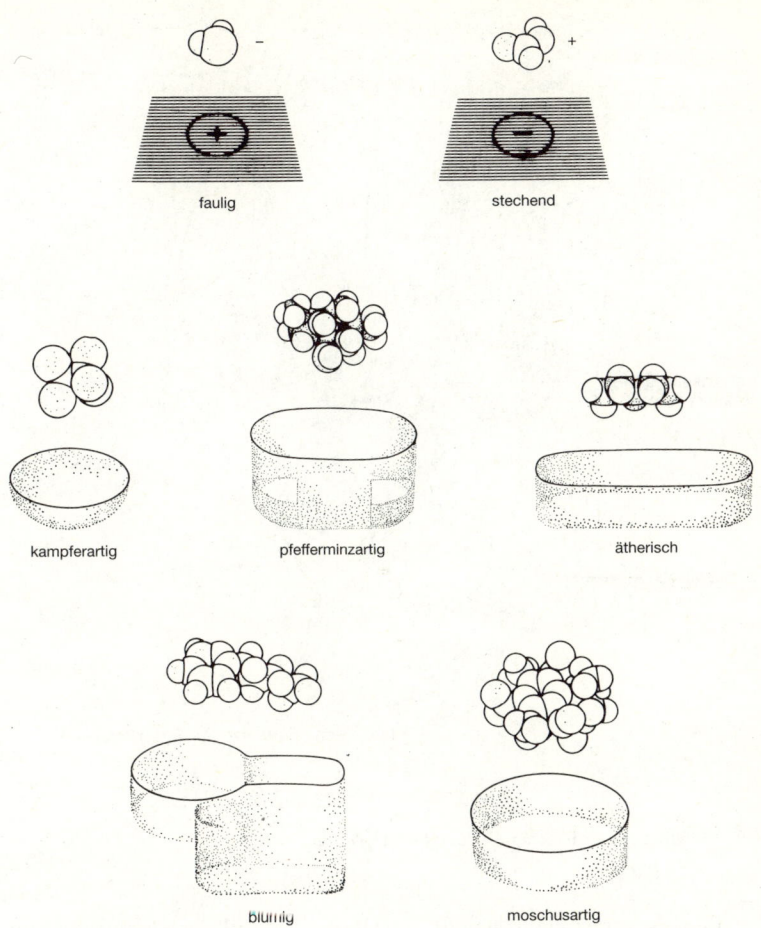

4.5 Hypothetische Darstellung der von Amoore postulierten Geruchsdetektion: „Schlüssel" (Geruchsmolekül) und „Schloß" (Rezeptorstelle). (Nach Amoore, Johnston & Rubin, 1964.)

Jedoch gibt es offenbar kaum zwei Sinneszellen, die auf die gleiche Gruppe von Riechstoffen ansprechen (Mozell & Hornung, 1985). In Abhängigkeit vom anwesenden Geruchsstoff werden die Rezeptoren an verschiedenen Stellen des Riechepithels unterschiedlich aktiviert (Cain, 1988). Die Ausläufer der Rezeptorzellen ziehen zum Bulbus

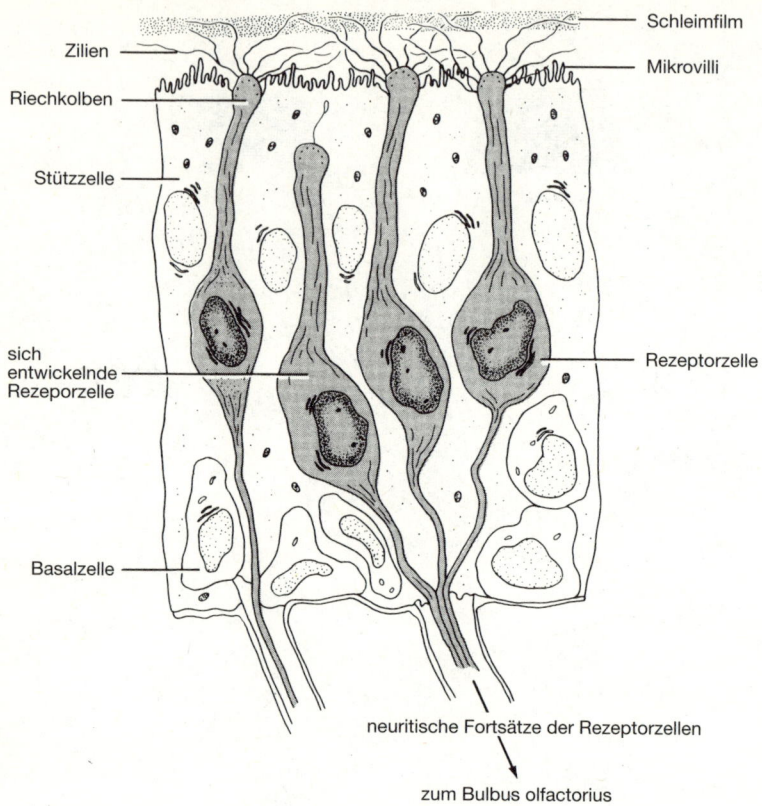

4.6 Schnittbild des Riechepithels. (Nach Castellucci, 1985.)

olfactorius, einer Neuronenansammlung, die Teil des Zentralnervensystems ist. Bestimmte Gerüche führen zur Aktivierung bestimmter Regionen im Bulbus olfactorius (Shepherd, 1985). Somit scheinen – obwohl die einzelnen Zellen und Teile des Bulbus olfactorius für spezielle Gerüche empfindlich sind – auch Erregungsmuster bei der olfaktorischen Kodierung eine Rolle zu spielen.

4. Geschmack und Geruch

Individuelle Unterschiede in der Geschmacks- und Geruchsempfindlichkeit

Geschmacks- und Geruchsempfindlichkeit sind nicht für alle Menschen für alle Zeit gleich. Verschiedene Menschen werden mit unterschiedlichen Fähigkeiten zu schmecken und zu riechen geboren. Später wirken Umwelteinflüsse und auch der physiologische Alterungsprozeß auf diese Fähigkeiten ein.

Schmecken

Es ist zwar nicht klar bewiesen, scheint aber so zu sein, daß die *Schwellenempfindlichkeit* für Geschmacksreize (die kleinste Konzentration eines Stoffes, die man schmecken kann) mit dem Alter zunimmt. Auch die Befunde hinsichtlich der *überschwelligen Empfindlichkeit*, das heißt der Empfindlichkeit für über der Reizschwelle liegende Reizvergrößerungen, scheinen darauf hinzuweisen, daß ältere Menschen weniger geschmacksempfindlich sind als junge Erwachsene (Booth, Kohns & Kamath, 1982; Cowart, 1981, 1989; Stevens & Lawless, 1981). Es ist nicht bekannt, ob diese Verminderungen der Geschmacksempfindlichkeit mit dem Alter in erster Linie auf genetisch festgelegte Veränderungen im Geschmackssinnessystem oder auf Veränderungen in diesem System infolge der langjährigen Einwirkung von Geschmacksstoffen und anderen Reizen zurückzuführen sind. Eindeutig ist der Umwelteinfluß hingegen beim Verlust des Geschmackssinnes in einem speziellen Teil der Zunge, der als Folge einer Kopfverletzung, einer Infektion der höheren Atemwege oder bei Bulimia nervosa (siehe Kapitel 9) erfolgen kann (Bartoshuk, 1989). Andererseits sind die Unterschiede in der Geschmacksempfindlichkeit zwischen verschiedenen Menschen in einem gewissen Ausmaß angeboren, wie die Versuche zur PTC-Wahrnehmung beweisen.

Riechen

Auch in der Fähigkeit zu riechen gibt es große individuelle Unterschiede (Gilbert & Wysocki, 1987). Sowohl die Schwellenempfindlichkeit für Geruchsstoffe als auch die Fähigkeit, zwischen verschiedenen Gerüchen zu unterscheiden, nehmen mit zunehmendem Alter ab (Cowart, 1989; Stevens, Bartoshuk & Cain, 1984). Im Alter von über 80 Jahren sind mehr als 75 Prozent der älteren Menschen in ihrer Riechfähigkeit erheblich beeinträchtigt (Doty et al., 1984). Dies bedeutet jedoch, daß fast 25 Prozent der über 80 Jahre alten Menschen keine Beeinträchtigung zeigen; die Beziehung zwischen der Riechfähigkeit und dem Alter ist somit heterogen (Wysocki & Gilbert, 1989). Ein Teil dieser Heterogenität mag auf die Wirkung von Krankheiten auf die Geruchsempfindlichkeit zurückzuführen sein: Wie beim Geschmackssinn kann auch die Geruchsempfindlichkeit nach einer Kopfverletzung oder einer Virusinfektion abnehmen (Doty, 1989). Außerdem können zu jedem Zeitpunkt im Laufe des Lebens Umweltreize die Geruchsempfindlichkeit beeinflussen. Der Genuß geringer bis mäßiger Mengen Alkohol zum Beispiel kann die Geruchsempfindlichkeit zeitweilig steigern (Engen, 1982).

Eine Untersuchung von Helen B. Hubert, Richard R. Fabsitz, Manning Feinleib und Kenneth S. Brown (1980) hatte das Ziel, genetische Determinanten der Geruchsempfindlichkeit zu untersuchen, schloß aber stattdessen mit der Betonung der Wirkung von Umweltfaktoren ab. Hubert und ihre Kollegen testeten bei 97 erwachsenen männlichen Zwillingspaaren die Geruchsempfindlichkeit für verschiedene Stoffe. Von den 97 Paaren waren 51 *eineiige* Zwillinge und die übrigen *zweieiige*. Eineiige Zwillinge sind genetisch identisch, während zweieiige Zwillinge im Durchschnitt die Hälfte ihrer Gene teilen. Unter der Voraussetzung, daß die Umwelt für eineiige Zwillinge nicht ähnlicher ist als für zweieiige (eine nicht immer korrekte Annahme), kann man wie folgt schlußfolgern: Wenn eineiige Zwillinge sich in einem bestimmten Merkmal stärker ähneln als zweieiige Zwillinge, ist dieses Merkmal zumindest bis zu einem bestimmten Grade erblich (siehe Abbildung 4.7). Hubert und ihre Kollegen fanden bei eineiigen Zwillingen keine größere Ähnlichkeit in der Geruchsempfindlichkeit als bei zweieiigen. Jedoch stellten sie fest, daß Versuchspersonen, die

4. Geschmack und Geruch

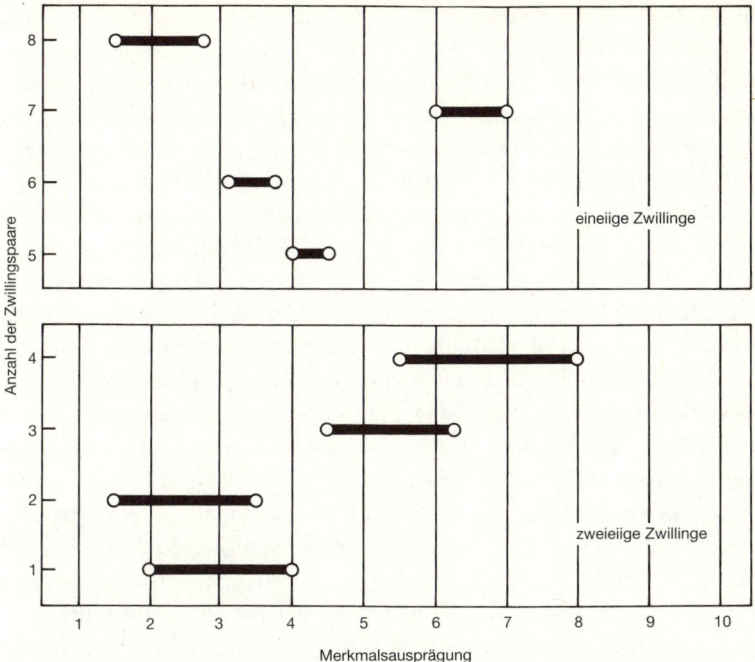

4.7 Hypothetische Ergebnisse eines Experiments zum Vergleich von Merkmalsausprägungen bei eineiigen und bei zweieiigen Zwillingen. Die Punkte stellen die Werte einzelner Personen dar. Eine Linie verbindet die Werte jedes Zwillingspaares. In diesem hypothetischen Beispiel variieren zwar die Werte sowohl der eineiigen als auch der zweieiigen Zwillingspaare beträchtlich, doch sind sich die Werte eineiiger Zwillinge jeweils ähnlicher als die der zweieiigen. Mit anderen Worten, die Linien, die eineiige Zwillinge verbinden, sind im Durchschnitt kürzer als die Linien, die zweieiige Zwillinge verbinden. Deshalb scheint in diesem hypothetischen Beispiel das gemessene Merkmal zumindest teilweise das Resultat genetischer Faktoren zu sein.

rauchen, für einige Gerüche weniger empfindlich sind. Nichtsdestoweniger belegen die bereits dargestellten Befunde zu genetisch bedingten Anosmien deutlich die Bedeutung der Vererbung für die Geruchsempfindlichkeit.

Die Umwelt jedoch beeinflußt zweifelsfrei die Fähigkeit, einen Geruch oder Geschmack zu *erkennen* und seinen Ursprung zu bestimmen. Diese Fähigkeit hängt von der Vertrautheit mit den Reizen und ihren Ursprüngen ab. Nehmen wir einmal an, Versuchspersonen haben die Aufgabe zu lernen, die Gerüche vieler verschiedener Chemikalien wie Pyridin, Butanol und Aceton zu unterscheiden. Nehmen wir weiterhin an, den Versuchspersonen wird sehr viel Übung und Feedback (Rückmeldung) geboten, während sie die Gerüche identifizieren. Experimente mit eben diesem Vorgehen haben gezeigt, daß Versuchspersonen nicht mehr als 22 Geruchsqualitäten zu unterscheiden lernen (die Spannweite reichte von 6 bis 22 Gerüche).

William S. Cain (1979; Rabin & Cain, 1984) erhielt andere Ergebnisse, als er bei demselben Vorgehen statt Substanzen, die wenig tägliche Bedeutung für die Versuchspersonen besitzen, Stoffe verwendete, deren Gerüche im täglichen Leben der Versuchspersonen mit großer Wahrscheinlichkeit oft vorkommen. Beispielsweise verwendete er Schokolade, verschiedene Fleischsorten, Verbandsstoffe, Babypuder und dergleichen. Cains Versuchspersonen vermochten im Durchschnitt 36 dieser Stoffe zu unterscheiden (Cain, 1979).

Aus diesen Ergebnissen lassen sich einige Prinzipien der Geruchserkennung ableiten. Erstens, es ist einfacher, Stoffe zu erkennen, denen man häufig begegnet. Zweitens, es fällt den Versuchspersonen leichter, einen Geruch zu identifizieren, der für sie schon seit langer Zeit mit einer bestimmten Bezeichnung verbunden ist. Drittens, die Versuchspersonen lernen leichter, Gerüche zu erkennen, wenn sie auf ihre Versuche der Identifizierung hin Feedback erhalten.

Diese Prinzipien können helfen zu erklären, warum wir manchmal einen Geruch wiedererkennen, ohne uns an die Umstände erinnern zu können, unter denen wir ihn zuvor wahrnahmen. Wenn man sich einen bestimmten Geruch merken möchte, wäre es eine gute Strategie, diesem Geruch einen Namen zu geben und sich dann die mit dem Geruch dieses Namens verbundenen Umstände so oft wie möglich ins Gedächtnis zurückzurufen. Wer nach dieser Strategie vorgeht, wird später, wenn ihm dieser Geruch im Supermarkt oder in der U-Bahn begegnet, wahrscheinlich nicht mehr sagen müssen: „Wo habe ich das schon mal gerochen?"

Sowohl die genetische Veranlagung als auch die Umwelt beeinflussen die Fähigkeit, spezifische Gerüche zu erkennen, und spielen bei der Geruchsempfindlichkeit eine wichtige Rolle.

4. Geschmack und Geruch

Gesundheitheitliche Konsequenzen

Die Abnahme der Geschmacks- und Geruchsempfindlichkeit im Alter hat ernsthafte Konsequenzen, egal ob sie genetisch oder durch Umwelteinflüsse bedingt ist. Ältere Menschen, die nicht mehr gut riechen und schmecken können, empfinden das Essen oft als zu wenig gewürzt. Aus diesem Grunde ist ihre Nahrung oft nicht ausgewogen (Schiffman & Warwick, 1989). Zudem kann die verminderte Fähigkeit, Rauch oder Gas zu riechen, dazu führen, daß Feuer oder entweichendes Gas nicht rechtzeitig entdeckt werden (Doty et al., 1984). Familienangehörige und Mitarbeiter im Gesundheitsdienst sollten sich dieser möglichen Gefahren bewußt sein, um dagegen Schritte unternehmen zu können, und den älteren Menschen helfen, diesen Risiken vorzubeugen. Beispielsweise können Familienmitglieder dafür sorgen, daß ihre älteren Angehörigen funktionierende Feuermelder besitzen, und sie können das Essen ihrer älteren Verwandten stärker würzen.

Fazit

Unsere chemischen Sinne, der Geschmacks- und der Geruchssinn, sind komplex und unterliegen vielen verschiedenen Einflüssen. Ungeachtet dessen müssen wir untersuchen, wie diese Sinne funktionieren, wenn wir die Psychologie des Essens und Trinkens verstehen wollen. Die Fähigkeit eines Organismus, zu schmecken und zu riechen, ist von großer Bedeutung, weil diese Sinnessysteme ihm helfen zu bestimmen, ob und was gegessen werden sollte. Die Vorliebe für verschiedene Nahrungsmittel und Getränke ist der Gegenstand der folgenden zwei Kapitel.

5
Genetische Beiträge zu Nahrungsmittelpräferenzen

„Ich habe die ganze Zeit Milch getrunken, als ich klein war. Jetzt trinke ich kaum welche. Weshalb habe ich mich verändert?"

„Wieso scheint meine Frau nie genügend Süßigkeiten oder Knabbergebäck zu kriegen, obwohl sie weiß, daß sie nicht gut für sie sind?"

„Vor fünf Jahren aß ich einmal ein Hotdog; und ein paar Stunden später bekam ich die Grippe und erbrach mehrere Male. Bis heute kann ich nicht mal mehr den Gedanken an Hotdogs ertragen. Wird das jemals weggehen?"

„Unser Sohn ißt überhaupt kein Gemüse, aber die andern aus der Familie mögen es sehr gern. Wie ist das passiert? Was können wir tun?"

Fragen wie diese werden Psychologen, die sich mit der Psychologie des Essens und Trinkens beschäftigen, oft gestellt. Es scheint, daß fast jeder eine Nahrungsmittelpräferenz oder -aversion mysteriösen Ursprungs hat oder auch eine, die er oder sie gern ändern würde (Dowd, 1990; Nisbet, 1980; Trillin, 1982). Eltern machen sich über die Nahrungsmittelvorlieben und -abneigungen ihrer Kinder Sorgen (Abbildung 5.1), und das mit gutem Grund. Eine gute Essenszusammenstellung ist nicht nur gleichbedeutend mit guter Ernährung, sondern es ist auch bekannt, daß die Kost das Auftreten und den Verlauf von vielen Krankheiten beeinflußt. Wenn man zum Beispiel den Verzehr gesättigter Fettsäuren einschränkt und den Anteil von Ballaststoffen in der Nahrung erhöht, kann man das Risiko einer Herzkrankheit und einiger Krebsarten herabsetzen (Brody, 1981; U.S. Department of Health and Human Services, 1988). Nahrungsmittelvorlieben und -abneigungen haben zweifellos medizinische und soziale Folgen.

Wenn man erklären möchte, wie Präferenzen für und Aversionen gegen bestimmte Nahrungsmittel entstehen, muß man Informationen

5. Genetische Beiträge zu Nahrungsmittelpräferenzen

„Laß uns das Ganze noch mal durchgehen, Janine. Du magst keine Milch.
Du magst kein Hühnchen. Und du magst nichts Grünes. Nun sag mir mal,
Janine – was bleibt uns da noch übrig?"

5.1 Zeichnung von Saxon. Copyright © 1981 The New Yorker Magazine, Inc.
Abgedruckt mit Erlaubnis von *The New Yorker*, vom 10. August 1981, S. 37.

aus vielen Quellen zusammentragen. Aus der verfügbaren Information über Nahrungsmittelvorlieben und -abneigungen den größten Nutzen zu ziehen, erfordert darum die Bereitschaft, sich mit Forschung aus vielen grundverschiedenen Gebieten der Psychologie zu beschäftigen (Thomson, 1989).

Präferenz, Auswahl und Mögen

Dieses Kapitel und das folgende beschäftigen sich mit *Nahrungsmittelpräferenzen*, den Nahrungsmitteln, die Menschen oder Tiere wählen, wenn alle Nahrungsmittel gleichermaßen und gleichzeitig verfügbar sind. Nahrungsmittelpräferenz ist nicht unbedingt mit Nahrungsmittelauswahl gleichzusetzen, da es eine gleiche Verfügbarkeit, außer im Labor, kaum gibt. Eine Vielzahl von Zwängen schränkt die Verfügbarkeit vieler Nahrungsmittel ein. Zum Beispiel könnte ein bestimmtes Nahrungsmittel ausgewählt werden, weil es wenig Arbeit erfordert, es zu beschaffen. Kapitel 7 behandelt die Frage, wie Menschen oder Tiere unter den durch diese Arten von Zwängen betroffenen Nahrungsmitteln ihre Auswahl treffen.

Nahrungsmittelpräferenz entspricht auch nicht unbedingt dem *Mögen von Nahrungsmitteln*. So bevorzugt vielleicht ein Diätpatient eine Möhre gegenüber einem Stück Schokoladenkuchen. Gäbe es jedoch eine Wunderpille, mit der er die Aufnahme von Kalorien verhindern könnte, so würde sich diese Bevorzugung wahrscheinlich umkehren und zeigen, daß der Diätpatient Schokoladenkuchen lieber mag. Die Folgen des Verzehrs einiger Nahrungsmittel verbergen vielleicht die Tatsache, daß Tiere oder Menschen diese Nahrungsmittel *mögen*. In diesen Fällen muß die Nahrungsmittelpräferenz vom Mögen eines Nahrungsmittels unterschieden werden. Präferenz, Auswahl und Mögen von Nahrungsmitteln bezeichnen überlappende, aber nicht genau übereinstimmende Verhaltensweisen, die die Nahrungsaufnahme betreffen.

Nahrungsmittelpräferenz: Genetische Faktoren und Umwelteinflüsse

Da ein großer Teil der Forschung zu Nahrungsmittelpräferenzen aus sehr unterschiedlichen Quellen stammt, wird es hilfreich sein, mit drei besonderen Geschmackspräferenzen zu beginnen und eine große Anzahl von Informationen um sie zu gruppieren: Es handelt sich um die Präferenzen für Süßes, für Salziges sowie für Milch und Milchpro-

5. Genetische Beiträge zu Nahrungsmittelpräferenzen

dukte. Mit ihrer Darstellung wird gleichzeitig in viele Themen und Probleme eingeführt, die allen Untersuchungen zu Nahrungsmittelpräferenzen gemeinsam sind.

Diese drei Geschmackspräferenzen wurden für das vorliegende Kapitel ausgewählt, weil die meisten Menschen sie – zumindest in einem gewissen Grade – zu irgendeinem Zeitpunkt ihres Lebens bevorzugen. Die Tatsache, daß diese Vorlieben tatsächlich universell sind – ungeachtet der unterschiedlichen Umstände, in denen Menschen aufwachsen und sich entwickeln –, spricht dafür, daß sie im wesentlichen genetisch determiniert sind und daß die Erbanlage dieser Präferenzen zu einer erhöhten Gesamttauglichkeit der Art geführt hat.

Das Wissen, in welchem Ausmaß Geschmacks- und Nahrungsmittelpräferenzen genetisch determiniert sind, kann zur Klärung der Frage beitragen, wie nicht erwünschte Nahrungsmittelpräferenzen verändert werden können. Wenn eine solche Bevorzugung oder Abneigung in erster Linie durch die Gene bestimmt ist, wird es schwierig sein, sie durch Veränderungen in der Umwelt zu beeinflussen. Wenn eine Präferenz primär lernbedingt ist, wird es weniger schwierig sein, sie durch Veränderungen in der Umwelt zu beeinflussen. Im Anschluß an die Erörterung der Ursprünge der Präferenzen für süße Speisen, salzige Speisen, Milch und Milchprodukte konzentriert sich der verbleibende Teil dieses Kapitels auf allgemeinere Belege für Nahrungsmittelpräferenzen, die offenbar weitgehend genetisch determiniert sind. Im nächsten Kapitel stehen dann Nahrungsmittelpräferenzen im Mittelpunkt, die anscheinend überwiegend das Ergebnis von Lernprozessen sind.

Dabei darf man nicht vergessen, daß kein Merkmal vollständig durch die Gene oder durch die Umwelt determiniert ist. Ob sich zum Beispiel ein Fötus als männlich oder weiblich entwickelt, hängt so denkt man – von den Genen ab. Wenn aber die erforderliche Menge an männlichen Hormonen zu einer bestimmten Zeit während der Schwangerschaft nicht vorhanden ist, kann sich ein genetisch männlicher Fötus zu einem scheinbar weiblichen entwickeln (Money & Ehrhardt, 1972). Wie man ein bestimmtes Lied singt, ist erlernt. Aber ohne Stimmbänder und einen Mund, welche genetisch determiniert sind, wäre es unmöglich, dieses Lied zu singen.

Vorliebe für Süßes

Vorkommen der Vorliebe für Süßes

Kaum jemand bezweifelt, daß der Mensch im allgemeinen süße Nahrungsmittel und Getränke bevorzugt. Trotz ihrer sehr unterschiedlichen Herkunft finden in den Vereinigten Staaten fast alle Menschen immer noch Platz für ein Gelee-Dessert und sehr viele für irgendetwas Süßes, selbst nach einem ausreichenden Essen.

Menschen jeden Alters neigen dazu, aus verschiedenen Nahrungsmitteln die süßen herauszusuchen (Einstein & Hornstein, 1970; Meiselman, 1977; Meiselman et al., 1972; Meiselman, Waterman & Symington, 1974; Peryam et al., 1960). Das gilt auch für viele Tierarten, beispielsweise Pferde, Bären und Ameisen (Capaldi et al., 1989; Pfaffman, 1977). Die allgemeine Laborkunde besagt, daß man, wenn man Schwierigkeiten hat, einer Ratte das Drücken eines Hebels in einer Skinner-Box [Versuchseinrichtung für lernpsychologische Tierexperimente, ausgestattet mit Hebeln, Tasten etc.] beizubringen, nur den Hebel ein wenig mit Milchschokolade beschmieren muß, um das Problem zu lösen.

Es ist nicht überraschend, daß viele Arten eine Vorliebe für süße Nahrungsmittel und Getränke haben, da süße Nahrung oft eine hohe Konzentration an Zucker und damit Kalorien enthält. Kalorien versorgen den Körper mit Energie und sind notwendig für seine Funktionen. In der natürlichen Umgebung der einzelnen Arten sind leichtverdauliche Kalorien nicht frei verfügbar, und oft sind sie nicht in ausreichenden Mengen zugänglich. Daher bedeutet eine Präferenz für konzentrierte Kalorienquellen wahrscheinlich einen Evolutionsvorteil (Pfaffmann, 1977; Brody, 1981).

Auch *Homo sapiens* – wie viele andere Arten – erschien zuerst in einer Umgebung, in der verfügbare Kalorien oft dünn gesät waren (Garn & Leonard, 1989; Konner, 1988). Eine konzentrierte Quelle für Zucker und damit Kalorien waren reife Früchte, welche von unreifen durch ihre Süße unterschieden werden können. Zusätzlich zum Zucker versorgen Früchte den Körper auch mit den für die Aufrechterhaltung der Körperfunktionen und das Wachstum notwendigen Vitaminen und Mineralstoffen. Eine Vorliebe für süße Nahrung und Geträn-

5. Genetische Beiträge zu Nahrungsmittelpräferenzen

ke, die dem Verzehr reifer Früchte förderlich war, hat für unsere frühen Vorfahren wahrscheinlich einen Vorteil dargestellt (Konner, 1988; Rozin, P., 1976, 1982).

Heutzutage können dank fortgeschrittener Technologie die meisten Menschen sicher damit rechnen, jederzeit eine Vielzahl billiger Lebensmittel und Getränke leicht verfügbar zu haben, die Zucker, aber sonst nur sehr wenig enthalten. Vom Napfkuchen bis zur Cola, von Süßigkeiten bis zur heißen Schokolade treffen wir bei jeder Gelegenheit auf Nahrungsmittel, deren hauptsächlicher Ernährungswert in den Kalorien besteht, die sie liefern (Brody, 1981). Da süße Nahrungsmittel und Getränke so billig und leicht zu bekommen sind und soviel Werbung für sie gemacht wird, und da wir eine Vorliebe für Süßes haben, neigen wir dazu, diese anstelle anderer Lebensmittel zu konsumieren. Die Folge davon – in hochentwickelten Ländern wie den Vereinigten Staaten oder Deutschland – ist, daß manche zu viel Zucker verzehren und nicht genügend andere Nährstoffe. Dies setzt nicht nur den Ernährungswert herab, es kann auch das Auftreten von Karies, Herzkrankheiten und Fettleibigkeit erhöhen, die alle ernste Gesundheitsprobleme darstellen (Guthrie, 1975). Für eine gesunde Ernährung ist es wichtig, daß wir verstehen, wodurch unsere Vorliebe für Süßes bedingt ist und welche Faktoren diese Vorliebe beeinflussen und beeinflussen können.

Der erste Kontakt mit Süßem

J. A. Desor, Owen Maller und Robert E. Turner (1973) haben die Vorliebe neugeborener Säuglinge für süße Flüssigkeiten untersucht. Die Flüssigkeiten wurden den Säuglingen in Flaschen angeboten, und gemessen wurden die Mengen, die die Babys getrunken hatten. Sie zogen süße Flüssigkeiten Wasser vor und tranken mehr von den süßen Flüssigkeiten, wenn die Zuckerkonzentration erhöht wurde. Obwohl es unklar ist, ob die Glukosegabe kurz nach der Geburt die Süß-Präferenz dieser einen bis drei Tage alten Säuglinge beeinflußt hat, läßt das Vorhandensein einer Vorliebe für Süßes in einem so frühen Alter eine starke genetische Komponente bei den Determinanten für die Süß-Präferenz vermuten.

Es gibt einige dokumentierte Fälle, wo eine Kultur, die nicht über süße Nahrungsmittel und Getränke verfügte (mit Ausnahme von Milch, welche leicht süß ist), mit einer Kultur in Kontakt kam, in welcher regelmäßig süße Lebensmittel konsumiert wurden. In keinem dieser Fälle lehnte die zuvor ohne Zucker lebende Kultur die zuckerenthaltenden Nahrungsmittel und Getränke der anderen Kultur ab (Jerome, 1977). Die Eskimos des nördlichen Alaska sind ein Beispiel für eine solche sich an Zucker anpassende Kultur (Bell, Draper & Bergan, 1973; Mouratoff, Carroll & Scott, 1967). Ebenso wie die Forschung von Desor, Maller und Turner an Neugeborenen sprechen auch diese Fälle dafür, daß eine frühe Erfahrung keine notwendige Vorbedingung dafür ist, daß jemand den Süßgeschmack bevorzugt.

Gesichtsausdruck

Weitere Belege für eine genetische Determination der Vorliebe für Süßes stammt aus Forschungen über den Gesichtsausdruck, der mit verschiedenen Geschmacksreizen einhergeht. Jacob E. Steiner (1977) hat belegt, daß Babys, die man vor ihrer ersten Brust- oder Flaschennahrung getestet hatte, einen Gesichtausdruck zeigen, der demjenigen von Erwachsenen sehr ähnlich ist, wenn sie etwas Süßes schmecken (siehe Abbildung 5.2):

> Der süße Stimulus führt zu einer merklichen Entspannung des Gesichts, die einem Ausdruck der „Zufriedenheit" ähnelt. Dieser Ausdruck ist oft von einem leichten Lächeln begleitet und fast immer gefolgt von einem eifrigen Lecken der Oberlippe und Saugbewegungen. Das durch den Sucrosereiz hervorgerufene Mienenspiel wurde von Beobachtern, die die Filme oder Bilder sahen, oft als Ausdruck des Gefallens, Mögens oder Genießens benannt (Steiner, 1977, S. 174f.).

5.2 Gesichtsausdrücke neugeborener Babys. Typische Merkmale der gustofazialen Reaktion, aufgenommen bei Neugeborenen zwischen ihrer Geburt und der ersten Fütterung. 1: Gesicht in Ruhe. 2. Reaktion auf destilliertes Wasser (Kontrollbedingung). 3. Reaktion auf den süßen Stimulus. 4. Mundspitzen, Reaktion auf den sauren Stimulus. 5. Reaktion auf den bitteren Stimulus. (Abdruck mit Genehmigung von J. E. Steiner, 1977.)

5. Genetische Beiträge zu Nahrungsmittelpräferenzen

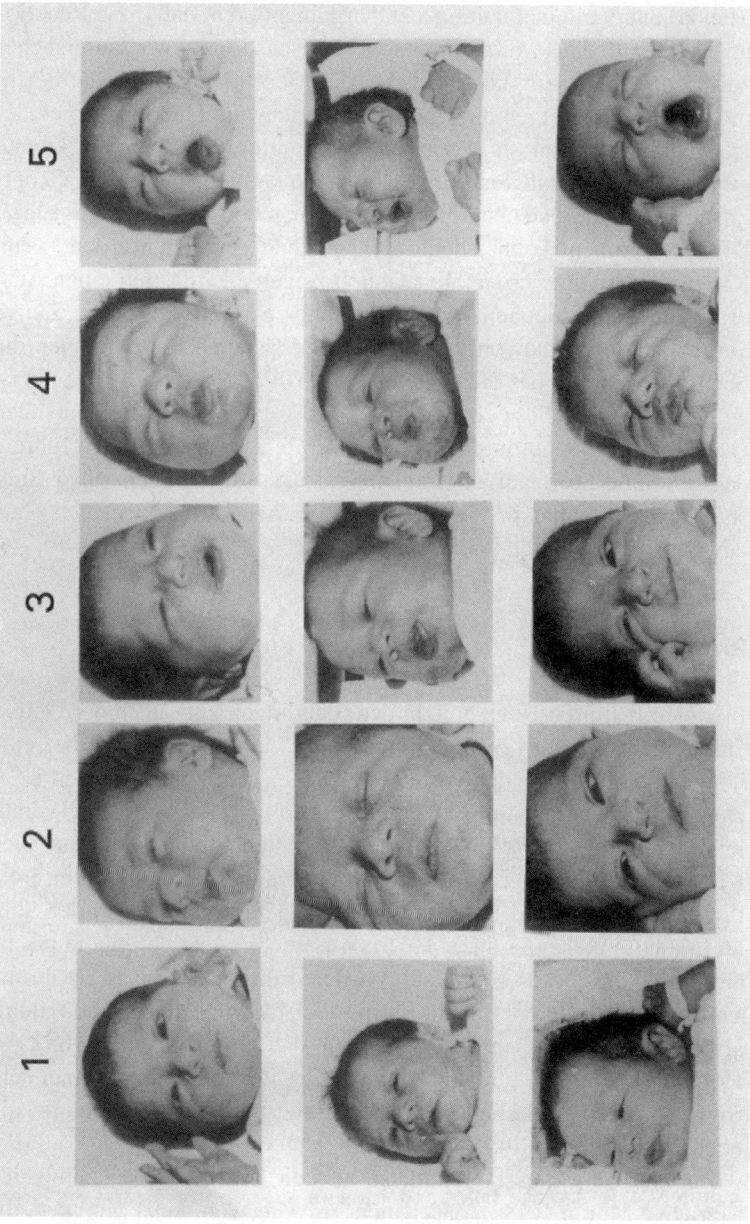

Man könnte vielleicht dahingehend argumentieren, daß diese Reaktionen auch auf eine Imitation des Gesichtsausdrucks der Untersucher zurückzuführen sein könnten, die die Geschmacksreize darbieten; möglicherweise zeigen die Untersucher unbewußt einen Ausdruck der Befriedigung, wenn sie einen süßen Stimulus darbieten. Es konnte gezeigt werden, daß Säuglinge schon 36 Stunden nach der Geburt imstande sind, Gesichtsausdrücke nachzuahmen (Field et al., 1982). Dieses Argument kann jedoch nicht geltend gemacht werden, wenn Ratten untersucht werden. Tatsächlich zeigen auch Ratten einen Ausdruck der Zufriedenheit, wenn ein süßer Stimulus auf ihre Zunge aufgebracht wird, sowohl normale Ratten als auch Ratten, denen die oberen Abschnitte des Gehirns fehlen (Grill & Norgren, 1978). Es ist zu beachten, daß diese charakteristischen Reaktionen auf einen süßen Geschmack, wie sie durch Steiner beschrieben wurden, dazu führen, daß der süße Stoff aufgenommen wird. Das Aufnehmen süßer Substanzen ist offenbar in vielen Fällen eine Art Reflex, der auch ohne bewußte Wahrnehmung ablaufen kann.

Prägung

In vielen Kulturen ist es üblich, den Säuglingen kurz nach der Geburt eine Zucker-Wasser-Lösung zu geben. Es wäre möglich, das dies eine Umweltdeterminante der Vorliebe für Süßes sein könnte. In den USA zum Beispiel wird häufig eine fünfprozentige Glukoselösung verabreicht (Jerome, 1977). Im Vergleich dazu sind Muttermilch und auch Kuhmilch weit weniger süß. Sie enthalten nur 7 beziehungsweise 4,8 Prozent Laktose; und Laktose hat nur ungefähr ein Fünftel der Süßkraft von Glukose (Guthrie, 1975). Was auch immer der medizinische Grund für diese (vor dem ersten Stillen erfolgende) Zusatzernährung sein mag, die allererste Nahrung besteht für viele Kinder aus nichts als Zucker und Wasser. Es ist möglich, daß diese Praxis zu einer Art *Prägungs*phänomen führt, wobei ein Reiz, dem ein Kind in einer sehr frühen (kritischen) Lebensphase ausgesetzt wird, zu einem langfristig bevorzugten Reiz wird (Staddon, 1983).

Zur Stützung dieser Hypothese zeigten Gary K. Beauchamp und Marianne Moran (1982), daß Kinder im Alter von sechs Monaten, die mit gesüßtem Wasser gefüttert worden waren, gesüßtes Wasser stärker bevorzugten als Kinder im selben Alter, die nicht damit gefüttert worden waren. Von daher scheint es möglich, daß die frühe Fütterung von Glukoselösung einen Einfluß auf spätere Nahrungsmittelpräferenzen hat, wenn auch dieser Einfluß noch nicht als endgültig erwiesen betrachtet werden kann. Die größere Vorliebe für Süßes bei den Kindern, die man mit gesüßtem Wasser gefüttert hatte, könnte auch einfach auf eine größere Vertrautheit mit dem Süßgeschmack zurückzuführen sein (siehe Kapitel 6).

Für Ratten ist die Sachlage klar: An ihrer Präferenz für Süßes ist keinerlei Prägung beteiligt. Judith J. Wurtman und Richard J. Wurtman setzten Rattenjunge von ihrem 16. bis zum 30. Lebenstag einer bezüglich der Ernährung gleichwertigen Kost aus, die entweder 0 oder 12 oder 48 Prozent *Saccharose* enthielt. Zwischen dem 31. und dem 63. Tag wurde von Kost zu Kost gewechselt, bis zum Schluß jede Ratte alle drei Diäten durchlaufen hatte. Während dieser Periode wechselnder Diäten fand man keine Beziehung zwischen dem gesamten Saccharose-Verbrauch bei den drei unterschiedlichen Nahrungsformen und der frühen Ernährungsweise.

Wahrnehmung von „süß"

Weitere Hinweise auf eine bedeutsame genetische Komponente betreffen das Vorhandensein und Vorherrschen spezifischer physiologischer Mechanismen bei der Wahrnehmung des Süßgeschmacks. Wie in Kapitel 4 erörtert wurde, gibt es ziemlich starke Belege für die Existenz von Süß-Rezeptoren auf der Zunge. Belege dafür, daß die spezifische Fähigkeit, süße Stoffe zu schmecken, durch Gene vermittelt wird, sind indes nicht dasselbe wie Belege für eine genetisch bedingte Vorliebe für süße Substanzen.

Man findet jedoch eine zusätzliche physiologische Spezialisierung für das Schmecken süßer Stoffe in der Chorda tympani, dem Nerv, der Geschmacksempfindungen von der Zunge zum Gehirn weiterleitet. Bei vielen Spezies enthält die Chorda tympani mehr gegenüber dem Süßgeschmack maximal empfindliche als gegenüber anderen Geschmacksempfindungen maximal empfindliche Fasern (Frank, 1977).

Es läßt sich daher vermuten, daß der süße Geschmack für den Körper wichtiger ist als andere Geschmacksqualitäten, was wiederum dafür spricht, daß die Vorliebe für Süßes eine starke genetische Komponente hat.

Umgekehrt könnten sehr frühe und ausgiebige Erfahrungen mit Zucker die Empfindlichkeit der Chorda-tympani-Fasern für Süßes durchaus erhöhen. So wurde gezeigt, daß Ratten, die man sehr früh einem bestimmten Geruch aussetzt, auf diesen Geruch verstärkt neuronal reagieren (Coopersmith & Leon, 1984). Um diese Möglichkeit auszuschließen, müßte man entweder Neugeborene oder Versuchspersonen ohne frühere Erfahrungen mit Süßem untersuchen.

Altersunterschiede

Sowohl Menschen als auch Ratten zeigen eine größere Präferenz für Süßes, wenn sie jung sind, und eine geringere, wenn sie älter sind. J. A. Desor, Lawrence S. Greene und Owen Maller (1975) haben das in einem Vergleich von 9- bis 15jährigen Kindern und Erwachsenen demonstriert. Judith J. Wurtman und Richard J. Wurtman (1979) erhielten ähnliche Ergebnisse bei einem Vergleich von prä- und postpubertären Ratten. In beiden Untersuchungen wurde der tatsächliche Verzehr von Saccharose gemessen. A. W. Logue und Michael E. Smith (1986) fanden in einer Fragebogenuntersuchung an 14- bis 68jährigen, daß die älteren Versuchspersonen eher geringere Präferenzen für Süßes berichteten als die jüngeren. J. A. Desor und Gary K. Beauchamp (1987) untersuchten die Geschmackspräferenzen für einzelne Saccharose-Konzentrationen bei 11- bis 15jährigen, und dann noch einmal, als diese Versuchspersonen 19 bis 25 Jahre alt waren. Auch hier zeigte sich, daß die bevorzugte Saccharose-Konzentration während der dazwischenliegenden Zeitspanne abgenommen hatte. Allgemein verzehren Erwachsene weniger Zucker als Kinder (Drewnowski, 1989). Dieser Unterschied könnte allerdings auch mit verstärkten Sorgen über Gewichtszunahme und/oder ernährungsbewußtes Essen zusammenhängen. Insgesamt stützen all diese Befunde die Hypothese, daß sich infolge des gewöhnlich größeren Kalorienbedarfs jüngerer, präpubertärer, im Wachstum befindlicher Organismen bestimmte Mechanismen herausgebildet haben, die die Vorliebe für Süßes automatisch erhöhen (Desor et al., 1975), unabhängig vom augenblicklichen Kalorienbedarf eines Individuums. In Übereinstimmung mit dieser Hypothese wurde gezeigt, daß die Geschmacksnervenaktivität bei Ratten eine Funktion des Blutzuckerspiegels ist, und zwar in der Weise, daß die nervale Aktivität höher ist bei niedrigem Blutzuckerspiegel und damit hohem Bedarf an Glukose (Giza & Scott, 1983).

Geschlechtsunterschiede

Eine Strategie, mögliche genetische Einflüsse aufzuzeigen, ist die Suche nach Geschlechtsunterschieden. Damit diese Vorgehensweise bedeutungsvolle Information erbringt, ist es notwendig, daß männliche und weibliche Versuchspersonen untersucht werden, die seit ihrer Geburt gleichartig behandelt wurden. Eine Möglichkeit besteht darin, einfach Neugeborene zu untersuchen. Eine Reihe von Wissenschaftlern haben Neugeborene untersucht, um zu sehen, ob die Bevorzugung süßer Flüssigkeiten geschlechtsabhängig differiert. Leider sind die Ergebnisse nicht sehr überzeugend. Richard E. Nisbetts und Sharon B. Gurwitz' Befunde (1970) wiesen darauf hin, daß Mädchen süße Flüssigkeiten in stärkerem Maße vorziehen als Jungen. Andere Versuche dagegen ergaben keine Unterschiede (Desor et al., 1975). Da in diesen Untersuchungen unterschiedliche Methoden genutzt wurden (Nisbett und Gurwitz ließen die Kinder soviel trinken, wie sie wollten, während die anderen Untersucher sie nur eine kurze Zeit lang trinken ließen), ist es schwierig, Schlußfolgerungen über zwischen männlichen und weiblichen Säuglingen bestehende Unterschiede hinsichtlich ihrer Vorliebe für Süßes zu ziehen.

Auch die Befunde an älteren Versuchspersonen sind nicht sehr aufschlußreich, weil die genutzten Methoden nicht vergleichbar waren. Überstimmend mit den Ergebnissen von Nisbett und Gurwitz ergab die von Logue und Smith durchgeführte Fragebogenuntersuchung an 14- bis 68jährigen, daß weibliche Versuchspersonen eher stärkere Präferenzen für Süßes berichteten als männliche Versuchspersonen. Im Gegensatz dazu fanden Greene, Desor und Maller (1975), die ihren Versuchspersonen im Alter von 9 bis 15 Jahren vier verschiedene

Konzentrationen von Saccharose gaben, daß die Jungen höhere Konzentrationen stärker bevorzugten als Mädchen. Weitere neuere Studien erbrachten ebenfalls einander widersprechende Ergebnisse. Einige finden eine stärkere Vorliebe für süße Nahrungsmittel bei Männern, andere bei Frauen (Conner & Booth, 1988; Tuorila-Ollikainen & Mahlamaki-Kultanen, 1985). Da die Methoden all dieser Untersuchungen so unterschiedlich waren, ist es schwer zu sagen, ob ihre Ergebnisse widersprüchlich sind oder nicht.

Die einzige sichere Schlußfolgerung, die bezüglich der Frage nach Geschlechtsunterschieden in der Vorliebe für Süßes gezogen werden kann, ist die, daß bisher keine widerspruchsfreien, auffallenden Unterschiede gezeigt werden konnten.

Fruktoseintoleranz

Einige fragmentarische Befunde aus der Forschung an Menschen, die fruktoseintolerant sind, stützen die Theorie, daß die Umwelt zur Süßpräferenz beiträgt. Menschen mit Fruktoseintoleranz sind unfähig, Fruktose – einen in Früchten und Honig enthaltenen Zucker – zu verwerten. Wenn diese Menschen fruktosehaltige Nahrung aufnehmen, wird ihnen übel, sie werden blaß, erbrechen, entwickeln Durchfall und können schließlich das Bewußtsein verlieren. Da Fruktose als Abbauprodukt während der Verdauung von Saccharose entsteht, können fruktoseintolerante Menschen weder Fruktose noch Saccharose zu sich nehmen.

Im vorliegenden Zusammenhang ist bedeutsam, daß diese Menschen lernen, ihren Verzehr von Saccharose und Fruktose zu reduzieren (Bell et al., 1973; Larson, 1977). Dies scheint die Annahme zu begründen, daß die Bevorzugung süßer Stoffe durch Umweltzusammenhänge veränderbar ist und der genetische Beitrag zur Süßpräferenz demzufolge nicht sehr groß sein kann. Es könnte sich hier jedoch um einen Fall von Diskrepanz zwischen der Präferenz und dem Mögen von Nahrungsmitteln handeln, wie weiter vorn in diesem Kapitel definiert. Das Mögen und die Häufigkeit des Verzehrs eines bestimmten Nahrungsmittels müssen nicht in Beziehung zueinander stehen (Meiselman et al., 1972). Tatsächlich essen einige fructoseintolerante

5. Genetische Beiträge zu Nahrungsmittelpräferenzen

Personen trotz allem weiterhin Fruktose und Saccharose in kleinen Mengen und gehen dabei das Risiko der Konsequenzen ein (Bell et al., 1973).

Umweltzusammenhänge

Einiges spricht dafür, daß Nahrungsmittelbevorzugungen durch Umweltzusammenhänge beeinflußt werden können. Zum Beispiel lernen Ratten, dieselben Nahrungsstoffe vorzuziehen wie andere Ratten, mit denen sie in Kontakt kommen (Galef, 1977, 1988). Kleine Kinder können nach und nach dieselben Nahrungsmittel bevorzugen wie die Personen, mit denen sie gemeinsam essen; und Kinder entwickeln eine erhöhte Präferenz für Nahrungsmittel, die ihnen als Belohnung gegeben werden oder die durch Aufmerksamkeitszuwendung von Seiten Erwachsener begleitet sind (Birch, 1980, 1987; Birch, Zimmerman & Hind, 1980). Jedoch war keine der Untersuchungen, in denen diese Befunde erhoben wurden, spezifisch auf die Präferenz für Süßes ausgerichtet. An dieser Stelle genügt es zu sagen, daß bekannte Umweltmechanismen einen Einfluß auf die Bevorzugung von Nahrungsmitteln haben können. Ob sie für die Vorliebe für Süßes von Bedeutung sind, ist unklar.

Ökonomische Veränderungen (ein Umweltzusammenhang) können den Verzehr süßer Nahrungsmittel und Getränke beeinflussen. Zum Beispiel steigt der Pro-Kopf-Verbrauch an Zucker an, wenn sich die Wirtschaft eines Landes weiterentwickelt (Yudkin, 1964). Dennoch ist Nahrungsmittelpräferenz nicht unbedingt dasselbe wie Nahrungsmittelauswahl. Wenn Nahrungsmittel und Getränke mit einem hohen Zuckergehalt im Zuge der ökonomischen Entwicklung eines Landes preiswerter erhältlich sind, werden diese wahrscheinlich in stärkerem Maße konsumiert. Aber in einer Situation, wo der Preis irrelevant wäre, hätte sich die Präferenz für diese Nahrungsmittel und Getränke nicht unbedingt erhöht.

Üblicherweise gesüßte Nahrungsmittel

Gary K. Beauchamp und Beverly J. Cowart (1985) sind der Ansicht, daß der größte Umwelteinfluß auf die Vorliebe für Süßes nicht auf die Präferenz selbst wirkt, sondern auf die einzelnen Nahrungsmittel, die wir am liebsten süß essen. Erwachsene mögen im allgemeinen keinen Zuckerguß um ihr Schmorfleisch oder ihre Spiegeleier, aber sie würden oft lieber Eiskrem oder Kuchen essen als Schmorfleisch oder Spiegeleier. Unsere kulinarische Erfahrung, die für unterschiedliche Kulturen sehr verschieden sein kann (vergleiche Kapitel 14), bestimmt, von welchen Nahrungsmitteln wir erwarten, daß sie süß sind. Beispielsweise wird Schokolade in den Vereinigten Staaten gewöhnlich gesüßt, wohingegen das in der traditionellen mexikanischen Küche oft nicht der Fall ist. Als Erwachsene zeigen wir unsere Vorliebe für Süßes durch unsere Vorliebe für üblicherweise gesüßte Nahrungsmittel.

Zwillingsstudien

Die traditionelle Methode, die Erblichkeit von Merkmalen zu beurteilen, sind Zwillingsuntersuchungen. Lawrence S. Greene, J. A. Desor und Owen Maller (1975) führten eine Studie an eineiigen und zweieiigen Zwillingen durch, die zum Ziel hatte, das Ausmaß genetischer Beiträge zu bestimmten Geschmackspräferenzen abzuschätzen. Die Zwillinge in den zweieiigen Paaren waren vom gleichen Geschlecht. Sowohl bei den eineiigen als auch bei den zweieiigen Zwillingen waren einige Paare Mädchen und einige waren Jungen. In dieser Art Studien geht man davon aus, daß eineiige Zwillinge – wenn die Gene bei der Determination eines Merkmals eine Rolle spielen – hinsichtlich dieses Merkmals im Durchschnitt ähnlicher sein werden als zweieiige Zwillinge (zur Erklärung von Zwillingsstudien siehe Kapitel 4).

Greene und seine Kollegen baten die Zwillinge, ihre Geschmackspräferenzen für vier verschiedene Saccharosekonzentrationen, *Laktose* (Milchzucker) und *Natriumchlorid* (Kochsalz) anhand einer Ratingskala [Schätzskalen, deren Kategorien häufig mit Zahlen bezeichnet werden] einzuschätzen. Es zeigte sich, daß die Präferenzen der Versuchspersonen mit denen ihres jeweiligen Zwillingsbruders oder ihrer Zwillingsschwester nur schwach korrelierten, sowohl bei eineiigen als auch bei zweieiigen Zwillingen. Offenkundig haben die Zwillingsgeschwister hinsichtlich Saccharose, Laktose und Natriumchlorid keine ähnlichen Präferenzen.

Eine mögliche Interpretation dieser Befunde ist, daß die Präferenzen für Saccharose, Laktose und Natriumchlorid nicht vererbt werden, denn die Präferenzen der eineiigen Zwillinge waren nicht ähnlicher als die der zweieiigen. Wenn jedoch diese Präferenzen nicht angeboren sind, müssen sie umweltdeterminiert sein. Da Zwillinge – sowohl eineiige als auch zweieiige – sehr ähnliche Umweltbedingungen haben, müßten ihre Präferenzreihen daher jeweils in einem gewissen Grade ähnlich sein. Dies war jedoch nicht der Fall.

Eine mögliche Erklärung dieses Paradoxons und der Tatsache, daß auch andere Zwillingsstudien eine geringe Erblichkeit der Vorliebe für Süßes gefunden haben (Krondl et al., 1983), wäre die Annahme, daß die beschriebenen Ratings eine zu geringe Skalenbreite hatten, und das heißt, daß nicht die fehlende genetische Determination die Ursache für die geringen Korrelationen wäre. Ohne ausreichende Skalenbreite ist es schwierig, mit statistischen Mitteln zu bestimmen, ob bestimmte Versuchspersonen ähnlicher sind als andere. In der Untersuchung von Greene und seinen Kollegen konnten die Versuchspersonen nur eine Skala von 2,4 bis 6,4 für ihre Einstufungen nutzen. Zudem lagen die Mittelwerte der Ratings für Saccharose bei 4,8 und 4,7 mit einer Standardabweichung von nur 0,2 für die eineiigen beziehungsweise zweieiigen Zwillinge, das heißt, sie waren praktisch identisch (die Standardabweichung ist ein Maß für die Streubreite der Daten). Mit anderen Worten, alle Versuchspersonen in dieser Untersuchung reagierten sehr ähnlich. Daher muß die Möglichkeit weiterhin in Betracht gezogen werden, daß Individuen genetisch prädisponiert sind, ähnliche Saccharose-Konzentrationen zu präferieren.

Es wäre eventuell auch möglich, daß Menschen die Vorliebe für Süßes einfach nur leicht erlernen, aber selbst wenn das so wäre, spräche die Leichtigkeit, mit der dieses Lernen erfolgt, genauso wie die faktische Universalität der Süßpräferenz in Kulturen, die süße Nahrungsmittel und Getränke zur Verfügung haben, für eine starke genetische Komponente dieser Präferenz. Weitgehend genetisch determinierte Merkmale zeigen gewöhnlich eine gewisse Variabilität infolge ihres unterschiedlichen Überlebenswertes für verschiedene Fortpflanzungsgemeinschaften. Alle Arten benötigen jedoch Nahrung, und der süße Geschmack ist oft ein guter Indikator für eine Nahrungsquelle. Von daher wäre zu erwarten, daß eine genetisch determinierte Präferenz für Süßes als Ergebnis der natürlichen Auslese nur wenig Variation zeigen würde.

Züchtungsexperimente

Ratten – eine der vielen Tierarten, die eine Vorliebe für süße Nahrungsmittel und Getränke zeigen – können selektiv so gezüchtet werden, daß sie eine größere oder geringere Vorliebe für Süßes zeigen (Nachman, 1959). Die Tatsache, daß dies möglich ist, zeigt deutlich, daß Gene bei der Süßpräferenz der Ratten eine Rolle spielen können. Das muß natürlich nicht notwendigerweise bedeuten, daß auch beim Menschen Gene in bedeutsamer Weise zur Entstehung der Süßpräferenz beitragen.

Vorliebe für Salziges

Verbreitung der Vorliebe für Salziges

Wie Kalorien ist auch das Salz unerläßlich für die Aufrechterhaltung der Körperfunktionen, beim Menschen ebenso wie bei vielen anderen Arten. Viele physiologische Funktionen erfordern das Vorhandensein von Salz und sogar einer ganz bestimmten Konzentration von Salz (Bloch, 1978; Denton, 1982). Zum Beispiel muß die Salzkonzentration im Blut auf einem spezifischen Niveau aufrechterhalten werden. Durch Schwitzen und durch die Nierenfunktion verliert der Körper ständig kleine Mengen an Salz. Nähme jemand kein Salz mehr zu sich, so würde der Körper Wasser ausscheiden, um die Salzkonzentration im Blut auf dem optimalen Niveau zu halten. Salzmangel kann zu

5. Genetische Beiträge zu Nahrungsmittelpräferenzen

Kreislaufproblemen durch zu niedrigen Blutdruck führen. Letzten Endes würde die Person an Austrocknung sterben (Bloch, 1978).

Für die Funktionsweise des Körpers ist Salz absolut notwendig, unglücklicherweise ist es jedoch in der Wildnis nicht leicht zu finden. Vor der Industrialisierung hatten die Menschen oft große Schwierigkeiten, genügend Salz zu beschaffen. Viele Tierarten müssen ständig nach Salz suchen, um sich ausreichende Mengen zu verschaffen. Daher wäre es nicht überraschend, wenn die natürliche Auslese zu einer angeborenen Präferenz für Salziges geführt hätte und diese Präferenz bei den meisten Arten vorhanden wäre (Denton, 1982).

Diese Vermutung wird durch empirische Befunde stark gestützt. Zunächst ist mit der Ausnahme neugeborener Säuglinge (siehe unten) eine Salzpräferenz überall zu finden, und es ist eine der stärksten Präferenzen, die der Mensch und andere Arten zeigen (Richter, 1956). Viele Tierarten, und auch der Mensch, zeigen eine starke Vorliebe für Salz, sobald sie es zum ersten Mal schmecken (Denton, 1982; Richter, 1956). Ratten werden immer eine Salzlösung trinken, wenn sie in Abwesenheit anderer Flüssigkeiten und Nahrungsmittel dargeboten wird (Richter, 1956).

Der physiologische Bedarf

Der Appetit auf Salziges hängt – zumindest in einem gewissen Ausmaß – vom biologischen Bedarf ab, unabhängig von Lernprozessen. Als Folge eines Natriumentzugs steigt die Salzpräferenz an, und ein Faktor bei dieser Präferenzerhöhung könnte die Freisetzung von Angiotensin und Aldosteron (vergleiche Kapitel 3) sein (Denton, 1982; Epstein, 1986). Robert J. Contreras und Marion Frank (1979) untersuchten einen Aspekt der physiologischen Basis dieses Phänomens. Zuerst setzten sie Ratten einem Natriumentzug aus, der eine verhaltensseitige Präferenz für Natrium induzierte. Dann maßen sie an verschiedenen Fasern in der Chorda tympani die Reaktionen auf unterschiedliche Natriumkonzentrationen.

Sie stellten fest, daß sich zwar die niedrigste Natriumkonzentration, auf die eine Reaktion im Nerv erfolgte, nicht änderte, daß aber der Anstieg der Funktion, die Reizkonzentration und Nervenaktivität in

Beziehung setzt, im Anschluß an eine Natriumdeprivation weniger steil ist. Anders gesagt, nach einer Mangelsituation ist eine höhere Konzentration an Salz erforderlich, um eine ebenso starke Reaktion des Nervs wie vorher zu bewirken. Nach der Deprivation nimmt die Ratte also eine bestimmte Natriumkonzentration als genauso stark wahr wie zuvor eine geringere Konzentration, was sie dazu veranlaßt, salzigere Kost zu bevorzugen. Diese Veränderung ist anscheinend durch die Physiologie der Ratte automatisch programmiert und hängt nicht von früheren Erfahrungen mit Natriummangel ab. Trotz dieser automatisch erfolgenden physiologischen Veränderungen können Erfahrungen den Ausdruck dieser bedürfnisbasierten Natriumpräferenz dennoch verändern. Eine Ratte frißt unter Natriummangel weniger natriumangereichertes Futter, wenn sie kurz zuvor mit anderen, nicht natriumdeprivierten Ratten zu tun hatte (Galef, 1986).

Eine bedürfnisbasierte Salzpräferenz ist auch für Stachelschweine in den Catskill-Bergen im Staate New York gezeigt worden (Roze, 1985). Diese Stachelschweine müssen, um gesund zu bleiben, die Mengen an Kalium und Natrium in ihrem Körper annähernd gleichhalten. Die Sommervegetation in den Catskill-Bergen enthält jedoch Kalium und Natrium im Verhältnis von mindestens 300 zu 1. Wenn nun der Körper darauf hinarbeitet, das überschüssige Kalium zu entfernen, wird dabei auch das Natrium entfernt; die Stachelschweine sind so nicht imstande, ausreichende Mengen an Natrium in ihrem Körper aufrechtzuerhalten. Daher begeben sie sich auf die Suche nach Natriumquellen, die kein Kalium enthalten (wie zum Beispiel Natriumchlorid). Zwei solcher Salzquellen sind zum einen das an den Seiten der Straßen liegengebliebene Salz vom letzten Winter und zum anderen das Holz an den Außenwänden der Scheunen. Das Aufspüren von Salz ist an jedem dieser beiden Orte extrem gefährlich für die Stachelschweine. In dem einen Falle laufen sie Gefahr, überfahren zu werden, und in dem anderen werden sie leicht von einem aufgebrachten Farmer erschossen. Und doch wird die Mehrheit der Stachelschweine durch ihren Salzbedarf zu den menschlichen Siedlungsgebieten getrieben.

Die empirischen Belege für den Einfluß des physiologischen Zustands auf die Salzpräferenz sind nicht auf Ratten und Stachelschweine begrenzt. Im Jahre 1940 veröffentlichten L. Wilkins und C. P.

5. Genetische Beiträge zu Nahrungsmittelpräferenzen

Richter einen Brief der Eltern eines Jungen, der aufgrund eines Nebennierentumors einen ungewöhnlich gesteigerten Salzbedarf hatte (siehe Exkurs 5.1). Der Junge war in einem Krankenhaus gestorben, weil die Krankenhauskost ihm nicht das Salz gab, nach dem er verlangte und das sein Körper brauchte.

Desor et al. (1975) haben gezeigt (ähnlich wie bei ihren Ergebnissen zum süßen Geschmack), daß 9- bis 15jährige salzigere Lösungen bevorzugen als Erwachsene. Auch diese Befunde können zur Evolutionsgeschichte des Menschen in Beziehung gesetzt werden. Wenn es im Laufe der Evolution allgemein ein erhöhtes Natriumbedürfnis bei jüngeren, im Wachstum befindlichen Menschen gegeben hat, könnte sich auch ein automatischer Mechanismus herausgebildet haben, der bei ihnen eine vergleichsweise hohe Salzpräferenz erzeugen würde, unabhängig vom momentanen Natriumbedürfnis.

Übermäßiger Salzverzehr

Ein starker physiologischer Bedarf ist keine notwendige Vorbedingung für den Verzehr großer Mengen von Salz. Wie süße Nahrungsmittel sind auch salzige heute leichter erhältlich als zu der Zeit, da sich der Mensch entwickelte. Folglich führt die Vorliebe für Salziges ebenso wie die für Süßes dazu, daß die aufgenommenen Salzmengen

---

Exzessive Salzpräferenz bei einem Jungen mit Nebennierentumor

Als er ungefähr ein Jahr alt war, fing er an, das ganze Salz von den Crackern zu lecken, und verlangte immer nach mehr. Er sprach noch kein Wort zu der Zeit, aber er hatte ein bestimmtes Geräusch für alles und eine Art, uns wissen zu lassen, was er wollte. ... [E]r begann dann, die Cracker zu kauen, aber er kaute nur solange auf ihnen, bis er das Salz abbekommen hatte, dann spuckte er sie aus. Dasselbe tat er mit Schinken, aber er schluckte die Stücke nicht hinunter. ... In dem Bemühen, etwas zu finden, was er genügend mögen würde, um es aufzuessen und runterzuschlucken, ließen wir ihn praktisch alles kosten. Eines Abends, als er etwa 18 Monate alt war, sah er uns während des Abendbrots etwas Salz aus dem Salzstreuer auf ein Essen streuen und wollte auch etwas. Wir gaben ihm nur ein paar Körner zum Probieren. Wir dachten, es würde ihm nicht schmecken, aber er aß es auf und fragte nach mehr. ... [D]ieses eine Mal war alles, was er brauchte, um zu lernen, was in dem Salzstreuer war. Denn ein paar Tage später, als ich ihm allein sein Mittagessen gab, verlangte er die ganze Zeit nach etwas, was nicht auf dem Tisch war, und zeigte immer zum Schrank. Ich dachte nicht an das Salz, so hielt ich ihn vor dem Schrank hoch, um zu sehen, was er wollte. Er fand sofort das Salz heraus; und um zu sehen, was er damit machen würde, gab ich es ihm. Er goß etwas aus und aß es, indem er immer den Finger eintauchte. Danach wollte er überhaupt nichts mehr ohne das Salz essen. Ich stellte absichtlich keins mehr auf den Tisch und versteckte es sogar vor ihm, bis ich den Arzt deswegen fragen konnte. ... Aber als ich Dr. _____ danach fragte, sagte er: „Geben Sie es ihm ruhig. Es wird ihm nicht schaden." So gaben wir es ihm und versuchten nie mehr, ihn davon abzuhalten. ... [A]ber er aß weder Frühstück noch Abendbrot ohne das Salz. Er jammerte richtig danach und verhielt sich so, als ob er es unbedingt haben müßte. ... Erst mit achtzehn Monaten fing er an, ein paar Wörter zu sprechen, und Salz war eines der ersten. Wir hatten herausgefunden, daß alles, was er wirklich gern mochte, salzig war, wie Cracker, Salzbrezeln, Kartoffelchips, Oliven, saure Gurken, Salzmakrelen, knusprigen Schinkenspeck und die meisten Nahrungsmittel und Gemüsesorten, wenn ich mehr Salz hinzufügte.

Aus L. Wilkins und C. P. Richter: „A Great Craving for Salt by a Child with Cortico-Adrenal Insufficiency", Journal of the American Medical Association 114 (1940): 866-867. Copyright 1940, American Medical Association.

5. Genetische Beiträge zu Nahrungsmittelpräferenzen

den Körperbedarf oft bei weitem übersteigen: So werden im Durchschnitt täglich in den USA mehr als 10 Gramm Kochsalz konsumiert, obwohl der Bedarf mit 5 Gramm gedeckt wäre. In der BRD lag die (tägliche) Kochsalzaufnahme 1992 bei 13,5 Gramm (Männer) und 10,1 Gramm (Frauen). Dieser übermäßige Verzehr könnte ein Faktor sein, der zu einem der größten Gesundheitsprobleme in den entwickelten Industrienationen beiträgt: dem Bluthochdruck (U.S. Department of Health and Human Services, 1988). Allerdings kommt es dazu nur bei Menschen, die „natriumsensitiv" sind, also eine genetische Disposition haben, auf erhöhten Kochsalzkonsum mit Bluthochdruck zu reagieren. Nicht nur der übermäßige Salzgenuß von Erwachsenen kann zu erhöhtem Blutdruck führen, auch der Verzehr zu großer Mengen Salz durch Kinder kann zu Bluthochdruck im Erwachsenenalter führen. Jedoch kann die Aufnahme großer Mengen Kalium dabei helfen, die Entwicklung von natriumbedingtem Bluthochdruck zu verhindern (Denton, 1982).

Da die Vorliebe für Salziges so stark und so weitverbreitet ist und so sehr durch physiologische Bedürfnisse beeinflußt wird, hat man sie auch als *Natriumhunger* beschrieben (Rozin, 1976). Trotzdem können auch Lernprozesse einen Einfluß auf die Salzpräferenz ausüben, wie im nächsten Kapitel ausführlicher beschrieben werden wird.

Die Entwicklung der Vorliebe für salzige Nahrungsmittel

Gary K. Beauchamp und seine Kollegen haben auch (ähnlich wie ihre Arbeit zur Entwicklung der Süßpräferenz) die Entwicklung der Vorliebe für salzige Nahrungsmittel untersucht, wenn es keinen spezifischen physiologischen Bedarf an Salz gibt (Beauchamp, 1987; Beauchamp, Cowart & Moran, 1986). Sie stellten fest, daß Säuglinge unmittelbar nach der Geburt im Vergleich von Wasser und salziger Lösung keines von beiden vorziehen. Diese mangelnde Präferenz ist wahrscheinlich ein Mangel an Unterscheidungsfähigkeit. Neugeborene können Salz vielleicht noch nicht gut schmecken. Offenbar wächst die Fähigkeit, Salz zu schmecken, ungefähr im Alter von vier Monaten, und die Kinder ziehen eine salzige Lösung dann reinem Wasser vor. Eine weitere Veränderung erfolgt im Alter von ungefähr 24 Monaten: Bis dahin haben die Kinder gelernt, welche Speisen salzig schmecken sollten, und lehnen solche ab, die nicht in gewohntem Maße salzig sind. Wenn die Menschen älter werden, ist es möglich, ihre bedarfsunabhängige Salzpräferenz in einem gewissen Grade erfahrungsabhängig zu verringern, wenn sie mehrere Wochen lang nur Speisen mit geringem Salzgehalt essen.

In Übereinstimmung mit diesen Befunden haben mehrere Forscher herausgefunden, daß die Menschen, wenn man den gewöhnlichen Salzgehalt der Speisen reduziert und sie soviel nachsalzen können wie sie möchten, nicht soviel Salz hinzufügen, wie entfernt worden war. Tatsächlich fügen sie nur etwa 20 Prozent der entfernten Menge Salz hinzu. Eine mögliche Erklärung für diese Befunde gründet sich darauf, daß die Speisen salziger schmecken, wenn das Salz auf der Oberfläche konzentriert ist, als wenn es durch den gesamten Inhalt hinweg gleichmäßig verteilt ist. Möglicherweise ist nicht die tatsächlich aufgenommene Menge Salz, sondern die im Mund wahrgenommene Salzigkeit entscheidend dafür, wie sehr jemand salziges Essen bevorzugt (Beauchamp, Bertino & Engelman, 1987; Shepherd, Farleigh & Wharf, 1989). Somit müßte eine salzreduzierte Kost augenscheinlich nicht nur den Salzverbrauch verringern, sondern auch eine herabgesetzte Salzpräferenz bewirken. Beauchamp und seine Kollegen haben eine universelle Geschmackspräferenz beschrieben, die ursprünglich weitgehend genetisch kontrolliert ist, deren Erscheinungsweise dann jedoch durch Umwelterfahrung modifiziert wird.

Vorliebe für Milch und Milchprodukte

Gruppenunterschiede bei Milchkonsum und Laktoseintoleranz

Praktisch jedes Neugeborene trinkt begierig Milch (was vielleicht nicht überraschend ist, wenn man bedenkt, daß Milch eine Art Zucker, die Laktose, enthält). Und doch werden Milch und Milchprodukte von Erwachsenen nicht in allen ethnischen Gruppen gleichermaßen konsumiert. Einige Gruppen, wie die Nordeuropäer, trinken nicht nur sehr

5. Genetische Beiträge zu Nahrungsmittelpräferenzen

viel Milch, sie essen auch in großen Mengen Milchprodukte, wie zum Beispiel Käse. Andere ethnische Gruppen, wie die Chinesen, verzehren weder Milch noch deren Verarbeitungsprodukte. Wieder andere Gruppen, wie die Hausa-Fulani in Nigeria, essen zwar Joghurt, trinken aber keine Milch.

Außer den Unterschieden im Verzehr von Milch zeigen diese verschiedenen Gruppen auch Unterschiede hinsichtlich der sogenannten *Laktoseintoleranz*, der Unfähigkeit, den in der Milch enthaltenen Zukker zu verwerten. Die Laktoseintoleranz eines Individuums wird durch die vorhandenen Mengen an *Laktase*, einem Milchzucker spaltenden Enzym des Darmsaftes, bestimmt. Bei Menschen, die über ausreichende Mengen an Laktase verfügen, wird Laktose in Glukose und andere Produkte gespalten. Bei Menschen, die nur über unzureichende Mengen an Laktase verfügen, gelangt die Laktose unverdaut in den Dickdarm, wo die Laktosemoleküle einen osmotischen Druck schaffen, der Wasser in den Darm zieht. Zur selben Zeit bringen im Magen-Darm-Trakt lebende Bakterien die Laktose zur Gärung. Wenn eine größere Menge Milch getrunken worden ist, führt das zu starkem Durchfall, verbunden mit organischen Säuren und Kohlendioxidgasen, die sowohl für die Betroffenen als auch für die Umstehenden recht unangenehm sind. Bei Kindern kann diese Laktoseintoleranz zum Tod führen.

Ethnische Gruppen, die viel Milch trinken, bestehen eher aus Menschen, die über genügende Mengen Laktase verfügen, um auch große Mengen Milch zu verdauen. Ethnische Gruppen dagegen, die kaum Milch trinken, bestehen eher aus Menschen, die nur ungenügende Mengen Laktase besitzen, um größere Mengen Milch zu verdauen. Die meisten Gruppen gehören zum letzteren Typ. Die bekannten Ausnahmen sind die Nordeuropäer, von denen ungefähr 90 Prozent laktosetolerant sind, und einige afrikanische Stämme, bei denen ungefähr 80 Prozent der Menschen laktosetolerant sind (Abbildung 5.3). Gruppen, in denen Käse und Joghurt verzehrt werden, aber keine Milch, bestehen eher aus Menschen, die keine großen Mengen an Laktase besitzen (Kretchmer, 1978). Käse und Joghurt sind Milchprodukte, die bereits durch Bakterien fermentiert sind und daher nur relativ geringe Mengen an Laktose enthalten. Daher wird Laktase zur Verdauung dieser Nahrungsmittel nicht benötigt.

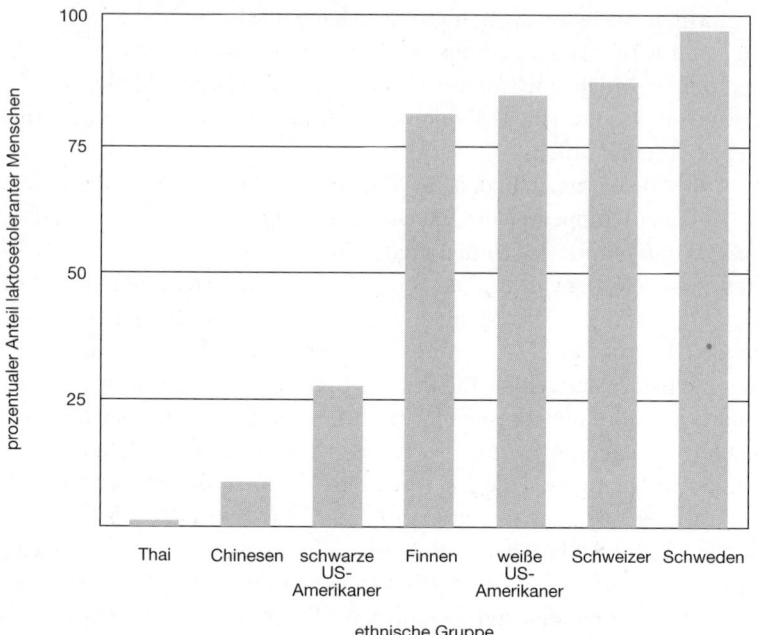

5.3 Prozentualer Anteil laktosetoleranter Menschen bei verschiedenen Volksgruppen. (Nach Kretchmer, 1978.)

Ursprünge der Gruppenunterschiede

Zum Zeitpunkt ihrer Geburt sind im Prinzip alle Menschen laktosetolerant. Sie sind in der Lage, Milch, ihre Hauptnahrung, zu verdauen. Im Alter von eineinhalb bis drei Jahren jedoch verlieren die meisten Menschen die Fähigkeit, Laktase zu produzieren, ein Verlust, den sie mit den erwachsenen Tieren aller anderen Arten teilen. Erwachsene Menschen, die Milch verdauen können, sind die Ausnahme in der Tierwelt (Kretchmer, 1978). Die Frage ist, wie diese Ausnahme entstanden ist.

Eine Möglichkeit wäre, daß Erwachsene, die seit ihrer Kindheit Milch trinken, die Fähigkeit zur Laktaseproduktion ganz einfach beibehalten (Kretchmer, 1978). Die Nachkommen aller Säugetiere werden frühzeitig entwöhnt, um der Mutter und ihren folgenden Sprößlin-

5. Genetische Beiträge zu Nahrungsmittelpräferenzen

gen genügend Nährstoffe zu lassen. Menschen sind aufgrund der Domestikation von Tierarten, die Milch produzieren, in der Lage, bis ins Erwachsenenalter hinein weiter Milch zu trinken. Experimente haben allerdings gezeigt, daß laktoseintolerante erwachsene Menschen oder Ratten, wenn man ihnen über lange Zeit hinweg große Mengen an Laktose verabreicht, höchstens einen äußerst geringen Anstieg ihrer Laktaseaktivität entwickeln (Simoons, 1982).

Heute geht man davon aus, das die Laktaseproduktion offenbar genetisch determiniert ist. Außerdem sind die für die Laktasefreisetzung beim Erwachsenen zuständigen Gene dominant. Wenn zwei Menschen, von denen der eine laktoseintolerant und der andere laktosetolerant ist, zusammen ein Kind bekommen, so ist das Kind wahrscheinlich laktosetolerant (Kretchmer, 1978). Daher liegt die Antwort auf die Frage, warum einige Gruppen von Individuen eher Laktase produzieren und Milch trinken, während andere Gruppen von Individuen eher keine Laktase produzieren und keine Milch trinken, vielleicht in einem Evolutionsvorteil für die eine oder die andere Gruppe.

Einer weit verbreiteten Hypothese zufolge domestizieren die Menschen das Vieh vor allen Dingen wegen des Fleisches und/oder der Arbeitskraft. Im Verlaufe der menschlichen Evolutionsgeschichte hätten jene Erwachsene, die die aus ihrem Viehbestand stammende Milch in Hungerszeiten verwerten konnten, einen Selektionsvorteil gegenüber allen anderen. Damit würde sich die Häufigkeit der Gene für die Laktaseproduktion in den kommenden Generationen erhöhen. Dieser Selektionsvorteil würde besonders nützlich sein für solche Menschen, die fernab vom Äquator leben. Weit entfernt vom Äquator ist der Himmel häufiger von Wolken bedeckt, und es gibt weniger Sonnenlicht. Sonnenlicht führt auf der Haut des Menschen zur Synthese von Vitamin D, einem Vitamin, das die Absorption von Kalzium durch den Körper unterstützt (Nutrition Reviews, 1989). Da die Spaltung von Laktose durch Laktase ebenfalls zur Absorption von Kalzium durch den Körper beiträgt, könnte der von Laktaseproduktion begleitete Laktosekonsum einen Beitrag für das Überleben der fern vom Äquator lebenden Menschen geleistet haben. Übereinstimmung mit dieser Hypothese leben die meisten Gruppen von Menschen, die große Mengen an Laktase besitzen, häufig Vieh halten und Milch trinken, weit entfernt vom Äquator (Simoons, 1982).

Schlußfolgerungen

Die Fähigkeit, Milch zu verdauen, ist eindeutig durch die Gene determiniert. Kinder und Gruppen von Erwachsenen, die Milch verdauen können, trinken sie, und Gruppen von Erwachsenen, die sie nicht verdauen können, trinken sie nicht. Aber bedeutet das, daß eine Präferenz für Milch genetisch determiniert wäre? Man könnte vielleicht sagen, daß für einen großen Teil der Menschen der genetische Input bestimmt, ob sie Milch trinken oder nicht. Außerdem, wie in Kapitel 14 im einzelnen erörtert werden wird, spiegelt sich die genetische Neigung einer Gruppe von Menschen, größere Mengen Laktase zu produzieren oder nicht, in den traditionellen Praktiken von Nahrungszubereitung und -konsum innerhalb dieser Gruppe wider.

Wenn jedoch in dieser Gruppe jemand hinsichtlich seiner Fähigkeit, Laktase zu produzieren, vom Rest der Gruppe abweicht, so kann diese Person es lernen, vom gewöhnlichen Verbrauch in dieser Gruppe abweichende Mengen an Laktose zu verzehren. In den USA zum Beispiel sind die meisten Menschen laktosetolerant, und Milch wird häufig als gesundes Nahrungsmittel angepriesen. Wenn aber ein intoleranter erwachsener Amerikaner große Mengen Milch konsumiert, wie von der amerikanischen Kultur vorgeschrieben, und er erleidet die widrigen Folgen, so wird er vielleicht lernen, den zukünftigen Genuß von Milch zu vermeiden. Sein reduzierter Milchverbrauch muß jedoch nicht bedeuten, daß er Milch jetzt weniger mag, genauso wie die Tatsache, daß fruktoseintolerante Menschen Zucker meiden, nicht unbedingt darauf hinweist, daß sie keinen Zucker mögen (Pelchat & Rozin, 1982; Rozin, P., 1982).

Die Vorliebe für Milch und Milchprodukte hat zwar eine eindeutige genetische Basis, sie verdeutlicht aber auch, wie die Umwelt ebenso (wie die Gene) einen Einfluß darauf hat, welche Nahrungsmittel ein Tier konsumiert (Lewin, 1980).

Allgemeine empirische Belege für genetische Anteile

Da kein Merkmal vollständig durch Vererbung oder durch die Umwelt determiniert ist, sind Untersuchungen zur Erblichkeit von Merkmalen oft auf die Frage gerichtet, wo die gewichtigeren empirischen Argumente liegen. Im Falle der Präferenzen für süße und salzige Nahrungsmittel und Milch gibt es starke empirische Belege für eine genetische Determination, wobei die Umwelt jedoch eindeutig auch eine Rolle spielt. Die folgenden Abschnitte beschäftigen sich mit allgemeineren empirischen Indizien für genetische Anteile an der Bedingtheit der Nahrungsmittelpräferenzen.

Der physiologische Bedarf

Die Präferenzen für Zucker und Salz sind nicht die einzigen, die sich als Folge von Deprivation automatisch verändern. Jeanne Pager (1977) hat gezeigt, daß die neuronalen Reaktionen auf die Gerüche einiger Nahrungsmittel sich bei Ratten als Folge von Nahrungsmangel verändern. Es kommen dann mehr positive und weniger negative neuronale Reaktionen vor.

Pagers Daten stimmen mit denen von George D. Mower, Robert G. Mair und Trygg Eggen (1977) überein, die fanden, daß erwachsene Menschen den Geruch und Geschmack der Nahrung oft angenehmer fanden, wenn sie wenig gegessen hatten. Dennoch änderte sich die Einschätzung der Intensität der Reize durch die Versuchspersonen infolge ihres Mangelzustands nicht. Die Versuchspersonen schmeckten verschiedene Saccharosekonzentrationen und rochen verschiedene Konzentrationen der Gerüche von Orangen, Schokolade und Ahornsirup. Mower und seine Kollegen stellten fest, daß die von den Versuchspersonen berichteten Veränderungen in der Angenehmheit solche Veränderungen waren, die – wenn sie sich in Veränderungen der tatsächlichen Nahrungsaufnahme niederschlagen würden – dazu beitragen würden, die durch den Nahrungsentzug gestörte Homöostase wiederherzustellen.

In ähnlicher Weise haben auch Judith J. Wurtman und Richard J. Wurtman Daten gesammelt, die mit der Hypothese in Übereinstimmung stehen, daß die Aufnahme bestimmter Arten von Nahrungsmitteln die Vorliebe für andere Arten von Nahrungsmitteln beeinflussen kann. Wurtman und Wurtman (1981, 1984, 1988) sind der Ansicht, daß die Ursache hierfür darin liegt, daß Nahrungsaufnahme die chemische Übertragung zwischen Neuronen im Gehirn modifiziert. Ihrer Meinung nach kann diese Modifikation die Wahrscheinlichkeiten dafür verändern, was anschließend gegessen wird. Wenn das Frühstück zum Beispiel hauptsächlich aus Kohlenhydraten bestanden hat, essen die Leute oft zu Mittag mehr Proteine und umgekehrt. In welchem Grade jedoch die Laborergebnisse von Wurtman und Wurtman auf tägliche Eßsituationen übertragbar sind, ist umstritten (Fernstrom, 1987; Leibowitz & Shor-Posner, 1986).

Abgesehen davon scheint es, auch ohne eine Kenntnis der genauen Mechanismen, festzustehen, daß der Körper im Falle eines Mangels an bestimmten Substanzen die Homöostase durch eine bestimmte Strategie wieder herzustellen versucht: Er erhöht automatisch die Vorliebe für die benötigten Stoffe.

Gesichtsausdruck

Neben dem Gesichtsausdruck bei süßem Geschmack zeigen Neugeborene auch eine charakteristische Mimik, wenn sie sauren oder bitteren Geschmack erleben (siehe Abb. 5.2). Der in Reaktion auf Bitteres gezeigte Gesichtsausdruck ist folgendermaßen beschrieben worden:

> Die Reizung mit der bitteren Flüssigkeit führt zu einer typisch bogenförmigen Mundöffnung mit aufgeworfener Oberlippe, zusammengedrückten Mundwinkeln und in flacher Lage vorgestreckter Zunge. An diesem Ausdruck ist vor allem die Mundregion beteiligt, und ... typischerweise spuckten die Kinder hinterher oder machten sogar die vorbereitenden Bewegungen des Erbrechens (Steiner, 1977, S. 175).

Der in Reaktion auf einen sauren Reiz gezeigte Gesichtsausdruck wurde wie folgt beschrieben:

5. Genetische Beiträge zu Nahrungsmittelpräferenzen

Der saure Reiz führte dazu, daß der Mund gespitzt wird, in einer Weise, die als „Darwins Spitzen des Mundes" bekannt ist, entweder andauernd oder wiederholt [sic!]. Dies ist oft begleitet oder gefolgt von einem Krausziehen der Nase und Zusammenkneifen der Augen (ibid.).

Die Reaktion auf Bitteres war von Erwachsenen, die die Reaktionen der Kinder auf Videobändern sahen, als Ablehnung beschrieben worden (Steiner, 1977). Sie ähnelt der Reaktion von Ratten auf unangenehme Geschmacksstoffe (Grill & Norgren, 1978).

Diese Daten, zusammen mit den Befunden zur charakteristischen mimischen Reaktion auf Süßes, sprechen für die Annahme zweier unterschiedlicher angeborener Geschmacksreaktionssysteme: ein System des Annehmens und ein System des Ablehnens. Diese zwei Systeme sind beim Menschen, bei Ratten und vielleicht auch anderen Arten vorhanden; und sie sind anscheinend genetisch mit bestimmten Geschmacksreizen verbunden. Das Annahmesystem ist offenbar mit süßen Reizen verbunden und das Ablehnungssystem mit bittern. Diese zwei Reaktionssysteme erhöhen die Wahrscheinlichkeit der Aufnahme nährstoffhaltiger Substanzen (zum Beispiel durch Neugeborene ohne Erfahrung mit Geschmacksstoffen oder durch Tiere, die neue Geschmacksreize erleben), aber auch der Ablehnung bitterer und potentiell giftiger Substanzen. (Geldard, 1972; Glanville & Kaplan, 1965; Rozin, P., 1982).

Altersunterschiede

Die Geschmacksempfindlichkeit nimmt offenbar – als Ergebnis physiologischer, von Umwelteinflüssen weitgehend unabhängiger Veränderungen – mit dem Alter ab.

Wenn die Geschmacksempfindlichkeit mit dem Alter abnimmt, könnte es sein, daß sich auch Nahrungsmittelpräferenzen mit dem Alter verändern. Die Abnahme der Geschmacksempfindlichkeit müßte mit einer erhöhten Akzeptanz für verschiedene Nahrungsmittel einhergehen, insbesondere solche mit sehr intensivem Geschmack. Verschiedene Studien scheinen diese Hypothese zu bestätigen.

Henry C. Lindgren und seine Kollegen fanden, daß ältere Versuchspersonen weniger Nahrungsmitteln mit Abneigung begegnen als jüngere Versuchspersonen (Babayan, Budayr & Lindgren, 1966). Gleichermaßen stellten E. V. Glanville und A. R. Kaplan (1965) fest, daß die Geschmacksempfindlichkeit für 6-n-Propylthiorazil (*PROP*), eine bittere Substanz, mit dem Alter sinkt und daß die Empfindlichkeit für diese Substanz gut mit den durch die Versuchspersonen berichteten Vorlieben für bittere Nahrungsmittel korrelierten. Logue und Smith (1986) stellten fest, daß ältere Versuchspersonen oft niedrigere Präferenzen für Süßes und eine stärkere Vorliebe für scharfe Speisen (z. B. Chilies) berichten als jüngere Versuchspersonen.

All diese Daten stimmen mit der Hypothese überein, daß der Rückgang der Geschmacksempfindlichkeit mit dem Alter Nahrungspräferenzen beeinflußt. Es könnten jedoch auch andere Faktoren für die hier berichteten Befunde verantwortlich sein, wie zum Beispiel eine größere Vertrautheit mit einer Vielzahl von Nahrungsmitteln. Diese Faktoren werden im nächsten Kapitel diskutiert.

Reizsuche

Nach Marvin Zuckerman (1979) ist *Reizsuche* oder Sensationslust die Tendenz, neue oder ungewöhnliche Erfahrungen zu suchen. Er mißt die Reizsuche unter Nutzung eines Fragebogens. Bei jeder Frage sind die Versuchspersonen aufgefordert anzugeben, welche von zwei gegebenen Alternativen ihren Gefühlen am besten entspricht. Bei einer Frage zum Beispiel müssen die Versuchspersonen sich entscheiden zwischen „Ich mag 'wilde' ungehemmte Parties" und „Ich mag lieber ruhige Parties mit guten Gesprächen".

Verschiedene Studien, die Zuckermans Fragebogen nutzten, haben signifikante Korrelationen zwischen der gemessenen Reizsuche und bestimmten Nahrungsmittelpräferenzen gezeigt. Zum Beispiel fanden George B. Kish und Gregory V. Donnenwerth (1972), daß Personen mit einem hohen Wert auf der Dimension der Reizsuche auch oft Präferenzen für scharfes, saures, knuspriges Essen berichteten, im Vergleich zu mildem, süßem, weichem Essen. Logue und Smith (1986) erhielten ähnliche Ergebnisse, das heißt, Versuchspersonen mit hohen Reizsuche-Werten berichteten eher über eine stärkere Bevorzugung scharf gewürzter Speisen, Versuchspersonen mit niedrigen Reizsuche-Werten eher über eine Vorliebe für milde und süße Nahrungsmittel. Logue und Smith stellten auch fest, daß die Versuchspersonen mit hohen Fragebogenwerten oft solche Nahrungsmittel wie Alkohol und Schalentiere präferieren, die in dem Ruf stehen, Übelkeit zu verursachen, während die Versuchspersonen mit niedrigen Fragebogenwerten eher Nahrungsmittel wie Brot und Getreide bevorzugen, von denen selten behauptet wird, daß sie Übelkeit verursachen.

Da es offenbar viele Beziehungen zwischen Reizsuche und Nahrungsmittelpräferenzen gibt, könnten einige Aspekte der Reizsuche und einige Nahrungspräferenzen eine gemeinsame Grundlage haben. Auf der Basis von Zwillingsstudien, in denen die Reizsuche-Korrelationen von eineiigen und zweieiigen Zwillingen verglichen wurden, hat Zuckerman (1979, 1983; Zuckerman, Buchsbaum & Murphy, 1980) für eine genetische Komponente der Reizsuche argumentiert. Wenn man davon ausgeht, daß Zuckermans Daten reliabel sind, erhöht sich durch sie die Wahrscheinlichkeit, daß einige Nahrungspräferenzen eine genetische Komponente haben könnten.

Fazit

Es scheint bei vielen Nahrungsmittelpräferenzen wesentliche genetische Anteile zu geben. Zu diesen gehören die Vorliebe für Süßes, Salziges und für Milch. Die Gene scheinen offenbar auch, zumindest in einem bestimmten Grade, für das Annahmereaktionssystem für süße Stoffe und das Ablehnungsreaktionssystem für bittere Substanzen verantwortlich zu sein wie auch für die Korrelation bestimmter Präferenzen mit Reizsuche-Niveaus und die gesteigerte Präferenz für verschiedenartige und intensiv schmeckende Nahrungsmittel mit fortschreitendem Alter.

Die Veränderungen der Nahrungsmittelbevorzugungen als Funktion des Alters könnten ganz einfach eine Folge der mit dem Alter erfolgenden Abnahme der Geschmacksempfindlichkeit sein, oder sie könnten auf ebenfalls mit dem Alter erfolgenden Veränderungen in den Ernährungserfordernissen beruhen. Beide Mechanismen wären weitgehend unabhängig von Umwelteinflüssen.

Die Vorliebe für süße und salzige Lebensmittel und Milch (fernab vom Äquator) ebenso wie die Abneigung gegen bitter schmeckende Nahrungsmittel sind Merkmale, die für unsere Vorfahren im Tier-Mensch-Übergangsfeld von Vorteil gewesen wären. Daher wäre es nicht überraschend, wenn die Menschen sich so entwickelt hätten, daß sie Gene besitzen, die zu diesen Merkmalen beitragen. Verhaltensweisen mit einer starken genetischen Komponente sind oft solche, deren Ausführung mit immer gleichen Konsequenzen verbunden sind, seien sie nun positiver oder negativer Art. Ein Organismus hat größere Aussichten zu überleben, wenn er diese Verhaltensweisen gleich beim ersten Mal richtig ausführt, ohne vorherige Lernphase (Skinner, 1966). Vielleicht ist auch die Suche nach neuen Erfahrungen und Reizen in bestimmten Situationen vorteilhaft, sei es die Erfahrung, aus einem Flugzeug mit einem Fallschirm abzuspringen oder eine neue Speise zu essen; und vielleicht hat diese Tendenz zu einem genetischen Einfluß auf das Merkmal der Reizsuche geführt.

Aber auch wenn Gene unsere Nahrungsmittelpräferenzen in einiger Hinsicht beeinflussen, so spielt doch auch die Umwelt eine sehr große Rolle, wie sowohl in diesem als auch im nächsten Kapitel dargestellt wird.

6
Umweltbeiträge zu Nahrungsmittelpräferenzen

Während im vorangehenden Kapitel Nahrungsmittelpräferenzen diskutiert wurden, die interindividuell wenig variieren und anscheinend im wesentlichen genetisch determiniert sind, geht es in diesem Kapitel um Nahrungsmittelpräferenzen und -aversionen, die nur bei einigen Menschen vorhanden sind und in hohem Maße durch Umweltwirkungen bedingt sind.

Daß die Umwelt bei der Determination von Nahrungsmittelpräferenzen eine entscheidende Rolle spielt, ist unmittelbar einleuchtend. Die Nahrungsmittelpräferenzen variieren beträchtlich zwischen verschiedenen Kulturen oder sogar zwischen verschiedenen sozialen Schichten innerhalb einer einzigen Kultur. Wenn jedoch jemand Teil einer anderen Kultur oder einer anderen sozialen Klasse wird, so verändern sich die Nahrungsmittelpräferenzen dieser Person in einer Weise, daß sie denjenigen der sie neu umgebenden Gruppe von Menschen ähnlicher werden (Hrboticky & Krondl, 1984; Krondl, Hrbotikky & Coleman, 1984). In den USA zum Beispiel kommen die Familien der meisten Menschen ursprünglich nicht aus Kulturen, in denen Hamburger zur nationalen Küche gehören würden. Aber dennoch sind Hamburger ein amerikanisches Standardgericht, das viele Menschen besonders gern essen (zum genaueren Ursprung der nationalen Küchen siehe Kapitel 14).

Die Umwelt muß daher einen beträchtlichen Einfluß auf die Herausbildung von Nahrungspräferenzen haben. Den Einfluß der Umwelt auf Nahrungsmittelvorlieben kann man gut untersuchen, indem man erforscht, auf welche Weise die Umwelt bestehende Nahrungsmittelpräferenzen *verändern* kann. In diesem Kapitel geht es vor allem um Veränderungen, die aus der direkten Erfahrung eines Organismus mit

Nahrung oder aus Kontakten mit anderen Organismen resultieren. Wenn wir wissen, auf welche Weise und in welchem Grade die Umwelt Nahrungsmittelpräferenzen beeinflußt, sind wir auch besser in der Lage, auf unerwünschte Nahrungsmittelpräferenzen Einfluß zu nehmen.

Lernerfahrungen mit Nahrungsmitteln

Vier Arten direkter Erfahrung mit Nahrung können die Nahrungsmittelvorlieben eines Organismus verändern: (1) bloßer Kontakt und Erfahrung mit bestimmten Speisen („mere exposure effect") oder ein Verzehr von Speisen, die (2) Veränderungen im Ernährungszustand oder (3) Krankheiten oder (4) andere charakteristische Ereignisse hervorrufen.

Der bloße Kontakt mit bestimmten Speisen

Sowohl Menschen als auch Tiere zeigen ein *Neophobie* genanntes Verhalten, eine Furcht vor Neuem (Hill, 1978). Neophobie tritt nicht nur in bezug auf neue Gegenstände und Situationen auf, sondern auch in bezug auf neue Speisen. Wie viele Amerikaner oder Deutsche wären bereit, geröstete Grashüpfer, eine traditionelle chinesische Delikatesse, zu probieren? Im allgemeinen bevorzugen Menschen und auch Tiere Nahrungsmittel und Situationen, die ihnen vertraut sind (Hill, 1978; Zajonc, 1968). Diese Schlußfolgerung über Nahrungsmittelpräferenzen wird durch sehr verschiedenartige Forschungsarbeiten gestützt. Säugetiere zum Beispiel (Mäuse und Wühlmäuse), deren Kost auf Haferflocken oder Weizen beschränkt war, zeigen in der Folge eine größere Bevorzugung dieser vertrauten Nahrung (Partridge, 1981).

Schon 1966 erkundeten Gordon M. Burghardt und Eckhard H. Hess, ob derartige Effekte auch bei neu ausgeschlüpften Schnappschildkröten auftreten können. Burghardt und Hess gaben den Tieren 12 Tage lang entweder Fleisch, Fisch oder Würmer zu fressen. Zu diesem Zeitpunkt bevorzugte jede der Schildkröten die Art von Kost,

6. Umweltbeiträge zu Nahrungsmittelpräferenzen

an die sie sich gewöhnt hatte. Die darauffolgenden 12 Tage fütterten die Forscher jede Schildkröte mit einer anderen Kost als der, die sie während der ersten 12 Tage erhalten hatte. Am Ende der 24 Tage jedoch fraßen die Schildkröten noch immer am liebsten die Nahrung, mit der sie ursprünglich in Kontakt gekommen waren. Diese Ergebnisse lassen den Schluß zu, daß einige Arten sehr frühen Kontakts mit bestimmten Nahrungsmitteln zu einer erhöhten Präferenz dieser Nahrungsmittel führen können.

Beim Menschen erhöht offenbar auch der bloße Kontakt mit einigen Speisen deren Bevorzugung. Zwei Untersuchungen veranschaulichen diese Feststellung. In einem von Patricia Pliner durchgeführten Experiment (1982) wurde den Versuchspersonen, männlichen Studenten, zwischen null und 20 Proben individuell neuartiger Fruchtsäfte gegeben. Dann wurden sie gebeten, jeden Saft zu kosten und danach zu beurteilen, wie sehr er ihnen schmeckte. Die Säfte, die im ersten Teil des Experiments häufiger probiert worden waren, wurden besser beurteilt.

Leann L. Birch und ihre Kollegen untersuchten zwei- bis fünfjährige Kinder in ihren Experimenten mit neuartigen Früchten (1987). Jede der neuen Früchte wurde den Kindern null- bis 15mal dargeboten. Für jedes Kind bestand die Darbietung einiger dieser Früchte einfach darin, daß es sie anschauen durfte. Für die übrigen Früchte bestand die Darbietung aus dem Kosten (und Anschauen). Jedes Kind beurteilte dann die Früchte getrennt nach Aussehen und Geschmack (wobei die Frucht immer gesehen werden konnte). Das Aussehen einer Frucht wurde umso besser eingeschätzt, je häufiger das Kind diese Frucht gesehen und gekostet (und gesehen) hatte. Andererseits wurde der Geschmack nur dann in stärkerem Maße bevorzugt, wenn das Kind zuvor den Geschmack der Frucht kennengelernt hatte. Birch und ihre Kollegen schlossen daraus, daß sich die Geschmackspräferenz für eine Speise nur dann verstärkt, wenn Erfahrung mit dem tatsächlichen Schmecken dieser Speise gemacht wird.

Es ist anzumerken, daß in allen oben dargestellten Untersuchungen, in denen eine Geschmackspräferenz für ein Nahrungsmittel durch Kontakt und Erfahrung erhöht wurde, dieses Nahrungsmittel auch aufgenommen wurde. Demnach könnten die Folgen dieser Nahrungsaufnahme zumindest teilweise für die darauffolgend erhöhte Präferenz dieses Nahrungsmittels verantwortlich sein. Der bloße Kontakt mit bestimmten Speisen war möglicherweise nicht der einzige beteiligte Faktor, wenn man den bloßen Kontakt einfach als Sehen und vielleicht Kosten der Speise definiert. Situationen, in denen die Auswirkungen von Nahrungsaufnahme explizit untersucht wurden, werden in den folgenden drei Abschnitten vorgestellt.

Außerdem muß darauf hingewiesen werden, daß weder Menschen noch Tiere unwandelbar nur vertraute Nahrungsmittel suchen. Vertraute Speisen und Situationen werden zwar gegenüber unbekannten bevorzugt, die Vorliebe für eine Speise oder eine Situation wird jedoch unmittelbar, nachdem man ihr ausgesetzt war, reduziert – ein als *sensorisch spezifische Sättigung* bekannter Befund. Mit anderen Worten, das Essen von Nahrung mit einer bestimmten sensorischen Qualität erhöht die Präferenz dieser Nahrung offenbar langfristig, verringert sie aber kurzfristig (Birch & Deysher, 1986; Hill, 1978; Pliner, Polivy & Herman, 1980).

David Stangs Untersuchungen (1975) an erwachsenen weiblichen Versuchspersonen, die wiederholt verschiedene Gewürze kosteten, bestätigten diese Ergebnisse. Die Präferenz der Gewürze verringerte sich in den Einschätzungen der Versuchspersonen mit wiederholtem Schmecken, erholte sich jedoch nach einer Woche ohne Probieren. In einem anderen Versuch zeigten Barbara J. Rolls, Edmund T. Rolls und Edward A. Rowe, daß die Versuchspersonen mehr Sandwiches aßen, wenn der Belag wiederholt gewechselt wurde (1982). Da sich die sensorisch spezifische Sättigung so schnell entwickelt (innerhalb von zwei Minuten) und dann stabil bleibt, bis sie schließlich beginnt abzusinken, nimmt man an, daß sie von den Empfindungen beim Essen der Mahlzeit herrührt, nicht von den Auswirkungen der Nahrung, nachdem sie aufgenommen wurde (Hetherington, Rolls & Burley, 1989).

Somit stehen die Befunde, die zeigen, daß Menschen gewohnte Nahrungsmittel vorziehen, nicht unbedingt im Widerspruch zu denen, die zeigen, daß einige Menschen besonders gern neue Speisen probieren (wie in Kapitel 5 beschrieben). Anscheinend besteht die Tendenz von Organismen, bekannte Nahrung zu bevorzugen – infolge bloßen Kontaktes oder der Konsequenzen von Nahrungsaufnahme – gleichzeitig mit einer Tendenz, kürzlich aufgenommene Nahrung zu vermeiden. Für Allesfresser wie den Menschen oder die Ratte stellt dies eine nützliche Kombination von Strategien dar. Sie stellt sicher, daß eine Vielzahl von Nahrungsmitteln und damit eine Vielzahl von Nährstoffen aufgenommen wird (Rolls, 1985). Auch für Nahrungsmittelpräferenzen scheint zu gelten: Das Vertraute achtet man gering; was man nicht hat, scheint begehrenswert.

Nahrungsaufnahme, in deren Folge Veränderungen im Ernährungszustand auftreten

Auch Veränderungen des Ernährungszustands als Folge von Nahrungsaufnahme können Nahrungsmittelpräferenzen beeinflussen. Tatsächlich nimmt man an, daß dieser Mechanismus zum großen Teil für die angemessene Auswahl der Nahrungsmittel bei Allesfressern verantwortlich ist. Da Allesfresser sehr verschiedenartige Nahrung verzehren, begegnen ihnen mit ziemlicher Wahrscheinlichkeit viele neue und unterschiedliche Nahrungsmittel. Eine angeborene Präferenz oder Aversion gegenüber jedem möglichen Nahrungsmittel ist unmöglich. Statt dessen lernen Allesfresser, welche Nahrung für sie bekömmlich ist und welche nicht, indem sie sie probieren. Wenn die Folgen der Nahrungsaufnahme für die Ernährung vorteilhaft sind, fressen Allesfresser mehr davon. Sind die Konsequenzen schädlich, fressen sie weniger von dieser Nahrung.

Dies läßt sich an drei Arten von Untersuchungen zeigen: zum einen Experimente, in denen Tiere nach dem Entzug einzelner Nährstoffe unter Nahrungsmitteln wählen können, die diese Nährstoffe enthalten; des weiteren Experimente, in denen Versuchspersonen beziehungsweise Tiere unter Nahrungsmitteln frei wählen können, die zusammen alle benötigten Nährstoffe enthalten; und schließlich Experimente, in denen als Folge von Nahrungsaufnahme eine spezifische Veränderung des Ernährungszustandes auftritt. Die in den folgenden Abschnitten diskutierten Experimentalergebnisse unterscheiden sich von denen in Kapitel 5 über den physiologischen Bedarf, in denen gezeigt wurde, daß Organismen ihre Vorlieben nicht unmittelbar verändern; Erfahrung mit dem Nahrungsmittel und den Konsequenzen seiner Aufnahme durch den Organismus sind erforderlich.

Auswahl eines einzelnen Nährstoffes. Paul Rozin führte eine Reihe von Experimenten durch, in denen er Ratten mit Nahrung fütterte, die bis auf einen alle lebensnotwendigen Nährstoffe enthielt, und ließ sie dann zwischen dieser Nahrung und dem gleichen, jedoch durch den zuvor fehlenden essentiellen Nährstoff angereicherten Futter wählen. Wenn es sich bei dem Nährstoff um Thiamin (Vitamin B_1) handelte, fraßen die Ratten große Mengen der neuen Nahrung und fast nichts vom vorhergehenden, defizitären Futter. Außerdem warfen die Ratten, wie man beobachten konnte, die Futterschale mit dem alten Futter um, ein Verhalten, das sie auch gegenüber einem bitter schmeckenden, verabscheuten Futter zeigten, welches Chinin enthielt.

Diese als spezifischer Hunger (Rozin, 1972, 1976) bekannte Bevorzugung von neuer Nahrung, die den mangelnden Nährstoff enthält, scheint nicht von charakteristischen Geschmacks- oder Geruchsqualitäten der verschiedenen Nahrungsmittel abzuhängen (Rogers & Leung, 1977). Die wahrscheinlichste Erklärung für die Entstehung spezifischen Hungers ist die, daß die Ratten eine Aversion gegenüber der mit dem Defizit assoziierten Nahrung erwerben. Indes hat die Forschung an Ratten auch eine offenbar erlernte Präferenz für einen Geschmack gezeigt, mit dem der Ausgleich eines Thiamindefizites assoziiert wurde (Zahorik & Houpt, 1977; Zahorik & Maier, 1972).

Ein mögliches Beispiel für spezifischen Hunger kommt aus der klinischen Literatur über Pica. *Pica* ist definiert als das „wiederholte Essen einer ungenießbaren Substanz im Zeitraum von mindestens einem Monat" (American Psychiatric Association, 1987, S. 69). Man findet es gewöhnlich bei Kindern oder Schwangeren, wobei zu den am häufigsten gegessenen Dingen Farbe, trockene Wäschestärke, Lehm und Erde gehören (American Psychiatric Association, 1987; Cooper, 1957; Sanjur & Scoma, 1971). Da die Wahrscheinlichkeit des Auftretens von Pica für Menschen mit erhöhtem Nährstoffbedarf am größten ist, nimmt man an, daß sie als Folge eines spezifischen Hungers für Mineralstoffe wie Eisen entsteht (Cooper, 1957; Rozin, 1976). Pflanzenfresser, wie Rotwild und Schafe in Schottland, zeigen mitunter ein ähnliches Verhalten, wenn sie junge Seevögel verspeisen – für diese Pflanzenfresser die einzige Möglichkeit, Kalzium zu erhalten (Furness, 1989).

6. Umweltbeiträge zu Nahrungsmittelpräferenzen

Zusammenfassend läßt sich sagen, daß viele Tierarten – zumindest unter bestimmten Bedingungen – anscheinend auf die Folgen ihrer jeweiligen Kost reagieren und offenbar gut in der Auswahl nährstoffreicher Nahrungsmittel sind. Allerdings müssen hier zwei Vorbehalte angemerkt werden. Zum ersten haben Experimente mit Ratten ergeben, daß sie nicht für jede Nahrung, die in Hinblick auf einzelne Nährstoffe unzureichend ist, Aversionen entwickeln. Zum Beispiel erwies es sich als schwierig, spezifischen Hunger als Reaktion auf Vitamin-A- und -D-Mangel nachzuweisen (Rozin, 1976). Zum zweiten werden Ratten in Versuchen zum spezifischen Hunger im ersten Teil des Experiments nur mit der defizitären Nahrung gefüttert und haben im zweiten Teil nur eine begrenzte Auswahl an Nahrungsmitteln. In komplexeren Situationen zeigen Ratten, der Mensch oder andere Tierarten möglicherweise ein geringeres Maß dieses ausbalancierten Ernährungsverhaltens, das auf früherer Erfahrung mit verschiedenen Nahrungsmitteln beruht. Einige für diese Fragen relevante Ergebnisse werden im nächsten Abschnitt dargestellt.

Auswahl aller Nährstoffe. Man hat Untersuchungen durchgeführt, in denen Ratten verschiedene Nährstoffe entzogen wurden, und Experimente mit Kindern, die zwischen vielen verschiedenen Nahrungsmitteln wählen konnten. Curt P. Richter (1942-43) berichtete über eine Reihe von Experimenten, in denen man Ratten zwischen ganz unterschiedlichen Nährstoffen wählen ließ und gemessen hat, wieviel sie von jedem dieser Nährstoffe aufnahmen. Experimente dieser Art sind als Selbstbedienungsfütterung bekannt. Im allgemeinen fand Richter, daß die Ratten im Selbstbedienungsparadigma ziemlich gut waren, die Nährstoffe entsprechend ihrem Nährstoffbedarf auszuwählen.

In den zwanziger und dreißiger Jahren führte Clara M. Davis eine faszinierende und sehr bekannt gewordene Studie mit Babys durch (1928, 1930, 1939). Sie untersuchte 15 Kinder, die zu Beginn des Experiments zwischen 6 und 11 Monaten alt waren und alle kurz zuvor entwöhnt worden waren. Vor ihrer Entwöhnung hatten sie nur sehr begrenzte Erfahrung mit anderen Nahrungsmitteln als Milch. Alle Kinder lebten während der Zeit, in der sie an der Untersuchung teilnahmen (6 Monate bis 4,5 Jahre), in einem Krankenhaus. Während des Experiments bot eine Krankenschwester zu den Mahlzeiten jedem einzelnen Kind auf einem Tablett verschiedene Nahrungsmittel an. Sie gab dem Kind jede Speise, auf die es zeigte. Manchmal hatten die Kinder Phasen, in denen sie über längere Zeit hinweg größere Mengen bestimmter Nahrungsmittel aßen; diese Phasen hörten aber immer von selbst wieder auf. Über eine längere Zeit jedoch war die gewählte Diät recht ausgewogen, und die Kinder gediehen gut.

Man könnte diese Daten leicht so interpretieren, daß erstens Säuglinge und kleine Kinder und vielleicht auch ältere Menschen ihre Nahrung optimal zusammenstellen würden, wenn sie darin sich selbst überlassen wären, und daß zweitens extreme Nahrungsmittelvorlieben und -abneigungen kein Anlaß elterlicher Besorgnis sein müßten, da die Kinder langfristig essen, was sie brauchen. Es ist jedoch nicht auszuschließen, daß die Krankenschwestern, die den Kleinkindern das Essen gaben, ihre Wahl unbewußt (oder vielleicht sogar bewußt) beeinflußten, obwohl sie instruiert worden waren, jegliche Beeinflussung zu vermeiden. Derartige Effekte sollen im folgenden Abschnitt über Nahrungsaufnahme, der andere Konsequenzen folgt, diskutiert werden.

Zudem waren die süßesten Speisen, die die Kinder zur Auswahl hatten, Milch und Früchte; und diese wurden – was nicht überrascht – am häufigsten ausgewählt. Diese Kleinkinder haben anscheinend die im vorigen Kapitel diskutierte, genetisch bedingte Präferenz des Süßgeschmacks demonstriert. Zum Glück war das Süßeste, was ihnen zur Verfügung stand, Milch und Früchte, gleichzeitig auch recht nährstoffreich. Es scheint unwahrscheinlich, daß die Kinder eine gleichermaßen nährstoffreiche Diät gewählt hätten, wenn sie auch Schokoladenkonfekt und andere zuckerhaltige Nahrungsmittel ohne großen Nährwert zur Auswahl gehabt hätten. Befragungen haben ergeben, daß College-Studenten süße Nahrungsmittel am stärksten bevorzugen und daß die von College-Studenten berichteten Ernährungsvorlieben mit einer ausgewogenen Kost nicht vereinbar sind (Einstein & Hornstein, 1970). Dennoch stellt Davis' Studie eine wertvolle Untersuchung dar, weil sie sehr anregende, wenn nicht sogar beweiskräftige Ergebnisse erbrachte.

Nahrung mit spezifischer Veränderung des Ernährungszustands. In einigen Experimenten gab man Versuchstieren etwas zu essen, schmecken oder riechen, wonach eine spezifische Veränderung im Ernährungszustand eintrat. In Abhängigkeit von der Art dieser Veränderung kann die Präferenz des probierten Futters durch das Versuchstier entweder steigen oder sinken. Beispielsweise führten Robert C. Bolles, Linda Hayward und Christian Crandall (1981) ein Experiment durch, in dem Ratten einmal ein kalorienreiches Nahrungsmittel fraßen, das einen charakteristischen Geschmacksstoff A enthielt, und dann ein kalorienarmes Futter, das einen anderen charakteristischen Geschmacksstoff B enthielt. Ließ man sie zwischen zwei Nahrungsmitteln wählen, die sich nur im Geschmack unterschieden – eines schmeckte nach A und das andere nach B –, so bevorzugten sie das nach A schmeckende Futter mit dem Geschmacksstoff, der zuvor mit der kalorienreichen Nahrung assoziiert war. Auch viele andere Experimente haben gezeigt, daß Versuchstiere in der Lage sind zu lernen, ein Nahrungsmittel (oder den Geschmack oder Geruch eines Nahrungsmittels) zu bevorzugen, das mit einer Kalorienzufuhr verbunden ist (Brake, 1981; Campbell, Capaldi & Myers, 1987; Capaldi et al., 1987; Hayward, 1983; Hogan, 1977; Hogan-Warburg & Hogan, 1981), selbst wenn diese Kalorienzufuhr erst mit zeitlicher Verzögerung erfolgt.

Fette sind wesentlich dichter im Kaloriengehalt als Proteine oder Kohlenhydrate (Fett enthält 9 Kalorien pro Gramm, Eiweiß und Kohlenhydrate hingegen jeweils vier Kalorien pro Gramm). Es könnte sein, daß Menschen es lernen, relativ kalorienreiche Speisen wegen ihrer kalorischen Folgen zu mögen, einschließlich der Speisen mit einem hohen Fettgehalt. Es gibt einige experimentelle Ergebnisse, die für diese Annahme sprechen. D. A. Booth, der einige Versuche zu diesem Thema durchführte, konnte zeigen, daß Erwachsene es lernen, kleinere Mahlzeiten zu essen, wenn diese versteckte kalorienreiche Stärkemengen enthielten, die mit einem charakteristischen Geschmack gekoppelt waren. Außerdem wächst die Bevorzugung dieser Mahlzeiten, wenn die Versuchspersonen Erfahrungen mit ihnen gewinnen, vor allem, wenn sie beim Essen dieser Mahlzeiten hungrig sind. Wenn die Versuchspersonen diese Mahlzeiten jedoch zu sich nehmen, wenn sie satt sind, so geschieht das Gegenteil; die Bevorzugung durch die Versuchspersonen nimmt ab, wenn sie Erfahrungen mit dieser Speise gewinnen (Booth, 1982; Booth, Mather & Fuller,

1982). Leann L. Birch und Mary Deysher haben gezeigt, daß sich die Befunde von Booth auch auf Vorschulkinder ausdehnen lassen (Birch & Deysher, 1985). Sie lernen es, kleinere Mahlzeiten zu sich zu nehmen, wenn sie vorher etwas gegessen haben, dessen Geschmack zuvor mit einem kalorienreichen Snack assoziiert worden war, und größere Mahlzeiten nach einem Geschmack, der mit einem kalorienarmen Snack gekoppelt worden war.

Es ist nicht überraschend, daß sowohl Menschen als auch Tiere in der Lage sind zu lernen, welche Nahrungsmittel einen hohen Kaloriengehalt besitzen, und daß sie diese Nahrungsmittel präferieren. Ein solches Verhalten dürfte für Arten wie die unsere, die sich in einer nahrungsarmen Umgebung entwickelten, adaptiv sein. Leider macht es – jetzt, da die meisten Menschen in den USA oder in Deutschland keinen Nahrungsmangel mehr leiden – unsere Bevorzugung kalorienreicher Nahrungsmittel schwer, den Fettverbrauch niedrig zu halten, wie empfohlen (U.S. Department of Health and Human Services, 1988; siehe auch Kapitel 10).

Fazit. Kalorische Konsequenzen können dem Menschen, wie auch anderen Tierarten, helfen, den Umfang der Mahlzeiten zu regulieren und zwischen verschiedenen Nahrungsmitteln auszuwählen. Wenn auch Tiere offenbar ziemlich gut in der Lage sind, diejenigen Nahrungsmittel auszuwählen, die ihnen möglichst viele wesentliche Nährstoffe liefern (Overmann, 1976), so zeigen Menschen die Tendenz, wenn sie eine große Auswahl haben, zuviel Salz und zu viele Kalorien aufzunehmen und nicht genügend andere wesentliche Nährstoffe (siehe Kapitel 5). Unter anderen Bedingungen – die „große Auswahl" ist erst seit wenigen Generationen gegeben – waren auch Menschen gut beraten, „Kalorien zu suchen". Im Hinblick auf das überreichliche heutige Nahrungsangebot ist das Verhalten des Menschen anscheinend nicht durch die direkten Folgen der aufgenommenen Nahrung für die Ernährung gesteuert. Dennoch gibt es eine Konsequenz, die die Nahrungsmittelpräferenzen sowohl beim Menschen als auch bei Tieren stark beeinflussen kann; und diese Konsequenz heißt Krankheit.

6. Umweltbeiträge zu Nahrungsmittelpräferenzen

Nahrungsaufnahme, in deren Folge Krankheiten auftreten

Grundlegende Merkmale. Es spricht vieles dafür, die Entstehung spezifischen Hungers damit zu erklären, daß eine Abneigung gegenüber der defizitären Diät erworben wird. Im einzelnen geht diese Erklärung von der Annahme aus, daß ein mit einer defizitären Kost ernährter Organismus sich krank fühlen wird und das Essen dieser Kost mit der Krankheit in Verbindung bringt und sie daher vermeidet (Rozin, 1972, 1976).

Unterstützt wird diese Ansicht durch eine inzwischen umfangreiche Literatur (siehe Riley & Clarke, 1977) über die Verminderung der Präferenzen bestimmter Nahrungsmittel, wenn deren Verzehr von Kranksein beziehungsweise Unwohlsein gefolgt ist. Eine solche Verringerung von Nahrungsmittelpräferenzen wurde zuerst von Farmern beobachtet, die versuchten, Ratten loszuwerden. Sie legten Köder aus, die sie mit einem starken Gift versetzten, stellten jedoch fest, daß es sehr schwierig war, die Ratten auf diese Weise zu vernichten. Denn die Ratten fraßen nur sehr kleine Proben jedweder neuer Nahrung; und wenn sie danach krank wurden, so vermieden sie den Köder in der Folge. Dieses Verhalten wurde als *Köderargwohn* bezeichnet (Barnett, 1963).

Die ersten Laboruntersuchungen dieses Phänomens begannen in den fünfziger Jahren, als John Garcia und seine Kollegen die Auswirkungen von Bestrahlungen auf das Verhalten von Ratten untersuchten. Garcia bemerkte, daß die Ratten nach der Bestrahlung weniger fraßen. Er konnte zeigen, daß die Ratten offenbar eine Aversion gegen Nahrung entwickelten, die sie in irgendeiner Art mit Bestrahlung in Verbindung brachten. Anscheinend führte die Bestrahlung zu Störungen im Magen-Darm-Trakt, und die Tiere assoziierten die Krankheit mit der Nahrung (Garcia, Kimeldorf & Hunt, 1961; Garcia, Kimeldorf & Koelling, 1955; Robertson & Garcia, 1985). In späteren Experimenten nutzte man anstelle der Bestrahlung Injektionen von *Lithiumchlorid* (LiCl) als krankheitsinduzierendes Mittel, da LiCl leichter zu verabreichen und zu kontrollieren ist (Nachman & Ashe, 1973).

Garcia beschrieb diesen Lernprozeß als eine Art *klassischen Konditionierens.* Beim klassischen Konditionieren ruft zunächst ein bestimmter *unbedingter Reiz*, zum Beispiel Nahrung, eine bestimmte *unbedingte Reaktion*, zum Beispiel Speichelfluß, hervor (unbedingter Reflex); der *bedingte Reiz* ist ein ursprünglich neutraler Reiz, der, nachdem er mit dem unbedingten Reiz gekoppelt worden ist, dieselbe Reaktion wie dieser hervorruft (bedingter Reflex). Wenn Ratten bestimmte Nahrung meiden, nachdem sie mit Kranksein gekoppelt worden ist, funktioniert die Krankheit Garcia zufolge als unbedingter Reiz und der Geschmack und Geruch des Futters als bedingter Reiz (Garcia, McGowan & Green, 1972).

1966 veröffentlichten John Garcia und Robert A. Koelling eine Arbeit, deren Befunde die Grundlagen der Lernforschung ins Wanken bringen sollte. Sie ließen durstige Ratten an einer Tülle lecken, die geschmacklich angereichertes Wasser hervorbrachte (siehe Abbildung 6.1 für den vollständigen Versuchsplan). Zusätzlich führte jedes Lekken zum Aufblitzen eines Lichtes und zu einem Klicken. Die eine Hälfte der Ratten erhielt beim Lecken einen elektrischen Schlag, die andere Hälfte wurde während des Leckens entweder durch Bestrahlung oder durch Lithiumchlorid krankgemacht. Einige Tage später, nachdem sich alle Ratten erholt hatten und nach einem erneuten Wasserentzug, ließ man sie wieder von der Wasserrinne trinken. Dieses Mal jedoch war für die Hälfte der Ratten das Wasser zwar mit Geschmack versehen, es gab jedoch weder Lichtblitze noch Klicken. Bei der anderen Hälfte wurden nach jedem Lecken Lichtblitze und Klikken ausgelöst, das Wasser jedoch war ohne Geschmack. Die Ergebnisse zeigten, daß die Ratten, die elektrische Schläge erhalten hatten, sehr wenig von Wasser tranken, das von Lichtblitzen und Klicken begleitet war, während die Ratten, die krankgemacht worden waren, nur wenig von dem mit Geschmack versehenen Wasser tranken. Garcia und Koelling schlossen daraus, daß es für die Ratten leichter war, Geschmack mit Krankheit zu koppeln und audiovisuelle Reize mit Elektroschocks als umgekehrt. Aufgrund dieser Ergebnisse nennt man das Erlernen von Köderargwohn heute üblicherweise *Geschmacksaversionslernen*. (Dabei ist nicht zu vergessen, daß in den meisten Experimenten ein Stoff mit einem charakteristischen Geschmack auch einen charakteristischen Geruch hat. Daher könnten es auch die Gerüche sein oder Kombinationen von Geruchs- und Geschmacksqualitäten, die leicht mit Kranksein gekoppelt werden.)

6. Umweltbeiträge zu Nahrungsmittelpräferenzen

Daß Krankheiten offenbar leichter mit einem Geschmack als mit audiovisuellen Reizen gekoppelt werden konnten, schien zunächst eine der Grundannahmen der traditionellen Lerntheorie zu verletzen: daß nämlich jedes Ereignis gleich gut mit jedem anderen Ereignis assoziiert werden könne (Garcia et al., 1972). Dies war nicht die einzige Annahme der Lerntheorie, der das Geschmacksaversionslernen zu widersprechen schien. Psychologen fanden rasch heraus, daß Geschmacksaversionen in einem einzigen Versuchsdurchgang mit ei-

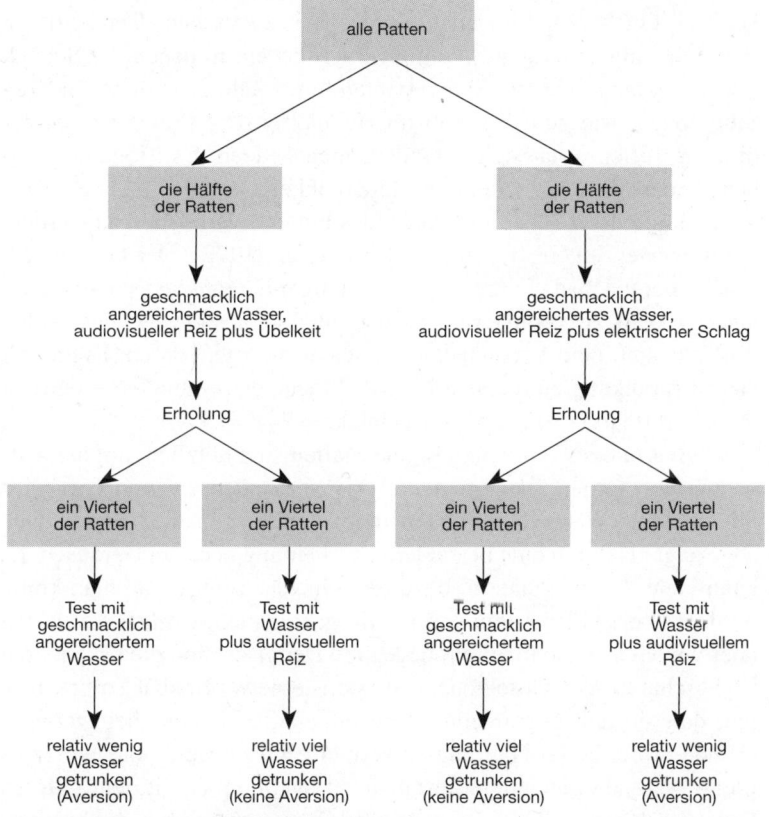

6.1 Das Vorgehen von Garcia und Koelling, mit dem sie zeigten, daß die Ratten dazu tendieren, Geschmack und Übelkeit zu assoziieren sowie audiovisuelle Reize und Elektroschock. (Nach Garcia & Koelling, 1966.)

ner zeitlichen Verzögerung von 24 Stunden zwischen Nahrungsaufnahme und Krankheit erworben werden konnten. Nach der traditionellen Lerntheorie würde kein Lernen erfolgen, wenn der zeitliche Abstand zwischen zwei Ereignissen ein paar Sekunden übersteigen würde (Etscorn & Stephens, 1973; Garcia et al., 1972).

Ein dritter offenkundiger Unterschied zwischen traditionellem und Geschmacksaversionslernen betrifft Eigenschaften der bedingten Reize in den einzelnen Bedingungen. Beim traditionellen Lernen, wie das mit elektrischen Schlägen (siehe das oben beschriebene Experiment Garcias und Koellings), scheinen die bedingten Reize (Licht und Klikken) als ein Signal für den Elektroschock zu wirken. Der bedingte Reiz wird in denjenigen Situationen vermieden, in denen der Schock zuvor vorkam, wie im Experimentalraum, nicht jedoch in anderen Situationen, wie zum Beispiel im Heimkäfig. Die Präferenz des bedingten Reflexes hat sich verändert, nicht jedoch das Mögen desselben. Anders dagegen scheint, wenn Krankheit der unbedingte Reiz ist, der bedingte Reiz (der Geschmack des Futters) vermieden zu werden, wo immer er angetroffen wird (Garcia et al., 1972). Der Geschmack scheint demnach als Folge einer Kopplung mit Krankheit seinen hedonischen Wert zu verändern. Die Nahrung schmeckt jetzt tatsächlich *schlecht*, statt dem Versuchstier einfach anzuzeigen, daß in Kürze mit einer Erkrankung zu rechnen ist. Das Mögen des bedingten Reizes ist verändert (Garcia, Hankins & Rusiniak, 1974).

All diese ungewöhnlichen Eigenschaften sind nützlich, um die Aufnahme von Giften zu vermeiden. Das Vorhandensein von Gift wird mit größerer Wahrscheinlichkeit durch einen speziellen Geschmack angezeigt als durch eine besondere Erscheinung oder ein Geräusch. Es kann viele Stunden dauern, bevor ein Gift dazu führt, daß man krank wird. Und ein Gift ist immer ein Gift, ganz gleich, wo man es antrifft oder wie viele Male man ihm begegnet. Demnach sind die besonderen Eigenschaften des Geschmacksaversionslernens offenbar so beschaffen, daß sie den Organismus dabei unterstützen, krankheitsverursachende Stoffe in der Nahrung zu vermeiden. Beispielsweise lernen es große grasende Säugetiere anscheinend leicht, Gras mit dem bitteren Geschmack eines alkaloid-erzeugenden Pilzes zu meiden, der bewirkt, daß die Tiere sich unwohl fühlen (Clay, 1989). Psychologen haben daher vermutet, daß die diesem Lerntyp zugrundeliegenden Regeln

6. Umweltbeiträge zu Nahrungsmittelpräferenzen

durch die Evolution geprägt worden sind (Bolles, 1973; Rozin & Kalat, 1971; Seligman, 1970; Shettleworth, 1972).

Die Forschung hat jedoch betont, daß selbst, wenn man einräumt, daß die Evolution Lernprinzipien formt, nicht notwendigerweise verschiedene Prinzipien des Lernens in verschiedenen Situationen gelten müssen. Die Prinzipien des Geschmacksaversionslernens unterscheiden sich zwar offenbar von den Prinzipien des traditionellen Lernens, aber diese Unterschiede sind oft eher quantitativer (zum Beispiel Unterschiede im maximalen Intervall zwischen unbedingtem und bedingtem Reiz) als qualitativer (zum Beispiel Unterschiede darin, ob das Intervall zwischen unbedingtem und bedingtem Reiz Lernprozesse beeinflußt oder nicht) Natur (Domjan & Galef, 1983; Logue, 1979; Revusky, 1977; Settleworth, 1983).

Garcias Entdeckungen über die ungewöhnlichen Charakteristiken des Geschmacksaversionslernens sollten jedoch nicht heruntergespielt werden. Seine Befunde haben dazu beigetragen, einen neuen Forschungsbereich zu eröffnen, der viele Lerntheoretiker auf die Auswirkungen der Evolution auf Verhaltensänderungen aufmerksam machte. Geschmacksaversionslernen wird heute zur Erklärung und zur Behandlung vieler Eß- und Trinkstörungen herangezogen (siehe Kapitel 9, 10 und 11).

Auswirkungen auf verschiedene Tierarten. Wenn die Evolution das Lernen beeinflußt, so kann man begründeterweise annehmen, daß verschiedene Tierarten auf unterschiedliche Weise Geschmacksaversionen erwerben könnten. Ein von Hardy C. Wilcoxon, William B. Dragoin und Paul A. Kral (1971) berichtetes Experiment stützt diese Hypothese. Wilcoxon und seine Mitarbeiter untersuchten sowohl Ratten als auch Wachteln. Alle Versuchstiere tranken Wasser, das sowohl einen charakteristischen Geschmack hatte als auch charakteristisch gefärbt war. Sie wurden dann krank gemacht und anschließend, nachdem sie sich erholt hatten, auf ihren Wasserkonsum hin getestet. Das Wasser hatte entweder nur den charakteristischen Geschmack oder war nur charakteristisch gefärbt. Die Ratten tendierten dazu, weniger von dem geschmacksangereicherten Wasser zu trinken; und die Wachteln neigten dazu, weniger von dem gefärbten Wasser zu sich zu nehmen.

Immerhin wäre es möglich, daß die Schwierigkeiten der Ratten, Aversionen gegenüber visuellen Stimuli zu erwerben, auf ihr schlechtes Sehvermögen zurückzuführen sind. Norman S. Braveman prüfte diese Interpretation in seinen Versuchen mit Meerschweinchen, deren visuelles System dem der Ratten ähnlich ist (1974, 1975). Es zeigte sich jedoch, daß die Meerschweinchen leicht Aversionen auf visuelle Reize hin entwickeln. Da sowohl Wachteln als auch Meerschweinchen ihr Futter am Tage suchen, während die Ratten nachts auf Nahrungssuche sind, nahm Braveman an, daß ein Tier am leichtesten Aversionen gegenüber Reizen erwirbt, die es über die Sinnesmodalitäten wahrnimmt, auf die sich das Tier bei der Futtersuche stützt.

Nichtsdestotrotz hat die Forschung gezeigt, daß selbst bei Tierarten, die in erster Linie auf den Gesichtssinn angewiesen sind, der Geschmack bei der Herausbildung krankheitsinduzierter Nahrungsaversionen offenbar grundlegend ist. Für alle Arten gilt, daß krankheitsverursachte Aversionen entweder am leichtesten auf der Basis des Geschmacks gebildet werden oder daß das gleichzeitige Vorhandensein eines Geschmacks die auf einem mit Krankheit gekoppelten Geruch oder visuellen Reiz beruhende Aversion noch verstärken wird (Coburn et al., 1984; Durlach & Rescorla, 1980; Galef & Osborne, 1978; Gustavson, 1977; Lett, 1980).

Geschmacksaversionslernen ist auch beim Menschen untersucht worden. Aus ethischen Gründen gibt es hier nur relativ wenige Experimente, in denen nur eine kleine Zahl von Versuchspersonen untersucht wurde. In diesen Versuchen wurden unter anderem rotierende Stühle (Mellor & White, 1978) und schwindlig machende visuelle Täuschungen (Lamon, Wilson & Leaf, 1977) verwendet, um Übelkeit zu erzeugen (Bestrahlungs- und Chemotherapie wurden bei Untersuchungen an Krebspatienten ebenfalls genutzt, siehe Kap. 9). Die meisten erhobenen Daten stammen aus retrospektiven Fragebogenstudien, in denen die Versuchspersonen gebeten wurden, Geschmacksaversionen, die sie je natürlich erworben hatten, zu beschreiben. Diese Daten lassen zwar nicht so weitreichende Schlußfolgerungen zu wie experimentell erhobene Befunde, sie bieten aber doch einige Information hinsichtlich der Frage, wie Menschen Geschmacksaversionen erwerben (Garb & Stunkard, 1974; Logue, Ophir & Strauss, 1981).

6. Umweltbeiträge zu Nahrungsmittelpräferenzen

Diese Befragungsdaten zeigen, daß Menschen offenbar Geschmacksaversionen in sehr ähnlicher Weise wie andere Arten erwerben (Logue, 1985, 1988). Sie erwerben krankheitsinduzierte Nahrungsmittelaversionen sehr leicht auf der Basis des Geschmacks; diese Aversionen können sich auch entwickeln, wenn zwischen Nahrungsaufnahme und Auftreten der Krankheit ein deutlicher Abstand liegt; das aversive Nahrungsmittel wird in jeder Umgebung abgelehnt; und Aversionen werden offenbar leichter erworben, wenn die Nahrungsaufnahme der Krankheit vorausgeht, als wenn sie auf sie folgt.

Auch in vielerlei anderer Hinsicht ähnelt das Geschmacksaversionslernen beim Menschen demjenigen bei anderen Arten und auch dem Lernen bei anderen Aufgaben. Beispielsweise werden Aversionen anscheinend leichter gegenüber neuartigen, weniger bevorzugten Nahrungsmitteln erworben, und sie zeigen eine Generalisierungstendenz für Speisen, die dem ursprünglich mit der Erkrankung oder Übelkeit gekoppelten Nahrungsmittel ähneln. Manchmal wird einem bestimmten Nahrungsmittel gegenüber selbst dann eine Aversion entwickelt, wenn die betreffende Person sich völlig sicher ist, daß dieses Nahrungsmittel nicht die Ursache der Krankheit war. In der Einführung zu seinem Buch über Geschmacksaversionslernen beschreibt Martin E. P. Seligman einen solchen Fall aus eigener Erfahrung. Seligman aß Sauce béarnaise zu einem Steak und erkrankte später an Grippe. Und obwohl eindeutig feststand, daß es sich um Grippe handelte, entwickelte er eine Abneigung gegenüber Sauce béarnaise (Seligman & Hager, 1972). *Abergläubisches Konditionieren*, bei dem eine Reaktion als Folge auf eine zufällige Kopplung der Reaktion mit Verstärkung erworben wird, kommt bei allen Lerntypen häufig vor, selbst wenn die Versuchspersonen das Wissen zum Ausdruck bringen, daß zwischen Reaktion und Verstärkung kein Zusammenhang besteht.

Menschen scheinen ziemlich oft Abneigungen gegenüber bestimmten Geschmacksrichtungen zu entwickeln. In einer von A. W. Logue, Iris Ophir und Kerry E. Strauss (1981) publizierten Studie beispielsweise berichteten 517 College-Studenten über insgesamt 415 Geschmacksaversionen, im Durchschnitt fast eine pro Person. Das ist besonders bemerkenswert angesichts der Tatsache, daß es sich um

College-Studenten handelte: Sie hatten noch kein ganzes Leben gelebt, und sie mußten teilweise bis zu 15 Jahre zuvor erworbene Geschmacksaversionen erinnern. Im allgemeinen waren die Aversionen sehr stark und hatten eine lange Zeit überdauert. 62 Prozent der abgelehnten Nahrungsmittel waren nie wieder gegessen worden, obwohl die Aversionen im Durchschnitt ungefähr fünf Jahre zuvor erworben worden waren. Viele Versuchspersonen brachten ihre Empfindungen gegenüber den abgelehnten Speisen sehr deutlich zum Ausdruck und schrieben explizite Kommentare an den Rand des Fragebogens.

Da Geschmacksaversionen von Menschen offenbar häufig erworben werden und stark und langandauernd sind, wäre es durchaus möglich, daß Geschmacksaversionslernen für einige der vielen Nahrungsmittelaversionen unbekannten Ursprungs verantwortlich sind, die bei Menschen vorkommen. Kleine Kinder essen oft neuartige Speisen, und kleine Kinder werden ebenfalls oft krank. Daher ist es möglich, daß die Menschen viele Aversionen im jungen Alter erwerben und sich später an den Ursprung ihrer Abneigungen nicht mehr erinnern können. Außerdem könnten auch Erwachsene Geschmacksaversionen entwickeln, vielleicht nach einer nur leichten Erkrankung, ohne sich je bewußt zu werden, wodurch die Aversion verursacht worden war. Möglicherweise vergessen sie die Ursache auch einfach nach kurzer Zeit wieder.

Beziehungen innerhalb von und zwischen den Arten. Man hat das Geschmacksaversionsparadigma genutzt, um eine Vielzahl von zwischen und innerhalb von Arten bestehenden Beziehungen zu untersuchen (Gustavson & Gustavson, 1985). Dieser Abschnitt diskutiert zwei dieser Beziehungen: die Arterkennung und Räuber-Beute-Beziehungen.

Unter Nutzung des Geschmacksaversionsparadigmas wurde gezeigt, daß Stare sich untereinander individuell wiedererkennen können. Im ersten Teil des Experiments ließ man zwei Stare miteinander fressen. Dann wurde der erste Star – während der andere immer noch anwesend war – krank gemacht. In darauffolgenden Tests reagierte der erste Star mit größerer Wahrscheinlichkeit aggressiv auf den zweiten Star, der mit der Krankheit gekoppelt worden war, und war weniger geneigt, sich in dessen Gesellschaft zu begeben. Der erste Star

6. Umweltbeiträge zu Nahrungsmittelpräferenzen

fraß auch weniger in Anwesenheit des zweiten Stares, der mit der Krankheit gekoppelt worden war (Mason & Reidinger, 1983).

Die umfangreiche Forschung Lincoln P. Browers, der ebenfalls mit Vögeln arbeitete, läßt darauf schließen, daß auch die Aversion gegenüber Chrysippusfaltern, die der Blauhäher zeigt, nach dem Geschmacksaversionsparadigma funktioniert. Chrysippusfalter enthalten Herzglukosid, eine giftige Substanz. Blauhäher, welche Chrysippusfalter verzehren, vertragen das Herzglukosid nicht und würgen es anschließend aus. Brower ist der Ansicht, daß die Blauhäher eine Aversion gegen die optische Erscheinung der Chrysippusfalter entwickeln. Er vermutet, daß das der Grund dafür ist, daß dem Chrysippusfalter so viele Schmetterlinge im Aussehen ähneln: Die Nachahmung des Chrysippusfalters ist für Schmetterlinge adaptiv, weil das sie vor ihren Freßfeinden schützt (Brower, 1969; Brower & Fink, 1985).

Andere Forscher haben das Geschmacksaversionsparadigma verwendet, um die natürlichen Beziehungen zwischen Räuber und Beute zu beeinflussen. Die umfangreichsten Bemühungen dieser Art, die berichtet wurden, sind die Versuche Carl R. Gustavsons und seiner Kollegen, Koyoten davon abzuhalten, die Schafe auf den Schaffarmen des Westens anzufallen. Die Rancher hatten die Präriewölfe einfach getötet, um die Überfälle zu verhindern. Die Koyoten sind jedoch ein wichtiger Bestandteil des Ökosystems – vor allem, weil sie den Nagetierbestand unter Kontrolle halten. Gustavson und seine Kollegen kamen zu dem Schluß, daß es das Ökosystem weit weniger schädigen würde, wenn es ihnen gelänge, die Koyoten so zu konditionieren, daß sie Schafe meiden, als wenn die Präriewölfe getötet würden. Die Wissenschaftler legten in den Gebieten, die von den wilden Koyoten häufig aufgesucht wurden, Lammköder mit Lithiumchlorid aus. Zusätzlich – unter kontrollierteren Bedingungen – versuchten sie, bei gefangenen Koyoten Aversionen gegenüber Schafen herbeizuführen.

Sowohl die wilden als auch die in Gefangenschaft lebenden Tiere erwarben anscheinend eine Aversion dagegen, Schafe zu fressen oder sich ihnen auch nur zu nähern. Die Koyoten entwickelten nicht nur eine Aversion gegen das Fressen von Schafen, sie verhielten sich unterwürfig ihnen gegenüber und liefen in entgegengesetzte Richtung, wenn ein Schaf in ihre Nähe kam (Garcia & Brett, 1977; Gustavson, 1978; Gustavson et al., 1976).

In Übereinstimmung mit diesen Ergebnissen stellten William Timberlake und Ted Melcer fest, daß Ratten unter bestimmten Bedingungen ihren Kontakt mit und auch das Fressen von Beutetieren einschränken, wenn diese zuvor mit einer Erkrankung gekoppelt worden waren (1988).

Die Arbeit von Gustavson und seinen Kollegen ist äußerst kontrovers rezipiert worden. Es gab eine hitzige öffentliche Diskussion zwischen einigen Mitgliedern der US-amerikanischen Naturschutzgesellschaft „Fish and Wildlife Service", Gustavson und seinen Kollegen sowie anderen Forschern über die Genauigkeit der erhobenen Daten (Booth, 1985; Burns & Connolly, 1985; Ellins, 1985; Ellins, Gustavson & Garcia, 1978; Forthman Quick, Gustavson & Rusiniak, 1985a, 1985b; Lehner & Horn, 1985; Sterner & Shumake, 1978; Wade, 1985). Es bleibt auf jeden Fall festzustellen, daß die Arbeit von Gustavson et al. ein großes Potential in sich birgt. Wie die anderen oben beschriebenen Forschungsarbeiten gezeigt haben, werden Geschmacksaversionen leicht erworben und sind gewöhnlich ziemlich stark. All diese Befunde ermutigen zu einer Herangehensweise, wie sie Gustavson und seine Kollegen gewählt haben.

Nahrungsaufnahme mit anderen Folgeereignissen

Auch viele andere Ereignisse als Krankheiten und Veränderungen des Ernährungszustands modifizieren Nahrungsmittelpräferenzen, wenn diese Ereignisse nach dem Essen, Schmecken oder Riechen eines Nahrungsmittels auftreten. Werden zum Beispiel zwei Geschmäcke gekoppelt und hierauf einer der beiden durch eine darauffolgende Krankheit aversiv gemacht, so wird der andere Geschmack gleichfalls aversiv (Lavin, 1976).

Wird umgekehrt ein bestimmter Geschmack mit einem anderen, angenehmen Geschmack gekoppelt, so steigt die Vorliebe für den ersteren (Fanselow & Birk, 1982). Man nimmt an, daß dieser Lerntyp für den Erwerb von Präferenzen ursprünglich unangenehmer Substanzen wie Tee oder Kaffee verantwortlich ist (Bolles, 1983; Zellner et al., 1983). Wer anfängt, Kaffee oder Tee zu trinken, fügt gewöhnlich besser schmeckende Stoffe wie Zucker oder Milch zu diesem Getränk

6. Umweltbeiträge zu Nahrungsmittelpräferenzen

hinzu. Wenn der Eigengeschmack des Kaffees oder Tees mit dem Geschmack des Zuckers oder der Milch assoziiert wird, kann der Kaffee oder Tee nach und nach mit immer weniger, und zum Schluß auch ohne Zucker oder Milch getrunken werden. Debra A. Zellner und ihre Kollegen konnten einen solchen Effekt experimentell nachweisen, indem sie ihren Versuchspersonen gesüßten oder ungesüßten Tee unterschiedlich oft darboten (1983).

Wie es sich auswirkt, wenn die Nahrungsaufnahme mit nachfolgenden angenehmen Tätigkeiten verbunden wird, ist auf elegante Weise von Birch untersucht worden. Sie arbeitet in ihren Experimenten mit Vorschulkindern und hat gezeigt, daß die in Zusammenhang mit Nahrungsaufnahme stehende Teilnahme an einer angenehmen Aktivität dazu führt, daß die Präferenz dieses Nahrungsmittel sich *verringert* (Birch et al., 1982). Sie hat auch gezeigt, daß es zu einer *gesteigerten* Präferenz eines Nahrungsmittels führt, wenn es als Belohnung für die Ausführung einer bestimmten Tätigkeit verwendet wird (Birch, Zimmerman & Hind, 1980). Ein anscheinend ähnliches Phänomen wurde an Ratten beobachtet. Ratten fressen kleinere Mengen einer weniger bevorzugten Lösung, wenn auf diese Lösung regelmäßig eine stärker präferierte Lösung folgte. In der Literatur zum Lernen bei Tieren ist dieser Effekt bekannt als *Anreizkontrast* (Flaherty, 1982).

Dementsprechend könnten Eltern, die möchten, daß ihre Kinder mehr Spinat und weniger Süßigkeiten essen, ihren eigenen Intentionen entgegenwirken, wenn sie den Kindern nur unter der Bedingung Süßigkeiten erlauben, daß sie ihren Spinat gegessen haben. Nichtsdestoweniger scheint es zweifelhaft, daß die Kinder mehr Spinat und weniger Eiskrem essen würden, wenn man ihnen sagte, sie dürften nur dann Spinat essen, wenn sie zuerst ihre Eiskrem essen (ein Experiment, das bis jetzt noch nicht durchgeführt wurde); die genetisch bedingte Präferenz für Süßes ist sehr stark. Aber Eltern sollten möglicherweise Birchs Befunde und den Anreizkontrast im Gedächtnis behalten, wenn sie Richtlinien für das Eßverhalten ihrer Kinder aufstellen.

Übernahme der Präferenzen anderer

Einige Untersuchungen haben Ähnlichkeiten zwischen den Nahrungsmittelpräferenzen von Familienmitgliedern nachgewiesen, wobei diese Ähnlichkeiten zwischen eineiigen Zwillingen nicht größer sind als zwischen zweieiigen (Fabsitz et al., 1978; Faust, 1974; Logue et al., 1988; Pliner & Pelchat, 1986; Rozin & Millman, 1987). Dieses Befundmuster läßt den Schluß zu, daß Kontakt mit anderen einer der Wege ist, auf denen die Umwelt Nahrungsmittelpräferenzen beeinflußt. Verschiedene Einflüsse dieser Art, oft ohne gleichzeitiges Vorhandensein von Nahrung und unter Einbeziehung sowohl direkter als auch indirekter Kontakte zwischen Organismen, sind sowohl beim Menschen als auch an Versuchstieren untersucht worden.

Direkter Kontakt zwischen Organismen

Bei Tieren. Bennett G. Galef (1977a, 1977b, 1982) führte einige sinnreiche Experimente mit Ratten durch, um die Mechanismen zu bestimmen, die notwendig und/oder hinreichend sind, um Nahrungsmittelpräferenzen zwischen Ratten zu übertragen. Ein *notwendiger Mechanismus* wäre einer, ohne den Nahrungsmittelpräferenzen nicht übertragen werden können; ein *hinreichender Mechanismus* wäre ein solcher, der die Übertragung von Nahrungsmittelpräferenzen ermöglicht, wenn nur er allein vorhanden ist. Galefs Forschung, die detaillierte Beschreibungen der Mechanismen erbrachte, über welche Ratten Nahrungsmittelpräferenzen weitergeben, hat sich als relevant auch für die Übernahme von Nahrungsmittelpräferenzen beim Menschen erwiesen.

Der Versuchsplan, den Galef nutzte, sah im wesentlichen wie folgt aus. Zwei männliche und vier weibliche Ratten lebten mit ihren Würfen in einem ungefähr 90 × 180 cm großen Käfig. Der Käfig enthielt mehrere Nistboxen und Futterschüsseln. Die Ratten hatten freien Zugang zu Wasser und wurden jeden Tag drei Stunden lang gefüttert. Während dieser Zeit wurde ihr Verhalten beobachtet und auf Video aufgezeichnet. Gewöhnlich gab es zweierlei Nahrung, Futter A und das normalerweise bevorzugte Futter B. Dann wurden einige Ratten mit beinahe tödlichen Dosen Gift, das dem Futter B beigefügt war, krank gemacht. Daraufhin präferierten diese Ratten Futter A gegenüber Futter B, womit es möglich wurde, die Übertragung dieser Nahrungsmittelpräferenz zu verfolgen.

Galef beobachtete, daß die Rattenjungen es lernten, das von den erwachsenen Ratten bevorzugte Futter A auszuwählen. Er konnte vier Wege isolieren, auf denen diese Präferenz übertragen wurde. Das waren zum einen chemische Hinweise an der Futterstelle, wie sie im Kot enthalten sind, die die Jungen an die jeweilige Stelle locken; zum anderen kleine Futterstücke im Fell der erwachsenen Ratten, die, wenn die Jungen im Nest mit den Erwachsenen in Kontakt kamen, ihre Präferenz für diese Nahrung steigerten; des weiteren die Anwesenheit von Erwachsenen an der Futterstelle, die unabhängig von anderen Hinweisen die Jungen anlockt; und schließlich ein für das von der Mutterratte bevorzugte Futter spezifischer chemischer Hinweis, der in der Milch der Mutterratte enthalten ist und die Bevorzugung dieses Futters durch die von ihr gesäugten Jungen erhöht.

Es gibt offenbar mindestens vier hinreichende Mechanismen für die Übertragung von Nahrungsmittelpräferenzen von erwachsenen Ratten auf die Jungen. Wenn einer der Mechanismen ausgeschaltet wird, indem man zum Beispiel die an der Futterstelle vorhandenen chemischen Hinweise entfernt, können die Nahrungsmittelpräferenzen immer noch übertragen werden, da keiner dieser Mechanismen *notwendig* ist. Mit anderen Worten, wenn Ratten die geeigneten Futterpräferenzen nicht auf die eine Weise erlernen, lernen sie sie auf eine andere Weise. Es ist deutlich sicherer für die allesfressenden Rattenjungen, Nahrungsmittelpräferenzen durch diese multiplen, hinreichenden Mechanismen der sozialen Übertragung zu erlernen als durch eigenen Versuch und Irrtum.

Die soziale Übertragung von Nahrungsmittelpräferenzen ist auch für die Jungen vieler anderer Tierarten gezeigt worden. Junge Hühner, Katzen und Affen lernen es, das zu fressen, was die Erwachsenen ihrer Art fressen. Ihre Nahrungsmittelpräferenzen können offenbar einfach durch Beobachtung der Erwachsenen erworben werden (Kawai, 1965; Suboski & Bartashunas, 1984; Wyrwicka, 1981).

Galef und seine Kollegen haben gezeigt, daß Futterpräferenzen auch zwischen erwachsenen Ratten übertragen werden können. Die

Bevorzugung eines bestimmten Futters wird bei einer „Beobachter"-Ratte nach der Interaktion mit einer „Vorführer"-Ratte, die dieses Futter zuvor gefressen hat, erhöht (Galef, Kennett & Wigmore, 1984; Galef & Wigmore, 1983). Diese Interaktion braucht nur zwei Minuten zu dauern. Aber während dieser Zeit muß ein Mund-zu-Mund-Kontakt zwischen Beobachter und Vorführer erfolgen. Die daraus resultierende Bevorzugung dieses Futters durch den Beobachter scheint von sensorischen Reizen des Futters (Geschmäcke und/oder Gerüche) abzuhängen, die sich auf dem Fell befinden oder aus dem Verdauungstrakt der Vorführer-Ratte kommen (Galef & Stein, 1985). Zusätzlich vergrößert es die Präferenz der Ratten für ein Nahrungsmittel, wenn dessen sensorische Reize zuvor von Schwefelkohlenstoff begleitet waren, einer chemischen Komponente, die im Atem der Ratte vorhanden ist (Galef et al., 1988).

Erwachsene Ratten folgen auch mit größerer Wahrscheinlichkeit anderen Ratten, die kurz zuvor ungiftiges Futter gefressen haben, als solchen, die giftiges Futter gefressen haben (Galef, Mischinger & Malenfant, 1987). Weiterhin lernen es Ratten schneller, von verschiedenen Nahrungsmitteln das nährstoffreichste zu bevorzugen, wenn andere Ratten anwesend sind, die vorher darauf trainiert wurden, das nährstoffreichste Nahrungsmittel zu präferieren (Beck & Galef, 1989). Offenbar sind viele Tiere sehr gut in der Lage, Nahrungsmittelpräferenzen von *Artgenossen* zu übernehmen, wodurch die Wahrscheinlichkeit, sicheres, nährstoffreiches Futter zu fressen, erhöht wird.

Nahrungsmittelaversionen können bei Tieren ebenso wie Nahrungsmittelpräferenzen sozial übertragen werden. Eine andere Experimentalserie mit Ratten, diesmal von W. J. Carr, hat gezeigt, wie die Übertragung einer solchen Aversion, die Aversion gegen das Fressen von Artgenossen, ablaufen könnte (Carr et al., 1979).

Wie Menschen fressen auch Ratten selten Angehörige der eigenen Art. Eine hungrige erwachsene Ratte wird zwar ohne Zögern eine unbeaufsichtigt lebende neugeborene Ratte der eigenen Art fressen. Je älter jedoch das Rattenjunge ist, desto geringer ist die Wahrscheinlichkeit, mit der es von einer erwachsenen Ratte der gleichen Art gefressen werden wird. Außerdem ernähren sich erwachsene Ratten eher von toten erwachsenen Ratten anderer Arten oder von toten erwachse-

6. Umweltbeiträge zu Nahrungsmittelpräferenzen

nen Mäusen als von toten erwachsenen Ratten der eigenen Art. Die Wahrscheinlichkeit, daß eine erwachsene Ratte sich von einem Angehörigen der eigenen Art nähren wird, wächst, wenn sie hungrig ist oder anosmisch (ohne Geruchssinn) gemacht wurde, wenn der Kadaver mit Urin von einer anderen Art bedeckt oder wenn er gehäutet wurde. Schließlich kann die Bereitschaft einer erwachsenen Ratte, sich von Mitgliedern der eigenen Art zu nähren, erhöht werden, wenn sie ein solches Verhalten an einer anderen erwachsenen Ratte beobachtet. *Beobachtungslernen* ist hier offenbar ebenso bedeutsam wie bei der Übertragung anderer Nahrungsmittelpräferenzen.

Und doch bleibt eine Frage offen. Woher weiß eine Ratte, ob ein anderer Organismus zur eigenen Art gehört oder nicht? Carrs Untersuchungen über das Fressen von Artgenossen bietet eine Möglichkeit zu untersuchen, wie Tiere Artgenossen erkennen. Die Ergebnisse aller oben beschriebenen Experimente deuten darauf hin, daß diese Erkennung über im Fell des Tieres vorhandene chemische Reize erfolgt.

Um diese Hypothese weiter zu prüfen, experimentierte Carr mit Wanderratten, von denen jede in einem Käfig aufgezogen wurde, der entweder an einen Käfig angrenzte, in dem ebenfalls eine Wanderratte war, oder an einen Käfig, der eine Maus enthielt. Die neben Mäusen aufgezogenen Ratten fraßen mit ebenso geringer Wahrscheinlichkeit Mäuse wie Angehörige der eigenen Art. Für alle Ratten jedoch galt, daß sie kaum Ratten der eigenen Art fressen würden. Dies bedeutet entweder, daß erwachsene Ratten genetisch programmiert sind, das Fressen von Artgenossen zu vermeiden, oder – was wahrscheinlicher erscheint – daß ihr Erleben des eigenen Körpers hinreicht, um eine Aversion gegen das Fressen von Artgenossen hervorzurufen. Auf jeden Fall ist die Aufzucht neben einem Tier einer anderen Art ebenfalls hinreichend, um eine Ratte davon abzuhalten, Angehörige dieser Art zu verzehren (Carr et al., 1983).

Es ist nicht bekannt, ob ähnliche Mechanismen dafür verantwortlich sind, daß Menschen Kannibalismus vermeiden. Aber sicherlich lassen sich aus den von Carr erhobenen Daten einige Vermutungen ableiten, wie das Verzehren von Artgenossen gesteuert sein könnte.

Auch ein sozialer Einfluß auf das Geschmacksaversionslernen wurde bei Ratten gezeigt. Die Interaktion mit einer anderen Ratte, die ein bestimmtes Futter nicht ablehnt, nicht jedoch das einfache Vorsetzen dieses Futters, wird die Geschmacksaversion einer Ratte gegenüber dem Futter verringern (Galef, 1985). Zusätzlich kann eine Ratte eine Geschmacksaversion erwerben, wenn sie etwas frißt und dann mit einer kranken Ratte in Kontakt gebracht wird (Lavin, Freise & Coombes, 1980; Revusky, Coombes & Pohl, 1980). Schließlich können säugende und nicht säugende erwachsene weibliche Ratten, die schon einmal Junge geworfen haben (aber keine weiblichen Ratten, die noch keine Jungen hatten und keine männlichen Ratten), eine Aversion gegen einen neuartigen Geschmack erlernen, wenn sie nach dem Fressen von Futter mit diesem Geschmack auf kranke Rattenjunge treffen. Vermutlich ist dieses Lernverhalten für Mutterratten adaptiv, aber nicht für andere Ratten, da es den Mutterratten hilft, Nahrung zu meiden, die ihre Jungen krank macht. Wie bei so vielen anderen sozialen Einwirkungen auf Nahrungsmittelpräferenzen bei Ratten (aber nicht beim Menschen, siehe unten) scheint auch hier ein olfaktorischer Hinweis (in diesem Falle übertragen von der kranken Ratte auf die Beobachterratte) der Mechanismus zu sein, durch den Ratten Futteraversionen erwerben, nachdem sie mit kranken Ratten Kontakt hatten (Gemberling, 1984).

Beim Menschen. Sibylle K. Escalona (1945) war eine der ersten, die Beobachtungen über die soziale Übertragung von Nahrungsmittelpräferenzen und -aversionen beim Menschen aufzeichneten. Als Psychologin in der Besserungsanstalt für Frauen in Massachusetts während der vierziger Jahre hatte sie Gelegenheit, die Insassen und einige ihrer Kinder zu beobachten. Damals durften Frauen, die in dieser Einrichtung eingesperrt wurden, oft ihre Kinder unter drei Jahren in der Kindertagesstätte des Gefängnisses behalten. Die Kinder lebten in der Kindertagesstätte, und ihre Mütter konnten sie oft besuchen und sich um sie kümmern. Sowohl andere Insassen als auch Angestellte der Besserungsanstalt sorgten für die Kinder. Die Kindertagesstätte beherbergte 50 bis 60 Kinder. Ungefähr 70 Prozent der Kinder waren jünger als ein Jahr.

Bei vielen Gelegenheiten beobachtete Escalona, wie sie meinte, Beispiele für die unbewußte Einflußnahme der Betreuer auf die Nahrungsmittelpräferenzen der Kinder. Im folgenden wird eine detailliertere Beschreibung eines solchen Falles wiedergegeben:

6. Umweltbeiträge zu Nahrungsmittelpräferenzen

Wir wurden zufällig darauf aufmerksam, daß viele der Babys unter vier Monaten dauerhafte Abneigung gegenüber entweder Orangen- oder Tomatensaft zeigten. (Diese Säfte wurden an aufeinanderfolgenden Tagen abwechselnd mit gleicher Häufigkeit angeboten.) Die Anzahl der Kinder, die den einen oder den anderen Saft bevorzugten, war annähernd gleich. Außerdem schienen sich solche Präferenzen auch zu verändern, und gelegentlich kehrte ein Baby, das Orangensaft drei Wochen lang abgelehnt hatte, innerhalb von zwei oder drei Tagen seine Präferenz um, akzeptierte von da an Orangensaft und lehnte Tomatensaft ab. Eine Nachprüfung ergab, daß in den Fällen, wo ein plötzlicher Wechsel in der Präferenz erfolgt war, das Füttern des Babys einer anderen Person übertragen worden war. Als nächstes bestimmten wir die diesbezügliche Präferenz der Studenten, die diese Babys versorgten, jedoch auf eine solche Weise, daß sie nicht wissen konnten, warum sie das gefragt wurden; tatsächlich wurden sie nicht gewahr, dies überhaupt gefragt worden zu sein. In den 15 Fällen, die wir auf diese Weise untersuchen konnten, hatte die Studentin, die für das Baby verantwortlich war, die gleiche Präferenz, oder besser die gleiche Abneigung, wie sie das Baby gezeigt hatte. Es stellte sich heraus, daß Babys mit einer Aversion gegen Tomatensaft von solchen Erwachsenen gefüttert wurden, die ebenfalls eine starke Abneigung gegen Tomatensaft äußerten. In drei Fällen konnten wir die Tatsache beweisen, daß ein Baby, dessen Präferenz sich umgekehrt hatte, einer anderen Studentin zugewiesen worden war, die die Abneigung besaß, die das Baby auf den Personalwechsel hin erworben hatte (Escalona, 1945).

Dies sind ernüchternde Beobachtungen. Es könnte sein, daß auch Eltern die Nahrungsmittelpräferenzen ihrer Kinder beeinflussen, ohne dessen gewahr zu werden.

Aber über welchen Mechanismus erfolgt dieser Einfluß? Eine Möglichkeit bezieht sich auf die Akzeptanz- und Ablehnungsreaktionen (Reflexe), die viele Arten (einschließlich des Menschen) zeigen (siehe Kapitel 5). Diese Reaktionen sind zum Zeitpunkt der Geburt vorhanden (Steiner, 1977). Zudem sind Babys offenbar schon 36 Stunden nach der Geburt in der Lage, den Gesichtsausdruck von Erwachsenen zu imitieren (Field et al., 1982). Es wäre denkbar, daß Erwachsene, die kleine Kinder füttern, in Abhängigkeit von ihren eigenen Präferenzen bezüglich der gefütterten Nahrung in ihrem Gesicht bewußt oder unbewußt einen Ausdruck von Akzeptanz oder Ablehnung zeigen, und die Kinder diesen Ausdruck dann imitieren und entsprechend mehr oder weniger davon essen. Dies könnte erklären, warum Menschen, die Kinder füttern, ständig mit singender Stimme sagen: „Mund auf!", während sie gleichzeitig ihren eigenen Mund öffnen und einen Löffel

Babynahrung zum Mund des Kindes richten. Ein solcher Mechanismus wäre automatisch, ohne es erforderlich zu machen, daß das Kind Erfahrung mit der Nahrung hat. Einzige Bedingung wäre, daß das Kind mit jemandem in Kontakt gekommen ist, der Erfahrung mit der Nahrung hatte.

Birch hat gezeigt, daß sich die Bevorzugung eines Nahrungsmittels durch ein Kind erhöht, wenn es wiederholt von einem Erwachsenen damit gefüttert wird, der dabei sehr nett zu dem Kind ist. Es ist zu beachten, daß der Erwachsene für das Essen der Speise nicht besonders zu loben braucht; er schafft nur einen allgemeinen positiven sozialen Kontext. Das Kind einfach nur besser vertraut zu machen mit dem Nahrungsmittel ist kein gleichermaßen wirksamer Weg, um die Bevorzugung dieses Nahrungsmittels zu erhöhen (Birch, 1981; 1987).

In einem anderen Experiment ließ Birch (1980; 1987) bestimmte Vorschulkinder (die Zielgruppe) mehrfach mit anderen Kindern Mittag essen. Alle Kinder waren zwischen drei und fünf Jahren alt. Eines der vier Kinder in jeder Gruppe gehörte zur Zielgruppe. Erwachsene kamen mit Tabletts vorbei und baten die Kinder, zwischen einem Gemüse zu wählen, welches in Vortests nur das Kind der Zielgruppe bevorzugt hatte, und einem anderen, welches in Vortests nur die übrigen drei Kinder am Tisch präferiert hatten. An den vier Tagen des Experiments wurden jeweils dieselben zwei Gemüsesorten serviert. Am ersten Tag wählte das Zielkind zuerst, an den darauffolgenden drei Tagen die anderen drei Kinder der Gruppe. Die Kinder der Zielgruppe wählten das ursprünglich nicht präferierte Gemüse während der letzten Tage des Experiments nicht nur häufiger, sie berichteten auch eine erhöhte Präferenz dieses Gemüses. Diese Effekte waren für die jüngeren Kinder stärker.

Lawrence V. Harper und Karen M. Sanders (1975) zeigten, daß kleine Kinder im Alter von 14 bis 20 und 42 bis 48 Monaten ein unbekanntes Essen eher kosteten, wenn ein anwesender Erwachsener dies ebenfalls tat. Dieser Effekt war stärker, wenn es sich bei dem Erwachsenen um die Mutter handelte als bei einem freundlichen Besucher. Auch dieser Effekt war in der Tendenz für die kleineren Kinder stärker.

Die oben gegebenen Beispiele beschäftigen sich alle mit der sozialen Übertragung von Nahrungsmittelpräferenzen beim Menschen. Es gibt einige Belege dafür, daß auch Nahrungsmittelaversionen durch Beobachtungslernen übertragen werden können. In der Studie von Logue und ihren Kollegen (1981) über Nahrungsmittelabneigungen bei College-Studenten berichteten mehrere Versuchspersonen darüber, Geschmacksaversionen erworben zu haben, nachdem sie jemand anderen diese Speise hatten essen sehen und derjenige dann krank wirkte. Eine Versuchsperson zum Beispiel sah ihren Bruder Babybrei essen und anschließend ausspeien und entwickelte daraufhin eine Abneigung gegenüber Babybrei.

Indirekter Kontakt zwischen Organismen

Wie weiter oben dargestellt, gibt es starke Hinweise darauf, daß der direkte Kontakt mit anderen Organismen zu einer Veränderung von Nahrungsmittelpräferenzen führen kann, sowohl beim Menschen als auch bei Tieren. Jedoch auch der *indirekte* Kontakt mit anderen Organismen kann Nahrungsmittelpräferenzen modifizieren. In diesen Fällen werden Nahrungsmittelpräferenzen durch schriftliche oder mündliche Beschreibungen von bestimmten Speisen und dem Essen dieser Speisen beeinflußt, wie zum Beispiel Beschreibungen in der Fernsehwerbung. Alle hier vorgestellten Daten beziehen sich auf menschliche Versuchspersonen, da Menschen die einzigen Organismen sind, die auf gedruckte und elektronisch gespeicherte Informationen zurückgreifen. Dennoch könnten ähnliche Einflüsse auch bei anderen Arten wirksam sein, in den Fällen, wo ein Organismus die Umgebung in einer Weise verändert, die später die Lebensmittelpräferenzen anderer Organismen modifiziert.

Fernsehwerbung. Eines der deutlichsten Beispiele für die indirekte Einflußnahme auf die Nahrungsmittelpräferenzen anderer stellt die Fernsehwerbung dar. Der größte Teil der Forschung auf diesem Gebiet hat sich mit den Auswirkungen der Fernsehwerbung auf Kinder beschäftigt. In vielen Untersuchungen wurde gezeigt, daß die Kinder in den Vereinigten Staaten mehr Zeit mit Fernsehen verbringen als bei jeder anderen Aktivität (Huston, Watkins & Kunkel, 1989). Die amerikanischen Kinder sehen im Durchschnitt ungefähr 22 000 Werbespots pro Jahr; und mehr als 50 Prozent davon werben für Nahrungsmittel, die einen geringen Ernährungswert haben (Jeffrey et al., 1980a). Eine gute Ernährung jedoch ist entscheidend für die Gesundheit; wenn diese Werbung also das Verhalten der Kinder beeinflußt, so könnte sie der Gesundheit der Kinder ernsthaften Schaden zufügen.

Mehrere Experimente haben gezeigt, daß Kinder eine größere Präferenz für Nahrungsmittel mit geringem Ernährungswert berichten, wenn man ihnen Werbespots für solche Nahrungsmittel zeigt. Sie äußerten auch eine höhere Bereitschaft, diese Produkte zu kaufen oder zu essen (Galst & White, 1976; Goldberg, Gorn & Gibson, 1978). Auf der anderen Seite gibt es Berichte darüber, daß Werbespots, die ernährungsbezogene Informationen enthalten, keinen Einfluß auf die Präferenz nährstoffreicher Nahrungsmittel haben. In gewissem Grade könnten diese abweichenden Ergebnisse auf die größere Menge an Mühe und Geld zurückzuführen sein, die in die Produktion von Werbesendungen für Lebensmittel mit geringem Ernährungswert gesteckt wird, im Vergleich zu Werbung, die Informationen über Ernährung vermittelt (Jeffrey et al., 1980a; Jeffrey, McLellarn & Fox, 1982; Jeffrey et al., 1980b). Die Schlußfolgerungen aus dieser Forschung sind alarmierend. Die meisten Werbespots, die Kinder sehen, scheinen die Kinder zu lehren, Lebensmittel mit geringem Wert für die Ernährung zu bevorzugen.

Andere kulturelle Einflüsse. Es gibt gibt sehr viele Belege für den Einfluß „kultureller" Faktoren auf Nahrungsmittelpräferenzen. Aber ein großer Teil dieser Hinweise ist weitgehend nichtexperimenteller Art. Trotzdem sollen einige Argumente, die in dieser Literatur vorgebracht werden, hier erwähnt werden.

Die Kultur kann die Arten von Substanzen, die man als geeignet zum Essen betrachtet, beeinflussen (siehe auch Kapitel 14). Beispielsweise wurde in Kapitel 5 dargelegt, daß Menschen lieber salzige Nahrungsmittel essen, wenn sie von einem Nahrungsmittel erwarten, daß es salzig sein müßte. In ähnlicher Weise lernen Menschen durch ihre Kultur, bei welcher Temperatur und zu welcher Tageszeit ein Essen gewöhlich serviert wird und auch wieviel Fett es normalerweise enthält. Nahrungsmittel mit diesen Merkmalen werden dann bevorzugt (Birch, Billman & Richards, 1984; Tuorila, 1987; Zellner et al.,

1988). Einige der in diesem Kapitel beschriebenen Mechanismen, wie der bloße Kontakt mit bestimmten Speisen und das Beobachtungslernen, können dazu herangezogen werden, im einzelnen genauer zu erklären, wie solche Präferenzen innerhalb einer Kultur übertragen werden.

Auch in mündlicher oder schriftlicher Form übermittelte Informationen über die gesundheitlichen Vorteile verschiedener Lebensmittel scheinen zu beeinflussen, welche Nahrungsmittel gegessen werden. In Amerika hat zum Beispiel der Konsum von Eiern und anderen stark cholesterinhaltigen Lebensmitteln nachgelassen, seit die mit einer stark cholesterinhaltigen Ernährung verbundenen Gesundheitsprobleme in die öffentliche Diskussion kamen (Brody, 1981). Aber aus Gesundheitsgründen erfolgende Veränderungen in der Menge, die gegessen wird, bedeuten nicht unbedingt, daß sich die Vorliebe für ein Nahrungsmittel verändert hätte. Eine Person mag den Genuß von Steaks einschränken, um die Aufnahme von Cholesterin einzuschränken; sollte jedoch durch neue Untersuchungen bewiesen werden, daß das in der Nahrung enthaltene Cholesterin nichts mit dem Cholesterin im Körper zu tun hat, so wird sie höchstwahrscheinlich wieder mehr Steaks essen.

Zu den kulturellen Einflüssen gehören auch die Auswirkungen der sozialen Klassenzugehörigkeit auf Nahrungsmittelpräferenzen. Dem Vernehmen nach ißt man häufiger solche Nahrungsmittel, die von Angehörigen der sozialen Schicht, zu der man gern gehören möchte, gegessen werden (Krondl & Lau, 1982). Ein vielleicht besserer und mit den in diesem Kapitel bereits vorgestellten Befunden besser übereinstimmender Weg, diesen Effekt zu beschreiben, wäre die Aussage, daß jemand dazu tendiert, solche Nahrungsmittel zu essen, die von den Menschen gegessen werden, die über viele Verstärker dieser Person Kontrolle haben. So essen Kinder eher das, was ihre Eltern und andere Erwachsene essen; und Menschen mit geringem Einkommen mögen dahin tendieren zu essen, was Leute mit höherem Einkommen essen. Dieses Prinzip mag dazu beitragen, die Anziehungskraft des Weißbrotes zu erklären. Obwohl es von geringerem Wert für die Ernährung ist als Vollkornbrot, war weißes Brot bis vor kurzem noch teurer in der Herstellung und daher für Leute mit höherem Einkommen eher verfügbar.

Viele Religionen haben Regeln dafür, was gegessen werden darf und was nicht; und diese Regeln können durchaus mit den Nahrungsmittelpräferenzen der Mitglieder dieser Religionsgemeinschaft übereinstimmen. Viele an koscheres Essen gewöhnte Juden zum Beispiel mögen den Geschmack von Schweinefleisch nicht, wenn sie es zufällig essen sollten (Rozin & Fallon, 1980). Es wäre jedoch falsch zu sagen, daß das Judentum eine Abneigung gegen Schweinefleisch bewirkt. Jüdisch erzogene Menschen mögen eine geringere Präferenz von Schweinefleisch als christlich erzogene Menschen haben; diese Differenz dürfte aber auf andere Mitglieder der jeweiligen Religionsgemeinschaft zurückzuführen sein, die die oben beschriebenen Formen direkten und indirekten Einflusses ausüben. Kapitel 14 beschreibt im einzelnen, wie religiöse Regeln für die Nahrungsaufnahme aus Gründen des Überlebens entstanden sein können.

Eine Klassifikation menschlicher Nahrungsmittelaversionen

Krankheitsinduzierte Abneigungen gegen bestimmte Nahrungsmittel sind zwar sehr verbreitet, es gibt aber auch viele andere Typen von Nahrungsmittelaversionen (Silva & Rachman, 1987; Rozin, 1986). Ein Großteil der Untersuchungen zu Nahrungsmittelvorlieben und -abneigungen sowie zur Klassifikation von Nahrungsmitteln versus Nicht-Nahrungsmittel haben Paul Rozin und April E. Fallon in ihrer Klassifikation von vier Typen der Nahrungsmittelaversion beim Menschen zusammengefaßt. Nahrungsmittel werden abgelehnt, weil sie nicht schmecken, ekelerregend, für die Ernährung nicht geeignet oder gefährlich sind (siehe Tabelle 6.1; Fallon & Rozin, 1983; Fallon, Rozin & Pliner, 1984; Rozin & Fallon, 1980, 1987; Rozin, Fallon & Mandell, 1984). Einige dieser Aversionen sind anscheinend durch direkten und/oder indirekten Kontakt mit anderen Menschen bestimmt, andere Aversionen sind die Folge der Konsequenzen des Kontaktes mit der Nahrung.

Unangenehm schmeckende Nahrungsmittel sind solche, die die meisten Menschen ohne Vorbehalte essen würden, wenn der Eigenge-

6. Umweltbeiträge zu Nahrungsmittelpräferenzen

Tabelle 6.1 Klassifikation menschlicher Nahrungsaversionen

Typ aversiver Nahrung	Beschreibung	Beispiel	Mögliche Entstehung
unangenehm schmeckend	keine Abneigung, wenn sie nicht geschmeckt wird	warme Milch	genetisch begründete Geschmacksaversion, oder nach dem Essen dieser Nahrung ist eine Magen-Darm-Erkrankung aufgetreten
ekelerregend	Abneigung, selbst wenn sie nicht oder in sehr kleinen Mengen geschmeckt wird; mit ekelhafter Nahrung gekoppelte Stoffe werden ebenfalls ekelerregend (d.h., eine Verschmelzung erfolgt)	Urin	direkter oder indirekter Kontakt mit anderen Menschen, die diese Nahrung als ekelerregend betrachten, oder Ähnlichkeit zu anderen ekelerregenden Nahrungsmitteln
ungeeignet	nicht als Nahrung betrachtet	Baumrinde	Genetisch begründete Geschmacksaversion oder direkte Erfahrung mit der Nahrung, oder Informationen von anderen Menschen weisen darauf hin, daß diese Nahrung nicht gegessen und/oder verdaut werden kann.
gefährlich	könnte physischen Schaden verursachen, wenn sie gegessen würde	giftige Pilze	Nach dem Essen der Nahrung trat schon einmal eine nicht den Darmtrakt betreffende Erkrankung auf, oder es wird davon berichtet.

schmack durch Zucker überdeckt würde oder wenn sie erst im nachhinein feststellen würden, was sie gegessen haben. *Ekelerregende Nahrungsmittel* sind solche, die die meisten Menschen niemals in ihrem Essen oder in ihrem Magen haben möchten, wie immer sie auch versteckt oder wie klein die Mengen auch sein mögen. *Ungeeignete Nahrungsmittel* sind solche Stoffe, die nicht als eßbar betrachtet werden. Und *gefährliche Nahrungsmittel* sind solche, die körperlichen Schaden verursachen könnten, wenn sie gegessen würden. Beispiele für die vier Kategorien sind warme Milch, Urin, Baumrinde beziehungsweise giftige Pilze. Nahrungsmittel können aufgrund genetisch bedingter Reaktionen auf ihren Geschmack als unangenehm schmeckend oder ungeeignet betrachtet werden. Als unangenehm schmeckend, ungeeignet oder gefährlich können Nahrungsmittel auch aufgrund eines direkten Kontaktes mit ihnen eingestuft werden. Aber ekelerregend sind Nahrungsmittel zum großen Teil aufgrund des direkten oder indirekten Erlebens von Reaktionen anderer Menschen auf diese Lebensmittel. Wenn beispielsweise Kinder älter werden und eine größere Erfahrung mit den Reaktionen der Erwachsenen auf potentielle Nahrungsmittel wie Insekten, die von Erwachsenen oft als ekelhaft behandelt werden, erwerben, so behandeln sie diese potentiellen „Lebensmittel" selbst als ekelerregend (Rozin, Fallon & Augustoni-Ziskind, 1985, 1986; Rozin et al., 1986). Nahrungsmittel können auch als eklig klassifiziert werden, weil sie mit etwas Ekelerregendem in Kontakt gekommen sind, oder weil ihre Erscheinung etwas Ekelerregendem ähnelt. Zum Beispiel ist ein Milchshake ekelerregend, in dem einmal eine Küchenschabe schwamm (auch wenn sie das nicht mehr tut) oder Zuckerwerk, das wie Hundekot geformt wurde. Diese zwei Wege, auf denen Nahrung ekelerregend werden kann, mögen Beispiele für das *Kontiguitätsprinzip* und das *Similaritätsprinzip* der traditionellen *Assoziationstheorie* sein, die vor über 200 Jahren erklärt wurden. Diesen Prinzipien zufolge neigen wir dazu, Reize miteinander zu assoziieren, die in zeitlichem Zusammenhang vorkamen oder die einander ähnlich sind (Nemeroff & Rozin, 1987; Rozin, Millman & Nemeroff, 1986).

Marcia L. Pelchat und Paul Rozin (1982; Pelchat et al., 1983) haben außerdem darauf hingewiesen, daß Geschmacksaversionslernen, bei dem der Geschmack eines Nahrungsmittels mit einer Magen-Darm-Erkrankung gekoppelt ist (hauptsächlich Übelkeit), gewöhnlich dazu führt, daß dieses Nahrungsmittel unangenehm schmeckt. Die Kopplung von Nahrungsaufnahme mit einer anderen Art von Erkrankung wie zum Beispiel Atemnot (wie bei einer allergischen Reaktion) wird hingegen bewirken, daß das Nahrungsmittel als gefährlich angesehen wird, nicht jedoch als übelschmeckend. Folgt auf die Nahrungsaufnahme eine gastrointestinale Erkrankung, möchte die betroffene Person das Nahrungsmittel unter keinen Umständen noch einmal essen.

6. Umweltbeiträge zu Nahrungsmittelpräferenzen

Folgt der Nahrungsaufnahme dagegen ein anderer Krankheitstyp, so würde sie es gern noch einmal essen, wenn sie nur eine Wunderpille hätte, die das Auftreten der Krankheit verhindert. Pelchat und Rozins Befunde stützen die bereits dargestellten Thesen, daß Geschmacksaversionslernen zu einer tatsächlichen Veränderung des hedonischen Wertes (des Mögens) des Nahrungsmittels führt, während eine Veränderung der Ernährungsweise aus gesundheitlichen Gründen nicht unbedingt von einer Veränderung des hedonischen Wertes des Lebensmittels begleitet sein muß.

Fazit

Nahrungsmittelpräferenzen können durch Erfahrung verändert werden, sowohl durch ernährungsbezogene Erfahrung als auch durch die sozialen Konsequenzen von Nahrungsaufnahme. Auch Modellernen, bei dem ein Organismus andere Organismen imitiert, kann Nahrungsmittelpräferenzen beeinflussen. Die Nahrungsmittelpräferenzen der Kinder scheinen sowohl beim Menschen als auch bei verschiedenen Tierarten besonders empfindlich für soziale Interaktionen zu sein.

Es kann nun versucht werden, Erklärungen für die Probleme, die sich am Anfang der vorhergehenden Kapitels gestellt haben, zu finden. Einige dieser Probleme, namentlich die mit dem Lebensalter abnehmende Vorliebe für Milch und die extremen Präferenzen süßer und salziger Lebensmittel, haben wahrscheinlich eine starke genetische Komponente. Für die meisten Menschen (bezogen auf die Weltbevölkerung) wird Milch unverdaulich, wenn sie älter als drei Jahre sind, und eine Bevorzugung süßer und salziger Nahrungsmittel scheint beim Menschen genetisch determiniert zu sein. Und dennoch kann das Ausmaß, in dem jemand Süßes, Salziges oder Milch präferiert, durch Erfahrung modifiziert werden. Die erworbene Abneigung gegen heiße Würstchen, wenn man einmal nach dem Essen von heißen Würstchen krank wurde, hat eine starke Umweltkomponente. Organismen assoziieren Nahrungsaufnahme mit darauffolgender Übelkeit, was dazu führt, daß sie dieses Nahrungsmittel weniger essen werden. Schließlich kann die Abneigung eines Kindes gegen Gemüse von einer Vielzahl unterschiedlicher Faktoren herrühren. Für manche Menschen mag Gemüse bitter schmecken, weil sie eine genetisch begründete Empfindlichkeit gegenüber bestimmten chemischen Stoffen haben. Außerdem enthalten Gemüse, wenn man sie allein ißt, wenig Salz und Zucker, welche beide aufgrund unserer Veranlagung präferiert werden, und wenig Fett, welches wir aufgrund seiner hohen Kalorienkonzentration zu bevorzugen lernen. Schließlich, wie die Forschung von Birch gezeigt hat, können Kinder es auch durch die Beobachtung anderer lernen, bestimmte Gemüse vorzuziehen.

Daher wäre es wahrscheinlich leichter, beispielsweise die Abneigung gegen Würstchen zu verändern als die Aversion gegen Milch oder die Präferenz des Süßen. Im Falle der Würstchen weisen Forschungsergebnisse darauf hin, daß die Präferenz wahrscheinlich erhöht werden kann, wenn das Nahrungsmittel wiederholt mit wohlschmeckender Sauce, unter angenehmen Umständen oder in Begleitung anderer, die heiße Würstchen offensichtlich mögen, gegessen wird. Nach und nach kann die Menge an Sauce verringert werden.

In einem hohen Grade spiegeln die Wege, auf denen Nahrungsmittelpräferenzen und -abneigungen entstehen und sich verändern, unser Evolutionserbe wider. Wir haben uns in einer Umwelt entwickelt, in der Kalorien und Salz selten waren und nährstoffreiche, ungiftige Nahrungsquellen herausgefunden werden mußten. Diese Umgebung existiert nicht mehr, aber unsere Bevorzugung salziger, kalorienreicher Nahrungsmittel und unsere Ablehnung gegen mit Krankheiten assoziierte Nahrungsmittel bestehen weiter. Dieses Erbe unserer Vergangenheit kann ernste Probleme verursachen, wie in Kapitel 10 erörtert werden wird.

Dieses Kapitel und das davor haben sich mit Nahrungsmittelpräferenzen beschäftigt, die Organismen zeigen, wenn sie unter gleichermaßen verfügbaren Nahrungsmitteln wählen können. Die Auswirkungen der Verfügbarkeit auf die Wahl sind der Gegenstand des folgenden Kapitels, in dem Material über das normale Verhalten bei der Auswahl von Nahrungsmitteln und Getränken dargestellt wird.

7
Auswahl

Die vorhergehenden zwei Kapitel suchten nach Erklärungen für die Bevorzugungen und Ablehnungen, die Tiere und Menschen zeigen, wenn sie aus der Vielzahl leicht verfügbarer Nahrungsmittel auswählen können. Nahrungsmittel sind jedoch nicht immer leicht und gleichermaßen verfügbar. Manchmal kann es aufgrund der erforderlichen Menge an Geld oder an Arbeit schwieriger sein, ein bestimmtes Lebensmittel zu beschaffen. Die Wahl zwischen verschiedenen Nahrungsmitteln wird nicht nur von der Präferenz der dem Nahrungsmittel zugehörigen Eigenschaften bestimmt, sondern auch von Preis und Verfügbarkeit dieser Nahrungsmittel (Sunday, Sanders & Collier, 1983).

Diese zwei Aspekte der Lebensmittelauswahl – Präferenz aufgrund der jeweiligen Eigenschaften bei leicht verfügbaren Lebensmitteln und die von Kosten und Verfügbarkeit beeinflußte Präferenz – sind der durch Psychologen vorgenommenen Unterscheidung von Lernen und Motivation vergleichbar. Lernen betrifft den Erwerb von Wissen über die Welt, und Motivation betrifft die Frage, ob auf der Grundlage dieses Wissens gehandelt wird oder nicht (Brown & Herrnstein, 1975). Die Ausführung einer Reaktion zur Beschaffung eines bestimmten Nahrungsmittels hängt davon ab, wie müde der Organismus ist, welche Anstrengungen zum Ausführen der Reaktion erforderlich sind, welche anderen Aktivitäten zur Auswahl stehen und so weiter. Jemand mag bereitwillig Gummibärchen konsumieren, wenn er sie umsonst und ohne Anstrengung erhält. Müßte die Person jedoch 10 000mal auf einen Knopf drücken, um sie zu erhalten, so könnte es gut sein, daß sie den Knopf gar nicht beachtet. Gäbe es nur noch ein einziges Gummibärchen auf der Welt, und es befände sich auf der Spitze des Mount Everest, so hätte der Einfluß des Ortes auf die Möglichkeit, es zu bekommen, einen motivationalen Effekt.

Evolution und Auswahl

Die Vorliebe für Süßes und Salziges wie auch die Tendenz, Abneigungen gegenüber Geschmacksrichtungen (im Gegensatz zu optischen Reizen) zu entwickeln, in deren Folge Magen-Darm-Erkrankungen auftraten, illustrieren einige der Wege, auf denen vermutlich Gene für den Ursprung von Präferenzen und Aversionen eine Rolle spielen (siehe Kapitel 5 und 6). Wenn die Evolution das einem Organismus innewohnende Verlangen nach bestimmten Nahrungsmitteln beeinflußt und auch die Art und Weise, in der die Nahrungsmittelpräferenzen des Organismus verändert werden können, dann kann sie vielleicht auch die Art und Weise beeinflussen, in der Nahrungspräferenzen zum Ausdruck gebracht werden, das heißt in welcher Weise Organismen ihr Verhalten darauf ausrichten, Nahrung zu beschaffen. Idealerweise müßten Organismen ihre Aktivitäten in einer Weise verteilen, die ihre Gesamttauglichkeit erhöht (Barash, 1977; Hamilton, 1964a, 1964b; Maynard Smith, 1978). Die meisten Forscher glauben, daß die Evolution die Tiere mit Strategien ausgestattet hat, die es ihnen erlauben, zwischen verschiedenen Nahrungsquellen so auszuwählen, daß sie eine optimale Menge an Nahrung erhalten (Collier, 1981; Herrnstein & Vaughan, 1980; Kamil & Sargent, 1981; Maynard Smith, 1984; Pyke, Pulliam & Charnov, 1977; Rachlin et al., 1981; Skinner, 1984; Staddon, 1980). Dabei bleiben jedoch drei Fragen unbeantwortet. Welche Strategien werden von Tieren tatsächlich genutzt, um ihre Nahrungsbeschaffung zu optimieren; in welchem Grade wird die Beschaffung von Futter durch die Strategien tatsächlich maximiert; und in welchem Ausmaß folgen Organismen diesen Strategien?

Die zwei Modelle der Nahrungsauswahl, die die weitestreichende Anerkennung gefunden haben – Herrnsteins Angleichungsgesetz und die Theorie der optimalen Nahrungssuche – haben beide versucht, diese Fragen zu beantworten, aber aus verschiedenen Perspektiven. Beide Modelle sind so angelegt, daß man aus ihnen spezifische, quantitative Vorhersagen darüber ableiten kann, welche Nahrungsauswahl bei vorgegebenen Wahlmöglichkeiten getroffen wird. Jedes Modell enthält zu diesem Zweck mathematische Formeln. Zur Einführung in die sehr differenzierten Modelle werden unten vereinfachte Versionen ihrer Formeln angegeben.

7. Auswahl

Das Theorem der Wahrscheinlichkeitsangleichung

Herrnsteins Angleichungstheorem geht von der Voraussetzung aus, daß Organismen sich einigen komplexen Nahrungs-Auswahl-Situationen gegenübersehen.

Auswahlsituation 1. Nehmen wir einmal an, ein hinterwäldlerischer Jäger hat bis zum Tag vor Thanksgiving (in den USA Ende November begangenes Erntedankfest, zu dem traditionell Truthahn gegessen wird) gewartet, um die zehn wilden Truthähne zu schießen, die für das Festessen der Familie benötigt werden. (Es ist eine große Familie mit starkem Appetit.) Nehmen wir weiterhin an, daß der Jäger weiß, daß sein Obstgarten im Durchschnitt pro Stunde und das angrenzende Feld durchschnittlich zweimal stündlich von einem Truthahn aufgesucht wird. Schließlich nehmen wir außerdem an, daß ein Truthahn, der einmal den Obstgarten oder das Feld betreten hat, dort bleiben wird, solange er ungestört ist, und daß sich ihm aufgrund der Revieransprüche zwischen den Truthähnen kein anderer Truthahn beigesellen wird.

Die Frage ist, wie der Jäger seine Zeit zwischen Obstgarten und Feld aufteilen müßte, um seine Abschußrate zu maximieren. Zu Beginn des Jagdtages sollte er zum Feld gehen, da dorthin häufiger Truthähne kommen. Hat er jedoch eine Stunde auf dem Feld verbracht und jeden dort auftauchenden Truthahn erbeutet, so sollte er zum Obstgarten gehen, da dort wahrscheinlich ein Truthahn sein wird. Hat er dann eine halbe Stunde im Obstgarten verbracht und jeden Truthahn geschossen, der zu schießen war, so sollte er zum Feld zurückkehren, wo wahrscheinlich schon ein anderer Truthahn angekommen ist.

Es gibt viele verschiedene Auswahl-Situationen mit vielen Variablen. Richard J. Herrnstein zufolge sind Organismen nicht in der Lage, in jeder möglichen Auswahl-Situation vollkommen zu maximieren. Statt dessen nimmt Herrnstein an, daß viele Tierarten einer Strategie folgen, die ihren Erfolg bei der Futterbeschaffung häufig, aber nicht immer maximiert. Diese Strategie wird *Herrnsteinsches Angleichungsgesetz* genannt (Herrnstein, 1961, 1970).

Dieses Gesetz postuliert, daß Organismen ihre Nahrungsauswahl im Durchschnitt proportional zur jeweils verfügbaren Nahrung verteilen. Dies bedeutet, daß sie ihre Auswahl der Verteilung dieser Nahrungsmittel „angleichen" (das heißt, den Belohnungen, den *Verstärkern*). Demnach müßte der Jäger laut Angleichungsgesetz zweimal so viel Zeit im Feld wie im Obstgarten verbringen, da auf dem Feld zwei mal so viele Truthähne ankommen wie im Obstgarten. Für diese Kombination von Umständen käme das durch das Angleichungsgesetz vorhergesagte Verhalten einer Maximierungsstrategie gleich.

Wissenschaftler haben das Angleichungsgesetz geprüft, indem sie die Verteilung von Verstärkern variierten und beobachteten, ob die Versuchstiere ihre Auswahl-Verteilung der Verstärker-Verteilung anpaßten (also ob sie die Proportionen beibehielten). Diese Experimente wurden unter Nutzung sehr verschiedener Arten, wie Ratten und Tauben, und mit Versuchspersonen durchgeführt. Es wurden sehr unterschiedliche Arten von Verstärkung verwendet, wie Laborratten-Futter, Körner und Snacks. Die Forscher fanden heraus, daß das Verhalten allgemein in einer Vielzahl von Nahrungs-Auswahl-Situationen gut mit dem Angleichungsgesetz übereinstimmte (Buskist, Bennett & Miller, 1981; Davison & McCarthy, 1988; Villiers, 1977; Williams, 1988). Selbst das Futter-Wahl-Verhalten eines Schwarms wilder Tauben konnte mit dem Angleichungsgesetz gut beschrieben werden (Baum, 1974).

Selbstkontrolle

Ein anderer Typ von Wahlsituation, bei dem zwischen Verstärkern verschiedener Größen und in unterschiedlichem zeitlichem Abstand gewählt wird, wurde ebenfalls mit dem Angleichungsgesetz untersucht.

Man betrachte das folgende Beispiel:

Auswahlsituation 2A. Angenommen, eine Mutter sagt ihrem Kind an einem Dienstag abend, daß es drei Kekse zum Nachtisch haben darf, wenn es sein Gemüse zum Abendbrot aufißt. Das Kind ißt sein Gemüse, aber dann stellt die Mutter fest, daß nur ein Keks in der Keksbüchse ist. (Der Vater ißt immer heimlich die Kekse aus der Keksbüchse und läßt dabei immer einen übrig, weil er glaubt, auf diese Weise würde niemand bemerken, was er getan hat.) Da die Mutter glaubt, daß es wichtig ist, den Kindern gegebene Versprechen einzuhalten, und weil sie sich unwohl

7. Auswahl

dabei fühlt, die Kekse nicht sofort verfügbar zu haben, sagt sie dem Kind, es könne zwischen zwei Varianten wählen. Es könne entweder innerhalb der nächsten Stunde einen Keks bekommen oder aber bis zum nächsten Tag warten und, wenn sie einkaufen geht, bringt sie ihm drei Kekse als Nachtisch zum Abendbrot des nächsten Tages mit. Aber es kann nicht beides haben.

Das Angleichungsgesetz sagt für diesen Fall folgendes voraus (Ainslie & Herrnstein, 1981): Wenn man dem Kind diese Wahl viele Male läßt, sollte das Verhältnis der Häufigkeit, mit der die drei Kekse gewählt werden zu der Häufigkeit, mit der der eine Keks gewählt wird, gleich dem Verhältnis aus der Anzahl der Kekse je nach Wahl (3 Kekse / 1 Keks) multipliziert mit dem umgekehrten Verhältnis der Zeiten sein, die es dauert, die drei Kekse oder den einen Keks zu erhalten (1 Stunde / 24 Stunden), was gleich $^1/_8$ ist. Neu formuliert als Gleichung, sehen diese Relationen wie folgt aus:

$$\frac{B_1}{B_2} = \frac{A_1}{A_2} \times \frac{D_2}{D_1} = \frac{3}{1} \times \frac{1}{24} = \frac{1}{8}. \qquad (1)$$

Der Index 1 verweist auf die Wahl der drei zeitlich verzögerten Kekse und der Index 2 auf die Wahl des einen zeitlich weniger verzögerten Kekses. B_1 und B_2 bezeichnen die Häufigkeiten, mit denen diese beiden Verstärker gewählt werden. A_1, A_2, D_1 und D_2 sind die Mengen (Größen) und zeitlichen Verzögerungen dieser beiden erhältlichen Verstärker. Wie durch Gleichung (1) beschrieben, werden die Entscheidungen des Kindes von zwei unabhängigen Eigenschaften der Verstärker beeinflußt, der Menge und dem zeitlichen Abstand. Je größer ein Verstärker ist, desto häufiger wird er gewählt; und je größer das Zeitintervall zwischen Entscheidungssituation und Erhalten des Verstärkers ist, desto seltener wird er gewählt. Nach dem Angleichungsgesetz müßte das Kind den einen, innerhalb einer Stunde erhältlichen Keks acht mal öfter wählen als die drei erst am nächsten Tag verfügbaren Kekse.

Wenn das Kind den einen, gleich erhältlichen, Keks wählt, so wäre das ein Beispiel für *Impulsivität*, während die Wahl der drei, später verfügbaren, Kekse ein Beispiel für *Selbstkontrolle* darstellt. Viele Psychologen definieren die Bevorzugung eines größeren, mit zeitlicher Verzögerung erhältlichen, Verstärkers gegenüber einem kleineren, weniger verzögerten, Verstärker als Selbstkontrolle (im Sinne von Belohnungsaufschub) und das Gegenteil als Impulsivität (Ainslie 1974; Grosch & Neuringer, 1981; Logue, 1988; Mischel, 1966; Rachlin & Green, 1972). Im vorliegenden Beispiel mit den Keksen sagt das Angleichungsgesetz voraus, daß impulsives Verhalten wahrscheinlicher ist als selbstkontrolliertes Verhalten. Es ist jedoch zu beachten, daß diese Vorhersage keine Maximierung bedeutet. Um die Gesamtmenge an erhaltener Verstärkung zu maximieren, müßte das Kind die drei verzögerten Kekse wählen.

Früher wählen. Das Angleichungsgesetz schlägt auch einen Weg vor, auf dem die Wahrscheinlichkeit selbstkontrollierten Verhaltens erhöht werden könnte. Abbildung 7.1a zeigt die Beschreibung des Wertes der zwei Verstärker, des einen Kekses und der erst 24 Stunden später erhältlichen 3 Kekse, als eine Funktion der Zeit nach dem Angleichungsgesetz. Die durchgezogenen vertikalen Linien geben die Zeitpunkte an, zu denen das Kind die zwei Verstärker jeweils erhielte. Bewegt man sich in der Zeit zurück, auf den linken Teil des Graphen zu, nimmt der Wert der Verstärker ab, wie durch die absteigenden Kurven angedeutet wird. Dieser Abfall reflektiert die Tatsache, daß beispielsweise eine angebotene Zuckerstange, die sofort verfügbar ist, von weit größerem Wert ist als eine zehn Jahre später verfügbare Zuckerstange.

In Abb. 7.1a stellt X den Zeitpunkt dar, zu dem das Kind in unserem Beispiel sich entscheiden soll. Zu diesem Zeitpunkt, am Dienstag abends um sechs Uhr, ist der eine Keks weit mehr wert als die drei anderen Kekse. 15 Stunden früher jedoch, zum Zeitpunkt Y, um drei Uhr morgens, hätte die Gleichung die folgende Form angenommen (vorausgesetzt, das Kind wäre um diese Zeit wach gewesen).

$$\frac{B_1}{B_2} = \frac{A_1}{A_2} \times \frac{D_2}{D_1} = \frac{3}{1} \times \frac{(1 + 15)}{(24 + 15)} = \frac{48}{38} = \frac{1,2}{1.} \qquad (2)$$

Mit 15 zu jedem Verstärker-Zeitabstand hinzugefügten Stunden wird der Wert der Auswahl der drei Kekse größer als der Wert der Auswahl des einen Kekses. Dies stellt ein Beispiel dafür dar, was Psychologen

Präferenzumkehr nennen, und es wird häufig in Untersuchungen zur Selbstkontrolle beobachtet (Ainslie, 1975; Rachlin, 1974).

Demnach würde das Kind mit größerer Wahrscheinlichkeit die drei Kekse wählen, wenn es dazu gebracht würde, seine Entscheidung zur Zeit Y statt zur Zeit X zu treffen (mit anderen Worten, zu einer Zeit, wo beide Verstärker zeitlich noch relativ weit entfernt sind). Wie Abb. 7.1a zeigt, würden auch noch früher erfolgende Entscheidungen, sagen wir zur Abendbrotzeit einen Tag zuvor (Zeit Z) zu selbstkontrolliertem Verhalten führen.

> *Auswahlsituation 2B.* Nehmen wir an, es ist spät am Montagabend. Die Mutter möchte etwas zum Knabbern und geht zur Keksdose, um zu entdecken, daß ihr Mann mal wieder alle Kekse bis auf einen gegessen hat. Sie kann aber am nächsten Tag nicht einkaufen gehen, weil sie geschäftlich außerhalb der Stadt zu tun hat, weiß jedoch, daß ihr Kind am nächsten Tag, der ein Dienstag ist, seine eine- oder drei-Kekse-Wahl haben wird. Und sie möchte gern, daß ihr Kind sich selbstkontrolliert verhält. Also weckt sie ihr Kind auf, damit es sich sofort entscheiden kann; am nächsten Morgen wäre es zu spät. Alles läuft wie geplant, und das Kind wählt die drei Kekse einen Tag später. Es gibt aber immer noch ein Problem; am Dienstag wird das Kind von einem Babysitter betreut, der ihm das Abendbrot geben wird, da die Mutter um diese Zeit noch nicht von ihrer Geschäftsreise zurück sein wird; und der Vater wird bei seinem Gewichtsabnahmekurs sein. Der Babysitter wird dem Kind die Keks-Wahl lassen, und zu diesem Zeitpunkt wird das Kind sich für den einen Keks entscheiden, der schneller zu haben ist. Das Kind selbst sieht dies voraus, nachdem es von seiner Mutter aufgeweckt wurde, um seine Wahl zu treffen; und es bittet seine Mutter darum, eine Nachricht für den Babysitter zu hinterlassen, daß es sich bereits entschieden hat und daß der Babysitter seinen Bitten um den einen Keks auf keinen Fall nachgeben soll, wie sehr er auch bitten mag.

Ein Verhalten dieser Art, welches einen Organismus davor schützt, eine spätere impulsive Entscheidung zu treffen, wird *Vorverpflichtungseinrichtung* (precommitment device) genannt (Ainslie, 1975; Rachlin, 1974). In den meisten Laborexperimenten erweisen sich Tiere als unfähig zu selbstkontrolliertem Verhalten, außer unter Nutzung von Vorverpflichtungen. Tauben zum Beispiel warten mit sehr viel größerer Wahrscheinlichkeit auf den größeren, verzögerten Verstärker, wenn sie die Möglichkeit haben, die Entscheidung vor ihrer gewöhnlichen Wahl auf eine Entscheidung zwischen dem größeren, mehr ver-

Die Psychologie des Essens und Trinkens

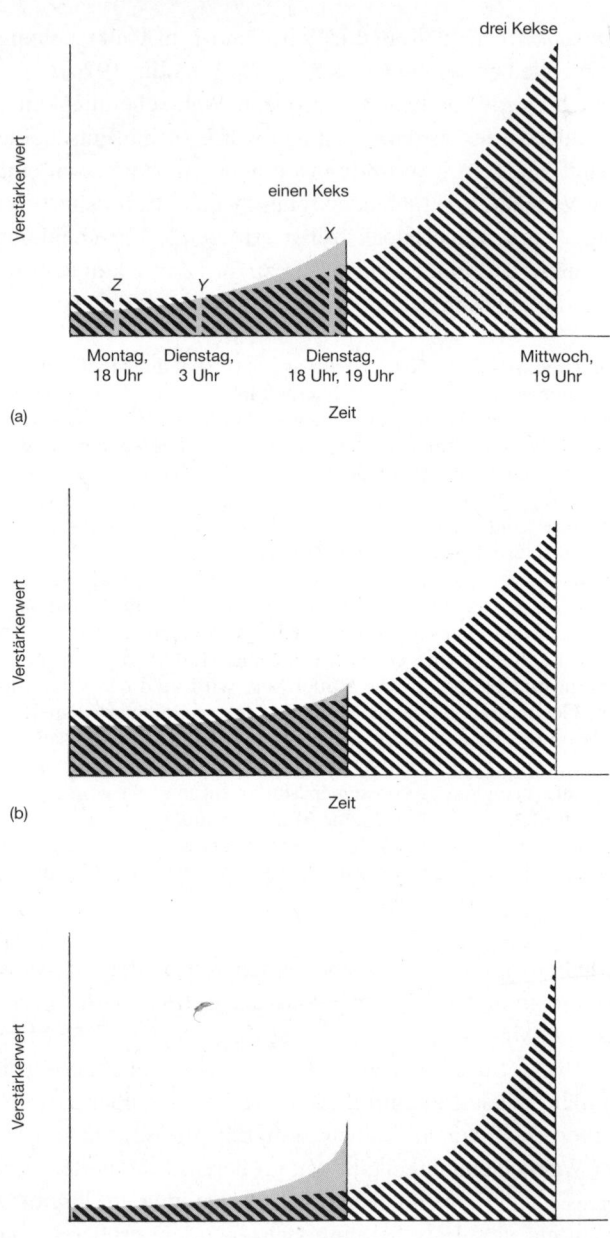

7. Auswahl

zögerten Verstärker und nichts zu beschränken. Viele Tauben nutzen eine solche Vorverpflichtungsgelegenheit (Ainslie, 1974; Rachlin 1974).

Ereignisse während der zeitlichen Verzögerung des Verstärkers. Es gibt noch einen anderen Weg, die Selbstkontrolle bei Tieren zu erhöhen. Dieses Vorgehen wird in Abbildung 7.2 gezeigt. Zunächst gibt man den Versuchstieren die Wahl zwischen zwei gleichermaßen verzögerten Verstärkern, einem kleinen und einem großen. Dann verringert man ganz langsam die Verzögerung des kleinen Verstärkers. James E. Mazur und A. W. Logue verwendeten diese Methode bei Tauben (1978). Zum Schluß des Experiments wählten die Tauben weiterhin meistens den größeren, verzögerten Verstärker. Tauben, die man dieser Abschwächungsprozedur (auch Schwund- oder Fading-Technik) nicht unterzogen hatte, verhielten sich durchgehend impulsiv und wählten den kleineren, weniger verzögerten Verstärker. Auch impulsive Kinder, die man einer ähnlichen Abschwächungsmethode ausgesetzt hatte, zeigten gesteigerte Selbstkontrolle (Schweitzer & Sulzer-Azaroff, 1988).

Logue und Mazur (1981) zeigten weiterhin, daß die gewachsene Selbstkontrolle der Tauben, die man der Fading-Technik ausgesetzt hatte, über die Zeit hinweg stabil war und vom Vorhandensein farbigen Lichtes während der Verzögerungsperiode abhing. Wenn eine Taube auf den grünen Knopf pickte, der den größeren, mehr verzögerten Verstärker lieferte, so wurde die Experimentalkammer durch ein grünes Licht beleuchtet; pickte sie auf den roten Knopf, der den kleineren, weniger verzögerten Verstärker lieferte, so wurde die Kammer durch ein rotes Licht beleuchtet. Ohne dieses grüne und rote Licht in der Kammer zeigten die Tauben das durch die Fading-Technik erworbene selbstkontrollierte Verhalten nicht mehr.

7.1 Die hypothetischen Werte zweier Verstärker als Funktion der Zeit. Tatsächlich sind die beiden Verstärker zu den Zeiten, die durch die durchgezogenen vertikalen Linien angegeben werden, erhältlich. Die Punkte X, Y und Z kennzeichnen die Zeitpunkte, zu denen Entscheidungen zwischen den Verstärkern getroffen werden. In Bild (b) nimmt der Verstärkerwert als Funktion der Verzögerung relativ langsamer ab als in Bild (a). In Bild (c) nimmt der Verstärkerwert als Funktion der Verzögerung relativ schneller ab als in Bild (a). (Nach Logue et al., 1984.)

Die Psychologie des Essens und Trinkens

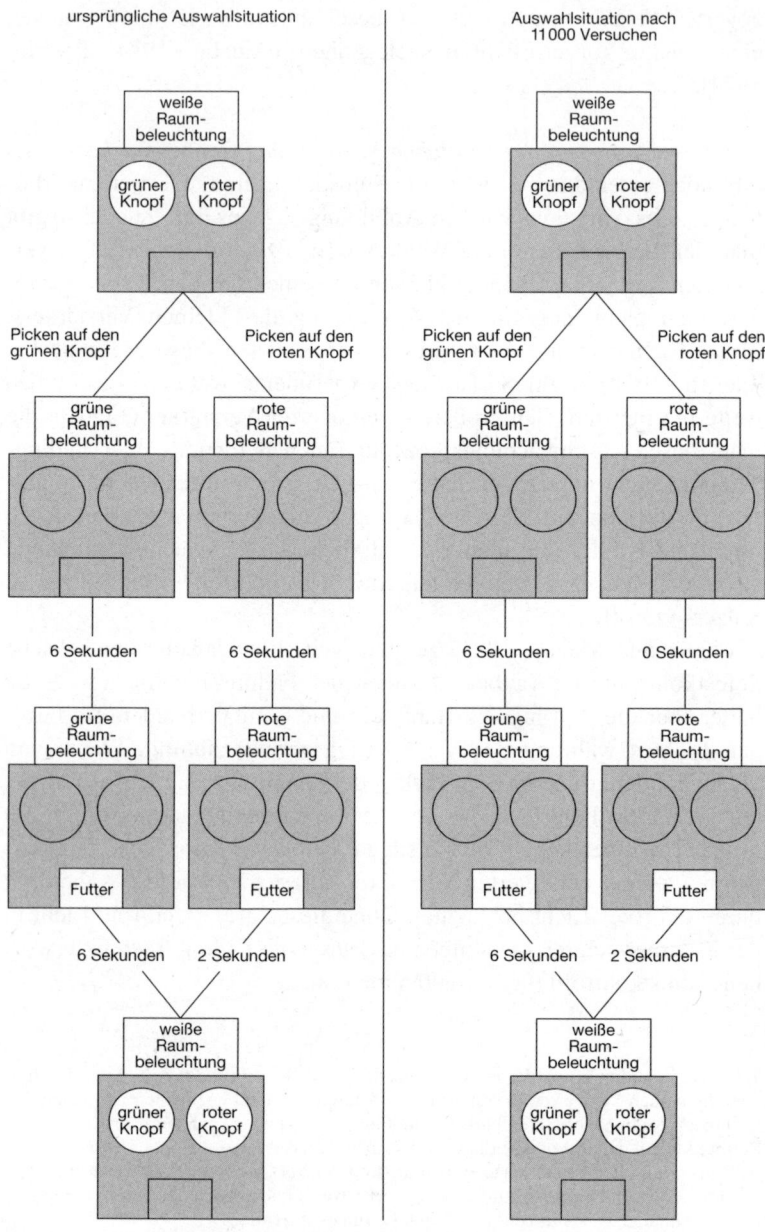

Dieses Licht zur farbigen Beleuchtung der Kammer mag vielleicht als Erinnerungsmittel fungiert haben, welches die Wahl der Tauben mit den Verstärkern verbindet. Viele Experimente von Mischel und seinen Kollegen haben gezeigt, daß die Art der Ereignisse, die während der Verzögerungszeit eintreten, für das durch Kinder gezeigte selbstkontrollierte Verhalten ganz entscheidend sind. Diese Forscher stellten die These auf, daß jedes Ereignis, das dazu führt, daß die Kinder über die motivierenden Eigenschaften der Verstärker nachdenken, etwa darüber, wie gut diese Kekse schmecken würden, die Selbstkontrolle vermindert. Das Nachdenken über andere Eigenschaften der Verstärker jedoch, wie zum Beispiel die runde Form der Kekse und die kleinen Körnchen in ihnen, würde die Selbstkontrolle erhöhen. Diese Arten von Gedanken kann man „heiße" beziehungsweise „kalte" Gedanken nennen. Außerdem erhöht es die Selbstkontrolle der Kinder auch, wenn sie während der Verzögerungsperiode spielen oder einschlafen. Beides würde „heiße" Gedanken vermutlich verringern (Mischel, 1966; Mischel, Shoda & Rodriguez, 1989; Rodriguez, Mischel & Shoda, 1989). Die Ausführung alternativen Verhaltens während der Verzögerungszeit des größeren Verstärkers hilft auch bei Tauben, die „Selbstkontrolle" zu erhöhen (Grosch & Neuringer, 1981; Logue & Pena-Correal, 1984).

All diese Befunde, Wege zur Erhöhung oder Herabsetzung von Selbstkontrolle durch die Gestaltung von Umweltereignissen, sind mit dem Theorem der Wahrscheinlichkeitsangleichung, wie es in den Gleichungen (1) und (2) ausgedrückt ist, nicht vereinbar. Diese Gleichungen berücksichtigen nur den quantitativen Wert (auch Nutzen oder Valenz) der Verstärker. Daher müßte jeder Organismus, der die Wahl zwischen diesen Verstärkern hat, die gleiche Wahl treffen wie

7.2 Abschwächungstechnik zur Erhöhung der Selbstkontrolle bei Tauben. Ursprünglich läßt man den Tauben die Wahl zwischen 6 Sekunden lang Futter mit einer Verzögerung von 6 Sekunden und 2 Sekunden lang Futter mit einer Verzögerung von 6 Sekunden. Sie wählen übereinstimmend den 6-Sekunden-Verstärker. Dann, über einen Zeitraum von einem Jahr und ungefähr 11 000 Versuchsdurchgänge hinweg, wird die Verzögerung des 2-Sekunden-Verstärkers langsam verringert, bis die Tauben zwischen einem um 6 Sekunden verzögerten 6-Sekunden-Verstärker und einem sofortigen 2-Sekunden-Verstärker wählen. In den meisten Fällen wählen sie weiterhin den 6-Sekunden-Verstärker. (Nach Logue et al., 1984.)

jeder andere in dieser Entscheidungssituation; und es dürfte keine Rolle spielen, was während der Verstärkerverzögerung geschieht oder welche früheren Erfahrungen der Organismus gemacht hat.

Eine von A. W. Logue und ihren Kollegen beschriebene modifizierte Form des Angleichungstheorems wendet sich diesen Problemen zu (Logue et al., 1984; Logue, 1988). In dieser Modifikation wird vorgeschlagen, daß die Sensibilität, das heißt der Grad der Reaktion auf Veränderungen der Verstärkerverzögerung, zwischen Personen und Situationen variieren könnte. Wenn die Sensibilität gegenüber Änderungen der Verstärkerverzögerung klein ist, könnte man das so beschreiben, daß der tatsächliche physikalische Wert der Verzögerung den Versuchspersonen kleiner erscheint; das Verstreichen der Zeit hat wenig Wirkung, und die Zeit scheint schneller zu vergehen. Dies könnte die Selbstkontrolle erhöhen, da die Versuchsperson eher auf den größeren, mehr verzögerten Verstärker warten wird, wenn die Zeit schneller zu verstreichen scheint. Diese Beziehung wird durch die Abb. 7.1 bestätigt. Abb. 7.1b zeigt, wie eine Abnahme der Sensibilität gegenüber Veränderungen der Verstärkerverzögerung die in Abb. 7.1a gezeigten Kurven beeinflußt. Die Kurven werden mit zunehmender Verstärkerverzögerung flacher, und der Übergangspunkt, die Stelle, wo sich die Präferenz umkehrt, verschiebt sich nach rechts. Der Zeitabschnitt, innerhalb dessen Impulsivität gezeigt wird, das heißt, innerhalb dessen der Nutzen des geringen Verstärkers größer ist als der des großen, ist nun kleiner; und somit wird die Selbstkontrolle wahrscheinlich steigen. Im Extremfall, bei dem es gar keine Empfindlichkeit gegenüber Variationen der Verstärkerverzögerung gibt, haben Veränderungen in der Verzögerungszeit keine Auswirkungen, und die Kurven in Abb. 7.1 wären waagerechte gerade Linien. Dabei wäre der Wert des größeren, zeitlich verzögerten Verstärkers immer größer als der Wert des geringeren, wenig verzögerten Verstärkers, und die Selbstkontrolle würde immer aufrechterhalten. Ist dagegen die Sensibilität erhöht, wie in Abb. 7.1c, werden die Kurven viel steiler, und der Übergangspunkt verschiebt sich nach links, was die Selbstkontrolle vermindert. Diese modifizierte Version des Angleichungstheorems kann auch aus Erfahrungs- oder Umweltveränderungen resultierende Veränderungen der Selbstkontrolle beschreiben.

Verschiedene Verstärkertypen

Alle bisher beschriebenen Wahlsituationen beinhalteten eine Entscheidung zwischen zwei verschiedenen Häufigkeiten, Mengen oder Verzögerungszeiten desselben Verstärkertyps. Aber im realen Leben müssen sowohl Menschen als auch Tiere oft zwischen zwei verschiedenen Verstärkertypen wählen. Es kann zum Beispiel passieren, daß jemand zwischen Hamburger und Hühnchen oder zwischen Keksen jetzt und Abendbrot später entscheiden muß. Kann das Angleichungstheorem auch diese Situationstypen beschreiben?

In einigen Fällen ist dies möglich. Beispielsweise führte H. L. Miller (1976) ein Experiment durch, in dem Tauben zwischen verschiedenen Arten von Körnern wählten. Er war in der Lage, die Entscheidung zwischen den verschiedenen Sorten von Körnern zu beschreiben, indem er ganz einfach die Menge an Körnern der einen Sorte vermittels der anderen Sorte ausdrückte. Anders gesagt, wenn eine Erbsenmischung gegenüber einer Hanfmischung bevorzugt wurde, könnte eine Sekunde Erbsenfressen 1,5 Sekunden Hanffressen wert sein. Waren die beiden Körnersorten einmal in derselben Einheit ausgedrückt, konnten sie im Angleichungstheorem verwendet werden wie gewöhnlich.

George R. King und A. W. Logue wendeten Millers Technik an, um die Selbstkontrolle bei Tauben zu erhöhen (1992). Wenn der größere, mehr verzögerte Verstärker gleichzeitig der stärker bevorzugte war, so verhielten sich die Tauben mit größerer Wahrscheinlichkeit selbstkontrolliert. Dieser Befund legt die Annahme nahe, daß es für Menschen möglicherweise leichter ist, beispielsweise auf eine Tüte Gummibärchen zu warten als auf 150 Gramm Brokkoli, wenn die Alternative 50 Gramm Brokkoli sind, die sofort gegessen werden können.

Fazit

Das Theorem der Wahrscheinlichkeitsangleichung ist offenbar gut geeignet, um sowohl die Wahl zwischen verschiedenen Häufigkeiten, Mengen und Verstärkungsverzögerungen als auch um Selbstkontrolle und Impulsivität zu beschreiben. In einigen Fällen kann es auch die Entscheidung zwischen verschiedenen Verstärkertypen verdeutlichen. Diese Ergebnisse hat man für viele verschiedene Spezies erhalten. Eine entsprechend dem Angleichungstheorem getroffene Entscheidung maximiert oft die erhaltene Gesamtverstärkung; dennoch hat die Theorie der optimalen Nahrungssuche unter einigen Bedingungen Vorteile gegenüber dem Angleichungstheorem, wie im folgenden beschrieben werden soll.

Die Theorie der optimalen Nahrungssuche

Definitionen

Die meisten Organismen müssen auf der Suche nach Nahrung immer wieder umherstreifen. Eine Version der *Theorie optimaler Nahrungssuche* baut auf der Annahme auf, daß die Evolution das Verhalten der Organismen so geformt hat, daß ihre Futtersuche in einer Weise erfolgt, die ihre Energieaufnahme maximiert, während der Energieverbrauch je Zeiteinheit bei der Nahrungssuche minimiert wird (Kamil & Sargent, 1981). Deshalb wird die Theorie der optimalen Nahrungssuche oft einfach *Optimierung* oder *Maximierung* genannt (Menzel & Wyers, 1981). Wichtig dabei ist, daß zwei Faktoren berücksichtigt werden: die Maximierung der Energiezufuhr bei gleichzeitiger Minimierung des Energieverbrauchs. Wenn auch einige der nach dem Angleichungstheorem vorgenommenen Vorhersagen mit Maximierung vereinbar sind und andere es nicht sind, so ist doch die Maximierung der eigentliche Kern der Theorie optimaler Nahrungssuche.

Diese Theorie hängt eng mit der Ökologie zusammen. Da die Theorie der optimalen Futtersuche davon ausgeht, daß die Organismen im Laufe der Evolution Verhaltensweisen erworben haben, die ihre Energiezufuhr maximieren, während sie deren Kosten gleichzeitig minimieren, ist der natürliche Lebensraum einer jeden Art entscheidend für die Erklärung des Verhaltens eines Organismus. Eine bestimmte Strategie der Nahrungssuche kann für einen Lebensraum „Waldboden" im amerikanischen oder europäischen Mittelgebirge optimal

7. Auswahl

sein, während sie es für eine baumbewohnende Lebensweise in Indien nicht ist. Ohne Kenntnis des Lebensraumes einer Art ist es unmöglich zu bestimmen, ob die Futtersuche einer Art optimal erfolgt oder nicht.

Die meisten Modelle optimaler Nahrungssuche enthalten drei Elemente (Stephens & Krebs, 1986). Erstens muß ein Modell sich mit einem bestimmten Aspekt des Nahrungsauswahlverhaltens beschäftigen, zum Beispiel mit der Wahl zwischen bestimmten Beutetieren oder zwischen bestimmten Arealen. Das bestimmte Nahrungsauswahlverhalten, mit dem sich ein Modell beschäftigt, kann in Abhängigkeit von der untersuchten Tierart unterschiedlich sein. Manche Tiere fressen nur eine Art Nahrung. Der Koalabär zum Beispiel frißt nur Eukalyptusblätter. Daher hat er, als Spezialist, im wesentlichen nur ein Problem: seine Energiebilanz über die Regulierung der gefundenen und gefressenen Menge an Eukalyptusblättern aufrechtzuerhalten. Allesfresser auf der anderen Seite sind „Generalisten" und haben ein viel komplexeres Problem: Sie müssen nicht nur ihre Energiebilanz stabil halten wie der Koalabär, sie müssen auch die Menge an Vitaminen und anderen Nährstoffen, die sie aufnehmen, steuern (Rozin, 1976).

Zweitens muß es in dem Modell eine Möglichkeit geben, die getroffenen Wahl-Entscheidungen auf einer gemeinsamen Skala zu vergleichen. Die meisten Modelle der optimalen Nahrungssuche nutzen die Energie als Analyseeinheit. Diese Modelle arbeiten mit oft äußerst komplexen mathematischen Gleichungen, welche die durch die Futtersuche erhaltene Energie und die durch Bewegung und Stoffwechselprozesse verbrauchte Energie als Terme enthalten. Diese Modelle sind dem Verdienen und Ausgeben von Geld analog. Die erhaltene Nahrung kann als Gewinn oder Nutzen gedacht werden und die zum Beschaffen dieser Nahrung aufgewendete Energie als Kosten. Aus diesem Grunde haben viele Forscher vorgeschlagen, bei der Forschung über optimale Nahrungsbeschaffung die Theorie und den theoretischen Rahmen der Ökonomie zu verwenden (Allison, 1981; Hursh, 1980; Lea, 1978; Rachlin, 1980). Doch auch eine gemeinsame Währung löst nicht unbedingt alle Probleme bei der Untersuchung des Wahlverhaltens zwischen verschiedenen Verstärkertypen. Man betrachte zum Beispiel die Aufnahme von Nahrung und Wasser. Die meisten Organismen brauchen beides, und zwar im richtigen Verhältnis: Die meisten Organismen benötigen Nahrung und Wasser, wie in Kapitel 3 dargestellt, in ganz bestimmten Mengenkombinationen. Jedwede Art von Futter ist wenig wert für einen hungrigen und durstigen Organismus, solange kein Wasser verfügbar ist, auch wenn die Verfügbarkeit von Wasser weder die zur Nahrungsbeschaffung benötigte noch die mit der Nahrung aufgenommene Energiemenge ändert.

Diese Unterscheidung kann zwar durch das Angleichungstheorem mit seinen allgemein üblichen Gleichungen nicht ausgedrückt werden, in der Theorie optimaler Nahrungssuche jedoch ist dies möglich. Der in den mathematischen Beschreibungen der optimalen Futtersuche oft benutzte theoretische Rahmen stammt aus der Arbeit über *Substituierbarkeit* (Austauschbarkeit) in der Ökonomie (Allison, 1983; Burkhard, 1982; Hursh, 1978, 1984; Rachlin et al., 1981). Nahrung und Wasser sind im wesentlichen nicht austauschbar. Wenn ein Tier durstig ist, aber nicht hungrig, so wird es keine Nahrung als Ersatz für nicht verfügbares Wasser zu sich nehmen. Nahrung und Wasser verhalten sich komplementär zueinander. Nahrung ist für einen hungrigen und durstigen Organismus von höherem Wert, wenn sie von Wasser begleitet ist. Deshalb gibt die Theorie optimaler Nahrungssuche in derartigen Auswahlsituationen eine bessere Beschreibung des Verhaltens als das Theorem der Wahrscheinlichkeitsangleichung.

Das dritte in den meisten Modellen optimaler Futtersuche enthaltene Element sind Annahmen über die Einschränkungen, denen die Fähigkeit eines Organismus zu optimaler Nahrungssuche unterliegt. Zum Beispiel können Modelle von der Annahme ausgehen, daß die Fähigkeit der Organismen zu optimaler Nahrungssuche durch das Ausmaß, in dem sie Informationen über die Umwelt bekommen können, begrenzt ist oder nicht begrenzt ist. Das Nahrungssuchverhalten aller Organismen ist zumindest in einem gewissen Grade durch Einschränkungen begrenzt (Staddon, 1983).

Die Ökonomie und die Anthropologie beschäftigen sich in erster Linie mit dem Verhalten großer Gruppen von Menschen. Da sowohl Ökologen als auch Forscher, die sich mit dem Lernverhalten von Tieren beschäftigen, hauptsächlich mit einzelnen Tieren arbeiten, sind Untersuchungen zur Theorie optimaler Nahrungssuche an einzelnen Organismen vor allem von Wissenschaftlern durchgeführt worden, deren Hintergrund die Ökologie oder das Lernen bei Tieren ist. Untersuchungen zur Theorie optimaler Nahrungssuche an großen Gruppen wurden dagegen vor allem von Wissenschaftlern durchgeführt, deren Hintergrund die Ökonomie oder die Anthropologie ist. Nichtsdestoweniger können sowohl Prinzipien der Ökonomie als auch der Ökologie bei Untersuchungen zur optimalen Nahrungssuche angewandt werden; und in Studien zur optimalen Nahrungssuche werden häufig sowohl aus Ökonomie als auch aus der Ökologie stammende Informationen verwandt.

Die meisten Studien zur Theorie der optimalen Nahrungssuche haben Auswahlsituationen untersucht, für die es möglich und angemessen war, einfach Energiezufuhr und -verbrauch in Betracht zu ziehen. In den folgenden Abschnitten werden zwei Arten von Untersuchungen diskutiert, die ausschließlich auf Energiezufuhr und -verbrauch beruhen, zum einen Untersuchungen individuellen Auswahlverhaltens und zum anderen Untersuchungen zum Auswahlverhalten von Gruppen.

Der Mikroansatz

Allgemeine Beschreibung. Viele Forscher waren bestrebt, die Prinzipien der Theorie optimaler Nahrungssuche dafür zu nutzen, das Auswahlverhalten eines einzelnen Tieres zu beschreiben. Einige dieser Wissenschaftler haben die Theorie als einen Ersatz für traditionellere Modelle des operanten Konditionierens wie das Angleichungstheorem angesehen und betrachteten es als eine bessere Beschreibung der Art und Weise, wie sich Versuchstiere bei verschiedenen Verstärkerplänen verhalten, einschließlich von Plänen, die eine Wahlsituation einbeziehen (Collier, 1981; Green, Kagel & Battalio, 1982; Hinson & Staddon, 1981; McNamara & Houston, 1983). Unter Anwendung der ökonomischen Terminologie können diese Forschungsarbeiten *Mikroansatz*-Untersuchungen genannt werden. Das Ziel besteht darin, das Verhalten einzelner Tiere zu beschreiben und vorherzusagen (Collier, 1987; Dow & Lea, 1987; Fantino & Abarca, 1985; Shettleworth, 1989).

Zum Beispiel haben viele Forscher ein Modell beschrieben, welches als das klassische Modell optimaler Nahrungssuche bezeichnet wurde, in dem es um die Auswahl zwischen zwei Beutetieren geht

(Charnov, 1976; Houston & McNamara, 1985; Krebs, Stephens & Sutherland, 1983; Pulliam, 1974). Nach diesem Modell kann jeder der zwei Beutetypen durch drei Parameter beschrieben werden. Ein bestimmter Beutetyp i wird durch λ_i (die Häufigkeit, mit der das Beutetier angetroffen wird, während der Räuber auf Nahrungssuche ist), h_i (die zur Vorbereitung der Beute für den Verzehr benötigte Zeit, das heißt die Handhabungszeit) und e_i (die durch das Verzehren der Beute gewonnene Bruttoenergie abzüglich der energetischen Kosten für das Beschaffen der Beute). Die Profitabilität eines bestimmten Beutetyps wird dann als e_i/h_i definiert. Wenn Beute vom Typ 1 profitabler ist als Beute vom Typ 2, so sagt dieses Modell voraus, daß immer Beute vom Typ 1 gewählt werden wird, es sei denn:

$$\frac{1}{\lambda_1} > \frac{e_1}{e_2} h_2 - h_1.$$

Mit anderen Worten, Beute vom Typ 1 wird immer gegenüber Beute vom Typ 2 bevorzugt werden, solange die Zeit zwischen zwei Begegnungen von Beute des Typs 1 nicht zu groß wird im Hinblick auf die Unterschiede im Bruttoenergiegewinn und in der erforderlichen Handhabungszeit für Typ 1 im Vergleich zu Beute des Typs 2. Neuere Modelle berücksichtigen auch die Fragen, ob das Nahrungssuchverhalten zufällig oder systematisch ist und ob die Begegnungen mit der Beute aufeinanderfolgend oder gleichzeitig sind (Baum, 1987; Engen & Stenseth, 1984).

Mit dieser allgemeinen Herangehensweise sind eine Vielzahl von Arten in ihrem Nahrungsauswahlverhalten untersucht worden, Bienen (Hodges, 1981), Blauhäher (Pietrewicz & Kamil, 1979), Tauben (Green, Rachlin & Hanson, 1983; Hinson & Staddon, 1983), Ratten (Collier & Rovee-Collier, 1981; Killeen, Smith & Hanson, 1981), Katzen (Collier et al., 1978) und Affen (Hursh, 1978). Eine Art, deren Nahrungsauswahlverhalten nicht sorgfältig aus der Perspektive der Theorie optimaler Nahrungssuche für das einzelne Individuum untersucht wurde, ist der Mensch. Sowohl aus ethischen als auch aus praktischen Gründen wäre es kaum möglich, sowohl die Nahrungsaufnahme als auch die Energiezufuhr beim Menschen künstlich zu beeinflussen und zu kontrollieren.

7. Auswahl

Viele der an Tieren durchgeführten Untersuchungen wurden im Labor durchgeführt. Einige Untersuchungen wurden unter natürlichen oder halbnatürlichen Bedingungen angestellt. Einige detaillierte Beispiele aus der Arbeit von Graham H. Pyke mögen illustrieren, wie solche Studien zur Nahrungssuche durchgeführt werden.

In einer Experimentalserie von Pyke (1981a, 1981b, 1981c) wurde die Nahrungssuche von zwei Vogelarten verglichen: Kolibris und Honigsauger. Diese beiden Arten ernähren sich von Blumennektar, aber um dies zu tun, verharren die Kolibris in der Luft, und die Honigsauger setzen sich auf Zweigen nieder. Für diese Experimente nutzte Pyke drei verschiedene Methoden. Für die Feldstudien beobachtete er das Verhalten der Vögel unter natürlichen Bedingungen und maß dabei so viele relevante Variablen wie er konnte, zum Beispiel die zwischen Blüten zurückgelegte Distanz, die bei jeder Blüte verbrachte Zeit und das Körpergewicht. Für die Experimente im Vogelhaus konstruierte er künstliche „Blüten", die aus mit einer Zuckerlösung gefüllten Kanülen bestanden. Auf diese Weise konnte er die verfügbare Menge an und den Abstand zwischen dem Futter exakt kontrollieren. Für die Computersimulationsstudien nutzte Pyke Schätzungen des optimalen Nahrungssuchverhaltens der Vögel unter Verwendung eines Computerprogramms, welches sowohl verschiedene Annahmen als auch tatsächliche Beobachtungen des Nahrungssuchverhaltens der Vögel berücksichtigte.

Durch diese Methoden war Pyke in der Lage zu zeigen, daß das tatsächliche Futtersuchverhalten der zwei Vogelarten – das Schwirren des Kolibris beziehungsweise das Niedersetzen des Honigsaugers, das Muster ihrer Bewegungen zwischen den Blüten und die bei jeder Blüte verbrachte Zeit – annähernd optimal war. Das Schwirren erlaubt einem Vogel, sich schneller und leichter zwischen den Blüten zu bewegen, aber es erfordert mehr Energie, schwirrend zu verharren als sitzend. Daher ist schwirren besser geeignet für kleinere Vögel, die weniger Energie dafür aufwenden müssen, wie der Kolibri, als für größere Vögel, die mehr Energie dafür bräuchten, wie der Honigsauger. Pyke merkte jedoch an, daß das tatsächliche Bewegungsmuster der Kolibris nur dann optimal war, wenn man annahm, daß die Kolibris nicht in der Lage waren, zwei Arten von Information zu nutzen: die Richtung wahrscheinlich vorhandener Blüten in Relation zur vorherigen Flugrichtung des Vogels sowie die Größe und die Abstände wahrscheinlicher Blüten.

Ein anderes Beispiel stammt aus der Arbeit von William A. Roberts und Tamara J. Ilersich (1989). Diese Forscher untersuchten das Futtersuchverhalten von Ratten in einem vierarmigen radialsymmetrischen Labyrinth (das heißt einem Labyrinth in Form eines Plus-Zeichens). Jeder Arm enthielt vier mögliche Stellen, an denen Futter sein konnte. Roberts und Ilersich variierten, ob einzelne Arme des Labyrinths offen oder geschlossen waren, ob die spezifischen Stellen innerhalb eines Armes Futter enthielten oder nicht und ob das Futter verdeckt oder offen ausgelegt war. Manchmal blieben die Futterstellen fest, und manchmal vaiierten sie. Einer der vielen Befunde dieser Studie war, daß die Ratten bei zufälliger Änderung der Futterstellen dazu tendierten, alle potentiellen Futterstellen in einem Arm der Reihe nach aufzusuchen, bevor sie den Arm verließen. Um die optimale Leistung in ihrem Experiment zu bestimmen, führten Roberts und Ilersich eine Computersimulation des Verhaltens der Ratten durch. Im allgemeinen war das Verhalten der Ratten dem durch den Computer simulierten optimalen Verhalten ähnlich.

Einschränkungen. In vielen Untersuchungen war man gezwungen, sich mit der Frage der Fähigkeit eines Organismus zu optimaler Nahrungssuche auseinanderzusetzen. Wenn „optimal" einfach als maximal möglicher Energiegewinn pro Zeiteinheit beschrieben wird, unabhängig von den Eigenschaften des jeweiligen Organismus, so käme man zu einigen absurden Vorhersagen.

Auswahlsituation 3. Man betrachte einen Hirsch auf Nahrungssuche in einem Wald im Winter. Nehmen wir an, der Hirsch hat alle verbliebenen Blätter und Beeren von den Büschen und Bäumen abgestreift, so hoch er reichen kann. In größerer Höhe gibt es noch Blätter und Beeren. Aber ist die Nahrungssuche des Hirsches deshalb vielleicht nicht optimal, weil er diese nicht frißt?

Auswahlsituation 4. Nehmen wir an, es ist früher März, und ein sechs Jahre alter Hirsch muß zwischen zwei Bergen wählen, auf welchen er für die nächsten sechs Monate auf Nahrungssuche gehen wird, da der schmelzende Schnee Ende März einen Fluß zwischen den beiden Bergen schaffen wird, der zu tief ist für den Hirsch, um ihn zu überqueren, bis er im späten September austrocknet. Fünf Jahre zuvor hatte der Hirsch den

Berg A gewählt, wo es Sommerfrüchte und Blätter im Überfluß gab. Vier Jahre zuvor hatte sich der Hirsch für den Berg B entschieden, wo es nur wenig zu fressen gab. Während der letzten drei Sommer war er als Teil eines Bestandsregelungsprogramms während des Sommers auf einer Wiese eingesperrt und aus einem Trog gefüttert worden. Heißt das, der Hirsch sucht nicht optimierend nach Futter, wenn er jetzt den Berg B wählt?

Die Fähigkeit eines Organismus zu optimaler Nahrungssuche ist durch seine eigenen Merkmale beschränkt, zum Beispiel seine Fähigkeit, Nahrung zu erreichen, oder seine Fähigkeit, frühere Futterstellen zu erinnern, was seine kognitive Kapazität genannt werden könnte. Außerdem beeinflußt es seinen Erfolg bezüglich einer optimalen Futtersuche auch, wieviel Information über verfügbares Futter er besitzt oder beschaffen kann (Houston & McNamara, 1985; Lewis, 1986; McNamara & Houston, 1985, 1987; Pietrewicz & Richards, 1985). Viele dieser spezifischen Einschränkungen optimaler Futtersuche wurden experimentell gezeigt. In diesen Experimenten wurde die Aufgabe der Futterbeschaffung komplexer gestaltet, und die durch die Versuchstiere gezeigte Effizienz der Futtersuche nahm ab. Beispielsweise führten David S. Olton, Gail E. Handelmann und John A. Walker (1981) ein Experiment mit Ratten durch, in dem die Anzahl der Stellen, an denen Futter sein könnte, erhöht wurde. Die Ratten verbrachten mehr Zeit mit dem Aufsuchen von Stellen, an denen keine Nahrung war, und die Effizienz ihrer Nahrungssuche nahm ab.

Ähnliche Begrenzungen wurden durch Experimente gezeigt, in denen die Versuchstiere wiederholt Situationen ausgesetzt werden, die es erfordern, die zufünftige Verfügbarkeit von Nahrung zu berücksichtigen. Zum Beispiel kann den Versuchstieren Gelegenheit gegeben werden, für Nahrung zu arbeiten, obwohl sie einige Zeit später Futter umsonst erhalten. Ratten und Tauben verhalten sich in dieser Situation nicht optimal; obwohl es wenig Vorteil bringt, für die Nahrung zu arbeiten, tun sie dies weiterhin. Diese Ergebnisse wurden dahingehend interpretiert, daß Organismen Ereignisse nur über eine relativ kurze Zeit hinweg integrieren; ihr *Zeitfenster* ist relativ kurz (Logue & Pena-Correal, 1985; Lucas, Gawley & Timberlake, 1988; McNamara & Houston, 1987; Timberlake, 1984; Timberlake, Gawley & Lucas, 1988).

Auch Experimente zur Selbstkontrolle, in denen Tauben immer wieder den kleineren, weniger verzögerten Verstärker wählten, demonstrieren das Zeitfensterconstraint. Mazur und Logues Fading-Prozedur zum Beispiel erhöhte die Selbstkontrolle der Tauben; dies könnte aber auch als Vergrößerung ihres Zeitfensters beschrieben werden, welches normalerweise sehr begrenzt ist (Lea, 1979; Logue & Pena-Correal, 1985; Rachlin, 1985). Das Verhalten der Tauben, die man der Schwundtechnik ausgesetzt hatte, wurde durch den entfernteren, größeren Verstärker stärker kontrolliert als das Verhalten der Tauben, die man der Fading-Technik nicht unterzogen hatte. Erwachsene Menschen zeigen im Labor größere Selbstkontrolle als Tauben; sie haben ein größeres Zeitfenster als Tauben. Dies ist offenbar auf die Tatsache zurückzuführen, daß erwachsene Menschen zählen und die Zeit für Ereignisse bestimmen können. Und dies ermöglicht ihnen, Ereignisse über ganze Laborsitzungen hinweg integrieren zu können (Logue et al., 1990).

Organismen sind in ihrer Fähigkeit zu effizienter Nahrungssuche auch durch die Ausführung anderer, für ihr Überleben notwendiger Verhaltensweisen begrenzt. Salamander zum Beispiel begeben sich nur in den Territorien, die sie mit ihren eigenen Pheromonen markiert haben, optimal auf Nahrungssuche. In allen anderen Territorien verbringen sie einen großen Teil ihrer Zeit und Energie damit, sie zu markieren oder Unterwerfungshaltungen einzunehmen (Jaeger, Joseph & Barnard, 1981). Vermutlich ist dies noch immer adaptiv, da es die Wahrscheinlichkeit, daß sich der Salamander später mit territorialen Streitigkeiten beschäftigen muß, verringert.

Risikomeidung und Risikopräferenz. Die Theorie optimaler Nahrungssuche sagt voraus, daß unter Situationen extremen Nahrungsentzugs, wenn nur ein großer Verstärker ausreichen würde, um den Organismus vor dem Sterben zu bewahren, ein Organismus eher eine „riskante" Alternative wählen wird, die manchmal eine große Menge und manchmal nur ein wenig Nahrung liefert, im Vergleich zu einer „sicheren Sache", die immer eine mittlere Menge an Nahrung liefert (Stephens, 1981; Stephens & Krebs, 1986). Diese Vorhersage wurde durch Thomas Caraco und seine Kollegen für verschiedene Vogelarten bestätigt (Caraco 1983; Caraco, Martindale & Whittam, 1980). Für

7. Auswahl

Ratten jedoch wurden keine ähnlichen Resultate erzielt (Kagel et al., 1986). Es sind noch weitere Untersuchungen notwendig, um zu bestimmen, unter welchen Bedingungen Risikomeidung und Risikopräferenz erfolgen.

Selbstkontrolle und Impulsivität. Die Analyse von Risikomeidung und Risikopräferenz im Hinblick auf optimale Nahrungssuche macht offensichtlich, daß es mitunter für einen Organismus adaptiv sein kann, eine Alternative zu wählen, die dem Organismus eine relativ kleine Menge Nahrung liefert. Ein anderes Beispiel hierfür finden wir in den Experimenten zu selbstkontrolliertem Verhalten. Forscher, die sich mit optimaler Nahrungssuche beschäftigen, haben darauf hingewiesen, daß es für einen Organismus adaptiv sein kann, verzögerte Ereignisse weniger zu beachten (ähnlich wie ein relativ kurzes Zeitfenster zu haben), da verzögerte Ereignisse in der Evolutionsgeschichte einer Art wahrscheinlich tatsächlich weniger häufig vorgekommen sind als unmittelbare Ereignisse (Kagel, Green & Caraco, 1986; McNamara & Houston, 1987a, 1987b; Stephens & Krebs, 1986). Nehmen wir zum Beispiel einen Bären, der sich entscheidet, lieber auf die Beeren an einem großen Strauch zu warten als auf die andere Seite des Berges zu gehen, wo ein Strauch ist, der jetzt schon reife Beeren hat. Während dieser Verzögerungsperiode kann es passieren, daß der Bär unterbrochen wird, weil er ein Weibchen suchen muß oder weil er vor einem Jäger fliehen muß, und dadurch am Ende die reifen Beeren nicht fressen kann. Innerhalb desselben Zeitabschnitts könnten die halbreifen Beeren auch von Vögeln aufgefressen werden oder durch einen starken Sturm zerstört werden. Schließlich ist es auch ungewiß, ob die Beeren am Ende der Wartezeit überhaupt reif sein werden (die Beeren an manchen Büschen reifen niemals, wie lange man auch wartet).

Deshalb kann es für einen Organismus adaptiv sein, einen kleineren, aber sofort verfügbaren Verstärker gegenüber einem größeren, aber verzögerten Verstärker zu bevorzugen, insbesondere wenn dieser Organismus schnell Nahrung benötigt, um zu überleben. Außerdem müßten Tierarten, die sich in einer Umgebung herausgebildet haben, welche durch viele Veränderungen und Unvorhersagbarkeit geprägt ist, eher zu impulsivem Verhalten neigen als Arten, die sich in einer relativ konstanten Umwelt entwickelt haben (Logue, 1988).

Individuelle Unterschiede. Mit der Theorie optimaler Nahrungssuche können auch individuelle Unterschiede beschrieben werden. Ameisenbären zeigen große interindividuelle Unterschiede im Typ Ameise, den sie bevorzugen, und in dem Typ Lebensraum, in dem sie bevorzugt auf Nahrungssuche gehen. Ein Ameisenbär, dessen Nahrungsmittelpräferenzen in irgendeiner Weise von den in der Nähe lebender Ameisenbären abweichen, hat mehr Chancen, Nahrung zu finden und daher eine höhere Chance zu überleben (Lubin, 1983). Individuelle Unterschiede können manchmal dazu beitragen, die Nahrungsaufnahme zu maximieren. Und in diesen Fällen werden sie von der Theorie optimaler Nahrungssuche vorhergesagt.

Die Theorie optimaler Nahrungssuche beschreibt gut das Nahrungsauswahlverhalten einzelner Organismen bei vielen Arten in einer großen Vielzahl von Situationen. Der nächste Abschnitt behandelt das Nahrungsauswahlverhalten von Gruppen von Organismen im Lichte der Theorie optimaler Nahrungssuche.

Der Makroansatz

Unter Anwendung der ökonomischen Terminologie können anhand der Theorie optimaler Nahrungssuche vorgenommene Analysen des Nahrungsauswahlverhaltens großer Gruppen von Organismen derselben Art *Makroansatz-Untersuchungen* genannt werden. Ein zur Unterstützung von Makroansatz-Untersuchungen vorgebrachtes Argument ist, daß Gruppenverhalten eine Konsequenz des Verhaltens der Individuen ist, die die Gruppe bilden. Wenn ökonomische Prinzipien daher auf das Verhalten von Individuen anwendbar sind, müßten sie auch für Gruppenverhalten gelten (Lea, 1983). Außerdem kaufen Menschen, die Lebensmittel besorgen, oft für einen ganzen Haushalt ein, und die Normen der Erwünschtheit von Lebensmitteln sind gewöhnlich eine Funktion der Meinungen einer ganzen Gruppe von Menschen, nicht einer einzelnen Person (Goode, Curtis & Theophano, 1981). Schließlich sind Gruppendaten manchmal die einzig vorhandenen Daten. Dies gilt etwa für archäologische Versuche, die Nahrungsmittelauswahl vergangener Kulturen zu studieren (Wing & Brown, 1979; Winterhalder & Smith, 1981). Aus all diesen Gründen wurden viele Gruppenuntersuchungen zur Theorie optimaler Nahrungssuche durchgeführt, in der Mehrheit der Fälle mit menschlichen Versuchspersonen.

Einige Beispiele für makroökonomische Auswirkungen auf das Nahrungsmittelauswahlverhalten wurden in Kapitel 5 beschrieben. Dort wurde ausgeführt, daß der Verbrauch an Zuckerprodukten stieg, als der Preis für Zucker fiel und die Verfügbarkeit größer wurde. Das ist ein allgemeines Phänomen bei der Industrialisierung von Ländern (Cantor & Cantor, 1977; Scrimshaw & Taylor, 1980). Ähnliche Beziehungen wurden auch für den Verbrauch anderer Nährstoffe gezeigt (Krondl & Lau, 1982; Scrimshaw & Taylor, 1980; Yudkin, 1964).

Die Theorie optimaler Nahrungssuche findet auch zunehmend auf dem Gebiet der Anthropologie Anwendung. Insbesondere wurde sie auf die Erklärung dreier Problemtypen angewendet: das Territorialverhalten der Jäger und Sammler (Menschen, die ihre Nahrung durch Jagen, Fischen und das Sammeln wilder Früchte beschaffen), Gruppenstrategien der Nahrungssuche und die Teilung der Nahrung (Smith, 1987; Winterhalder, 1987). Man hat zum Beispiel herausgefunden, daß die Gruppenstruktur der Schimpansen bei der Nahrungssuche ihre Effektivität bei der Erlangung von Früchten maximiert (Ghiglieri, 1985). Ein anderes Beispiel sind die Ache in Paraguay und die Hiwi in Venezuela, die sich nur dann um eine Nahrungsquelle kümmern, wenn der erwartete Nettogewinn an Energie größer ist als die Energie, die sie durch Nichtbeachten dieser Nahrung einsparen könnten – auch dies in Übereinstimmung mit der Theorie optimaler Nahrungssuche (Hill & Hurtado, 1989).

Theorem der Wahrscheinlichkeitsangleichung versus Theorie der optimalen Nahrungssuche

Viele Forscher haben darüber diskutiert, ob das Theorem der Wahrscheinlichkeitsangleichung oder die Theorie optimaler Nahrungssuche eine bessere Beschreibung des Verhaltens ermöglicht, und viele

Experimente wurden durchgeführt, um diese Ansichten zu prüfen (Baum, 1981; Heyman & Herrnstein, 1986; Houston, 1983; Kacelnik, 1987; Mazur, 1981; Staddon & Hinson, 1983; Williams, 1985; Zeiler, 1987; Ziriax & Silberberg, 1984). Das Angleichungstheorem scheint den Vorteil zu haben, daß es offenbar relativ leicht für Organismen ist, sich entsprechend seiner Vorhersage zu verhalten. Sie brauchen nur ihre Reaktionen so zu verteilen, wie die Verstärker verteilt sind. Sowohl das Angleichungstheorem als auch die Theoretiker optimaler Nahrungssuche stimmen darin überein, daß von keinem Organismus zu erwarten ist, daß er über vollständiges Wissen oder die vollkommene Fähigkeit verfügt zu bestimmen, welche Futterauswahl optimal wäre, und sich danach zu verhalten. Das Angleichungstheorem hat jedoch Probleme, die zwischen nicht austauschbaren Nahrungsmitteln zu treffenden Entscheidungen zu beschreiben, und es berücksichtigt die aufzuwendende Anstrengung nicht. Um auf der anderen Seite die Theorie optimaler Nahrungssuche zu prüfen, ist es normalerweise erforderlich, den Energieverbrauch und die Energiezufuhr zu messen, was sich oft als unmöglich erweist. In einem gewissen Grade nehmen sowohl das Angleichungstheorem als auch die Verfechter einer optimalen Nahrungssuche, wenn das Futterauswahlverhalten der Versuchstiere nicht ihren Erwartungen entspricht, Zuflucht zu Erklärungen wie der Behauptung, daß die Prozedur zu komplex gewesen sei für das Tier oder daß irgendetwas nicht richtig gemessen worden sein muß. Die vielleicht beste Antwort zu diesem Thema wird von J. E. R. Staddon (1983) gegeben:

> Optimales Verhalten ist immer *Beschränkungen* unterworfen. Und in den durch sie gesetzten Grenzen definieren diese Beschränkungen den *Mechanismus*, den Tiere nutzen, um etwas wie Verstärkungsmaximierung unter vielen, aber niemals allen Bedingungen zu erreichen. ... Die Optimierungstheorie bleibt nützlich, denn, wo sie versagt, weist sie auf die der Fähigkeit eines Tieres zur Optimierung gesetzten Grenzen hin und damit auf Beschränkungen und Mechanismen. Wo sie erfolgreich ist, ist sie nützlich, weil sie das Verhalten in vielen Situationen erklärt.

Mit anderen Worten, optimale Nahrungssuche ist ein nützliches Konzept, um Wege zur Beschreibung von Futterauswahlverhalten zu entwickeln. Einer dieser Wege könnte das Angleichungstheorem sein. Es kann sein, daß Organismen aufgrund verschiedener Einschränkungen

7. Auswahl

nicht immer in der Lage sind, sich optimal zu verhalten. Sie könnten sich daher in ihrem Verhalten nach einfacheren Prinzipien richten, die häufig mit optimalem Verhalten zusammenfallen, sogenannten Faustregeln (Houston & McNamara, 1984; Janetos & Cole, 1981) wie dem Angleichungstheorem.

Somit sind die eng mit dem Gebiet der Biologie verbundene Theorie optimaler Nahrungssuche und das aus dem Gebiet der Psychologie stammende Theorem der Wahrscheinlichkeitsangleichung nicht notwendigerweise konkurrierende, sich wechselseitig ausschließende Erklärungen. Statt dessen verhalten sie sich komplementär zueinander, wobei sich das Angleichungstheorem eher auf Verhaltensmechanismen konzentriert und die Theorie optimaler Nahrungssuche eher auf Nettoenergiegewinn und Gesamttauglichkeit der Art (siehe Abbildung 7.3). Beide wissenschaftlichen Ansätze beschäftigen sich mit demselben Verhalten in derselben Umwelt, und beide können zur Erklärung des Nahrungsauswahlverhaltens beitragen.

Das Theorem der Wahrscheinlichkeitsangleichung und die Theorie der optimalen Nahrungssuche sind die beiden am häufigsten untersuchten quantitativen Modelle der Auswahl, es gibt aber noch viele

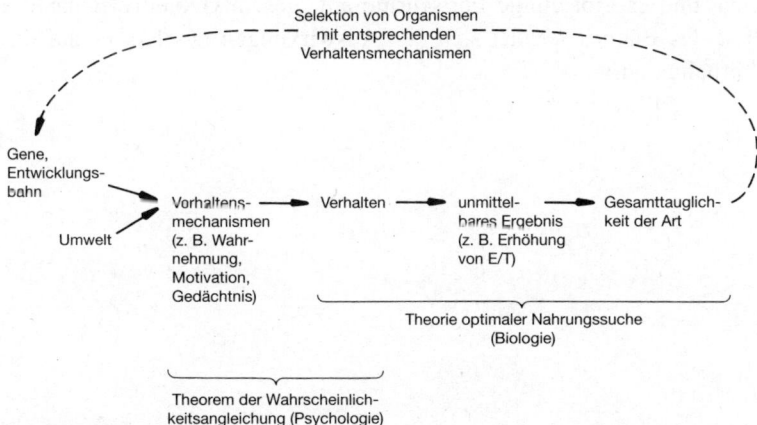

7.3 Die Beziehung zwischen psychologischen Mechanismen und denen optimaler Nahrungssuche bei der Beschreibung des Auswahlverhaltens zwischen verschiedenen Nahrungsmitteln. (Shettleworth, 1987.)

andere: Edmund Fantinos Verzögerungsreduktionsmodell (Abarca & Fantino, 1982; Fantino, 1981; Fantino & Davison, 1983), John Gibbons Skalare Erwartungstheorie (1977) und Peter R. Killeens Anreiztheorie (1982, 1985), um nur einige zu nennen. Durch die Untersuchungen dieser Modelle sind wir in der Lage, viele Auswirkungen der Nahrungsverfügbarkeit auf das Auswahlverhalten aller Organismen zu beschreiben und vorherzusagen.

Fazit

Dieses Kapitel schließt den Teil des Buches über die Determinanten normalen Eß- und Trinkverhaltens ab. Das vorliegende und die zwei vorherigen Kapitel haben versucht zu erklären, wie verschiedene Nahrungsmittel für den Verzehr ausgewählt werden. Eine Anzahl von weitgehend genetisch und weitgehend durch die Umwelt bedingten Determinanten von Nahrungsmittelpräferenzen wie auch Modelle, die die Auswahl als eine Funktion der Nahrungsverfügbarkeit darstellen, wurden beschrieben. Die Wahl bestimmter Nahrungsmittel zu erklären und zu beschreiben, ist komplex und schwierig, aber nicht unmöglich, und es gibt einige Fortschritte auf diesem Gebiet. Der nächste Teil des Buches wendet sich den Auswirkungen des Essens auf das Verhalten zu.

Teil III
Experimente mit Nährstoffen und anderen Stoffen

Das folgende Kapitel nimmt eine etwas andere Perspektive ein als die anderen Kapitel in diesem Buch. Statt zu untersuchen, welche Faktoren für unsere Nahrungs- und Flüssigkeitsaufnahme verantwortlich sind, betrachtet das Kapitel 8 die Frage, wie die Nährstoffe und andere Stoffe, die wir aufnehmen, unser Verhalten beeinflussen und wie diese Einwirkungen auf das Verhalten experimentell untersucht werden. Da eine Bewertung der experimentellen Befunde auf einem gründlichen Verständnis der experimentellen Methoden beruht, beginnt das folgende Kapitel mit einer Diskussion der Forschungsmethodik.

8
Auswirkungen von Nahrungsmitteln auf das Verhalten

Bei allen Organismen einschließlich des Menschen wird der Körper letztlich aus den Nährstoffen aufgebaut, die auf unterschiedliche Weise aufgenommen werden, über die Nabelschnur beim fetalen Säugetier, über das Eigelb beim fetalen Vogel oder über den Mund (beziehungsweise Maul, Schnauze etc.) bei kindlichen und erwachsenen Lebewesen. Wenn wir akzeptieren, daß jedes Verhalten bei allen Organismen in letzter Instanz durch den Körper determiniert ist, dann muß das Verhalten durch die aufgenommene Nahrung beeinflußt werden. Im Extrem bedeutet das, daß es ohne Nahrung kein Verhalten geben wird, da Organismen ohne Nahrung sterben. Es gibt aber auch viele andere Formen, in denen die Nahrungsaufnahme Verhalten beeinflussen kann.

Beispielsweise beeinflussen die täglichen Schwankungen in der Nahrungsaufnahme die Tätigkeit der Neuronen im Gehirn. Neurotransmitter werden aus spezifischen chemischen Vorstufen synthetisiert wie dem Cholin, das eine Vorstufe für Azetylcholin ist. Das Verhalten wird durch die Konzentration der Neurotransmitter beeinflußt, die wiederum davon abhängen, in welcher Menge ihre chemischen Vorstufen vorhanden sind, die ihrerseits wiederum durch die tägiche Kost beeinflußt wird (Fernstrom, 1977, 1981; J. Wurtman, 1981; R. Wurtman, 1982; Wurtman & Fernstrom, 1976; Wurtman & Wurtman, 1984).

Dieses Kapitel stützt sich auf Forschungen, die diese Typen von Verhaltensänderungen als Funktion der aufgenommenen Nahrung untersuchen und betonen, wie die Nahrung, die ein Organismus auswählt, sein Verhalten beeinflussen kann. Experimentell kann man mit zwei verschiedenen Methoden zeigen, daß für normales Verhalten normale Nahrungsaufnahme notwendig ist: Durch gezielten Entzug von Nahrungsmitteln beziehungsweise durch Verabreichung bestimmter Nahrungsmittel läßt sich kontrolliert abnormes Verhalten hervorrufen. Und mit diesen beiden Methoden werden in den folgenden Kapiteln auch die Auswirkungen von Nahrungsmitteln auf abnormes Verhalten beschrieben, mit Ausnahme der Auswirkungen von Alkoholkonsum, die im Kapitel 11 diskutiert werden.

In jüngster Zeit gibt es ein starkes öffentliches Interesse an den möglichen Auswirkungen der Ernährung auf das Verhalten. Wenn schließlich moderne, synthetisch hergestellte Chemikalien wie Diazepam (Valium) und Thorazin unsere Handlungen beeinflussen können, warum nicht auch die in der Nahrung vorhandenen chemischen Stoffe? Glücklicherweise haben auch Forschungseinrichtungen Interesse an dieser Fragestellung gezeigt, und inzwischen wurden viele sorgfältig durchgeführte Experimente publiziert (Sandler & Silverstone, 1985; Serban, 1975; Spring, Chiodo & Bowen, 1987; Wurtman & Wurtman, 1986).

Bevor wir uns in die Daten vertiefen, wird es hilfreich sein, zunächst einen kurzen Überblick über die grundlegenden methodischen Strategien und die Probleme zu vermitteln, die mit der Bewertung der Auswirkungen von Umweltmanipulationen verbunden sind (Conners, 1981; Dews, 1982/83; Elmes, Kantowitz & Roediger, 1981; Harley, 1981; Hays, 1981; Sprague, 1981). Es ist äußerst schwierig, ein gutes Experiment über die Auswirkungen einer bestimmten Behandlung durchzuführen; und was dazu notwendig ist, muß man in den Grundzügen verstehen, um die in diesem und in den folgenden Kapiteln vorgestellten experimentellen Befunde interpretieren zu können.

Forschungsstrategien und -probleme

Stellen Sie sich einmal vor, Sie wären ein Psychologe, der für einen großen Lebensmittelproduzenten arbeitet. Dieser Betrieb hat eine neue künstliche Lebensmittelfarbe entwickelt, AAA, und möchte AAA in seinem neuen Produkt, Bright & Early Frühstücksflocken, verwenden. Die medizinische Forschungsabteilung ihrer Firma hat bereits gezeigt, daß AAA weder Krebs noch Herzanfälle, Hautausschlag oder andere toxikologische Probleme verursacht. Sie sollen nun bestimmen, ob AAA irgendwelche unerwünschten Reationen im Verhalten hervorruft. Wie machen Sie dies? Keine leichte Aufgabe.

Planung des Experiments

Die experimentellen Bedingungen kontrollieren. Eine Strategie wäre, manchen Leuten AAA zu verabreichen und anderen nicht. Sie müßten dann absichern, daß die Leute, die die Lebensmittelfarbe erhalten, dies nicht bemerken. Denn sonst könnten die Versuchspersonen möglicherweise so reagieren, wie sie glauben, daß man angemessenerweise reagieren sollte, nachdem man AAA erhalten hat, und somit ihre eigentlichen Reaktionen auf AAA nicht zeigen. Ein Verhalten dieser Art ist als *Tendenz zur sozialen Erwünschtheit* oder als *reaktives Verhalten* bekannt. Da es schwierig ist, AAA in den Morgenkaffee ihrer Versuchspersonen zu Hause zu schmuggeln, könnten Sie einigen ihrer Versuchspersonen AAA geben und anderen ein Placebo. Ein echtes Placebo sieht so aus, fühlt sich so an, schmeckt so und riecht so wie eine Wirksubstanz, in diesem Falle AAA, ist aber in Wirklichkeit unwirksam und ruft keinerlei Reaktion hervor.

Aber nehmen wir weiterhin an, es wäre Ihre Aufgabe, sowohl das AAA als auch das Placebo für die Verabreichung vorzubereiten, indem Sie rosa Pillen daraus formen und diese Pillen den Versuchspersonen geben. Daher wissen Sie natürlich, wer AAA und wer Placebo erhält. Aber vergessen Sie nicht, daß es möglich ist, daß Sie den Versuchspersonen unabsichtlich mitteilen, welche Reaktionen auf das jeweilige Präparat, das Sie ihnen geben, Sie von ihnen erwarten (vgl. Kapitel 6). Dies ist ein anderes Beispiel für ein reaktives Verhalten. Eine bessere Strategie wäre daher, wenn einer Ihrer Assistenten die rosa Pillen zurechtmachen und sich notieren würde, welche welche ist, so daß Sie, wenn Sie die Pillen verteilen, keine Ahnung haben, wer AAA erhält und wer ein Placebo. Ein Versuch, in dem weder der Experimentator noch die Versuchspersonen wissen, welche Behandlung eine Versuchsperson erfährt, wird *Doppelblindversuch* genannt.

Auswahl der Versuchspersonen. Sie haben sich entschieden, einen Doppelblindversuch durchzuführen. Nun müssen Sie Ihre Versuchspersonenstichprobe auswählen. Sie könnten von allen Sekretärinnen Ihrer Firma verlangen, an dem Versuch teilzunehmen als eine Bedingung, um den nächsten Gehaltsscheck zu bekommen, aber dies ist natürlich ethisch nicht vertretbar. Es wäre besser, nach Freiwilligen zu fragen, vielleicht bei Nutzung eines finanziellen Anreizes. Das ethische Komitee ihrer Firma zur Wahrung der Rechte von Versuchspersonen warnt Sie jedoch, daß bei Nutzung menschlicher Versuchspersonen ein auf der Grundlage adäquater Information erfolgendes Einverständnis vorliegen muß. Das bedeutet, daß die Versuchspersonen ihrer Teilnahme an dem Versuch erst zustimmen dürfen, nachdem Sie ihnen den Zweck des Experiments erläutert haben und klar ist, daß sie entweder eine zu testende Lebensmittelfarbe AAA oder ein Placebo erhalten. Außerdem müssen Sie alle denkbaren schädlichen Konsequenzen dargelegt haben, die sich aus der Teilnahme ergeben könnten.

Selbst wenn Sie sich all diesen Forderungen, die erfüllt werden müssen, gegenüber sehen, sind Sie immer noch der Meinung, daß es besser ist, Menschen zu untersuchen als Ratten. Sie wissen, daß das Eßverhalten von Ratten dem des Menschen sehr ähnlich ist und daß Ihre Firma in vielen früheren Experimenten Ratten verwendet hat. Aber es ist Ihnen klar, daß an Ratten gewonnene Ergebnisse für die Frage eines Verkaufs von Bright & Early Frühstücksflocken nicht so aussagekräftig sind wie an Menschen erhobene Befunde. Außerdem versichert Ihnen die medizinische Forschungsabteilung, daß das Risiko irgendeiner negativen Reaktion auf das Medikament äußerst gering ist und daß das Einverständnis nach adäquater Information kein Problem für Sie darstellt, wenn Sie einen Doppelblindversuch anwenden.

Sie bringen nun rund um das Fabrikgelände Ihrer Firma Schilder an, auf denen das Experiment beschrieben wird und 20 DM für die Teilnahme angeboten werden. 100 Leute melden sich für die Teilnahme. Nach Ihren statistischen Schätzungen benötigen Sie jedoch nur 50 Versuchspersonen, um entscheiden zu können, ob AAA Auswirkungen hat: 25 erhalten ein Placebo und 25 AAA. Wie wählen sie nun die 50 Personen für die Teilnahme an dem Versuch aus? Wenn Sie die Liste der Freiwilligen durchgehen und diejenigen heraussuchen, die ungefähr geeignet erscheinen, könnte es sein, daß Sie einige nicht

8. Auswirkungen von Nahrungsmitteln auf das Verhalten

spezifizierte, und somit unerwünschte, Auswahlkriterien anwenden. Sie könnten einige systematische Fehler in die Stichprobe einführen, indem Sie ohne Ihr Wissen bestimmte Merkmale auswählen, die die Reaktionen der Versuchspersonen auf AAA oder Placebo beeinflussen. Idealerweise sollten sich die beiden Versuchsgruppen nur in der verabreichten Substanz unterscheiden, entweder AAA oder Placebo. Aus diesem Grunde sollten Sie die Versuchspersonen zufällig auswählen.

Eine Zufallsauswahl kann jedoch ein anderes Problem herbeiführen. Am Ende des Experiments möchten Sie die Reaktionen der Versuchspersonen, die Placebo erhielten, mit denen der Versuchspersonen, die AAA erhielten, vergleichen. Nehmen wir an, obwohl Sie die Versuchspersonen für jede Gruppe zufällig ausgewählt haben, sind in der Placebogruppe alle Versuchspersonen älter als in der AAA-Gruppe. Dann könnte es schwierig werden zu sagen, ob Unterschiede zwischen den beiden Gruppen auf AAA oder auf den Altersunterschied zurückzuführen sind. Dieses Problem kann gelöst werden, indem gesichert wird, daß die Versuchspersonen zwar zufällig ausgewählt werden, aber mit der Einschränkung, daß das mittlere Alter in beiden Gruppen ähnlich sein muß. Tatsächlich sollten die beiden Versuchsgruppen hinsichtlich aller Variablen, von denen es Ihrer Meinung nach denkbar ist, daß sie eine unterschiedliche Reaktion auf AAA bewirken können, parallelisiert (gleichartig gestaltet) werden.

Die Versuchspersonen, denen AAA gegeben wird, werden im folgenden *Experimentalgruppe*, diejenigen, welche Placebo erhalten, werden *Kontrollgruppe* genannt. Diese Terminologie wird verwendet, um zu indizieren, daß die Versuchspersonen in der Experimentalgruppe eine experimentelle Manipulation erhalten, den Stoff AAA, während an den Versuchspersonen der Kontrollgruppe geprüft wird, ob irgend ein anderer Faktor außer der Aufnahme von AAA das Verhalten der Versuchspersonen beeinflußt (die Kontrollgruppe „kontrolliert" alle anderen Effekte außer dem des AAA, zum Beispiel Wirkungen, die allein auf die Verabreichung von rosa Pillen zurückgeführt werden können).

In diesem Falle ist es möglich, die beiden Versuchsgruppen vollständig zu parallelisieren, indem man jeder Versuchsperson bei einer Gelegenheit AAA gibt, und bei einer anderen Gelegenheit Placebo verabreicht. Damit sind die Gruppen, die Placebo und die AAA erhalten, identisch, und jede Versuchsperson fungiert als ihre eigene Kontrolle. Dieser Versuchsplan-Typ wird als *abhängiger Versuchsplan* oder Wiederholungsplan bezeichnet. Experimente, in denen verschiedene Versuchspersonengruppen eine unterschiedliche Behandlung erfahren, verwenden einen sogenannten *unabhängigen Versuchsplan*. Allgemein sind abhängige Versuchspläne *mächtiger* oder effizienter, was bedeutet, daß weniger Versuchspersonen benötigt werden, um statistisch abzusichern, ob eine Behandlung einen Effekt hatte. Die einzigen Situationen, in denen Wiederholungspläne nicht ratsam erscheinen, sind solche, in denen die Auswirkungen einer oder mehrerer der Behandlungen andauernd sind, so daß sie die Bestimmung der Einflüsse folgender Behandlungen behindern (carry-over-effect).

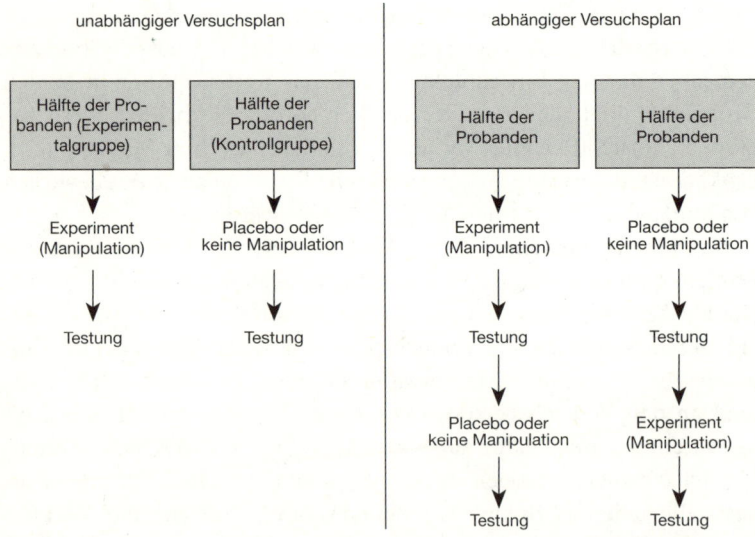

8.1 Unabhängiger und abhängiger Versuchsplan. Bei einem unabhängigen Versuchsplan erhält die Hälfte der Versuchspersonen, die Experimentalgruppe, eine experimentelle Behandlung, und die andere Hälfte, die Kontrollgruppe, erhält keine Behandlung oder ein Placebo. Bei einem abhängigen Versuchsplan dient jede Versuchsperson als eigene Kontrollbedingung und erhält sowohl die experimentelle Behandlung als auch das Placebo.

8. Auswirkungen von Nahrungsmitteln auf das Verhalten

Versuchsdurchführung. Sie sind ziemlich sicher, daß etwaige Effekte von AAA nicht andauern, also können Sie einen abhängigen Versuchsplan verwenden. Wenn Sie einen abhängigen Versuchsplan nutzen (im statistischen Zusammenhang auch abhängige, korrelierende oder verbundene Stichproben genannt), so müssen Sie dafür sorgen, daß die Hälfte der Versuchspersonen zuerst AAA und die andere Hälfte zuerst Placebo erhält. Damit werden mögliche Reihenfolgeeffekte kontrolliert (das heißt deren Vorhandensein getestet). Eine Versuchsperson könnte anders reagieren, einfach weil sie eine bestimmte Substanz beim zweiten statt beim ersten Mal erhalten hat.

Sie müssen jetzt entscheiden, wieviel AAA Sie den Versuchspersonen geben und ob Sie es zusammen mit einem anderen Nahrungsmittel verabreichen. Da Sie für einen Lebensmittelproduzenten arbeiten, ist es wichtig, daß die Ergebnisse für Ihren Arbeitgeber verwendbar sind. Deshalb möchten Sie, daß die Manipulationen, die Sie vornehmen, auf jeden Fall mit natürlichen Bedingungen vergleichbar sein sollen. Anders gesagt, die Mengen an AAA sollten dem möglichst nahekommen, was ein Konsument normalerweise erhalten würde. Da AAA wahrscheinlich als Farbstoff für Getreideflocken verwendet wird, sollten Sie Ihren Versuchspersonen sowohl AAA als auch das Placebo in Verbindung mit Getreideflocken vorsetzen, denn nur so können Sie den tatsächlichen Effekt von AAA im neuen Produkt erfassen.

Eine andere Strategie wäre, den Versuchspersonen 24 Stunden bevor und nachdem sie AAA oder Placebo erhalten haben, nichts zu essen zu geben, um die Auswirkungen von AAA zu isolieren. Ein solches Vorgehen, bei dem nur eine Substanz isoliert gegeben wird, um deren kritische Auswirkungen zu beurteilen, wird *Eliminierung* (systematische Ausschaltung unerwünschter Variablenwirkungen) genannt. Wenn die Eliminierung unerwünschter Bedingungen die Chance, etwaige Effekte von AAA zu sehen, vielleicht auch maximiert, so ist sie dennoch natürlichen Bedingungen nicht vergleichbar. Ihr Ziel ist es, die Wirkungen von AAA in einer realen Eßsituation zu bestimmen. Deshalb entschließen Sie sich, keine Eliminierung vorzunehmen, sondern den Versuchspersonen AAA oder Placebo vielmehr mit Getreideflocken zu geben und dabei ungefähr die Mengen anzuwenden, die auch der Hersteller verwenden würde.

Messung der Effekte. Sie haben jetzt nur noch ein weiteres Hauptproblem der Versuchsplanung: Wie mißt man die Auswirkungen von AAA gegen Placebo auf das Verhalten der Versuchspersonen? Die Leute einfach berichten zu lassen, wie sie sich fühlen, ist manchmal, aber nicht immer aussagekräftig hinsichtlich der tatsächlich erfolgenden Auswirkungen auf das Verhalten. Deshalb entscheiden Sie sich, die Versuchspersonen zum einen mit einem strukturierten Interview darüber zu befragen, wie sie sich fühlen, und zum anderen ihr Verhalten bei verschiedenen Lern- und Kooperationsaufgaben zu beobachten. Als spezielle Fragen und Aufgaben wählen Sie solche aus, die sich bereits in früheren Untersuchungen, bei der Entdeckung subtiler Verhaltensänderungen durch andere künstliche Lebensmittelfarben als AAA, bewährt haben.

Bewertung der Daten

Sie führen das Experiment durch und erhalten Ihre Daten. Lassen Sie uns der Einfachheit halber annehmen, daß es Ihnen gelungen ist, alle gewonnenen Maße zu einer Zahl für jede Versuchsperson zu verdichten. Diese Zahlen reichen von Null bis 100, wobei ein Punktwert von Null normales Verhalten bedeutet, während ein Wert von 100 extrem abnormes Verhalten anzeigt. Ihre Versuchspersonen erhalten im Mittel einen Wert von 15 nach der Placebo-Gabe und einen Wert von 25 nach der AAA-Gabe. Ihre Stichprobe ist groß genug, so daß sie mit Hilfe verschiedener statistischer Berechnungen feststellen können, daß in 95 Prozent aller Fälle eine derartige Differenz zwischen der Placebo- und der AAA-Behandlung tatsächlich auf die AAA-Behandlung zurückzuführen wäre und nicht auf Zufall. Daher können Sie recht überzeugt feststellen, daß der Stoff AAA die Verhaltensänderungen in Ihrem Experiment verursacht hat; das AAA führte zu einer *statistisch signifikanten* Verhaltensänderung.

Aber war diese Änderung auch *klinisch signifikant*? Ist eine Veränderung von 10 in dem Punktwert eine hinsichtlich des Verhaltens unter natürlichen Bedingungen bedeutungsvolle Veränderung? Würde unter normalen Bedingungen überhaupt jemand eine Verhaltensänderung von 15 zu 25 Punkten bemerken? Der Hersteller könnte viel-

8. Auswirkungen von Nahrungsmitteln auf das Verhalten

leicht entscheiden, daß statistische Signifikanz allein kein Grund ist, kein AAA in die Getreideflocken zu tun. (Die statistische Signifikanz sagt nicht einmal, daß der gefundene Unterschied von 10 Punkten tatsächlich vorhanden ist, sondern drückt nur aus, daß „in Wahrheit" eine Punktedifferenz besteht, die größer als Null ist. Es gibt auch statistische Testverfahren, die auf eine bestimmte Effektgröße, also einen festgelegten Unterschied, hin testen.)

Nehmen wir nun an, die Differenz zwischen 15 und 25 wäre nicht statistisch signifikant. Die Wahrscheinlichkeit, daß dieses Ergebnis auf Zufall beruht, ist größer als fünf Prozent. Bedeutet dies, daß AAA keine Wirkung hat? Es gibt immer noch eine gewisse Wahrscheinlichkeit, mit der dieses Ergebnis nicht zufällig entstanden ist. Nehmen wir weiterhin an, es gibt eine oder zwei Personen, die nach der Gabe von AAA eine riesige Erhöhung ihres Verhaltenswertes zeigen, aber die übrigen Versuchspersonen zeigen keine Veränderung oder eine Veränderung in entgegengesetzter Richtung. Was wäre, wenn AAA nur bei einigen Versuchspersonen Verhaltensprobleme erzeugt, aber bei den anderen nicht? Die meisten statistischen Tests sind nicht darauf ausgelegt festzustellen, ob es eine kleine Minderheit von Versuchspersonen gibt, die eine Reaktion zeigen (Cox, 1981; Birch & Gussow, 1970). Es ist schwer zu bestimmen, ob diese wenigen Versuchspersonen tatsächlich empfindlicher gegenüber AAA sind oder ob es sich nur um ein zufälliges Geschehen handelt. Sie würden erwarten, daß allein durch Zufall einige wenige Versuchspersonen nach der Gabe von AAA einen höheren Punktwert zeigen würden. Eine mögliche Lösung des Problems wäre, das Experiment noch einmal durchzuführen, aber nur mit den Versuchspersonen, die eine starke Reaktion auf AAA gezeigt haben, um zu sehen, ob sich dieser Effekt wieder zeigt. Falls ja, würden Sie versuchen herauszufinden, worin der Unterschied zwischen diesen Versuchspersonen und jenen, die den Effekt nicht zeigten, besteht, um sich in die Lage zu versetzen, vorherzusagen, wer diese Auswirkungen zukünftig zeigen wird.

Fazit

Dies ist nur eine Kostprobe der methodischen und ethischen Probleme, die die Experimente über die Wirkungen von verschiedenen Behandlungen oder Manipulationen, wie beispielsweise der Verwendung oder des Entzugs von Nahrungsmitteln oder Lebensmittelzusätzen, so kompliziert machen. In vielen Fällen gibt es keine klare Anzeige, welche Methode man anwenden sollte; der Forscher muß einfach diejenige aussuchen, die bei gegebenem Ziel des jeweiligen Experiments am besten erscheint.

Auswirkungen des Entzuges von Nährstoffen

Einige Nährstoffmängel beeinträchtigen eigentlich jeden, während andere Defizienzen nur bei einigen Menschen Verhaltensprobleme verursachen. Die folgenden Abschnitte stellen zur Illustration jedes dieser Wirkungstypen einige Befunde vor.

Auswirkungen bei allen Menschen

Alle Nährstoffe. Werden einem Organismus über eine relativ lange Zeit hinweg viele Nährstoffe entzogen, so kann das physiologisch schädigend sein und psychologische Auswirkungen haben. Mangelernährung während der frühen Kindheit kann die Sprachentwicklung verzögern und zu niedrigeren IQ-Werten führen, und diese Effekte können, selbst nachdem die Mangelernährung behoben wurde, bestehenbleiben (Brozek 1978; Cravioto & DeLicardie, 1975). Ein einziges verpaßtes Frühstück kann bewirken, daß Kinder in Intelligenztests und anderen später am Tage gestellten kognitiven Aufgaben schlechter abschneiden (Conners & Blouin, 1982/83; Pollitt et al., 1982/83). Diese Befunde könnten damit in Zusammenhang stehen, daß eine über Wochen und Monate andauernde Mangelernährung bei Kleinkindern die Zellteilungsrate im sich entwickelnden Gehirn reduziert. An vielen Tierarten gewonnene Ergebnisse sprechen dafür, daß dieser Effekt bleibend ist und zu einem kleineren Gehirn führt, auch nachdem das Kind nicht mehr länger mangelhaft ernährt wird (Lozoff, 1989; Winick, 1975). Die Forscher hatten Schwierigkeiten zu zeigen, daß spezifische Fähigkeiten, und nicht nur das allgemeine Energieniveau, durch Mangelernährung beeinträchtigt werden. Folglich haben sie immer feinere Tests entwickelt, um genau zu bestimmen, welche Funktionen durch frühe Mangelernährung beeinträchtigt werden. Eine mögliche Technik untersucht die Auswirkung von Mangelernährung auf die Fähigkeit eines Organismus, Nahrungsmittelpräferenzen durch Beobachtung seiner Artgenossen zu erlernen (Beobachtungslernen), auf der Grundlage von Galefs Forschung über die soziale Übertragung von Nahrungsmittelpräferenzen (Levitsky & Strupp, 1981; siehe Kapitel 6). Der Vorteil dieses Aufgabentyps ist, daß das Tier lernen kann, ohne sich dabei zu bewegen.

Spezifische Nährstoffe. Die Verhaltenswirkungen des Entzugs spezifischer Nährstoffe wurden ebenfalls untersucht. Aus ethischen Gründen wurden in vielen dieser Untersuchungen Tiere verwendet, obwohl auch einige Feldstudien mit menschlichen Probanden durchgeführt wurden.

In einigen Experimenten wurde Tieren spezifisch Protein entzogen. Im allgemeinen scheinen diese Experimente zu belegen, daß aktueller Proteinmangel bei Ratten und Affen zu schlechterem Lernen führt (Turkewitz, 1975; Zimmermann, Geist & Strobel, 1975).

Eisenmangel ist die weltweit verbreitetste Ernährungsstörung, und unglücklicherweise tritt diese Störung am häufigsten im Alter zwischen sechs und 24 Monaten auf, wenn das Gehirn seinen großen Wachstumsschub beendet (Lozoff, 1989). Rudolph L. Leibel, Ernesto Pollitt und Daryl B. Greenfield (1981) untersuchten die Auswirkungen von Eisenmangel auf das Lernen bei drei- bis sechsjährigen Kindern. Sie zeigten, daß diese Kinder unter Eisenmangel in Diskriminationsaufgaben und anderen Aufmerksamkeit erfordernden Testsituationen schlechtere Leistungen erbrachten als eine parallelisierte Kontrollgruppe ohne Eisenmangel. Nachdem jedoch der Eisenmangel beseitigt war, zeigten die Kinder eine ebenso gute Leistung wie die Kinder der Kontrollgruppe. Leider schließt dieses Experiment die

Möglichkeit nicht aus, daß der Eisenmangel eher das allgemeine Energieniveau oder einen anderen allgemeinen Faktor beeinträchtigt hat und nicht spezifische Aspekte kognitiver Funktionen. Zusätzlich wurde in anderen Studien gefunden, daß die Entwicklungsbeeinträchtigungen von Kleinkindern nach einem Eisendefizit bestehenblieben, auch nachdem der Eisenmangel beseitigt war (Lozoff, 1989).

Auswirkungen in Einzelfällen

Einige Forscher haben vermutet, daß aus physiologischen Gründen manche Menschen ein Defizit an dem einen oder anderen Nährstoff haben, obwohl sie eine normalerweise angemessene Kost erhalten. Diese Forscher meinen, daß solche Defizite bewirken könnten, daß sich diese Menschen abnorm verhalten und daß dieses abnorme Verhalten durch Beseitigung der Defizite behandelt oder seiner Entstehung vorgebeugt werden kann. Linus Pauling hat diesen Ansatz *Orthomolekularpsychiatrie* genannt (1968).

Ein Beispiel für diese Art von Mangelerscheinung sieht man bei Menschen mit einer irreversiblen Gedächtnisstörung, dem *Korsakow-Syndrom*. Menschen, die an dieser Krankheit leiden, haben Schwierigkeiten, unmittelbar zurückliegende Ereignisse zu erinnern (American Psychiatric Association, 1987). Das Korsakow-Syndrom wird durch zwei Faktoren verursacht. Einer dieser Faktoren ist eine genetisch bedingte Abweichung in der Tätigkeit eines bestimmten Enzyms, der *Transketolase*, die für den Glukosestoffwechsel und die Produktion von *RNA* (Ribonukleinsäure) erforderlich ist. Der andere Faktor ist eine Ernährung mit einer Kost, der es an Thiamin (Vitamin B_1) mangelt. Wenn diese beiden Faktoren vorhanden sind, entwickelt sich das Syndrom. Das Korsakow-Syndrom tritt häufig bei Alkoholikern auf, weil diese oft fehlernährt sind (siehe Kapitel 11 für eine umfassende Darstellung); aber es kann auch bei Nichtalkoholikern vorkommen, wenn sie die genetische Abnormität und einen Thiaminmangel haben (Dreyfus, 1981).

Aber Pauling weitete den Bereich der Orthomolekularpsychiatrie weit über Krankheiten wie das Korsakow-Syndrom hinaus aus. Pauling zufolge leiden viele Menschen an Nährstoffmängeln, die durch

8. Auswirkungen von Nahrungsmitteln auf das Verhalten

Veränderungen der Ernährungsweise behoben werden können. Beispielsweise hat Pauling (1968) die These verfochten, daß Schizophrene an einem Vitamin-C-Mangel leiden und daß die Schizophrenie durch die Gabe großer Dosen Vitamin C erfolgreich behandelt werden kann. Derartige Kontroversen haben viele Debatten und einige Forschung hervorgebracht (Kety, 1975; Kolata, 1979; Lipton, 1975a, 1975b).

Thomas A. Ban und seine Kollegen haben verschiedene Experimente entwickelt, um herauszufinden, ob große Gaben von Vitaminen schizophrene Störungen bessern (Ban, 1981). In diesen Experimenten wurden sowohl Placebos als auch Doppelblindversuche angewendet. Viele verschiedene Schizophrenieformen wurden untersucht unter Verwendung verschiedener Mengen von Vitaminen und bei unterschiedlicher Verabreichungsdauer. Die verwendeten Vitamine waren Niazin, C, Niazin plus C, Niazin plus Pyridoxin (B_6) und Niazin plus Pyridoxin plus C. Bei keiner dieser Vitaminkombinationen gab es anhaltende Besserungen bei Schizophrenen. Zusätzliche Forschung hat bestätigt, daß Niazin bei der Behandlung von Schizophrenie unwirksam ist (Wittenborn, 1975). Die Möglichkeit bleibt jedoch bestehen, daß einige der Behandlungen einigen wenigen Schizophrenen geholfen haben.

Es gab in der Forschungsliteratur einige Vorschläge, daß die Zuführung von bestimmten Aminosäuren und deren Derivaten, namentlich Tryptophan, Tyrosin und Cholin, bei Verhaltensproblemen wie Depression, Reaktionen auf unkontrollierbaren Streß und Gedächtnisdefiziten Abhilfe schaffen könnte (Gelenberg et al., 1982/83; Spring, 1986; Praag & Lemus, 1986). Ein definitiver Nachweis dieser Wirkungen ist jedoch bei menschlichen Probanden nicht durchgeführt worden.

Es gibt zwar einige Indikationen für die Anwendung einiger Nährstoffe in der Behandlung abnormen psychischen Verhaltens, die Öffentlichkeit sollte sich jedoch vor unbegründeten Behauptungen in acht nehmen. Durch nutzlose Behandlungen geweckte falsche Hoffnungen können denen, die daran glauben, großen Schaden bringen. Falsche Hoffnungen können verlorenes Geld, verschwendete Zeit, schwere Enttäuschungen und Versäumen anderer nützlicherer Behandlungsmöglichkeiten bedeuten, aber sie können auch zu direkten körperlichen Schädigungen führen (beispielsweise kann es einen Patienten schädigen, wenn ihm große Dosen einiger Nährstoffe, wie die Vitamine A, D, Niazin und Pyridoxin, verabreicht werden) und langfristig Gefährdungen mit sich bringen (für einen Patienten, von dem man annimmt, er sei geheilt, und der deshalb zuwenig gesundheitlich überwacht wird)(Ban, 1981; Kety, 1975; Rosenberg, 1975).

Auswirkungen der Gabe von Nährstoffen

Auswirkungen bei allen Menschen

Neurotransmittervorstufen. Eine Vielzahl von Experimenten hat gezeigt, daß eine Mahlzeit das Aktivitätsniveau, die Leistung und/oder die wahrgenommene Zeitdauer verändern kann. Diese Verhaltensmaße können durch Nahrungsaufnahme erhöht oder herabgesetzt werden in Abhängigkeit von der Tageszeit, zu der die Mahlzeit eingenommen wird, und von den beinhalteten Stoffen (Boal et al., 1988; Danguir, 1987; Meck & Church, 1987; Smith & Leekam, 1988; Spring, 1986; Zeisel, 1986). Spezifische Auswirkungen der Mahlzeiten auf die Verfügbarkeit von Neurotransmittervorstufen und damit auf die Neurotransmitter im Gehirn und das Verhalten wurden übereinstimmend für *Tryptophan* (eine Vorstufe) und Serotonin (den entsprechenden Neurotransmitter) gezeigt. Tryptophan ist eine in der Nahrung enthaltene Aminosäure. Serotonin ist ein Neurotransmitter, der für die Regulation des Schlafes von Bedeutung ist. Viele Untersuchungen haben gezeigt, daß eine direkte Verabreichung von Tryptophan den Schlaf bei Erwachsenen und auch Neugeborenen verbessert (Hartman, 1982/83; Leathwood & Pollet, 1982/83; Lieberman et al., 1982/83; Spring et al., 1987; R. Wurtman, 1982; Wurtman & Fernstrom, 1976; Yogman, Zeisel & Roberts, 1982/83).

Auch die normalen Variationen in der Nahrung können Tryptophan beeinflussen und damit den Schlaf, allerdings nicht in der Weise, die man vielleicht erwarten würde (Abbildung 8.2). Die Konzentration von Tryptophan im Blutplasma wird durch eine kohlenhydratreiche (nicht durch eine eiweißreiche) Mahlzeit erhöht. Dieses scheinbare

8. Auswirkungen von Nahrungsmitteln auf das Verhalten

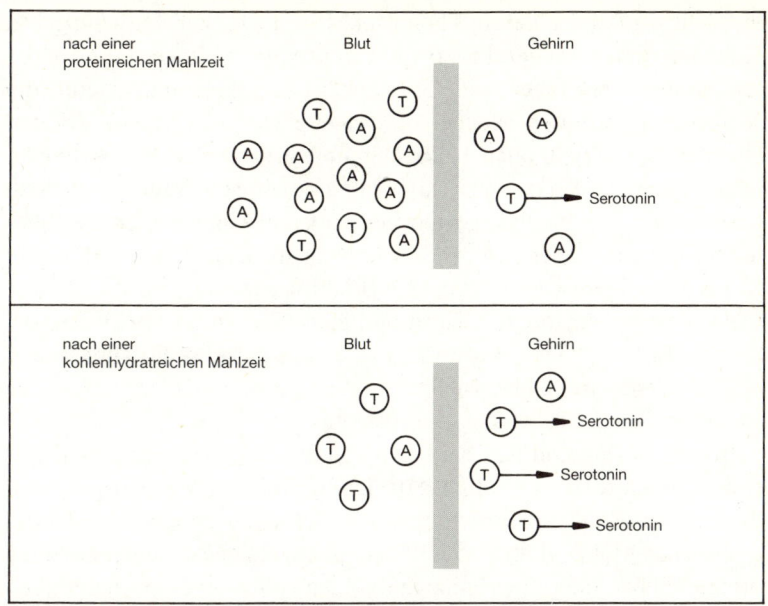

8.2 Schematische Darstellung des Einflusses von Tryptophan auf das Schlafverhalten. Im Blut vorhandenes Tryptophan (T) konkurriert mit anderen Aminosäuren (A) um den Zugang zum Gehirn durch die Bluthirnschranke. Nach einer eiweißreichen Mahlzeit treten viele Aminosäuren in den Blutstrom ein, von denen nur ein geringer Anteil Tryptophan ist. Deshalb gelangt aufgrund der Konkurrenz nur relativ wenig Tryptophan in das Gehirn, und deshalb beeinflußt Tryptophan den Schlaf nicht. Nach einer kohlenhydratreichen Mahlzeit jedoch treten sehr wenige Aminosäuren in den Blutstrom ein. Außerdem wird Insulin freigesetzt, und Insulin transportiert die meisten Aminosäuren, nicht jedoch Tryptophan, zu den Skelettmuskeln. Da es deshalb nur wenig Konkurrenz gibt, gelangt eine relativ große Menge Tryptophan in das Gehirn. Im Gehirn erhöht Tryptophan den Serotoninspiegel und damit die Schläfrigkeit. (Nach Liebeman et al., 1982/83.)

Paradox ist damit zu erklären, daß eiweißhaltige Nahrungsmittel sehr wenig Tryptophan aufweisen, obwohl sie große Mengen der anderen Aminosäuren enthalten. Nach einer proteinreichen Mahlzeit konkurrieren die anderen Aminosäuren im Blut mit der kleinen Menge an Tryptophan um den Zutritt zum Gehirn, durch die *Bluthirnschranke*, wobei nur wenig Tryptophan in das Gehirn eintreten kann. (Die Bluthirnschranke ist die funktionelle Schranke zwischen Blut und Gehirn; einige Substanzen haben mehr Schwierigkeiten als andere, vom Blut ins Gehirn zu diffundieren; Thompson, 1967). Das zur Verdauung von Kohlenhydraten freigesetzte *Insulin* transportiert einige dieser anderen Aminosäuren (aber nicht Tryptophan) zur Skelettmuskulatur; die so wegtransportierten Mengen sind aber nicht ausreichend, um den Nachteil von Tryptophan beim Durchbrechen der Bluthirnschranke auszugleichen. Nach einer kohlenhydrathaltigen Mahlzeit jedoch transportiert das Insulin die meisten anderen Aminosäuren zur Skelettmuskulatur, daher hat das Tryptophan im Blutplasma nur wenig Konkurrenz beim Überwinden der Bluthirnschranke; und damit kann mehr Tryptophan in das Gehirn eintreten (Fernstrom, 1983; Lieberman et al., 1982/83; R. Wurtman, 1982; Young, 1986). Folglich müßte eine kohlenhydratreiche Mahlzeit, nicht jedoch eine proteinreiche Mahlzeit, den Schlaf verbessern.

Bonnie Spring und ihre Kollegen konnten diese Hypothese teilweise bestätigen (Spring et al., 1980). Die weiblichen Versuchspersonen in ihrer Untersuchung berichteten nur nach einer einzigen kohlenhydratreichen Mahlzeit über Müdigkeit, nicht jedoch nach einer einzigen proteinreichen oder einer einzigen kohlenhydrat- und proteinhaltigen Mahlzeit. Spring und ihre Kollegen waren in der Lage zu zeigen, daß die Müdigkeit nach der kohlenhydratreichen Mahlzeit nicht mit dem Blutzuckerspiegel in Beziehung stand. Das Einsetzen der Müdigkeit fiel jedoch zeitlich mit der Erhöhung des Tryptophangehalts im Blut zusammen.

Spring und ihre Kollegen haben ebenfalls gezeigt, daß die Leistungen der Probanden in Aufmerksamkeit erfordernden Aufgaben nach einer kohlenhydratreichen Mahlzeit oft schlechter waren als nach einem eiweißreichen Essen (Spring et al., 1982/83). In Verbindung mit den weiter oben beschriebenen Daten über die verminderte kognitive Leistung von Kindern nach dem Auslassen des Frühstücks kann man aus den Befunden von Spring et al. offenbar die Vermutung ableiten, daß regelmäßige Mahlzeiten, die etwas Protein enthalten, die Ausführung kognitiver Anforderungen unterstützen könnten.

Angesichts der Ergebnisse von Spring und ihren Kollegen ist es nicht verwunderlich, daß die Kinder in dem Doppelblindversuch (mit Placebo) von Judith L. Rapoport (1982/83), nachdem sie nur eine Dosis Zucker erhalten hatten, ein verringertes Aktivitätsniveau zeigten. Dieser Befund wurde festgestellt, obwohl die Versuchspersonen

8. Auswirkungen von Nahrungsmitteln auf das Verhalten

über Zeitungsannoncen angeworben wurden, die explizit solche Kinder ansprachen, die nach dem Essen von Zucker aktiver wurden. Die Mütter der Kinder behaupteten, daß die Kinder nach dem Essen kleiner Mengen Zucker (kleinere, als in dem Experiment verwendet wurden) unmittelbare Verhaltensänderungen zeigen würden. Es wurden keine derartigen Reaktionen gefunden. Tatsächlich waren die Kinder weniger aktiv, nachdem sie Zucker gegessen hatten. Auch in weiteren sorgfältig kontrollierten Experimenten wurde entweder keine Veränderung oder eine Verringerung des Aktivitätsniveaus nach Zuckeraufnahme festgestellt (Spring, 1986). All diese Daten stehen in Übereinstimmung mit der Hypothese, daß Kohlenhydrate, einschließlich Zukker, eher beruhigen.

Auch verschiedene andere Vorstufe-Transmitter-Beziehungen sind bekannt. Beispiele sind die Vorstufe *Tyrosin*, eine Aminosäure, die in proteinreichen Lebensmitteln enthalten ist, und ihre Neurotransmitter Noradrenalin und *Adrenalin*; und die Vorstufe Cholin, ein Vitamin, das in Nahrungsmitteln vorkommt, die das Fett *Lezithin* enthalten, und sein Neurotransmitter Azetylcholin. In beiden Fällen konnte nachgewiesen werden, daß die Verfügbarkeit der Neurotransmitter im Gehirn von Nahrungsvariationen beeinflußt wird (Fernstrom, 1977, 1981; R. Wurtman, 1982; Wurtman & Fernstrom, 1976). Die Veränderungen im menschlichen Verhalten als Folge von Tyrosin- oder Lezithinaufnahme sind jedoch nicht so eindeutig wie für Serotonin bewiesen (Spring, 1986). Vielleicht werden künftige Experimente konsistente Verhaltenswirkungen des in der Nahrung enthaltenen Lezithins und Tyrosins aufzeigen. Auf jeden Fall haben die Ergebnisse für Serotonin klar gezeigt, daß die Gehirnaktivitäten und damit auch das Verhalten durch Nährstoffe beeinflußt werden können.

Natriumglutamat. *Natriumglutamat* ist das Natriumsalz einer Aminosäure und wird häufig bei der Bereitung von Speisen als Zusatz zur Geschmacksverstärkung verwandt. Und doch wissen Geschmacksforscher schon seit vielen Jahren, daß das Natriumglutamat nicht die schon in der Speise enthaltenen Geschmackskomponenten verstärkt, sondern statt dessen seinen eigenen Geschmack hinzufügt (Bartoshuk, 1988). Es ist wohlbekannt, daß bei vielen Erwachsenen nach der Aufnahme von Glutamat das sogenannte *China-Restaurant-Syndrom* auftritt (bei Konzentrationen, die über den in der Bundesrepublik zugelassenen Grenzwerten liegen). Dies ist eine häufig durch Verspannung der Gesichts- und Nackenmuskeln, Kopfweh, Übelkeit, Schwindel und Schwitzen gekennzeichnete akute Reaktion (Kermode, 1978; Nemeroff, 1981). Im Gehirn wirkt Natriumglutamat als erregender Neurotransmitter. Wenn es im Übermaß vorhanden ist, wird es zu einem Erregungstoxin; es kann die Neuronen im Extremfall sogar so stark reizen, daß es bis zum Tode führt (Baringa, 1990a). Man hat gezeigt, daß in hohen Dosen gegebenes Natriumglutamat bei Rattenjungen Hirnschädigungen und spätere Lernschwierigkeiten bewirken kann, auch wenn es ein Bestandteil der normalen Kost ist. Die Wirkungen geringerer Dosen sind nicht bekannt (Nemeroff, 1981). Aufgrund dieser Befunde wurde Natriumglutamat in den USA und Deutschland für Babykost und diätetische Lebensmittel untersagt, und es gibt eine Kontroverse darüber, ob es nicht für alle Lebensmittel verboten werden sollte (Baringa, 1990a, 1990b) – für verzehrsfertige Lebensmittel wie Fleischwaren und Soßen liegen die Grenzwerte in der Bundesrepublik bei 1 Gramm Natriumglutamat pro Kilogramm bis 20 Gramm, wobei Würzmittel bis zu 500 Gramm Natriumglutamat pro Kilogramm enthalten dürfen. M. E. Rubini (1971) hat in einem zusammenfassenden Kommentar zur Verwendung von Natriumglutamat, insbesondere in der Babynahrung, Stellung genommen:

> Wir müssen mehr wissen, um rational zu verstehen, was das Natriumglutamat an Chancen wie auch an Risiken mit sich bringt. Man kann zwar argumentieren, daß das Verbot von Glutamat in der Babynahrung voreilig und nicht auf eine solide wissenschaftliche Beweislage gegründet war, aber man sollte doch vielleicht auch fragen, warum es überhaupt erst hinzugefügt worden war. Es gibt offenbar plausible Belege dafür, daß Veränderungen im Geschmack der Nahrung (einem erwachsenen Verkoster zufolge) die Reaktion eines Säuglings beeinflussen; aber ob dieser Geschmack in derselben Weise empfunden wird wie ihn ein älteres Kind erfährt, ist ungewiß. Wie auch immer der Geschmack eines Babys tatsächlich sein mag, es ist fraglich, ob der Geschmack eines Breies aus pürierten Aprikosen und gehacktem Kalb oder einer Haferschleimsuppe mit gesiebter Leber wirklich durch Glutamat verbessert wurde. Und für wen? Für das Kind? Für die Mutter? (S. 171)

8. Auswirkungen von Nahrungsmitteln auf das Verhalten

Auswirkungen in Einzelfällen

Einige Wissenschaftler haben vermutet, daß aus physiologischen Gründen manche Menschen gegenüber bestimmten, in der normalen Nahrung enthaltenen Nährstoffen empfindlich sind. Diese Forscher glauben, daß Empfindlichkeiten dieser Art zu einem abnormen Verhalten nach Aufnahme der betreffenden Stoffe führen kann. Das Studium dieser Nahrungsmittelempfindlichkeiten gehört zum Gebiet der *klinischen Ökologie*, der Untersuchung und Behandlung von organismischen Reaktionen auf Umweltreize. Klinische Ökologen sprechen zwar oft von Nahrungsmittelallergien, wenn sie auf Nahrungsmittelintoleranzen referieren; das impliziert jedoch nicht, daß die normalen medizinischen Bestimmungsstücke einer Allergie (eine immunologische Antigen-Antikörper-Relation) dabei erfüllt wären. Für klinische Ökologen handelt es sich um eine Nahrungsmittelallergie, wenn die Aufnahme eines Nahrungsmittels bei einem Menschen die Reaktionsweise auf die Umwelt verändert (Dickey, 1976).

Eine gut dokumentierte Nahrungsmittelintoleranz, die zu schweren psychischen Symptomen führt, ist die *PKU (Phenylketonurie)*. Diese Krankheit wird in den USA bei ungefähr einem von 20 000 Neugeborenen festgestellt; sie tritt in Europa bei etwa einem von 10 000 Kindern auf. Diese Kinder werden mit einem bestimten Enzymdefekt geboren. Menschen, denen dieses Enzym fehlt, können *Phenylalanin*, eine Aminosäure, in ihrem Stoffwechsel nicht vollständig umwandeln. Es sammelt sich daher im Körper an und führt zu einer schwerwiegenden und dauerhaften Retardierung. Glücklicherweise kann man Neugeborene auf PKU testen, was in der Bundesrepublik routinemäßig bei den Erstuntersuchungen geschieht. Wenn ein Neugeborenes mit PKU auf eine phenylalaninarme Diät gesetzt (und insbesondere der phenylalaninhaltige Süßstoff Aspartam weggelassen) wird, so wird es sich in der Regel normal entwickeln (Guroff, 1981).

Experimentalforschungen hinsichtlich feinerer psychischer Auswirkungen einer normalen Kost sind spärlich. Eine Untersuchung wurde von David S. King (1981) an 30 Probanden in einem Doppelblindversuch durchgeführt. Zuerst stellte er fest, auf welche Stoffe die Versuchspersonen allergisch reagieren könnten. Dazu fragte er sie, wie häufig sie verschiedene Nährstoffe aßen und wie stark ihr Verlangen danach war; darüber hinaus wertete er ihre Berichte über psychische Reaktionen nach dem Genuß dieser Stoffe aus. Schließlich wählte er für sein Experiment am häufigsten Extrakte aus Weizen, Rindfleisch, Milch, Rohrzucker und Tabakrauch.

King schob diese Extrakte unter die Zunge der Versuchspersonen. Ein Placebo in Form destillierten Wassers wurde ebenfalls appliziert. King traf in diesem Experiment gezielt Vorsorge, um reaktives Verhalten als Einflußfaktor sicher auszuschalten. Er sagte den Versuchspersonen erst, daß Placebos dabei waren, als das Experiment vorüber war. Zusätzlich zur Durchführung des Experiments im Doppelblindversuch bat er jede Versuchsperson unmittelbar nach der Gabe des Extraktes zu raten, was für eine Substanz es ist; und er zeichnete alle Versuchsdurchgänge auf, in denen er glaubte, die Identität der Substanz selbst erraten zu haben. Die Daten von den Durchgängen, in denen die Versuchspersonen korrekt geraten hatten, daß keine Wirksubstanz gegeben worden war, und von den Durchgängen, in denen King glaubte, erraten zu können, welche Substanz er gerade verabreichte, wurden von der Auswertung ausgeschlossen.

Kings Versuchspersonen berichteten signifikant mehr kognitiv-emotionale Symptome (wie Depression und Reizbarkeit) nach der Verabreichung eines Extraktes als nach der Gabe von Placebo. Sie berichteten jedoch nicht über mehr somatische Symptome (etwa nasale Blutstauungen oder -wallungen) als Folge auf die Extrakte. Demnach stützen Kings Daten offenbar die Hypothese, daß einige in der Nahrung vorhandene Substanzen bei manchen Menschen bestimmte psychische Reaktionen verursachen können. Es ist allerdings noch nicht klar, in welchem Maße diese Reaktionen tatsächlich nur für bestimmte Menschen charakteristisch sind oder nicht vielmehr für die ganze Bevölkerung Aussagekraft haben. Außerdem darf man nicht vergessen, daß King keine natürlichen Nahrungsmittel, sondern Nahrungsmittelextrakte nutzte. Deshalb könnte es sein, daß seine Ergebnisse für natürliche Eßbedingungen nicht gelten.

Zusatzstoffe in Lebensmitteln und Hyperaktivität

Aus verschiedenen Gründen sind in Nahrungsmitteln auch Stoffe enthalten, die keinen Nährwert haben. Zu diesen Substanzen gehören künstliche Farbstoffe, Aromastoffe und Konservierungsmittel ebenso wie unbeabsichtigte Spuren von Verunreinigungen, Rückstände und Toxinen (Giftstoffe bakterieller, pflanzlicher oder tierischer Herkunft oder auch Pestizide und Wirkstoffe von Medikamenten). Nahrungsaufnahme führt häufig zur gleichzeitigen Aufnahme dieser Stoffe. Deshalb sind diese Stoffe, soweit sie irgendwelche psychischen Symptome hervorrufen, hier von Belang. Im folgenden sollen derartige Stoffe, die bei allen Menschen häufig psychische Reaktionen verursachen, zuerst betrachtet werden. Anschließend geht es um die mögliche Rolle, die Nahrungsmittelzusätze bei der Entstehung von Hyperaktivität bei manchen Kindern spielen könnten.

Auswirkungen bei allen Menschen

Koffein. Koffein ist als Bestandteil der Nahrung weit verbreitet. Es ist in bedeutenden Mengen nicht nur in Kaffee und Tee, sondern auch in Erfrischungsgetränken und Schokolade enthalten. In Schweden zum Beispiel, einer der im Kaffeeverbrauch führenden Nationen, ähnlich wie die Bundesrepublik, beträgt der Kaffeeverbrauch ungefähr 425 Milligramm pro Person und Tag. In den Vereinigten Staaten liegt der Pro-Kopf-Verbrauch bei 211 Milligramm pro Tag (Gilbert, 1981; Grifiths & Woodson, 1988). Für Schweden und Deutschland entspricht das etwa vier Tassen Kaffee je Tag für jeden Mann und jede Frau und jedes Kind, in den USA ca. 2 Tassen Kaffee pro Tag. Zieht man außerdem in Betracht, daß viele Erfrischungsgetränke mindestens soviel Koffein enthalten wie eine halbe Tasse Kaffee (Brody, 1981), so wird klar, daß die Auswirkungen des Kaffeekonsums einer gründlichen Erforschung bedürfen.

Die Auswirkungen von relativ kleinen Mengen Koffein auf das Verhalten von Kindern und Erwachsenen ist gut untersucht. Koffeinaufnahme erhöht sowohl die subjektiv berichtete Wachheit und Energie als auch die gemessene Aufmerksamkeit und Sprechgeschwindigkeit (Elkins et al., 1981; Gilbert, 1981; Leathwood & Pollett, 1982/83; Rapoport, 1982/83; Rozin & Cines, 1982). Judith L. Rapoport (1982/83) stellte fest, daß Erwachsene nach Kaffeegenuß mehr Stimmungsänderungen berichten als Kinder, während sich bei Kindern die objektiven Verhaltensmaße stärker änderten als bei Erwachsenen. Wie sie zutreffend bemerkt, ist es schwierig zu beurteilen, ob Kinder nach der Koffeinaufnahme weniger Stimmungsänderungen erleben oder ob sie solche Veränderungen einfach schlechter sprachlich wiedergeben können.

In einer sorgfältigen Doppelblindstudie gingen Roland R. Griffiths, George E. Bigelow und Ira A. Liebson (1989) der Frage nach, ob Koffein als Verstärker fungieren kann. Die Versuchspersonen wohnten für die Zeit des Experiments in einer verhaltenspharmakologischen Forschungsabteilung, und alle hatten eine kaffee- und koffeinreiche Vorgeschichte. In einem Experiment wählte jede Versuchsperson zwischen einer Koffeinkapsel und einer Placebokapsel. In einem anderen Experiment konnten die Versuchspersonen an verschiedenen Tagen arbeiten, um koffeinhaltigen Kaffee, entkoffeinierten Kaffee, Koffeinkapseln oder Placebokapseln zu erhalten. In beiden Experimenten bevorzugten die Versuchspersonen das Koffein, sei es in Form von Kaffee oder von Koffein – unabhängig davon, ob die Versuchspersonen zuvor während des Experiments Kaffee konsumiert hatten oder nicht. Mit anderen Worten, die Probanden zeigten eine Präferenz des Koffeins, die kein Ergebnis einer Koffeintoleranz, Koffeinabhängigkeit oder einer Vorliebe für Kaffee als Getränk war. Koffein als solches und an sich ist für manche Menschen ein Verstärker.

Auf Dauer kann Kaffeekonsum zu einer physiologischen Abhängigkeit führen. Zudem kann bei einigen Menschen bereits der Genuß von zwei Tassen Kaffee eine *Koffeinismus* oder *Koffeinvergiftung* genannte Störung hervorrufen, die durch „Unruhe, Nervosität, Erregung, Schlaflosigkeit, Gesichtsrötung, Diurese und Magen-Darm-Beschwerden" (American Psychiatric Association, 1987, S. 138) gekennzeichnet ist. Geht man davon aus, daß Koffein ein Verstärker ist und zumindest für einige Menschen schädlich wirken kann, so scheint eine generelle Warnung vor übertriebenem Kaffeekonsum berechtigt.

8. Auswirkungen von Nahrungsmitteln auf das Verhalten

Mutterkorn. Mutterkorn ist das *Sklerotium* (Dauermyzel) eines auf Getreideähren, speziell Roggen, wachsenden Pilzes. Der Verzehr von Mutterkorn führt zu einer Art Lebensmittelvergiftung, dem sogenannten *Ergotismus*. Zu den Symptomen des Ergotismus gehören zeitweilige Taubheit oder Blindheit, Mißempfindungen wie Zwicken oder „Ameisenkribbeln" unter der Haut und Krämpfe. Verschiedene Forscher haben die Vermutung geäußert, daß nicht diagnostizierter Ergotismus für historische Ereignisse wie die Hexenprozesse von Salem im Jahre 1692 verantwortlich gewesen sein könnte. 1692 war Ergotismus unbekannt. Die Mehrheit der „verhexten" Beschuldiger in den Hexenprozessen von Salem klagten über Symptome, die mit den häufigsten Symptomen von Ergotismus übereinstimmen. Zudem waren die meisten „Verhexten" junge Mädchen, und Ergotismus betrifft mit größerer Wahrscheinlichkeit Menschen, die im Verhältnis zu ihrem Körpergewicht sehr viel essen, wie zum Beispiel junge Mädchen. Schließlich machen es auch die geographische Lage, Wetter und Wachstumsbedingungen von Salem im Jahre 1692 wahrscheinlich, daß damals sehr viel mit Mutterkorn verseuchter Roggen gegessen wurde. Deshalb glauben die Forscher, daß Ergotismus bei einigen Menschen das Gefühl auslöste, verhext worden zu sein, was zu Anklagen und Hinrichtungen führte (Caporael, 1976; Matossian, 1982). Giftbelastete Nahrungsmittel können den Lauf der Geschichte ändern (Tannahill, 1974).

Andere Toxine. Es gibt auch viele andere nicht zu den Nährstoffen gehörende Substanzen in der Nahrung, die sowohl psychische als auch physische Schäden verursachen können. Derartige Toxine müssen keine zufälligen Verseuchungen sein; sie können auch absichtlich den Nahrungsmitteln beigefügt und gegessen werden, wenn auch vielleicht ohne Kenntnis ihrer toxischen Wirkung. Im späten 19. und frühen 20. Jahrhundert war Absinth ein beliebtes Getränk in Frankreich. *Absinth*, ein hellgrüner Branntwein, enthält Wermutöl, Alkohol und Pflanzenextrakte wie Anis. Wegen der Bitterkeit des Wermuts wurde er gewöhnlich in Zucker und Wasser aufgelöst getrunken. Die Menschen sagten, daß sie gern Absinth trinken, weil er bei ihnen einzigartige und ungewöhnliche Wahrnehmungen auslöste. Der Wermut im Absinth enthält jedoch ein Toxin, Thujon, welches tatsächlich

Halluzinationen, mentale Beeinträchtigungen und schließlich irreversible Hirnschäden bewirkt. Man sagt, daß van Gogh sich dem Absinth ergeben haben soll und daß dies zu seiner Psychose und seinem Suizid beigetragen haben soll. Als die Menschen sich der durch Absinth verursachten Schädigungen bewußt wurden, schwand dessen Popularität langsam dahin (Arnold, 1989).

Ein anderer Giftstoff, dessen Auswirkungen auf das Verhalten untersucht worden sind, ist Blei. Rhesusaffen, die mit einer bleihaltigen Diät aufgezogen wurden, zeigten schwächere Lernleistungen als Kontrolltiere (Bowman, 1981). In der Nahrung enthaltene große Dosen von Blei behindern auch die Lernprozesse bei Kindern und führen sogar zu geistiger Retardierung. Unklar ist bisher, bei welchen Bleikonzentrationen bereits eine leichte Verminderung der Lernfähigkeit bei Kindern eintritt. Einige Forscher glauben, daß selbst relativ kleine Bleimengen die Intelligenzentwicklung beeinträchtigen (Needleman, Geiger & Frank, 1985). Blei ist zwar inzwischen als Bestandteil von Innenfarben verboten, in manchen Häusern gibt es aber immer noch alte abblätternde Farbe, die Blei enthält und die kleine Kinder in den Mund stecken könnten. Deshalb könnten von dem Problem der Bleiaufnahme durch den Organismus mit den daraus resultierenden psychischen Schäden noch immer manche Kinder betroffen sein (Weiss, 1981).

An Bleivergiftung sind früher sogar auch viele Erwachsene gestorben. 1845 brach eine 134 Mann starke Expedition unter Leitung von Franklin aus England zu einer Fahrt ins nördliche Eismeer auf mit der Aufgabe, eine Karte der Nordwestpassage zu erstellen. Im Verlaufe der Expedition begannen viele Mitglieder der Expedition sich merkwürdig zu verhalten, und alle starben, bevor sie ihre Aufgabe ausführen konnten. Neuere Untersuchungen der im Eis konservierten Körper einiger Expeditionsmitglieder haben ergeben, daß Blei den Tod verursacht hat, das offenbar in den Nahrungsmitteln enthalten war. Die wieder aufgefundenen Körper enthielten große Mengen an Blei, und die Konservendosen, von denen man sich eine verbesserte Lebensmittelversorgung erhofft hatte, waren mit hohen Bleianteilen hergestellt worden (*Nutrition Reviews*, 1989).

Giftstoffe können eine geistige Retardierung verursachen, wenn sie einem Fetus durch die Nahrungsaufnahme der Mutter zugeführt werden. Dies ist in Japan bei der toxischen Chemikalie Methylquecksilber aufgetreten. Auch Erwachsene, die Methylquecksilber aufnehmen, leiden an einer neurologischen Symptomatik wie visuellen und motorischen Störungen und Kopfschmerzen. Methylquecksilber kann von industriellen Quellen in Gewässer und Fische gelangen. Wenn dann Menschen die verseuchten Fische essen, kann es zur Quecksilbervergiftung kommen (Weiss, 1981).

Hyperaktivität

Einige Zusatzstoffe in der Nahrung verursachen bei den meisten Menschen ein auffälliges Verhalten. Allerdings wird hier auch behauptet, daß manche Menschen besonders empfindlich auf Lebensmittelzusätze reagieren. Am gründlichsten untersucht und am widersprüchlichsten erklärt wurde in diesem Zusammenhang die Vermutung, daß eine Aufmerksamkeitsmangel-Hyperaktivitäts-Störung (American Psychiatric Association, 1987) mit solchen Zusatzstoffen zusammenhängen könnte.

Hyperaktivität wird am häufigsten bei Kindern beobachtet und häufiger bei Jungen als bei Mädchen (American Psychiatric Association, 1987). In einer Studie wurde gefunden, daß mindestens zwei Drittel der Mütter hyperaktiver Kinder ihre Kinder mit einer der folgenden deskriptiven Aussagen beschrieben: „überaktiv", „bringt nichts zu Ende", „Zappelphilipp", „kann beim Essen nicht stillsitzen", „bleibt nicht bei einem Spiel", „macht Spielzeug, Möbel u.s.w. kaputt", „redet ununterbrochen". Von anderen Müttern charakterisierten weniger als ein Drittel ihre Kinder mit diesen Begriffen (Stewart, 1970). Aber nicht alle hyperaktiven Kinder zeigen die gleichen Symptome; die hyperaktive Population ist inhomogen (O'Leary, 1981).

Seit vielen Jahren verwendet man *Amphetamine*, um hyperaktive Kinder zu behandeln. Amphetamine wirken zwar offensichtlich auf das Verhalten Erwachsener aktivierend, sie scheinen aber Kinder, einschließlich hyperaktiver Kinder, in ihrem Verhalten zu beruhigen. Der Grund dafür liegt anscheinend – sowohl für Erwachsene als auch für Kinder – darin, daß Amphetamine die Aufmerksamkeit gegenüber kognitiven Aufgaben erhöhen. Da die Aufrechterhaltung der Aufmerksamkeit bei kognitiven Aufgaben insbesondere für Kinder ein Problem darstellt und weil Aktivität und Aufmerksamkeit unvereinbar sind, werden hyperaktive Kinder, denen Amphetamine verabreicht wurden, weniger aktiv (Rapoport et al., 1978; Stewart, 1970). Amphetamine sind jedoch sehr starke Wirkstoffe mit vielen Nebenwirkungen. Es kann zum Beispiel passieren, daß Kinder, denen über einen langen Zeitraum hinweg Amphetamine gegeben werden, nicht so wachsen wie andere Kinder (Officers of Medical Economics Company, 1980). Außerdem führen Amphetamine nur zu kurzfristigen Verbesserungen im Verhalten. Als eine langfristig vielleicht wirksamere Behandlung böte sich möglicherweise an, hyperaktiven Kindern neue Verhaltensmuster beizubringen (O'Leary, 1980).

Vor ungefähr 20 Jahren nahm Ben F. Feingold an, daß Hyperaktivität auf die erhöhte Reaktionsbereitschaft der Kinder gegenüber einigen Lebensmittelzusätzen in der Nahrung zurückzuführen sein könnte. Feingold vertrat die Ansicht, daß die problematischen Substanzen künstliche Aromastoffe und Farbstoffe seien, die Konservierungsmittel *BHT* und *BHA* und *Salizylate*, Salze der Salizylsäure, die natürlicherweise in Lebensmitteln wie Mandeln, Äpfel und Tomaten vorkommen. Er schlußfolgerte, daß das hyperaktive Verhalten signifikant abnehmen müßte, wenn man diese Substanzen aus der Nahrung entfernen würde. Damit war die *Feingold-Diät* für hyperaktive Kinder geboren (Feingold, 1981). Viele Eltern hyperaktiver Kinder schwören auf diese Diät (The Feingold Association of New York, 1982), aus der in Deutschland die *phosphatreduzierte* oder *oligo-antigene Diät* abgeleitet wurde (Hafner, 1984), aber die Forschungsliteratur ist nicht so eindeutig.

Argumente für die Feingold-Diät. In verschiedenen Studien wurden die Effekte von Nahrungsmittelfarben auf das Verhalten an Versuchstieren untersucht. Zum Beispiel brachten George J. Augustine und Herbert Levitan (1980) eine Lebensmittelfarbe auf eine *neuromuskuläre Synapse* (eine Synapse zwischen einem Neuron und einem Muskel) beim Frosch auf. Ab einer bestimmten Dosis an Nahrungsmittelfarbe wurde an der Synapse eine größere Menge an Neurotransmittern freigesetzt. Diese Ergebnisse weisen darauf hin, daß Nahrungsmittelfarben die motorische Aktivität möglicherweise erhöhen könnten.

8. Auswirkungen von Nahrungsmitteln auf das Verhalten

James R. Goldenring und seine Kollegen (1980) untersuchten in ihrem Experiment Rattenjunge. Sie spritzten die Nahrungsmittelfarben in den Magen-Darm-Trakt der Jungtiere ein. Im Durchschnitt erhöhte sich anschließend das Aktivitätsniveau der Rattenjungen, während ihre Fähigkeit, Schocks auszuweichen, abnahm. Bennett A. Shaywitz, James R. Goldenring und Robert S. Wool (1979) verwendeten ebenfalls Rattenjunge, denen sie die Lebensmittelfarben oral verabreichten. Nachdem man ihnen die Lebensmittelfarben gegeben hatte, waren die Jungen hyperaktiv und hatten Probleme beim Lernen.

Auch ein Experiment von James M. Swanson und Marcel Kinsbourne (1980), in dem sie 40 Kinder untersuchten, erbrachte einige Belege zugunsten der Feingold-Diät. Für die Hälfte der Kinder war eine Hyperaktivitätsdiagnose bestätigt, für die andere Hälfte zurückgewiesen worden. Alle Kinder wurden für fünf Tage auf die Feingold-Diät gesetzt. In einem Eliminierungsversuchsplan erhielt jedes Kind am vierten Tag der Diät eine Kapsel, die eine Mischung aus Lebensmittelfarben enthielt, und am fünften Tag eine Placebokapsel. An diesen beiden Tagen wurde den Kindern eine Lernaufgabe gestellt. Durchschnittlich war die Leistung der hyperaktiven Kinder in der Lernaufgabe an dem Tag, an dem sie die Lebensmittelfarben erhielten, geringer als an dem Tag, an dem sie das Placebo erhielten. Die nicht hyperaktiven Kinder zeigten in ihrem Lernverhalten an diesen beiden Tagen jedoch keine Differenz.

Der Nutzen der Feingold-Diät läßt sich mit den Befunden einer Untersuchung von Bonnie J. Kaplan und ihren Kollegen (1989) weder bestätigen noch direkt widerlegen. In dieser anspruchsvollen Studie erhielten 24 hyperaktive Jungen im Vorschulalter und deren Familien vier Wochen lang eine Kost, die keine künstlichen Farb- und Aromastoffe enthielt und auch von verschiedenen anderen Substanzen frei war. Zusätzlich erhielten die Versuchspersonen und ihre Familien drei Wochen lang eine Kontrolldiät, die ihrer normalen Kost ähnlich war. Es wurde ein Doppelblindverfahren eingesetzt, so daß weder die Kinder noch ihre Familien noch irgend jemand vom Personal, die mit den Probanden oder ihren Familien in Kontakt kamen, wußten, wann die Experimentaldiät und wann die Kontrollkost verabreicht wurde. An jedem Tag beobachteten die Eltern sowohl das Verhalten ihrer Kinder als auch bestimmte Körpersymptome (falls welche vorhanden waren).

Die Ergebnisse zeigen, daß zehn der 24 Kinder eine Verbesserung von ungefähr 50 Prozent aufwiesen, wenn sie die Experimentaldiät erhielten, und weitere vier Kinder eine Verbesserung von ca. zwölf Prozent. Außerdem schliefen die Kinder bei der Experimentalkost oft besser. Es ist jedoch anzumerken, daß die hier verwendete Experimentalkost wesentlich weitergehend in ihren Ausschlüssen war, als es die typische Feingold-Diät ist. Zusätzlich zu den üblichen Einschränkungen der Feingold-Diät wurden aus der verwendeten Experimentalkost auch Natriumglutamat, Koffein und Zucker verbannt. Aus Rücksicht auf Kinder, die in ihrer Vorgeschichte möglicherweise Probleme mit Kuhmilch hatten, wurde auch auf alle Milchprodukte verzichtet. Andere Substanzen wurden in individuellen Fällen aus der Kost entfernt, wenn ein Kind in der Vergangenheit offensichtliche Probleme mit dem jeweiligen Stoff gehabt hatte. Aufgrund all dieser verschiedenartigen Ausschlüsse in der Kost kann aus dieser Untersuchung nur gefolgert werden, daß ein beträchtlicher Anteil hyperaktiver Kinder durch eine Veränderung der Ernährung ein verbessertes Verhalten zeigen kann. Es ist bei dieser Untersuchung nicht möglich, definitiv diejenigen Stoffe zu identifizieren, einschließlich der in der Feingold-Diät spezifizierten, deren Entfernung wahrscheinlich eine Verhaltensverbesserung bewirkt.

Kritik an der Feingold-Diät. Die oben angeführten Resultate sprechen anscheinend stark dafür, daß die Feingold-Diät hyperaktiven Kindern helfen könnte. An den dargestellten Untersuchungen und an dem Feingoldschen Diät-Ansatz zur Behandlung der Hyperaktivität wurde jedoch vielerlei Kritik geübt. Zunächst einmal sind die Einschätzungen des Verhaltens der Kinder durch die Eltern oft inkonsistent mit den Laborbeobachtungen des Experimentators (Harley et al., 1978). Deshalb müssen elterliche Zeugnisse über die Vorteile der Feingold-Diät mit äußerster Vorsicht betrachtet werden.

Darüber hinaus läßt sich zweitens bei Tierexperimenten einwenden, daß die Beobachtungen eben nicht an Menschen gemacht wurden. Es kann sein, daß sich die Hyperaktivität bei Tieren mit der Hyperaktivität beim Menschen nicht vergleichen läßt, insbesondere wenn die Farbstoffe verabreicht werden, indem man sie in den Magen-Darm-Trakt einspritzt oder indem man sie auf eine neuromuskuläre Verbin-

8. Auswirkungen von Nahrungsmitteln auf das Verhalten

dungsstelle aufbringt. Drittens lagen die Dosierungen der Farbstoffe in vielen Untersuchungen weit über dem, was in normaler Kost vorgefunden wird, insbesondere wenn man berücksichtigt, daß diese Dosen in den Tierstudien nicht oral gegeben wurden. In der Untersuchung von Swanson und Kinsbourne erhielten die Kinder Dosen, die dem entsprechen, was in der normalen Population von den zehn Prozent der Kinder mit der höchsten Dosis aufgenommen wird. Viertens wurde die Eliminierungsmethode als ungeeignet erachtet, um experimentell zu bestimmen, ob Farbstoffe in einer normalen Diät die Kinder beeinträchtigen. Befunden, die unter Nutzung einer Eliminierungsmethode zustande kamen, könnte es an der klinischen Bedeutsamkeit mangeln (Conners, 1981). Fünftens wird für das Experiment von Swanson und Kinsbourne nicht mitgeteilt, ob es sich um einen Doppelblindversuch handelte. Falls nicht, könnten die Erwartungen der Versuchsleiter das Verhalten der Kinder beeinflußt haben.

Eine weitere Untersuchung mit menschlichen Versuchspersonen läßt Zweifel an der Nützlichkeit der Feingoldschen Diät aufkommen. Bernard Weiss und seine Kollegen (1980) untersuchten das Verhalten von 22 Kindern, bei denen Hyperaktivität diagnostiziert worden war und die alle seit Monaten die Feingold-Diät anwendeten. An einigen Tagen des Experiments erhielten die Probanden ein künstliche Farbstoffe enthaltendes Getränk und an einigen anderen Tagen ein Getränk, das keine künstlichen Farbstoffe enthielt. Das Placebo-Getränk und das Farbstoff-Getränk waren so zusammengesetzt, daß es unmöglich war, sie anhand des Aussehens, Geschmacks oder Geruchs zu unterscheiden. Die Dosierung war vergleichbar der mittleren Dosis an Farbstoffen, die von Kindern normalerweise aufgenommen wird. Die Untersuchung wurde im Doppelblindversuch durchgeführt. Zur Bewertung der Auswirkungen der Lebensmittelfarben wurden Berichte der Mütter über das Verhalten ihrer Kinder genutzt.

Weiss und seine Kollegen stellten fest, daß nur zwei der 22 Kinder negative Auswirkungen der Lebensmittelfarben zu zeigen schienen. Bei einem Kind war der Effekt dramatisch. Diesem Kind wurden die Lebensmittelfarben an acht getrennten Tagen gegeben, und an fünf von diesen Tagen konnte die Mutter sofort einen Unterschied im Verhalten ihres Kindes feststellen. An nur einem Tag hatte die Mutter unzutreffenderweise gedacht, daß ihr Kind die Farbstoffe erhalten hätte. Die Tatsache bleibt jedoch bestehen, daß für mindestens 20 der 22 Kinder die Lebensmittelfarben keine merkliche Auswirkung hatte – obwohl eine Eliminierungstechnik angewandt worden war und obwohl die Probanden Kinder waren, deren Verhalten sich angeblich durch die Feingold-Diät verbessert hatte.

Auch in verschiedenen anderen Untersuchungen erwies es sich als schwierig, Belege zugunsten der Feingold-Diät bei einer Mehrheit der Versuchspersonen zu finden (Conners, 1981). Als ein Ergebnis haben sowohl die Amerikanische Ernährungsgesellschaft als auch eine durch die Nationalen Gesundheitsinstitute einberufene Expertenkommission äußerste Zurückhaltung beim Einsatz der Feingold-Diät empfohlen, und die Deutsche Gesellschaft für Ernährung gibt ebenfalls keine Empfehlung für eine bestimmte Diät bei hyperaktiven Kindern. Niemand konnte bisher einen überzeugenden wissenschaftlichen Beweis für den Wert dieser Diät bei der Behandlung der Hyperaktivität erbringen, mit Ausnahme vielleicht bei einigen wenigen Kindern. Auf der anderen Seite war niemand in der Expertengruppe der Ansicht, daß die Anwendung der Diät den Kindern körperlichen Schaden zufügen könnte, so daß die Diät angewendet werden darf, wenn die Eltern dies wünschen. Wie bereits angemerkt, ist körperlicher Schaden jedoch nicht der einzige Schaden, der aus einer nutzlosen Behandlung erwachsen kann. Geldverlust, verschwendete Mühe, Enttäuschung und die mögliche Vermeidung anderer, effektiverer Behandlungsmethoden können sich als Folgen der Anwendung einer nutzlosen Behandlung ergeben. Eine ganzheitliche Behandlung durch Kinderärzte und Psychologen können solche Diäten in keinem Falle ersetzen.

Fazit

In den vergangenen Jahrzehnten haben Psychologen und andere Wissenschaftler dramatische Auswirkungen der Ernährung auf unser Verhalten entdeckt. Auch wenn die Ernährung vielleicht die Hyperaktivität bei Kindern nicht nennenswert beeinflussen kann, so hat sie doch einen Einfluß darauf, wie schläfrig wir sind, wie gut wir lernen, wie niedergeschlagen wir sind und ob wir das Gefühl haben, daß Ameisen

8. Auswirkungen von Nahrungsmitteln auf das Verhalten

unter unserer Haut krabbeln. Die Zukunft wird ohne Zweifel weitere Spekulationen und Untersuchungen zu Aussagen wie der folgenden von Galileo Galilei bringen, der – in der Interpretation von Bertolt Brecht – eine reichliche Versorgung mit Essen und Trinken als wichtige Voraussetzung für seine Forschung betrachtete:

> Wie soll ich arbeiten, mit dem Gerichtsvollzieher in der Stube? Und Virginia braucht wirklich bald eine Aussteuer, sie ist nicht intelligent. Und dann, ich kaufe gern Bücher, nicht nur über Physik, und ich esse gern anständig. Bei gutem Essen fällt mir am meisten ein. ... Sie haben mir nicht so viel bezahlt wie einem Kutscher, der ihnen die Weinfässer fährt. ... Fünf Jahre Muße für Forschung, und ich hätte alles bewiesen! Ich werde dir noch etwas anderes zeigen! (Brecht, 1979)

Teil IV
Eß- und Trinkstörungen

Der vierte Teil beschäftigt sich mit dem in einer natürlichen Umgebung nicht typischen Eß- und Trinkverhalten, das heißt mit abnormem Verhalten. Der Normalität entspricht dabei definitionsgemäß das Verhalten, das die meisten Organismen während der meisten Zeit zeigen. Wenn sie von diesem normalen Verhalten abweichen, kann das im Falle der Nahrungsaufnahme verheerende Folgen haben. In den drei Kapiteln dieses Teiles werden der Verzehr abnormer Nahrungsmengen und der Alkoholkonsum untersucht. Dabei geht es um zwei zentrale Fragen: die möglichen Ursprünge abnormen Verhaltens und mögliche Behandlungsmethoden. Ursprünge und Behandlung sind nicht unabhängig voneinander; ein gründliches Verständnis der für ein besonderes Verhalten verantwortlichen Faktoren kann die Änderung dieses Verhaltens wesentlich erleichtern. In ähnlicher Weise kann eine erfolgreiche Behandlung Anhaltspunkte dafür liefern, wie das abnorme Verhalten entstanden ist. In den folgenden drei Kapiteln, werden die Ursprünge und die Behandlung abnormen Verhaltens, soweit möglich, in Verbindung mit den Konzepten zum normalen Verhalten und seinen Grundlagen diskutiert, die in den vorangehenden Teilen dieses Buches ausführlich erläutert wurden.

9
Anorexie und Bulimie

Es gibt Fälle, wo einzelne Tiere oder Menschen unangemessene Nahrungsmengen aufnehmen. Wenn unzureichende Mengen aufgenommen werden, obwohl ausreichend Nahrung zur Verfügung steht, spricht man von *Anorexie*, wörtlich: Appetitmangel. Anorexie kann aus verschiedenen Gründen auftreten. Manche Tiere fressen nur wenig, wenn andere Verhaltensbereiche als die Nahrungsaufnahme eine besondere Rolle spielen, zum Beispiel während des Winterschlafs oder in der Zeit des Brütens (siehe Kapitel 2). Andere Ursachen von Anorexie sind die Auswirkungen von Krebs oder von pharmakologisch wirksamen Substanzen; Anorexie kann auch als Bestandteil psychischer Störungen wie Depression, Manie, Angstzustände oder als Anorexia nervosa auftreten. Anorexie kann ebenfalls als Teil einer Bulimie auftreten, einer Störung, die durch intermittierende Phasen übermäßiger Nahrungszufuhr gekennzeichnet ist. Jede dieser Variationen von Anorexie, einschließlich der Bulimie, wird im vorliegenden Kapitel diskutiert. Fälle, in denen Individuen beständig zu viel Nahrung aufnehmen, werden im folgenden Kapitel, „Übermäßiges Essen und Adipositas" diskutiert. Im Mittelpunkt dieses und des darauffolgenden Kapitels steht die Frage, wieviel gegessen wird, ähnlich wie in Kapitel 2. In diesen beiden Kapiteln jedoch geht es um Fälle, in denen zuviel oder zuwenig gegessen wird – mit gesundheitsschädlichen Auswirkungen –, statt einfach um die Gründe, warum Individuen essen oder nicht.

Neuere Untersuchungen an Tieren weisen darauf hin, daß langfristige kalorienarme Kostformen einige gesundheitliche Vorteile (und auch Nachteile) haben (ILSI Conference, 1990). Nichtsdestoweniger müssen noch Untersuchungen am Menschen durchgeführt werden. In den letzten 15 Jahren mehrte sich die medizinische Besorgnis über dünne Menschen. Ärzte glauben nun, daß die medizinischen Gefahren des Dünnseins für Menschen größer sind, als sie zunächst annahmen (Andres, 1980; Keys, 1980). Sogar das für eine bestimmte Größe als „mager" definierte Gewicht wurde nach oben hin revidiert. Als Richtlinien dienten viele Jahre lang die 1959 von der Metropolitan Life Insurance Company (amerikanische Lebensversicherung) herausgegebenen Gewichts-und-Größen-Tabellen. Diese Tabellen wurden unter Nutzung von Informationen über die Sterblichkeit als Funktion des berichteten Gewichts zusammengestellt. Es scheint jedoch, daß einige Menschen, deren Daten genutzt worden waren, um die Tabellen von 1959 zu erstellen, ihr Gewicht zu niedrig angegeben hatten. Auf jeden Fall kam man zu der Erkenntnis, daß die in der Tabelle von 1959 empfohlenen Gewichte in einigen Bereichen zu niedrig waren (Andres, 1980; Keys, 1980).

Die Metropolitan Life Insurance Company hat die problematischen Angaben daher korrigiert und eine neue Serie von Tabellen herausgegeben (siehe Tabellen 9.1a und 9.1b). In vielen Fällen wurde das als gesund empfohlene Gewicht nach oben hin verschoben. Zusätzlich enthält die neue Serie von Tabellen eine einfache, objektive Methode, den Körperbautyp (die Körperstruktur, den „Knochenbau") zu bestimmen. Dazu wird eine standardisierte Messung des Abstands zwischen zwei Knochen im Ellbogen verwendet (Tabelle 9.2; zu anderen Methoden, Untergewicht und Übergewicht abzuschätzen, einschließlich Anpassungstabellen entsprechend dem Alter des Menschen, siehe Kapitel 10). Als Faustregel läßt sich das Normalgewicht nach Broca anhand der Körpergröße in Zentimeter minus 100 bestimmen, wobei Abweichungen von 10 bis 15 Prozent nach oben und unten normal sind.

Die revidierten Tabellen bedeuten nicht, daß die mit starkem Übergewicht verbundenen Probleme verschwunden sind; auch nach den neuen Tabellen sind noch viele Menschen zu schwer. Jedoch werden auch die Gefahren des Untergewichts (mehr als 15 Prozent unter dem Normalgewicht nach Broca) betont. Einige Ursachen zu starker Abmagerung stehen im Zentrum der nächsten Abschnitte.

9. Anorexie und Bulimie

Tabelle 9.1a Vergleich der Metropolitan-Gewichts-und-Größen-Tabellen für Männer von 1959 und 1983*

Gewicht in kg (ohne Kleidung)

Größe (ohne Schuhe) in cm	schmaler Körperbau		Veränderungen seit 1959	in Prozent	mittlerer Körperbau		Veränderungen seit 1959	in Prozent	starker Körperbau		Veränderungen seit 1959	in Prozent
	1959	1983			1959	1983			1959	1983		
155	47,5–51,5	56,0–58,5	8,5 7	18 14	50,5–55,5	57–61,5	6,5 6	13 11	54–61	60,5–66	6,5 5	12 8
157,5	49–52,5	56,5–59,5	7,5 7	15 13	51,5–57	58–62,5	6,5 5,5	13 10	55,5–62	61–67	5,5 5	10 8
160	50,5–54	57,5–60,5	7 6,5	14 12	53–58,5	59–63,5	6 5	11 9	56,5–64	62–68,5	5,5 4,5	10 7
162,5	51,5–55,5	58,5–61	7 5,5	14 10	54,5–60	60–65	5,5 5	10 8	58–66	63–70,5	5 4,5	9 7
165	53–57	59,5–62	6,5 5	12 9	56–61,5	61–66	5 4,5	9 7	59,5–67,5	64–72	4,5 4,5	8 7
167,5	55–59	60,5–63,5	5,5 4,5	10 8	57,5–63,5	62–67,5	4,5 4	8 6	61–70	65,5–74	3,5 4	6 6
170	56,5–61	61–65	4,5 4	8 7	59,5–66	63,5–69	4 3	7 5	63,5–72	66,5–76	3 4	5 6
172,5	58,5–62,5	62–66	3,5 3,5	6 6	61–67,5	65–70,5	4 3	7 4	65,5–74	68–77,5	2,5 3,5	4 5
175	60,5–65	63–67,5	2,5 2,5	4 4	63–69,5	66–71,5	3 2	5 3	67–76	69,5–79,5	2,5 3,5	4 5
178	62–66,5	64–69	2 2,5	3 4	65–71,5	67–73	2,5 1,5	4 2	69–78	71–81	2 3	3 4
180,5	64–68,5	65,5–70,5	1,5 2	2 3	66,5–74	69–75	2,5 1	4 1	71–80,5	72–83	1 1,5	1 2
183	66–70,5	66,5–72	0,5 1,5	1 2	68,5–76	70,5–76,5	2 0,5	3 1	73–82,5	74–85	1 2,5	1 3
185,5	67,5–72,5	68–74	0,5 1,5	1 2	70,5–78,5	72–78,5	1,5 0	2 0	75,5–85	76–87	0,5 2	1 2
188	69,5–74,5	69,5–76	0 1,5	0 2	72,5–80,5	73,5–80	1 –0,5	1 –1	77,5–87	77,5–89,5	0 2,5	0 3
190,5	71–76	71–77,5	0 1,5	0 2	75–83	75,5–82,5	0,5 –0,5	1 –1	79,5–89,5	80–91,5	0,5 2	1 2

* Vergleich der für Männer zwischen 25 und 59 Jahren empfohlenen Gewichte bei verschiedenen Körpergrößen und Körperbautypen, die 1959 und 1983 von der Metropolitan Life Insurance Company auf der Basis der von der Society of Actuaries and Association of Life Insurance Medical Directors of America gesammelten Daten veröffentlicht wurden. Die Methode der Körperbauschätzung wird in Tab. 9.2 gezeigt (mit freundlicher Genehmigung der Metropolitan Life Insurance Company).

Tabelle 9.1b Vergleich der Metropolitan-Gewichts-und-Größen-Tabellen für Frauen von 1959 und 1983*

Gewicht in kg (ohne Kleidung)

Größe (ohne Schuhe) in cm	schmaler Körperbau		Veränderungen seit 1959	in Prozent	mittlerer Körperbau		Veränderungen seit 1959	in Prozent	starker Körperbau		Veränderungen seit 1959	in Prozent
	1959	1983			1959	1983			1959	1983		
145	41–44	45–49	4	10	42,5–48	48–53,5	5,5	13	46,5–53,5	52–58	5,5	12
			5	11			5,5	11			4,5	8
147,5	41,5–45,5	45,5–50	4	10	44–49,5	49–54,5	5	11	47,5–55	53–59,5	5,5	12
			4,5	10			5	10			4,5	8
150	43–46,5	46–51	3	7	45,5–51	50–56	4,5	10	49–56	54–61	5	10
			4,5	10			5	10			5	9
152,5	44,5–48	46,5–52	2	5	46,5–52	51–57	4,5	10	50,5–57,5	55,5–62	5	10
			4	8			5	10			4,5	8
155	46–49,5	47,5–53,5	1,5	3	48–53,5	52–58,5	4	8	51,5–59	56,5–63,5	5	10
			4	8			5	9			4,5	8
157,5	47–51	49–55	2	4	49,5–55,5	53,5–60	4	8	53–61	58–65,5	5	9
			4	8			4,5	8			4,5	7
160	48,5–52	50,5–56	2	4	51–57	55–61	4	8	55–62,5	59,5–67	4,5	8
			4	8			4	7			4,5	7
162,5	50–54	51,5–57,5	1,5	3,5	52,5–59,5	56–62,5	3,5	7	56,5–64,5	61–69	4,5	8
			3	6			3	5			4,5	7
165	51,5–56	53–59	1,5	3	54,5–61	57,5–64	3	6	58,5–66	62–71	3,5	6
			3	5			3	5			5	8
167,5	53,5–57,5	54,5–60,5	1	2	56–63	59–65,5	3	5	60,5–68	63,5–72,5	3	5
			3	5			2,5	4			4,5	7
170	55,5–59,5	56–61,5	0,	1	58–65	60,5–66,5	2,5	4	62–70	65–74,5	3	5
			5	3			1,5	2			4,5	6
172,3	57–61,5	57–63	0	0	60–66,5	61,5–68	1,5	3	64–72	66–76	2	4
			1,5	2			1,5	2			3	6
175	59–63,5	58,5–64,5	–0,5	–1	61,5–68,5	63–69,5	1,5	2	66–74,5	67,5–77	1,5	3
			1	2			1	1			2,5	3
178	61–65,5	60–66	–1	–2	63,5–70,5	64,5–71	1	2	67,5–76,5	69–78,5	1,5	3
			0,5	1			0,5	1			2	2

* Vergleich der für Frauen zwischen 25 und 59 Jahren empfohlenen Gewichte bei verschiedenen Körpergrößen und Körperbautypen, die 1959 und 1983 von der Metropolitan Life Insurance Company auf der Basis der von der Society of Actuaries and Association of Life Insurance Medical Directors of America gesammelten Daten veröffentlicht wurden. Die Methode der Körperbauschätzung wird in Tab. 9.2 gezeigt (mit freundlicher Genehmigung der Metropolitan Life Insurance Company).

Tabelle 9.1c Empfehlung der Deutschen Gesellschaft für Ernährung zum „richtigen" Gewicht (1994)

Körpergröße	Sollgewicht nach Broca	akzeptables Gewicht Männer −10% bis + 10% gegenüber Sollgewicht	Frauen −15% bis + 10% gegenüber Sollgewicht
1,55	55	50–61	47–61
1,575	57,5	51–63	49–63
1,60	60	54–66	51–66
1,625	62,5	56–69	53–69
1,65	65	58–72	55–72
1,675	67,5	61–74	57–74
1,70	70	63–77	59–77
1,725	72,5	65–80	61–80
1,75	75	67–83	64–83
1,775	77,5	70–85	66–85
1,80	80	72–88	68–88
1,825	82,5	74–91	70–91
1,85	85	77–94	72–94
1,875	87,5	79–96	74–96
1,90	90	81–99	77–99
1,925	92,5	83–101	79–101
1,95	95	85–104	81–104

* Die Tabelle wurde nach der Formel Broca-Gewicht ± 10% bzw. + 10%, −15% erstellt. Rundungsfehler von ± 0,5 kg sind möglich. Die Größen wurden an die Größenangaben der amerikanischen Versicherungstabellen angepaßt.

Tabelle 9.1d Empfehlung der Deutschen Gesellschaft für Ernährung zum BMI* (1994)

Klassifikation	BMI	
	männlich	weiblich
Untergewicht	< 20	< 19
Normalgewicht	20–25	19–24
Übergewicht	25–30	24–30
Adipositas	30–40	30–40
massive Adipositas	>40	>40

* Der BMI entspricht dem Wert mit der günstigsten Lebenserwartung. Die Formel für die Berechnung des BMI lautet: Körpergewicht in Kilogramm/(Körpergröße in Metern)^2. Bei einem Gewicht von 90 kg und einer Größe von 1,80 m ergibt sich: BMI= $90/1{,}8^2$ = 27,8.

Tabelle 9.1e Empfehlung der Deutschen Gesellschaft für Ernährung zum altersabhängigen BMI* (1994)

Altersgruppe	wünschenswerter BMI
19–24 Jahre	19–24
25–34 Jahre	20–25
35–44 Jahre	21–26
45–54 Jahre	22–27
55–64 Jahre	23–28
ab 65 Jahre	24–29

* Der BMI entspricht dem Wert mit der günstigsten Lebenserwartung.

Tab. 9.2 Wie Sie Ihren Körperbautyp abschätzen können

Männer		Frauen	
Körpergröße ohne Schuhe (in cm)	**Ellbogen– breite** (in cm)	**Körpergröße** ohne Schuhe (in cm)	**Ellbogen– breite** (in cm)
155–159	6,4–7,3	145–149	5,7–6,4
160–169	6,7–7,3	150–159	5,7–6,4
170–179	7,0–7,6	160–169	6,0–6,7
180–189	7,0–7,9	170–179	6,0–6,7
190	7,3–8,3	180	6,4–7,0

Strecken Sie Ihren Arm aus und beugen Sie den Unterarm im 90-Grad-Winkel nach oben. Halten sie die Finger gerade und drehen Sie die Innenseite des Handgelenks zum Körper. Wenn Sie einen Tastzirkel haben, messen Sie mit ihm den Abstand zwischen den beiden vorstehenden Knochen an jeder Seit des Ellbogens. Ohne einen Tastzirkel legen Sie den Daumen und den Zeigefinger der anderen Hand auf diese beiden Knochen. Messen Sie den Abstand zwischen den beiden Fingern anhand eines Lineals oder eines Meßbandes. Vergleichen Sie ihn mit diesen Tabellen, die die Ellbogenmaße für Männer und Frauen mit mittlerem Körperbau angeben. Meßwerte, die unter den angegebenen Maßen liegen, zeigen einen schmalen Körperbau an, höhere Meßwerte einen starken Körperbau.
Quelle: Metropolitan Life Insurance Company, 1983

Krebs-Anorexie

Krebs ist für 22 Prozent aller Todesfälle in den Vereinigten Staaten verantwortlich. Anorexie und Gewichtsverlust begleiten eine Krebserkrankung häufig und tragen zum Tod durch Krebs bei (Grunberg, 1985; Meyerowitz, Burish & Levy, 1985; U.S. Department of Health

9. Anorexie und Bulimie

and Human Services, 1988). Als Erklärungen von mit Krebs verbundener Anorexie und Gewichtsverlust wurden Veränderungen der Geschmacksempfindlichkeiten, der Nahrungsmittelpräferenzen, des Stoffwechselumsatzes, der Endokrinologie und der Biochemie bei Krebspatienten angeführt. Diese Veränderungen können von der Krebstherapie oder vom Krebs selbst herrühren (Carrell et al., 1986; DeWys, 1985; Grunberg, 1985; Hoerr & Young, 1987).

Das Geschmacksaversionsparadigma hat sich als besonders nützlich bei der Erklärung und Behandlung der Krebsanorexie erwiesen (siehe Kapitel 6 für eine Diskussion des Geschmacksaversionsparadigmas). Ilene L. Bernstein und ihre Kollegen haben eine einfallsreiche und schwierige Serie von Experimenten durchgeführt, in der sie gezeigt haben, daß Kinder oder Erwachsene, denen man vor ihrer Chemotherapie eine Eiskrem mit einem neuartigen Geschmack gab, eine Aversion gegenüber Eiskrem mit diesem Geschmack entwickelten. Offenbar wurde die aus der Chemotherapie resultierende schlechte Befindlichkeit mit dem Geschmack der Eiskrem gekoppelt, und die Folge war eine Geschmacksaversion. Die Forscher haben ebenfalls gezeigt, daß Patienten auch Aversionen gegenüber vertrauten Nahrungsmitteln erwerben können, wenn sie in zeitlicher Nähe zur Chemotherapie gegessen werden. Bernstein und ihre Kollegen haben Experimente mit Versuchstieren genutzt, um ihre an Versuchspersonen erhobenen Befunde zu bestätigen und zu erweitern (Bernstein, 1978; Bernstein & Borson, 1986; Bernstein & Webster, 1980, 1985). Es wird deutlich, daß jede Nahrung, die Krebspatienten gegeben wird, bevor sie eine Chemo- oder Bestrahlungstherapie erhalten, sorgfältig ausgewählt werden sollte. Jedoch ist noch weitere Forschung erforderlich, um genau zu bestimmen, welche Aspekte der Karzinomtherapie zur Ausbildung von Geschmacksaversionen führen (Smith, Blumsack & Bilek, 1985).

Einige Krebspatienten, etwa 40 Prozent, berichten über Übelkeit und sogar Erbrechen in Erwartung von Chemotherapie (Morrow & Dobkin, 1988; Olafsdottir, Sjoden & Westling, 1986). In solchen Fällen wird die Übelkeit offenbar mit den Umweltreizen gekoppelt, die mit einer chemotherapeutischen Behandlung verbunden sind. Sobald der Patient mit diesen Reizen in Berührung kommt, beginnt ihm schlecht zu werden, obwohl er noch keine Chemotherapie erhalten hat

(Morrow & Morrell, 1982). An dieser Stelle sollte darauf hingewiesen werden, daß Geschmacksreize zwar leichter als audiovisuelle Reize mit Krankheiten und Übelkeit gekoppelt werden (vgl. Kapitel 6), daß aber nichtsdestoweniger auch audiovisuelle Reize mit Krankheiten assoziiert werden können. Jedoch sind vielleicht eine stärkere Übelkeit oder mehr Paarungen von Reizen und Krankheit für einen Lernprozeß erforderlich (Logue, 1979). Nach vielen Behandlungen mag es allmählich dazu kommen, daß ein Chemotherapiepatient sich bereits krank fühlt, wenn er nur den Raum betritt, wo die Chemotherapie gewöhnlich durchgeführt wird.

Eine Reihe von Behandlungsmethoden wurde daraufhin getestet, ob sie antizipatorische (in Erwartung der Behandlung auftretende, die Behandlung gedanklich vorwegnehmende) Übelkeit und Erbrechen beseitigen würden. Verschiedene Medikationen zur Reduzierung von Übelkeit und Angst haben sich als nicht besonders wirksam herausgestellt (Burish, Redd & Carey, 1985). Eine bestimmte, auf der Grundlage der Lerntheorie entwickelte Behandlungstechnik jedoch hat sich als hilfreich bei der Bekämpfung von antizipatorischer Übelkeit und Erbrechen erwiesen. Diese Technik ist unter dem Namen *systematische Desensibilisierung* bekannt. Dabei wird der Patient, während er vollkommen entspannt ist, systematisch in stufenweisen Näherungen dem Anblick oder anderweitigen Erleben des Gegenstandes oder Reizes, der die aversive Reaktion bei dem Patienten hervorruft, ausgesetzt. Im Falle der Übelkeit durch Medikamente gegen Krebs lehrt man die Patienten, sich zu entspannen, während sie sich die Umweltreize vorstellen, die ihre Übelkeit herbeiführen. Mit dieser Technik ist es möglich, die von den Patienten berichtete, der Chemotherapie vorausgehende Übelkeit zu verringern (Burish, Redd & Carey, 1985; Carey & Burish, 1988; Morrow & Dobkin, 1988; Morrow & Morrell, 1982). In dem Maße, in dem die systematische Desensibilisierung die von einem Karzinompatienten bei chemotherapeutischer Behandlung erlebte antizipatorische Übelkeit verringern kann, sollte diese Technik auch die bedingten Geschmacksaversionen und die damit verbundene Abmagerung vermindern.

Geschmacksaversionen als Folge eines behandlungsinduzierten Krankheitserlebens sind offenbar nicht die einzige Ursache von Anorexie bei Krebspatienten. Bernstein hat auch die mögliche Rolle der

9. Anorexie und Bulimie

durch den Tumor selbst entstehenden Krankheit untersucht. Sie kommt zu dem Schluß, daß einige Tumoren ein Krankheitsgefühl hervorrufen, das als unbedingter Reiz beim Geschmacksaversionslernen fungieren könnte, andere aber nicht. Die Nahrungsaufnahme wird mit diesem Krankfühlen gekoppelt, und als Folge entsteht Anorexie (Bernstein & Fenner, 1983; Bernstein & Goehler, 1983; Bernstein & Treneer, 1985).

Es sind zwar noch nicht alle Fäden zusammengeknüpft, aber durch die Arbeit von Bernstein et al. wurden große Fortschritte in der Erklärung und in der Behandlung der als Begleiterscheinung von Krebs auftretenden Anorexie gemacht.

Die Auswirkungen von Medikamenten auf Anorexie

Wie man festgestellt hat, gibt es einige Medikamente, die Anorexie verstärken und andere, die sie abschwächen. Die Anzahl anorexieverstärkender Wirkstoffe ist weit größer als die Anzahl anorexievermindernder Pharmaka (Blundell, 1984; Silverstone & Kyriakides, 1982). Zu der ersten Gruppe gehören zentral wirkende Substanzen mit oder ohne anregende Eigenschaften und peripher wirkende Substanzen, einschließlich Hormonen (Silverstone & Kyriakides, 1982).

Einer der am besten untersuchten Wirkstoffe, die Anorexie verstärken, ist Amphetamin. Amphetamin wirkt zentral stimulierend und gehört zu den euphorisierenden Wirkstoffen mit signifikanter Suchtgefahr. Es ist zwar bekannt, daß sowohl Tiere als auch Menschen nach Amphetamingaben ihre Nahrungsaufnahme allgemein verringern, der Mechanismus dieser Reduktion ist jedoch nicht völlig klar. Das durch die stimulierenden Eigenschaften von Amphetamin bewirkte gesteigerte und aktivierte Verhalten mag dabei ein Faktor sein (Blundell & Latham, 1982). In vielen Hypothesen wurde vermutet, daß Amphetamine die für die Ernährung zuständigen Neurotransmitter beeinträchtigen (Blundell, 1984; Blundell & Latham, 1982; Leibowitz & Shor-Posner, 1986; Silverstone & Kyriakides, 1982). Es wurden vor allem im Hypothalamus spezifische Amphetamin-Rezeptorstellen entdeckt, die offenbar an der anorektischen Wirkung der Amphetamine beteiligt sind (Paul, Hulihan-Giblin & Skolnick, 1982).

Eine Komplikation bei der Bestimmung des für die Gewichtsabnahme verantwortlichen Mechanismus besteht darin, daß Amphetamine die Nahrungsaufnahme nicht immer einschränken, insbesondere bei Tieren (Blundell, 1984; Blundell & Latham, 1982). Auch bei vielen antidepressiven Psychopharmaka, von denen man gewöhnlich annahm, daß sie (mit der bemerkenswerten Ausnahme des Fluoxetins) zu einer vermehrten Nahrungsaufnahme führen, sind die Auswirkungen sehr unterschiedlich. In manchen, aber keineswegs allen Fällen steigern Antidepressiva beim Menschen die Vorliebe für Süßes und/oder führen zu einer Gewichtszunahme (Fernstrom & Kupfer, 1988; Goodall & Silverstone, 1987; Russ & Ackerman, 1988). Aber obwohl diese Medikamente die Nahrungsaufnahme bei Menschen offensichtlich erhöhen, scheinen sie die Nahrungsaufnahme bei Tieren zu verringern (Blundell, 1984; Silverstone & Kyriakides, 1982). John E. Blundell hat vermutet, daß solche Unterschiede nicht auf Artunterschieden beruhen, sondern vielmehr auf unterschiedliche Verabreichungsformen bei Versuchspersonen oder Versuchstieren zurückzuführen sind. Menschen werden normalerweise nur einem geringfügigen oder überhaupt keinem Nahrungsentzug ausgesetzt, und sie erhalten wiederholt kleine Dosen der Medikamente, während sie freien Zugang zu Nahrung haben. Tiere dagegen stehen gewöhnlich stark unter Futterentzug, und sie erhalten wenige, aber starke Dosen, während ihr Zugang zu Nahrung eingeschränkt ist (Blundell, 1984).

Um zu prüfen, ob die Verabreichungsform der Wirkstoffe die berichteten Unterschiede erklären kann, führte Blundell eine Reihe von Experimenten durch, in denen Ratten Antidepressiva unter vergleichbaren Bedingungen verabreicht wurden, wie sie normalerweise vorherrschen, wenn Menschen Medikamente erhalten (Blundell, 1984). Statt die Nahrungsaufnahme einfach zu hemmen, verringerte das Antidepressivum *Alaproklat* die Aufnahme schmackhafter Nahrung, erhöhte jedoch die Zufuhr normalen Laborfutters. Andere antidepressiv wirkende Pharmaka wie *Amitriptylin* zeigten nur geringe Auswirkungen auf die Nahrungsaufnahme. Sowohl das spezielle Medikament als auch die Bedingungen, unter denen seine Wirksamkeit getestet wird,

9. Anorexie und Bulimie

können das Ausmaß, in dem die Nahrungsaufnahme gesteigert oder herabgesetzt wird, beeinflussen.

Blundell ist in seinen Schlußfolgerungen noch einen Schritt weiter gegangen, indem er feststellte, daß die Ernährung im allgemeinen von vielen anderen Faktoren als den bloßen pharmakologisch induzierten inneren chemischen Reaktionen abhängt. Diese pharmakologischen Wirkungen auf die Ernährung sind nicht nur eine Funktion der Medikamente, die die Person einnimmt, sondern hängen auch von der Umwelt der Person ab (Blundell, 1984; Blundell & Latham, 1982). Eine graphische Darstellung des Modells von Blundell wird in Abbildung 9.1 gegeben. Blundells Feststellungen über die Effekte der Umwelt sind denen von Hogan et al. über die Determinanten des Hungers

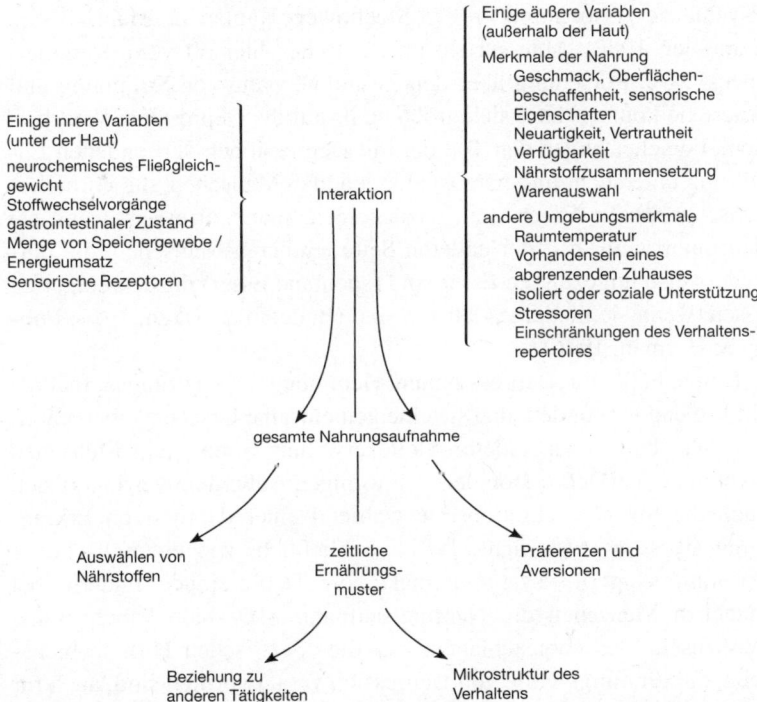

9.1 Die Beeinflussung der Ernährung durch sowohl innere als auch äußere Faktoren. (Nach Blundell, 1984.)

(siehe Kapitel 2) und denen von Toates über die Determinanten des Durstes (siehe Kapitel 3) ähnlich. Viele Theoretiker werden sich in steigendem Maße der Tatsache bewußt, daß die Erklärung und Vorhersage von Eß- und Trinkverhalten äußerst komplex ist, da viele interne und externe Faktoren berücksichtigt werden müssen.

Stimmung und Anorexie

Es ist gezeigt worden, daß Stimmung und Anorexie kovariieren. Menschen, die depressiv sind, essen ebenso wie Menschen, die manisch sind, gewöhnlich weniger als Menschen in normaler Affektlage, wenn auch depressive Menschen manchmal exzessiv essen (American Psychiatric Association, 1987; Slochower, Kaplan & Mann, 1981; Szmukler, 1982). Man spricht im Deutschen hier oft von „Kummerspeck". Die Forschung über den Zusammenhang von Stimmung und Anorexie konzentrierte sich größtenteils auf die Depression. Verschiedene Forscher haben den Typ der mit Depressionen verbundenen Eßstörung untersucht und herausgefunden, daß Menschen, die normalerweise gezügelte Esser sind, dazu neigen, mehr zu essen, wenn sie deprimiert sind. Auf der anderen Seite tendieren Menschen, die normalerweise ungezügelte Esser sind (spontane Esser) dazu, weniger zu essen, wenn sie niedergeschlagen sind (Baucom & Aiken, 1981; Polivy & Herman, 1976).

Einige Fälle von Depression und Hemmung der Nahrungsaufnahme sind so eng verbunden, daß sie eine gemeinsame Ursache haben könnten. Wie bereits an anderer Stelle erwähnt, essen viele Menschen während einer Depression deutlich weniger. Außerdem verringert sich auch die Speichelsekretionsrate während einer depressiven Erkrankung (Russ & Ackerman, 1987). Schließlich, wie ebenfalls zuvor erwähnt, steigern Psychopharmaka, die Depressionen lindern, bei manchen Menschen die Nahrungsaufnahme. Deshalb haben einige Wissenschaftler vorgeschlagen, daß die spezifischen Hirnmechanismen, die für einige Fälle von Depression verantwortlich sind, auch für die Herabsetzung der Nahrungsaufnahme verantwortlich sein könnten (Blundell, 1984; Szmukler, 1982).

Zusätzliche Unterstützung fand diese Hypothese durch ein Experiment von Elzbieta Fonberg (1976). Sie legte Läsionen im lateralen Hypothalamus von Hunden an. Eine Schädigung des lateralen Hypothalamus führte zu einer Verminderung der Nahrungsaufnahme (vgl. Kapitel 2). Die Hunde in Fonbergs Experiment verringerten ihre Nahrungsaufnahme und zeigten auch Anzeichen von Depression und Apathie. Dazu gehörten langsamere Bewegungen, hängengelassene Ohren und herabhängender Schwanz, Gleichgültigkeit gegenüber vielen Reizen, Unfreundlichkeit und Widerstreben oder Reaktionslosigkeit gegenüber Befehlen. Wenn man den Hunden Antidepressiva gab, zeigten sie weniger dieser Symptome und fraßen oft mehr.

Die Mechanismen, die bei Manie oder Angst zur Verringerung der Nahrungsaufnahme führen, sind nicht so gründlich untersucht worden wie die für die Verminderung der Nahrungsaufnahme bei Depression verantwortlichen Mechanismen. Für die Manie scheint es wahrscheinlich, daß weniger gegessen wird, weil manische Menschen – genau wie Leute, die Amphetamine erhalten – ständig aktiv sind, was sie möglicherweise vom Essen ablenkt (Szmukler, 1982). Das manische Verhalten selbst, nicht eine der Manie zugrundeliegende neurochemische Störung, könnte die Ursache der verringerten Nahrungsaufnahme sein.

Anorexia nervosa

Kennzeichen und Verbreitung

Anorexia nervosa ist eine Eßstörung. Hilde Bruch, eine sehr bekannte Therapeutin, die sich auf die Behandlung von Eßstörungen spezialisiert hatte, definierte diese Störung als „die unbarmherzige Jagd nach Schlanksein durch Selbstaushungerung sogar bis zum Tod" (1992, S. 15). Viele Bücher sind über Anorexia nervosa (auch *Pubertätsmagersucht*) geschrieben worden, von denen einige im Literaturverzeichnis aufgeführt sind (Agras, 1987; Bruch, 1973, 1978; Crisp, 1980; Garfinkel & Garner, 1982; Kinoy, 1984; Leon, 1983; Palazzoli, 1974; Palmer, 1980). Es ist eine Störung, von der überwiegend Frauen im Alter zwischen Adoleszenz (Teenager) und den Dreißigern betroffen sind. Nur zirka fünf Prozent der Anorektiker sind männlichen Geschlechts. Weiterhin sind die meisten Menschen mit Anorexia nervosa Weiße und gehören den oberen Mittelschichten oder Oberschichten an. Es handelt sich um eine sehr ernste Störung mit einer bis auf 18 Prozent geschätzten Sterblichkeitsrate (American Psychiatric Association, 1987; Garfinkel & Garner, 1982).

Es gibt nur wenige geeignete Studien über die Häufigkeit von Anorexia nervosa. Eine in neun Londoner Schulen von A. H. Crisp, R. L. Palmer und R. S. Kalucy (1976) durchgeführte Untersuchung jedoch erbrachte deutliche Hinweise darauf, daß Anorexia nervosa recht verbreitet ist. Crisp und seine Kollegen zählten nur schwere Fälle von Anorexia nervosa und untersuchten nur bestimmte Altersgruppen. Trotz dieser Einschränkungen fanden sie, daß in den Privatschulen ungefähr eines von 100 Mädchen über 16 Jahren an Anorexia nervosa litt. In den anderen zwei Schulen jedoch war nur eines von 1000 Mädchen an Anorexia nervosa erkrankt. Andere Studien fanden, daß eines von 800 Mädchen an Anorexia nervosa litt (American Psychiatric Association, 1987).

Viele Autoren glauben, daß die Verbreitung von Anorexia nervosa zunimmt. Es wäre jedoch auch möglich, daß sich die Bereitschaft der Anorektiker, Behandlung zu suchen, oder die Tendenz der Psychiater, Anorexia nervosa zu diagnostizieren, über die Zeit hinweg verändert hat. Dennoch sind die meisten Forscher der Ansicht, daß die tatsächliche, nicht nur die berichtete Prävalenz von Anorexia nervosa während der letzten 25 bis 30 Jahre angestiegen ist (Bemis, 1978; Garfinkel & Garner, 1982; Palmer, 1980; Szmukler et al., 1986; Psychiatric Case Register Study from Aberdeen, 1986; Willi & Grossman, 1983).

Es gibt viele charakteristische Symptome einer vorhandenen Anorexia nervosa. Ein bestimmendes Merkmal ist die mangelnde Nahrungsaufnahme. Im Gegensatz zu dem, worauf der Name *Anorexia nervosa* schließen lassen könnte, ist diese Mangelernährung nicht von Appetitlosigkeit begleitet. Anorektiker sind vollständig besessen von dem Gedanken an Nahrung und Nahrungsaufnahme. Sie rechnen sorgfältig aus, wie viele Kalorien sie essen und essen können. Sie denken ständig an und träumen unentwegt von Essen. So haben anorektische Patienten die folgenden Bemerkungen gegenüber Bruch gemacht: „Natürlich habe ich gefrühstückt, ich habe mein Cornflake gegessen."; „Ich würde nicht einmal eine Briefmarke anlecken, denn man weiß ja nie, wieviel Kalorien man dabei runterschluckt." (1980, S. 22). Wie nicht anders zu erwarten, ist das Ergebnis der unzureichenden Nahrungsaufnahme ein deutlicher Gewichtsverlust. Laut Definition wird jemand nur als anorektisch diagnostiziert, wenn er mindestens 15 Prozent weniger als sein unteres Normalgewicht wiegt (American Psychiatric Association, 1987). Eine 1,68 Meter große, 25jährige Frau mit mittlerem Körperbau zum Beispiel könnte als anorektisch diagnostiziert werden, wenn sie soviel Gewicht verloren hat, daß sie nur noch 50 Kilogramm wiegt (15 Prozent weniger als 59 Kilogramm, siehe Tabelle 9.1b). Einige Anorektiker wiegen weniger als 50 Prozent ihres Idealgewichts (Garfinkel & Garner, 1982).

Ein weiteres Klassifikationskriterium bei Frauen ist das Ausbleiben der Menstruation oder eine Verzögerung der Menarche, wenn es sich um Mädchen vor der Pubertät handelt (American Psychiatric Association, 1987). Diese hormonellen Störungen werden auf den verringerten Fettanteil des Körpers zurückgeführt. In einigen Untersuchungen wurde die Ansicht vertreten, daß ein bestimmter Fettanteil für den weiblichen Körper zur Aufrechterhaltung seiner hormonellen Funktionen erforderlich sei (Frisch, 1977; 1988). Vermutlich schützt dies die Frauen für die im Falle einer Schwangerschaft auftretenden zusätzlichen Ernährungsanforderungen (siehe auch Kapitel 12).

Einige Patienten mit der Diagnose *Anorexia nervosa* haben gelegentlich Eßanfälle. Nach einem Eßanfall führen sie, um die aufgenommenen Kalorien wieder loszuwerden, entweder Erbrechen herbei oder benutzen Abführmittel (American Psychiatric Association, 1987). Eßanfälle werden im folgenden Abschnitt über Bulimie genauer dargestellt. An dieser Stelle sollte darauf hingewiesen werden, daß im Gegensatz zu Bulimikern nur einige Anorektiker Eßanfälle haben, und dann nur gelegentlich (American Psychiatric Association, 1987). Es kann jedoch Anorexia nervosa und Bulimie gleichzeitig diagnostiziert werden (American Psychiatric Association, 1987). In einer neuen Diagnosedefinition der American Psychiatric Association von 1994 wird eine „restrictive Anorexie" von einer „bulimischen Anorexie" unterschieden. Die „Bulimia nervosa" bleibt in der separaten Definition erhalten.

Ein anderes verbreitetes Symptom der Anorexia nervosa sind übermäßige Körperübungen. Viele Patienten trainieren hart und viele Stunden lang täglich. Bei all diesem Hungern und Trainieren behaupten sie, sich vollkommen gut zu fühlen: nicht müde und nicht hungrig (Bruch, 1973, 1978; Crisp, 1980).

Schließlich nehmen Anorektiker den Umfang ihres eigenen Körpers anders wahr, als andere sie sehen! Anorektiker neigen dazu, sich selbst als dicker zu sehen, als sie in Wirklichkeit sind (American Psychiatric Association, 1987). David M. Garner und seine Kollegen zeigten diese Tendenz unter Nutzung einer ungewöhnlichen Methode, der sogenannten *Photoverzerrtechnik* (siehe Abb. 9.2; Garfinkel & Garner, 1982; Garner et al., 1976). Mit dieser Technik kann eine Versuchsperson die Photographie eines Menschen in der Größe zwischen +20 Prozent und –20 Prozent der tatsächlichen Breite variieren. Als Garner und seine Kollegen diese Technik bei anorektischen und normalen Versuchspersonen anwendeten, zeigten die Anorektiker eine größere Tendenz, Aufnahmen von sich selbst so einzustellen, daß die Figur breiter war als in natura. Diese Tendenz zeigten sie jedoch nicht,

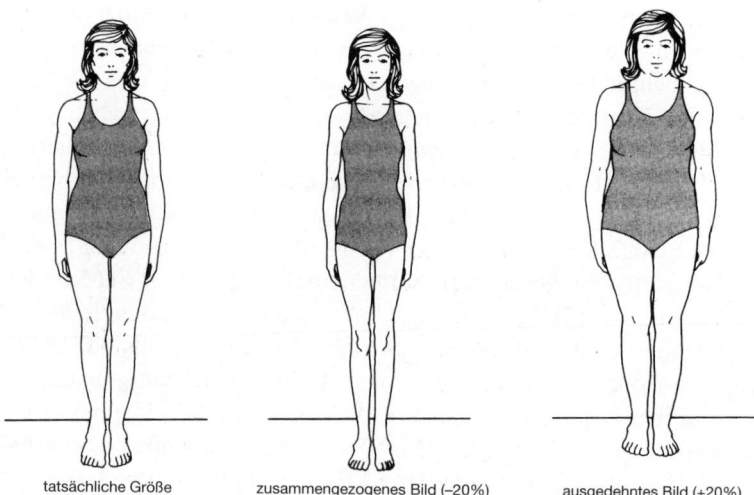

tatsächliche Größe   zusammengezogenes Bild (–20%)   ausgedehntes Bild (+20%)

9.2 Beispiele für die Photoverzerrtechnik, mit der die Breite der Photographie einer Person eingestellt werden kann. (Nach Garfinkel & Garner, 1982.)

wenn sie die Bilder anderer Menschen einstellten. Offenbar ist die Neigung eines Anorektikers zur verzerrten Körperwahrnehmung auf ihn selbst beschränkt.

Mögliche Erklärungen und Ursachen

Eine große Vielzahl von Erklärungen und Ursachen wurden für die Anorexia nervosa vorgeschlagen, einschließlich gesellschaftlicher, psychologischer und physiologischer Faktoren (Szmukler, 1987). Was die gesellschaftlichen Faktoren betrifft, haben viele Autoren dahingehend argumentiert, daß das gegenwärtige Schlankheitsideal wesentlich zu einer wachsenden Verbreitung von Anorexia nervosa beigetragen hat (Bennett & Gurin, 1982; Bruch, 1973; Garfinkel & Garner, 1982; Polivy & Thomsen, 1988). Die Abbildungen 9.3a und 9.3b zeigen jeweils eine „ideale" Figur aus den fünfziger und den achtziger Jahren: Marilyn Monroe und Jamie Lee Curtis. Monroe wiegt eindeutig wesentlich mehr als Curtis. Ein kurzes Überfliegen der Modemagazine von damals und heute wird dasselbe zeigen. Dem modischen Ideal entsprechende Frauen wogen vor vierzig Jahren mehr als heute. Selbst *Playboy*-Centerfolds (in der Mitte der Hefte beigelegte Poster von Fotomodellen) und die Gewinnerinnen des Miss-Amerika-Wettbewerbs sind immer dünner geworden. Wer könnte Twiggy vergessen, die die Magerkeit in den Sechzigern zum höchsten Ideal machte?

Es scheint, daß – vielleicht infolge dieses derzeitigen Schlankheitsideals – die Mehrheit der heutigen Mädchen und jungen Frauen, nicht jedoch der Jungen und jungen Männer, das Gefühl haben, schlanker sein zu müssen, um attraktiv zu sein (Drewnowski & Yee, 1987; Fallon & Rozin, 1985; Rozin & Fallon, 1988; Wardle & Beales, 1986). Beispielsweise legten April E. Fallon und Paul Rozin in einer Erkundungsstudie 475 männlichen und weiblichen Studenten Zeichnungen männlicher und weiblicher Figuren vor, die von sehr dünn bis zu sehr dick reichten, und ließen sie folgendes angeben: (a) die Figur, die ihrer gegenwärtigen Gestalt am ähnlichsten sah; (b) die Figur, die am ehesten dem entsprach, wie sie gern aussehen würden; (c) die Figur, von der sie meinten, sie würde am attraktivsten für das andere Geschlecht sein und (d) die Figur des entgegengesetzten Geschlechts,

Die Psychologie des Essens und Trinkens

9.3a Eine „perfekte" Figur aus den fünfziger Jahren: Marilyn Monroe (mit Cary Grant).

die sie am attraktivsten fanden (siehe Abbildung 9.4). Die Männer wählten sehr ähnliche Figuren zur Darstellung ihrer Idealfigur, ihrer gegenwärtigen Figur und der für Frauen attraktivsten Figur. Die Frauen dagegen wählten eine dickere Figur als Entsprechung ihrer derzeitigen Figur und eine dünnere als ihr Ideal. Zudem war die männliche Figur, die Männer als die für Frauen attraktivste beurteilten, in Wirklichkeit dicker als die von Frauen bevorzugte, während die weibliche Figur, die Frauen als die für Männer attraktivste beurteilten, in Wirk-

9. Anorexie und Bulimie

9.3b Eine „perfekte" Figur aus den achtziger Jahren: Jamie Lee Curtis.

lichkeit dünner war als die von Männern bevorzugte. Somit waren die meisten Frauen in dieser Studie, nicht jedoch die meisten Männer mit ihrer gegenwärtigen Figur in einer Weise unzufrieden, die sie dazu veranlassen könnte, zu fasten und magersüchtig zu werden (Fallon & Rozin, 1985). Gleiche Befunde mit ganz ähnlichen Methoden sind 1990/91 auch in Deutschland festgestellt worden (Ernährungsbericht 1992 der Deutschen Gesellschaft für Ernährung).

Verschiedene andere Erklärungen der Anorexia nervosa konzentrieren sich auf erworbene Verhaltensmuster der Individuen, die diese Störung entwickeln. Man betrachtet die Anorexie als einen Weg, Be-

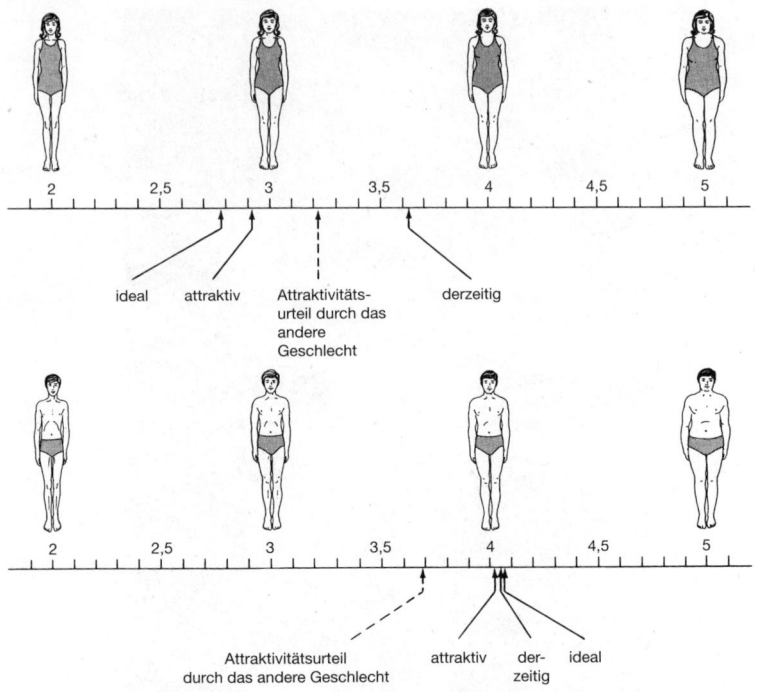

9.4 Skalenbeurteilungen von Figuren. Mittlere Skalenwerte für die derzeitige eigene Figur, die ideale Figur und die mutmaßlich für das andere Geschlecht attraktivste Figur von Frauen (oben) und Männer (unten), außerdem mittlerer Skalenwert der weiblichen Figur, die Männer am attraktivsten finden (oben, mit „Attraktivitätsurteil durch das andere Geschlecht" bezeichnet) und der entsprechende durchschnittliche Skalenwert für die Frauen (unten). (Nach Fallon & Rozin, 1985.)

achtung zu gewinnen, als ein Bemühen um Individualität, als Ablehnung der Sexualität (zusätzlich zum Ausbleiben der Regelblutung fehlen stark untergewichtigen Mädchen die sekundären Geschlechtsmerkmale) und als eine Lösung der verschiedenen Probleme mit überfordernden Eltern (Bruch, 1973). Derartige Erklärungen werden oft von Klinikern vorgebracht, die viele Patienten beobachten, jedoch keine kontrollierten Studien an magersüchtigen Patientengruppen durchführen.

Ein großer Teil der jüngeren Theoriebildung zu den möglichen Ursachen der Anorexia nervosa stellt physiologische Erklärungen in den

9. Anorexie und Bulimie

Mittelpunkt der Überlegungen. Einer der kritischen Befunde, die die Aufstellung physiologischer Hypothesen anregten, war die Beobachtung, daß die Menstruation bei einigen Magersüchtigen anscheinend schon aufhört, bevor sie einen Anteil ihres Körpergewichts verlieren, den man als ausreichende Ursache für das Ausbleiben der Regelblutung betrachtet (Fries, 1977). Daraus schloß man, daß ein gemeinsamer physiologischer Faktor sowohl für die Unregelmäßigkeiten im Menstruationszyklus als auch für die Anorexia nervosa verantwortlich sein könnte. Dafür käme an erster Stelle eine Funktionsstörung des Hypothalamus in Frage, da der Hypothalamus sowohl für das Ernährungsverhalten als auch für hormonelle Funktionen von entscheidender Bedeutung ist; außerdem weichen hypothalamische Funktionen bei Magersüchtigen in vieler Weise von der Norm ab (Garfinkel & Garner, 1982; Mecklenburg et al., 1974; Palmer, 1980; Russell, 1977).

Die Frage, ob diese Funktionsstörung Ursache oder Folge der Mangelernährung ist, besteht jedoch weiter. Da die hypothalamischen Funktionen, einschließlich der Freisetzung der die Menstruation bewirkenden Hormone, zum größten Teil wiederkehren, sobald die Betreffende wieder ißt und an Gewicht zunimmt, sind diese Abnormitäten eher eine Folge als die Ursache der Anorexia nervosa. Die Fälle, in denen die Regelblutung vor einem größeren Gewichtsverlust ausbleibt, werden auf emotionale Faktoren zurückgeführt, ein zufälliges Zusammentreffen oder möglicherweise ungenaue Berichte (Garfinkel & Garner, 1982; Palmer, 1980).

Man sollte im Gedächtnis behalten, daß mit Anorexie verbundene Phänomene wie Hungern und Gewichtsverlust zu vielen tiefgehenden physiologischen Veränderungen führen (Leibowitz, 1987; Pasquali et al., 1985; Pirke & Ploog, 1986; Vigersky et al., 1977). Nachgrübeln über Essen, Besessensein von dem Gedanken an Essen und Hyperaktivität, alles Symptome der Anorexia nervosa, wurden auch bei Menschen und Tieren, denen die Nahrung unter Labor- oder natürlichen Bedingungen entzogen wurde, beobachtet (Bemis, 1978; Bruch, 1978; Dinsmoor, 1952; Epling, Pierce & Stefan, 1983; Palmer, 1980). Deshalb könnten sowohl einige der psychischen als auch einige der physiologischen Symptome auf die Auswirkungen des Nahrungsmangels zurückzuführen sein. Es ist schwierig zu trennen, was Ursache und was Folge von Anorexia nervosa ist, da das Versuchspersonen-Ethik-

Komitee einer experimentellen Simulation der Störung bei Menschen wohl kaum zustimmen dürfte. Die Ergebnisse aus klinischen Studien, in denen im Hinblick auf die Ätiologie einfach Patientenmerkmale beobachtet werden, oder von dokumentierten Fällen von Hungern unter natürlichen Bedingungen sind oft die einzigen verfügbaren Daten; und Schlußfolgerungen aus solchen Studien müssen mit Vorsicht behandelt werden.

Fallbeispiele

Angesichts der vielen Bücher und Artikel, in denen eine definierende Beschreibung der Anorexia nervosa versucht wird, sollte man im Gedächtnis behalten, daß nicht alle Anorektiker gleich sind. In der Art des Beginns und im Verlauf der Störung können sich Patienten grundlegend unterscheiden. Einige Fallbeispiele sollen helfen, die mannigfaltige Natur der Anorexia nervosa zu illustrieren:

Als junger Teenager hatte Hazel es genossen, umschwärmt zu werden, und sie flirtete auch ziemlich heftig. Als sie hörte, wie ihr Vater sagte: »Wird sie jetzt ein Teenager?«, klang das für sie, als wenn er sich davor ekelte und sie ablehnen könnte. Im Hintergrund dieser Angst stand eine viel ältere Halbschwester, die laut Familiensaga der erklärte Liebling ihres Vaters gewesen war, ihn aber dann enttäuscht hatte. [Hazel] wollte sich die Liebe und Bewunderung ihres Vaters dadurch verdienen, daß sie in der Schule und im Sport glänzte. Mehr und mehr schränkte sie die Nahrungsaufnahme ein. Ihr Grundsatz wurde: »Der Geist siegt über den Körper«, und sie praktizierte ihn in ganz wörtlichem Sinne. Das äußerte sich wie folgt: »Wenn man so unglücklich ist und nicht weiß, wie man etwas zuwege bringen soll, dann wird es zur Höchstleistung, Kontrolle über den Körper auszuüben. Man macht aus seinem Körper ein ganz eigenes Königreich, in dem man als Tyrann, als absoluter Diktator herrscht (Bruch, 1980, S. 82).

Sarah war das einzige Kind etwas älterer Eltern, die beide irgendwie dick waren. Sie selbst war seit ihrer frühen Kindheit etwas „pummelig". Und als sie 16 war, wog sie 70 Kilogramm. Sie war es gewohnt, an ihrer Schule „Dicke" oder „der Brocken" genannt zu werden. Es war ihr immer peinlich, wenn sie sich beim Umkleiden für Ballspiele ausziehen mußte. Sie war eine begeisterte Reiterin und hatte einigen Erfolg bei Wettbewerben. Ihre gelegentlichen Versuche, Diät zu halten, wurden entschlossener, nachdem sie zu dem Schluß gekommen war, daß ihr ansteigendes Gewicht zu einem Handikap für ihr Reiten wurde. Sie fastete, ermutigt durch ihre Eltern, und nahm sich vor, 13 Kilogramm abzunehmen. Nachdem sie dieses Gewicht jedoch in weniger als drei Monaten erreicht hatte, vermied sie weiterhin „dickmachende" Lebensmittel. Nach weiteren drei Monaten wog sie weniger als 45 Kilogramm und war unzweifelhaft in einem Zustand von Anorexia nervosa (Palmer, 1980, S. 20).

[Grace] war das jüngste von drei Mädchen. Die beiden älteren Schwestern hatten zu menstruieren begonnen, als sie elf Jahre alt waren. Die nächstältere Schwester war dick und wurde fortwährend dafür gerügt, daß sie nicht genug Willenskraft aufbrächte, eine Diät einzuhalten. Grace wog an ihrem elften Geburtstag 100 Pfund. Sie war größer als die meisten ihrer Klassenkameradinnen, und ihr war keine sonst bekannt, die bereits menstruierte. Sie war erschreckt, als sie die ersten Blutflecke bemerkte, denn sie wußte, daß dies die Vorboten der Menstruation waren. Ihr Gefühl war, sie sei außerstande, mit den Verantwortlichkeiten, die damit verbunden waren, fertig zu werden, sie hatte Angst davor, verspottet zu werden, Geruch zu verbreiten oder ihre Kleider zu beflecken. Sie wollte dies Ereignis verschieben, bis sie 14 oder 15 wäre. Ihre Entschlossenheit, etwas dagegen zu unternehmen, verstärkte sich sogar noch, als in der Schule ein Film über Sexualentwicklung gezeigt wurde. Innerhalb von sechs Wochen verlor sie 24 Pfund an Gewicht, und die Anzeichen der herannahenden Pubertät verschwanden. Erst zwei Jahre später setzte ihre Menstruation ein. (Bruch, 1980, S. 81).

Diese Fallgeschichten veranschaulichen viele verschiedene Ereignisse, die eine Pubertätsmagersucht heraufbeschwören können: der Wunsch, nicht übergewichtig zu sein; das Bedürfnis nach Liebe und Zuwendung von Eltern und Freunden; der Wunsch, sportliche Fähigkeiten zu verbessern; und der Wunsch, die sexuelle Entwicklung zu verhindern. Die ersten drei dieser Motive sind nicht unbedingt ungesunde Ziele. Probleme entstehen nur, wenn diese Ziele zu weit getrieben werden, zu einem ungesunden Maß an Schlankheit. Die Unterschiedlichkeit dieser Fallgeschichten macht deutlich, daß Anorexia nervosa verschiedene Ursachen haben kann. Möglicherweise sind auch unterschiedliche Behandlungen bei unterschiedlichen Patienten erfolgreich in Abhängigkeit von der jeweiligen Ursache.

Behandlungsformen

Susan Swann Van Buskirk (1977) hat darauf hingewiesen, daß es nützlich ist, die potentiellen Behandlungsmethoden für Anorexia nervosa in zwei Gruppen einzuteilen. Die erste Gruppe besteht aus therapeutischen Maßnahmen, die primär dazu dienen, eine unmittelbare Gewichtszunahme bei der Patientin herbeizuführen, mitunter ohne ihre Zustimmung. Dies sind Behandlungen, die das Schwergewicht auf kurzzeitige Effekte legen. Beispiele sind Auffütterung, medikamentöse und Verhaltenstherapie. Eine zweite Gruppe besteht aus Behandlungen, die primär dazu dienen, eine Gewichtszunahme zu erhalten oder in ihrer Dauer zu verlängern. Dies sind Behandlungen, die das Hauptgewicht auf Langzeiteffekte legen. Beispiele sind Individual-, Gruppen- und Familientherapie sowie Selbsthilfegruppen. Jeder dieser Behandlungstypen und ihre Vor- und Nachteile werden im folgenden kurz beschrieben.

Auffütterung kann aus einer oder mehreren Maßnahmen bestehen, die versuchen, den Ernährungszustand der Patientin zu verbessern. Bei der einfachsten Form – Bettruhe – darf die Patientin das Bett nicht verlassen, so daß ihre Möglichkeiten zu körperlicher Bewegung eingeschränkt sind. Gleichzeitig wird eine kalorienreiche Kost angeboten. Andere Formen der Auffütterung umfassen verschiedene Methoden, Nährstoffe direkt zuzuführen. Dies kann zum Beispiel mittels einer Sonde durch die Speiseröhre oder mittels einer intravenösen Infusion geschehen (Garfinkel & Garner, 1982). Eine Zwangsernährung dieser Art kann manchmal mit medizinischen Komplikationen verbunden sein, ist jedoch die erfolgreichste Methode, um eine rasche Gewichtszunahme zu erzielen (Agras & Kraemer, 1984; Garfinkel & Garner, 1982). Die anfängliche Gewichtszunahme ist wichtig, weil die durch das Hungern bewirkten psychischen Veränderungen einer langfristigen Verhaltensänderung im Wege stehen (Garfinkel & Garner, 1982).

„*Verhaltensmodifikation* ist ein allgemeiner Begriff zur Bezeichnung von Verhaltensänderungen als Ergebnis der systematischen Anwendung von Prinzipien der Lerntheorie. Methoden der Verhaltensmodifikation können auf jedes Verhalten in jeder Situation angewendet werden; wenn sie aber speziell zur Beeinflussung gestörten Verhaltens eingesetzt werden, wird im allgemeinen der Begriff *Verhaltenstherapie* verwendet." (Kalish, 1981, S. 3). Es ist anzumerken, daß entgegen einigen Definitionen in populärwissenschaftlichen Veröffentlichungen Psychochirurgie und medikamentöse Therapie *nicht* als Verhaltenstherapie klassifiziert werden. Wenn Verhaltenstherapie bei Anorexie angewendet wird, werden gewöhnlich Tätigkeiten, die für den Anorektiker bekanntermaßen angenehm sind, von Essen abhängig gemacht (Van Buskirk, 1977).

Die Verhaltenstherapie ist bei der anfänglichen Gewichtszunahme ziemlich erfolgreich; allerdings scheint es ungewiß, ob sie auch langfristig erfolgreich ist (Agras & Kraemer, 1984; Leon, 1983). Angesichts der in Kapitel 6 beschriebenen Befunde von Birch fragt man sich, ob es den Wert des Essens nicht mit der Zeit verringern könnte, wenn die Teilnahme an angenehmen Aktivitäten vom Essen abhängig gemacht wird. Möglicherweise behindert ein solcher Effekt die langfristige Wirksamkeit der Verhaltenstherapie, insbesondere wenn die äußeren Anreize zum Essen nicht mehr vorhanden sind. Gloria Rakita Leon (1983) schlägt vor, statt dessen eine *kognitive Verhaltenstherapie* anzuwenden, um die langfristige Wirksamkeit zu erhöhen. In diesem Therapietyp werden Lernprinzipien genutzt, um die von den Patienten berichteten Gedanken und inneren Bilder zu modifizieren. Leon hat diese Techniken angewendet, um die Überzeugungen der Anorektiker vom Wert exzessiver Selbstkontrolle, die sie im Hinblick auf Nahrungsaufnahme bekunden, zu modifizieren.

Anorektikern wurde eine Vielzahl von Medikamenten verordnet. Einige Wirkstoffe, wie das Insulin, steigern den Appetit. Andere, wie *trizyklische Antidepressiva*, heben die Stimmung. Medikamente werden gewöhnlich im Anfangsstadium der Behandlung gegeben, um das unmittelbare Herbeiführen einer Gewichtszunahme zu unterstützen (Garfinkel & Garner, 1982).

In einer Literaturdurchsicht kamen Agras und Kraemer (1984) zu dem Ergebnis, daß eine medikamentöse Behandlung keinerlei zusätzliche Vorteile mit sich bringt, wenn andere Therapietypen angewendet werden. Andere Beobachtungen ergaben, daß eine medikamentöse Therapie bei einigen Patienten in schweren Fällen für das Herbeiführen einer initialen Gewichtszunahme von Nutzen sein kann (Garfinkel & Garner, 1982). Angesichts der potentiellen medizinischen Probleme bei Anwendung medikamentöser Wirkstoffe, insbesondere über lange Zeiträume hinweg, scheint es, daß man mit einer medikamentösen Behandlung vorsichtig sein sollte.

Es gibt viele verschiedene Arten von Psychotherapie. Dazu gehören die *Individual-*, die *Gruppen-* und die *Familientherapie*. In einer Individualtherapie arbeitet der Patient mit dem Therapeuten auf einer 1:1-Basis. In der Gruppentherapie diskutiert eine Gruppe von Patienten ihre Probleme zusammen mit dem Therapeuten. In der Familientherapie behandelt der Therapeut die ganze Familie als Einheit, statt nur das Individuum zu behandeln (Garfinkel & Garner, 1982). Bei jedem dieser Typen von Psychotherapie kann der Therapeut einen verhaltenstherapeutischen, einen psychodynamischen oder einen anderen Zugang anwenden. Bruch berichtete über Erfolge mit einem Ansatz, in dessen Mittelpunkt die aktive Teilnahme ihrer Patientinnen steht. Ihrer Ansicht nach hilft das den Patientinnen, unabhängiger zu werden (1982). Die Psychotherapie kann auch in der Zeitdauer variieren. Jeder der oben genannten Typen von Psychotherapie kann nur wenige Wochen oder mehrere Jahre dauern.

Leider gibt es nur wenige kontrollierte Studien über die langfristige Wirkung unterschiedlicher Behandlungsmethoden der Anorexie (Agras, 1987; Agras & Kraemer, 1984; Van Buskirk, 1977). Das bedeutet, daß es nur wenige Informationen über den Nutzen verschiedener Formen von Psychotherapie gibt, die zur Behandlung dieser Störung eingesetzt werden. Psychotherapien werden oft in Verbindung mit anderen Behandlungsformen angewendet, so daß es schwierig ist, ihre Wirkung von der Wirkung der anderen Therapien zu trennen. Bekannt ist, daß das gesamte Behandlungspaket, welches im allgemeinen aus einer Form von Auffütterung plus Psychotherapie besteht, ziemlich gute Behandlungsergebnisse zu haben scheint, wenn sich auch der Erfolg dieses Behandlungstyps offenbar während der letzten 50 Jahre nicht verbessert hat (Agras & Kraemer, 1984).

Weitere Forschung ist erforderlich, um zu bestimmen, welche Aspekte der Behandlung am meisten dazu beitragen, die Gewichtszunahme langfristig zu erhalten. Es wäre möglich, daß aufgrund der Mehrfachbestimmtheit der Anorexia nervosa jede isoliert angewendete Behandlungsmethode nur geringe Aussicht auf Erfolg hat. Möglicherweise ist ein Behandlungspaket die beste Behandlung (Bemis, 1978; Garfinkel & Garner, 1982).

Eine stationäre Behandlung, wenn nötig, kann einen oder mehrere der oben genannten Therapietypen einbeziehen. Welche Behandlung angewendet wird, hängt von den Behandlungsmöglichkeiten und dem individuellen Krankheitsbild ab. Eine oder mehrere der oben beschriebenen Therapieformen, mit Ausnahme der Zwangsernährung, können auch bei Anorektikern, die auf ambulanter Basis behandelt werden, eingesetzt werden (Garfinkel & Garner, 1982).

Ein Weg, auf dem nicht stationär behandelte Magersüchtige häufig Informationen, soziale Unterstützung und andere Formen von Beistand finden, sind *Selbsthilfegruppen* (siehe Anhang). Es ist weitere Forschung nötig, um die eigentliche Rolle der Selbsthilfegruppen für die Behandlung von Magersucht zu bestimmen (Jacobs & Goodman, 1989), unbestritten ist ihre Funktion zur sozialen Unterstützung und zur Förderung der Motivation, sich in stationäre Behandlung zu begeben.

Prognose

Anorexia nervosa ist zwar eine lebensbedrohliche Eßstörung, aber in den meisten Fällen erfolgreich behandelbar. Es gibt einige Hinweise darauf, daß die Behandlung um so erfolgreicher ist, je jünger die Patienten bei Behandlungsbeginn sind (Bruch, 1973; Garfinkel & Garner, 1982; Morgan & Russell, 1975), vielleicht weil Psychotherapie bei jüngeren Mädchen mehr Einfluß hat als bei Frauen oder weil die Patientin noch bei ihren Eltern lebt, was Familientherapie nützlich macht oder weil Fälle, die früher einsetzen, weniger schwer sind. Wir wenden uns nun einer noch nicht sehr lange bekannten, aber verwandten Eßstörung zu, der Bulimie.

Die Psychologie des Essens und Trinkens

Bulimia nervosa

Merkmale

Anorektiker mögen zwar auch gelegentlich Eßanfälle haben, das wiederholte Auftreten von Eßepisoden, die als Eßanfall, Freßanfall oder Heißhungerattacke bezeichnet werden (vgl. Pudel & Westenhöfer, 1991), wird jedoch Bulimie genannt. Die American Psychiatric Association (Wittchen et al., 1989, S. 101) beschreibt die wesentlichen Merkmale der Bulimie wie folgt:

> A) Wiederholte Episoden von Freßanfällen (schnelle Aufnahme einer großen Nahrungsmenge innerhalb einer bestimmten Zeitspanne). B) Das Gefühl, das Eßverhalten während der Freßanfälle nicht unter Kontrolle halten zu können. C) Um einer Gewichtszunahme entgegenzusteuern, greift der Betroffene regelmäßig zu Maßnahmen zur Verhinderung einer Gewichtszunahme wie selbstinduziertem Erbrechen, dem Gebrauch von Laxantien oder Diuretika, strengen Diäten oder Fastenkuren oder übermäßiger körperlicher Betätigung. D) Durchschnittlich mindestens zwei Freßanfälle pro Woche über einen Mindestzeitraum von drei Monaten. E) Andauernde, übertriebene Beschäftigung mit Figur und Gewicht.

Craig L. Johnson et al. untersuchten 316 bulimische Frauen und stellten fest, daß die meisten dieser Frauen mindestens einen Eßanfall pro Tag hatten, gewöhnlich abends. Bei einem Eßanfall wurden zwischen 1000 und 55 000, im Durchschnitt 4 800 Kalorien aufgenommen. Die verschlungenen Nahrungsmittel waren in erster Linie süße oder salzige kohlenhydrathaltige Lebensmittel. Zu der Zeit, als die Studie durchgeführt wurde, wendeten die meisten Frauen verschiedene Abführtechniken an, um die während eines Eßanfalls aufgenommenen Kalorien wieder loszuwerden. 81 Prozent verließen sich auf selbst herbeigeführtes Erbrechen und 63 Prozent auf Laxantien (Abführmittel). Die von Johnson und seinen Kollegen erhobenen Daten lassen darauf schließen, daß die meisten Versuchspersonen Erbrechen und Laxantien ungefähr ein Jahr, nachdem die Heißhungerattacken begonnen hatten, zu nutzen begannen (Johnson et al., 1982).

Trotz des häufigen Erbrechens entwickeln bulimische Frauen anscheinend keine Geschmacksaversionen gegenüber der Nahrung, die sie während der Eßanfälle essen (zur Diskussion des Geschmacks-

9. Anorexie und Bulimie

aversionslernens siehe Kapitel 6). Dies könnte darauf zurückzuführen sein, daß das Erbrechen selbst ausgelöst und nicht von außen aufgezwungen ist. Außerdem berichten Bulimiker manchmal, daß sie an das Erbrechen extrem gewöhnt sind. Es ist nicht aversiv für sie (Russell, 1979). An Ratten gewonnene Daten belegen, daß ein unbedingter Reiz mit höherer Wahrscheinlichkeit eine Geschmacksaversion hervorruft, wenn er neuartig ist; der durchschnittliche Bulimiker erbricht viele Male (Logue, 1979; Logue, Logue et Strauss, 1983).

Die meisten Bulimiker halten ein im Normalbereich liegendes Körpergewicht aufrecht (American Psychiatric Association, 1987; Johnson & Larson, 1982; Schlesier-Stropp, 1984). Die wiederholten Eßanfälle und Methoden der Gewichtskontrolle können jedoch verheerende physiologische Auswirkungen haben. Zu den weniger ernsten Folgen gehören Halsentzündungen und geschwollene Speicheldrüsen, verursacht durch das wiederholte Erbrechen. Das Erbrochene ist säurehaltig und schädigt den Zahnschmelz, wodurch Bulimiepatienten zu schwerer Karies neigen. Bedeutender ist, daß sowohl das Erbrechen als auch der Gebrauch von Laxantien das elektrolytische Gleichgewicht des Kaliums im Körper stören können. Als mögliche Folgen treten Wasserentzug (Austrocknen des Körpers) und Herzrhythmusstörungen auf. Auch Harnwegsinfektionen und Nierenversagen können vorkommen, ebenso wie epileptische Anfälle (Fairburn, 1984; Pyle, Mitchell & Eckert, 1981; Russell, 1979; Schlesier-Stropp, 1984). Ein weiteres Problem der Bulimiepatienten besteht darin, daß sie einen geringeren Energieverbrauch haben, wodurch sie leichter an Gewicht zunehmen. Es noch nicht bekannt, was diesen niedrigeren Energieumsatz bewirkt, aber er könnte auf die Eßanfälle und die gewichtskontrollierenden Maßnahmen (Erbrechen und Abführmittel) zurückzuführen sein (Energy Expenditure and the Control of Body Weight, 1989; Gwirtsman et al., 1989; siehe Kapitel 10 zu weiteren Informationen darüber, wie Nahrungsentzug den Energieverbrauch senken kann).

Einige Forscher haben festgestellt, daß die Insulinausschüttung als Reaktion auf eine spezifische Testmahlzeit bei bulimischen Frauen nicht in normaler Weise erfolgt; andere Forscher hingegen haben keine derartigen Unterschiede zwischen bulimischen und nicht bulimischen Frauen gefunden (Broberg & Bernstein, 1989; Russell, Storlien

& Beumont, 1987; Schweiger et al., 1987; Weingarten, Hendler & Rodin, 1988). Allerdings essen Bulimie-Patientinnen, ob nun ihre Insulinreaktion auf Nahrung normal ist oder nicht, mehr als andere Frauen, selbst in einer Laborsituation (Kissileff et al., 1986; Walsh et al., 1989). Vielleicht könnten diese beiden Forschungsgebiete kombiniert werden, um zu bestimmen, ob die Insulinreaktion bulimischer Frauen bei Eßanfällen abnorm ist. Auf diese Weise könnte man eine vollständigere Antwort auf die Frage erhalten, ob die Insulinreaktion der Bulimie-Patientinnen normabweichend ist. Die Antworten auf Fragen wie diese können zu Hypothesen über die spezifischen physiologischen Ursachen und Folgeerscheinungen der Bulimie führen.

Verbreitung

Wie bei der Anorexia nervosa sind offenbar auch die meisten Bulimie-Patienten junge Erwachsene. Diese Information beruht auf den von der klinischen Praxis berichteten Falltypen (Schlesier-Stropp, 1984). Wenn allerdings die Bereitschaft, bei Bulimie professionelle Hilfe zu suchen, mit dem Alter der Betroffenen variiert, wären diese Daten systematisch fehlerbehaftet und würden die tatsächliche Verbreitung der Bulimie bei verschiedenen Altersgruppen nicht widerspiegeln.

Auch von dieser Störung, ebenso wie von der Anorexia nervosa, sind hauptsächlich Frauen betroffen, wenn auch die vorhandenen Daten noch nicht ausreichen, um das numerische Verhältnis von Männern zu Frauen genau zu bestimmen (Schlesier-Stropp, 1984). Jüngere Studien liefern einige Informationen über die Häufigkeit von Bulimie bei College- und Universitätsstudenten (Drewnowski, Hopkins & Kessler, 1988; Halmi, Falk & Schwartz, 1981; Schotte & Stunkard, 1987; Striegel et al., 1989). Der in diesen Untersuchungen bestimmte Anteil von Studenten, die an Bulimie leiden, lag bei Frauen zwischen 1 und 19 Prozent und bei Männern zwischen 0,5 und 5 Prozent. Das Zahlenverhältnis weiblicher zu männlichen Studenten, die über Bulimie berichteten, reichte von 3,8 zu 1 bis zu 19 zu 1. Daß diese Ergebnisse so stark variieren, ist zweifellos zumindest zum Teil auf ein unterschiedliches methodisches Vorgehen in diesen Untersuchungen zurückzuführen. So bezogen einige Studien auch graduierte Studenten mit ein, während andere das nicht taten. Einige hatten hohe Rücklaufraten (zum Beispiel 97 Prozent der Befragten), andere nicht (zum Beispiel 66 Prozent der Befragten). Einige, aber nicht alle, verwendeten die strengen diagnostischen Kriterien der American Psychiatric Association (DSM-III-R). Schließlich sammelten einige, aber nicht alle, ihre Daten an privaten Eliteuniversitäten. In Abhängigkeit davon, welche Studie man zugrunde legt, mag das gegenwärtige Vorkommen von Bulimie erschreckend hoch erscheinen oder nicht (Kolata, 1988). In der Bundesrepublik ergab eine bevölkerungsrepräsentative Studie 1990/91 eine Gesamtprävalenz von 2,4 Prozent nach den Kriterien des DSM-III-R. Erstaunlicherweise fanden sich keine Unterschiede zwischen der Häufigkeit bei Männern und Frauen.

Trotz der fehlenden Übereinstimmung zwischen den verschiedenen Untersuchungen fanden doch alle eine große Häufigkeit gestörten Eßverhaltens bei Studenten, einschließlich Fällen von Heißhungerattacken und/oder Erbrechen beziehungsweise Laxantien-Gebrauch. Da die Bulimie erst seit kurzem große Aufmerksamkeit auf sich gezogen hat, ist es schwer zu bestimmen, ob die Häufigkeit von Eßanfällen und Magenentleerungsmaßnahmen schon immer so hoch gewesen ist oder ob ihr Vorkommen in jüngerer Zeit angewachsen ist (Fairburn, 1984). Vielleicht haben die Studenten unserer kalorienbewußten Bevölkerung da etwas entdeckt, was auf den ersten Blick die ideale Lösung schien, um sowohl mit der breiten Verfügbarkeit gut schmeckender Nahrungsmittel im College als auch mit dem Wunsch, entsprechend vorherrschenden Vorstellungen attraktiv zu sein, zurechtzukommen: Fressen und Brechen. Wie eine Patientin sagte: „ Ich dachte, ich hätte das Problem erledigt; ich konnte überhaupt nicht verstehen, warum nicht jeder aß und dann erbrach." (Garfinkel und Garner, 1982, S. 5). Bulimiker sind sich oft nicht im klaren darüber, welche ernsten medizinischen Probleme ihre Krankheit mit sich bringen kann.

Mögliche Erklärungen und Ursachen

Viele der für die Anorexie vorgeschlagenen möglichen Erklärungen und Ursachen wurden auch für die Bulimie vorgeschlagen. Das von Bulimie-Patientinnen als wünschenswert angegebene Körpergewicht liegt oft weit unter einem gesundheitlich günstigen Gewicht. Sie scheinen ebenso wie Magersüchtige eine verzerrte Sicht ihres eigenen Gewichts zu haben (Leon, 1983; Russell, 1979). Das Überessen ist auch als Erfüllung irgendeines emotionalen Bedürfnisses betrachtet worden, weil es durch Faktoren wie Konfrontationen mit bestimmten sozialen Situationen beeinflußt wird (Russell, 1979). Weiterhin sind auch Bulimiker, ebenso wie Anorektiker, besessen von der Kontrolle ihrer Nahrungsaufnahme. Anders als anorektische Patienten jedoch, die bei dieser Kontrolle erfolgreich sind, entgleitet sie den bulimischen Patienten regelmäßig, und sie verschlingen riesige Nahrungsmengen. Hat ein Eßanfall einmal begonnen, scheint er unkontrollierbar zu sein; anschließend wird versucht, das Essen wieder loszuwerden (Leon, 1983).

Der ständige Kampf mit Eßanfällen und Magenentleerung führt zu einer unentwegten Beschäftigung mit Essen: Wieviel soll man essen, wann soll man essen, wie macht man es so, daß die anderen es nicht merken, und woher kriegt man genug zu essen für eine Heißhungerattacke. Ein Erklärungsansatz geht davon aus, daß die Eßanfälle der bulimischen Patienten eine Folge ihres Diäthaltens (das heißt ihres *gezügelten Eßverhaltens*, engl. *restrained eating*) sind. Danach resultieren die Eßanfälle aus homöostatischen Mechanismen, die versuchen, den jeweiligen Sollwert der nahrungsdeprivierten Körper wiederherzustellen. Die entgegengesetzte Theorie, nach der die Eßanfälle das Diäthalten verursachen, wurde jedoch ebenfalls vorgeschlagen (Lowe, 1986; Polivy & Herman, 1985, 1986).

Die gedankliche Beschäftigung damit, zuviel und zuwenig zu essen, wurde von manchen Autoren auch mit der offenbar bei Bulimie allgemein auftretenden Depression in Verbindung gebracht (Johnson & Larson, 1982; Laessle et al., 1987; Leon, 1983). Möglicherweise ist jedoch die depressive Symptomatik keine Folge der Bulimie. Viele Bulimikerinnen kommen aus Familien mit einer Geschichte affektiver Störungen (Hudson, Laffer & Pope, 1982; Strober et al., 1982). Zudem haben viele affektive Störungen anscheinend eine genetische Komponente. Daher wurde als Erklärung vorgeschlagen, daß eine einzige chemische Störung mit genetischer Basis zumindest teilweise sowohl für die Depression als auch für die Bulimie verantwortlich sein könnte (Pope & Hudson, 1984).

Die Möglichkeit, daß die Bulimie eine biologische Grundlage haben könnte, die mit der biologischen Grundlage der Depression in Beziehung steht, ist faszinierend. Dies würde neue Wege der Therapie eröffnen, die weiter unten diskutiert werden. Es ist jedoch unwahrscheinlich, daß ein einfaches Modell wie die Annahme, daß Depression zu Bulimie führt oder Bulimie zu Depression, alle oder auch nur die meisten Fälle von Bulimie und Depression erklären könnte. Es gibt keinen endgültigen Beweis für eine ursächliche Verbindung zwischen Bulimie und Depression, weder in der einen noch in der anderen Richtung. Außerdem ist auch die Heterogenität hinsichtlich Symptomatik wie auch Entwicklung und Verlauf der Krankheit sowohl bei Bulimikern als auch bei Depressiven zu groß, als daß eine solche Annahme berechtigt erschiene (Hinz & Williamson 1987; Rosenthal & Heffernan, 1986; Walsh, Gladis & Roose, 1987).

Behandlungsansätze

Wie bei der Anorexia nervosa wurden auch zur Behandlung der Bulimie verschiedene Formen von Psychotherapie eingesetzt, so zum Beispiel die traditionelle wie auch die kognitive Verhaltenstherapie (Fairburn, 1981; Monti, McCrady & Barlow, 1977). Bei einer aus der Verhaltenstherapie abgeleiteten Behandlungstechnik läßt man die Patienten große Mengen Nahrung essen, bis sie das Bedürfnis verspüren, sich zu übergeben. Man hält sie jedoch davon ab zu erbrechen und regt sie dazu an, sich auf die dadurch geschaffene Angst zu konzentrieren. Diese Technik wird *Angstexposition und Reaktionsverhinderung* genannt. Dieser Behandlungsmethode liegt die Annahme zugrunde, daß sich die Patienten an die Angst, die als Begleiterscheinung übermäßiger Nahrungsaufnahme auftritt und sich in der Behandlung ja nicht durch Magenentleerung beseitigen läßt, gewöhnt und so der Teufelskreis von Eßanfällen, Angst und Angstreduktion durch Erbrechen und Abführmittel durchbrochen wird (Johnson et al., 1984; Rosen & Leitenberg, 1982). In einem Experiment wurde festgestellt, daß kognitive Verhaltenstherapie in Kombination mit der Methode der Angstinduktion und Reaktionsverhinderung bessere Ergebnisse bei der Reduzierung von Eßanfällen und Entleerungsmaßnahmen erzielte als kognitive Verhaltenstherapie allein. Tatsächlich waren die mit kognitiver Verhaltenstherapie plus Angstinduktion und Reaktionsverhinderung behandelten Patienten noch nach einem Jahr völlig frei von Eßanfällen und selbstinduziertem Erbrechen beziehungsweise Laxantiengebrauch (Wilson et al., 1986). Ernährungshinweise und -richtlinien können bei der Behandlung von Eßanfällen ebenfalls nützlich sein (Dalvit-McPhillips, 1984).

In Übereinstimmung mit der Hypothese, daß die Ursachen von Bulimia nervosa und Depression in irgendeiner Weise physiologisch miteinander verbunden sind, berichten verschiedene Forscher von Besserungen des Eßverhaltens von Bulimie-Patientinnen nach der Gabe von Antidepressiva (Agras, 1987; Hudson, Pope & Jonas, 1984; Rossiter, Agras & Losch, 1988; Walsh et al., 1982). Harrison G. Pope und seine Kollegen zum Beispiel führten einen Doppelblindversuch mit 22 bulimischen Frauen durch, in dem sie die Wirkung eines Antidepressivums und eines Placebo-Präparats verglichen. Sie stellten fest, daß das Pharmakon die Häufigkeit der Eßanfälle immer mehr verringerte, während das Placebo keinen Effekt hatte. In der Tat hatten ein bis acht Monate nach der Erstuntersuchung 90 Prozent der gesamten Stichprobe nach der Behandlung mit einem Antidepressivum die Häufigkeit ihrer Eßanfälle signifikant verringert (Pope et al., 1983). Einige Therapeuten hingegen beobachteten, daß Antidepressiva nur die Depression linderten, nicht jedoch die Eßanfälle oder das absichtlich herbeigeführte Erbrechen (Russell, 1979). Zudem kann es notwendig sein, mittels kognitiver Verhaltenstherapie die (gewöhnlich kleine) Zahl der nicht wieder nach außen beförderten aufgenommenen Kalorien zu erhöhen und ein langfristiges Andauern der Behandlungseffekte zu erreichen (Rossiter et al., 1988). Die Mehrzahl der Studien erbrachte jedoch anscheinend Hinweise darauf, daß die Antidepressiva bei der Behandlung der Bulimia nervosa eine Rolle spielen könnten: Antidepressiva stellen eine relativ preiswerte Behandlung dar, die die Eßanfälle und das „Entleerungs"-Verhalten bei Bulimie bessern können (Agras, 1987).

9. Anorexie und Bulimie

Fazit

Es gibt eine Reihe verschiedener Situationen, in denen die Nahrungsaufnahme bis zu dem Punkt absinken kann, wo sie inadäquat ist. Pharmaka, Krankheiten und Stimmungsstörungen können alle zu einer Anorexie führen. Psychologen und Ärzte machen Fortschritte in ihren Möglichkeiten, diese lebensbedrohlichen Zustände zu mildern. Ihre Bemühungen erscheinen um so bedeutsamer, wenn man die medizinischen Risiken betrachtet, auf die bei übermäßigem Dünnsein inzwischen zunehmend hingewiesen wird.

10
Übermäßiges Essen und Adipositas

Dieses Kapitel befaßt sich mit einem exzessiven Nahrungskonsum, der als abnorm betrachtet wird, und mit der Adipositas (früher auch Fettsucht genannt), einem beträchtlich über dem Durchschnitt liegenden Körpergewicht. Eines der Ziele dieses Kapitels besteht darin zu zeigen, daß – entgegen der landläufigen Meinung – übermäßiges Essen und Adipositas einander nicht unbedingt zur Voraussetzung haben müssen.

Es gibt kein einzelnes objektives Maß, um eine exakte Gewichtsgrenze festzulegen, welche bei einem bestimmten Individuum Adipositas bedeuten würde. Es sind viele verschiedene, auf unterschiedlichen Techniken basierende Kriterien herangezogen worden, um den Anteil an Körperfett abzuschätzen. Eine Methode, um abzuschätzen, ob jemand mager oder dick ist, besteht zum Beispiel darin, das Gewicht der Person (in Kilogramm) durch das Quadrat ihrer Körpergröße (in Metern) zu teilen. Als Ergebnis erhält man den sogenannten *Körper-Massen-Index* oder *Body Mass Index* oder *BMI*, zum Beispiel $\frac{80{,}0 \text{ kg}}{(1{,}72 \text{ m})^2} = 27{,}0 \frac{\text{kg}}{\text{m}^2}$ für ein Gewicht von 80 Kilogramm bei einer Körpergröße von 1,72 Metern. Je größer diese Zahl ist, um so mehr wiegt jemand im Verhältnis zu seiner Körpergröße. Der normale BMI-Wert liegt bei 20 bis 25 $\frac{\text{kg}}{\text{m}^2}$. Als *übergewichtig* wird jemand mit einem BMI von 25–30 $\frac{\text{kg}}{\text{m}^2}$ definiert, als *adipös* jemand mit einem BMI von über 30 $\frac{\text{kg}}{\text{m}^2}$. Jedoch müßten diese Werte wahrscheinlich so angepaßt werden, daß sie bei einem Alter von mehr als 24 Jahren anwachsen (Bray, 1987). Ein BMI-Wert unter 19 $\frac{\text{kg}}{\text{m}^2}$ (bei Frauen) beziehungsweise 20 $\frac{\text{kg}}{\text{m}^2}$ (bei Männern) weist auf Untergewicht hin. Problematisch an diesem Maß ist, daß es nicht zwischen magerer Körpermasse wie Muskeln und Knochen und gespeichertem Fett unterscheidet. Ein an-

10. Übermäßiges Essen und Adipositas

deres Maß besteht darin, die Dicke der Hautfalte an der oberen Rückseites des Armes zu bestimmen. Je dicker diese Falte ist, um so mehr Fett ist unter der Haut gespeichert. Bei einer weiteren Methode wird das Gewicht einer Person einmal auf gewöhnliche Weise und einmal unter Wasser gemessen. Da das spezifische Gewicht (die Wichte) von Fett geringer ist als das des mageren Körpergewebes, ist es möglich, diese Technik zu nutzen, um den Anteil gespeicherten Fettes am Körpergewebe zu bestimmen (Guthrie, 1975).

Eine verbreitete Methode, um Übergewicht und Adipositas abzuschätzen, besteht einfach darin, Körpergröße und -gewicht zu bestimmen und sie dann mit den in den Gewichts-und-Größen-Tabellen (siehe Tabellen 9.1a und 9.1b) angegebenen Normwerten zu vergleichen. Obgleich diese Methode – wie der BMI – nicht erfaßt, wieviel vom Körpergewicht mageres Gewebe und wieviel Fett ist, berücksichtigt sie doch zumindest den Körperbau. Sie ist auch die am leichtesten anwendbare Methode.

Im vorangehenden Kapitel über Anorexie und Bulimie wurde ausgeführt, daß die in den Gewichts-und-Größen-Tabellen angegebenen Gewichte in jüngerer Zeit angehoben wurden. Diese Veränderungen in den Tabellen wurden vorgenommen, weil wir heute mehr über die Gefahren des Zu-dünn-Seins wissen. Die Veränderungen in den Tabellen sollten jedoch nicht so interpretiert werden, als ob die Gesundheitsrisiken extremen Übergewichts damit geringer eingeschätzt würden. Wenngleich die Normalgewichte angehoben wurden, kann doch ein beträchtlich über diesen Gewichten liegendes Körpergewicht weiterhin gewisse medizinische Risiken mit sich bringen. Zu den Krankheiten, die einen Zusammenhang mit extremem Übergewicht aufweisen, gehören Bluthochdruck, Diabetes mellitus, Fettstoffwechselstörungen und Herz-Kreislauf-Erkrankungen. Man schätzt, daß 15 Prozent der US-Bevölkerung im Alter zwischen 30 und 62 Jahren einen BMI von 30 oder mehr haben (das heißt adipös sind) (Simopoulos, 1987). Ähnliche Daten ergeben sich für die Bundesrepublik (Deutsche Gesellschaft für Ernährung, Ernährungsbericht 1992). Überdies wächst das Vorkommen extremer Adipositas bei amerikanischen Kindern ständig an (Kolata, 1986) – ein Trend, der in Deutschland bislang nicht beobachtet wurde. Adipositas ist und bleibt ein Gesundheitsproblem. Wenn jedoch jemand in diesem Kapitel als *adipös* oder *dick* beschrieben wird, ohne Angabe des Grades der Adipositas, bedeutet dies lediglich, daß sein Gewicht um deutlich mehr als 10% über dem Normalgewicht liegt, aber das impliziert nicht unbedingt, daß die betreffende Person gesundheitliche Risikofaktoren hat.

In diesem Kapitel werden zunächst demographische Merkmale, Eßverhalten und Stimmung bei Übergewicht beschrieben. Im zweiten Abschnitt werden mögliche Faktoren diskutiert, die am Entstehen der Adipositas beteiligt sein könnten. Das Kapitel schließt ab mit einer Diskussion der Methoden, die angewendet werden, um übermäßiges Essen und Adipositas zu verringern.

Merkmale des Adipösen

Verbreitung

Starkes Übergewicht ist in den verschiedenen Bevölkerungsgruppen unterschiedlich weit verbreitet. Es gibt mehr adipöse Frauen als Männer. Das Übergewicht nimmt mit dem Alter bis etwa zum 60. Lebensjahr zu und beginnt danach wieder abzusinken. Diese Verminderung scheint jedoch eher bei Männern vorzukommen (Simopoulos, 1987; Stuart & Davis, 1972). In allen westlichen Industrienationen tritt Adipositas wesentlich häufiger bei Frauen in den unteren als in den höheren sozialen Schichten auf. In den Entwicklungsländern dagegen sind Männer, Frauen und Kinder um so häufiger adipös, je höher ihr sozioökonomischer Status ist (Sobal & Stunkard, 1989). Es sollte jedoch betont werden, daß die Adipositas in allen Bevölkerungsgruppen vorkommt und bei einigen Gruppen lediglich häufiger ist als bei anderen.

Eßverhalten

Das Eßverhalten adipöser Menschen ist sehr unterschiedlich, obwohl auch einige allgemeine Feststellungen getroffen werden können. Lynn Spitzer und Judith Rodin stellten in einem umfassenden Literaturüberblick (1981) über das Eßverhalten adipöser und normalgewichtiger

10. Übermäßiges Essen und Adipositas

Menschen fest, daß Adipöse häufiger als Normalgewichtige große Mengen besonders schmackhafter Lebensmittel essen. Außerdem verringert sich ihre Eßgeschwindigkeit im Verlaufe einer Mahlzeit weniger als bei normalgewichtigen Personen. Über die gesamte Mahlzeit hinweg gibt es jedoch zwischen Normal- und Übergewichtigen keine Unterschiede in der Eßrate. Spitzer und Rodin waren erstaunt darüber, wie wenig klare und übereinstimmende Unterschiede im Eßverhalten zwischen normalgewichtigen und adipösen Menschen gefunden worden waren. Viele der von Spitzer und Rodin durchgesehenen Studien hatten zwar Unterschiede im Eßverhalten gefunden, aber nachfolgende Studien hatten diese Unterschiede nicht repliziert.

Zwei spezifische Merkmale der Eßverhaltens, die man untersucht hat, sollten hier erwähnt werden. Das erste betrifft die Frage, ob adipöse Menschen mehr Kalorien verzehren als nicht-adipöse. In einer Untersuchung fand man, daß adipöse Frauen in der dynamischen Phase (einer ständigen Zunahme des Gewichts) ungefähr 480 Kalorien täglich mehr aßen als adipöse Frauen in der statischen Phase oder normalgewichtige Frauen. Es gab jedoch keine signifikanten Unterschiede in Anzahl aufgenommener Kalorien zwischen den Frauen mit normalem Gewicht und den Frauen in der statischen Phase der Adipositas (Kulesza, 1982). Andere Studien dagegen fanden keine Unterschiede in der Energiezufuhr zwischen Personen, die an Gewicht zunahmen, und Personen, die ihr Gewicht hielten (Slattery & Potter, 1985). Zweitens zeigen 25 Prozent adipöser Menschen Symptome schwerer Eßanfälle (Gormally et al., 1982). Dies bedeutet jedoch auch, daß 75 Prozent diese Symptome nicht zeigen.

Zusammengenommen lassen die Daten vermuten, daß es nur wenige konsistente Unterschiede im Eßverhalten adipöser und normalgewichtiger Menschen gibt.

Stimmung und Adipositas

Die meisten Menschen haben das eine oder andere Mal gehört, daß dicke Menschen gemütlich und vergnügt seien. Der Weihnachtsmann und Balu, der Bär, (aus der Kinderliteratur) sind beide legendäre fröhliche Charaktere, die ziemlich übergewichtig sind. Aber geht das

Überessen wirklich mit einer zufriedenen Stimmung einher? Wie verändert sich die Stimmung mit sich änderndem Zuvielessen? Es gibt einige Untersuchungen zu diesen Fragen.

Robert Plutchik (1976) gab dünnen, normalgewichtigen und adipösen Menschen einen Fragebogen, der Fragen zu Stimmung und Eßverhalten enthielt. Je mehr Übergewicht eine Versuchsperson hatte, um so eher berichtete sie, bei Depression oder Angst zu essen. Ähnliche Befunde erhielten Joyce Slochower und Sharon P. Kaplan (1980), die feststellten, daß experimentell erzeugte Angst bei adipösen Versuchspersonen eher zu Nahrungsaufnahme führte, während sie bei normalgewichtigen Versuchspersonen die Nahrungsaufnahme eher verringerte. In Übereinstimmung mit den Ergebnissen der beiden gerade beschriebenen Studien befinden sich die Ergebnisse einer von Joyce Slochower, Sharon P. Kaplan und Lisa Mann (1981) durchgeführten Untersuchung. Sie stellten fest, daß adipöse College-Studentinnen während Prüfungszeiten, in denen sie über Angst berichteten, mehr aßen, während normalgewichtige Versuchspersonen in diesen Zeiten weniger aßen. Es ist anzumerken, daß der von den Versuchspersonen berichtete Grad von Angst selbst sich zwischen normal- und übergewichtigen Studentinnen nicht unterschied. All diese Studien sprechen anscheinend für die Annahme, daß adipöse Menschen häufiger essen, wenn sie unangenehme Stimmungen erleben.

Eine Reihe von Befunden weist jedoch darauf hin, daß gesteigertes Essen bei Depression offenbar eher mit *Diäthalten* als mit Adipositas in Zusammenhang steht (Ruderman, 1986). Augenscheinlich haben weder Plutchik noch Slochower und ihre Kollegen untersucht, ob ihre Versuchspersonen Diät hielten oder nicht. Wenn ein größerer Teil der adipösen als der schlanken Versuchspersonen in diesen drei Untersuchungen Diät hielten, befänden sich die Ergebnisse in Übereinstimmung mit der Hypothese, daß gezügelte Esser im Gegensatz zu nicht Diät haltenden Menschen mehr essen, wenn sie depressiv sind. Das Eßverhalten von gezügelten und spontanen Essern mag sich zwar unterscheiden, zwischen adipösen und nicht-adipösen Menschen jedoch finden sich wiederum kaum widerspruchsfreie Daten, die Unterschiede anzeigen würden.

Dennoch gibt es eine Untergruppe der Adipösen, die sich in der Tat hinsichtlich des Zusammenhangs von Stimmung und Eßverhalten von schlankeren Personen unterscheiden könnte. Es handelt sich um Menschen, die an einer Winter-Depression (*saisonal-abhängigen Depression*) leiden. Diese Störung tritt bei dafür empfänglichen Menschen während der Wintermonate auf, wenn sie weniger Licht ausgesetzt sind. Sie ist charakterisiert durch Depressionen, ein starkes Verlangen nach Kohlenhydraten, übermäßiges Essen und Gewichtszunahme. Es leidet jedoch nur ein kleiner Prozentsatz der Adipösen an dieser Störung (Wurtman & Wurtman, 1989).

Wenn sich die Adipösen – im Durchschnitt – in der Stimmungslage oder im Eßverhalten nicht von Nicht-Adipösen unterscheiden, gibt es dann andere Unterschiede zwischen ihnen, die Adipositas verursachen könnten? Der nächste Abschnitt diskutiert einige dieser möglichen Ursachen.

Ursachen von übermäßigem Essen und Adipositas

Es gibt sehr viele Forschungsarbeiten über die möglichen Ursachen von übermäßigem Essen und Adipositas. Natürlich wurde der größte Teil dieser Forschungen im Hinblick auf die Verhütung und Verringerung von ausgeprägter Adipositas durchgeführt. In diesem Abschnitt werden Untersuchungen der genetischen, physiologischen und in der Umwelt liegenden Grundlagen für übermäßiges Essen und Adipositas dargestellt.

Genetische Grundlagen

Es steht außer Frage, daß übergewichtige Eltern oft übergewichtige Kinder haben. Nur zehn Prozent der Kinder, die keine adipösen Eltern haben, werden selbst adipös. Ungefähr 40 Prozent der Kinder mit einem adipösen Elternteil und 70 Prozent der Kinder mit zwei adipösen Eltern werden stark übergewichtig (Gurney, 1936). Wieviel dieser Übereinstimmung zwischen Eltern und ihren Nachkommen ist auf Eß- und Bewegungsgewohnheiten, die von den Eltern auf die Kinder (durch die Umwelt) übertragen werden, und wieviel ist auf von den Eltern auf die Kinder übertragene Gene zurückzuführen?

Belege für eine genetische Basis der Adipositas finden sich in Tierversuchen. Es ist möglich, Ratten und Mäuse mit einer Neigung zu Adipositas zu züchten, indem man wiederholt die am stärksten übergewichtigen Tiere sich fortpflanzen läßt (Bray & York, 1971; Hayes & McCarthy, 1976; Hunt, Linsey & Walkey, 1976).

Zwei Untersuchungsparadigmen werden angewandt, um die genetische Prädisposition für Adipositas beim Menschen zu testen. In Zwillingsstudien wird das Gewicht eineiiger und zweieiiger Zwillinge verglichen, in Adoptionsstudien vergleicht man das Gewicht von leiblichen Eltern und ihren Kindern sowie von Adoptiveltern und ihren Kindern. Diese Studien ergeben im allgemeinen, daß das Gewicht eineiiger Zwillinge sich stärker ähnelt als das zweieiiger und daß zwischen leiblichen Eltern und ihren Nachkommen eine größere Ähnlichkeit hinsichtlich ihres Körpergewichts besteht als zwischen Adoptiveltern und deren Kindern. Wenn man auch Kritik an den meisten dieser Untersuchungen finden kann, stützen die Ergebnisse doch den Schluß, daß es eine genetische Komponente bei der Entstehung von Adipositas gibt (Foch & McClearn, 1980; Stunkard, Foch & Hrubec, 1986; Stunkard et al., 1986; Sørensen & Stunkard, 1993).

Nichtsdestoweniger bedeutet eine genetische Komponente noch keine vollständige genetische Determination. Auch zwischen dem Gewicht von Adoptivmüttern und dem ihrer Kinder wurde ein signifikanter Zusammenhang gefunden (Foch & McClearn, 1980). Es steht außer Frage, daß auch die Umwelt bei der Entstehung von Adipositas eine Rolle spielt. Überdies sagt uns die bloße Kenntnis einer genetischen Komponente noch nichts über die Mechanismen, durch die sich eine genetische Komponente auswirkt. Die folgenden Abschnitte schlagen einige in Frage kommende Mechanismen wie auch mögliche stärker in Umwelteinflüssen begründete Mechanismen vor.

10. Übermäßiges Essen und Adipositas

Fettzellen

Die Menge des im Körper gespeicherten Fettes steht, wie man annimmt, in Beziehung zum Körpergewichts-Sollwert, dem auf lange Sicht durch den Körper aufrechterhaltenen Gewicht (siehe Kapitel 2). Das Fett wird in *Fettzellen* gespeichert. Sind die Fettzellen gefüllt, empfindet man weniger Hunger; sind sie leer, empfindet man mehr Hunger. Aus diesem Grunde würde sich jemand, der eine bestimmte Menge Fett in einer großen Anzahl von Fettzellen gespeichert hat, allgemein hungriger fühlen als jemand, dessen Körper die gleiche Menge Fett in weniger Fettzellen gespeichert hat (Sjöström, 1978, 1980).

Vererbung spielt sowohl bei der Anzahl als auch bei der Verteilung der Fettzellen und somit bei der Fähigkeit, Appetit zu verspüren, eine Rolle (Björntorp, 1987). Zudem ist inzwischen erwiesen, daß die Anzahl der Fettzellen zwar vermehrt werden kann, wenn jemand an Gewicht zunimmt, daß sie jedoch niemals abnehmen kann. Eine Vermehrung der Fettzellen erfolgt offenbar am leichtesten in der Kindheit, einer Periode raschen Wachstums, kann jedoch während anderer Lebensphasen ebenfalls vorkommen (Sjöström, 1978, 1980). Deshalb haben Menschen, die zu irgendeiner Zeit ihres Lebens übergewichtig waren, ob sie es nun derzeit sind oder nicht, eine relativ größere Anzahl von Fettzellen. Diese Menschen müssen deshalb einen ständigen Kampf führen, wenn sie weniger essen möchten, als zur Aufrechterhaltung ihres maximal erreichten Gewichts notwendig ist.

Energieverbrauch

Jemand nimmt zu, wenn die Energiezufuhr den Energieverbrauch übersteigt. Ausgehend davon, daß viele Forschungsarbeiten, wie oben beschrieben, gezeigt haben, daß das Eßverhalten normal- und übergewichtiger Menschen sich nicht sehr stark unterscheidet, konzentrierten sich jüngere Arbeiten auf den anderen Hauptfaktor, der eine Gewichtszunahme bedingen könnte: den Energieverbrauch. Der gesamte Energieverbrauch (Gesamtumsatz) einer Person setzt sich zusammen aus: (a) dem Grundumsatz, (b) dem Aufwand für körperliche Betätigung und (c) dem Aufwand für *Wärmebildung* (hauptsächlich nach der Nahrungsaufnahme) (Jéquier, 1987; Bray, 1976). Ein niedriger Wert bei einem dieser drei Typen des Energieverbrauchs könnte die Neigung zur Gewichtszunahme und Adipositas erhöhen. Der folgende Abschnitt betrachtet jeden der drei Typen des Energieverbrauchs als mögliche Erklärung der Adipositas.

Individuen mit gleichem Körpergewicht können sich im Grundumsatz durchaus unterscheiden. Je kleiner der Grundumsatz einer Person ist, umso größer ist ihre Neigung, übergewichtig zu werden (Geissler, 1988; Ravussin et al., 1988). Der Grundumsatz wird durch mehrere Faktoren beeinflußt. Zum Beispiel weist fettfreies Gewebe (das heißt Muskeln) einen höheren Umsatz auf als Fettgewebe. Dennoch kann jemand, der adipös ist, aufgrund des vermehrten Muskelgewebes, welches sich zur Stützung des übermäßigen Fettgewebes entwickelt, tatsächlich einen höheren Grundumsatz haben als jemand, der nicht adipös ist (Dietz, 1987; Finer, 1988; Jéquier, 1987). Ein Faktor, der den Grundumsatz senken kann, ist ein niedriges Niveau der Nahrungszufuhr. Der Körper spart Energie, wenn die Nahrungszufuhr gering ist. Dies war adaptiv, als Menschen nur einen begrenzten Zugang zu Nahrungsquellen hatten. Heute, wo eine niedrige Nahrungsaufnahme in Ländern wie den Vereinigten Staaten oder Deutschland oft aus freiem Willen erfolgt, ist diese Verringerung des Grundumsatzes kontraproduktiv; sie wirkt den Auswirkungen des Diäthaltens entgegen (Keesey & Corbett, 1984; Steen, Oppliger & Brownell, 1988). Der Grundumsatz kann sogar noch Monate, nachdem das Fasten beendet wurde, verringert bleiben. Diane Elliot und ihre Kollegen (1989) haben zum Beispiel den Grundumsatz bei sieben adipösen Frauen vor und nach einem Gewichtsverlust durch proteinsubstituiertes, modifiziertes Fasten (ungefähr 300 Kalorien pro Tag) gemessen. Am Beginn der Fastenkur, die 10 bis 23 Wochen dauerte, nahm der Grundumsatz um 22 Prozent ab. Vier Wochen nach Ende der Diät lag der Grundumsatz der Versuchspersonen noch immer 22 Prozent unter den Anfangswerten (Baseline-Werten). Acht Wochen nach Ende der Diät war ein gewisser Anstieg des Grundumsatzes zu verzeichnen, jedoch nur bei einigen Versuchspersonen. Spätere Daten liegen für diese Versuchspersonen nicht vor.

Der Energieverbrauch kann auch durch körperliche Betätigung erhöht werden. Diese Erhöhung ist nicht permanent, kann aber für mehr

10. Übermäßiges Essen und Adipositas

als zwölf Stunden andauern. Bisher ist nicht bekannt, welche Intensität und Dauer körperlicher Arbeit notwendig ist, um den Umschlageffekt (der Energiebilanz) zu erreichen, aber er kann nach anstrengenden körperlichen Tätigkeiten wie Fußballspielen erfolgen (Edwards, Thorndike & Dill, 1935; Poehlman & Horton, 1989). Es wurde jedoch nicht in jeder Untersuchung ein Anstieg des Umsatzes als Funktion körperlicher Betätigung gezeigt. Zum Beispiel beobachteten S. A. Bingham und seine Kollegen (1989) keine Veränderung des Grundumsatzes ihrer Versuchspersonen während eines neunwöchigen Trainingsprogramms. Da jedoch die Kalorienzufuhr während der neun Wochen für die Versuchspersonen konstant gehalten wurde, während der Trainingsumfang allmählich gesteigert wurde, erlebten sie am Ende des Experiments doch ein Energiedefizit (eine negative Energiebilanz). Geht man davon aus, daß ein durch Fasten verursachtes Energiedefizit den Stoffumsatz verringert, dann läßt die Tatsache, daß sich der Umsatz der Versuchspersonen in dieser Studie nicht verringerte, den Schluß zu, daß das Training den Energieumsatz doch erhöhte. Andere Forschungsarbeiten zeigten eine geringe Abnahme des Stoffwechselumsatzes bei Versuchspersonen, die körperlich trainieren und gleichzeitig fasten (Dale & Saris, 1989). Zudem hat Jasper Brener (1987; Brener & Mitchell, 1989) gezeigt, daß umweltbedingte Ungewißheit (Streß), wie sie mit der Ausführung einer neuartigen Aufgabe verbunden ist, zu einem größeren Energieverbrauch führt als die Ausführung einer vertrauten Aufgabe, selbst wenn beide Aufgaben die gleiche physikalische Energie erfordern. Die Trainingsübungen, die Bingham und seine Kollegen über das gesamte neunwöchige Programm hinweg heranzogen, waren Gehen und/oder Joggen. Die Vertrautheit dieser Übungen könnte den Gesamtumsatz der Versuchspersonen gehemmt haben.

Viele Untersuchungen, wenngleich nicht alle, haben gezeigt, daß adipöse Menschen im Durchschnitt weniger aktiv sind als nichtadipöse. Vielleicht hat diese unterschiedliche Aktivität etwas mit der Entstehung oder der Aufrechterhaltung des Übergewichts zu tun. Die meisten Studien jedoch, die sich mit dieser Frage beschäftigten, haben offenbar nur das Aktivitätsniveau und nicht die bei der körperlichen Arbeit aufgewendeten Kalorien untersucht. Es könnte sein, daß adipöse Menschen ebenso viele Kalorien verbrauchen wie schlanke, selbst wenn sie sich weniger körperlich betätigen, ganz einfach weil zur Bewegung einer größeren Körpermasse auch mehr Kalorien benötigt werden (Brownell & Stunkard, 1980; Dietz, 1987; Thompson et al., 1982). Übereinstimmend mit dieser Hypothese wurde gezeigt, daß der Energieverbrauch über einen Zeitraum von 24 Stunden hinweg betrachtet, für schlanke und adipöse Frauen gleich groß ist (Jéquier, 1987).

Man nimmt an, daß eine geringere Aktivität teilweise auch die signifikante Korrelation zwischen der Stundenzahl, die ein Kind fernsieht, und dem Grad von Adipositas erklären kann. Kinder, die fernsehen, verbrauchen weniger Energie als diejenigen, die draußen spielen. Außerdem naschen oder knabbern sie gern beim Fernsehen, und zwar besonders gern die salzigen und süßen Lebensmittel und Getränke, die sie in der Fernsehwerbung sehen (siehe Kapitel 6). Aus all diesen Gründen glaubt man, daß Fernsehen wesentlich zur Adipositas bei Kindern beiträgt (Dietz, 1987).

Wenden wir uns schließlich den Effekten der Nahrungszufuhr auf die Wärmebildung bei adipösen im Vergleich zu schlanken Menschen zu. Eine Reihe von Experimenten legt die Vermutung nahe, daß das sogenannte braune Fettgewebe (im Gegensatz zum weißen) für die Wärmebildung (Thermogenese) verantwortlich ist; die empirischen Belege dafür sind allerdings bisher auf Ergebnisse aus Tierversuchen begrenzt (Schwartz et al., 1985). Welcher Mechanismus auch immer dafür verantwortlich sein mag, fest steht, daß Nahrungsaufnahme die Wärmebildung erhöht. Dieser Effekt ist nach einer kohlenhydratreichen Mahlzeit stärker als nach einer fettreichen Mahlzeit (Jéquier, 1987). Ist weiterhin die Mahlzeit umfangreicher als gewöhnlich, so ist auch die Wärmebildung stärker. Ähnlich wie der verringerte Stoffwechselumsatz, der die Nahrungsdeprivation begleitet, hilft auch die erhöhte Wärmebildung bei erhöhter Nahrungsaufnahme dem Organismus, ein konstantes Gewicht beizubehalten. Wird jedoch das Gewicht von Ratten erhöht, indem man ihnen fortgesetzt freien Zugang zu stark fetthaltiger Kost gewährt, vermehrt sich die Anzahl ihrer Fettzellen, und schließlich verschwindet die erhöhte Wärmebildung. Ein neuer Sollwert wurde erreicht (Keesey & Corbett, 1984). Einige Forschungsarbeiten deuten darauf hin, daß die Wärmebildungsreaktion nach der Nahrungsaufnahme bei adipösen Personen gestört sein könnte, obwohl diese Beeinträchtigung wohl nur nach kohlenhydratreichen Mahlzeiten gesehen wird (Lean Body Mass and Food-Induced Thermogenesis in Obesity, 1987; Schwartz et al., 1985). Der Befund, daß das Ausmaß der Wärmebildung eine genetische Komponente haben könnte (Poehlman et al., 1986), führt zu der Vermutung, daß adipöse Menschen teilweise aufgrund einer beeinträchtigten Wärmebildungsreaktion adipös werden. Demnach wäre die gestörte Wärmebildungsreaktion eine Ursache der Adipositas und nicht bloß eine Folge. Weitere Forschung wird notwendig sein, um diese Hypothese zu bestätigen.

Neurotransmitter

Wie bereits erwähnt, werden einige Menschen – zum Beispiel diejenigen, die an einer Winter-Depression leiden – aufgrund eines starken Verlangens nach Kohlenhydraten adipös. Man hat die Hypothese aufgestellt, daß dieses Verlangen nach Kohlenhydraten bei Menschen mit einer Winter-Depression und bei einigen anderen adipösen Menschen auf eine Fehlfunktion der serotoninergen Übertragung im Gehirn zurückzuführen ist, weil Serotonin mit dem Appetit für Kohlenhydrate in Zusammenhang steht (vgl. Kapitel 5 und 8). Genauer gesagt, nimmt man an, daß das Verlangen nach Kohlenhydraten dadurch entsteht, daß das Gehirn nur durch unzureichende Mengen von Serotonin stimuliert wird (Silverstone, 1987; Wurtman, 1987; Wurtman & Wurtman, 1989).

Art der aufgenommenen Nahrung

Unser Geschmackssystem, einschließlich der Geschmackspräferenzen, bildete sich während der Evolution in Zeiten der Nahrungsknappheit heraus, bevor die Lebensmittelherstellung zu einer gewöhnlichen menschlichen Beschäftigung wurde (vgl. Kapitel 5 und 6). Unsere genetisch bedingten Präferenzen für Süßes und Salziges und unsere Prädisposition, die kalorienreiche Nahrung zu bevorzugen, waren nützlich, als diese Substanzen schwer zu beschaffen waren. Heute werden zu viele süße, salzige und kalorienreiche Lebensmittel in den Industriegesellschaften konsumiert, zum einen aufgrund unserer Evolutionsgeschichte, zum anderen, weil diese Stoffe leicht und billig zu bekommen sind.

Allgemein ist die in den industrialisierten Ländern verfügbare Nahrung im Überfluß vorhanden und auf die Präferenzen der Bevölkerung ausgerichtet. Es ist deshalb nicht überraschend, daß in Ländern wie den USA oder Deutschland übermäßiges Essen und Adipositas häufig sind. Man erinnere sich aus der vorangehenden Diskussion, daß Adipöse stärker als Nicht-Adipöse dazu tendieren, große Mengen schmackhafter Nahrung zu essen. Somit könnte ihr Übergewicht zumindest zu einem Teil darauf zurückgeführt werden, daß sie in einer industrialisierten Gesellschaft leben. Experimente mit Ratten und auch mit Versuchspersonen haben ergeben, daß sie mehr gut schmeckende als nicht gut schmeckende Nahrung essen und daß sie, wenn große Mengen besonders gut schmeckender Nahrungsmittel vorhanden sind, zuviel essen und adipös werden (Bobroff & Kissileff, 1986; Jordan & Spiegel, 1977; Sclafani, 1980; Sclafani & Springer, 1976). Die aufgenommene Nahrungsmenge kann auch erhöht werden, indem man die Mahlzeit aus verschiedenartigen Nahrungsmitteln zusammensetzt (und so den Effekt der sensorisch spezifischen Sättigung, wie in Kapitel 6 dargestellt, unterdrückt) (Clifton, Burton & Sharp, 1987; Rolls et al., 1981). Eine große Vielfalt innerhalb einer Mahlzeit ist ebenfalls ein charakteristisches Merkmal der Ernährungsweise in industrialisierten Ländern.

Viele Forscher haben der Rolle des Süßgeschmacks bei der Entwicklung von übermäßigem Essen und Adipositas besondere Aufmerksamkeit gewidmet. Um die Auswirkungen des süßen Geschmacks von den Wirkungen des aufgenommenen Zuckers zu trennen, wurden in vielen Untersuchungen künstliche Süßstoffe verwendet, die einen süßen Geschmack ohne Ernährungseffekte (das heißt ohne Kalorien) hervorrufen. Viele, aber nicht alle Experimente scheinen darauf hinzudeuten, daß der süße Geschmack den allgemeinen Appetit erhöhen kann, manchmal bis hin zur Adipositas, und daß dies sowohl für künstliche als auch für kalorienhaltige Süßstoffe gilt (Blundell & Hill, 1986; Brala & Hagen, 1983; Porikos & Koopmans, 1988; Tordoff & Friedman, 1989). Dieser Effekt könnte teilweise auf die nervale Phase der Insulinreaktion (siehe Kapitel 2) oder auf den durch den erniedrigten Blutzucker und die vermehrte Speicherung von Brennstoffen wie Fett gesteigerten Hunger der Leber zurückzuführen sein (Bruce et al., 1987; Geiselman, 1988; Rodin, 1985; Rodin et al., 1985; Simon et al., 1986; Tordoff & Friedman, 1989; VanderWeele, 1985; Vasselli, 1985).

Außenreizabhängigkeit (Externalität)

1971 veröffentlichte Stanley Schachter einen inzwischen klassischen Artikel mit dem Titel „Some Extraordinary Facts about Obese Humans and Rats" („Einige außergewöhnliche Fakten über adipöse Menschen und Ratten"). Dieser Artikel faßt die Versuche des Autors zusammen, das Verhalten adipöser Menschen und das von Ratten mit ventromedialem Hypothalamus-Syndrom zum Verhalten nicht-adipöser Menschen und Ratten in Beziehung zu setzen. Man erinnere sich, daß, wenn im Gehirn einer Ratte nahe des ventromedialen Hypothalamus (VMH) eine Läsion angelegt wird, diese Ratte anfängt, riesige Mengen zu fressen, bis sie extrem adipös wird (vgl. Kapitel 2).

Schachter führte eine Reihe ungewöhnlicher und geschickter Experimente durch, um seine Vergleiche zu ziehen. In einem solchen Vergleich untersuchte er zum Beispiel die Bereitwilligkeit adipöser und normalgewichtiger Menschen, für Essen zu arbeiten. VMH-lädierte Ratten sind weit weniger bereit, für Futter zu arbeiten als Ratten ohne Läsion. Um aussagekräftige Daten zu erhalten, suchten Schachter und seine Kollegen viele chinesische und japanische Restaurants auf. Jeder Gast, der eintrat, wurde entweder als adipös oder als nicht-adipös klassifiziert. Später wurde beobachtet, ob die jeweilige Person mit Stäbchen aß oder nicht. Die Ergebnisse zeigen, daß 22 Prozent der Nicht-Adipösen, aber nur 5 Prozent der Adipösen mit Stäbchen aßen. Da es wahrscheinlich mehr Arbeit kostet, mit Stäbchen zu essen als mit einer Gabel, sind diese Daten konsistent mit den Experimenten, in denen VMH-lädierte und nicht lädierte Ratten verglichen werden.

Tabelle 10.1 gibt eine Zusammenfassung einiger von Schachter durchgeführter Vergleiche. Ein Preload (eine standardisierte Vorab-Portion) verringert die bei einer nachfolgenden Mahlzeit gegessene

Tabelle 10.1 Zusammenfassung der Vergleiche von Schachter zwischen Adipösen und Nicht-Adipösen

Variable	relative Auswirkung auf das Eßverhalten	
	Nicht-Adipöse	Adipöse
Preload	ja	nein
Essen sichtbar	nein	ja
Geschmack	nein	ja
Arbeit	nein	ja

Quelle: S. Schachter: „Some Extraordinary Facts about Obese Humans and Rats"

Menge bei Nicht-Adipösen, nicht jedoch bei Adipösen. Es ist anzumerken, daß ein Preload eine Beeinflussung des *internen* Zustands einer Versuchsperson beinhaltet. Eine externe Einflußnahme dagegen, wie das Essen gut sichtbar, sehr schmackhaft oder sehr leicht erhältlich zu machen, steigert die Nahrungsaufnahme der Adipösen, nicht jedoch der Nicht-Adipösen. Schachter formulierte deshalb die Hypothese, daß adipöse Menschen und Ratten mit VMH-Schädigung relativ empfindlich gegenüber Außenreizen und relativ unempfindlich gegenüber internen Reizen sind. Abbildung 10.1 ist eine graphische Darstellung seines Modells.

Aufgrund der Ähnlichkeiten zwischen adipösen Menschen und Ratten mit VMH-Syndrom, die Schachter fand, ging er noch einen Schritt weiter und vermutete, daß Adipositas sowohl beim Menschen als auch bei VMH-geschädigten Ratten mit dem Hypothalamus in Zusammenhang steht. Diese Hypothese ist Gegenstand derselben Kritik, die auch zur Theorie eines Hunger- und eines Sättigungszentrums vorgebracht wurde. Zudem wurde auch Schachters Haupthypothese, daß Adipöse relativ stärker auf Außenreize reagieren (Externalitätshypothese), später nachhaltig in Frage gestellt.

Judith Rodin (1979, 1980, 1981) stellte fest, daß es in jeder Gewichtsgruppe viele außenreizabhängige Menschen (Menschen, deren Eßverhalten stärker durch Umweltsignale gesteuert wird) gibt, von denen einige Mittel finden, um ihre Nahrungsaufnahme so einzuschränken, daß sie nicht adipös werden. Ob sie ihre Nahrungsaufnahme einschränken oder nicht, außenreizabhänigige Menschen zeigen allgemein besondere physiologische Reaktionen beim Anblick von

10. Übermäßiges Essen und Adipositas

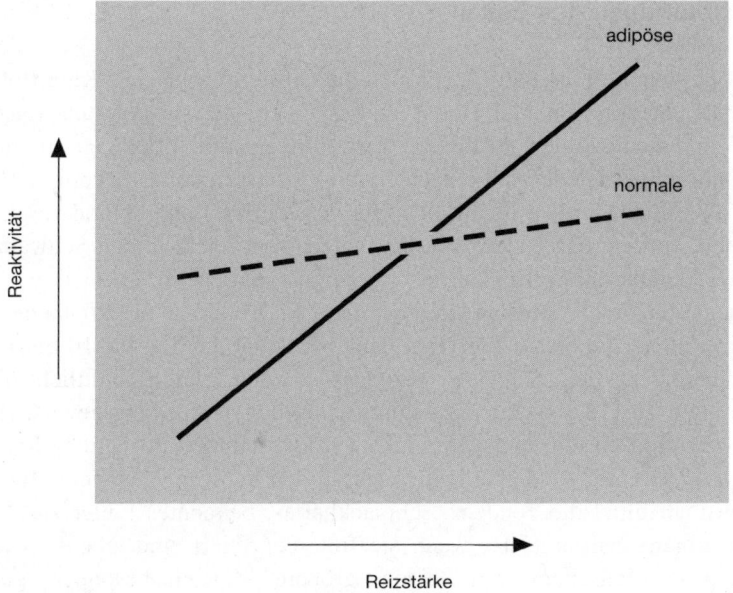

10.1 Reaktivität als Funktion der Reizauffälligkeit für adipöse und nicht-adipöse Menschen. (Nach Schachter, 1971.)

Speisen. Rodin zufolge steigt der Insulinspiegel außenreizgesteuerter Menschen, wenn sie Nahrungsmittel sehen. Dies wiederum steigert den Hunger und die Wahrscheinlichkeit, daß aufgenommene Nahrung als Fett gespeichert wird. Mit anderen Worten, der Anblick von Essen macht außenreizgesteuerte Menschen im wahrsten Sinne des Wortes an. Um eine Gewichtszunahme zu verhindern, müssen diese Menschen sehr auf ihre Nahrungsumgebung wie auch -aufnahme achten. Es ist noch nicht endgültig erwiesen, ob diese Außenreizabhängigkeit weitgehend genetisch bedingt oder zum großen Teil erlernt ist. Immerhin kann die auf den künstlichen Süßstoff Saccharin hin erfolgende Insulinreaktion (siehe unten) nach wiederholtem Probieren des süßen Geschmacks des Saccharins ohne Kalorienzufuhr schließlich erlöschen (Deutsch, 1974). Das heißt, es ist zumindest möglich, die Insulinreaktion zu konditionieren.

Streßinduziertes Essen

Geht man auf eine Party, sieht man die Gäste oft sehr viele Kartoffelchips, Salzbrezeln und Horsd'œuvres essen, die sie normalerweise nicht essen würden. Während man Konversation pflegt, greift die Hand immer wieder in die Schalen mit Erdnüssen und Crackern.

Dieses Phänomen ist mit dem gut gesicherten Laborbefund verglichen worden, daß Ratten, die man wiederholt leicht in den Schwanz zwickt, übermäßig fressen, bis sie adipös werden. In einem Experiment von Neil E. Rowland und Seymour M. Antelman (1976) nahmen die Ratten, die bis zu fünf Tage lang sechsmal am Tag für 10 bis 15 Minuten in den Schwanz gezwickt wurden, durchschnittlich 63 Gramm zu (18 Prozent ihres durchschnittlichen Ausgangsgewichts). Kontrollratten, die nicht gezwickt wurden, nahmen im Durchschnitt nur 17 Gramm zu. Außerdem zeigen in den Schwanz gezwickte Ratten manchmal die Tendenz, schmackhaftes, bekanntes Futter zu bevorzugen, insbesondere, wenn sie futterdepriviert sind, ebenso wie adipöse Menschen dazu neigen, größere Mengen besonders gut schmeckende Speisen zu essen als nicht-adipöse (Antelman & Caggiula, 1977; Marques et al., 1979). Einige gezwickte Ratten haben auch Freßanfälle, die an die Eßanfälle von Menschen erinnern (Cantor, 1981).

Ein anderes mild streßerzeugendes Untersuchungsparadigma, welches Überfressen bei Ratten bewirkt, sind intermittierende Verstärkungspläne (Wilson & Cantor, 1987). Wie in Kapitel 3 beschrieben, führen derartige Pläne auch zu übermäßigem Trinken (schemainduzierte Polydipsie, SIP). In der Arbeit von Michael B. Cantor und seinen Kollegen finden wir ein weiteres Beispiel dieser Art. Diese Forscher zeigten, daß Informationsverarbeitungsprozesse (von denen man annehmen kann, daß sie zu intermittierender Verstärkung führen) Menschen veranlassen zu essen (Cantor, Smith & Bryan, 1982). Sie stellten fest, daß Menschen, die an einer Tracking-Aufgabe arbeiten, bei der ein Zeiger auf einen rotierenden Punkt gerichtet sein soll, gern Snacks dabei essen. (Bei einer Tracking-Aufgabe ist durch entsprechende Hand- bzw. Armbewegungen eine vorgegebene Bewegung eines Objektes nachzuvollziehen bzw. ein bewegtes Objekt auf einer vorgeschriebenen Bahn zu halten. Tracking-Aufgaben werden beispielsweise zur Analyse sensumotorischer Koordinationsleistungen oder zur Messung von Aufmerksamkeitsleistungen/-anforderungen verwendet. Anmerkung der Übersetzerin) Wird die Aufgabe schwieriger gemacht, werden mehr „Kleinigkeiten nebenbei" gegessen.

Cantor ist der Meinung, daß all diese Phänomene, die adjunktive Verhaltensweisen genannt werden (durch das Zwicken bewirktes Fressen, SIP, verstärkungsplaninduziertes Überfressen und das übermäßige Essen von Menschen während einer Informationsverarbeitung erfordernden Aufgabe), ähnlich sind und durch einen gemeinsamen Mechanismus erklärt werden können. Nach Cantor führen all diese Manipulationen zu einer Erregung, und diese Erregung veranlaßt den Organismus zu essen (Cantor, Smith & Bryan, 1982; Cantor & Wilson, 1985). Übereinstimmend mit dieser Hypothese erhöhen schnelle Musik, großer Lärm und laute Musik, alles Umstände, die man als erregungssteigernd beschreiben kann, die Eßgeschwindigkeit, die gegessene Menge und/oder die Präferenz der Saccharose (Ferber & Cabanac, 1987; McCarron & Tierney, 1989; Roballey et al., 1985).

T. W. Robbins und P. J. Fray (1980a) haben eine ähnliche Hypothese wie Cantor vorgeschlagen. Sie sind der Ansicht, daß diese Formen von Manipulation Angst erzeugen und den Organismus ansprechbarer gegenüber Außenreizen machen. Die Organismen nehmen Nahrung zu sich, weil sie Schwierigkeiten haben, zwischen den internen Reizen, die mit der Angst, und denen, die mit dem Hunger verbunden sind, zu unterscheiden. Diese Annahmen sind Hilde Bruchs (1973) Hypothesen über Eßstörungen vergleichbar, die sie auf der Grundlage ihrer Ergebnisse mit psychodynamischer Therapie gewann. Robbins und Fray vertreten auch die Hypothese, daß Essen Angst reduziert. Auch sie haben, ebenso wie Cantor, streßinduziertes Essen zu Schachters und Rodins Externalitätskonzepten in Beziehung gesetzt (Cantor et al., 1982; Robbins & Fray, 1980a). Sowohl die in den Schwanz gezwickten Ratten als auch stärker außenreizabhängige Organismen essen mit größerer Wahrscheinlichkeit (vorausgesetzt, daß Essen vorhanden ist) als nicht gezwickte Ratten beziehungsweise als weniger außenreizabhängige Organismen. Wie weit diese Parallelen sich erstrecken mögen, ist eine Frage für weitere Forschungen.

Die Versuche, streßinduziertes Essen zu erklären und daraus Verallgemeinerungen abzuleiten, wurden in zahlreichen Diskussionsbeiträgen veröffentlicht. Zum Beispiel haben John E. Morley und Allen S. Levine (1980, 1981) die Vermutung geäußert, daß durch den Körper der Ratten produzierte Opiate am streßinduzierten Essen beteiligt sind, da Injektionen von Naloxon, einem Opiumantagonisten, streßinduziertes Essen beseitigen. Derartige Untersuchungen können dazu beitragen, sowohl unser Verständnis als auch unsere Behandlungsmöglichkeiten einiger Fälle von übermäßigem Essen bei Menschen zu verbessern (Antelman & Rowland, 1981; Bolles, 1980; Fray & Robbins, 1980; Herman & Polivy, 1980; Morley & Levine, 1980; 1981; Robbins & Fray, 1980a; 1980b; Rowland & Marques, 1980; Spitzer, Marcus & Rodin, 1980).

Lernen

Bruchs Theorien über die Auswirkungen von Lernprozessen auf übermäßges Essen, welches zur Adipositas führt, basierten auf ihrer Erfahrung mit der psychodynamischen Behandlung der Adipositas. Sie stellte fest, daß Essen für Liebe oder Macht stehen, Wut und Haß ausdrücken und ein Ersatz für Sex sein kann. Sie meint, daß diese mehrfache und unangemessene (im Hinblick auf die Energieregulation) Verwendung von Essen durch Lernvorgänge in der frühen Kind-Bezugsperson-Interaktion entstehen kann, so zum Beispiel, wenn dem Kind, wann immer es aus irgendeinem Grunde verstört ist, Essen gegeben wird, statt einfach dann, wenn es hungrig zu sein scheint. Auf diese Weise lernt das Kind, wie Bruch annimmt (1973), Nahrung zur Befriedigung vieler Bedürfnisse statt nur des Hungers zu verwenden, was zu Adipositas führen kann.

Zwei Experimente, eines mit Ratten und eines mit Menschen, erhellen das wachsende experimentelle Interesse an Auswirkungen von Lernvorgängen auf Nahrungsaufnahme und Adipositas. Das erste ist ein Experiment von Harvey P. Weingarten (1983), in dem untersucht wurde, wie Ratten lernen, eine Mahlzeit zu beginnen. Weingarten koppelte ein Licht- und Tonsignal mit jeder Mahlzeit. Der Lichtreiz und der Ton hielten jeweils 4,5 Minuten lang an. Eine Mahlzeit, die aus einer flüssigen Kost auf der Basis von Kondensmilch bestand, wurde in einer Futterschale dargeboten, während der letzten 30 Sekunden mit Licht und Ton. Es gab elf Tage lang sechs Mahlzeiten täglich. Während der zweiten Phase des Experiments hatten die Ratten freien Zugang zu einer Flasche mit Flüssignahrung. Zusätzlich wurde einmal täglich die Licht-und-Ton-Kombination dargeboten, auf die eine Flüssigkostmahlzeit aus der Futterschale folgte.

Obwohl die Ratten keinen Nahrungsmangel hatten, fraßen sie, wenn die Kombination von Licht und Ton während des zweiten Teiles des Experiments erschien, immer wieder aus der Futterschale. Der Lichtreiz und der Ton waren zu einem bedingten Reiz geworden, der die Nahrungsaufnahme veranlaßte. (Ähnliche Befunde hat man bei Vorschulkindern erhalten, Birch et al., 1989). Die Ratten glichen die aus der Schale gefressene Menge durch eine geringere Nahrungsaufnahme aus der Flasche aus. Nimmt man jedoch an, daß – wie es beim Menschen vorkommen kann – bedingte Reize für die Nahrungsaufnahme immer vorhanden sind, dann könnte die Nahrungsaufnahme weitgehend unabhängig von Hunger erfolgen und ständiges Essen Adipositas hervorrufen.

Das zweite Experiment wurde von Marcie Greenberg Lowe (1982) mit menschlichen Versuchspersonen durchgeführt. Sie wollte die möglichen Einflüsse von Lernprozessen beim übermäßigen Essen, wenn Menschen eine Diät abbrechen, untersuchen. Den Versuchspersonen wurde gesagt, daß es bei dem Experiment um die Auswirkungen von Hunger auf die Geschmackswahrnehmung ginge. Ihnen wurde auch erklärt, daß sie es in einer ersten Sitzung üben würden, Geschmackseinstufungen vorzunehmen, und eine Ausgangseinschätzung als Vergleichsgrundlage (das heißt eine Baseline-Einstufung) machen würden und daß sie nach vier Stunden in einer zweiten Sitzung eine erneute Einstufung vornehmen würden. Schließlich wurde ihnen noch gesagt, daß während der vier Stunden zwischen beiden Sitzungen die Hälfte der Versuchspersonen normal essen würde, während die andere Hälfte nichts zu sich nehmen würde.

Zu Beginn der ersten Sitzung wurden alle Versuchspersonen gebeten, eine Reihe kleiner Snacks für die – fiktiven – Übungseinstufungen zu essen. Zu diesem Zeitpunkt wurde den Versuchspersonen mitgeteilt, welcher Gruppe sie zugeordnet waren. Da die erste Sitzung (mit einer Länge von 45 Minuten) zwischen 10 und 13 Uhr begann, bedeutete die vierstündige Pause zwischen den beiden Sitzungen für die Versuchspersonen, die der Deprivationsgruppe zugeteilt waren, daß sie ohne Mittagessen würden auskommen müssen. Jede Versuchsperson wurde dann mit einer reichlichen Menge Snacks allein gelassen, um die „Baseline"-Einstufung dieser Snacks vorzunehmen. Tatsächlich gemessen wurde die Menge von Snacks, die in den beiden verschiedenen Gruppen gegessen wurde. Es gab keine zweite Sitzung.

Wie erwartet aßen die Versuchspersonen, die glaubten, sie müßten eine zweite Sitzung ohne zwischenzeitliche Mahlzeit absolvieren, signifikant mehr Snacks als die Versuchspersonen, die glaubten, daß sie zwischen den beiden Sitzungen normal essen könnten. Anders ausgedrückt, die Versuchspersonen der Nahrungsdeprivationsgruppe reagierten auf gelernte Signale, die ihnen eine bevorstehende Nahrungsdeprivation anzeigte, indem sie mehr aßen, um diesen zukünftigen Nahrungsentzug auszugleichen. Nach Meinung von Lowe könnte dies erklären, warum Menschen, die eine Fastendiät abbrechen, anschließend oft übermäßig essen: Sie antizipieren die Wiederaufnahme ihrer Diät.

Auch die in den vorangehenden Abschnitten diskutierte Forschung zu Lerneffekten auf die nervale Phase der Insulinreaktion und zur häufigen Bevorzugung kalorienreicher Nahrungsmittel legt die Vermutung nahe, daß Lernprozesse zum übermäßigen Essen beitragen könnten. Es sind jedoch noch weitere Forschungen zu den Auswirkungen von Lernvorgängen auf den Beginn und die Beendigung von Mahlzeiten notwendig (Booth, 1980; Hawkins, 1977).

Soziale Faktoren

Manchmal kann die bloße Anwesenheit einer anderen Person die Menge, die jemand ißt, verändern. Zwei neuere Experimente verdeutlichen solche Effekte. Sharon Lee Berry und ihre Kollegen (Berry, Beatty & Klesges, 1985) haben gezeigt, daß sowohl männliche als auch weibliche Studenten mehr Eiskrem verzehren, wenn sie in Gruppen essen, als wenn sie allein essen. Gleicherweise fanden Barbara Edelman und ihre Kollegen (1986), daß Männer in Gesellschaft mehr Lasagne essen als allein.

10. Übermäßiges Essen und Adipositas

In einem anderen Experiment untersuchten Janet Polivy und ihre Kollegen (1979), ob das Eßverhalten einer Frau (das Modell) das Eßverhalten anderer Frauen (die Versuchspersonen) beeinflussen würde. Das Modell war eigentlich eine Mitarbeiterin des Versuchsleiters, aber die anderen Versuchspersonen hielten sie für eine normale Teilnehmerin. Das Modell sagte der Hälfte der Versuchspersonen, daß sie selbst Diät halten würde, und der anderen Hälfte, daß sie dies nicht täte. Sie aß mit jeder Versuchsperson einzeln, nachdem der Versuchsleiter Modell und Versuchsperson gleichzeitig instruiert hatte, so viel zu essen, bis sie satt wären. Das Modell aß dabei selbst in einer Versuchsbedingung sehr wenig, in einer zweiten sehr viel. Und zwar aß sie bei jeweils der Hälfte der Versuchspersonen, denen sie gesagt hatte, daß sie fasten würde, und der Versuchspersonen, denen sie gesagt hatte, daß sie nicht fasten würde, sehr wenig; in Gegenwart der übrigen Versuchspersonen aß sie sehr viel. Der Versuchsplan ergab somit vier Versuchsgruppen (siehe Abbildung 10.2). Es gab eine allgemeine Tendenz bei allen Versuchspersonen, mehr zu essen, wenn das Modell mehr aß. Zusätzlich aßen die Versuchspersonen, denen sich die Modellperson als diäthaltend vorgestellt hatte, generell weniger als die Versuchspersonen, denen sie sich als nicht diäthaltend vorgestellt hatte.

Es wird deutlich, daß die Menge, die gegessen wird, durch die An- oder Abwesenheit anderer beeinflußt werden kann. Ein solcher Effekt befindet sich in Übereinstimmung mit den in Kapitel 6 beschriebenen Forschungsbefunden, wonach Nahrungsmittelpräferenzen und -aversionen der Organismen von der Beobachtung der Nahrungsmittelpräferenzen und -aversionen anderer Organismen beeinflußt wird. Erst weitere Forschungen konnten zeigen, welche Aspekte der Gegenwart anderer die Nahrungsmenge beeinflussen können und ob soziale Faktoren die Nahrungsaufnahme bis hin zum übermäßigen Essen steigern können.

Die Psychologie des Essens und Trinkens

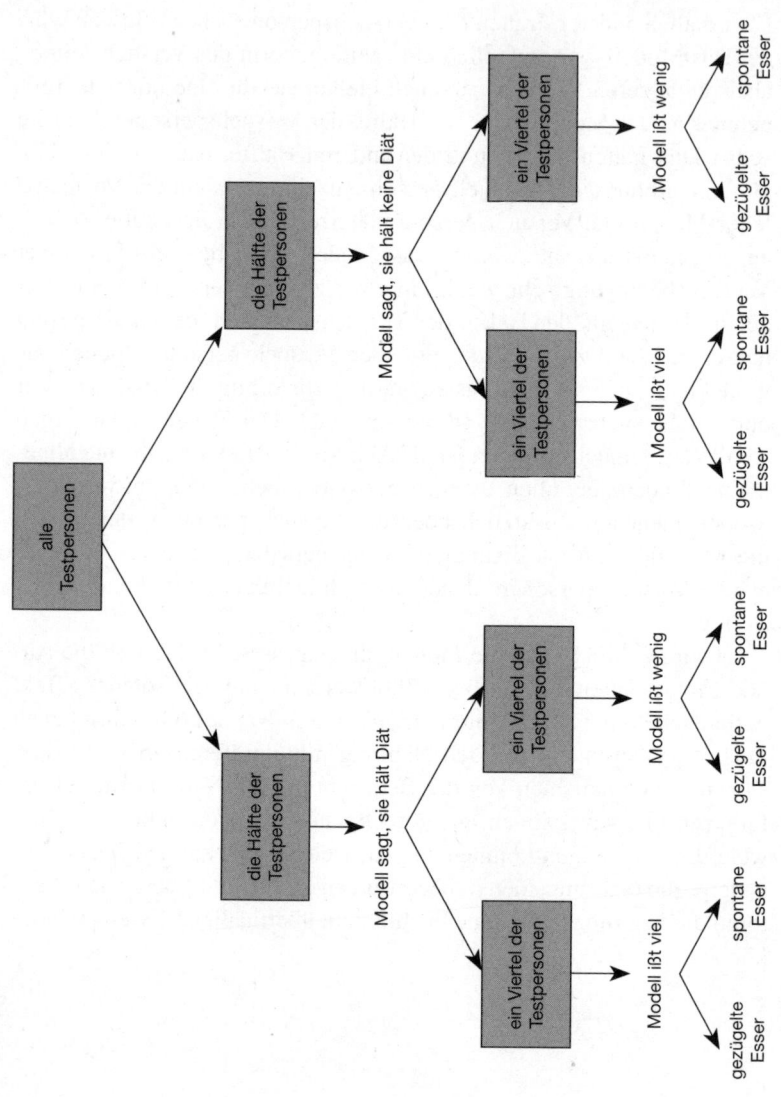

Methoden der Verringerung von übermäßigem Essen und Adipositas

Es gibt wahrscheinlich mehr Ratgeberbücher zum Abnehmen als zu jedem anderen Thema. Die meisten dieser Bücher gehen nicht auf die Forschung über die Ursprünge von Überessen und Adipositas und die Methoden zu ihrer Verringerung ein. Glücklicherweise haben viele erfahrene Fachleute Methoden zur erfolgreichen Gewichtsreduktion erforscht. Im Literaturverzeichnis werden einige für gebildete Leser verfaßte Veröffentlichungen angegeben, die wissenschaftlich begründete allgemeine Informationen zur Gewichtsabnahme bieten. Der verbleibende Teil dieses Kapitel vermittelt spezifischere Informationen über Methoden zur Verringerung von übermäßigem Essen und Adipositas. Um diese Techniken richtig beurteilen zu können, ist zunächst eine kurze Einführung in relevante methodische Fragen erforderlich.

Forschungsmethodik

Viele der in Kapitel 8 aufgeworfenen methodischen Fragen gelten für jede experimentelle Forschung, einschließlich der Forschung über Methoden der Gewichtsreduktion. Aber es gibt verschiedene dort nicht diskutierte Probleme der Versuchsplanung und Dateninterpretation, die bei der Forschung über Methoden der Intervention bei Adipositas häufig auftreten. Die hervorragenden Überblicksarbeiten von D. Balfour Jeffrey (1975) und G. Terence Wilson (1978) haben diese Fragen zusammengefaßt.

Beispielsweise stellen Forscher, die eine Methode zur Gewichtsreduktion testen, oft fest, daß einige Versuchspersonen den Versuch abbrechen oder für Nachuntersuchungen nicht mehr zur Verfügung stehen. Falls diese Versuchspersonen nun gerade diejenigen sind, bei denen die Methode keinen Erfolg hatte, könnten die Ergebnisse der Untersuchung systematisch verfälscht werden.

10.2 Versuchsplan des Experiments von Polivy, Herman, Younger und Erskine (1979.)

Ein anderes wesentliches Problem stellt die Durchführung von Nachuntersuchungen dar. Nachuntersuchungen müssen in großen zeitlichen Abständen nach einem Versuch abzunehmen durchgeführt werden, um zu bestimmen, ob die Wirkung der Methode Rückfälle verhindert, die nach einer Gewichtsreduktion ja ziemlich häufig sind (Brownell et al., 1986). Jede Methode, die nur zu einer vorübergehenden Gewichtsabnahme führt, ist unbefriedigend.

Wenn Forscher Probanden für ein Experiment suchen, in dem verschiedene Methoden verglichen werden, oder für ein Experiment, in dem nur die Effekte einer Methode beurteilt werden, ist es wichtig, die Motivation der Versuchspersonen zur Gewichtsreduktion im Gedächtnis zu behalten. Die Probanden in diesen Experimenten sind häufig Freiwillige oder Menschen, die an einer stationären Fastenkur teilnehmen. Sie könnten deshalb stärker motiviert sein, ihr Gewicht zu reduzieren als der durchschnittliche Adipöse, der dies nötig hätte.

Wenn eine Methode zur Gewichtsreduktion Verhaltenskontrolle und -modifikation als Mittel zur Veränderung des Gewichts einsetzen möchte, müssen die Verhaltensberichte sehr genau sein. Häufig werden in diesen Studien die Berichte der Versuchspersonen über ihr eigenes Verhalten verwendet. Selbstbeurteilungen sind jedoch nicht immer genau.

Bei jedem Versuch, Verhalten zu verändern, ist es wichtig, viele verschiedene Aspekte des Patientenverhaltens wiederholt zu beurteilen, damit etwaige unerwünschte Nebeneffekte entdeckt werden können.

Schließlich ist keine Einschätzung irgendeiner Methode zur Verminderung der Nahrungsaufnahme und der Adipositas vollständig, wenn keine Angaben über die Kosten-Nutzen-Relation vorliegen. Es wäre möglich, daß eine Interventionsmethode sehr gut funktioniert, aber so viel Geld oder Zeit kostet, daß ihre Anwendung für die meisten Menschen unmöglich ist.

Physiologische Interventionen

Chirurgische Methoden. Die drastischste Methode zur Behandlung der Adipositas sind chirurgisch-operative Maßnahmen. Beim Magenbypass („Umleitung", „Umgehung") wird der untere Magenabschnitt umgegangen, indem er zunächst vom oberen Teil getrennt wird, der dann direkt mit dem Dünndarm verbunden wird (Bray, 1978; Halmi, 1980). Die Bypass-Chirurgie kann die Adipositas äußerst erfolgreich beheben. In verschiedenen Studien wurden durchschnittliche Gewichtsverluste von mehr als 45 Kilogramm gezeigt (Bray & Gray, 1988).

Gelegentlich können potentiell gefährliche Nebenwirkungen dieser Operation auftreten, insbesondere Erbrechen. Auch Geschwüre kommen vor. Zudem bringt eine größere Operation jeglicher Art immer Risiken mit sich (Bray & Gray, 1988). Aber es gibt auch Vorteile der Bypass-Techniken, die über eine Gewichtsreduktion hinausgehen. Im allgemeinen scheinen die Patienten nach der Operation besser angepaßt und glücklicher zu sein. Die Patienten berichten, daß sie als Folge der Gewichtsreduktion zu körperlichen Betätigungen in der Lage sind, die vorher unmöglich für sie gewesen wären, sie können eine größere Vielfalt gutaussehender Kleidung tragen, und sie fühlen sich sexuell attraktiver. Die Beseitigung der Adipositas führt offenbar nicht dazu, daß ihre etwa zugrundeliegenden emotionalen Probleme sich jetzt anders manifestieren würden. Im allgemeinen geht es den Patienten psychisch besser (Bray & Gray, 1988; Castelnuovo-Tedesco & Schiebel; 1976).

Es bleibt die Frage, warum die Bypass-Operationen zur Gewichtsabnahme führen. Auf den ersten Blick könnte es so scheinen, als läge das an der verkleinerten Oberfläche des Magen-Darm-Traktes, über die die Nahrung absorbiert wird. Jedoch kann der Gewichtsverlust auch durch eine signifikante postoperative Verringerung der Nahrungsaufnahme erklärt werden (Bray & Gray, 1988). Die Frage ist dann, warum sich die Nahrungsaufnahme nach der Operation verringert. Eine Möglichkeit ist, daß die Magendehnung nun eher bemerkt wird, was als Sättigungssignal dient (vgl. Kapitel 2). Außerdem sind die emotionalen Veränderungen und die erwartete Verbesserung der Lebensqualität zumindest teilweise für die postoperative Veränderung der Nahrungsaunahme verantwortlich. Es ist bisher nicht bekannt, in welchem Maße in diesen Fällen die emotionalen Veränderungen die Nahrungsaufnahme beeinflussen oder ob die emotionalen Veränderungen von der verringerten Nahrungsaufnahme abhängen oder ob beide Effekte wechselseitig voneinander abhängig sind. Auf jeden Fall lassen die Vorteile dieser Operation sie als gangbaren Weg in schweren Fällen von Adipositas erscheinen, bei Patienten, die mindestens 45 Kilogramm Übergewicht haben und erfolglos versucht haben, mit Hilfe anderer, weniger drastischer Mittel Gewicht zu verlieren. Für andere übergewichtige Menschen, deren Adipositas nicht lebensbedrohlich ist, wäre die Magenbypass-Chirurgie angesichts der möglichen Risiken und Nebenwirkungen wie auch der hohen Kosten nicht zu empfehlen (Bray & Gray, 1988; Munro et al., 1987).

Drei weitere chirurgische beziehungsweise mechanische Interventionsformen zur Adipositastherapie wurden untersucht: Magenresektion, das Verdrahten des Kiefers (engl. *jaw wiring*) und die Einführung eines Ballons in den Magen. Bei der Magenresektion wird das Volumen des Magens chirurgisch verkleinert. Obwohl der nachfolgende Gewichtsverlust oft erheblich ist, werden mit der Bypass-Methode im Durchschnitt bessere Ergebnisse erreicht (Bray & Gray, 1988). Die Kieferverdrahtung führt gewöhnlich zu einem Gewichtsverlust, da die Aufnahme fester Nahrung völlig verhindert wird (flüssige Nahrung kann zugeführt werden). Nach Entfernung der Verdrahtung jedoch kehrt das alte Gewicht meist zurück (Munro et al., 1987).

Die Applikation von Magenballons erfreute sich in jüngster Zeit großer, wenn auch inzwischen wieder rückläufiger Beliebtheit. Bei dieser Methode wird ein Ballon im Magen aufgeblasen und viele Wochen lang dort belassen (Brody, 1986). Diese Vorrichtung wurde vermutlich ausgehend von der Annahme entwickelt, daß die Magendehnung die Nahrungsaufnahme verringern würde. Die in Kapitel 2 vorgestellten Daten deuten jedoch darauf hin, daß die Magendehnung den Appetit nur dann beeinflußt, wenn sie durch einen Nährstoff bewirkt wurde, eine Bedingung, die der Ballon nicht erfüllt. Es ist vielleicht nicht überraschend, daß die Anwendung eines Magenballons in einer ausgefeilten Doppelblindstudie von Reed B. Hogan und seinen Kollegen (1989) nicht wirksamer bei der Gewichtsreduktion war als die scheinbare Einführung eines Ballons. Die Applikation von Magenballons wird deshalb nicht mehr empfohlen, außer für wissenschaftliche Zwecke.

Medikamentöse Behandlung. Ein häufig erwähnter pharmakologischer Wirkstoff zur Verringerung von übermäßigem Essen und Adipositas ist Amphetamin. Die Wirkung von Amphetamin auf den Appetit ist in Kapitel 9 beschrieben. Um es noch einmal kurz zusammenzufassen, Amphetamin verringert die Nahrungsaufnahme tatsächlich, wenngleich die Mechanismen, die dies bewirken, noch nicht geklärt sind. Es ist jedoch bekannt, daß bei der Anwendung von Amphetamin häufig Nebeneffekte auftreten, von denen einige lebensbedrohlich sein können; am häufigsten sind Blutdrucksteigerung, Tachykardie (Beschleunigung der Pulsfrequenz), Herzklopfen und die Gefahr der Abhängigkeit (Suchtentwicklung). Zudem ist der mit Amphetamin erzielte Gewichtsverlust im allgemeinen nur vorübergehend (Blundell & Rogers, 1978; Vernace, 1974). Kurz gesagt, Amphetamin scheint keine gute Lösung zu sein, wenn Menschen abnehmen wollen, und wird für diesen Zweck nicht empfohlen (Blundell & Rogers, 1978; Bray & Gray, 1988; Munro & Ford, 1982).

Es gibt eine größere Zahl anderer im Handel erhältlicher Appetitzügler. Wenngleich die meisten weniger abhängig machen als Amphetamin, so rufen sie doch im allgemeinen kardiovaskuläre Nebenwirkungen hervor. Zudem steigt das Gewicht nach Absetzung des Medikaments häufig wieder an. In der Forschung zur wirksamen und sicheren medikamentösen Behandlung der Adipositas bleibt noch viel zu tun (Bray & Gray, 1988; Sullivan, Hogan & Triscari, 1987).

Es gab auch Untersuchungen zum Nutzen bestimmter Darmpeptide, namentlich Glukagon und Cholecystokinin (CCK), als Wirkstoffe zur Appetitzügelung. Sowohl Glukagon als auch CCK werden bei der Verdauung produziert und könnten bei der Beendigung des Essens eine Rolle spielen (vgl. Kapitel 2). Deshalb wurde angenommen, daß die Zuführung eines dieser beiden Darmpeptide den Appetit hemmen müßte. Die experimentellen Ergebnisse bestätigen diese Hypothese offenbar. Mit der Anwendung von Glukagon oder CCK zur Gewichtsreduktion sind jedoch wesentlich Probleme verbunden: Es gibt keine Form, die oral wirksam wäre (deshalb sind Injektionen erforderlich); die Langzeiteffekte beider Peptide sind unbekannt, insbesondere bei

Verfügbarkeit schmackhafter Nahrungsmittel; die langfristige Sicherheit bei der Anwendung jedes von ihnen ist ebenfalls nicht bekannt (Levine, 1987; Smith & Gibbs, 1987).

Es gibt eine spezielle Form des übermäßigen Essens, für die ein bestimmter medikamentöser Behandlungsansatz von Nutzen sein könnte. Übergewichtige Menschen, die ein starkes Verlangen nach Kohlenhydraten haben, wie zum Beispiel Patienten mit einer Winter-Depression (siehe oben), haben möglicherweise einen Mangel an dem Neurotransmitter Serotonin. Demzufolge müßten Pharmaka, die das Serotoninniveau heben, das Verlangen nach Kohlenhydraten und die damit verbundene Depression lindern, und offenbar tun sie es in vielen Fällen (Wurtman & Wurtman, 1989). Der Wirkstoff Dex-Fenfluramin, der in dieser Weise wirken soll, wird zur Zeit klinisch erprobt – mit guten Aussichten auf eine Wirkung bei Adipösen, die oft „zwischendurch" Süßes essen.

Es könnte wesentlich mehr Forschung und Entwicklungen sicherer, effektiver pharmazeutischer Wirkstoffe zur Verringerung der Nahrungsaufnahme und der Adipositas geben. Es könnten zusätzliche Medikamente entwickelt werden, die die Zufuhr, Absorption und Speicherung von Energie reduzieren und ihren Verbrauch erhöhen würden (Sullivan et al., 1987). Jedoch, selbst wenn Pharmaka mit diesen Effekten verfügbar wären, müßte ihre Anwendung sorgfältig überwacht werden. Das Mißbrauchspotential mit der Folge einer übertriebenen Gewichtsabnahme wäre sehr groß.

Sportliche Aktivitäten. Sportliche Betätigung kann bei der Behandlung der Adipositas aus mindestens zwei Gründen hilfreich sein. Erstens werden Kalorien verbraucht. Zweitens, wie zuvor diskutiert, sprechen einige empirische Belege dafür, daß sportliches Training den Energieumsatz unter bestimmten Bedingungen für mehrere Stunden nach dem Training erhöhen kann, das heißt, es werden mehr Kalorien verbrannt als durch das Training allein verbrannt werden würden. Mindestens vier weitere Faktoren tragen zur Attraktivität von Sport und Bewegung als Behandlungsmethode bei. Erstens kann körperliches Training, wenn es richtig durchgeführt wird, die kardiovaskuläre Gesundheit verbessern und den Muskeltonus erhöhen. Zweitens spricht vieles dafür, daß sportliche Aktivität dabei helfen kann, die

Stimmung zu bessern (Folkins & Sime, 1981). Drittens kann sie dazu beitragen, *Osteoporose* (Kalkverlust der Knochen bei Frauen nach der Menopause) vorzubeugen (Dubbert & Martin, 1988). Schließlich kann durch Sport und Bewegung der Anteil von HDL-Cholesterin (HDL, engl. high density lipoprotein = Lipoprotein von hoher Dichte) bei Männern (nicht jedoch bei Frauen) erhöht werden, wodurch das Risiko einer kardiovaskulären Erkrankung verringert wird (Brownell, Bachorik & Ayerle, 1982; Lampman et al., 1985; Sopko et al., 1985). Es ist kein Wunder, daß viele Forscher und Therapeuten für die Einbeziehung sportlicher Aktivitäten als Komponente einer jeden Adipositasbehandlung eingetreten sind. Der Hauptnachteil der Anwendung von sportlichen Übungen als eine Behandlungsmethode der Adipositas ist die Schwierigkeit der Patienten, sich an ein Sportprogramm zu halten (Brownell & Stunkard, 1980; Stern, 1984).

Im Gegensatz zu einer weitverbreiteten Meinung verringert Sport jedoch nicht die Nahrungsmenge, die jemand ißt. Einige Untersuchungen haben über Verringerungen berichtet, andere jedoch haben keinerlei Veränderung festgestellt (McGowan et al., 1986; Pi-Sunyer, 1987; Stern, 1984). Judith Stern (1984) faßt einen Literaturüberblick wie folgt zusammen: „Der Großteil der empirischen Belege deutet auf eine geringere Nahrungsaufnahme adipöser Menschen mit sitzender Lebensweise im Vergleich zu normalgewichtigen Personen hin, die mittelschwere oder schwere körperliche Tätigkeiten ausüben."

Diätetische Maßnahmen. Fast jedes Frauenmagazin an der Kasse im Lebensmittelgeschäft enthält Hinweise, wie man sicher, schnell und/ oder dauerhaft mit der neuesten Diät abnehmen kann. Da gibt es kalorienarme Diäten, „Kohlenhydrat-Diäten", „Fett-Diäten", Fastenkuren („Null-Diät") und viele andere. Aber wie gut funktionieren diese Diäten? Und wie sicher sind sie?

Johanna Dwyer, eine Professorin der Ernährungswissenschaft an der Tufts University School of Medicine, führte eine ernährungswissenschaftliche Analyse von 16 populären Diäten durch, um ihre Angemessenheit und Sicherheit zu bestimmen (1980). Sie stellte fest, daß in vielen Diäten die wesentlichsten Nährstoffe fehlten. Und schlimmer noch, die Anwendung dreier dieser Diäten – der „Scarsdale"-, der „Last Chance Refeeding"- und der „Fasting is a Way of Life"-Diät –

war gefährlich; Dehydrierung (Austrocknung des Körpers) war nur eine der vielen möglichen Komplikationen. Ein Diättyp, der glücklicherweise heute nicht mehr sehr populär ist, die „Flüssigprotein-Diät", führte 1978 zu 61 Todesfällen. Flüssigprotein-Diäten haben einen extrem niedrigen Ernährungswert und sind bekannt dafür, Tachykardie und Herzflimmern zu verursachen. Aufgrund der amerikanischen Vorfälle mit diesen Flüssig-Diäten (Formula-Diäten) hat der deutsche Gesetzgeber in die Diätverordnung den § 14a eingefügt. Dieser schreibt den Mindestnährstoffgehalt für solche Formula-Diäten zur Gewichtsreduktion zwingend vor, so daß diese als sicher gelten können. Dennoch ist eine ärztliche Überwachung anzuraten. Auf der anderen Seite waren verschiedene Diäten in den Nährstoffen ausgewogen und enthielten vernünftige Ratschläge über Verhaltenstechniken, die dabei helfen, die Nahrungsaufnahme zu kontrollieren (siehe Abschnitt über Verhaltenstherapie weiter unten). Die Schlußfolgerung aus Dwyers Forschungsergebnissen ist, daß Diäten nicht leichtfertig angewendet werden sollten; sie können zu ernsthaften medizinischen Komplikationen führen. Selbst wenn es bei einer Diät unwahrscheinlich ist, daß sie den Tod verursacht, könnte sie immer noch ungenügend Nährstoffe zur Förderung einer guten Gesundheit enthalten.

Wie funktionieren Diäten? Es ist wichtig, sich zu vergegenwärtigen, daß nichts Magisches daran ist, Gewicht zu verlieren. Kalorien aufgenommener Nahrung verschwinden nicht, es sei denn, sie werden ausgeschieden, als Wärme verloren, für Stoffwechsel oder für körperliche Arbeit aufgewendet. Man kann als Resultat einer Diät Gewicht verlieren, aber es ist notwendig, mehr Energie zu verbrauchen, als man zuführt, indem man weniger Kalorien ißt, mehr Energie verbraucht oder beides. Weiterhin sollte eine Diät die Gewichtsreduktion durch den Abbau von Fettpolstern und nicht von Funktionsprotein erzielen (Guthrie, 1975).

Aber zu wissen, was notwendig ist, damit eine Diät funktionieren kann, und eine Diät zu entdecken, die zu einer anfänglichen und dauerhaften Gewichtsabnahme führt, sind zwei verschiedene Dinge. Wenn irgendeine Diät leichten und zuverlässigen Erfolg hätte, wäre sie sicher weit verbreitet und weltberühmt. Statt dessen haben wir ein ständiges Kommen und Gehen neuer Diäten. Bisher gibt es keine Diät, die für die meisten Menschen langfristig erfolgreich wäre (Bennett, 1987; Guthrie, 1975, Itallie, 1978). Das Ausbleiben eines anfänglichen Erfolgs mag auf eine mangelnde Einhaltung der Diät oder auf eine Verringerung des Energieumsatzes infolge der Diät zurückzuführen sein. Die Gewichtsabnahme mag nicht andauern, weil der Betreffende durch die leeren Fettzellen einen gesteigerten Appetit hat, weil er eine normale Ernährungsweise wiederaufnimmt, während der Energieumsatz immer noch niedrig ist, oder weil die Person ganz einfach zu den alten Ernährungs- und Bewegungsmustern zurückkehrt, die für das ursprüngliche Übergewicht verantwortlich waren.

Eine häufig angewendete Methode bei dem Versuch, die aufgenommene Kalorienzahl zu verringern, besteht darin, kalorienarme Lebensmittel und Getränke statt der traditionellen zu verwenden. Kalorienarme Fertiggerichte für vielbeschäftigte Leute, die auf ihre Kalorien achten, und Produkte, die künstliche Süßstoffe enthalten, sind etwas Alltägliches in Haushalten und Büros. Jedoch von der Popularität einmal abgesehen, erfüllen sie ihren Zweck? Nehmen die Menschen weniger Kalorien zu sich, wenn sie kalorienarme Ersatzlebensmittel und -getränke verwenden? Im allgemeinen essen Menschen, die künstliche Süßstoffe verwenden, eher eine kalorienärmere Kost als Menschen, die keine artifiziellen Süßstoffe verwenden. Sie wiegen jedoch auch mehr und tendieren stärker zur Gewichtszunahme (Booth, 1988; Parham & Parham, 1980; Stellman & Garfinkel, 1988). Es ist schwer zu sagen, was diese Korrelationen verursacht. Um die Ursache oder Ursachen zu bestimmen, benötigt man Experimente (in denen die einzelne Variable systematisch variiert wird). Die gesammelten experimentellen Daten jedoch sind keine große Hilfe, weil sie zwiespältig sind; einige Untersuchungen zeigen, daß Testpersonen insgesamt weniger Kalorien verzehren, wenn ein Experimentator Mahlzeiten mit kalorienarmen Getränken und Lebensmitteln für sie zusammenstellt; andere Studien zeigen keinerlei Unterschied, und wieder andere zeigen ein Anwachsen der Kalorienzufuhr (Kanders et al., 1988; Rolls, Laster & Summerfelt, 1989; Tordoff, 1988; Itallie, Yang & Porikos, 1988).

Das umfassendste Experiment wurde von Richard W. Foltin und seinen Kollegen (1988) durchgeführt. In diesem Experiment lebten die Versuchspersonen, alle ungezügelte, spontane Esser (das heißt keine Diäthalter), zwei Wochen lang in einer abgeschlossenen, isolierten Zimmerflucht. Sie wurden kontinuierlich überwacht und konnten nur über ein Computer-Terminal Essen anfordern. An den Tagen 1 bis 5 und 12 bis 14 erhielten sie traditionelle Nahrungsmittel, an den Tagen 6 bis 11 kalorienarme Versionen einiger dieser Nahrungsmittel. Bis auf einige wenige Fällen wurden die Versuchspersonen nicht gewahr, daß sie einige kalorienreduzierte Lebensmittel und Getränke erhielten. Trotzdem kompensierten sie es, wenn sie kalorienarme Nahrungsmittel erhielten, indem sie mehr aßen, so daß die Gesamtmenge aufgenommener Kalorien gleich blieb. Wenn jedoch an den Tagen 12 bis 14 die traditionellen Nahrungsmittel wieder verwendet wurden, sank die Zufuhr nicht wieder ab, so daß die Versuchspersonen während dieses Teiles des Experiments mehr Kalorien aufnahmen als während der ersten fünf Tage, als sie auch traditionelle Nahrungsmittel erhalten hatten. Diese Daten sind gewiß nicht sehr ermutigend im Hinblick auf eine von kalorienarmen Lebensmitteln und Getränken zu erwartende Gewichtsabnahme. Es ist jedoch nicht klar, ob die Ergebnisse aus diesem Experiment sich auf Situationen verallgemeinern lassen, in denen die Versuchspersonen übergewichtige und/oder gezügelte Esser wären, die wüßten, daß sie kalorienreduzierte Produkte essen. Die Frage, ob kalorienarme Ersatzlebensmittel und -getränke eine Diät unterstützen können, scheint damit noch nicht gelöst zu sein.

Verschiedene Techniken können die Erfolgsquote einer Diät erhöhen. Eine besteht darin, die sportlichen Aktivitäten zu steigern, wie oben diskutiert. Eine andere stammt aus der Forschung, die zeigte, daß Ratten, denen eine Mahlzeit am Tag gegeben wurde, einen größeren Teil ihrer zugeführten Kalorien speicherten als Ratten, die einen ständigen freien Zugang zu Futter haben (Leveille, 1970). Übereinstimmend mit diesen Befunden hatten Männer, die insgesamt 2 500 Kalorien pro Tag in 17 kleinen Mahlzeiten aufnahmen, geringere Cholesterinspiegel, sowohl beim Gesamtcholesterin als auch beim LDL-Cholesterin, im Vergleich zu Männern, die die gleiche Kalorienmenge in drei Mahlzeiten aufnahmen. Möglicherweise ist dies auf Veränderungen der Insulinausschüttung zurückzuführen (Jenkins et al., 1989). Vielleicht könnte eine Diät dann, wenn die vorgesehene tägliche Kalorienzahl in mehreren kleineren Mahlzeiten statt einer großen Mahlzeit aufgenommen würde, bessere und gesündere Resultate bringen.

10. Übermäßiges Essen und Adipositas

Diäten können auch durch verschiedene Arten psychotherapeutischer Interventionen unterstützt werden (siehe unten).

Eine Kalorienreduktion kann außer dem Gewichtsverlust eine Reihe weiterer Auswirkungen haben. Erstens kann sie die Anteile von HDL-Cholesterin bei Männern (nicht jedoch bei Frauen) erhöhen (Brownell & Stunkard, 1981). Zweitens ist das Risiko, an einer koronaren Herzkrankheit zu sterben, bei Männern, deren Gewicht im frühen Erwachsenenalter starken Schwankungen unterlag, doppelt so hoch wie bei Männern, deren Gewicht in dieser Zeit relativ konstant blieb (Hamm, Shekelle & Stamler, 1989). Drittens können Diäten eine Fehlernährung und sogar den Tod verursachen (siehe oben). Viertens speichert der Körper bei Menschen, die Gewicht verloren haben, möglicherweise mit größerer Wahrscheinlichkeit jegliche aufgenommene Nahrung als Fett, und gezügelte Esser (Diäthalter) haben eine stärkere Speichelbildung, wenn sie mit Nahrung in Kontakt kommen (Legoff & Spigelman, 1987; Yost & Eckel, 1988); zusammengenommen könnten diese beiden letzten Befunde nahelegen, daß Diäthalten zu abnormen Reflexen der nervalen Phase führen könnte (siehe Kapitel 2). Fünftens, wie weiter oben diskutiert, kann Nahrungsentzug den Energieumsatz verringern, und diese Reduktion kann andauern, selbst wenn die Diät beendet ist. Der Energieumsatz kann bei wiederholten Diäten sogar noch weiter gesenkt werden (Blackburn et al., 1989; Brownell et al., 1986). Dies bedeutet, daß jemand, der früher schon einmal gefastet hat, weniger als vor der Diät essen darf, um ein bestimmtes Gewicht zu erreichen und zu halten, insbesondere nach wiederholtem Fasten mit all den Folgen, die dies mit sich bringt. Letztlich kann eine Vorgeschichte von Diätverhalten, auch gezügeltes Eßverhalten genannt, jemanden anfällig machen gegenüber Bulimie und Phasen von übermäßigem Essen im allgemeinen (Herman, 1978; Ruderman, 1986; Stunkard & Messick, 1985).

Psychotherapeutische Interventionsmethoden

Wenn ein Versuch, übermäßiges Essen und Adipositas zu verringern, eher eine Form verbaler als somatischer Mittel beinhaltet, kann er als Psychotherapie klassifiziert werden (Gleitman, 1981). Viele verschiedene Formen von Psychotherapie werden hier angewendet. Die Diskussion in diesem Abschnitt beschäftigt sich mit drei verschiedenen Ansätzen: gemeindenahe und Selbsthilfegruppen, psychodynamische Therapie und Verhaltenstherapie.

Gemeindebasierte Intervention und Selbsthilfegruppen. Ein Zugang, der zur Verringerung der Adipositas angewendet wird, besteht darin, die adipöse Person mit einer großen unterstützend wirkenden Gruppe von Menschen zu umgeben, von denen viele oder alle bereit sind, ihr bei der Gewichtsabnahme zu helfen. Diese Menschen müssen keine Fachleute sein, es könnten Menschen sein, die selbst versuchen abzunehmen. Tatsächlich glauben viele Fachleute, daß eine unterstützende Gruppe und/oder Gemeinde für das Erreichen einer dauerhaften Gewichtsveränderung ganz entscheidend ist (Nash & Farquhar, 1978; Stuart & Mitchell, 1980; Stunkard, 1980).

Ein Beispiel für diesen Ansatz ist die Stanford Three Community Study, eine äußerst ehrgeizige Studie, die von Angehörigen der Stanford University durchgeführt wurde (Nash & Farquhar, 1978). Das Ziel dieser Studie bestand darin herauszufinden, ob Medieninformation allein oder Medieninformation im Verbund mit individueller Unterweisung die Ernährungsgewohnheiten und das Gewicht von Mitgliedern einer Gemeinde verändern könnte. Für das Projekt wurden drei halbländliche Städte ausgewählt, jede mit einer Bevölkerung von ungefähr 12 000 bis 15 000 Menschen. Die Untersuchung konzentrierte sich auf Menschen im Alter von 35 bis 39 Jahren, von denen ungefähr 3 000 bis 4 000 in jedem Städtchen lebten.

Die Forscher erhoben zunächst Baseline-Daten über die Cholesterinkonzentration im Plasma, den Blutdruck, das Gewicht und Ernährungstypen von den Bewohnern der drei Städte. Es wurde eine Stadt ausgewählt, um als Kontrollgruppe zu dienen. In den anderen zwei Städten wurde eine Medienkampagne gestartet: Mitteilungen und Programme in Fernsehen und Rundfunk, Zeitungsartikel und Postwurfsendungen, mit denen man versuchte, eine Reduktion der Aufnahme von Kalorien, Cholesterin, gesättigten Fettsäuren, Alkohol, Zucker und Salz zu bewirken. In einer dieser beiden Städte wurden außerdem Menschen mit einem erhöhten Risiko einer kardiovaskulären Erkrankung identifiziert. Eine Zufallsstichprobe dieser Risikogruppe bekam eine intensive persönliche Unterweisung über Diäten und das notwendige Verhalten zur Vermeidung einer kardiovaskulären Erkrankung, einschließlich Rätschlägen zur Gewichtsabnahme. Es wurden dann Daten erhoben zu denselben Maßen wie für die Baseline-Messung, darauf folgten eine weitere Behandlungsphase und schließlich eine weitere Datenerhebung. Von der ersten bis zur abschließenden Datenerhebung lief das Projekt ungefähr zwei Jahre.

Die Ergebnisse zeigten, daß die Medienkampagne zu einer Reduktion des Anteils gesättigter Fettsäuren in der Ernährung, des Plasmacholesterins, des Blutdrucks und des meßbaren Risikos einer kardiovaskulären Erkrankung geführt hatte. Die einzigen Versuchspersonen, die jedoch einen signifikanten Gewichtsrückgang zu verzeichnen hatten, waren diejenigen, die eine intensive persönliche Anleitung erhalten hatten, und diese signifikante Gewichtsabnahme war zum Zeitpunkt der abschließenden Datenerhebung wieder verschwunden. Die Medienkampagne allein bewirkte keine Gewichtsreduktion, und selbst die persönliche Instruktion hatte keinen dauerhaften Effekt.

Ein anderer Ansatz zur Gewichtsabnahme unter Einbeziehung der Gemeinde sind in den USA Gewichtsabnahme-Wettbewerbe zwischen Menschen an verschiedenen Arbeitsstellen, wie zum Beispiel bei verschiedenen Banken. Der Versuchspersonenschwund ist bei dieser Art Wettbewerb sehr gering, ebenso auch die Kosten, die zur Durchführung dieser Programme aufgewendet werden. Die durchschnittliche Gewichtsabnahme bei einer Serie solcher Wettbewerbe, von denen jeder 12 bis 15 Wochen dauerte, lag bei rund $5\frac{1}{2}$ Kilogramm (Brownell et al., 1984). Nachuntersuchungen wurden nicht durchgeführt.

Häufiger angewendete Gruppenmethoden der Gewichtsreduktion sind Selbsthilfegruppen. Diese Gruppen bestehen aus Menschen mit einem ähnlichen Problem, in diesem Falle Adipositas. Sie treffen sich, um gemeinsame Erfahrungen, Schwierigkeiten und mögliche Lösungen zu diskutieren. Ein Beispiel sind die Anonymen Eßsüchtigen (siehe die Liste von Selbsthilfegruppen auf Seite 432). Die Ausfallraten können bei diesen Organisationen äußerst hoch sein. Die Leute, die in den Gruppen bleiben, könnten jene sein, die an Gewicht abnehmen (Garb & Stunkard, 1974). Ein 1970 veröffentlichter Bericht zeigte, daß selbst von den verbleibenden Teilnehmern in einer solchen Gruppe nur bescheidene Gewichtsreduktionen berichtet wurden – im

Durchschnitt etwa 7 Kilogramm in 16,5 Monaten bei einer durchschnittlich notwendigen Abnahme von 31 Kilogramm (Stunkard, Levine & Fox, 1970).

Richard B. Stuart und Christine Mitchell (1980) geben einen Überblick über Studien zur Gewichtsabnahme bei Mitgliedern von Selbsthilfegruppen. Die Teilnehmer in den meisten der in diesem Überblick zusammengefaßten Untersuchungen erreichten einen Gewichtsverlust von annähernd 0,5 Kilogramm pro Woche. Und es gab Hinweise darauf, daß diese Gewichtsreduktionen gehalten wurden. Die Resultate waren besser, wenn in den Programmen Verhaltenstechniken – wie Selbstmanagement – mit einer Diät kombiniert wurden (zur Beschreibung von Verhaltenstechniken siehe unten). Die Autoren führen aus, daß Selbsthilfegruppen zusätzlich zu den Vorteilen der Gewichtsabnahme auch als emotionales Ventil und als Gelegenheit zu sozialen Kontakten dienen können. Stuart und Mitchell schlußfolgern, daß „Selbsthilfegruppen-Programme, in die Verhaltenstechniken des Selbstmanagements integriert sind, die gegenwärtige Methode der Wahl zur Behandlung leichten bis mittleren Übergewichts darstellen könnten" (S. 349).

Psychodynamische Therapie. Die psychodynamische Therapie beinhaltet eine langfristige individuelle Psychotherapie. Bruchs bahnbrechende Arbeit zum Einsatz der psychodynamischen Therapie bei Eßstörungen bezog auch die Behandlung der Adipositas ein. Sie hat ihre Arbeit mit vielen einzelnen Fällen in ihrem Buch über Eßstörungen dokumentiert (1973). Da psychodynamische Therapeuten im allgemeinen keine Forschung betreiben, sind nicht sehr viele objektive Belege zur Wirksamkeit der psychodynamischen Therapie verfügbar. Eine Studie von Colleen S. W. Rand (1978) und Albert J. Stunkard (1980) berichtet über den Erfolg der Psychoanalyse (die zu den psychodynamischen Therapien gehört) bei der Behandlung von Adipositas.

Rand und Stunkard schickten an alle 572 Mitglieder der American Academy of Psychoanalysis Einladungen, an ihrer Studie teilzunehmen. Ungefähr die Hälfte der Mitglieder folgte dieser Einladung; und 104 von ihnen berichteten, daß sie gerade wenigstens einen adipösen Patienten behandelten. Diesen 104 Psychoanalytikern wurden detaillierte Fragebogen zugesandt, die sowohl sie selbst als auch ihre Patienten ausfüllten. Insgesamt 72 Analytiker schickten die Fragebogen zurück, die Daten über 72 Therapeuten und 134 Patienten erbrachten. Nach 18 Monaten wurden die Fragebogen noch einmal an die 72 Psychoanalytiker gesandt. Diesmal wurden sie von 70 Therapeuten zurückgeschickt.

Als die ersten Fragebogen ausgefüllt wurden, waren die Patienten bereits seit durchschnittlich 31 Monaten in Behandlung. Zwischen dem Beginn der Therapie und dem Ausfüllen des ersten Fragebogens hatten die Patienten, wie berichtet wurde, im Durchschnitt 4,5 Kilogramm abgenommen. Zum Zeitpunkt des abschließenden Fragebogens war diese Zahl auf 9,5 Kilogramm angestiegen.

Rand und Stunkard machen darauf aufmerksam, daß nur zwei der Psychoanalytiker berichteten, ihre Patienten tatsächlich zum Abnehmen ermutigt zu haben. Die Betonung der Therapien scheint nicht auf dem Gewicht der Patienten gelegen zu haben, sondern auf den zugrundeliegenden emotionalen Konflikten, die für die Gewichtszunahme verantwortlich gewesen sein könnten. Wie Rand erklärte, »betrachtet die klassische Psychoanalyse Adipositas als ein Symptom zugrundeliegender emotionaler Konflikte, die aus negativen Erfahrungen in der Kindheit herrühren. Sie hält eine Behandlung der Adipositas ohne gleichzeitige Behandlung der zugrundeliegenden Psychopathologie für nutzlos und psychologisch gefährlich.« (S. 671). Rand glaubt, daß ihre mit Stunkard durchgeführte Studie die Idee stützt, daß die Behandlung zugrundeliegender emotionaler Probleme für einen langfristigen Gewichtsverlust ausreichend ist.

Es soll trotz allem darauf hingewiesen werden, daß es einige Probleme bei der Studie von Rand und Stunkard gibt. Ihre abschließende Stichprobe umfaßte nur 12 Prozent der Mitglieder der American Academy of Psychoanalysis und nur 67 Prozent derjenigen Psychoanalytiker, die anfänglich mitgeteilt hatten, an der Teilnahme interessiert zu sein, und wenigstens einen Patienten hatten. Die Psychoanalytiker, die nicht zur Endstichprobe gehörten, könnten jene sein, die adipöse Patienten hatten, welche nicht abgenommen haben. Man erinnere sich, daß die Psychoanalytiker, die an der Untersuchung teilnahmen, berichteten, daß ihre Patienten bereits zum Zeitpunkt der ersten Befragung abgenommen hatten. Zudem gibt es keine Möglichkeit festzustellen, ob die an der Untersuchung teilnehmenden Psychoanalytiker die Fragebogen etwa nur denjenigen Patienten gaben, die Gewicht verloren. Wenngleich Stunkard (1980) auch glaubt, daß nur Patienten, die zuvor erfolglos versucht hatten abzunehmen, zu einem teuren Therapeuten gehen, kann ebensogut das Gegenteil der Fall sein. Menschen, die ein Gewichtsproblem haben und bereit sind, viele Monate und sehr viel Geld darauf zu verwenden herauszufinden, wo die Wurzeln dieses Problems liegen, mögen sehr viel höher motiviert sein als der Durchschnitt der Übergewichtigen. Die verwendeten Gewichtsmaße schließlich wurden nur durch die Fragebogen erhoben, und es ist unmöglich, die Genauigkeit dieser Messungen einzuschätzen.

Die Schlußfolgerung, daß die Behandlung zugrundeliegender emotionaler Probleme für eine langfristige Gewichtsabnahme ausreicht, steht im Widerspruch zu der Schlußfolgerung, die sich aus den Daten zur Bypass-Chirurgie ergibt. Diese Daten stimmen mit anderen Befunden überein, die zeigen, daß die emotionalen Probleme übergewichtiger Menschen, wenigstens teilweise, eine Folge und nicht die Ursache der Adipositas sind (Wadden & Stunkard, 1987). Auch die bereits vorgestellten Daten über Stoffwechsel- und Ernährungsfaktoren der Adipositas scheinen die Vorstellung zu widerlegen, daß im allgemeinen ein zugrundeliegendes emotionales Problem die primäre Ursache der Adipositas ist. Hinzu kommen die hohen Kosten einer langfristigen individuellen Psychotherapie wie der Psychoanalyse. Es wird deutlich, daß zur Bestätigung einer erfolgreichen psychoanalytischen Behandlung der Adipositas weitere Forschungen abzuwarten sind.

Verhaltenstherapie. Am anderen Ende des Forschungsspektrums stehen Methoden der Gewichtsreduktion, die die Verhaltenstherapie anwenden (zu einer Einführung in die Verhaltenstherapie siehe Kapitel 9). Verhaltenstherapeuten nutzen Prinzipien der Lerntheorie, um Verhaltensänderungen bei ihren Patienten herbeizuführen. Verhaltenstherapeuten sind deshalb eng mit der Forschungsliteratur verbunden. Viele sehen sich selbst zumindest als Teilzeitforscher, die einem wissenschaftlichen Zugang zu Therapie verpflichtet sind. Es ist deshalb nicht überraschend, daß der weitaus größte Teil der wissenschaftlichen Veröffentlichungen zur psychotherapeutischen Behandlung der

10. Übermäßiges Essen und Adipositas

Adipositas die Verhaltenstherapie betrifft. Die Verhaltenstherapie bei Adipositas umfaßt eine Reihe verschiedener Techniken; einige Überblicksarbeiten über diese Methoden sind im Literaturverzeichnis angegeben (Abramson, 1973, 1977; Bennett, 1987; Epstein & Wing, 1987; Mahoney, 1978; Wilson, 1980). Hier sollen lediglich die am häufigsten verwendeten verhaltenstherapeutischen Techniken zusammengefaßt werden.

Erstens wird oft ein Verhaltenszusammenhang (Kontingenz) zwischen positiven Reizen – wie Geld zu erhalten oder sich mit angenehmen Tätigkeiten zu beschäftigen – und angemessenen Verhaltensweisen hergestellt. Zum Beispiel kann für verlorene Pfunde Geld gezahlt werden, oder ein Kinobesuch kann für Weglassen des Desserts entschädigen. Auch aversive Reize wie Schocks oder Übelkeit können gelegentlich durch einen Therapeuten angewendet werden. Diese folgen einem Zeitplan auf unangemessenes (unerwünschtes) Verhalten. Das Essen eines Desserts zum Beispiel könnte von Übelkeit gefolgt sein. Auf der Grundlage der in Kapitel 6 dargestellten Kenntnisse würde man erwarten, daß Übelkeit bei der Verringerung der Nahrungsaufnahme wirksamer wäre als Schocks. Bisher gibt es jedoch keine umfassenden Vergleichstests zum Erfolg von Schocks versus Übelkeit als aversivem Reiz zur Verringerung der Nahrungsaufnahme bei Adipösen.

Reizkontrolltechniken bestehen aus der Kontrolle der Reize, die häufiger zum übermäßigen Essen führen. Zum Beispiel kann den Patienten die Anwendung von Vorverpflichtungen (im Abschnitt über Selbstkontrolle in Kapitel 7 diskutiert) gelehrt werden. Die Patienten können es lernen, Situationen zu meiden, in denen sie wahrscheinlich zu übermäßigem Nahrungskonsum verleitet werden, indem sie zum Beispiel nur eine begrenzte Menge Geld mit in den Lebensmittelladen nehmen. Menschen, die Probleme mit verlockenden Situationen haben (wie durch Schachter & Rodin beschrieben, siehe oben), können von Reizkontrolltechniken besonders profitieren.

Verhaltenstherapeuten lehren ihre Patienten auch, die Muskeln zu entspannen. Man nimmt an, daß diese Reaktion mit vielen Fällen von übermäßigem Essen unvereinbar ist, wie zum Beispiel Essen in angstauslösenden Situationen. Weiterhin lehrt man die Patienten, langsam zu essen und kleine Bissen zu nehmen, in dem Versuch, existierende

Ketten unangemessener Verhaltensweisen zu durchbrechen. Schließlich ist ein wesentlicher Bestandteil eines jeden verhaltenstherapeutischen Gewichsabnahmeprogramms die Überwachung der bedeutsamen Patientenvariablen. Es wird alles getan, um zuverlässige, objektive Daten zu erhalten. Das Lehren der Selbstüberwachung von Variablen wie Gewicht, aufgenommene Kalorien, mit Essen verbrachte Zeit und dergleichen ist oft Bestandteil dieses Prozesses.

Im allgemeinen ist entweder der Therapeut oder eine Vertrauensperson, nicht der Patient selbst, für die Überwachung wie auch für die Gabe der positiven und negativen Reize verantwortlich. Aber das ist nicht immer möglich. In diesen Fällen wird oft eine kognitive Verhaltenstherapie angewendet (siehe Kapitel 9). Bei der kognitiven Verhaltenstherapie ist der Patient verantwortlich für bekräftigende oder bestrafende Gedanken nach angemessenem beziehungsweise unangemessenem Verhalten. Der Patient kann auch durch den Therapeuten angeleitet werden, verschiedene Einstellungen zu verändern, wie zum Beispiel Gefühle von Hilflosigkeit. Gloria Rakita Leon (1979, 1983) vertritt diese Methoden. Einige Verhaltenswissenschaftler haben jedoch Bedenken bei der kognitiven Verhaltenstherapie zur Behandlung von Adipositas, teilweise wegen der mangelnden Begründung durch die experimentelle Lerntheorie und teilweise wegen offener Fragen im Hinblick auf die Erfolgsquote (Abramson, 1973, 1977; Mahoney, 1978).

Programme zur verhaltenstherapeutischen Adipositasbehandlung integrieren normalerweise verschiedenartige Techniken, manchmal auch medikamentöse Behandlung, sportliche Aktivitäten und Ernährungsinformationen ebenso wie die oben beschriebenen Techniken. Folglich ist es schwierig, die Wirksamkeit einer einzelnen verhaltenstherapeutischen Technik zu beurteilen. Es gibt jedoch sehr viele Untersuchungen, in denen bei verschiedenartigen verhaltenstherapeutischen Programmpaketen die Wirksamkeit direkt verglichen oder im Vergleich zu Kontrollgruppen ohne Behandlung oder mit anderen Behandlungsmethoden zur Gewichtsreduktion untersucht wurde. Eine Auswahl dieser Studien ist im Literaturverzeichnis angegeben (Abramson, 1973, 1977; Brownell, 1982; Dubbert & Wilson, 1984; Jeffrey, 1977; Wilson, 1979, 1980; Wooley, Wooley & Dyrenforth, 1979).

Die allgemeine Schlußfolgerung aus diesen Studien ist, daß die Verhaltenstherapie zu einem kurzfristigen Gewichtsverlust führt – 5 bis 15 Kilogramm in einem Zeitraum von mehreren Wochen bis Monaten. Nur wenige Experimente haben jedoch die langfristigen Wirkungen der zur Gewichtsreduktion angewendeten Verhaltenstherapie untersucht. Diese Experimente scheinen darauf hinzuweisen, daß bestenfalls das abgenommene Gewicht nicht wieder zugenommmen wurde. Wenn die Verhaltenstherapeuten bei der Vermittlung neuer Eßverhaltensweisen wirklich erfolgreich wären, könnte man erwarten, daß die Patienten, die es nötig haben, weiter abzunehmen, dies auch täten. Aber das geschieht nicht. Einigen Forschern zufolge nehmen die Patienten deshalb nicht weiter ab, weil die Behandlung nicht lange genug durchgeführt wurde, um die angemessenen Verhaltensweisen ausreichend zu erlernen (Jeffrey, 1977). Andere haben darauf hingewiesen, daß die geringeren Erfolge mit andauernder Verhaltenstherapie mit der Forschung über den sinkenden Energieumsatz beim Diäthalten vereinbar sind (Wooley, Wooley & Dyrenforth, 1979). Auf jeden Fall werden mehr Langzeiteinschätzungen der Erfolge der Verhaltenstherapie bei der Gewichtsreduktion benötigt (Wilson, 1979).

Fazit

Kein Gewichtsreduktionsprogramm hat sich als problemlos, sicher und erfolgreich für alle adipösen Menschen erwiesen. Manche Menschen haben mit einigen Programmen Erfolg und andere nicht. Höchstwahrscheinlich beruht das zum Teil darauf, daß übermäßiges Essen und Adipositas mehr als eine Ursache haben (Hirsch & Leibel, 1984; Jeffrey & Knauss, 1981; Wurtman & Wurtman, 1987). Manche Menschen mögen adipös sein, weil ihr Energieumsatz ungewöhnlich niedrig ist, andere, weil sie viel Zeit rund ums Essen verbringen und eine konditionierte Insulinreaktion haben, andere, weil sie als Kinder übergewichtig waren und nun sehr viele Fettzellen haben, andere, weil sie sehr wenig Bewegung haben, und wieder andere, weil sie in Wohnheimen beispielsweise leben, wo soziale Kontakte immer auch

Essen beinhalten. Eine Gewichtsreduktionsmethode einer bestimmten Art wird nicht unbedingt zu derselben Gewichtsabnahme für alle diese Menschen führen. Welche Methode man anwendet, um Adipositas zu reduzieren, sollte immer individuell abgestimmt werden (Stunkard, 1984). Bestimmte Methoden scheinen erfolgreicher zu sein als andere. Bypass-Chirurgie, sportliche Betätigung, Selbsthilfegruppen und Verhaltenstherapie funktionieren jeweils zumindest bei einigen Menschen. Bei der medikamentösen Therapie und der Psychoanalyse sind die Beweise nicht so überzeugend.

Im allgemeinen sind die Statistiken über Methoden der Adipositasbehandlung jedoch entmutigend (Itallie, 1984; Wooley & Wooley, 1984). Ein Literaturüberblick zeigte, daß der in den Studien zwischen 1966 und 1976 berichtete maximale Prozentsatz einer Gewichtsreduktion durch Diäten oder Verhaltenstherapie im Durchschnitt bei 8,9 Prozent lag. Die Dekade von 1977 bis 1986 zeigte keine Verbesserungen; in diesen Jahren lag der im Durchschnitt erreichte maximale Prozentsatz der Gewichtsverminderung bei 8,5 Prozent (Bennett, 1987). Es scheint nicht so, daß all die Forschung darüber, wie übermäßiges Essen und Adipositas verringert werden könnten, irgendwelche positiven Effekte auf die tatsächliche Gewichtsabnahme der Menschen gehabt hätten, die an Reduktionsprogrammen teilgenommen haben. Dies ist im Grunde nicht überraschend. Unsere Art hat sich während der Evolution in einer Umwelt herausgebildet, zu deren Merkmalen wiederholte Zeiten der Nahrungsknappheit gehörten (Garn & Leonard, 1989). Infolgedessen sind unsere Körper darauf eingerichtet, große Kalorienmengen aufzunehmen und zu speichern (Konner, 1988).

Deshalb wurden – während viele Forscher weitere Experimente fordern – Zweifel laut, ob die wenigen Pfunde, die tatsächlich an Gewicht verloren werden, bei leichter bis mittlerer (das heißt nicht lebensgefährlicher) Adipositas so viel Zeit, Geld und Mühe wert sind. Zusätzlich sind Methoden der Gewichtsverringerung mitunter medizinisch bedenklich, und sie richten die Aufmerksamkeit in unserer schon zu gewichtsbewußten Gesellschaft weiter auf vergängliche Schlankheitsideale (Wooley & Wooley, 1984). Schließlich und endlich kann eine Gewichtsabnahme eine zukünftige Gewichtszunahme wahrscheinlich machen.

10. Übermäßiges Essen und Adipositas

Dennoch wird das Interesse an der Gewichtsreduktion wohl kaum abnehmen, solange sich das gegenwärtige Schlankheitsideal nicht so verändert, daß ein mittleres, medizinisch wünschenswertes Gewicht in Mode käme.

11
Alkoholkonsum und Alkoholmißbrauch

Der Alkoholkonsum variiert in Ländern wie den Vereinigten Staaten oder Deutschland von Person zu Person sehr stark. Der American Psychiatric Association zufolge enthalten sich 35 Prozent aller erwachsenen US-Amerikaner des Alkoholkonsums, ungefähr 55 Prozent trinken weniger als drei Glas alkoholischer Getränke pro Woche, die übrigen sind mittlere bis starke Alkoholkonsumenten (American Psychiatric Association, 1987). Die Vereinigten Staaten gehören zu den Ländern, in denen der Prozentsatz an Abstinenten eher hoch ist; in der Bundesrepublik dagegen liegt der Anteil Abstinenter nur bei fünf Prozent (vgl. Antons & Schulz, 1976). Das Ziel dieses Kapitels besteht in dem Versuch zu erklären, warum manche Menschen trinken und manche nicht und wie übermäßiges Trinkverhalten verändert werden kann.

Übermäßiger Alkoholkonsum

Das Problem

Warum manche Menschen trinken und andere nicht und wie sich das Trinkverhalten verändern läßt, sind Fragen von mehr als nur theoretischem Interesse. Wenn es auch einige Belege dafür gibt, daß mäßiger Alkoholkonsum (von höchstens 10 Gramm Alkohol/Tag) die Gefahr einer kardiovaskulären Erkrankung verringern kann (Goldstein, 1983; LaPorte et al., 1985), so gehört übermäßiger Alkoholkonsum doch zu

11. Alkoholkonsum und Alkoholmißbrauch

den weltweit größten Gesundheitsproblemen. Als allererstes ist zu sagen, daß übermäßiger Alkoholkonsum in vielfältiger Weise mit einer erhöhten Sterblichkeit verbunden ist:

1. erhöhte Wahrscheinlichkeit für alle Arten von Unfällen, zum Beispiel Verkehrsunfälle,
2. Verschlimmerung schon vorhandener Krankheiten, etwa eines blutenden Magengeschwürs,
3. verringerte Wahrscheinlichkeit des Erkennens von Krankheiten oder Verletzungen, wie etwa Kopfverletzungen,
4. erhöhtes Suizidrisiko und eine größere Gefahr, Opfer eines Totschlags zu werden,
5. Tod durch akute Alkoholvergiftung als ein Ergebnis der dämpfenden Wirkung von Alkohol auf das Zentralnervensystem, insbesondere bei Wechselwirkung mit anderen Drogen,
6. Tod durch chronischen Alkoholismus, zum Beispiel infolge Mangelernährung oder Leberzirrhose (Hudson, 1978).

Um sich zu verdeutlichen, wie häufig einige dieser mit Alkoholkonsum verbundenen Todesfälle vorkommen, betrachte man einmal die folgenden Zahlen. In jedem Jahr sterben mehr US-Amerikaner bei Verkehrsunfällen, als im gesamten Vietnamkrieg getötet wurden, und ungefähr 50 Prozent dieser Unfälle werden durch betrunkene Fahrer verursacht (Koshland, 1989). In der Bundesrepublik ist bei 50 Prozent der Verkehrsunfälle mit Toten Alkohol im Spiel (Reinecker, 1974); 78 Prozent der Verurteilungen bei Verkehrsdelikten stehen mit Trunkenheit am Steuer in Zusammenhang (Statistisches Jahrbuch, 1994). Jährlich ertrinken in den USA ungefähr 3 000 Menschen, die Alkohol getrunken hatten, das sind etwa 60 Prozent aller Todesfälle durch Ertrinken. Nach einem Bericht von 1978 hatten in North Carolina ungefähr 34 Prozent aller Suizidopfer und 70 Prozent aller Tötungsopfer unmittelbar vor ihrem Tod getrunken (Hudson, 1978). In Deutschland ist bei 50 Prozent aller Morde und bei 30 Prozent aller Selbstmorde Alkohol im Spiel (Reinecker, 1994). Bei Menschen im Alter von 15 bis 24 Jahren gibt es ingesamt 10 000 Todesfälle im Zusammenhang mit Alkohol jährlich. Alkohol wird als Haupttodesursache für diese Altersgruppe betrachtet (Mayer, 1983).

Diese Daten beweisen nicht, daß Alkohol die Zahl von Unfällen, Selbstmorden und Tötungsdelikten vergrößert, aber das häufige gemeinsame Auftreten dieser Ereignisse in Verbindung mit Alkohol spricht sehr für die Annahme einer ursächlichen Beziehung. Bei den Todesfällen infolge von Alkoholvergiftung oder Leberzirrhose gibt es keinen Zweifel, daß Alkohol eine verursachende Rolle spielt. In Deutschland starben 1992 fast 20 000 Menschen an Leberzirrhose (Reinecker, 1994).

Man füge zu diesen offensichtlichen physischen Gesundheitsproblemen die Tribute hinzu, die der exzessive Alkoholkonsum bei der seelischen Gesundheit fordert, sowohl der seelischen Gesundheit derjenigen Person, die trinkt, als auch ihrer Freunde und Familie, und es wird deutlich, daß übermäßiger Alkoholkonsum sehr viele körperliche und psychische Probleme verursacht (McCrady, 1988; U.S. Department of Health and Human Services, 1988, West & Prinz, 1987). In Deutschland sterben etwa 21 Prozent der Alkoholiker durch Selbstmord (Reinecker, 1994).

Der Alkoholismus verursacht schließlich auch finanzielle Verluste. Einige Colleges zum Beispiel berichten, daß ungefähr 80 Prozent des Vandalismus auf dem Campus mit Alkoholkonsum verbunden sind (Ingalls, 1982). Zudem resultieren ungefähr 15 Prozent aller Gesundheitskosten in den USA aus Alkoholismus und alkoholbezogenen Störungen (Holden, 1987). Insgesamt schätzt man die gesamten ökonomischen Kosten der mit Alkohol verbundenen Probleme in den Vereinigten Staaten auf 1,117 Milliarden Dollar jährlich. Dazu gehören die Kosten infolge verlorener Arbeitszeit, mißlungener Unternehmensgründungen, gesundheitlicher Betreuung, Unfälle, Kriminalität, Inhaftierung und sozialer Fürsorgeprogramme (Barnes, 1988). In Deutschland liegen die Kosten nach Schätzungen der Arbeitgeberverbände allein in den alten Bundesländern bei 30 Milliarden DM (Jahrbuch Sucht, 1994).

11. Alkoholkonsum und Alkoholmißbrauch

Definitionen

Eine Person, die ständig so viel trinkt, daß einige der oben beschriebenen Probleme auftreten, wird als *Alkoholiker* bezeichnet. Es gibt kein genaues Kriterium, wonach jemand als Alkoholiker klassifiziert werden könnte. Viele verschiedene Definitionen von Alkoholismus sind vorgeschlagen worden (Jacobson, 1983).

In den fünfziger Jahren stellte Jellinek seine inzwischen klassische Beschreibung der verschiedenen Typen von Trinkverhalten vor, die in Abbildung 11.1 gezeigt wird. Jellinek betrachtete den Alkoholismus als eine fortschreitende, behandelbare Krankheit, die sich in Phasen entwickelt, wobei spätere Phasen häufig in einer spezifischen Reihenfolge auf frühere folgen. Als Alkoholiker wird danach klassifiziert, wer die präalkoholische Phase durchlaufen und eine der späteren Phasen erreicht hat; entsprechend dieser Phasen (siehe Abb. 11.1) werden verschiedene Typen von Alkoholikern unterschieden. Jedoch erfolgt nach Jellinek (1952) nicht immer der Übergang von einer Phase zur nächsten.

In jüngerer Zeit hat man die Alkoholiker unterteilt in jene, die psychisch abhängig sind, jene, die physisch abhängig sind, und jene, die Anzeichen einer neurologischen Störung zeigen. Der Alkoholismus folgt offenbar mit fortschreitender Krankheit der oben angegebenen Klassifikationsreihenfolge wie in Jellineks Typologie. Eine weitere Analogie besteht darin, daß ein Alkoholiker in einer der früheren Phasen nicht zu einer fortgeschritteneren Phase überzugehen braucht (Mandell, 1983). Im allgemeinen Sprachgebrauch umfaßt der Begriff *Alkoholismus* eine heterogene Gruppe von Menschen (Wanberg & Horn, 1983).

Die American Psychiatric Association (1987) erkennt drei Typen des chronischen Alkoholmißbrauchs oder chronischer Abhängigkeit an. »Bei dem ersten kommt es zu regelmäßigem täglichen Konsum großer Mengen; bei dem zweiten zu regelmäßigem schweren Trinken lediglich an Wochenenden; die dritte Form besteht in längeren Phasen der Nüchternheit mit dazwischenliegenden Phasen täglichen schweren Trinkens über Wochen oder Monate.« (Wittchen et al., 1989, S. 221)

Die Psychologie des Essens und Trinkens

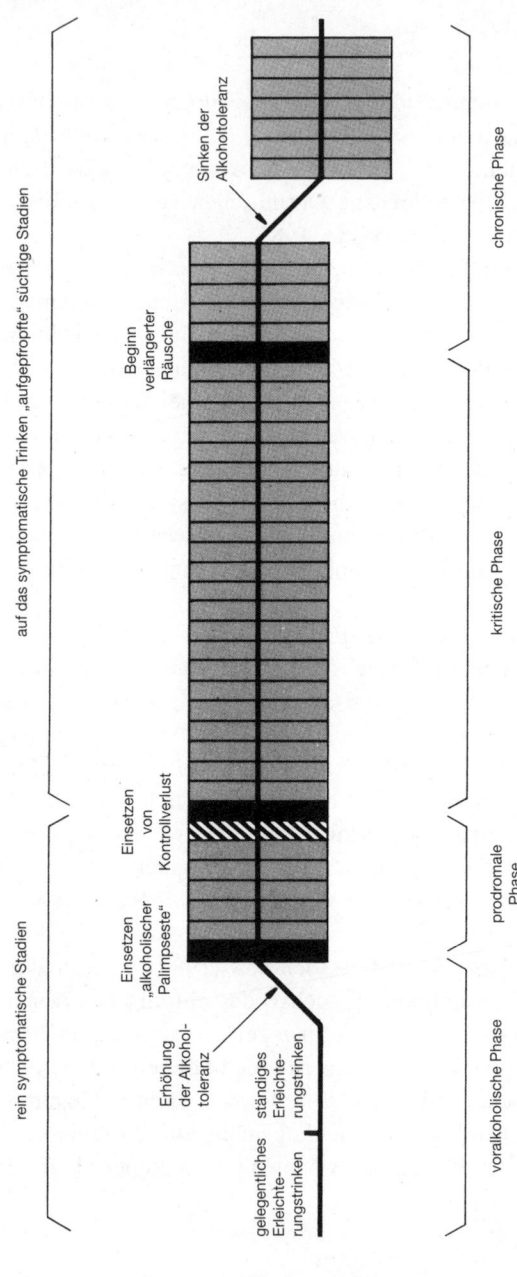

11.1 Phasen des Alkoholismus nach Jellinek (1952.)

11. Alkoholkonsum und Alkoholmißbrauch

Verbreitung

Die Schätzungen der Prävalenz von Alkoholgebrauch und Alkoholismus variieren stark, teilweise wegen der unterschiedlichen Definitionen des Alkoholismus und teilweise wegen der Schwierigkeit, genaue Beurteilungen des Trinkverhaltens von Menschen zu erhalten (Barnes, 1988; Furst, 1983; Keller, 1975). Die verfügbaren Daten jedoch deuten anscheinend darauf hin, daß annähernd 13 Prozent der amerikanischen erwachsenen Bevölkerung zu irgendeinem Zeitpunkt in ihrem Leben die Kriterien der American Psychiatric Association für Alkoholmißbrauch oder Alkoholabhängigkeit erfüllt haben; die Anzahl derer, die weniger ernste Probleme mit Alkohol hatten, ist noch viel größer. Verschiedene Gruppen zeigen unterschiedliche Prävalenzraten von Alkoholmißbrauch. Beispielsweise sind zwei- bis fünfmal mehr Männer als Frauen starke Alkoholkonsumenten (American Psychiatric Association, 1987). Aufgrund des hohen Alkoholismus in Deutschland – mit 12,4 Liter reinem Alkohol pro Kopf liegt der Wert etwa dreimal höher als 1950 und weltweit an der Spitze – ist eher mit einer höheren Prävalenz des Alkoholismus zu rechnen (Fichter, 1990).

Die Verbreitung des Alkoholismus variiert auch zwischen verschiedenen ethnischen und kulturellen Gruppen. In einer Überblicksarbeit wurde die Häufigkeit von Alkoholgebrauch unterschiedlicher Stufen bei verschiedenen Gruppen in San Francisco untersucht. In diesem Überblick stellte man fest, daß ungefähr 10 Prozent der chinesischen Männer in San Francisco als starke Trinker zu klassifizieren waren und ungefähr 30 Prozent als Abstinenzler. Demgegenüber waren ungefähr 30 Prozent der weißen Männer starke Trinker und 15 Prozent Abstinenzler (Chu, 1972). In einer anderen Studie in Sydney, Australien, wurde festgestellt, daß 48 Prozent der Männer und 15 Prozent der Frauen starke Trinker waren (Encel, Kotowicz & Resler, 1972). In beiden Studien galt per Definition als starker Trinker, wer »(a) mindestens zwei- oder dreimal im Monat eine Menge Drinks mit einem Modalwert [häufigster Wert] von 5 oder mehr [trinkt]; [oder] (b) jene, die mindestens drei- oder viermal pro Woche trinken, in beliebiger mittlerer Menge (Modalwert) und mit einer Spannweite von 5 oder mehr Getränken; [oder] (c) jene, die fast jeden Tag oder häufiger trinken, in beliebiger mittlerer Menge (Modalwert) und mit einer

Spannweite von drei oder mehr Getränken« (Encel, Kotowicz & Resler, 1972, S. 7). Jemand, der diese Definition eines starken Trinkers gerade erfüllt, würde nicht als Alkoholiker klassifiziert werden.

Im allgemeinen gehören asiatische und jüdische Populationen zu den Gruppen, die nachweislich niedrige Alkoholismusraten haben, während irische Katholiken, Männer und Menschen mit einem geringen sozioökonomischen Status zu den Gruppen gehören, von denen bekannt ist, daß die Prävalenz sehr hoch ist (Cahalan, 1978). Zwischen 79 und 95 Prozent aller College-Studenten konsumieren Alkohol (Hannon et al., 1985). Allerdings findet man eigentlich in jeder Gruppe von substantieller Größe sowohl Abstinenzler als auch starke Trinker. Wie man die Zahlen auch zusammenrechnet, es gibt auf jeden Fall sehr viele Menschen mit Alkoholproblemen in den Vereinigten Staaten wie auch in Deutschland und anderen Ländern.

Die Auswirkungen des Alkoholkonsums

Um erklären zu können, warum Menschen Alkohol trinken und wie man diesen Konsum reduzieren kann, ist es zunächst notwendig, die Auswirkungen des Trinkens von Alkohol zu erklären. Die Beschreibungen dieser Auswirkungen wird in zwei Typen unterteilt: akute Wirkung und Langzeiteffekte.

Akute Auswirkungen

Bei der Beurteilung der akuten Effekte des Alkoholkonsums ist es wichtig, die tatsächlichen physiologischen Wirkungen des Alkohols von den Wirkungen zu trennen, die allein aufgrund der Erwartungen über die Folgen von Alkoholkonsum entstehen. Diese zwei Faktoren können getrennt werden, indem man den von G. Alan Marlatt und seinen Kollegen (George & Marlatt, 1983; Marlatt, Demming & Reid, 1973) entwickelten *balancierten Placebo-Versuchsplan* (siehe Abbildung 11.2) nutzt. In diesem Versuchsplan (oder Design) erhält die Hälfte der Versuchspersonen Alkohol und die andere Hälfte Placebo.

11. Alkoholkonsum und Alkoholmißbrauch

In jeder der beiden Gruppen läßt man jeweils die Hälfte der Versuchspersonen glauben, daß sie Alkohol zu sich nehmen, und die andere Hälfte, daß sie dies nicht tun. Es wurde sorgfältige Vorsorge getroffen, um zu sichern, daß die Versuchspersonen auch jeweils wirklich glaubten, was sie glauben sollten. Wenn zum Beispiel eine Testperson keinen Alkohol trinken, jedoch annehmen soll, sie habe welchen getrunken (Gruppe C in Abbildung 11.2), wird der Versuchsleiter große Sorgfalt darauf verwenden, den „Drink" der Versuchsperson aus deutlich etikettierten Wodka- und Tonicflaschen zu mixen, während die Testperson ihn beobachtet. Tatsächlich ist die Flüssigkeit in all diesen Flaschen jedoch Tonicwasser. (Bei den Versuchsgruppen, die Alkohol trinken sollen, ohne dies zu wissen, enthalten die Flaschen Tonicwasser, welches schon vorher mit Wodka gemischt wurde.) Die Versuchspersonen können gebeten werden, vor dem Trinken ihren Mund mit Mundwasser auszuspülen, um zu verhindern, daß sie durch den Geschmack bestimmen können, ob in dem Mix Alkohol enthalten ist oder nicht. Bei den Versuchspersonen, die glauben, Alkohol zu trinken, obwohl sie es tatsächlich nicht tun, zeigen sich die Effekte, die allein aus der Annahme resultieren, daß Alkohol aufgenommen wurde, unvermischt mit den physiologischen Effekten des Alkohols. Die drei anderen Gruppen – jene, die keinen Alkohol trinken und dies auch nicht glauben (Gruppe D), jene, die Alkohol trinken und dies auch annehmen (Gruppe A), und jene, die Alkohol trinken, dies jedoch nicht annehmen (Gruppe B) – liefern Daten zur Erstellung einer Baseline beziehungsweise zur Simulation dessen, was in der realen

	Versuchsperson erwartet zu erhalten:	
	Alkohol	keinen Alkohol
Versuchsperson erhält tatsächlich: Alkohol	A	B
Versuchsperson erhält tatsächlich: keinen Alkohol	C	D

11.2 Balanciertes Placebo-Design. (Nach George & Marlatt, 1983.)

Alkoholikerwelt passiert (A) und schließlich zur Beurteilung der physiologischen Wirkungen von Alkohol, unabhängig von den diesbezüglichen Erwartungen (B).

Im allgemeinen ergeben Experimente, in denen das balancierte Placebo-Design angewendet wird, daß sowohl die Erwartungen als auch der Alkohol selbst das Verhalten beeinflussen, wenn auch auf verschiedene Weise. Alkoholkonsum selbst scheint die Informationsverarbeitung und die motorische Leistung zu stören. Er scheint ebenfalls Aggressionen zu steigern. Alkoholerwartungen führen demgegenüber offenbar zu einer gesteigerten sexuellen Erregung bei erotischen Stimuli (Hull & Bond, 1986). Viele Menschen verwenden wohl Alkohol als Entschuldigung für normalerweise inakzeptables Verhalten (Critchlow, 1986). Genaueres zu einigen akuten Auswirkungen von Alkoholkonsum wird in den folgenden Abschnitten gesagt.

Physiologische Wirkungen. Wenn Alkohol (genau genommen *Äthanol*) aufgenommen wird, gibt es unmittelbare Körperreaktionen. In der Leber wird Alkohol zu *Acetaldehyd* abgebaut, dann zu *Essigsäure* und schließlich zu Kohlendioxid und Wasser. Ein Teil des Acetaldehyds in der Leber wird in das Blut resorbiert. Acetaldehyd ist eine sehr reaktive Substanz, die die meisten Körpergewebe beeinflußt (Lieber, 1976).

Der physiologische Effekt des Alkohols auf das Nervensystem als eine Funktion der Dosis ist biphasisch. Wie Opiate wirkt Alkohol in geringen Dosen aktivierend auf das Nervensystem, aber in hohen Dosen dämpfend. Deshalb sind viele Alkoholwirkungen von der Dosis abhängig (Mello, 1968). Zu den physiologischen Wirkungen relativ großer Mengen von Alkohol und Acetaldehyd gehören *Schlafapnoe* (Atemstillstand) (Taasan et al., 1981), eine Verringerung des Anteils von *REM-Schlaf* (erholsamer Schlaf) (Knowles, Laverty & Kuechler, 1968; Yules, Freedman & Chandler, 1966), Kopfschmerzen (Goldberg, 1981) und eine Hemmung der Synthese des männlichen Hormons *Testosteron* (Johnston et al., 1981).

Es gibt noch viele weitere Veränderungen im Nervensystem durch Alkoholaufnahme. Zum Beispiel wird die neuronale Aktivation im Hippocampus, einem Teil des Gehirns, der mit dem Gedächtnis zu tun hat, durch Alkohol gehemmt. Dieser Effekt könnte ein physiologischer Mechanismus sein, der zumindest für einige der aktuellen kognitiven Beeinträchtigungen verantwortlich ist, die den Alkoholkonsum begleiten (Lovinger, White & Weight, 1989).

Aggressionen. Die physiologischen Veränderungen als Folge aktuellen Alkoholkonsums manifestieren sich auch in verschiedenen psychischen Symptomen. Der Hang zu gewalttätigem Verhalten beispielsweise wird offenbar verstärkt, was zu der großen Zahl mit Alkohol verbundener Todesfälle beiträgt (Hull & Bond, 1986; Tinklenberg, 1973). Die Forschung ergibt jedoch auch Anhaltspunkte dafür, daß eine Steigerung des aggressiven Verhaltens in Zusammenhang mit Alkoholkonsum zum Teil auch auf der Erwartung der Alkoholkonsumenten beruhen könnte, daß Alkohol ihr Verhalten verändern wird, und nicht auf den physiologischen Wirkungen des Alkohols selbst (Lang et al., 1975).

Gedächtnis. Zu den bestuntersuchten Alkoholwirkungen auf psychische Funktionen gehören die aktuellen Einflüsse auf das Gedächtnis. Man stimmt allgemein darin überein, daß Alkoholkonsum das Gedächtnis stört, wenn es auch in Abhängigkeit von der Dosis und vom Aufgabentyp zum Gedächtnistest starke Unterschiede im Ausmaß dieser Störung gibt (Moskowitz & Murray, 1976; Ryback, 1971; Tarter, Buonpane & Wynant, 1975). Zum Beispiel stört Alkohol die Tendenz der Menschen, Geschichten über bestimmte Begriffe als Gedächtnisstütze zu *konstruieren*, um diese Begriffe besser behalten zu können. Alkoholkonsum scheint jedoch die *Nutzung* dieser Geschichten zur Verbesserung der Gedächtnisleistung nicht zu stören, wenn diese Geschichten für die Person vorgegeben werden (Birnbaun et al., 1980). Auch Personenmerkmale sind von Bedeutung für das Ausmaß, in dem das Gedächtnis durch Alkohol gestört wird. Testpersonen mittleren Alters behalten weniger Informationen bei Gedächtnisaufgaben nach Alkoholkonsum als jüngere Versuchspersonen (Jones & Jones, 1980).

Eßverhalten. Alkoholkonsum kann auch auf das Eßverhalten Einfluß ausüben, je nachdem, ob der Alkoholkonsument ein gezügelter Esser ist oder nicht. (Das Konzept gezügelten versus ungezügelten Essens wird in den Kapiteln 9 und 10 diskutiert.) Janet Polivy und C.

Peter Herman klassifizierten in einem Experiment die daran teilnehmenden College-Studentinnen als entweder gezügelte oder ungezügelte Esserinnen (1976). Ein balanciertes Placebo-Versuchsdesign wurde verwendet. Alle Testpersonen erhielten zwei Kapseln, die mit $\frac{1}{2}$ Liter Flüssigkeit zu nehmen waren. Für die Hälfte der Versuchspersonen war die Flüssigkeit Tonicwasser. Für die andere Hälfte war es Tonicwasser, vermischt mit einer Menge Wodka, die ungefähr zwei Drinks entspricht. Der Hälfte der Frauen in jeder Gruppe wurde gesagt, daß sie Vitamin C, und der anderen Hälfte, daß sie Alkohol zu sich nahmen. Die Versuchspersonen wurden dann gebeten, Geschmackseinschätzungen dreier verschiedener Eiskremsorten vorzunehmen. Die Variable, um die es ging, waren nicht die Geschmacksurteile der Versuchspersonen, wie diese meinten, sondern die Menge Eiskrem, die jede Versuchsperson aß.

Abbildung 11.3 gibt den Versuchsplan wieder. Die Ergebnisse zeigen, daß die gezügelten Esserinnen nur dann unter Alkohol mehr aßen als ohne Alkohol, wenn man ihnen gesagt hatte, daß sie Alkohol erhalten hatten, nicht jedoch, wenn man ihnen gesagt hatte, sie hätten Vitamin C erhalten. Das Gegenteil trifft für die ungezügelten Esserinnen zu. Sie aßen nur dann mehr unter Alkohol, wenn man ihnen gesagt hatte, sie hätten Vitamin C erhalten, nicht jedoch, wenn man ihnen sagte, daß sie Alkohol erhalten hatten. Mit anderen Worten, bei den gezügelten Esserinnen beeinflußte Alkohol das Eßverhalten nur, wenn sie wußten, daß sie ihn konsumiert hatten. Bei ungezügelten Esserinnen dagegen beeinflußte Alkohol das Eßverhalten nur, wenn sie nicht wußten, daß sie ihn konsumiert hatten. Diese Ergebnisse sprechen für die Annahme, daß die aufgenommene Nahrungsmenge sowohl vom tatsächlichen physiologischen Zustand als auch vom erwarteten physiologischen Zustand abhängt.

Stimmung. Polivy und Herman untersuchten auch die Stimmung der Testpersonen während dieses Experiments. Die Forscher stellten fest, daß die Versuchspersonen über eine stärker gehobene Stimmung berichteten, wenn ihnen gesagt worden war, sie hätten Alkohol erhalten, während es in Wirklichkeit Vitamin C war. Offenbar ist der Ruf des Alkohols, die Stimmung zu heben, größer als seine tatsächliche Auswirkung auf die Stimmung.

11. Alkoholkonsum und Alkoholmißbrauch

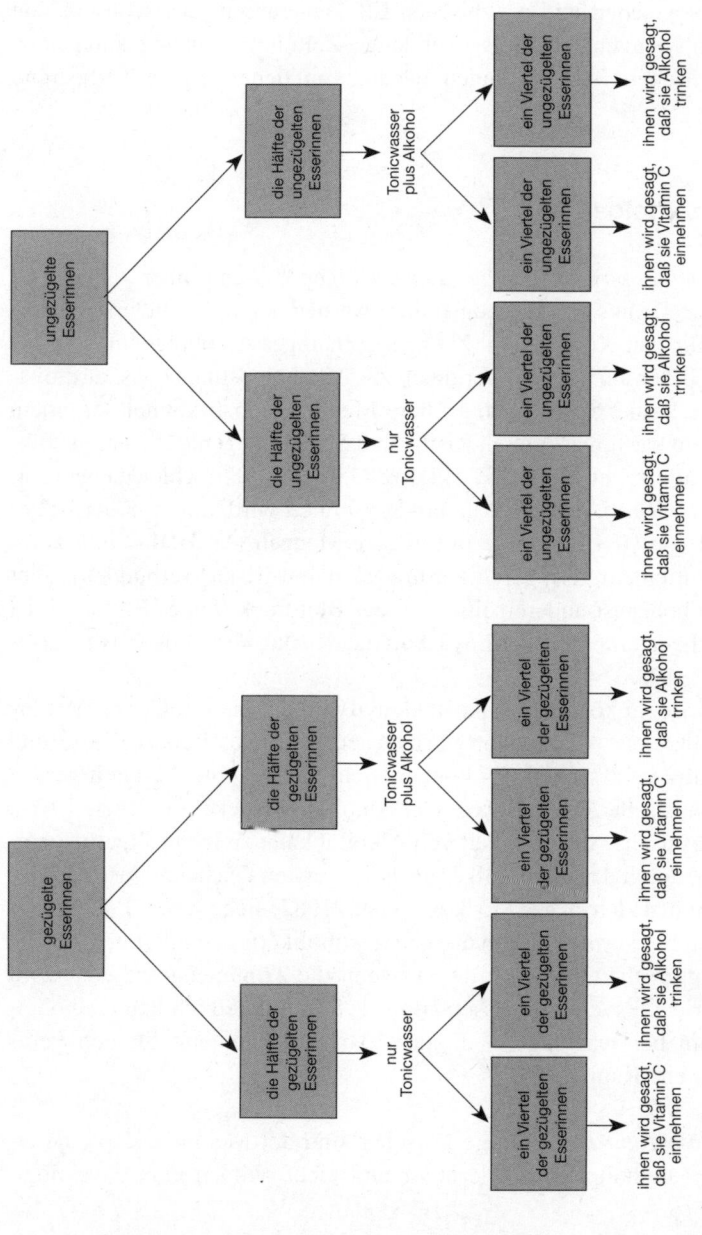

11.3 Versuchsplan des Experiments von Polivy und Herman über die Beeinflussung des Eßverhaltens durch Alkohol. (Nach Polivy & Herman, 1976.)

Fazit. Der nur einmalige Konsum von Alkohol kann zu unzähligen physiologischen und psychischen Effekten führen. Der Konsum von großen Mengen Alkohols über lange Zeiträume hinweg kann noch dramatischere Auswirkungen haben, von denen einige verheerend sind.

Langzeitfolgen

Allgemeine physiologische Auswirkungen. Wenn über lange Zeit mehrere Drinks am Tag konsumiert werden, kann das äußerst schädigend für den Körper sein. Zwar mag mäßiger Alkoholgenuß (ein bis zwei Gläser am Tag) im Vergleich zur Alkoholabstinenz das kardiovaskuläre Risiko verringern, größere Mengen jedoch können zu einem erhöhten kardiovaskulären Risiko und Schädigungen des Herzens führen (LaPorte, et al., 1985; Thiel & Gavaler, 1985; Thiel, Gavaler & Lehotay, 1985). Je mehr Alkohol konsumiert wird, um so höher ist der Anteil von HDL-Cholesterin (größere Mengen von HDL-Cholesterin sind mit einem geringeren kardiovaskulären Risiko verbunden), aber um so höher ist andererseits auch der Blutdruck (hoher Blutdruck ist mit einem erhöhten kardiovaskulären Risiko verbunden) (Flegal & Cauley, 1985).

Außerdem können das Acetaldehyd und der überschüssige Wasserstoff aus dem Alkoholstoffwechsel letzten Endes Leberzirrhose und Hepatitis verursachen. Es können sich eine erhöhte Alkoholtoleranz und physische Abhängigkeit von Alkohol entwickeln (Lieber, 1976). Die physische Abhängigkeit von Alkohol kann zu Kontrollverlust beitragen, durch den Alkoholiker nach dem ersten Glas nicht mehr aufhören können zu trinken (Stockwell et al., 1982; siehe Abb. 11.1). Weiter können bei körperlich abhängigen Alkoholikern potentiell gefährliche Entzugserscheinungen auftreten, wenn die Trinkmenge gesenkt wird (American Psychiatric Association, 1987). Schließlich kann Alkoholkonsum bei schwangeren Frauen extrem schädigend für den Fetus sein (siehe Kapitel 12).

Gelernte Toleranz. Einige Forscher sind der Meinung, daß eine erhöhte Alkoholtoleranz erlernt ist und nicht einfach eine physiologische Reaktion, wie sie etwa bei Sucht oder Entzug auftreten. Shepard Siegel (1976; Siegel et al., 1982) zum Beispiel schlug ein Modell der Drogentoleranz ähnlich *Solomons Gegenprozeßmodell* (Solomon, 1980) vor. Nach Siegel reagiert der Körper, wenn eine Droge physiologische Reaktionen im Körper verursacht, mit einer kompensatorischen physiologischen Gegenreaktion, was dazu beiträgt, die Homöostase aufrechtzuerhalten. Bei wiederholter Verabreichung des Wirkstoffes wächst die kompensatorische Reaktion. Sie kann auch auf Umweltreize konditioniert werden, die bei der Aufnahme des Wirkstoffs gewöhnlich vorhanden sind, und kann deshalb allein durch diese Reize ausgelöst werden und ohne Einnahme der Droge.

Ein Beispiel für die Anwendung dieser Theorie auf Alkoholkonsum bietet uns ein Experiment von A. D. Lê, Constantine X. Poulos und Howard Cappell (1979). Alkoholzufuhr führt zu einer *hypothermischen* physiologischen Reaktion (einer Verringerung der Körpertemperatur). Wenn der Versuchsleiter Ratten in einer bestimmten Umgebung mehrmals Alkohol injizierte, war die hypothermische Reaktion verringert; eine Toleranz hatte sich entwickelt. Wurde jedoch der Alkohol in einer neuen Umgebung zugeführt, wurde die hypothermische Reaktion wieder gesteigert. Weiterhin reagierten die Ratten mit *Hyperthermie* (einer Steigerung der Körpertemperatur), wenn in der Umgebung, die gewöhnlich mit der Gabe von Alkohol assoziiert war, statt des Alkohols eine physiologische Kochsalzlösung injiziert wurde, ein direkter Beweis für eine bedingte kompensatorische Reaktion.

Auch andere Forscher vertreten die Meinung, daß die Alkoholtoleranz erlernt sei, begründen dies jedoch anders. Diese Forscher beurteilen Alkoholtoleranz danach, ob eine Versuchsperson ihre Leistung bei einer Testaufgabe, während sie unter Alkoholeinfluß steht, verbessert, nachdem sie zuvor der Wirkung des Alkohols wiederholt ausgesetzt war. Es scheint jedoch so, daß Leistungsverbesserung nur erfolgt, wenn die Testperson die Aufgaben mehrfach unter Alkoholeinfluß ausführt. Erfolgen das wiederholte Ausführen der Testaufgabe und die Alkoholexposition getrennt voneinander, findet man keine Verbesserung der Leistung, wenn der Proband später versucht, sie unter Alkoholeinfluß auszuführen (das heißt, es gibt keine Anzeichen einer Toleranzentwicklung). Demnach müßte, entgegen der traditionellen Interpretation, die Toleranz dadurch entstehen, daß man es lernt, eine Aufgabe unter Alkohol auszuführen, und nicht durch eine geringere physiologische Wirkung des Alkohols (Wenger et al., 1981). Dennoch wird die Hypothese, daß Lernprozesse einer der Hauptfaktoren bei der Herausbildung einer Alkoholtoleranz seien, nach wie vor diskutiert (Tabakoff, Melchior & Hoffman, 1984; Wenger & Woods, 1984).

Eßverhalten und Energieumsatz. Auch die Nahrungsaufnahme und der Energieumsatz werden durch einen andauernden übermäßigen Alkoholkonsum beeinträchtigt. Die Ernährung ist bei Alkoholikern oft unzureichend. Diese ungenügende Nahrungsaufnahme, verbunden mit der durch das Acetaldehyd bewirkten Herabsetzung der Vitaminaktivierung und der durch Alkohol direkt verursachten Reizung des Magen-Darm-Traktes, kann zu einer schweren Mangelernährung führen (Lieber, 1976, 1988). Obwohl Alkohol sehr kalorienhaltig ist, führt der Konsum großer Mengen Alkohols nicht unbedingt zu einer Gewichtszunahme. Wenn man eine Standardkost von 2 200 Kalorien täglich durch 2 000 Kalorien in Form von Alkohol ergänzte, zeigten die Testpersonen über einen Zeitraum von vier Wochen keine übereinstimmende Gewichtszunahme. Wurde dieselbe 2 200-Kalorien-Diät dagegen durch 2 000 Kalorien in Form von Schokolade ergänzt, nahmen die Versuchspersonen in zwei Wochen durchschnittlich 3 Kilogramm zu. Daß trotz der großen Mengen Alkohol keine Gewichtszunahme erfolgt, mag an der durch den Alkoholstoffwechsel erhöhten Freisetzung von Energie liegen (Lieber, 1976).

Allgemeine kognitive Funktionen. Durch fortgesetzten exzessiven Alkoholkonsum verringert sich die Hirnmasse, und es kommt auch zu anderen Formen allgemeiner Hirnschädigungen (Freund, 1984; Goldstein & Shelly, 1982; Golden et al., 1981; Tarter & Ryan, 1983). Bei diesen Auswirkungen scheinen Schädigungen der psychischen Funktionen unvermeidlich. Tatsächlich gibt es viele psychische Auswirkungen. Alkoholiker zeigen in Intelligenztests bei vielen Aufgabentypen schlechtere Leistungen als Nichtalkoholiker, vom Würfeltest bis hin zu den perzeptiv-motorischen Leistungstests. Die Schädigung scheint jedoch, wenn man verschiedene Unterskalen der Intelligenztests vergleicht, im Hinblick auf Handlungstests größer zu sein als im

11. Alkoholkonsum und Alkoholmißbrauch

Hinblick auf verbale Tests (Goldman, 1983; Goldstein & Shelly, 1971; Heilbrun, Tarbox & Madison, 1979; Jonsson, Cronholm & Izikowitz, 1962; Kish & Cheney, 1969; Løberg & Miller, 1986; Smith, Burt & Chapman, 1973; Tarter & Ryan, 1983). Die Fähigkeiten zur Lösung scheint sich bei vielen dieser Aufgaben, zum Beispiel der Bildung nonverbaler Begriffe, wieder zu verbessern, wenn der Alkoholiker aufhört zu trinken (Hester, Smith & Jackson, 1980; Long & McLachlan, 1974; Page & Linden, 1974; Page & Schaub, 1977).

Bisher gibt es noch keine endgültigen Befunde darüber, welche Alkoholmengen zu derartigen kognitiven Defiziten führen. Es wäre möglich, daß selbst soziale Trinker, die niemals riesige Mengen trinken, einige dieser Defizite zeigen. Es ist weitere Forschung erforderlich, um diese Frage überzeugend zu klären (Hill & Ryan, 1985).

Gedächtnis. Einer der am häufigsten untersuchten Effekte von chronischem wie akutem Alkoholkonsum ist die Beeinträchtigung von Lern- und Gedächtnisfunktionen. Selbst wenn die Lern- und Gedächtnisleistung beurteilt wird, während der Alkoholiker nüchtern ist, erweist sich die Gedächtnisfunktion bei chronischen Alkoholikern als beeinträchtigt (Albert, Butters & Brandt, 1980; Weingartner, Faillance & Markley, 1971). Wenn man abstinenten Langzeitalkoholikern Gedächtnishilfen gibt, sind sie in der Lage, eine Liste von Wortpaaren ebenso gut zu lernen wie Nichtalkoholiker. Ohne Gedächtnishilfen jedoch ist die Leistung abstinenter Langzeitalkoholiker derjenigen von Menschen, die kurz zuvor Alkohol getrunken haben, vergleichbar, und sie sind weniger als Nichtalkoholiker in der Lage, sich an Listen zu erinnern (Ryan, 1980).

Wenn jemand wiederholt Alkohol im Übermaß getrunken hat, können amnestische Blackouts beziehungsweise Palimpseste (Erinnerungs„lücke", „Filmriß") die Fälle von Alkoholkonsum begleiten. Diese kurzzeitigen Ausfälle des Erinnerungsvermögens bedeuten nicht, daß die Person das Bewußtsein verliert. Vielmehr bleibt sie bei Bewußtsein, kann sich jedoch später nicht daran erinnern, was während der Trinkphase geschah. Jellinek betrachtete das regelmäßige Auftreten solcher kurzzeitigen Ausfälle des Erinnerungsvermögens als Hinweis darauf, daß der Alkoholiker in eine fortgeschrittenere Phase des Alkoholismus eingetreten ist (siehe Abbildung 11.1). Die

Forschung hat jedoch gezeigt, daß nicht alle chronischen Alkoholiker an solchen Blackouts leiden (Curlee, 1973).

Wie bereits in Kapitel 8 dargestellt wurde, entwickeln Alkoholiker manchmal eine irreversible Gedächtnisstörung mit Beeinträchtigung des Kurzzeitgedächtnisses, das sogenante Korsakow-Syndrom, bei dem sie Probleme haben, sich an bestimmte Arten kürzlich geschehener Ereignisse zu erinnern (American Psychiatric Association, 1987; Kohl & Brandt, 1985). Eine Patientin konnte sich zum Beispiel nicht mehr daran erinnern, wie man zum Gewächshaus auf dem Gelände des psychiatrischen Krankenhauses kam, wo sie stationär behandelt wurde. Sie behauptete, das läge daran, daß sie erst seit kurzer Zeit dort gewesen sei. Sie lebte jedoch schon seit mehreren Wochen in der Klinik und hatte das Gewächshaus schon viele Male besucht. Patienten mit Korsakow-Syndrom können allerdings vorgegebene Regeln für die Organisierung und Strukturierung von Informationen zum besseren Behalten nutzen, und durch Abrufhilfen verschiedener Art läßt sich bei ihnen die Reproduktion von Wissen aus dem Gedächtnis erleichtern (Cermak, 1980; Weingartner et al., 1983).

Fazit. Die physischen und psychischen Folgen des Alkoholkonsums sind vielfältig und oft verheerend. Deshalb empfiehlt der Surgeon General (Bericht des US-amerikanischen Gesundheitsministeriums; U.S. Department of Health and Human Services, 1988), daß niemand mehr als zwei Drinks am Tag zu sich nehmen sollte (mit Ausnahme schwangerer Frauen, die abstinent leben sollten). Im folgenden Abschnitt werden die möglichen Ursachen des Alkoholkonsums, insbesondere des übermäßigen Konsums diskutiert.

Mögliche Ursachen des Alkoholismus

Bei einer so häufigen und schädigenden Störung wie dem Alkoholismus ist es nicht verwunderlich, daß viele Theorien vorgeschlagen wurden, um zu erklären, wie er entsteht und, allgemeiner, was Menschen veranlaßt, Alkohol zu trinken. Wie in den vorangegangenen Kapiteln werden diese Diskussionen in zwei Abschnitte unterteilt:

genetische Faktoren und Umweltfaktoren. Diese Unterteilung erfolgt weitgehend aus praktischen Gründen, da kein Verhalten vollständig genetisch oder vollständig durch die Umwelt determiniert sein kann (siehe Kapitel 5).

Genetische Faktoren

Ein gewisser Einfluß der Gene auf den Verlauf des Alkoholismus wird beim Korsakow-Syndrom deutlich: Eine bestimmte Stoffwechselabnormität führt in Zusammenhang mit einem Thiamindefizit (wie es bei Alkoholikern häufig ist) zu einem Gedächtnisausfallsyndrom (siehe Kapitel 8). Aber kann die Tendenz, Alkohol zu konsumieren, eine genetische Grundlage haben? Diese Frage wurde sowohl an Versuchstieren als auch beim Menschen untersucht.

Forschung mit Versuchstieren. Der größte Teil der Forschung mit Tieren beinhaltet die Züchtung von Mäuse- und Rattenstämmen, die auf Alkohol spezifisch reagieren. (Dieser Forschungsansatz ist in Kapitel 10 beschrieben.) Zweck dieser Zuchtexperimente ist es, die Mechanismen der Entstehung von Alkoholpräferenz und Alkoholismus aufzudecken. Wenn es möglich wäre, eine Tierrasse zu züchten, die sich ähnlich wie Alkoholiker verhielte, so könnte diese Tierrasse – so nahmen die Forscher an – einige entscheidende Hinweise auf die physiologischen Determinanten des Alkoholismus liefern (Petersen, 1983). Die Vielfalt dieser genetischen Modelle des Alkoholismus bei Tieren spricht dafür, daß es eine Reihe verschiedener Wege geben könnte, auf denen die Gene den Alkoholkonsum beeinflussen können.

Es ist tatsächlich gelungen, Ratten zu züchten, die Alkohol präferieren. Gewöhnlich gibt man den Ratten in diesen Untersuchungen freien Zugang zu Futter, einer Alkohollösung und Wasser. Bei einer Studie wurden jeweils die Ratten, die die größte Präferenz einer zehnprozentigen Alkohollösung gegenüber Wasser zeigten, und diejenigen, die die geringste Präferenz zeigten, weitergezüchtet. Nach 32 Generationen tranken die Ratten, die von den Ratten mit großer Präferenz abstammten, etwa 1,6mal soviel zehnprozentige Alkohollösung wie Wasser, während die Ratten, die von den Ratten mit geringer Alkoholpräferenz abstammten, 6,1mal soviel Wasser wie zehnprozentige Alkohollösung tranken. Tatsächlich nahmen die Abkömmlinge der Ratten mit großer Alkoholpräferenz 17 Prozent ihrer zugeführten Gesamtkalorienmenge in Form von Alkohol zu sich, bei den Nachkommen der Ratten mit geringer Präferenz dagegen lag dieser Wert nur bei vier Prozent (Eriksson & Rusi, 1981). Umgerechnet auf menschliche Größenordnungen entsprechen die von den männlichen Nachkommen der Ratten großer Präferenz konsumierten Mengen einem Liter Bier oder 170 Milliliter Whisky am Tag, wenn sie von einem 75 Kilogramm schweren Mann aufgenommen würden, der sein Gewicht bei einer täglichen Zufuhr von 3 000 Kalorien hält.

Ein Zuchtstamm von Ratten mit starker Alkoholbevorzugung wurde über so viele Generationen hinweg weitergezüchtet, daß deren Abkömmlinge mitunter Blutalkoholkonzentrationen erreichen, die denen eines 72-Kilo-Mannes nach vier Drinks in einer Stunde entsprechen (Ewing & Rouse, 1978; Li et al., 1981). Dieser Alkoholspiegel würde letztendlich zu physischer Abhängigkeit führen, wenn er auf Dauer beibehalten würde (Petersen, 1983). All diese oben beschriebenen Alkoholpräferenz-Rattenstämme kommen offenbar als Tiermodell des Alkoholismus in Frage.

Marshall B. Waller und seine Kollegen (1984) brachten diesen Forschungsansatz noch einen Schritt weiter, als sie selektiv Ratten züchteten, die Alkohol bevorzugten, ihnen jedoch keinen freien Zugang zu Alkohol, Wasser und Nahrung ließen, sondern die Alkohollösung und das Wasser durch einen intragastrischen Katheter zuführten. Die Ratten wurden trainiert, an zwei Röhrchen zu lecken, die Wasser unterschiedlichen Geschmacks enthielten. Wenn sie an einem Röhrchen leckten, wurde eine gleichbleibende Menge Wasser oder Alkohollösung, je nachdem, an welchem Röhrchen geleckt wurde, durch den Katheter infundiert. Und obwohl die Ratten niemals Alkohol schmeckten oder rochen, war es möglich, Ratten zu züchten, die lieber an dem Röhrchen leckten, dessen Geschmack mit der Alkoholinfusion assoziiert war. In der Tat erreichten diese Ratten Blutalkoholkonzentrationen, die denen eines 72-Kilo-Mannes nach acht Drinks in einer Stunde entsprechen (Ewing & Rouse, 1978). Offenbar kann die Alkoholaufnahme allein auf der Basis der postresorptiven Effekte von Wasser unterschieden werden. Da die Alkoholpräferenz bei diesem

11. Alkoholkonsum und Alkoholmißbrauch

Rattenstamm nicht allein aufgrund von Geschmacks- oder Geruchspräferenzen bestehen kann, glauben Waller und seine Kollegen, daß dieser Stamm ein gutes Tiermodell des Alkoholismus darstellen müßte (Waller et al., 1984).

Außer der Zucht von Ratten nach ihrer Vorliebe für Alkohol wurden auch Mäuse entsprechend ihrer *Empfindlichkeit* gegenüber Alkohol gezüchtet. Das Ergebnis waren ein Stamm von Mäusen, die nach einer großen Dosis Alkohol relativ lange schlafen, und ein Stamm von Mäusen, die nach einer großen Dosis Alkohol relativ kurze Zeit schlafen. Da diese zwei Gruppen von Mäusen Alkohol auf gleiche Weise abzubauen scheinen, wurde vermutet, daß die unterschiedliche Empfindlichkeit gegenüber Alkohol auf Unterschiede im Zentralnervensystem zurückzuführen sei (Proctor & Dunwiddie, 1984; Ryan et al., 1979). Möglicherweise spielen derartige vererbte Variationen in der Empfindlichkeit des Zentralnervensystems auch bei der Entwicklung und/oder beim Verlauf des Alkoholismus beim Menschen eine Rolle.

Forschung beim Menschen. Die Forschungsarbeiten zu einer möglichen genetischen Basis des Alkoholismus mit menschlichen Versuchspersonen können in vier Typen eingeteilt werden. Der erste Typ beinhaltet den Vergleich von Menschen mit Verwandten, die Alkoholiker sind, und von Menschen, unter deren Verwandten keine Alkoholkranken sind, um zu sehen, ob es irgendwelche Unterschiede zwischen diesen beiden Gruppen gibt. George E. Vaillant und Eva S. Milofsky (1982) wählten diesen Zugang in einer breit angelegten Studie an 456 männlichen kaukasischen Versuchspersonen. Die Entwicklung dieser Versuchspersonen wurde 33 Jahre lang verfolgt, vom Beginn der Jugendzeit bis hin zum mittleren Erwachsenenalter. Die Versuchspersonen gehörten ursprünglich zu einer anderen Untersuchung, wurden jedoch später in ihrer Entwicklung von Vaillant und Milofsky verfolgt, um Aufschlüsse über die bestimmenden Faktoren des Alkoholismus zu erhalten.

Vaillant und Milofsky stellten fest, daß die Frage, ob jemand Alkoholiker wurde oder nicht, fast vollständig davon bestimmt war, ob er Verwandte hatte, die Alkoholiker waren, und ob seine Familie einer Gruppe von Einwanderern aus dem Mittelmeerraum angehörten. Die

Wahrscheinlichkeit einer Alkoholabhängigkeit stieg, wenn unter den Verwandten Alkoholiker waren, reduzierte sich aber, wenn der Betreffende aus dem Mittelmeerraum stammte (im Vergleich zu beispielsweise nordeuropäischen ethnischen Gruppen). Andere Variablen wie soziale Schicht, Intelligenzquotient und psychische Erkrankungen hatten keinen Vorhersagewert. Tatsächlich konnten Vaillant und Milofsky zeigen, daß Zugehörigkeit zu einer unteren sozialen Schicht und Geisteskrankheiten in der Regel auf den Alkoholismus folgen – sie sind nicht im Vorfeld vorhanden. Deshalb sind diese häufigen Kennzeichen von Alkoholikern offenbar Folgen, nicht Ursachen des Alkoholismus.

Wenn die soziale Schicht, der Intelligenzquotient und Geisteskrankheiten als mögliche Ursachen für Alkoholismus ausgeschlossen werden können, stellt sich die Frage, was die Ursache dafür ist, daß Alkoholismus häufiger auftritt, wenn unter den Verwandten Alkoholabhängige sind, und daß er seltener vorkommt, wenn jemand Vorfahren aus dem Mittelmeerraum hat. Es könnte sich bei beidem um Umweltfaktoren oder um genetische Variablen handeln. Es wäre möglich, daß die unterschiedliche Häufigkeit von Alkoholismus bei verschiedenen Kulturen auf unterschiedliche Häufigkeiten der Gene für Alkoholismus zurückzuführen ist. Die physiologischen Unverträglichkeitsreaktionen auf Alkohol, die von einigen Asiaten häufig berichtet werden (unter anderem Hitzegefühle im Magen, Herzklopfen, Muskelschwäche, Schwindelgefühle und Rötung von Gesicht und Hals – „Flushing-Syndrom" – nach nur kleinen Alkoholmengen), sind wahrscheinlich ein Faktor, der zumindest teilweise zu dem geringen Alkoholkonsum bei einigen Asiaten beiträgt (Ewing, Rouse & Pellizzari, 1974; Park et al., 1984).

Vaillant und Milofsky vermuteten, daß der Anteil der Alkoholiker in manchen ethnischen Gruppen, wie zum Beispiel bei Italienern und Juden (die in der Untersuchung beide als „mediterran" betrachtet wurden), deshalb so gering sei, weil in diesen Gruppen den jüngeren Mitgliedern ein verantwortlicher Umgang mit Alkohol beigebracht werde. Vielleicht sind diese Gruppen, die sich eine Einbeziehung des Alkoholkonsums in das tägliche Familienleben leisten können, aber auch gerade am wenigsten genetisch zum Alkoholismus prädisponiert. Diese Hypothese würde mit der Beobachtung von Vaillant und

11. Alkoholkonsum und Alkoholmißbrauch

Milofsky übereinstimmen, daß manche Mitglieder irischer Familien, in denen Alkoholismus vorkam, lebenslänglich abstinent blieben. Die Untersuchung kommt aber hinsichtlich dieser Fragen zu keinem eindeutigen Ergebnis.

Marc A. Schuckit und Vidamantas Rayses (1979) versuchten ebenfalls, die Determinanten des Alkoholismus durch einen Vergleich von Testpersonen mit und ohne Verwandte, die alkoholabhängig sind, zu bestimmen. Zuerst baten sie eine Stichprobe junger Männer, ihnen zu sagen, wieviel sie selbst und wieviel ihre Verwandten trinken. Die Forscher wählten 20 dieser Männer aus, die selbst keine Alkoholprobleme hatten, aber ein abhängiges Elternteil oder Geschwister. Zusätzlich wurden 20 Testpersonen ausgewählt, die keine alkoholabhängigen Eltern oder Geschwister hatten. Beide Gruppen wurden hinsichtlich Alter, Geschlecht, Rasse, Familienstand und Trinkgeschichte parallelisiert. Jede der 40 Testpersonen trank das Äquivalent von zwei alkoholischen Getränken innerhalb von fünf Minuten. Anschließend wurde die Konzentration von Acetaldehyd im Blut gemessen. Wie Abbildung 11.4 zeigt, hatten die Versuchspersonen mit alkoholkranken Verwandten viel höhere Konzentrationen von Acetaldehyd als die Versuchspersonen ohne alkoholkranke Verwandte. Vergleichbare Resultate erhielten Marc A. Korsten und seine Kollegen (1975) mit Alkoholikern und Nichtalkoholikern. In ähnlicher Weise stellten Henri Begleiter und seine Kollegen (1984) fest, daß die Söhne alkoholkranker Väter und nicht abhängiger Mütter bei Informationsverarbeitungsaufgaben Ausfälle bei bestimmten EEG-Wellen (beim evozierten Potential P3) aufwiesen, ähnlich wie die Ausfälle bei abstinenten erwachsenen Alkoholikern. Diese Ausfälle zeigten die Versuchspersonen einer parallelisierten Kontrollgruppe (Söhne nicht alkoholabhängiger Väter und Mütter) nicht. Es gibt noch weitere Unterschiede in der bioelektrischen Hirnaktivität zwischen den Nachkommen von alkoholabhängigen und nicht alkoholabhängigen Eltern (Schuckit, 1985; Volavka et al., 1985).

Offenbar sind einige der typischerweise gefundenen physiologischen Differenzen zwischen Alkoholikern und Nicht-Alkoholikern nicht auf den unterschiedlichen Alkoholspiegel zurückzuführen, sondern statt dessen auf einige genetisch determinierte physiologische Reaktionen. Es ist noch weitere Forschung notwendig, um zu bestim-

Alkoholgebrauch und -mißbrauch

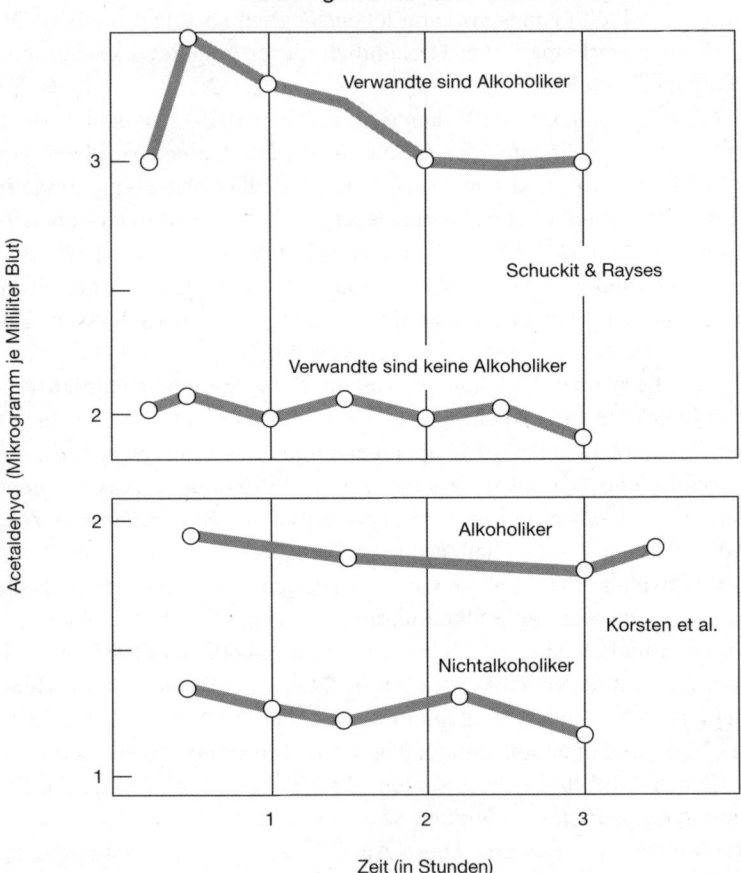

11.4 Obere Kurve: Acetaldehydniveau nach Alkoholzufuhr durch männliche Nichtalkoholiker mit oder ohne Verwandte, die Alkoholiker sind. (Nach Schuckit & Rayses, 1979.) Untere Kurve: Acetaldehydniveau nach Alkoholzufuhr durch Alkoholiker und Nicht-Alkoholiker. (Nach Korsten et al., 1975.) Es ist anzumerken, daß die Methode der Alkoholverabreichung bei beiden Untersuchungen unterschiedlich war, so daß nur die relativen, nicht die absoluten Werte verglichen werden können.

men, ob diese Befunde Ursachen oder einfach Korrelate des Alkoholismus widerspiegeln.

Der zweite Typ von Untersuchungen zu genetischen Determinanten des Alkoholismus beim Menschen sind Zwillings- und Adoptionsstudien. (Die Forschungslogik von Zwillings- und Adoptionsstudien ist in Kapitel 4 dargestellt.) Zwillingsstudien haben gezeigt, daß bei eineiigen Zwillingen eine höhere Konkordanz (Übereinstimmung) im Hinblick auf Alkoholismus besteht als bei zweieiigen Zwillingen desselben Geschlechts. Adoptionsstudien haben gezeigt, daß Adoptivkinder eine größere Tendenz haben, alkoholabhängig zu werden, wenn ihre leiblichen Eltern Alkoholiker sind. Es ist jedoch anzumerken, daß die Mehrheit der alkoholabhängigen Zwillinge keinen alkoholkranken Zwillingsbruder (beziehungsweise -schwester) haben und daß die Mehrheit der leiblichen Kinder von Alkoholikern, seien sie nun adoptiert oder nicht, selbst keine Alkoholiker werden. Wenn jemand einen alkoholabhängigen Zwillingsbruder oder einen alkoholabhängigen leiblichen Vater hat, stehen seine Chancen, selbst nicht alkoholabhängig zu werden, immer noch besser als 50 Prozent (Cloninger et al., 1985; Murray, Clifford & Gurling, 1983).

Der dritte Untersuchungstyp zur Erforschung der genetischen Grundlagen des Alkoholkonsums beim Menschen ist der Versuch, ein bestimmtes Gen zu finden, welches bei Alkoholikern vorhanden ist, bei Nicht-Alkoholikern jedoch nicht. Dem liegt die Annahme zugrunde, daß ein solches Gen, wenn es gefunden werden könnte, zumindest teilweise für die Entwicklung von Alkoholismus verantwortlich wäre. In der Tat hat man kürzlich ein Gen gefunden, das bei 77 Prozent der Alkoholiker, aber nur bei 28 Prozent der Nicht-Alkoholiker in zwei vergleichbaren Stichproben vorhanden war. Deshalb nehmen einige Forscher an, daß dieses Gen wahrscheinlich an der Entstehung zumindest einiger Fälle von Alkoholismus beteiligt ist. Andere Forscher mahnen zur Vorsicht, solange die Befunde noch nicht an größeren Stichproben repliziert wurden (Blum et al., 1990; Adler, 1990).

Schließlich haben die Forscher in einem weiteren Ansatz untersucht, ob es eine genetische Komponente des Alkoholismus gibt; dazu erforschten sie zunächst, ob es bestimmte Persönlichkeitstypen gibt, die mit Alkoholismus einhergehen, und prüften dann, ob diese Persönlichkeitstypen eine genetische Komponente haben. Es gibt zwei grundlegende Persönlichkeitstypen, die mit Alkoholismus assoziiert wurden. Alkoholiker des ersten Typs sind sensibel, empfindlich, gehemmt, pessimistisch und dergleichen. Sie werden erst später im Leben Alkoholiker und machen häufig die Erfahrung von Kontrollverlust, sobald sie anfangen zu trinken. Die *Typ-1-Alkoholiker* fühlen sich schuldig wegen ihrer Alkoholabhängigkeit und trinken zur Angstverringerung. Alkoholiker des zweiten Typs sind Reizsucher (vgl. Kapitel 5). Sie werden früh im Leben alkoholabhängig, sind nicht in der Lage zur Abstinenz (Abstinenzverlust) und neigen zu aggressiven Handlungen, wenn sie trinken. Alkoholabhängige Frauen sind meistens vom Typ 1, aber unter alkoholkranken Männern finden sich sowohl Typ-1- als auch *Typ-2-Alkoholiker*. Adoptionsstudien scheinen Hinweise dafür zu erbringen, daß diese zwei Gruppen von Persönlichkeitsmerkmalen zusammen mit den entsprechenden Trinkmustern tatsächlich eine genetische Komponente haben (Barnes, 1988; Cloninger, 1987).

Die hier dargestellten Untersuchungen weisen darauf hin, daß eine genetische Komponente zumindest bei einigen Typen von Alkoholismus vorhanden ist. Der Einfluß der Umwelt ist jedoch durchaus nicht zu vernachlässigen.

Umweltfaktoren

Viele Verhaltenstherapeuten, wie G. Alan Marlatt (1978a), Peter E. Nathan (1978) und G. Terence Wilson (1978) haben einen ganz anderen Forschungsansatz gewählt, um die Ursachen des Alkoholismus zu untersuchen (zur Definition der Verhaltenstherapie siehe Kapitel 9). Sie gingen von der Annahme aus, daß zumindest einige der mit Problemtrinken und Alkoholismus verbundenen Verhaltensweisen gelernt sind und keine genetisch bedingten unfreiwilligen Verhaltensweisen darstellen. Dies widerspricht der Vorstellung von Alkoholismus als einer fortschreitenden Krankheit, wie sie Jellinek (Abbildung 11.1) dargelegt hat. Das Ziel der Verhaltenstherapeuten besteht nicht darin, Alkoholismus zu definieren, sondern Trinkverhalten zu beschreiben, einschließlich der Vorphasen und der Konsequenzen dieses Verhaltens, um schließlich Möglichkeiten zu finden, diese Verhaltenskette zu unterbrechen und dadurch eine Verhaltensänderung herbeizuführen.

11. Alkoholkonsum und Alkoholmißbrauch

(Nähere Erläuterungen zur verhaltenstherapeutischen Behandlung des Alkoholismus werden weiter unten gegeben.) Die Verhaltenstherapeuten konzentrieren sich daher auf die Umgebung des Trinkers und deren Kontrolle statt auf die Erforschung des Trinkenden selbst.

Erworben und aufrechterhalten werden Verhaltensweisen durch Lernprozesse in einer Umgebung, zu der auch andere Menschen gehören. Wie dies im einzelnen geschieht, ist eine Grundfrage der Theorie des sozialen Lernens. Die meisten Verhaltenstherapeuten nähern sich heute dem Problem des Alkoholismus aus der Perspektive dieser Theorie (Marlatt, 1979; Nathan, 1978; Wilson, 1978). Peter M. Miller und Richard M. Eisler (1976) haben beschrieben, wie sich die Theorie des sozialen Lernens anwenden läßt, um Mißbrauch von Wirksubstanzen wie Alkohol zu untersuchen:

> Innerhalb eines theoretischen Rahmens des sozialen Lernens werden Alkohol- und Drogenmißbrauch als sozial erworbene, erlernte Verhaltensmuster betrachtet, die durch zahlreiche vorausgehende Reize und nachfolgende Verstärker aufrechterhalten werden, welche psychischer, sozialer oder physiologischer Natur sein können. Solche Faktoren wie Angstreduktion, wachsende soziale Anerkennung, Billigung durch Gleichaltrige, gesteigerte Fähigkeit zu vielfältigerem, spontanerem sozialem Verhalten und die Vermeidung physiologischer Entzugssymptome können den Mißbrauch des Wirkstoffes aufrechterhalten (S. 380).

Für den verhaltenstherapeutischen Ansatz zum Verständnis des Alkoholismus ist entscheidend, genau zu beobachten, welche Verhaltensweisen tatsächlich vorkommen. Aus diesem Grunde muß man auf die Angaben der Alkoholiker über das eigene Trinkverhalten zurückgreifen; der Alkoholiker ist oft die einzige anwesende oder zur Verfügung stehende Person, die über das Trinkverhalten berichten kann (Marlatt, 1978a). Die Forschung deutet offenbar darauf hin, daß diese Berichte – wenn sie auch nicht immer ganz genau sind – im allgemeinen eine gute Schätzung dafür liefern, wieviel ein Alkoholiker tatsächlich getrunken hat (Maisto et al., 1982; Polich, 1982).

Der ursprüngliche Ansatz der Verhaltenstherapeuten, sich nur auf beobachtbares Verhalten zu konzentrieren, ist in letzter Zeit modifiziert worden. Dieser modifizierte Therapieansatz, der kognitive Verhaltenstherapie genannt wird (siehe Kapitel 9), stellt kognitive Prozesse in den Mittelpunkt, die die Beziehung zwischen der Umwelt und dem Verhalten der Person moderieren. Zu diesen Prozessen gehören zum Beispiel Erwartungen (George & Marlatt, 1983). Erwartungen wurden bereits in Zusammenhang mit dem Experiment von Polivy und Herman diskutiert – dieses Experiment hatte gezeigt, daß die Stimmung ihrer Testpersonen nach dem Trinken eines alkoholischen oder eines nicht-alkoholischen Getränkes stark davon beeinflußt wurde, ob die Testpersonen veranlaßt worden waren zu glauben, daß sie Alkohol getrunken hatten.

Alkoholismus und Problemtrinken bestehen vielleicht nicht vollständig aus erlernten Verhaltensweisen, aber im theoretischen Rahmen der Verhaltenstherapie durchgeführte Experimente haben verschiedene Lernprinzipien aufgedeckt, die das Trinkverhalten steuern. Die zuvor beschriebene Interpretation der Toleranzentwicklung als gelerntes Verhalten ist ein Beispiel für die Nützlichkeit eines solchen Ansatzes. Die aus der traditionellen Lerntheorie kommenden Experimente und Analysen haben unser Verständnis der Faktoren, die für die Toleranzbildung verantwortlich sein könnten, erweitert (George & Marlatt, 1983). Die nächsten Abschnitte beschreiben weitere Beispiele dafür, wie die Erforschung der Lernumwelt unser Verständnis der Determinanten des Problemtrinkens und des Alkoholismus erhöht hat.

Forschung mit Versuchstieren. Im Tiermodell läßt sich Alkoholismus experimentell mit Hilfe der schemainduzierten Polydipsie untersuchen (beschrieben in Kapitel 3; Riley & Wetherington, 1989). Man erinnere sich, daß Tiere, denen unter Nahrungsdeprivation in regelmäßigen Abständen kleine Futterportionen und ständig frei zugängliches Wasser angeboten wird, oft anfangen, nach den Futtergaben riesige Wassermengen zu trinken. John L. Falk ersetzte in einem Experiment mit Ratten das Wasser durch Alkohollösungen (Falk & Samson, 1976; Falk & Tang, 1980), was dazu führte, daß die Ratten genügend Alkohol trinken, um körperlich abhängig zu werden und ständig hohe Blutalkoholspiegel zu haben.

Trinken ist nicht das einzige Verhalten, dessen Auftretenswahrscheinlichkeit sich durch gezielte, regelmäßige Futterpräsentation erhöht. Wenn es möglich ist, ein Rad zu drehen oder hineinzubeißen, erhöht sich auch die Wahrscheinlichkeit, daß die Ratte das Rad drehen oder hineinbeißen wird (Falk, 1971). All diese Verhaltensweisen werden adjunktives (hinzugefügtes oder beigeordnetes) Verhalten genannt (siehe auch Kapitel 10). Falk vermutete, daß die dargebotenen Futterportionen eine starke Triebsituation erzeugen, wobei das Entziehen der Futterangebote eine Triebspannung weckt, die durch Verhaltensweisen zur Befriedigung anderer Triebe abgebaut wird – zum Beispiel durch Trinken, Laufen und Beißen. Falk ist weiterhin der Meinung, daß adjunktives Verhalten nach einem Futterangebot adaptiv sein kann, weil es dazu führt, daß der Organismus die inzwischen ineffektiv gewordenen Verhaltensweisen, die mit der Nahrungsaufnahme in Zusammenhang stehen, aufgibt. Möglicherweise tragen solche adjunktiven Reaktionen auch zur Entstehung von Alkoholismus bei; demnach könnte Alkoholtrinken zum Teil durch starke Antriebe bedingt sein, die auf andere Weise nicht erfüllt werden können (Falk & Tang, 1977).

Ein anderer Situationstyp, in dem hohe Motivationsniveaus den Alkoholkonsum bei Ratten steigern, sind soziale Bedingungen bei zu hoher Populationsdichte, sprich Zusammengepferchtsein. Die Forschung mit Rattenkolonien hat gezeigt, daß in einer (nicht überfüllten) Kolonie, die in einer Umgebung mit hoher Populationsdichte aufgezogen wird, eine kleine Zahl von Tieren extreme Überkonsumenten von Alkohol werden, ähnlich zu dem, was in menschlichen Gesellschaften geschieht. Diese freiwilligen Überkonsumenten von Alkohol in Rattenkolonien stellen eigentlich die einzigen Tiermodelle des sozialen Alkoholismus dar (Ellison & Potthoff, 1984).

Weitere Experimente mit Ratten zeigen, wie die Folgen von Alkoholkonsum das künftige Trinkverhalten beeinflussen können. Insbesondere lernen Ratten Geschmacksrichtungen zu präferieren, die mit geringen Alkoholkonzentrationen verbunden sind, was offenbar auf die im Alkohol vorhandenen verstärkenden Kalorien zurückzuführen ist (Deems et al., 1986; Mehiel & Bolles, 1984; Sherman et al., 1983; Sherman, Rusiniak & Garcia, 1984). Anders gesagt, Alkohol kann als Nahrung fungieren. Wie Zucker ist Alkohol eine hervorragende Energiequelle (Darby, 1979; Guthrie, 1975; Leake & Silverman, 1966; Passmore, 1979). Hohe Konzentrationen liefern sogar mehr Energie, produzieren aber auch aversive physische Reaktionen. Die Aufnahme dieser hohen Konzentrationen ist daher für die meisten Ratten nicht verstärkend. Die Befunde zu niedrigen Alkoholkonzentrationen sind ähnlich wie jene aus den in Kapitel 6 beschriebenen Experimenten, in denen die von Kalorienzufuhr begleitete Nahrungsaufnahme zu einer gesteigerten Präferenz dieser Nahrung führte. Die in Kapitel 6 beschriebenen Experimente wurden sowohl an Tieren als auch beim Menschen durchgeführt, was die Möglichkeit belegt, daß die hier vorgestellten Ergebnisse für zumindest einige Fälle von Alkoholpräferenz beim Menschen relevant sein könnten.

Forschung beim Menschen. Mit einer Fülle von lernpsychologischen Studien wurde inzwischen den Ursachen des Alkoholismus beim Menschen nachgeforscht. Eine der klassischen Lerntheorien des Alkoholismus ist die *Spannungsreduktionstheorie*. Nach dieser Theorie trinken Menschen, weil sie Spannungen erleben und Alkohol Spannung abbaut. Wenngleich diese Theorie plausibel scheint, ist sie als umfassende Erklärung nicht allgemein anwendbar, da Alkohol nur bei einigen Menschen unter bestimmten Umständen Spannung reduziert (Cappell, 1975; George & Marlatt, 1983; Wilson, 1982).

Auch ein Ansatz zum sozialen Lernen wurde bei der Forschung zum exzessiven Trinken zugrunde gelegt. Dieser Forschungsansatz beschäftigt sich mit den Auswirkungen, die verschiedene Umweltaspekte auf das Trinkverhalten haben. John B. Reid (1978) zum Beispiel erzählte von einem Vorfall, den er während einer Flugreise beobachtete. Er machte eine Reise, die aus drei Kurzflügen bestand, die 28, 18 beziehungsweise 35 Minuten dauerten. Während der ersten beiden Strecken brachten die Stewardessen keine Getränkekarte, weil sie sagten, daß die Zeit zwischen Start und Landung nicht ausreichte, um sie allen Passagieren zu servieren; den Fluggästen wurde jedoch gesagt, daß sie Getränke direkt bei den Stewardessen bestellen könnten. Trotzdem bestellten während des ersten Flugabschnitts nur 4 von 103 Passagieren einen Drink und während der zweiten Strecke nur einer von 86. Im Gegensatz dazu bestellten während der dritten Strecke, als die Stewardessen die Karte brachten, 42 von 97 Passagieren etwas zu trinken. Auch wenn nicht klar ist, welcher Aspekt der Situation das Trinkverhalten in diesem Falle beeinflußte (Verfügbarkeit der Drinks, Gelegenheit zum Kontakt mit den Stewardessen, Nachahmung des Verhaltens anderer Fluggäste etc.), so wird doch deutlich, daß die Umgebung viel mit der Trinkmenge in diesem Flugzeug zu tun hatte.

Eine kontrolliertere Studie wurde von Donnie W. Watson und Mark B. Sobell (1982) durchgeführt. Diese Forscher bildeten zuerst eine Stichprobe von 32 schwarzen und 32 weißen männlichen Nicht-Alkoholikern. Den Versuchspersonen wurde gesagt, daß es bei dem Experiment um Rassenunterschiede bei der Beurteilung von Kunstgegenständen und Biersorten ginge. Jede Testperson nahm an dem Experiment zusammen mit einem Helfer des Versuchsleiters teil, der allerdings ebenfalls für eine Versuchsperson gehalten wurde. Als „Mit-Handlungs"-Bedingung beurteilte die Versuchsperson und auch der stark mittrinkende Helfer die Biersorten. Als Kontrollbedingung beurteilte die Versuchsperson die Biersorten, während der Helfer die Kunstobjekte beurteilte. In der Hälfte der Fälle war eine Versuchsperson mit einem Helfer derselben Rasse und in der anderen Hälfte mit einem Helfer der anderen Rasse kombiniert. Abbildung 11.5 gibt den Versuchsplan des Experiments wieder. Die Ergebnisse zeigten, daß die Testpersonen unabhängig von der Rasse mehr tranken, wenn sie ihre Urteile in Begleitung eines stark trinkenden Helfers abgaben.

In vielen Studien hat man ähnliche Effekte der Modellbildung auf den Alkoholkonsum gefunden. Modellbildung könnte demzufolge eine hilfreiche Technik für die Behandlung exzessiven Alkoholkonsums darstellen (Collins & Marlatt, 1981, 1983). In Übereinstimmung mit den Befunden aus Modellexperimenten kann übermäßiges Trinken bei einem Jugendlichen weitgehend vorhergesagt werden, wenn man weiß, ob seine Freunde trinken und ob er an vielen sozialen Aktivitäten mit Gleichaltrigen beteiligt ist. Jugendliche, deren Freunde viel trinken und die an sozialen Aktivitäten mit Gleichaltrigen häufig teilnehmen, sind mit weit größerer Wahrscheinlichkeit exzessive Trinker (Braucht, 1983; Harford, 1986).

Der Effekt der Verfügbarkeit von Alkohol auf das Trinken kann auch aus der Sichtweise der Ökonomie, das heißt mit Hilfe einer Kosten-Nutzen-Analyse untersucht werden (siehe Kapitel 7). Es ist klar: Ohne verfügbaren Alkohol gibt es auch keine Alkoholiker. Aber Untersuchungen darüber, wie der Preis des Alkohols, die Zahl der Stellen, wo man ihn erhalten kann, die das Trinken regelnden Gesetze und so weiter den Alkoholkonsum genau beeinflussen, haben irgendwie widersprüchliche Ergebnisse erbracht. Nichtsdestoweniger werden offenbar weniger Spirituosen konsumiert, wenn ihr Preis steigt

Die Psychologie des Essens und Trinkens

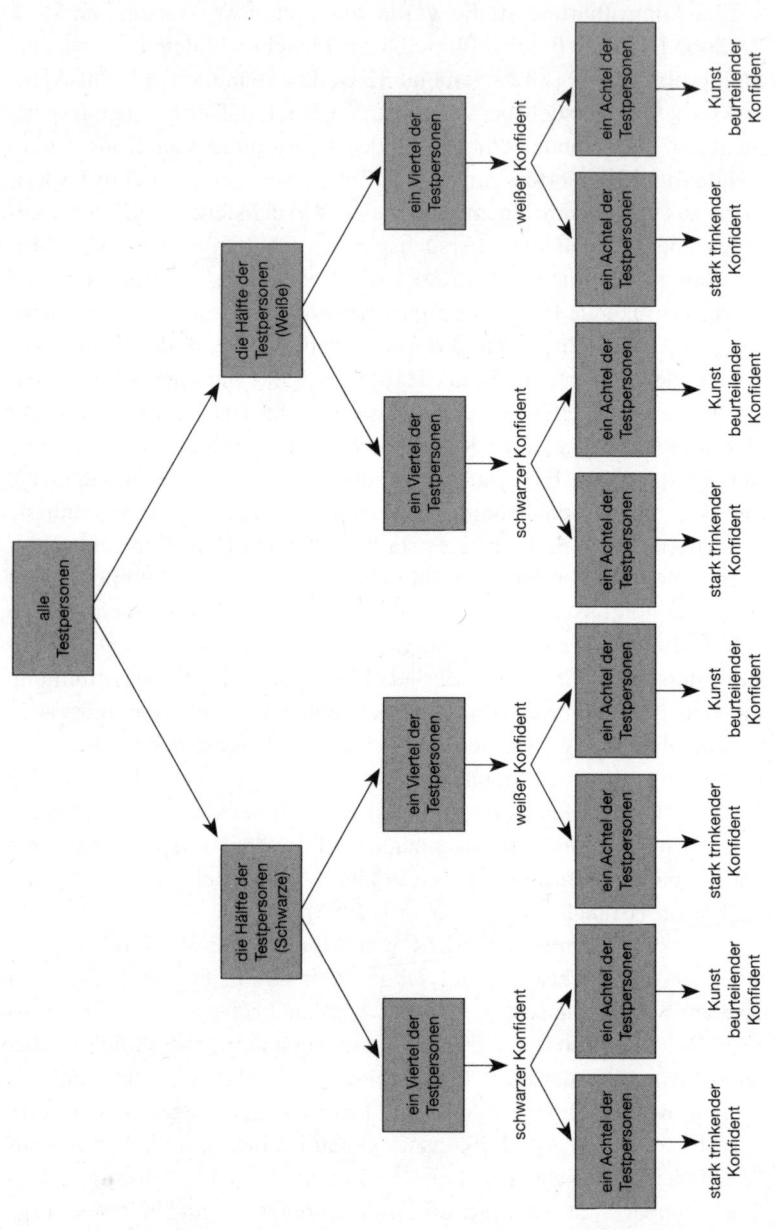

(Ornstein & Levy, 1983), und es verringert den Alkoholkonsum, wenn es schwierig ist, sich Alkohol zu besorgen. Als ein spezifisches Beispiel verringerte sich der Alkoholkonsum während der Prohibition (Rabow & Watts, 1983), vermutlich als Resultat der geringeren Verfügbarkeit oder der Illegalität oder von beidem.

Wie sich die Verfügbarkeit auf das Alkoholtrinken auswirkt, wurde auch unter kontrollierten Bedingungen im Labor untersucht. Diese Experimente bestätigen im allgemeinen die Prinzipien des Entscheidungsverhaltens, die durch das Theorem der Wahrscheinlichkeitsangleichung (siehe Kapitel 7) beschrieben werden. Insbesondere nimmt der Alkoholkonsum ab, wenn die zunehmenden Einschränkungen den Konsum erschweren, und er nimmt zu, wenn die Verfügbarkeit alternativer Verstärker geringer ist (Vuchinich & Tucker, 1988; Vuchinich, Tucker & Rudd, 1987). Vielleicht konsumieren einige Menschen zumindest zum Teil deshalb Alkohol im Übermaß, weil sie Alkohol leicht beschaffen können, aber andere Verstärkertypen nicht.

Fazit. Es scheint viele verschiedene Ursachen exzessiven Alkoholtrinkens zu geben. Zweifellos beeinflussen einige Ursachen manche Alkoholiker stärker als andere. Deshalb dürften einige Therapien bei manchen Alkoholikern erfolgreicher sein als bei anderen. Auf jeden Fall hat die umfangreiche und verschiedenartige Literatur über die Ätiologie des Alkoholismus dazu beigetragen, eine gleichermaßen umfangreiche und verschiedenartige Literatur über Behandlungsmöglichkeiten des Alkoholismus hervorzubringen.

Behandlung des Alkoholismus

Es gibt kein Medikament, das Alkoholismus heilt. Die akuten schädlichen Wirkungen von Alkohol werden beseitigt, indem man den Alkohol beseitigt. Mitunter werden dabei Medikamente verabreicht, um die potentiell lebensbedrohlichen Folgen des Entzugs zu mildern. Vie-

11.5 Versuchsplan des Experiments von Watson und Sobell über den Einfluß der Modellbildung auf den Alkoholkonsum. (Nach Watson & Sobell, 1982.)

le stationäre Behandlungsprogramme für Alkoholiker schließen eine „Entgiftungsphase" zu diesem Zweck mit ein (Fox, 1973; Kissin, 1977; Victor & Wolfe, 1973). Die tatsächliche Behandlung des Alkoholismus besteht fast vollständig in verschiedenen Formen der Psychotherapie: Gruppentherapie oder Einzeltherapie. Die Theapie kann in jedem Behandlungsrahmen durchgeführt werden, in dem der Patient sich befindet, sei es stationär oder ambulant oder in einer geschützten Wohngruppe. Alkoholiker können gleichzeitig an mehreren verschiedenen Behandlungsprogrammen teilnehmen. In den folgenden Abschnitten werden zunächst mehrere für die Beurteilung und Auswahl von Behandlungsformen wesentliche Fragen diskutiert und dann einige spezielle Behandlungsmethoden beschrieben, die bei Alkoholismus angewendet werden.

Fragen der Bewertung und Auswahl von Behandlungsformen

Langzeiteffekte. Die erste und entscheidende Frage muß bei der Beurteilung jeglicher Behandlungsmethode darauf gerichtet sein, ob der Alkoholismus dauerhaft beseitigt wird. Rückfälle sind beim Alkoholismus häufig. Deshalb muß der Erfolg einer Therapie über mehrere Nachuntersuchungsphasen hinweg geprüft werden (Brownell et al., 1986; George & Marlatt, 1983; Marlatt, 1978b).

Die Bedeutsamkeit von nach der Behandlung liegenden Faktoren für das Risiko eines Rückfalls wurde in einer Studie von John W. Finney, Rudolf H. Moos und C. Ronald Mewborn (1980) gezeigt. Sie stellten fest, daß die Patienten größere Chancen eines Langzeiterfolges hatten, wenn es in der Familie einen starken Zusammenhalt gab, wenn sie gemeinsam an Freizeitaktivitäten teilnahmen und ein niedriges Konfliktniveau hatten. Finney und seine Kollegen schlossen daraus, daß Familientherapie für dauerhafte Behandlungserfolge von Vorteil sein müßte.

Das Modell des Alkoholismus als Krankheit, wie es von Jellinek vorgebracht wurde (siehe Abb. 11.1) betrachtet Rückfälle als eine Folge des heftigen physiologischen Verlangens (craving) nach Alkohol (Gitlow, 1973; Marlatt, 1978). Verhaltenstherapeuten sehen Rückfälle dagegen als eine Funktion verschiedener Umweltfaktoren an. Sie gehen davon aus, daß Alkoholiker deshalb Rückfälle haben, weil sie früher gelernt haben, daß Alkoholkonsum mehrere positive Wirkungen zeigt. Die Verhaltenstherapeuten sind außerdem der Meinung, daß ein Alkoholiker mit jedem Rückfall lernt, nicht geheilt zu sein, und daß diese Selbstwahrnehmung weiteres Trinken fördert. Deshalb haben einige Verhaltenstherapeuten geplante Rückfälle für ihre Patienten vorgeschlagen. In diesen Fällen wird der Alkoholiker ermutigt, kurzzeitig noch einmal zu trinken (ein *programmierter Rückfall*), damit er mit Hilfe des Therapeuten lernt, mit dem Trinken wieder aufzuhören und Rückfälle in Zukunft ohne die Hilfe des Therapeuten zu bewältigen (George & Marlatt, 1983; Marlatt, 1978b, 1979).

Stationäre versus ambulante Behandlung. In zahlreichen Studien wurde untersucht, ob die stationäre Behandlung der ambulanten Behandlung des Alkoholismus überlegen ist. Dabei hat man sich insbesondere auf die Vorteile der stationären Behandlung durch profitorientierte private Einrichtungen konzentriert, von denen viele sehr teuer sind (Holden, 1987; Miller & Hester, 1986). Die Forschung liefert Hinweise dafür, daß die stationäre Behandlung nicht erfolgreicher ist als die ambulante und daß auch eine sehr intensive Behandlung (im Vergleich zu einer weniger intensiven) keine besseren Erfolge erbringt (mit Ausnahme vielleicht der Alkoholiker mit deutlichen Abbauerscheinungen). Entscheidend für den Behandlungserfolg ist offenbar die angewendete Behandlungform, nicht der institutionelle Rahmen, in dem sie angeboten wird. Deshalb scheint es kaum gerechtfertigt, sehr viel Geld für die Behandlung in teuren, stationären Privateinrichtungen auszugeben, insbesondere wenn eine Kostenerstattung von dritter Seite erfolgt (Miller & Hester, 1986).

Abstinenz versus kontrolliertes Trinken. Die dritte Hauptfrage bei der Beurteilung verschiedener Therapiemethoden betrifft das Ziel der Behandlung. Die Vertreter von Jellineks Krankheitskonzept glauben, daß Alkoholiker, um geheilt zu werden und geheilt zu bleiben, jeglichen Alkohol für immer meiden müssen (Gitlow, 1973; Pendery, Maltzman & West, 1982). Dies ist der Therapieansatz, der von den Mitgliedern der Anonymen Alkoholiker (AA) übernommen wurde

(Leach & Norris, 1977), und es spricht einiges dafür, daß Abstinenz zumindest bei einigen Alkoholikern für eine vollständige Genesung entscheidend ist (De Soto, O'Donnell & De Soto, 1989). Auf der anderen Seite betrachten die Verhaltenstherapeuten den Alkoholkonsum als zumindest teilweise erlerntes Verhalten. Ihrer Meinung nach müßte dann, wenn exzessives Trinken gelernt werden kann, auch mäßiges Trinken lernbar sein. Deshalb ist die Position der Verhaltenstherapie, daß zumindest einige Alkoholiker es lernen können, sozial zu trinken (Marlatt, 1983; Sobell & Sobell, 1978, 1982).

Mark und Linda Sobell rückten die Sichtweise der Verhaltenstherapeuten 1978 mit ihrem Buch *Behavioral Treatment of Alcohol Problems* („Die verhaltenstherapeutische Behandlung von Alkoholproblemen") in den Brennpunkt. In diesem Buch beschreiben die Sobells ihre Anwendung einer *individualisierten Verhaltenstherapie* zur Behandlung des Alkoholismus. Bei dieser Therapietechnik werden sehr verschiedenartige Verhaltenstechniken zur Reduktion des Alkoholkonsums eingesetzt. Das Ziel der Therapie – soziales Trinken oder Abstinenz – und die Techniken werden für jeden Patienten individuell ausgewählt. Die Sobells stellen fest, daß kontrolliertes Trinken für einige Patienten ein leichter erreichbares Ziel darstellt als Abstinenz.

Es gibt unabhängige Forschungsarbeiten, die die Position der Sobells stützten, daß einige Alkoholiker sozial trinken können, ohne in den Alkoholismus zurückzufallen. Verschiedene Übersichtsarbeiten über die vorhandene Literatur berichteten über erfolgreiches soziales Trinken früherer Alkoholiker (Chase, Salzberg & Palotai, 1984; Lloyd & Salzberg, 1975). In einer 1980 von I. M. Polich, D. I. Armor und H. B. Braiker publizierten Studie wurden die Fortschritte von 780 Männern, die wegen Alkoholismus behandelt worden waren, nach Ende der Behandlung verfolgt. Sie fanden, daß 18 Prozent der Männer vier Jahre nach der Behandlung normal und ohne Probleme tranken. Zum problemfreien Trinken auf lange Sicht waren vor allem jüngere Probanden und jene, die zum Zeitpunkt der Therapieaufnahme wenige Symptome von Alkoholabhängigkeit gezeigt hatten, in der Lage.

1982 publizierten Mary L. Pendery, Irving M. Maltzman und L. Jolyon West einen anscheinend vernichtenden Bericht über das endgültige Ergebnis des Therapieansatzes der Sobells. Sie verfolgten die Fortschritte der Patienten, deren Behandlung mit der Zielsetzung kontrollierten Trinkens die Grundlage des Buches der Sobells gebildet hatte. Zum Zeitpunkt dieser Untersuchung lag die Behandlung der Probanden 10 Jahre und die letzte Nachuntersuchung 7 Jahre zurück. Pendery und ihre Mitarbeiter stellten fest, daß von den 20 männlichen Probanden nur einer problemfrei trank, und das war jemand, der keine Symptome körperlicher Abhängigkeit gezeigt hatte. Von den übrigen 19 Probanden tranken 8 exzessiv trotz wiederholter aversiver Konsequenzen, 6 waren abstinent, 4 waren aus mit dem Alkoholkonsum in Beziehung stehenden Gründen verstorben, und einer konnte nicht ausfindig gemacht werden (bei einer früheren Nachuntersuchung hatte sich gezeigt, daß dieser Proband infolge exzessiven Alkoholkonsums schwere Probleme hatte). Wegen der physischen Gefahren, die mit exzessivem Alkoholkonsum verbunden sind, gaben Pendery und ihre Kollegen zu verstehen, daß die Sobells durch das Eintreten für kontrolliertes Trinken, welches bei den meisten Patienten nicht funktioniert hatte, potentiell lebensbedrohliche Situationen gefördert hatten.

Schließlich beschuldigten Pendery und Maltzman in Berichten an die Medien die Sobells, ihre Daten gefälscht zu haben, so daß der Ansatz kontrollierten Trinkens erfolgreicher schien, als er tatsächlich war (Fisher, 1982). Natürlich lösten die Artikel und Medienberichte von Pendery und ihren Mitarbeitern eine Flut von Kommentaren und Briefen aus (Abelson, 1983; Barlow et al., 1983; Fisher, 1982; McDonald, 1989; Marlatt, 1983). Die Frage „Abstinenz versus kontrolliertes Trinken" wurde selbst in der *New York Times* behandelt (Boffey, 1982).

Die Addiction Research Foundation (Stiftung für Suchtforschung) ernannte eine unabhängige Kommission, um den Vorwurf des Betrugs in der Arbeit der Sobells zu untersuchen. Die Kommissionsmitglieder befragten die Probanden nicht noch einmal, sondern führten eine Revision der ursprünglichen Daten Sobells durch. Sie konnten keinerlei Anhaltspunkte für Betrug in der Forschung der Sobells finden (Norman, 1982). Auch eine andere Untersuchungsgruppe, die von der Abteilung für Alkohol, Drogenmißbrauch und psychische Gesundheit (Alcohol, Drug Abuse and Mental Health Administration) eingesetzt wurde, fand keine Hinweise auf Betrug, wenngleich sie durch mangelnde Kooperationsbereitschaft von beiden Seiten der Kontroverse behindert wurde. Diese Gruppe war der Meinung, daß die Sobells bei der Zusammenstellung ihrer Ergebnisse für die Veröffentlichung mitunter etwas vorsichtiger hätten sein können (Fisher, 1984).

Es sollte betont werden, daß die Untersuchung von Pendery und ihren Kollegen zehn Jahre nach der Behandlung und sieben Jahre nach der letzten Nachuntersuchung der Sobells stattfand – eine zu lange Zeit, um (ohne Therapeut-Patienten-Kontakte) noch andauernde Behandlungseffekte zu erwarten. Die Sobells hatten auch eine Kontrollgruppe von Patienten, die mit dem Ziel der Abstinenz behandelt wurden. Pendery und ihre Kollegen jedoch lieferten keine Nachuntersuchungs-Daten über die Mitglieder dieser Gruppe. Es war also nicht auszuschließen, daß noch mehr Probanden der Kontrollgruppe an durch Trinken verursachten physiologischen Folgeerscheinungen litten als bei den Patienten, die als soziale Trinker trainiert worden waren. Tatsächlich präsentierten die Sobells 1984 in ihrer Antwort auf den Artikel von Pendery und ihren Kollegen Daten genau dieser Art (die Mortalität lag 10 bis 11 Jahre nach der Behandlung in der Gruppe mit dem Behandlungsziel sozialen Trinkens bei 20 Prozent gegenüber 30 Prozent in der Kontrollgruppe).

Es sollte auch darauf hingewiesen werden, daß die Sobells kontrolliertes Trinken niemals als Methode für alle Alkoholiker propagiert haben. Niemand bestreitet, daß einige Alkoholiker es lernen können, sozial zu trinken und andere nicht. Die Herausforderung besteht darin, so genau wie möglich diejenigen Alkoholiker herauszufinden, die wahrscheinlich mit kontrolliertem Trinken Erfolg haben können. Vielleicht könnten und würden es mehr Alkoholiker lernen, kontrolliert sozial zu trinken, wenn unsere Gesellschaft glaubte, daß dies ein vernünftiges Ziel für zumindest einige Menschen sein könnte (Peele, 1984).

Psychotherapeutische Techniken

Blutalkohol-Diskriminationstraining. Ein entscheidender Aspekt kontrollierten Trinkens ist, daß der Alkoholkonsument sich der Menge Alkohols bewußt wird, die er oder sie bereits getrunken hat. Einige Forscher sind der Meinung, daß eine sorgfältige Überwachung der Alkoholaufnahme dem Alkoholiker dabei helfen kann, sein Intoxikationsniveau niedrig zu halten. Einer der besten Wege, den Alkoholkonsum zu kontrollieren, ist die Überwachung des *Blutalkoholspiegels*, da der Alkoholspiegel im Blut ein guter Indikator dafür ist, wieviel Alkohol tatsächlich in den Kreislauf des Trinkenden gelangt ist. Die Forschung hat gezeigt, daß einige Alkoholiker offenbar Schwierigkeiten haben, anhand innerer Signale die Höhe ihres Blutalkoholspiegels einzuschätzen. Dies können sie jedoch durch eine Nutzung externer Signale erlernen, wie zum Beispiel der Punktwerte eines Atemanalysegerätes. Das Diskriminationstraining unter Nutzung derartiger externer Signale könnte als Teil jener Behandlungsprogramme, die von der Möglichkeit kontrollierten Trinkens ausgehen, nützlich sein (Caddy, 1978; Nathan, 1978). Bisher gibt es keine Daten über die langfristige Wirksamkeit, die das Blutalkohol-Diskriminationstraining allein bei der Reduktion des Trinkens erreicht. Anzumerken ist die Ähnlichkeit zwischen der Technik der Blutalkoholdiskrimination und der Selbstüberwachungstechnik, die bei der Verhaltenstherapie adipöser Menschen häufig angewendet wird (siehe Kapitel 10).

Modifizierung der Art der Trinkreaktion. Eine andere Technik, die nur von solchen Verhaltenstherapeuten angewendet wird, die kontrolliertes Trinken für erreichbar halten, soll dazu dienen, die eigentliche Form (Beschaffenheit) der Trinkreaktion des Alkoholikers zu verändern. Alkoholiker scheinen die Tendenz zu haben, den Alkohol eher in großen Schlucken zu trinken als am Glas zu nippen. Deshalb trinken sie ihren Alkohol schneller als Nicht-Alkoholiker. Ziel der Verhaltensmodifikation ist es, den Alkoholiker zu lehren, sehr viel langsamer zu trinken, in ähnlicher Weise wie Therapeuten Übergewichtige lehren, langsamer zu essen (vgl. Kapitel 10). Die Therapeuten kommen zu dem Schluß, daß die Wahrscheinlichkeit exzessiven Trinkens dann geringer werden müßte. Diese Veränderungen in der Trinkweise haben Alkoholiker in Experimenten gelernt, in denen Unterweisungen des Versuchsleiters über die erwünschte Trinkweise oder in denen Schocks als Folge auf eine unerwünschte Weise des Trinkens eingesetzt wurden (Miller, 1978; Sobell & Sobell, 1978). Auch hier ist über den Langzeiterfolg bisher nichts bekannt.

Training von Alternativreaktionen. Einige Verhaltenstherapeuten haben dahingehend argumentiert, daß der Alkoholkonsum sinken würde, wenn Alkoholiker in Streßsituationen über Alternativreaktionen verfügten. Anders gesagt, es müßte zur Verringerung des Alkoholkonsums beitragen, wenn der Patient Fertigkeiten zur Bewältigung von Streßsituationen erlernt. Dieser Therapieansatz wird *Fertigkeitentraining (skill training)* genannt und kommt aus einer Richtung, die den Alkoholismus aus der Sicht sozialen Lernens betrachtet.

Stanton L. Jones, Ruth Kanfer und Richard I. Lanyon (1982) wendeten bei einer Gruppe von Alkoholikern ein Fertigkeitentraining an und verglichen das spätere Trinkverhalten dieser Gruppe mit dem einer anderen Gruppe, in der lediglich emotionale Aspekte der Trinkprobleme diskutiert worden waren sowie dem einer weiteren Gruppe ohne Behandlung. Alle drei Gruppen nahmen zur selben Zeit an einem stationären Standardprogramm teil. Das Fertigkeitentraining

> konzentrierte sich auf Entwicklung sowohl allgemeiner als auch spezieller Strategien, um mit vier allgemeinen Klassen potentiell rückfallauslösender Ereignisse (Ärger und Frustration, negative Stimmungszustände, interpersoneller Druck und innere Versuchung) umgehen zu können. ... Die Probanden diskutierten, welcher Art die Problemsituationen waren und welche allgemeinen Strategien und spezifischen Taktiken bei einem bestimmten Problemtyp angewendet werden könnten. Die Therapeuten modellierten potentiell wirksame Reaktionen, und die Patienten übten die von ihnen gewählten Reaktionen unter der Anleitung der Therapeuten ein (S. 287).

Sowohl die Gruppe mit dem Training von Alternativreaktionen als auch die Diskussionsgruppe tranken signifikant weniger als die Gruppe ohne Behandlung, wie eine 11 bis 14 Monate nach Entlassung der Patienten durchgeführte Nachuntersuchung ergab (Jones et al., 1982). Offenbar gibt es einige Aspekte, die dem Fertigkeitentraining und der Diskussion gemeinsam sind und die dazu beitragen, den Alkoholkonsum zu verringern.

Selbstkontrolltraining. Entsprechend der in Kapitel 7 gegebenen Definition von Selbstkontrolle kann sie als die Wahl eines größeren, verzögerten Verstärkers gegenüber einem kleineren, unmittelbaren Verstärker bestimmt werden. Impulsivität ist die Umkehrung (Logue,

1988). Alkoholiker können insofern als impulsiv bezeichnet werden, als sie den kleineren Verstärker des Trinkens jetzt dem auf lange Sicht größeren Verstärker – nämlich die psychologisch und physiologisch riskanten Folgeerscheinungen zu meiden – vorziehen (Ainslie, 1981).

Auf der Grundlage dieser Analyse könnte das impulsive Trinken bei Alkoholikern durch die folgenden Methoden verringert werden: den größeren Verstärker größer erscheinen lassen, den kleineren Verstärker kleiner erscheinen lassen, die Zeit bis zum Erlangen des größeren Verstärkers kürzer erscheinen lassen oder die Zeit für beide Verstärker länger erscheinen lassen (wodurch die Präferenz umgekehrt und eine Vorverpflichtung möglich wird, siehe Kapitel 7). Zum Beispiel können die Patienten in einem Selbstkontrolltraining gelehrt werden, sich selbst unmittelbar Verstärker zu geben, wenn sie in bestimmten Situationen nicht getrunken haben (Selbstverstärkung erwünschten Verhaltens; Caddy & Block, 1983). Dies ist ein kognitiv-verhaltenstherapeutischer Ansatz.

Es gibt bisher noch keine Daten über den langfristigen Erfolg dieser Therapiemethode im Vergleich zu anderen. Allerdings hat die Forschung gezeigt, daß Alkoholiker in einem Experiment, bei dem sie auf Knopfdruck Geld erhalten können, aber unmittelbar oder verzögert auch mit Elektroschock „bestraft" werden, davon weniger beeinflußt werden als Nicht-Alkoholiker. Insofern könnte es möglich sein, daß das operante Verhalten bei Alkoholikern weniger empfänglich für Verhaltenskontingenzen ist als das operante Verhalten von Nicht-Alkoholikern (Vogel-Sprott & Banks, 1965), was die Wirksamkeit des Selbstkontrolltrainings bei Alkoholikern herabsetzen würde.

Aversionstherapie. Eine weitere von Verhaltenstherapeuten angewendete Technik ist die *Aversionstherapie*. Sie umfaßt eigentlich drei verschiedene Techniken. Ihnen allen ist gemeinsam, daß auf das Trinken von Alkohol eine aversive Konsequenz folgt mit dem Ziel, zukünftiges Trinken zu verringern. Bei einem Typ aversiver Konditionierung besteht die aversive Reaktion aus Übelkeit (wie zur Erzeugung einer Geschmacksaversion gegenüber alkoholischen Getränken, siehe Kapitel 6), bei einem zweiten Typ in den Gedanken an Übelkeit (eine Vorgehensweise, die *verdeckte Sensibilisierung* genannt wird), und bei der dritten Form handelt es sich um Elektroschocks (Elkins, 1975; Franks, 1966; Wilson, 1978). Zu der Anwendung und Erfolgswahrscheinlichkeit verschiedener Typen von Aversionstechniken bei der Behandlung des Alkoholismus gibt es eine umfangreiche Grundlagen- und Anwendungsforschung.

Es gibt eine Reihe von Experimenten, in denen der Alkoholkonsum von Übelkeit gefolgt war. Die Übelkeit wurde durch verschiedene Methoden bewirkt; zum Beispiel wurden die Patienten auf einen rotierenden Stuhl gesetzt (Mellor & White, 1978), einer übelkeitverursachenden optischen Täuschung ausgesetzt (Lamon, Wilson & Leaf, 1977) oder mit entsprechenden Wirkstoffen behandelt (Soland, Mellor & Revusky, 1978). Alternativ wurden Geschmacksaversionen untersucht, die unter natürlichen Bedingungen auftreten, wenn Nahrungsaufnahme von Übelkeit gefolgt ist. A. W. Logue, K. R. Logue und Kerry E. Strauss (1983) führten den letzteren Typ von Untersuchungen durch. Sie befragten 102 stationär behandelte Alkoholiker nach Geschmacksaversionen, die diese gegenüber allen Arten von Lebensmitteln und Getränken unter natürlichen Bedingungen erworben hatten. Wie auch bei anderen Stichproben, die von Logue und ihren Kollegen untersucht wurden (1981; siehe Kapitel 6), hatten sich Aversionen überwiegend dann herausgebildet, wenn die Übelkeit nach der Nahrungsaufnahme (statt vor ihr oder gleichzeitig mit ihr) aufgetreten war. Und wenn sich eine Aversion entwickelt hatte, so war es meistens eine Aversion gegenüber dem Geschmack der Nahrung.

Im allgemeinen bestätigen die Forschungsergebnisse, daß die Geschmacksaversionstherapie bei vielen Alkoholikern erfolgreich angewendet werden kann (Baker & Cannon, 1979; Neubuerger et al., 1980; Wiens et al., 1976). Ungefähr 15 Prozent der von Logue und ihren Kollegen befragten Patienten berichteten über Geschmacksaversionen gegenüber alkoholischen Getränken, obwohl die Probanden in vielen Fällen starke Vorlieben für diese Getränke gehabt hatten und sie vor der Entstehung der Aversionen häufig getrunken hatten. Auch Experimente mit Ratten weisen darauf hin, daß Aversionen gegenüber vielen vertrauten Flüssigkeiten konditioniert werden können, wenn es eine häufige Kopplung des Geschmacks mit Übelkeit gibt und die Übelkeit sehr stark ist (Elkins, 1974). Ein Bericht von Arthur N. Wiens und Carol E. Menustik (1983) faßt die Ergebnisse von 685 in einem Krankenhaus mit der Aversionsmethode behandelten Patienten zusammen. Sie stellten fest, daß ungefähr 60 Prozent der Patienten ein Jahr nach der Behandlung abstinent blieben, und drei Jahre nach der Behandlung waren es noch etwa 30 Prozent.

Allerdings wird gelegentlich auch berichtet, daß Alkoholiker, wenn die Therapie nur aus der Kopplung einer begrenzten Zahl von Getränketypen mit Übelkeit bestand, mitunter lediglich die zuvor mit Übelkeit assoziierten Getränke meiden, statt dessen jedoch Alkohol in anderer Form konsumieren (Mellor & White, 1978; Quinn & Henbest, 1967). Übereinstimmend mit diesen Befunden stellten Logue und ihre Kollegen in ihrer Studie fest, daß die Alkoholiker im Gegensatz zu Nicht-Alkoholikern nur über wenige Fälle berichteten, in denen eine Geschmacksaversion gegenüber einer bestimmten Substanz (Alkohol oder irgendetwas anderes) auf ähnliche Speisen und Getränke übertragen wurde. Sie erhielten ähnliche Ergebnisse bei einer Gruppe von College-Studenten, die starke Trinker waren. Alkoholiker besitzen offenbar eine geringere Tendenz zur Verallgemeinerung von Geschmacksaversionen als Nicht-Alkoholiker (Logue et al., 1983).

Verdeckte Sensibilisierung erfolgt ähnlich wie das Geschmacksaversionslernen mit dem Unterschied, daß die Übelkeit allein durch die Vorstellung, daß einem übel sei, hervorgerufen wird. Diese Technik hat einige Vorteile gegenüber dem traditionellen Geschmacksaversionslernen. Es werden keine chemischen Wirkstoffe oder Apparaturen benötigt, die Übelkeit induzieren. Übelkeit kann an jedem Ort und ohne mögliche Nebenwirkungen erzeugt werden. Erbrechen ist kontrollierbarer und erfolgt seltener, was für den Therapeuten sicherlich leichter ist. Über Erfolge mit verdeckter Sensibilisierung berichtete zum Beispiel Ralph L. Elkins (1975; Elkins & Murdock, 1977). Er konnte zeigen, daß seine Patienten durch die Vorstellung, Übelkeit zu empfinden, tatsächlich die physiologischen Veränderungen durchlaufen, die vegetativen Streß anzeigen, was autonome Reaktionen wie zum Beispiel eine veränderte galvanische Hautreaktion oder die Atemgeschwindigkeit belegen.

Die Aversionstherapie, offen oder verdeckt, scheint den Alkoholkonsum mit hoher Wahrscheinlichkeit zu verringern. Die Wirksamkeit einer solchen Therapie erhöht sich, wenn der Therapeut die Konditionierungssitzungen in Übereinstimmung mit den in grundlegenden

Lernexperimenten entdeckten Gesetzen strukturiert. Zum Beispiel sollte der Patient erst den Alkohol kosten und dann Übelkeit erleben. Es sollte der Geschmack und nicht nur der Geruch oder Anblick des Alkohols mit Übelkeit gekoppelt werden. Es könnten viele Kopplungen eines bestimmten Getränks mit Übelkeit erforderlich sein, bevor sich eine Aversion ausbildet. Und es sollten eher viele Getränke statt nur die Lieblingsgetränke des Patienten mit Übelkeit assoziiert werden. Schließlich sollten Therapeuten, die mit der offenen Sensibilisierung arbeiten, die Ergebnisse aus Experimenten mit Ratten berücksichtigen, in denen durch Übelkeit bewirkte Aversionen gegenüber alkoholischen Getränken stärker sind, wenn diese Getränke auch einen hohen Anteil anderer Substanzen als Äthanol enthalten und daß die Aversionen meist gegenüber dem Geschmack und nicht gegenüber dem Alkoholgehalt der Getränke ausgebildet werden (Franchina & Dyer, 1986; Franchina et al., 1985).

Legt man die in Kapitel 6 dargestellten Ergebnisse zugrunde, wäre zu erwarten, daß eine Kopplung mit elektrischen Schlägen die Patienten dahingehend konditioniert, daß sie bestimmte Getränke einfach nicht anrühren. Die Kopplung mit Übelkeit hingegen müßte eher zu einer tatsächlichen Reduktion der Alkoholpräferenz selbst bei den Patienten führen. Diese Hypothese konnte in mehreren Experimenten bestätigt werden, in denen die Wirksamkeit der Kopplung von Elektroschocks und Übelkeit mit Alkohol verglichen wurde (Cannon & Baker, 1981; Cannon, Baker & Wehl, 1981; Lamon et al., 1977; Nathan, 1985).

Medikamentöse Therapie. Mitunter ist *Disulfiram* eine Komponente der Behandlung des Alkoholismus. Dieser Wirkstoff blockiert den Alkoholabbau im Körper auf der Aldehydstufe. Wenn jemand Disulfiram eingenommen hat und kurze Zeit später Alkohol trinkt, führt das daher zu einer fünf- bis zehnmal höheren Acetaldehyd-Konzentration als ohne Disulfiram (Ayerst Laboratories Inc., 1986). Die Folge ist eine tiefgehende physische Reaktion, zu der „Übelkeit, Erbrechen, Pulsbeschleunigung, ein deutlicher Blutdruckabfall und andere Symptome einer massiven vegetativen Erregung" (Litman & Topham, 1983, S 172) gehören. Diese Reaktion hält so lange an, wie der Alkohol im Blut ist, und kann selbst dann noch erfolgen, wenn das Disulfiram 14 Tage zuvor eingenommen wurde (Ayerst Laboratories Inc., 1986). Somit werden mit Disulfiram behandelte Alkoholiker mit dem Paradigma des Geschmacksaversionslernens jedes Mal konfrontiert, wenn sie Alkohol trinken. Die Erfolgsrate bei der Disulfiramtherapie ist nicht einheitlich hoch (Litman & Topham, 1983). Dies könnte jedoch daran liegen, daß die Patienten die Medikation nicht immer befolgen. George Bigelow und seine Kollegen (1976) veranlaßten ihre Patienten, zunächst einen bestimmten Geldbetrag in einer Klinik zu hinterlegen. Jedesmal, wenn der Patient nicht in der Klinik erschien, um sein Disulfiram in Empfang zu nehmen, wurde ein Teil des Geldes an eine wohltätige Organisation geschickt. Das verbleibende Geld wurde den Versuchspersonen am Ende der Studie wieder zurückgegeben. Bei dieser Strategie fanden Bigelow und seine Kollegen signifikante und andauernde Verringerungen des Alkoholkonsums ihrer Probanden. Es ist anzumerken, daß dieses Vorgehen in erster Linie eine Vorverpflichtungstechnik darstellt.

Ein anderes Medikament, das bei der Behandlung des Alkoholismus angewendet werden könnte, wäre ein Wirkstoff, der die körperlichen Empfindungen, die die Alkoholwirkung begleiten, blockieren würde. Ohne diese Empfindungen finden es einige Alkoholiker vielleicht nicht mehr angenehm zu trinken und könnten deshalb abstinent werden. Ein solcher Wirkstoff wurde auch gefunden, aber bisher nur bei Ratten getestet. Er scheint die Wirkung des Alkohols auf das Gehirn zu hemmen, obwohl der Blutalkoholspiegel unbeeinflußt bleibt (Kolata, 1986; Suzdak et al., 1986). Starke Dosen Alkohol führen jedoch auch weiterhin zu denselben Wirkungen (Suzdak et al., 1988). Deshalb könnte dieses Medikament die Alkoholiker veranlassen, sogar noch mehr Alkohol zu trinken, um den erwünschten Intoxikationszustand zu erreichen. Hinzu kommt, daß dieser Alkoholgegenspieler zwar nützlich wäre, um Autofahren unter Alkohol zu verhindern, aber die potentiell tödlichen Schäden, die den Körpergeweben durch den hohen Blutalkoholspiegel zugefügt werden, wären nicht beseitigt und nicht einmal gemildert. Deshalb könnte es großen Schaden verursachen, wenn der Wirkstoff in irgendeiner Weise zum Alkoholtrinken ermutigen würde (wie zum Beispiel bei jemandem, der normalerweise auf einer Party sonst nichts trinken würde, um nach Hause fahren zu können). Aus all diesen Gründen wird dieses Medikament möglicherweise niemals für den kommerziellen Gebrauch weiterentwickelt (Kolata, 1986).

Anonyme Alkoholiker. Die Anonymen Alkoholiker (AA) sind eine Selbsthilfegruppe, die 1935 gegründet wurde, als zwei Alkoholiker beschlossen, sich regelmäßig mit anderen Alkoholikern zu treffen, um für ein abstinentes Leben einzutreten. Nach Meinung der AA-Mitglieder haben Alkoholiker keine Kontrolle über ihren Alkoholkonsum und müssen deshalb danach streben, völlig abstinent zu leben. Die Mitglieder treffen sich regelmäßig in ihrer Gruppe und sind füreinander immer erreichbar, um einem anderen Mitglied beizustehen, das kurz davor steht, rückfällig zu werden und Alkohol zu trinken. Die Mitgliedschaft bei den AA ist anonym und in wachsendem Maße populär geworden.

Trotz ihrer Popularität mangelt es an Statistiken, die die Erfolgsquote der AA im Vergleich zu anderen Behandlungsmethoden zeigen würden. Finney, Moos und Mewborn (1980) konnten keine größere Wahrscheinlichkeit eines überdauernden Erfolges für Alkoholiker nachweisen, die nach ihrer Behandlung den Anonymen Alkoholikern beitreten, im Vergleich zu jenen, die nach der Behandlung nicht beitreten. Auch Fredrick Baekeland, Lawrence Lundwall und Benjamin Kissin (1975) konnten bei einer Literaturstudie keine Vorteile der AA gegenüber einer Behandlung in einer konventionellen Klinik finden. Sie weisen auch darauf hin, daß es zwischen dem Typ Alkoholiker, der Hilfe bei den Anonymen Alkoholikern sucht, und dem, der Hilfe in einer Klinik sucht, große Unterschiede geben könnte. Solche Unterschiede verhindern möglicherweise einen genauen Vergleich beider Behandlungsformen. Selbst wenn dies tatsächlich der Fall wäre, können die Anonymen Alkoholiker ebenso wie die im vorangehenden Kapitel beschriebenen Selbsthilfegruppen für Adipöse eine wichtige soziale Funktion erfüllen, unabhängig von der Verringerung des Alkoholkonsums. Um die Vorteile und Wirksamkeit der AA abschätzen zu können, bräuchten wir weitere Forschung dazu (Baekeland, Lundwall & Kissin, 1975).

Geschütztes Wohnen. Eine *geschützte Wohngruppe* kann definiert werden als »ein Übergangsort unbeschränkter Aufenthaltsdauer einer Gemeinschaft von Menschen, die nach dem Prinzip und den Regeln der Abstinenz von Alkohol und anderen Drogen zusammenleben« (Rubington, 1977, S. 352; der englische Ausdruck *halfway house* bedeutet soviel wie „Zwischenstation". Anmerkung der Übersetzerin). Solche Einrichtungen sind typischerweise dann sinnvoll, wenn ein Alkoholiker nicht mehr so viel Strukur oder Beaufsichtigung benötigt, wie er in einer Klinik erhalten würde, aber mehr, als er bei einem Leben zu Hause erhalten würde. Die meisten geschützten Wohngruppen folgen der Philosophie der Anonymen Alkoholiker, daß Alkoholiker Alkohol vollständig meiden müssen. Einige Einrichtungen geschützten Wohnens werden privat, andere öffentlich und wieder andere durch religiöse Gruppen geführt. Die Bewohner werden durch Berater betreut, und es kann eine Hausordnung geben, die das Verhalten der Bewohner regelt (Rubington, 1977).

Vielen geschützten Wohngruppen fehlen die nötigen Ressourcen für eine individualisierte Therapie. Eine stärkere finanzielle Konsolidierung könnte diese Situation verbessern. Die Einrichtungen des geschützten Wohnens könnten viele Gelegenheiten zur Untersuchung von Fragen bieten, die für die Behandlung des Alkoholismus relevant sind (Baker et al., 1976).

Fazit

Bei der Erforschung der genetischen und der umweltbedingten Einflüsse auf Alkoholkonsum und -mißbrauch sind einige Fortschritte zu verzeichnen. Es scheint zumindest bei einigen Fällen von Alkoholismus eine genetische Komponente zu geben, und dies könnte teilweise erklären, warum die langfristigen Erfolgsraten allgemein niedrig sind und warum die Präventionserfolge bei Problemen, die mit Alkohol in Beziehung stehen, immer noch minimal sind (Nathan, 1983). Nichtsdestoweniger und trotz des Vorhandenseins einer wahrscheinlich genetischen Komponente gibt es erfolgreiche verhaltenstherapeutische Behandlungsmethoden, wenngleich sie nicht so häufig angewendet werden, wie es möglich wäre (Miller, 1985; Moore, 1983). Der exzessive Alkoholkonsum ist mit hohen Kosten für die Gesellschaft verbunden, nicht nur in finanzieller, sondern auch in medizinischer und emotionaler Hinsicht. Daher muß weiterhin alles darangesetzt werden, die Entstehung des Alkoholismus zu erklären und erfolgreiche Therapiemethoden zu entwickeln.

Teil V
Anwendungen auf Alltagsthemen und -probleme

Der letzte Teil dieses Buches besteht aus drei Kapiteln: Anwendungen der Psychologie des Essens und Trinkens auf Fragen der Schwangerschaft und des Stillens, des Rauchens sowie der Küche und des Weinkellers. Die meisten von uns begegnen irgendwann im Leben zumindest einigen dieser Fragen und Probleme. Die Untersuchung dieser Themen ist aber noch aus einem anderen Grund wertvoll: Der Gegenstand, um den es in jedem der drei Kapitel geht, läßt sich am besten verstehen, wenn man auf die in den vorangehenden Kapiteln dargestellten Themen und Ergebnisse zurückgreift. Mit anderen Worten, die letzten drei Kapitel dieses Buches sind ein hervorragendes Beispiel für die Vorteile einer interdisziplinären Herangehensweise an die Psychologie des Eß- und Trinkverhaltens.

Teil V
Anwendungen auf Alltagstheorien und -probleme

12
Essen und Trinken in Schwangerschaft und Stillzeit

Zur Fortpflanzung bei Säugetieren gehört es, daß der weibliche Körper ein Ei produziert, welches im Innern des Körpers befruchtet und ernährt wird, bis der Fetus in der Lage ist, in der äußeren Welt zu überleben. Die Jungen der Säuger sind jedoch auch nach der Geburt noch für Wochen bis Jahre weiter hauptsächlich von der Mutter, genauer gesagt von der durch ihren Körper produzierten Milch abhängig. Im vorliegenden Kapitel geht es darum, welche Rolle die Psychologie des Essens und Trinkens bei der Reproduktion der Säugetiere spielt, speziell im Hinblick auf die Rolle der Mutter als elementarem Nahrungsspender während der Schwangerschaft und unmittelbar nach der Geburt. Das hier vorgelegte Material konzentriert sich dabei auf die Säugetierart, die uns am meisten interessiert: den Menschen.

Die frühe Ernährungsbeziehung zwischen Mutter und Kind ist kritisch für das Überleben des Kindes. Die Mutter muß, damit das Kind überlebt, sich selbst solange adäquat ernähren können, bis das Kind alt genug ist, um entwöhnt zu werden. Das Überleben der Mutter sichert also auch das Überleben des Kindes. Nur wenn die Wahrscheinlichkeit hoch ist, daß für Mutter und Kind während der Schwangerschaft und der Stillzeit ausreichend Nahrung zur Verfügung steht, sollte es zu einer Konzeption kommen. Entsprechend sollte sich der weibliche Körper während der Evolution so entwickelt haben, daß seine Fortpflanzungsfunktion in engem Zusammenhang mit Essen und Trinken steht. Zum Beispiel würde man vorhersagen, daß Frauen mehr Fett als Männer speichern müßten, damit sie, in den häufigen Zeiten der Nahrungsknappheit, die während der gesamten Evolutionsgeschichte des Menschen immer wieder auftraten, nicht nur selbst überleben, sondern auch die Fortpflanzung sichern können. Die Beobachtungen stimmen mit dieser Vorhersage überein. Der durchschnittliche Fettanteil am Körpergewicht beträgt bei jungen Frauen 27 Prozent, aber bei jungen Männern nur 15 Prozent (Brown, & Konner, 1987). Weitere empirische Belege für diesen stammesgeschichtlichen Ansatz bei der Erklärung des Eß- und Trinkverhaltens von Frauen und ihrer Fortpflanzungsfunktionen werden durch das gesamte Kapitel hinweg immer wieder zu finden sein.

Der Menstruationszyklus

Der Menstruationszyklus der Frau spielt für die Fortpflanzung eine entscheidende Rolle. Es gibt eine Reihe von körperlichen Veränderungen während des Menstruationszyklus, und sie sind mit verschiedenen Folgen verbunden. Dazu gehören die Freigabe eines befruchtungsreifen Eies (Ovulation) und die Vorbereitung der Gebärmutterschleimhaut für die Einnistung und das spätere Wachstum des Embryos beziehungsweise Fetus (siehe Abb. 12.1). Mit dem Menstruationszyklus sind jedoch außer der Ovulation häufig auch Veränderungen in der Ernährung der Frau verbunden. Es kann auch eine Beeinflussung in umgekehrter Richtung geben: Was eine Frau ißt, kann den Menstruationszyklus beeinflussen.

Der Einfluß des Menstruationszyklus darauf, was gegessen wird

Viele Frauen erleben kurz vor der Menstruation ein starkes Verlangen nach bestimmten Nahrungsmitteln, insbesondere nach kohlenhydratreichen, kalorienhaltigen Nahrungsmitteln und/oder Schokolade (Bancroft, Cook & Williamson, 1988; St. Jeor, Sutnick & Scott, 1988). Wenn dieses Verlangen regelmäßig von einer Reihe weiterer Symptome wie merklicher Reizbarkeit, Energiemangel und Schlafstörungen begleitet ist, spricht man von einem *prämenstruellen Syndrom* (*PMS*) oder einer *dysphorischen Störung in der späten Corpus-luteum-Phase* (American Psychiatric Association, 1987; Logue & Moos,

12. Essen und Trinken in Schwangerschaft und Stillzeit

1986; zur *Corpus-luteum-Phase* siehe Abbildung 12.1). Es hat viele Diskussionen darüber gegeben, wodurch dieser Hunger auf bestimmte Nahrungsmittel ausgelöst wird.

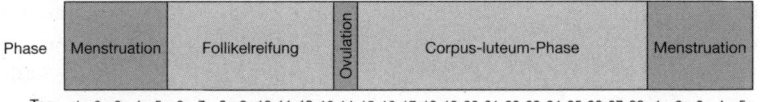

12.1 Ein normaler Menstruationszyklus. Der erste Tag der Regelblutung wird als erster Tag des Zyklus gerechnet. Während der Follikelphase (in diesem Beispiel Tag 6 bis 13) kommt im Eierstock ein Follikel zur Reifung, das dann eine befruchtungsfähige Eizelle enthält. Zur Zeit der Ovulation (des Eisprunges), hier am 14. Tag, platzt die Follikelhülle, und das reife Ei wird ausgestoßen, wodurch eine Konzeption möglich wird. Während der folgenden Corpus-luteum-Phase (Tage 15 bis 28 in dieser Abbildung) wandeln sich die im Eierstock verbleibenden Epithelzellen des geplatzten Follikels in den Gelbkörper (Corpus luteum) um, welcher verschiedene Hormone produziert, die die Uterusschleimhaut für die Einnistung eines befruchteten Eies (sollte eine Konzeption erfolgen) vorbereiten. Wenn, wie im vorliegenden Beispiel, keine Konzeption erfolgt, beginnt die Menstruation und ein neuer Zyklus. (Nach Warren, 1988.)

Eine Erklärung basiert auf der Tatsache, daß der Grundumsatz während der Corpus-luteum-Phase des Menstruationszyklus signifikant erhöht ist. Entsprechend diesem größeren Kalorienverbrauch nehmen Frauen in der Corpus-luteum-Phase auch mehr Kalorien zu sich (Energy Expenditure during the Menstrual Cycle, 1987; Leiter, Hrboticky & Anderson, 1987; St. Jeor et al., 1988), wie Organismen allgemein unter jeglichen Bedingungen, die ihren Energieverbrauch erhöhen, mehr Kalorien aufnehmen (siehe Kapitel 2 und 10). Die in Kapitel 6 diskutierten Befunde legen die Vermutung nahe, daß Menschen es lernen, bei Nahrungsmangel hoch kalorienhaltige Nahrungsmittel zu bevorzugen, daß sie diese jedoch nicht präferieren, wenn sie gesättigt sind. Somit könnte der höhere Energieverbrauch in der Corpus-luteum-Phase die Frauen veranlassen, mehr Kalorien aufzunehmen und eine gesteigerte Präferenz für kalorienreiche Nahrungsmittel (wie zum Beispiel Schokolade) zu zeigen.

Allerdings gibt es Befunde, die darauf hindeuten, daß die Steigerung der Kalorienzufuhr während der Corpus-luteum-Phase manchmal größer ist als die Steigerung des Energieverbrauchs in dieser Zeit.

Bei Vergleichen zwischen der Follikelphase und der Corpus-luteum-Phase (zur *Follikelphase* siehe Abb. 12.1) hat man festgestellt, daß der Energieverbrauch während der Corpus-luteum-Phase 8 bis 20 Prozent höher ist, jedoch 20 bis 30 Prozent mehr Kalorien zugeführt werden (Energy Expenditure during the Menstrual Cycle, 1987; Leiter, Hrboticky & Anderson, 1987; St. Jeor et al., 1988). Deshalb kann die Beseitigung eines Energiedefizits nicht die einzige Erklärung für das Verlangen nach bestimmten Nahrungsmitteln während dieser Zeit sein. Eine weitere mögliche Erklärung ist, daß durch die über den Energieverbrauch hinausgehende Nahrungsaufnahme wahrscheinlich ein Teil der Nahrung im Körper der Frau gespeichert wird. Dadurch wären im Falle einer Konzeption (Empfängnis) die Überlebenschancen für die Frau und ihre Nachkommen erhöht.

Noch eine andere Erklärung stellt eine Verbindung zwischen dem Verlangen nach Kohlenhydraten bei einer Winter-Depression und in bestimmten Fällen von Adipositas wie auch beim prämenstruellen Syndrom her. Ähnlich wie Menschen, die an einer saisonal-abhängigen Depression leiden, deren Symptome im Winter am schlimmsten sind, und ähnlich wie Adipöse mit einem starken Verlangen nach Kohlenhydraten, deren Symptome zu bestimmten Tageszeiten am schlimmsten sind, erleben auch Frauen, die an einem prämenstruellen Syndrom leiden, zyklische Symptome. Zudem kann das Kohlenhydrat-Verlangen durch Medikamente, die den Serotoninspiegel im Gehirn erhöhen, gesenkt werden. Deshalb vermuten Wurtman und Wurtman (1989), daß das prämenstruelle Syndrom ebenso wie die Winter-Depression und die Adipositas infolge Kohlenhydratverlangens durch einen zu geringen Serotoninspiegel im Gehirn verursacht oder verschlimmert werden. Wenn Menschen mit diesen drei Störungen Kohlenhydrate aufnehmen, wächst ihr Serotoninspiegel wie auch ihr Wohlbefinden. Um jedoch genauer bestimmen zu können, in welchem Grade ein Serotoninmangel, ein erhöhter Energieverbrauch, ein Erfordernis erhöhter Energiespeicherung und/oder ein bisher unentdeckter Faktor für das starke Nahrungsverlangen in der Corpus-luteum-Phase des Menstruationszyklus verantwortlich sind, ist weitere Forschung notwendig.

Der Menstruationszyklus könnte die Nahrungsaufnahme auch indirekt durch Veränderungen in der Geruchsempfindlichkeit beeinflussen. Um die Zeit der Ovulation herum wird die Schleimsekretion im Körper einer Frau, unter anderem im Gebärmutterhals und auf dem Riechepithel (zum Geruchssinn siehe Kapitel 4), geringer. Dies erhöht die Wahrscheinlichkeit einer Konzeption, es erhöht aber auch die Geruchsempfindlichkeit (Engen, 1982; Mair, Bouffard & Engen, 1978). Es ist nicht bekannt, ob diese gesteigerte Empfindlichkeit die Geschmackspräferenzen und -aversionen einer Frau verstärkt. Es wäre immerhin möglich, daß die erhöhte Geruchsempfindlichkeit dazu führt, daß die Frauen um die Zeit der Ovulation herum mehr von ihren bevorzugten Nahrungsmitteln essen, wodurch wiederum ihre eigenen Überlebenschancen und die des Kindes, das sie empfangen könnten, steigen.

Der Einfluß dessen, was gegessen wird, auf den Menstruationszyklus

Eine Frau benötigt ungefähr 50 000 bis 80 000 Kalorien, um ein Baby neun Monate lang auszutragen (Frisch, 1988). Bei diesem großen Energiebedarf ist es nicht verwunderlich, daß Mangelernährung den Menstruationszyklus unterbricht und die Ovulation hemmt. Diese Tatsache wurde in Kapitel 9 bereits erwähnt, und es wurde dargelegt, daß anorektische Frauen nicht menstruieren.

Viele Jahre lang hielt man den Prozentsatz an Körperfett der Frau für die kritische Variable, die bei Nahrungsentzug Amenorrhöe (Ausbleiben der Regel) auslöst. Eine bestimmte Menge an Körperfett ist notwendig, damit die Hormone richtig funktionieren können. Wenn im Körper einer Frau weniger Fett als diese Menge vorhanden ist, findet keine Menstruation statt. Wenn Frauen Gewicht verlieren, hört deshalb an einem gewissen Punkt der Menstruationszyklus auf (Frisch, 1988). In jüngerer Zeit haben Jill E. Schneider und George N. Wade (1989) festgestellt, daß die allgemeine Verfügbarkeit von Brennstoffen (von denen Fettsäuren, die aus dem Fettgewebe mobilisiert werden können, nur eine Komponente sind) und nicht der Anteil von Körperfett die kritische Variable ist. Experimente mit Hamstern haben erwiesen, daß bei Anwendung einer chemischen Substanz, die die Verwertung von Fettsäuren verhindert, selbst eine kurzzeitige

Nahrungsdeprivation die Fortpflanzungsfunktion eines Hamsterweibchens hemmt, selbst wenn dieses einen hohen Anteil von Körperfett hat. Auch sportliche Aktivitäten könnten einen Einfluß auf die Regel haben, wenn man bedenkt, daß Frauen, die sehr viel trainieren, manchmal einen erniedrigten Hormonspiegel oder sogar Amenorrhöe haben und seltener an prämenstruellen Symptomen leiden (Dubbert & Martin, 1988; Ellison, 1987; Logue & Moos, 1986). Es ist jedoch nicht bekannt, ob sportliche Betätigung einen Einfluß hat, der unabhängig von den Auswirkungen mangelnder Nahrungszufuhr und eines zu geringen Fettanteils im Körper wirkt oder ob sie diesen Einfluß ausübt, indem sie zu einer negativen Energiebilanz führt und/oder den Anteil des Körperfettes senkt (Frisch, 1988; Dubbert & Martin, 1988).

Es ist möglich, daß alle drei Faktoren – die Nahrungsmenge, die Fettdepots und das Trainingsniveau – bei der Menstruationsperiodizität eine Rolle spielen. Jedoch, selbst wenn tatsächlich alle drei Faktoren beteiligt sind, so wissen wir noch immer nicht, in welchem Maße jeder der drei Faktoren wirken müßte, um die Fruchtbarkeit zu beeinträchtigen. Es ist klar, daß keine Fortpflanzung möglich ist, wenn eine Frau so wenig ißt oder soviel trainiert oder so mager wird, daß sie keine Menstruation mehr hat. Es wäre jedoch auch möglich, daß eine etwas verringerte Nahrungsaufnahme, etwas kleinere Fettreserven oder eine etwas gesteigerte körperliche Betätigung die Fruchtbarkeit beeinträchtigen, ohne sie völlig zu beseitigen. Es gibt einige experimentelle Belege, die für diese Möglichkeit sprechen. Zum Beispiel gab man sechs Hamsterweibchen vier Tage lang (das entspricht einem Brunstzyklus) nur 50 Prozent ihrer üblichen Nahrungsmenge. Trotz der Tatsache, daß der Nahrungsentzug nur partiell war und nur vier Tage dauerte, fand bei einem Hamsterweibchen überhaupt kein Eisprung statt und bei den anderen sank die Zahl der im Mittel ausgestoßenen Eier von 11 auf 9 (Morin, 1975).

Vielleicht besteht das Risiko einer beeinträchtigten Fruchtbarkeit nicht nur für Anorektikerinnen, sondern auch für Frauen, die ständig Diät halten oder zugunsten eines großen Abendbrotes wenig frühstücken und zu Mittag essen. Man erinnere sich daran (Kapitel 10), daß Diäthalten zu einem gesenkten Grundumsatz führen kann, selbst nach Beendigung der Diät, so daß eine Frau in der Folge immer weiter wenig essen muß, um das erreichte Gewicht zu halten. Etwa 60 Prozent aller amerikanischen Frauen machen mindestens eine Schlankheitskur im Jahr, und ungefähr ein Drittel aller amerikanischen Frauen im Alter zwischen 19 und 39 Jahren (der wichtigsten Zeit für die Reproduktion) halten mindestens eine Diät pro Monat (Brownell, 1988; St. Jeor et al., 1988). (In Deutschland hat nach repräsentativen Umfragen aus den Jahren 1989 und 1990 etwa jede zweite Frau bereits mindestens eine Schlankheitsdiät durchgeführt, vgl. Pudel & Westenhöfer, 1991. Anmerkung der Übersetzerin.) Dabei ist zu berücksichtigen, daß der wiederholte, absichtsvolle Nahrungsentzug vieler amerikanischer Frauen nicht nur die Fruchtbarkeit und die Energiezufuhr hemmen kann, sondern es auch sehr schwierig für die Frauen macht, eine ausreichende Menge essentieller Nährstoffe, wie zum Beispiel Eisen, zu erhalten. Wie bereits in den Kapiteln 9 und 10 diskutiert, kann die Tatsache, daß unser gegenwärtiges Idealbild einer weiblichen Figur derartig mager ist, zu vielen gesundheitlichen Problemen für Frauen führen.

Schwangerschaft

Zusätzliche Veränderungen im Körper einer Frau finden statt, wenn eine Konzeption erfolgt ist. Auch hier sind wieder viele Veränderungen auf das Überleben des Fetus gerichtet: Der Fetus muß adäquat ernährt werden – entweder durch das, was die Frau ißt oder durch das, was in ihrem Körper gespeichert ist oder durch beides. Viele Nahrungsmittel und Getränke, die eine Frau während der Schwangerschaft zu sich nimmt, wirken sich positiv auf den Embryo und Fetus aus, andere jedoch können schwere Schäden verursachen.

Nahrungspräferenzen und -aversionen

Einige Frauen entwickeln während der Schwangerschaft ein starkes Verlangen nach bestimmten Lebensmitteln. Besteht dieses Verlangen für kalorienreiche Nahrungsmittel, kann man die Energiedefizithypothese anführen, die schon zur Erklärung des Verlangens nach kalorienhaltigen Nahrungsmitteln während der Corpus-luteum-Phase des Menstruationszyklus herangezogen wurde. Wie in der Corpus-luteum-Phase des Menstruationszyklus ist der Energieumsatz auch während der Schwangerschaft sehr hoch (Rosso, 1987). Der Fetus stellt zusätzliche Ernährungsanforderungen an die schwangere Frau. Deshalb würde man erwarten, daß die Schwangere energiereiche Nahrungsmittel bevorzugt.

Das starke Verlangen bezieht sich jedoch nicht nur auf sehr kalorienhaltige Lebensmittel. In einigen Fällen empfinden schwangere Frauen ein Verlangen nach Lehm und Erde. Dieses Pica genannte Phänomen ist, wie man annimmt, die Folge eines spezifischen Hungers nach Mineralstoffen – wie beispielsweise Eisen (siehe Kapitel 6) –, welche Frauen während der Schwangerschaft mehr benötigen als zu irgendeinem anderen Zeitpunkt in ihrem Leben (Tenth Edition of the RDA, 1990).

Auch andere Typen von Veränderungen in den Nahrungspräferenzen können bei schwangeren Frauen vorkommen. Die selbstgewählte Kost trächtiger Ratten enthält einen viel höheren Anteil von Protein als die selbstgewählte Kost nicht trächtiger Ratten (Cohen & Woodside, 1989). Außerdem beeinflussen die hormonellen Veränderungen während der Schwangerschaft offensichtlich die neuronale Verarbeitung von Geschmacksreizen (Di Lorenzo & Monroe, 1989), was wiederum die Nahrungspräferenzen beeinflussen könnte. Vielleicht wird die Forschung in der Zukunft ähnliche Effekte für schwangere Frauen entdecken.

Während der Schwangerschaft gibt es auch Veränderungen im Verdauungstrakt. Zum Beispiel werden, insbesondere während des ersten Drittels der Schwangerschaft, größere Mengen des Darmpeptids Cholecystokinin (CCK; siehe Kapitel 2) freigesetzt. Diese größeren Mengen von CCK tragen zu der von vielen Frauen in dieser Zeit empfundenen Müdigkeit bei, weil sie die Magenentleerung hemmen, sie tragen ebenfalls zu Übelkeit und Erbrechen bei, was bei über 25 Prozent der Frauen während des ersten Schwangerschaftsdrittels auftritt (Callahan & Desiderato, 1988; Uvnas-Moberg, 1989). Dies könnte erklären, warum manche Frauen in dieser Zeit gegen stark fetthaltige Nahrungsmittel einen Widerwillen empfinden: Fettreiche Nahrung passiert den Verdauungstrakt viel langsamer als fettarme Nahrung (Guthrie, 1975). Es kann auch passieren, daß Übelkeit und Erbrechen zufällig mit spezifischen Nahrungsmitteln gekoppelt werden, so daß Geschmacksaversionen entstehen. Man erinnere sich aus Kapitel 6, daß Geschmacksaversionen stark sind, jahrelang bestehen können und sich trotz des Wissens ausbilden können, daß die Übelkeit nicht durch das nun verabscheute Nahrungsmittel ausgelöst wurde. Leider gibt es keine detaillierten Studien zum Geschmacksaversionslernen bei schwangeren Frauen.

Gewichtszunahme

Eine große Sorge vieler schwangerer Frauen ist die Gewichtszunahme. Sie fürchten, daß sie zuviel zunehmen und nicht alles wieder abnehmen, wenn das Baby geboren ist. Im Durchschnitt nehmen Frauen während der Schwangerschaft 15 Kilogramm zu, von denen ungefähr vier Kilogramm aus gespeichertem Fett bestehen (Uvnas-Moberg, 1989). Es wird eine Gewichtszunahme von 11 bis 13 Kilogramm empfohlen, wenn jemand zu Beginn der Schwangerschaft normalgewichtig ist – etwas mehr, wenn eine Frau untergewichtig ist, und etwas weniger, wenn eine Frau übergewichtig ist (St. Jeor et al., 1988). Die Forschung hat ergeben, daß Frauen häufig Schwangerschaft als einen Faktor nennen, der in ihrem Leben für eine Gewichtszunahme verantwortlich war. Von 197 Frauen, die Kinder geboren hatten, berichteten 168 über eine Netto-Gewichtszunahme in der Zeit, als sie ihre Kinder bekamen (Bradley, 1985). Geht man jedoch von der Tatsache aus, daß die meisten Frauen (und Männer) an Gewicht zunehmen, wenn sie älter werden (Sisopoulos, 1987), fragt man sich, wie viele dieser Frauen auch an Gewicht zugenommen hätten, wenn sie niemals schwanger gewesen wären.

Nichtsdestoweniger wachsen die Fettdepots trotz des höheren Energieumsatzes selbst während der ersten drei Schwangerschaftsmonate an. Diese Zunahme kann nicht auf eine höhere Nahrungszufuhr in dieser Zeit zurückgeführt werden, statt dessen ist sie wahrscheinlich eine weitere Folge der stärkeren CCK-Ausschüttung während des ersten Schwangerschaftsdrittels (Uvnas-Moberg, 1989). Während der stammesgeschichtlichen Entwicklung des Menschen muß eine Tendenz, aufgenommene Nahrung als Fett zu speichern – insbesondere in einer Zeit, wo die Nahrungsaufnahme mitunter durch Übelkeit verhindert wird – die Überlebenswahrscheinlichkeit für die Mutter und ihr Kind deutlich erhöht haben.

Für Frauen in entwickelten Ländern mag es heute weniger notwendig sein, während der Schwangerschaft Fett zu speichern, um eine erfolgreiche Fortpflanzung zu sichern. Trotzdem wird empfohlen, die Nahrungsaufnahme während der Schwangerschaft nicht zu reduzieren und mindestens sieben bis neun Kilogramm zuzunehmen, selbst wenn zu Beginn der Schwangerschaft ein Übergewicht besteht (St. Jeor et al., 1988). Fettdepots können im Falle einer durch Krankheit eingeschränkten Nahrungsaufnahme für die Frau und den Fetus nützlich werden; außerdem ist auch bekannt, daß der Fetus geschädigt werden kann, wenn schwangere Frauen nur begrenzte Nahrungsmengen zuführen (St. Jeor et al., 1988). Eine historische Studie an 300 000 Männern, deren Empfängnis oder Geburt in die Hungerjahre 1944–1945 in den Niederlanden fiel, liefert ein Beispiel für solche Schädigungen. Die Studie zeigte, daß ein extremer Nahrungsmangel während des ersten Teiles der Schwangerschaft zu hohen Adipositasraten führte (möglicherweise aufgrund einer Wechselwirkung mit der Entwicklung des Hypothalamus; siehe Kapitel 2). Andererseits führte ein extremer Nahrungsmangel während des letzten Teiles des Schwangerschaft und während der ersten Lebensmonate zu geringen Adipositasraten (möglicherweise in Zusammenhang mit der Entwicklung der Fettzellen) (Ravelli, Stein & Susser, 1976). Diäthalten ist auch deshalb während der Schwangerschaft nicht ratsam, weil durch den Abbau schon vorher vorhandener Fettpolster in diesem Fett enthaltene fettlösliche Toxine, wie zum Beispiel Pestizide, in den Blutkreislauf freigesetzt und damit an den Fetus weitergegeben werden können (Columbia University College of Physicians and Surgeons, 1985).

Alkoholembryopathie

Eine der eindringlichsten und tragischsten Langzeitfolgen übermäßigen Alkoholkonsums tritt auf, wenn schwangere Frauen exzessiv trinken. Bei den Feten solcher Frauen treten eine Reihe physiologischer

12. Essen und Trinken in Schwangerschaft und Stillzeit

Auffälligkeiten und Verhaltensbesonderheiten auf, die zusammen als *Alkoholembryopathie* oder als *Fetales Alkoholsyndrom* bezeichnet werden (Abel, 1980; Streissguth et al., 1980). Zunächst fällt bei einem Kind, das mit einer Alkoholembryopathie geboren wird, eine Gesichtsform auf, die von der eines normalen Kindes abweicht. Der Kopfumfang und die Nase sind kleiner, das Nasenbein ist flacher und die Oberlippe ist dünner als bei anderen Kindern; an den inneren Augenwinkeln sind zusätzliche Hautfalten vorhanden. Die äußeren physischen Charakteristika bleiben, wenn das Kind älter wird (Abbildung 12.2), bestehen. Die Neugeborenen sind kleiner, und dieses Wachstumsdefizit bleibt nach der Geburt bestehen. Das Gehirn eines alkoholgeschädigten Kindes ist kleiner und hat weniger Furchen als das eines gesunden Kindes. Mit zunehmendem Alter wird deutlich, daß die Kinder dauerhaft geistig retardiert sind. Die Kinder sind oft hyperaktiv, übererregbar und zeigen eine schlechte Koordination. Ungefähr eines von 750 in den USA geborenen Kindern zeigt klare Anzeichen dieser Störung (Streissguth et al., 1980).

In der Beschreibung des fetalen Alkoholsyndroms besteht allgemeine Übereinstimmung. Die Ursachen der Alkoholembryopathie jedoch und die Frage, welche Menge Alkohol für eine schwangere Frau unbedenklich ist, werden kontrovers diskutiert. Frauen, die während der Schwangerschaft viel trinken, tun vielleicht auch andere Dinge, die nicht gut für den Fetus sind. Möglicherweise ernähren sie sich schlecht, nehmen Drogen oder rauchen. Somit könnte es sein, daß einer dieser mit dem Trinken korrelierten Faktoren eigentlich für das niedrige Geburtsgewicht und die Alkoholembryopathie verantwortlich ist, die man bei Kindern sieht, deren Mütter während der Schwangerschaft trinken. Außerdem könnten die Berichte über das Trinkverhalten ungenau sein. Aus diesen beiden Gründen ist es schwer, den Faktor, der für die Embryopathie verantwortlich ist – Alkoholkonsum oder irgend etwas anderes –, genau zu isolieren (Kolata, 1981; Streissguth et al., 1980). Die Last der Beweise für eine direkte Verursachung durch Alkohol ist jedoch inzwischen sehr groß (Abel, 1981).

So wurde die direkte Beteiligung des Alkoholkonsums an der Entstehung einer Embryopathie in Tierversuchen nachgewiesen. Zum Beispiel wurde in einem Experiment mit Affen gezeigt, daß die Aufnahme von Alkohol während der Schwangerschaft die Blutzirkulation

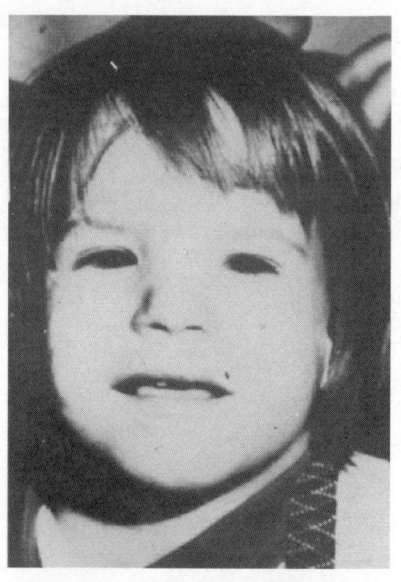
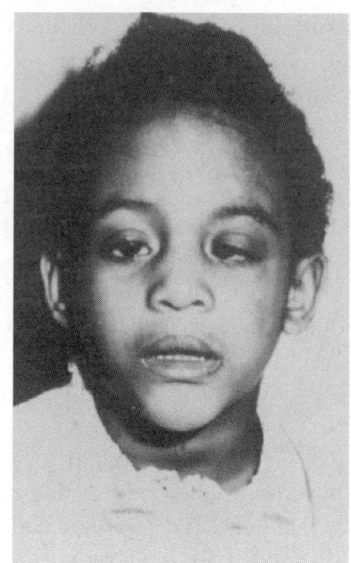
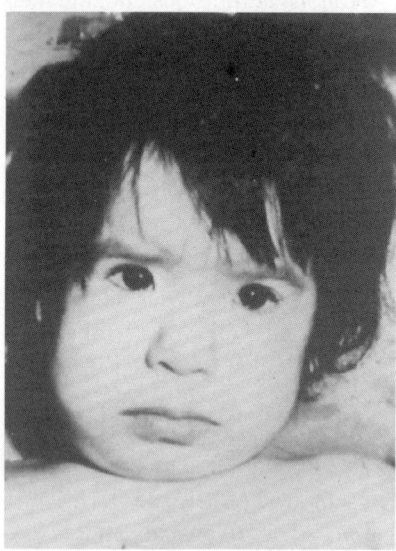

12.2 Äußeres Erscheinungsbild von drei Kindern mit Alkoholembryopathie. (Abgedruckt mit Erlaubnis von Streissguth, Landesman-Dwyer, Martin & Smith, 1980. Copyright 1980 by the American Association for the Advancement of Science.)

zum Fetus drosseln kann, ein möglicher Mechanismus der Embryopathie (Mukherjee & Hodgen, 1982). Ein anderes Experiment – mit Mäusen – hat gezeigt, daß während der Schwangerschaft zugeführter Alkohol bei Mäusejungen zu Gesichtsdeformationen führen kann, die denen der Kinder mit Alkoholembryopathie ähneln (Sulik, Johnston & Webb, 1981). Die Ergebnisse des Experiments mit den Mäusen scheinen für Menschen besonders verhängnisvoll, weil der Alkohol zu einem Zeitpunkt verabreicht wurde, der der dritten Schwangerschaftswoche beim Menschen entspricht, also einem Zeitpunkt, wo die meisten Frauen noch nicht einmal wissen, daß sie schwanger sind.

In beiden Experimenten wurden allerdings Dosen von Alkohol eingesetzt, die kaum je von einem Menschen unter natürlichen Bedingungen getrunken würden. In dem Experiment mit den Affen entsprachen die Dosen, umgerechnet für eine 72 Kilogramm schwere Frau, einer Injektion von 510 Gramm eines 80prozentigen Whiskys direkt in die Vene in einem Zeitraum von ein bis zwei Minuten (Kimball, 1983). In dem Experiment mit den Mäusen entsprach die Dosis dem Trinken von jeweils sechs Drinks in zwei Sitzungen mit einem Abstand von vier Stunden zwischen den beiden Trinkphasen, bezogen auf eine 72 Kilogramm schwere Frau (Sulik et al., 1981). Nichtsdestoweniger hat man gezeigt, daß die Arterien und Venen einer isolierten Nabelschnur sich zusammenziehen und zucken, wenn sie einer Alkoholkonzentration ausgesetzt werden, wie sie bei einer schwangeren Frau 30 Minuten nach dem Trinken von ein bis eineinhalb Glas 100prozentigem Whisky auftreten kann (Altura et al., 1983).

Aufgrund dieser Befunde empfehlen beispielsweise der Surgeon General und das National Institute on Alcohol Abuse and Alcoholism, daß Frauen während der Schwangerschaft keinen Alkohol trinken sollten (Kolata, 1981; U.S. Department of Health and Human Services, 1988). Ein geringes oder mäßiges Trinken von Alkohol wird wahrscheinlich keine Auswirkungen auf den Fetus haben, da die kritische Schwelle jedoch unbekannt ist, halten es viele Menschen für klüger, eine vollkommene Abstinenz während der Schwangerschaft zu empfehlen. Andere haben die Sorge, daß Versuche zur Abstinenz zu gefährlichen Trinkanfällen oder unnötiger Angst führen (Joffe, 1983; Kolata, 1981; Mukherjee & Hodgen, 1983). Es sollte jedoch darauf hingewiesen werden, daß der Konsum kleinerer Mengen Alkohol – wenn die schädliche Wirkung größerer Mengen beim Fetus so leicht zu sehen ist – möglicherweise zu subtileren, aber immer noch schädlichen Auswirkungen führen könnte, die in wissenschaftlichen Untersuchungen vielleicht nur schwer zu erfassen sind. Außerdem hat sich in neueren Untersuchungen herausgestellt, daß Frauen Alkohol anders als Männer abbauen, so daß eine Frau mit viel kleineren Mengen Alkohol denselben Blutalkoholspiegel wie ein Mann derselben Größe erreicht (Frezza et al., 1990). Auf jeden Fall müssen Frauen, die damit rechnen müssen, schwanger zu werden, oder schwanger sind, extrem vorsichtig sein, was ihren Alkoholkonsum betrifft.

Andere für den Fetus potentiell schädliche Substanzen

Außer dem Alkohol gibt es noch viele andere Substanzen, die für den heranwachsenden Fetus schädigend sein können. Zum Beispiel wurde sowohl in Tierversuchen als auch beim Menschen gezeigt, daß Koffeingenuß während der Schwangerschaft zu verschiedenen Störungen führen kann, wie zum Beispiel Fehlgeburten und Totgeburten. Es gibt auch einige Belege dafür, daß Koffein manchmal mit verschiedenen Geburtsschäden bei Tieren verbunden sein könnte (Gilbert, 1981). Daher sollten schwangere Frauen Koffein besser meiden. Als ein weiteres Beispiel wurde in Kapitel 8 diskutiert, daß eine geistige Retardierung die Folge sein kann, wenn der Fetus der toxischen Chemikalie Methylquecksilber ausgesetzt wird, die beim Verzehr von verseuchtem Fisch von der Schwangeren aufgenommen werden kann. Schwangere Frauen müssen mit Umsicht essen und trinken, und das ist einer der Gründe, warum eine medizinische Betreuung und Ernährungsberatung während der frühen Schwangerschaft so wichtig sind.

12. Essen und Trinken in Schwangerschaft und Stillzeit

Stillen

Frauen, die sich entscheiden zu stillen, sind sich der Bedeutung dieser Aufgabe für das Überleben ihrer Kinder wohl bewußt: »Die allergrößte Sorge aller Mütter, sobald sie sich vergewissert haben, daß ihr Kind am Leben und gesund ist, ist, eine erfolgreiche Ernährungsbeziehung herzustellen.« (Wright, 1987, S. 75). Es gibt tatsächlich viele Aspekte der Brusternährung, die für die zukünftige Gesundheit sowohl des Säuglings als auch der Mutter wichtig sind.

Auswirkungen des Stillens auf das Kind

Muttermilch ist in ihrer Beschaffenheit spezifisch auf die Bedürfnisse des Kindes ausgerichtet. Wenn sie auch durch potentielle Toxine, wie zum Beispiel dem oben erwähnten Kaffee oder anderen Drogen, kontaminiert sein kann (Gilbert, 1981; St. Jeor, 1988), ist Muttermilch doch im Unterschied zu Flaschennahrung niemals in der falschen Konzentration mit unsauberem Wasser gemischt. Außerdem ist es möglich, daß in der Muttermilch enthaltene Substanzen als Folge bestimmter Nahrungsmittel und Getränke, die eine stillende Frau aufgenommen hat, die Nahrungspräferenzen des Kindes beeinflussen. Es soll daran erinnert werden, daß dies einer der Mechanismen ist, durch die Rattenjunge es lernen, unbedenkliches, nährstoffreiches Futter zu fressen, welches die Erwachsenen zu präferieren gelernt hatten. Daraus könnten Vorteile für die Kinder erwachsen (oder Nachteile, je nachdem, welche Nahrungspräferenzen entstehen). Es gibt jedoch noch keine detaillierten Untersuchungen dieser Möglichkeit.

Wenngleich es auch schwierig ist, kontrollierte Experimente über die Beziehung zwischen Brusternährung und kindlicher Adipositas durchzuführen, scheinen gestillte Kinder doch seltener adipös zu werden. Dies könnte daran liegen, daß die Betreuungsperson bei Flaschennahrung eher geneigt ist, das Kind dazu zu bringen, eine bestimmte Menge zu trinken, selbst wenn es nicht so hungrig ist (Wright, 1987). Aber auch, wenn die kindliche Adipositas davon beeinflußt werden kann, ob ein Kind gestillt wird oder nicht, so ist es doch wichtig, sich in Erinnerung zu rufen, daß die Neigung zur Adipositas auch durch bereits im ersten Lebensjahr vorhandene Unterschiede im Energieverbrauch beeinflußt wird. Außerdem spielt es eine Rolle, ob die Eltern adipös sind (Roberts et al., 1988; siehe Kapitel 10).

Selbst wenn ein Kind gestillt wird, gibt es Zeiten, wo die Ernährung unzureichend ist, weil zuwenig Muttermilch vorhanden ist oder weil das Kind nicht lange genug trinkt. Wie bereits für die Schwangerschaft und in Kapitel 8 beschrieben, kann eine schwere Mangelernährung in der frühen Kindheit zu Entwicklungsrückständen, auch in der intellektuellen Entwicklung, führen.

Das Saugen bietet außer der Aufnahme von Milch noch weitere Vorteile für das Kind. Saugen regt die Ausschüttung von Darmpeptiden an, die die Verdauung und die Verwertung von Fettsäuren fördern und zu Schläfrigkeit führen. Das ist einer der Gründe, aus denen die Verwendung eines Schnullers ratsam erscheint, es sei denn, die Eltern beabsichtigen für ihr Kind ein Dauertrinken aus Brust oder Flasche – was in der amerikanischen Kultur unwahrscheinlich ist (Uvnas-Moberg, 1989) und bei gesüßten Tees in Deutschland zu verheerenden Zahnschädigungen bei Kleinkindern geführt hat.

Für die zeitliche Abstimmung der Entwöhnung spielen viele Faktoren eine Rolle (Rozin & Pelchat, 1988). Zum Beispiel erfolgt die Entwöhnung um die Zeit, in der sich die Laktoseintoleranz entwickelt (siehe Kapitel 5) und wenn das Kind beginnt, viele Arten fester Nahrungsmittel zu essen. Sowohl die Laktoseintoleranz als auch die Fähigkeit, feste Nahrung aufzunehmen, helfen dabei zu sichern, daß das Kind aufhört, Muttermilch zu trinken, so daß die Mutter für die Versorgung eines nächsten Kindes zur Verfügung steht (aber nicht, bevor das erste Kind unabhängig von der Mutter Nahrung aufnehmen kann).

Auswirkungen des Stillens auf die Mutter

Stillende Frauen brauchen noch mehr Kalorien und andere Nährstoffe am Tag als Schwangere. Genauer gesagt, benötigen stillende Frauen 765 bis 980 Kalorien mehr als vor ihrer Schwangerschaft (St. Jeor et al., 1988). Daher sollten stillende Frauen mehr Kalorien als nicht schwangere Frauen zuführen, und sie tun dies auch (Rosso, 1987).

Säugende Ratten wählen bei der Zusammensetzung ihrer Nahrung ebenso wie trächtige Ratten einen höheren Proteinanteil aus als Ratten, die weder säugen noch trächtig sind (Cohen & Woodside, 1989). Ebenso wie bei schwangeren Frauen sind diese Effekte bei stillenden Frauen noch nicht untersucht worden.

Viele Frauen betrachten die Stillzeit als eine Gelegenheit, um während der Schwangerschaft zugelegte Pfunde zu verlieren. Stillende Frauen sind in der Tat besser in der Lage, an Hüften und Bauch abzunehmen, wo die Fettdepots während der Schwangerschaft aufgefüllt werden, aber wo es normalerweise schwierig ist, diese wieder loszuwerden. Ein Kind zu stillen scheint jedoch die Wärmeproduktion der Muskeln zu verringern und die Energiespeicherung in bestimmten Körpergegenden zu steigern. Es macht die Frau auch müde. Diese Müdigkeit und das daraus folgende niedrige Aktivitätsniveau könnten für das Überleben des Säuglings adaptiv sein, da es dazu beiträgt, die Mutter in der Nähe des Kindes zu halten (Uvnas-Moberg, 1989). Alle diese Effekte des Stillens verringern den Energieverbrauch der Frau und sorgen so dafür, daß mehr Kalorien für die Milchproduktion zur Verfügung stehen. Dies könnte zumindest teilweise auch erklären, warum die meisten Frauen nach einer Entbindung nicht genügend Gewicht verlieren, um zu ihrem Ausgangsgewicht vor der Schwangerschaft zurückzukehren.

Fazit

Viele Aspekte von Schwangerschaft und Stillen sichern, daß sich ein gesundes Kind entwickelt und die Mutter dabei so gesund bleibt, daß sie ein weiteres Kind gebären kann. Dieses Kapitel zeigt deutlich, vielleicht mehr als jedes andere Kapitel, wie eng die Psychologie des Eß- und Trinkverhaltens mit dem Überleben und der Gesamttauglichkeit (inclusive fitness) der Art verbunden ist (Kapitel 1). Wir können nicht überleben, und wir können uns nicht fortpflanzen, wenn wir nicht in geeigneter Weise essen und trinken. Deshalb hat die natürliche Auslese zu einer Reihe von Mechanismen geführt, die sichern, daß ein geeignetes Eß- und Trinkverhalten den ungewöhnlichen Ernährungsanforderungen von Konzeption, Schwangerschaft und Stillen entspricht. Die natürliche Selektion hat nicht für jede adversive Kontingenz (negative Verhaltenskonsequenz) unserer Zeit vorgesorgt, wie zum Beispiel die Schädigung eines Fetus, die durch das Kaffeetrinken einer schwangeren Frau verursacht werden kann – wir haben uns nicht in einer Umwelt entwickelt, in der solche Toxine häufig vorkamen. Weiterhin sind einige evolutionäre Anpassungen (an die damals vorhandene Umwelt), wie zum Beispiel die Tendenz, während Schwangerschaft und Stillperiode Fett zu speichern, heute nicht mehr notwendig und können in unserer Gesellschaft, in der Nahrungsmangel für die meisten Menschen kein Problem mehr darstellt, sogar Gewichtsprobleme verursachen. Die Ergebnisse künftiger Forschungsarbeiten werden es für Eltern und deren Ärzte leichter machen, für die Gesundheit der Mütter und ihrer Nachkommen zu sorgen.

13
Rauchen: Gewichtsverlust und Gewichtszunahme

Ungefähr 54 Millionen Menschen in den Vereinigten Staaten rauchen. Diese Zahl ist dramatisch, weil das Rauchen für mehr Krankheits- und Todesfälle in den Vereinigten Staaten verantwortlich ist als jedes andere vermeidbare Verhalten. Über 350 000 Todesfälle werden dort pro Jahr auf das Rauchen zurückgeführt. In Deutschland machen die Raucher 37 Prozent der Bundesbürger aus. Über 40 Prozent der Männer rauchen, bei den Frauen sind es 30 Prozent. Rauchen erhöht das Risiko einer koronaren Herzerkrankung, einer Atemwegserkrankung und eines Krebsleidens. Zudem werden jedes Jahr Millionen Dollar für Zigaretten ausgegeben, die für etwas anderes verwendet werden könnten, Arbeitszeit geht verloren, und die Gesundheitskosten steigen. Wenn Menschen aufhören zu rauchen (und viele schaffen es nicht, selbst wenn sie aktiv an dafür eingerichteten Programmen teilnehmen), so können sie unter Entzugssymptomen ihrer Nikotinsucht leiden (American Psychiatric Association, 1987; Russell & Epstein, 1988).

Wenn man alle diese negativen Folgen bedenkt, so stellt sich die Frage: Warum fangen Leute überhaupt an zu rauchen, und wenn sie rauchen, warum hören nicht alle damit auf? Es gibt viele Einflußfaktoren, und die meisten davon liegen außerhalb des Betrachtungsrahmens dieses Kapitels. Ein Faktor jedoch, der im Gegenstandsbereich dieses Buches liegt, ist die Gewichtszunahme. Es gibt eine Untersuchung, der zufolge eine Reihe von Menschen (ungefähr zehn Prozent der Männer und fünf Prozent der Frauen) mit dem Rauchen angefangen hatten, weil sie glaubten, sie würden dadurch abnehmen. Außerdem rauchten einige (47 Prozent der Männer und 59 Prozent der Frauen) deshalb weiter, weil sie fürchteten zuzunehmen, wenn sie aufhören würden. Und es gab Probanden (die meisten von ihnen Frauen), die aufgehört hatten und dann an Gewicht zugenommen haben und wieder anfingen zu rauchen, um der Gewichtszunahme zu begegnen (Klesges & Klesges, 1988). Anders ausgedrückt, Gewichtszu- und -abnahme spielen eine große Rolle beim Rauchverhalten. Dies bedeutet, daß verhaltenstherapeutische und andere Techniken zwar dazu beitragen können, aus Rauchern Ex-Raucher zu machen und zu verhüten, daß Menschen überhaupt erst anfangen zu rauchen (Pomerleau, Bass & Crown, 1975; Russell & Epstein, 1988), daß diese Techniken aber unterstützt werden könnten durch ein gründliches Verständnis und letztlich einer Kontrolle der Beziehung zwischen Rauchen und Gewicht (Grunberg, 1985). Das vorliegende Kapitel untersucht, in welchem Ausmaß Rauchen tatsächlich das Gewicht beeinflußt und welche Faktoren für solche Effekte verantwortlich sein könnten.

Die Auswirkungen des Rauchens auf das Körpergewicht

Im Durchschnitt nehmen Menschen, wenn sie anfangen zu rauchen, an Gewicht ab. Außerdem wiegen Raucher im Durchschnitt weniger als Nichtraucher (Grunberg, 1985; Klesges & Meyers, 1989). Diese Befunde gelten nicht nur für den Menschen. Auch Ratten, denen man Nikotin verabreicht, verlieren an Gewicht (Grunberg et al., 1985). Es gibt also starke Belege dafür, daß allein das Rauchen von Tabak beziehungsweise Nikotin das Gewicht reduziert (im Gegensatz zum Rauchen von Marihuana, welches die Nahrungzufuhr erhöht und deshalb eine Gewichtszunahme bewirken kann; Foltin, Fischman & Byrne, 1988). Es stellt sich damit die Frage: Wodurch wird die Gewichtsabnahme verursacht?

Verringerung der Gesamtmenge an aufgenommenen Kalorien

Eine mögliche Erklärung ist, daß Rauchen die Gesamtmenge an aufgenommenen Kalorien verringert. Dies könnte beim Menschen daran liegen, daß der Appetit sich verändert oder daran, daß die Hände etwas zu tun haben, daß der Mund beschäftig ist und so weiter (Grunberg, 1985). Da Ratten das Nikotin normalerweise durch eine Injektion und nicht durch eine Zigarette zugeführt wird, kann man Verringerungen in der Nahrungsaufnahme bei Ratten als Funktion einer Nikotin-Exposition nicht damit erklären, daß etwa Hände und Mund anderweitig beschäftigt wären. Man sollte jedoch in Erinnerung behalten, daß bei Ratten und auch beim Menschen verschiedene Mechanismen für eine verringerte Nahrungsaufnahme als Funktion des Rauchens oder der Exposition gegenüber Tabak verantwortlich sein könnten.

Einige Untersuchungsbefunde an Ratten sprechen dafür, daß der Gewichtsverlust tatsächlich auf eine verringerte Gesamtmenge aufgenommener Nahrung zurückzuführen ist. Ratten, die stetig Zigarettenrauch ausgesetzt werden, und Ratten, denen man Nikotininjektionen gibt, nehmen weniger Nahrung auf (und haben auch eine geringere Wachstumsgeschwindigkeit). Außerdem steigt bei diesen Ratten der Glukosespiegel im Blut, wodurch sie – möglicherweise – weniger Hunger verspüren und weniger geneigt sind zu fressen (siehe Kapitel 2). Werden dagegen Hamster stetiger Raucheinwirkung ausgesetzt, so nimmt ihr Gewicht zwar ebenfalls ab, aber sie fressen nicht weniger (Wager-Srdar et al., 1984).

Wenn Rauchen die Gesamtmenge aufgenommener Kalorien senkt, so würde man erwarten, daß jemand um so weniger Lust zu essen verspürt, je mehr er raucht. Eine Untersuchung von Joan B. Beckwith (1986) an 766 Frauen im Alter von 20 bis 30 Jahren ergab jedoch, daß das Ausmaß, in dem sie zum Essen neigten, mit der Menge, die sie rauchten, nicht signifikant korrelierte.

Verringerung der Menge an Süßigkeiten

Eine andere mögliche Erklärung der Gewichtsabnahme als Begleiterscheinung des Rauchens ist, daß Rauchen und Nikotineinwirkung die Menge süßer Nahrungsmittel, die jemand ißt, verringern (Grunberg, 1985). Nach dieser Erklärung verändert sich nicht die Gesamtmenge aufgenommener Kalorien, sondern es reduziert sich der Anteil süßer Nahrungsmittel, wenn jemand beginnt zu rauchen. Hier sei an den in Kapitel 10 erläuterten Zusammenhang zwischen Geschmackspräferenzen bei Speisen und Adipositas erinnert, insbesondere bei süßen Speisen und einer vermehrten Speicherung von Kohlenhydraten als Fett.

Neal E. Grunberg und David E. Morse (1984) untersuchten den Zusammenhang zwischen der Anzahl der Zigaretten, die in den USA pro Person geraucht wurden und dem Pro-Kopf-Verbrauch von 41 verschiedenen Nahrungsmitteln in den Jahren von 1964 bis 1977. Sie fanden signifikante negative Korrelationen zwischen der Anzahl gerauchter Zigaretten und dem Zuckerverbrauch. Mit anderen Worten, in Jahren, in denen viele Zigaretten je Person geraucht wurden, war der Pro-Kopf-Verbrauch an Zucker niedrig und umgekehrt (siehe Abbildung 13.1).

Die von Grunberg und Morse erhobenen Daten sind Korrelationsstatistiken und beweisen daher nicht, daß Zigarettenrauchen den Zuckerkonsum senkt; es könnten sowohl die Schwankungen im Zigaretten- als auch im Zuckerverbrauch durch eine dritte Variable verursacht worden sein. Aber auch Laborbefunde zeigen, daß Rauchen und Nikotin sowohl beim Menschen als auch bei Ratten die Zuckeraufnahme senkt, während die Aufnahme anderer Nahrungsmittel unverändert bleibt; dieser Befund spricht für die Hypothese, daß die Gewichtsabnahme bei Rauchern auf eine verringerte Aufnahme süßer Lebensmittel zurückzuführen ist (Grunberg, 1982).

Eine mögliche Erklärung für den geringen Konsum von Süßigkeiten bei Rauchern wäre eine verminderte Präferenz des Süßgeschmacks. Eine andere mögliche Erklärung ergibt sich aus Studien zur Präferenz verschiedener Zigarettenmarken. Wenn ein Raucher anhand einer Ratingskala abschätzt, wie gut eine bestimmte Marke schmeckt oder wie zufrieden er damit ist, korrelieren Angenehmheit und Zufrie-

13. Rauchen: Gewichtsverlust und Gewichtszunahme

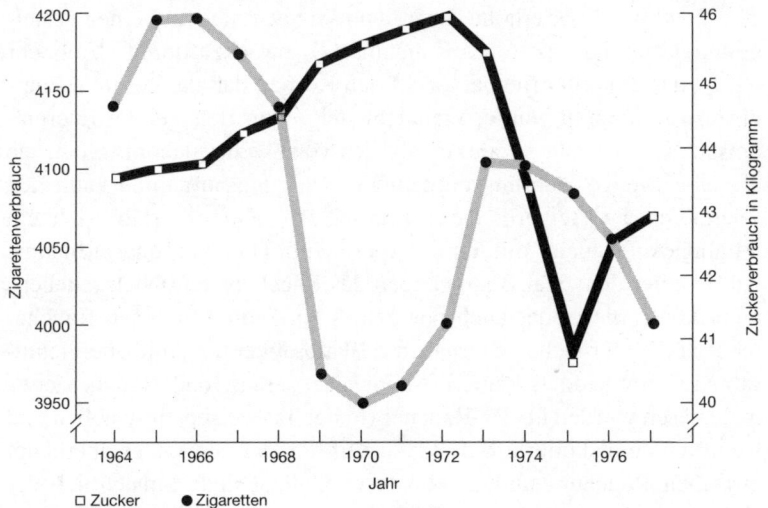

13.1 Anzahl der pro Kopf verbrauchten Zigaretten und Pro-Kopf-Verbrauch an Zucker während der Jahre 1964 bis 1977. (Nach Grunberg & Morse, 1984.)

denheit mit der durch den Raucher wahrgenommenen Süße dieser Sorte (Jaffe & Glaros, 1986). Möglicherweise essen Raucher deswegen weniger Süßes als Nichtraucher, weil ihr Verlangen nach Süßem schon durch die Zigaretten selbst gestillt wird.

Steigerung des Energieverbrauchs

Schließlich könnte Rauchen auch deshalb zu einer Gewichtsabnahme führen, weil es den Energieverbrauch erhöht (Grunberg, 1985). Dann sollten Raucher, auch wenn sie genauso viel essen wie Nichtraucher, weniger wiegen.

Es spricht einiges für diese Möglichkeit (Perkins et al., 1989). Beispielsweise wurde anhand eines Experiments zum Energieverbrauch festgestellt, daß der Energieumsatz von Rauchern innerhalb von 24 Stunden, in denen sie rauchten, um zehn Prozent höher lag als in einem Zeitraum von 24 Stunden, in dem sie nicht rauchten (Hofstetter et al., 1986). Dieser erhöhte Energieumsatz war nicht auf einen gesteigerten Grundumsatz (d.h. Ruheumsatz) zurückzuführen. Vielmehr wirkte das Nikotin offenbar so auf den Körper, daß der gesamte Energieaufwand erhöht wurde. Vielleicht steigt zum Beispiel der Energieumsatz von Rauchern stärker als der von Nichtrauchern, wenn sie dieselbe Menge Nahrung aufnehmen (Nahrungsaufnahme kann den Energieumsatz steigern; siehe Kapitel 10). Daraus ergibt sich ein mögliches Problem mit dem Experiment. Die Nahrungsaufnahme wurde unter den zwei Bedingungen des Rauchens und Nichtrauchens nicht kontrolliert oder auch nur gemessen. Vielleicht essen Raucher mehr als Nichtraucher und haben deshalb einen höheren Energieumsatz. Es gibt jedoch keinerlei Hinweise darauf, daß Raucher etwa mehr essen würden als Ex-Raucher (in der Tat weisen einige oben und weiter unten diskutierte Befunde darauf hin, daß – wenn es überhaupt zwischen Rauchern und Ex-Rauchern Unterschiede hinsichtlich der Nahrungsmenge gibt – die Raucher weniger essen). Ein ernsteres Problem bei dieser Forschungsarbeit besteht darin, daß langjährige Raucher untersucht wurden: Wir wissen, daß Raucher in Phasen, in denen sie nicht rauchen, einen niedrigeren Energieumsatz haben als in Phasen, in denen sie rauchen. Aber wir wissen nicht, wie hoch dieser Energieumsatz war, bevor sie angefangen haben zu rauchen. Es könnte sein, daß es den Energieumsatz zwar nicht verändert, wenn jemand anfängt zu rauchen, aber wenn er aufhört.

Ein anderer Laborbefund, der mit der Hypothese übereinstimmt, daß Rauchen den Energieverbrauch steigert, kommt aus der Forschung mit Ratten. Ratten, die stetig Zigarettenrauch ausgesetzt sind, haben ein vermehrtes braunes Fettgewebe und eine verminderte Wachstumsrate (Wager-Srdar et al., 1984). Wie in Kapitel 10 dargestellt, ist die Wärmebildung offenbar eine Funktion des braunen Fettgewebes. Daraus ergibt sich die Möglichkeit, daß das braune Fettgewebe die Ursache des höheren Energieverbrauchs bei Rauchern sein könnte.

Fazit

Es gibt anscheinend keine sicheren Beweise für die Hypothese, daß das Körpergewicht der Raucher aufgrund einer geringeren Kalorienaufnahme geringer sei. Hingegen gibt es einige Belege sowohl für die Hypothese, daß Rauchen den Konsum von Süßigkeiten reduziert, und auch, daß Rauchen den Energieumsatz erhöht. All diese Hypothesen müssen jedoch weiter untersucht werden.

Auswirkungen auf das Körpergewicht, wenn man aufhört zu rauchen

Viele Menschen, die aufhören zu rauchen, nehmen zu. In einer Studie hatten Versuchspersonen, die sechs Monate lang nicht mehr geraucht hatten, im Durchschnitt vier Kilogramm zugenommen (Hall et al., 1989). Es gibt jedoch große individuelle Unterschiede im Hinblick darauf, ob jemand zunimmt oder nicht (Grunberg, 1985; Klesges & Meyers, 1989; Rodin, 1987; Tuomilehto et al., 1986). Man könnte nun untersuchen, welchem Typ Raucher angehören, die nach dem Aufhören mit dem Rauchen zu- oder abnehmen, und unter welchen Umständen eine Gewichtszunahme eintritt, um Hinweise auf Ursachen einer eventuellen Gewichtszunahme zu gewinnen. Hier gibt es viele verschiedene Möglichkeiten.

Nikotin

Eine These lautet, daß die Gewichtszunahme mit dem Nikotinentzug zusammenhängt. Es gibt einige empirische Belege für diese Hypothese. Zum Beispiel nehmen starke Raucher eher zu als schwache Raucher, wenn sie mit dem Rauchen aufhören (Klesges & Meyers, 1989; Hall, Ginsberg & Jones, 1986). Außerdem nehmen Menschen, die aufhören zu rauchen, mit um so geringerer Wahrscheinlichkeit an Gewicht zu, je mehr sie Nikotinkaugummi kauen (Klesges & Meyers, 1989; Gross, Stitzer & Maldonado, 1989). Diese Studien an sich sagen uns jedoch noch nichts darüber, warum der Wegfall des Nikotins einen Einfluß auf das Gewicht hat. Durch Nikotinentzug könnten der Appetit, der Energieumsatz, Nahrungspräferenzen oder das Aktivitätsniveau (siehe unten) beeinflußt werden. In einer Studie von Janet Gross, Maxine L. Stitzer und Janelle Maldonado (1989) berichteten Raucher, die Nikotinkaugummi kauten, über ein geringeres Anwachsen des Hungergefühls nach dem Aufhören als solche, die Placebokaugummi kauten. Leider gibt es nur sehr wenige Daten über die möglichen Mechanismen, durch die der Wegfall des Nikotins auf das Gewicht einwirken könnte.

Rückfälle

Eine Reihe von Studien weisen darauf hin, daß einige individuelle Unterschiede in der Gewichtssteigerung bei Ex-Rauchern damit zusammenhängen, wie erfolgreich ein bestimmter Ex-Raucher dabei sich das Rauchen abgewöhnt. Menschen, denen es gelingt, für lange Zeit abstinent zu bleiben, nehmen mit größerer Wahrscheinlichkeit zu als Menschen, die nur kurz abstinent bleiben (Hall et al., 1986; Manley & Boland, 1983). Das erfolgreiche Aufhören mit dem Rauchen scheint also eine manchmal unwillkommene Gewichtszunahme mit sich zu bringen, wobei eine solche Gewichtszunahme jedoch nicht unvermeidlich ist, wie in einigen der folgenden Abschnitte gezeigt wird.

Zunahme der aufgenommenen Kalorien

Eine weitere mögliche Erklärung für eine Gewichtszunahme nach dem Aufhören mit dem Rauchen beinhaltet, daß in diesen Fällen die Kalorienaufnahme wächst (Grunberg, 1985). Die experimentellen Daten vermitteln hier ein gemischtes Bild.

In einem Experiment wurden Gewicht und Nahrungsaufnahme von 95 Rauchern wiederholt gemessen. Zwei Wochen nach dem Aufgeben des Rauchens aßen diese Versuchspersonen signifikant mehr, als sie vorher gegessen hatten, solange sie noch rauchten. Außerdem schien

13. Rauchen: Gewichtsverlust und Gewichtszunahme

es so, daß eine Testperson um so mehr zunahm, je mehr sie in den ersten Wochen nach dem Aufhören gegessen hatte (Hall et al., 1986). Entsprechend ergab ein Tierexperiment mit Ratten Steigerungen bei der Gesamtkalorienaufnahme und beim Körpergewicht, wenn die Nikotinexposition unterbrochen wurde (Grunberg et al., 1985). Schließlich wurde in einer Untersuchung von Bonnie Spring und ihren Kollegen (1991) die Nahrungsaufnahme direkt gemessen. In dieser Studie wurde festgestellt, daß übergewichtige Frauen, die mit dem Rauchen aufgehört hatten, über einen Zeitraum von vier Wochen im Durchschnitt täglich 300 Kalorien mehr aßen und in dieser Zeit fast zwei Kilogramm zunahmen.

Andererseits wurde in einer sehr genauen Einzelfallstudie festgestellt, daß eine Testperson nach dem Aufgeben des Rauchens 3,5 Kilogramm zugenommen hatte, ohne daß sich die Gesamtkalorienaufnahme erhöht hätte (Perkins et al., 1987). Weiter fand Judith Rodin (1987) bei Rauchern mittleren Alters, die aufgehört hatten zu rauchen, daß jene, die an Gewicht zunahmen, nicht mehr Kalorien aufnahmen als jene, deren Gewicht stabil blieb.

Damit scheinen viele Fälle von Gewichtszunahme nach dem Aufgeben des Rauchens auf einer erhöhten Kalorienzufuhr zu beruhen, aber andere nicht. Für die Fälle mit gesteigerter Nahrungsaufnahme ist es nützlich, einige mögliche Ursachen dieser Zunahme zu betrachten:

1. Streß führt zu adjunktivem Verhalten. Viele Raucher stehen unter Streß, und für sie könnte Rauchen als adjunktive Verhaltensweise dienen (Cantor & Wilson, 1985). Bei diesen Menschen muß nach dem Aufhören mit dem Rauchen eine andere adjunktive Verhaltensweise als Ersatz dienen, wie zum Beispiel das „Knabbern" oder Naschen (zu einer weitergehenden Diskussion, wie das adjunktive „Nebenbei-Essen" von Kleinigkeiten zu einer Gewichtszunahme führt, siehe Kapitel 10). Zudem kann, unabhängig von eventuell vorhandenen anderen Streßquellen, das Aufhören mit dem Rauchen selbst zu Streß führen, somit zum adjunktiven Naschen und damit zur Gewichtssteigerung.
2. Menschen, die rauchen, haben einen hohen oralen Trieb (Green & Tapp, 1986) und müssen diesen Trieb in irgendeiner Form weiter

befriedigen, wenn sie aufhören zu rauchen. Deshalb steigt ihre Nahrungsaufnahme.
3. Menschen benutzen ihre Hände, wenn sie rauchen, und müssen sie anderweitig beschäftigen, wenn sie aufhören. Deshalb nutzen sie ihre Hände zu vermehrtem Eßverhalten (Grunberg, 1985).
4. Bei Menschen, die nach dem Aufhören mit dem Rauchen mehr essen und deshalb zunehmen, lassen sich in der vorausgehenden Lebensgeschichte häufiger Gewichtsprobleme und problematische Eßmuster feststellen (Hall et al., 1986).
5. Die Nahrungsaufnahme wird nach dem Aufgeben des Rauchens infolge von Störungen im Insulinspiegel erhöht (Klesges & Meyers, 1989).

Alle diese möglichen Erklärungen müssen sehr viel gründlicher erforscht werden, bevor sie uneingeschränkt akzeptiert werden können.

Steigerung der Menge an Süßigkeiten

Möglicherweise liegt es nicht an der höheren Gesamtmenge aufgenommener Kalorien, daß viele Menschen eine Gewichtszunahme erleben, wenn sie das Rauchen aufgeben, sondern an der größeren Mengen von Süßigkeiten, die sie essen (Grunberg, 1985). Wenn dies so wäre, könnte ein größerer Teil der aufgenommenen Kalorien als Fett gespeichert werden (siehe Kapitel 10).

Eine Reihe von Untersuchungen fand einen erhöhten Zuckerkonsum bei Menschen, die gerade mit dem Rauchen aufgehört hatten, im Vergleich zu der Zeit, als sie noch rauchten. In einer Untersuchung zeigte sich zum Beispiel ein erhöhter Verbrauch an Saccharose (nicht jedoch an anderen Zuckern) bei Versuchspersonen, die zwei Wochen zuvor aufgehört hatten zu rauchen (Hall et al., 1986). Eine andere Untersuchung ergab, daß die ehemaligen Raucher, die an Gewicht zunahmen, auch dazu neigten, einen größeren Anteil ihrer Kalorien als Zucker aufzunehmen (obwohl die Gesamtkalorienzufuhr sich nicht vergrößerte; Rodin, 1987). Schließlich zeigte ein Experiment mit Ratten, daß die Ratten nach Beendigung der Nikotinexposition mehr süße Nahrungsmittel fraßen (Grunberg et al., 1985). Was könnte für diese zunehmende Präferenz süßer Nahrung verantwortlich sein? Der Insulinspiegel und ein Ersatz für die in Zigaretten enthaltene Süße, beides oben schon erwähnt, wären Möglichkeiten. Außerdem könnte durch das Erleben von Streß nicht nur die Gesamtmenge aufgenommener Kalorien erhöht werden (siehe oben), sondern auch die Anzahl aufgenommener Kalorien, die aus besonders schmackhaften (wie zum Beispiel süßen) Nahrungsmitteln bestehen, könnte gesteigert werden (siehe Kapitel 10).

Herabsetzung des Energieumsatzes

Es wäre auch möglich, daß frühere Raucher nicht deshalb zunehmen, weil sie mehr von allen oder einigen Lebensmitteln essen, sondern weil sie weniger Kalorien verbrauchen. Dies könnte zum Beispiel der Fall sein, wenn der Grundumsatz sich nach Aufgeben des Rauchens senken würde. Dann würden diese Raucher, wenn sie die Nahrungszufuhr nicht gleichzeitig einschränken, an Gewicht zunehmen (Grunberg, 1985). Wie oben dargestellt, wurde in einem Experiment gezeigt, daß der bei gewohnheitsmäßigen Rauchern über einen Zeitraum von 24 Stunden gemessene Energieumsatz um durchschnittlich zehn Prozent höher lag, wenn sie in dieser Zeit rauchten, als wenn sie nicht rauchten. Auch hier wieder könnte der höhere Stoffwechselumsatz zu Zeiten regelmäßigen Rauchens den Wirkungen des Nikotins auf das vegetative Nervensystem zuzuschreiben sein (Hofstetter et al., 1986), was zu erklären hilft, warum das Kauen von Nikotinkaugummis zu einer geringeren Gewichtszunahme führt. Wenn die Ursache der Gewichtszunahme nach Einstellung des Rauchens tatsächlich in der Herabsetzung des Grundumsatzes zu suchen ist, so würde dies auch erklären, warum ehemalige Raucher mit früheren Gewichtsproblemen mit größerer Wahrscheinlichkeit an Gewicht zunehmen als Ex-Raucher ohne solche Probleme in ihrer Lebensgeschichte (Hall et al., 1986). Vielleicht haben auch Raucher mit Gewichtsproblemen in ihrer Lebensgeschichte schon häufiger gefastet, was sie anfälliger für einen herabgesetzten Grundumsatz und die daraus resultierende Gewichtszunahme macht (siehe Kapitel 10).

Verminderung des Aktivitätsniveaus

Auch das Aktivitätsniveau könnte eine Rolle dabei spielen, ob jemand zunimmt oder nicht, wenn er aufhört zu rauchen. Es gibt jedoch keine Anhaltspunkte dafür, daß eine verringerte Aktivität für eine Gewichtssteigerung bei Ex-Rauchern verantwortlich wäre. Es gibt aber Hinweise darauf, daß ehemalige Raucher, die mehr Aerobic-Übungen durchführen, weniger an Gewicht zunehmen (Perkins et al., 1987). Wie in Kapitel 10 diskutiert, ist sportliche Betätigung offenbar eine nützliche Strategie zur Gewichtskontrolle, auch bei ehemaligen Rauchern.

Zusammenfassung

Einige Menschen nehmen zu, wenn sie aufhören zu rauchen, und in einigen Fällen könnte dies möglicherweise auf eine höhere Nahrungszufuhr, speziell von Süßigkeiten, zurückgeführt werden. Allerdings könnte nach dem Aufgeben des Rauchens bei einigen Menschen auch ein reduzierter Grundumsatz zu einer Gewichtssteigerung führen. Es ist bisher nicht im einzelnen klar, welche Rolle das Nikotin bei dieser Gewichtszunahme spielt. Die künftige Forschung wird sich mit diesen Problemen zweifellos weiterhin beschäftigen.

Fazit

Die weitverbreitete Meinung, daß Raucher weniger wiegen als Nichtraucher und daß Ex-Raucher der Gefahr einer Gewichtszunahme ausgesetzt sind, trifft zu. Jedoch nimmt nicht jeder, der aufhört zu rauchen, stark zu. Es gibt nicht nur individuelle Unterschiede in Abhängigkeit von bestimmten Personenmerkmalen, es gibt auch spezifische Verhaltensformen wie Nikotinkaugummikauen oder Sport, die dazu beitragen können, eine Gewichtszunahme zu verhindern (falls eine solche Zunahme nicht gewünscht wird). Die Forscher beginnen, die sehr komplexen Faktoren für diese Befunde aufzuklären – wie etwa die Art der aufgenommenen Nahrung, Energieumsatz und Streß. Letzten Endes können die Ergebnisse dieser Forschung genutzt werden, um dem Eindruck vieler Raucher, sie müßten weiter rauchen oder wieder anfangen zu rauchen, um nicht zuzunehmen, entgegenzuwirken.

14
Küche und Weinkeller

Dieses Buch handelt zum großen Teil davon, wie und warum Menschen bestimmte Nahrungsmittel und Getränke auswählen. Das Ziel dieses Kapitels besteht darin, die in den vorangehenden Kapiteln beschriebenen Prinzipien anzuwenden, um ein Verständnis für zwei Disziplinen zu wecken, die für Spezialisten innerhalb der Ernährungspychologie wie auch für alle Liebhaber einer guten Küche und eines guten Tropfens von Interesse sind: nationale Küchen und Weine.

Nationale Küchen

Nach Elisabeth Rozin, Verfasserin von Kochbüchern und kulinarische Historikerin, wird eine spezifische Küche durch verschiedene Elemente charakterisiert (1982; 1983): den verwendeten Lebensmitteln, den zur Bearbeitung dieser Lebensmittel angewendeten Techniken, den hinzugefügten Geschmacksstoffen und einigen speziellen kulturellen Einschränkungen, die regeln, welche Art von Nahrung gegessen und wie diese zubereitet werden darf. Wenngleich bestimmte Elemente der Speisenzubereitung auch von einigen Tieren gezeigt werden, wie das in Kapitel 1 beschriebene Salzen der Süßkartoffeln durch Affen, so scheint doch die Kochkunst mit all ihren Charakteristika ein ausschließlich menschliches Unterfangen zu sein.

14. Küche und Weinkeller

Bestimmende Faktoren

Es gibt viele Prinzipien, die für die Charakteristika einer bestimmten Küche verantwortlich sind. Eines davon ist die Verfügbarkeit von Nahrungsmitteln für eine bestimmte kulturelle Gruppe (Rozin, 1984). Heidelbeeren werden wohl nie ein Hauptbestandteil der Ernährung in Algerien sein.

Von den verfügbaren Nahrungsmitteln werden hauptsächlich solche gegessen werden, die Menschen von Geburt an bevorzugenswert finden, zum Beispiel süße und salzige, jedoch keine bittere Kost. Dabei mag es bestimmte Ausnahmen geben. Es können Präferenzen für Nahrungsmittel erworben werden, für die eine angeborene Aversion besteht, wie zum Beispiel Chili (siehe unten) und Kaffee (siehe Kapitel 6). Auch stoffwechselbedingte und sensorische Einschränkungen werden die in einer bestimmten Küche verwendeten Nahrungsmittel beeinflussen. Ein Beispiel für eine solche Einschränkung, die Laktoseintoleranz, wurde in Kapitel 5 beschrieben. Wenn der größte Teil einer Bevölkerung laktoseintolerant ist, wird Frischmilch wohl kaum ein Bestandteil der Küche dieser Bevölkerung werden. Als ein weiteres Beispiel seien Fava-Bohnen genannt. Sie wirken zwar bei einigen Menschen toxisch, können jedoch die Resistenz gegen Malaria erhöhen. Deshalb sollten Fava-Bohnen bei einer Bevölkerung, in der die Resistenz gegen Malaria mehr nützt, als die Giftigkeit der Fava-Bohnen schadet, Bestandteil der Küche dieser Bevölkerung sein und sind es tatsächlich (Katz, 1987).

Auch die in einer bestimmten kulturellen Gruppe verfügbare Technologie ist ein ausschlaggebender Faktor für deren Küche. Bevor die Gärung entdeckt war, gab es keine alkoholischen Getränke.

Ein anderer wichtiger Faktor ist der Nährwert, den die in der Küche verwendeten Zutaten besitzen. Es überleben nur diejenigen Kulturen, die eine im wesentlichen ausgewogene Nahrung beschaffen und verzehren. Dies wird auf verschiedenen Wegen erreicht. Ein Weg ist die Kombination der verzehrten Nahrungsmittel. Im Nordosten der Vereinigten Staaten besteht eine typische, von der Nährstoffzusammensetzung her vollständige Mahlzeit aus einem Stück Hühnchen, etwas Salat und einer gebackenen Kartoffel. In Mexiko jedoch kann eine vollständige Mahlzeit aus Maistortillas, Bohnen und Tomaten bestehen. In der Vergangenheit und ganz gelegentlich auch heute noch haben die Mexikaner ihre Eiweißzufuhr manchmal dadurch gesichert, daß sie auch Insekten und Würmer (beide sehr proteinreich) in ihre Küche einbezogen (Sokolov, 1989). Ein anderer Weg, eine ausgewogene Ernährung zu sichern, bei der alle notwendigen Stoffe enthalten sind, besteht in der Verarbeitung der jeweiligen Lebensmittel. Die Behandlung des Maiskornes mit einer Salzlösung vor dem Verzehr ist ein Brauch der amerikanischen Ureinwohner, der sich offenbar verbreitet hat, weil er den Nährwert des Maises bedeutsam erhöht (Katz, 1982).

Wie in Kapitel 7 beschrieben, beeinflussen auch die benötigte Energiemenge, um eine Speise zuzubereiten, oder das erforderliche Geld, um sie zu kaufen, die Inhalte einer speziellen Küche. Wenn eine Gruppe von zehn Menschen, die am Existenzminimum lebt, 50 Meilen durch eine Wüste gehen muß, um sich Korn zu beschaffen, und dann mehrere Tage damit verbringen, einen einzigen Laib Brot herzustellen, wird Brot nicht zur Küche dieser Gruppe gehören.

Auch die Nahrungspräferenzen und -gewohnheiten anderer Menschen (das heißt die kulturellen Ernährungsüberzeugungen; siehe Kapitel 6) können die Küche oder Ernährungsweise beeinflussen. Zum Beispiel bevorzugen Erwachsene und Kinder zum Frühstück und zum Abendbrot bestimmte Nahrungsmittel, die sie als Frühstücks- beziehungsweise Abendbrotnahrungsmittel zu betrachten gelernt haben (Birch, Billman & Richards, 1984). Ein weiteres Beispiel sind die jüdischen Speisegesetze (*Kashrut*), die von Generation zu Generation weitergegeben werden. Die kulturellen Traditionen der jüdischen Speisegesetze sind so stark, daß sie selbst beim Verzehr von Nahrungsmitteln wirksam bleiben können, die nicht koscher zu sein scheinen, obwohl sie es eigentlich sind. Mit Hilfe des Kontiguitäts- und des Similaritätsprinzips der klassischen Assoziationstheorie (siehe Kapitel 6) lassen sich solche Fälle erklären (Nemeroff & Rozin, 1987). Um ein Beispiel zu geben, ein koscher lebender Jude könnte Schwierigkeiten haben, falschen Truthahn und ein Käse-Sandwich zu essen, selbst wenn der Truthahn aus Tofu gemacht wäre (koscher lebende Juden dürfen Milch und Fleisch nicht in ein und derselben Mahlzeit essen). Vielleicht eines der besten Beispiele dafür, wie kulturelle Überzeugungen die Ernährungsweise einer Person beeinflussen können, finden wir, wenn jemand von einer Kultur in eine andere versetzt wird. Solche kulturellen Veränderungen führen oft dazu, daß die Menschen, insbesondere junge Menschen die Nahrungspräferenzmuster der neuen Kultur übernehmen (Hrboticky & Krondl, 1984; Krondl, Hrboticky & Coleman, 1984).

Ein wichtiger Faktor, der die Form bestimmt, die eine Küche annimmt, ist schließlich die Neophobie (siehe Kapitel 6). Menschen haben ebenso wie andere Spezies die Tendenz, neuartige Nahrungsmittel zu meiden. Dies könnte der Grund dafür sein, daß die meisten Küchen eine Reihe von *Würzprinzipien* haben, charakteristische Aromastoffe, um die sich die Küche dreht. Diese Aromastoffe werden vielen Speisen in der Küche zugesetzt und dienen dazu, Speisen als einer bestimmten Küche zugehörig erkenntlich zu machen (Rozin, E., 1982, 1983; Rozin & Rozin, 1981; Rozin, P., 1982). Zum Beispiel könnte man zu einem Hamburger, der in asiatischen Küchen nicht zu finden ist, Sojasoße, Reiswein und Ingwer hinzufügen und am Ende einen Hamburger haben, der chinesisch schmeckt. E. Rozin (1983) beschreibt in ihrem ungewöhnlichen und faszinierenden Kochbuch, *Ethnic Cuisine: The Flavor-Principle Cookbook* (*Ethnische Küche: Das Würzprinzip-Kochbuch*), die Würzprinzipien verschiedener nationaler Küchen.

Beispiele für Küchen

Tabelle 14.1 zeigt einige der Würzprinzipien von E. Rozin für verschiedene Küchen. Es ist zu bemerken, daß Kulturen, die sich in enger geographischer Nähe befinden, oft überlappende Würzprinzipien haben. Sojasoße zum Beispiel ist typisch für die japanische, die chinesische und die koreanische Küche, und Olivenöl wird in vielen Mittelmeerküchen häufig verwendet. E. Rozin zufolge sind die Würzprinzipien das wichtigste Kennzeichen einer ethnischen Küche.

Die Wirksamkeit all der genannten Prinzipien kann bei der Herausbildung der Cajun-Küche gesehen werden. Die Cajuns sind eine Gruppe von Menschen, die in einem Gebiet von Louisiana in der Nähe von New Orleans leben (siehe Abbildung 14.1). Das Wort *Cajun* kommt von akadisch, denn die Cajuns stammten ursprünglich aus

Die Psychologie des Essens und Trinkens

Tabelle 14.1 Würzprinzipien in verschiedenen Küchen

Küche	Würzprinzipien
China	Sojasoße, Reiswein und Ingwerwurzel
Peking	+ Miso und/oder Knoblauch und/oder Sesam
Szechuan	+ süß-sauer-scharf
Canton	+ schwarze Bohnen mit Knoblauch
Japan	Sojasoße, Sake und Zucker
Korea	Sojasoße, brauner Zucker, Sesam und Chili
Indien	Curry
Nordindien	Kumin, Ingwer, Knoblauch + Variationen
Südindien	Senfkörner, Kokosnuß, Tamarinde, Chili + Variationen
Mittelasien	Zimt, Früchte, Nüsse
Mittlerer Osten	Zitrone, Petersilie
Westafrika	Tomate, Erdnuß, Chili
Nordostafrika	Knoblauch, Kumin, Pfefferminze
Marokko	Kumin, Koriander, Zimt, Ingwer +Zwiebel und/oder Tomate und/oder Früchte
Griechenland	Olivenöl, Zitrone, Oregano
Süditalien und Südfrankreich	Olivenöl, Knoblauch, Petersilie und/oder Anchovis
Italien, Frankreich	Olivenöl, Knoblauch, Basilikum
Provence	Olivenöl, Thymian, Rosmarin, Majoran, Salbei
Spanien	Olivenöl, Zwiebel, Pfeffer, Tomate
Nord- und Osteuropa	saure Sahne, Dill oder Paprika oder Nelkenpfeffer oder Kümmel
Normandie	Apfel, Cidre, Calvados
Norditalien	Weinessig, Knoblauch
Mexiko	Tomate, Chili

Quelle: leicht verändert nach E. Rozin: *Ethnic Cuisine: The Flavor-Principle Cookbook*, Brattleboro, VT: The Stephen Greene Press, 1983.

Neuschottland (Akadia) im französischen Kanada. Sie wurden im 18. Jahrhundert durch britische Soldaten gegen ihren Willen nach Louisiana verschleppt (Claiborne, 1987; Sokolov, 1983). Die Gegend, wo sie ankamen, wurde unter anderem auch von Franzosen, amerikanischen Ureinwohnern und Schwarzen, die als Sklaven dorthin gebracht worden waren, bewohnt.

Der neue Wohnort der Cajuns am Altwasser (Flußarm mit stehendem Wasser) befand sich in der Nähe des Ozeans und war voller Sümpfe, Seen und Inseln. Es gab Meeresfrüchte im Überfluß, insbesondere Austern, Taschenkrebse und Krabben. Auch Chilies wuchsen gut in der Gegend.

14. Küche und Weinkeller

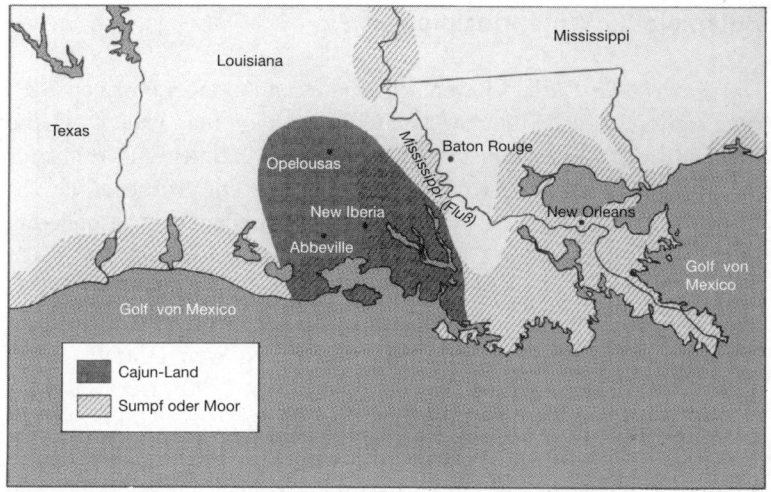

14.1 Ungefähre Lage des Gebiets der Cajun. (Nach Greene, 1979.)

Die verschiedenen Gruppen von Menschen, die in dem Gebiet lebten, hatten alle ihre eigenen einzigartigen Kochtechniken. Sowohl die Akadier als auch die Franzosen waren mit der französischen Kochtechnik einer *Roux* vertraut. Das ist eine Mehlschwitze, die durch das Mischen von geschmolzener Butter und Mehl hergestellt wird. Die Schwarzen verwendeten ein schwaches Kochfeuer mit einem schweren Eisentopf.

Die Kombination all dieser Zutaten und Techniken, einschließlich Okra (eßbarer Eibisch, der von den Schwarzen verwendet wurde) und eines aus Sassafrass gemachten Pulvers (das von den amerikanischen Ureinwohnern verwendet wurde), führte zu einem heute berühmten Gericht, das Gumbo genannt wird. Dieses spezielle Gericht wird mehr als jedes andere mit Cajun-Küche identifiziert, weil es die einzigartige Mischung anderer Küchen repräsentiert, die für dieses Gebiet typisch ist. Die Cajun-Küche ist sehr verschieden von der kreolischen Küche im nahe gelegenen New Orleans, die ihrerseits weitgehend der französischen Küche entspricht, wobei einheimische Zutaten statt der traditionellen französischen verwendet werden (Greene, 1979).

Beispiele für Würzprinzipien

Die Vorliebe für Chili. Beschäftigt man sich mit einer einzigen Nahrungspräferenz, der Präferenz von Chili, so kann man viele mögliche Mechanismen für die Entstehung von Würzprinzipien und somit für die Herausbildung von Küchen untersuchen. Die Vorliebe für das Essen von Chilies ist aus verschiedenen Gründen von besonderem Interesse. Erstens waren Chilies zwar ursprünglich nur in der Neuen Welt verbreitet, werden aber inzwischen rund um den Erdball angebaut und gegessen (siehe Abbildung 14.2). Chilipfeffer ist heute eines der am häufigsten verwendeten Gewürze der Welt (Karoff, 1989; Moore, 1970; Rosengarten, 1969; Rozin, 1976, 1990). Der Markt für Chilies war sogar ein Diskussionsthema im *Wall Street Journal* (Naj, 1986). Zweitens finden die meisten Menschen das Essen von Chilies anfänglich unangenehm. Drittens ist die physikalische Wirkung von Chili im Mund ähnlich der Wirkung einer Verbrennung; es gibt eine Schmerzempfindung, und die Hauttemperatur ist erhöht. Infolge dessen wird Chili für Wanderer und Skiläufer auch manchmal als Pulver zum Auftragen auf die Füße verkauft, um sie bei schlechtem Wetter warm zu halten. Viertens sind Menschen die einzigen Allesfresser, die regelmäßig Chili essen; die Vorliebe für Chili ist einer der wenigen Unterschiede in den Nahrungspräferenzen unter natürlichen Bedingungen zwischen Menschen und Ratten. Im frühen 20. Jahrhundert nutzten appalachische Frauen die Aversion der Ratten gegenüber Chili, um sie vom Fressen ihrer Tapeten abzuhalten, indem sie den Tapetenkleister mit Chilipulver mischten (Martin, 1982). (Die Appalachen sind ein ausgedehntes Mittelgebirgssystem im Osten Nordamerikas.) Jedoch können es die Ratten – wenn sie auch normalerweise kein Chili fressen – lernen, Chili zu präferieren, wenn sie mit anderen Ratten zusammentreffen, die es gefressen haben (unter Nutzung des in Kapitel 6 beschriebenen „Vorführer-Beobachter-Paradigmas"; Galef, 1989). Und auch Schimpansen, die durch den Kontakt mit Menschen nach und nach mit Chili in Berührung kommen, können eine Präferenz für Chili erwerben (Rozin & Kennel, 1983). So sind Chilies rasch ein Bestandteil sehr vieler Küchen geworden, obwohl sie ursprünglich von allen Arten abgelehnt werden und obwohl ihre physikalische Wirkung der einer Verbrennung ähnelt. Es muß demnach einen oder eini-

14. Küche und Weinkeller

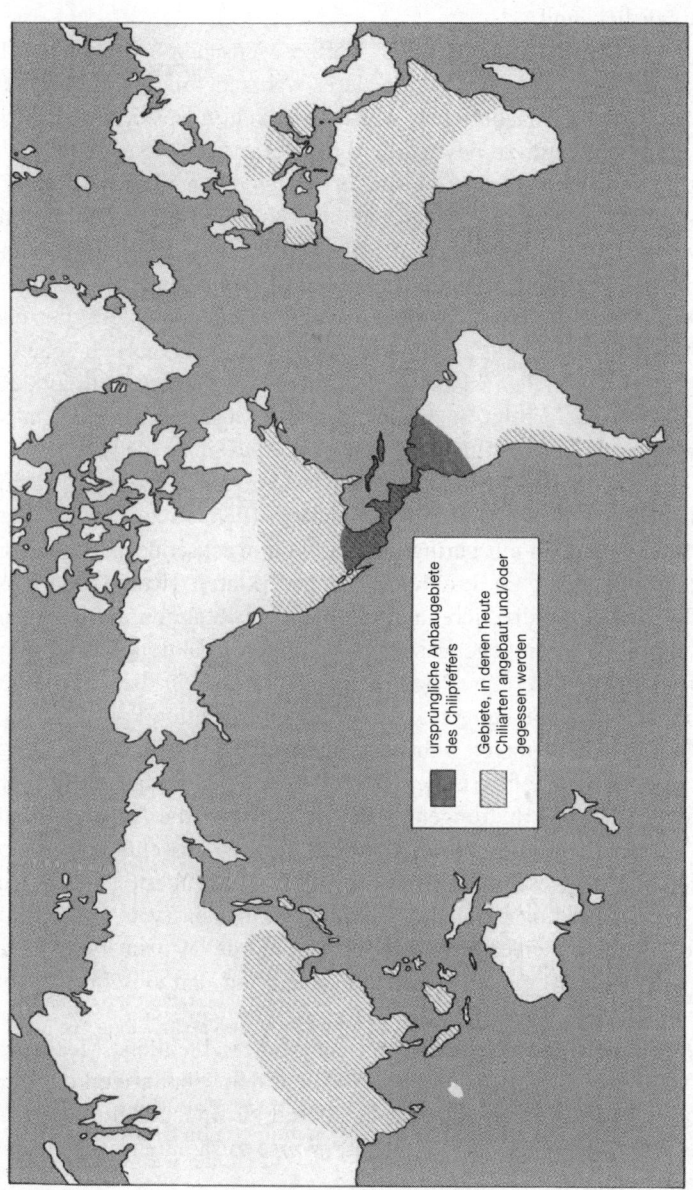

14.2 Weltkarte, die die Gebiete zeigt, wo Chili ursprünglich angebaut wurde, und die Gebiete, wo es heute gegessen wird. (Nach Moore, 1970; Rosengarten, 1969; Rozin, 1976.)

ge mächtige Faktoren geben, die für die erworbene Chilipräferenz verantwortlich sind.

Es gibt viele mögliche Gründe, warum Menschen es lernen, Chili zu präferieren. Anfänglich kosten sie es wahrscheinlich aufgrund des sozialen Drucks (in ähnlicher Weise, wie Schimpansen und Ratten dazu kommen, Chili zu bevorzugen). Später mögen sie es dann vielleicht irgendwann aufgrund der großen Mengen von Vitamin A und C, die es enthält, oder weil es einen erhöhten Speichelfluß und vermehrte Magenbewegungen hervorruft, die die Verdauung stärkehaltiger Nahrung unterstützen, oder wegen des „Reizes", den es zu einer Mahlzeit hinzufügt. Eine andere Möglichkeit wäre, daß der Schmerz, der das Essen von Chili begleitet, genossen wird, weil er gefährlich scheint, aber tatsächlich sicher ist (siehe Reizsuche in Kapitel 5; Rozin, P., 1982, 1990). Es erfolgt auch eine gewisse Desensibilisierung, also „Gewöhnung", bei häufigem Kontakt mit *Capsaicin*, dem Wirkstoff im Chili. Das heißt, die sensorischen Reaktionen auf das Capsaicin verringern sich (Lawless, Rozin & Shenker, 1985; Rozin, 1990). Dieser Effekt ist jedoch nur gering und kann die wachsende Vorliebe von Chili infolge häufigen Probierens nicht erklären (Rozin, Mark & Schiller, 1981). Schließlich kann die aversive Reaktion auf das erste Kosten von einer entgegengesetzten positiven Reaktion gefolgt oder sogar übertroffen werden (Rozin, P., 1982, 1990). Für diese Hypothese sprechen Untersuchungen zu einer anderen weithin konsumierten, aber anfänglich aversiven Substanz, dem Kaffee (Rozin et al., 1984). Wenige oder keine empirischen Belege finden sich hingegen für verschiedene andere Erklärungen, wie zum Beispiel die Annahme, daß Chili dabei hilft, Lebensmittel vor dem Verderb zu schützen, daß es die Gerüche und Geschmäcke verdorbener Nahrung übertüncht und daß es Schwitzen und damit eine Abkühlung verursacht (was die Befindlichkeit in einem heißen Klima verbessern würde) (Rozin, 1990).

Es gibt viele Wege, auf denen Menschen auf den Geschmack von Chili kommen können. Für die Präferenz von Chili sind möglicherweise bei verschiedenen Menschen ganz unterschiedliche Mechanismen verantwortlich. Paul Rozin (1990) hat den größten Teil der verfügbaren Informationen über dieses überall zu findende und verblüffende Würzprinzip in hervorragender Weise zusammengetragen und zusammengefaßt.

Die Vorliebe für Schokolade. Schokolade ist in vielen Ländern seit langer Zeit ein beliebtes Nahrungsmittel, und das, obwohl sie – ebenso wie Chili – aus der Neuen Welt stammt und auf dem größten Teil der Erde erst seit einigen hundert Jahren erhältlich ist. Tatsächlich wurde sie erst, nachdem sie nach Europa gebracht worden war, mit Zucker und Milch zu der Form von Schokolade verarbeitet, die uns heute die vertrauteste ist: Milchschokolade (Root, 1980; Tannahill, 1988). Für die Beliebtheit der Schokolade gibt es vermutlich viele Gründe. Einer davon ist zweifellos die Tatsache, daß Schokolade gewöhnlich vermischt mit Zucker genossen wird und so unsere weitgehend ererbte Süßpräferenz anspricht (siehe Kapitel 5) und starke und angenehme Sinnesempfindungen auslöst (Rozin, 1987). Ein anderer Grund ist der, daß Schokolade einen hohen Fettgehalt hat. Man erinnere sich (analog zur Darstellung in Kapitel 6), daß wir es lernen, Nahrungsmittel zu bevorzugen, die kalorienreich sind, und daß Fett mehr Kalorien je Gramm enthält als Kohlenhydrate oder Eiweiße. Ein Liter Milch enthält etwa 650 Kalorien, außerdem bedeutsame Mengen an Kalzium, Kalium, Magnesium, Vitamin A und Vitamin B, die alle essentielle Nährstoffe sind (Gelb, 1978). Schokolade enthält jedoch auch Koffein. Eine Tafel halbbitterer Schokolade enthält ungefähr so viel Koffein wie eine Tasse Tee (Brody, 1982). In Kapitel 8 wurde diskutiert, daß Koffein eine anregende Wirkung hat und zu einer physiologischen Abhängigkeit führen kann. Schokolade hat außerdem eine glatte, angenehme Oberflächenbeschaffenheit und schmilzt bei Körpertemperatur – sie zergeht auf der Zunge. Bei all diesen Eigenschaften der Schokolade ist es nicht verwunderlich, daß sie so begehrt und ein Bestandteil so vieler Küchen geworden ist.

Beispiele für kulturelle Einschränkungen

Die heilige Kuh. Um die Ursprünge kultureller Einschränkungen in den Küchen zu erklären, wurden die Prinzipien der Theorie optimaler Nahrungssuche (beschrieben in Kapitel 7) angewendet. Insbesondere wurde diese Theorie herangezogen, um das Schlachtverbot für Rinder bei den Hindus zu erklären (Harris, 1980; Nair, 1987). Dieses Verbot scheint zunächst widersinnig angesichts der Tatsache, daß viele Menschen in Indien nicht genügend zu essen haben. Aufgrund seiner Forschungsergebnisse behauptet Marvin Harris jedoch, daß die heilige Kuh aus den folgenden Gründen für die Wirtschaft Indiens sehr vorteilhaft ist (1980):

Harris zufolge sind Ochsen (kastrierte männliche Rinder) für das indische landwirtschaftliche System unbedingt notwendig, da sie die Kraft liefern, die zum Bestellen des Bodens erforderlich ist. Ochsen können nur schwerlich von einer Gruppe von Bauern geteilt werden, weil infolge der Monsunregen oft alle Ernten auf einmal reif zum Einbringen sind. Deshalb benötigen die meisten Bauern ihre eigenen Ochsen. Ochsen bieten außerdem eine Transportmöglichkeit. Um aber Ochsen zu bekommen, braucht man Kühe.

Während der Dürren können die Kühe zeitweilig unfruchtbar werden. Wenn sie jedoch nicht am Leben erhalten werden, wird es keine Kühe mehr geben, um Ochsen hervorzubringen. Zu solchen Zeiten bietet die lokale indische Regierung Heime für unfruchtbare Kühe. Ein Bauer kann seine Kuh von einem solchen Heim zurückfordern, wenn die Kuh Anzeichen dafür zeigt, daß sie ihre Fruchtbarkeit zurückerlangt. So trägt in Zeiten der Dürre oft die Regierung statt des einzelnen Bauern die Last, nichtproduktive Kühe zu unterhalten.

Zu anderen Zeiten, wenn es nur wenig Futter für die Tiere der Bauern gibt (zum Beispiel im Frühling, wenn es heiß und trocken ist in Indien), läßt man die Rinder entlang der Straßen wandern. Wenn es auch so scheinen mag, als erlaube man den Kühen, frei herumzulaufen, weil sie „heilig" sind, so fressen sie doch eigentlich das Gras entlang der Straßen, so daß ihre Besitzer sie nicht zu füttern brauchen. Wenn sich ein Bauer außerdem entscheiden muß, entweder die Kühe oder die Ochsen zu füttern, so werden gewöhnlich die Ochsen gefüttert, um das momentane Überleben der Bauern zu retten, auch wenn vielleicht ihr künftiges Überleben geopfert wird. Generell besteht das Futter, das den Rindern gegeben wird, zum größten Teil aus den Bestandteilen der Pflanzen, die Menschen nicht essen können. Auch liefert das Vieh Dung, der in Indien sowohl als Brennstoff zum Kochen als auch als Düngemittel sehr wichtig ist. In einigen Teilen Indiens werden praktisch 100 Prozent des Dunges für diese Zwecke verwendet. Man hat errechnet, daß das Ersetzen der Ochsen in Indien durch Traktoren, Dünger, Kohle und Transportmittel für die Familien zu so großen Ausgaben führen würde (Milliarden US-Dollar), daß die internationalen Finanzbeziehungen auf Jahre in Unordnung geraten würden.

Schließlich zeigen Statistiken über das Zahlenverhältnis von Kühen und männlichen Rindern, daß mehr Kühe als Ochsen sterben, vielleicht weil man sich in unterschiedlichem Maße um sie kümmert. Auf jeden Fall kann eine Kuh, wenn sie stirbt, nur von einem Mitglied der geringsten indischen Kaste, den Unberührbaren, angefaßt werden. Ein Mitglied dieser Kaste nimmt den toten Tierkörper, ißt das Fleisch und verwendet die Haut für Leder. Dies ergibt eine Art Wohlfahrtssystem für einige von Indiens ärmsten Menschen.

Aus all diesen Gründen ist Harris der Meinung, daß die Heilighaltung der Kuh für die Wirtschaft Indiens eigentlich vorteilhaft ist. Seine Theorie, wie dieses Verhalten entstanden sein könnte, ist die folgende: Im Jahre 300 vor unserer Zeitrechnung lebten in Indien 50 bis 100 Millionen Menschen. Zu dieser Zeit gab es viele Dürren und Überschwemmungen. Infolge der oben dargestellten Gründe überlebten die Menschen, die ihre Rinder schützten, und die, die ihr Vieh nicht schützten, starben. Deshalb herrschte nach und nach ein kultureller Zug der Nahrungsauswahl vor, der das Überleben maximierte.

Im folgenden Zitat sind die Ansichten von Harris über die Auswirkungen der Nahrungsökonomie auf kulturelles Verhalten zusammengefaßt:

> Die menschliche Gesellschaft ist weder Zufall noch Laune. Die Regelhaftigkeiten des Denkens und Verhaltens, die Kultur genannt werden, sind die Hauptmechanismen, durch die wir Menschen uns an die uns umgebende Welt anpassen. Bräuche und Überzeugungen können rational oder irrational sein, aber eine Gesellschaft, die sich nicht an ihre Umwelt anpaßt, ist zum Untergang verurteilt. Nur jene Gesellschaften, die das zum Leben Notwendige aus ihren Umgebungen entnehmen, ohne diese Umgebungen zu zerstören, erben die Erde (1980, S. 224).

Harris – ebenso wie auch andere – ist der Meinung, daß das Essen so entscheidend für das Überleben einer Art ist, daß die Art und Weise, wie eine Kultur Nahrung beschafft, viele ihrer kulturellen Merkmale bestimmen kann (Harris, 1980; Lea, 1981; Roosevelt, 1987). Die Notwendigkeit optimaler Nahrungsbeschaffung kann selbst die Nahrungsaufnahme-Beziehungen zwischen verschiedenen Arten determinieren (Cohen, 1989; Pimm, 1982; Sugihara, Schoenly & Trombla, 1989). Da sich der Mensch in einer Umwelt entwickelte, in der das Nahrungsangebot häufig unzureichend war (Garn & Leonard, 1989), ist es nicht überraschend, daß die Küchen, ebenso wie andere Aspekte der Kultur, oft optimale Überlebensstrategien widerspiegeln (Hill & Hurtado, 1989).

Kannibalismus. Es scheint ganz allgemein in der Tierwelt die Ausnahme zu sein, sofern es überhaupt vorkommt, daß Fleisch von Artgenossen verzehrt wird. Und Belege dafür, daß es bei Menschen in einzelnen Kulturen regelmäßig zu Kannibalismus kam, lassen sich nur schwer finden – mit Ausnahme von Extremsituationen, in denen kein anderes Mittel zum Überleben vorhanden war. Wenn solche Fälle vorkamen, wurden sie von den Kulturen, in denen sie sich ereigneten, als bedauerliche Handlungen wahrgenommen, eher als ein antisoziales Verhalten denn als akzeptierte Praktik (Arens, 1979). Einige Forscher sind der Ansicht, daß es vor 1900 einige Gesellschaften gegeben haben mag, die regelmäßig Kannibalismus betrieben, aber genaue, vollständige Berichte aus dieser Zeit sind schwer zu bekommen. Auf jeden Fall ist die heutige oder frühere Existenz von Kannibalismus nach wie vor umstritten (Harris, 1987; Kolata, 1986; Villa et al., 1986).

Wie in Kapitel 6 dargestellt wurde, fressen auch Ratten kaum Angehörige der eigenen Art. Es ist nicht überraschend, daß Kannibalismus bei Ratten wie auch beim Menschen äußerst selten vorkommt. Tierarten, in denen Kannibalismus regelmäßig vorkäme, könnten geneigt sein, ihr Nahrungsangebot zu vergrößern, indem sie den Tod von Angehörigen dieser Art beschleunigten und auf diese Weise die Überlebenswahrscheinlichkeit dieser Art verringerten. Auch hier wieder scheint es, daß die kulturellen Einschränkungen in der Koch- und Ernährungsweise ihre Grundlage im Überleben der Art haben.

Das Verbot, Artgenossen zu verzehren, kann sich auch auf andere Arten erstrecken, die mit der eigenen Art eng verbunden sind. In Kapitel 6 wurden Forschungen beschrieben, die zeigten, daß eine Ratte kaum Mäuse frißt, wenn sie zusammen mit Mäusen aufgezogen wurde. Menschen essen im allgemeinen keine Angehörigen von Tierarten, mit denen sie leben und denen sie menschliche Züge zuschreiben, wie Katzen oder Hunde. Auf den ersten Blick scheint die Tatsache, daß die Oglala, amerikanische Ureinwohner in Süddakota, Hunde essen, diesem allgemeinen Prinzip zu widersprechen. Jedoch essen die Oglala Hunde nur als Teil bestimmter spezieller Zeremonien und nur, wenn den Hunden durch ihre Besitzer niemals Namen gegeben worden waren. Zudem schreiben die Oglala den Hunden zwar gewisse menschliche Merkmale zu, die Hunde leben aber niemals in den Häusern und werden weder gepflegt noch ausgebildet (Powers & Powers, 1986). Somit scheinen die Oglala zwar eine Ausnahme der Regel darzustellen, daß Menschen keine Angehörigen eng verbundener Arten essen, tatsächlich aber distanziert sich dieser Stamm in vielerlei Hinsicht von Hunden.

Weinprobe

Als ein Beispiel dafür, was der integrierende psychologische Ansatz leisten kann, betrachte man die Analyse des Weinverkostens. Welche Prozesse sind an der Beurteilung von Weinen oder anderen Nahrungsmitteln und Getränken beteiligt? Welche Faktoren beeinflussen diese Beurteilungen?

Zunächst wird es dienlich sein, die Prozedur des Weinverkostens zu beschreiben. Die Weinliebhaber und Weinprüfer beginnen die Qualitätsprüfung damit, daß sie den Wein einfach betrachten. Der Wein wird dann in einem Glas geschwenkt, damit sich das Aroma und das Bouquet entfalten und einer Geruchsprüfung unterzogen werden kann. Schließlich wird der Wein in kleinen Schlucken gekostet. Er wird über die Zunge gerollt und nicht sofort hinuntergeschluckt, um den „Schwanz" (Geschmacksnachwirkung) zu testen. Zwischen den Probeschlucken können Brot- und/oder Käsebissen genommen werden. Weinverkoster schlucken den Wein gar nicht hinunter, sondern spucken ihn bei der Weinprüfung aus (Amerine & Roessler, 1976; Durac, 1974; Ensrud, 1984).

Jeder dieser Schritte wird separat, ruhig und mit sowenig Ablenkung wie möglich vorgenommen. Diese Trennung und Isolierung der Schritte bei der Weinprobe erlaubt es, jedem einzelnen dieser Schritte mehr Aufmerksamkeit zuzuwenden. Die Wahrnehmungsschwellen sind unter diesen Bedingungen niedriger. Auch die Anerkennung für genaue Beurteilungen und der Wettbewerb mit anderen Verkostern scheint die Schwellen zu senken; unter diesen Bedingungen geben Menschen feinere und genauere Urteile ab (Amerine & Roessler, 1976). Die Absolutschwellen jedoch verändern sich wahrscheinlich nicht. Wie durch die *Signalentdeckungstheorie* beschrieben (Green & Swets, 1974), verändert sich eher die Motivation, genaue Antworten zu geben. Ein Faktor, der die Geschmacks- und Geruchsschwellen beim Weinverkosten beeinflußt, ist die Temperatur des Weines. Wenn Wein sehr kalt ist, ist sein Bouquet schwieriger wahrzunehmen. Die meisten Menschen, die Wein ohne Ablenkungen und mit der richtigen Temperatur verkosten, lernen es, zwischen verschiedenen Weinsorten zu unterscheiden (Amerine & Roessler, 1976).

Der Gesichts- und der Tastsinn sind ebenso wie der Geschmacks- und der Geruchssinn beim Weinverkosten entscheidend. Zur visuellen Beurteilung des Weines gehört es, sowohl seine Farbe als auch seine Erscheinung (zum Beispiel, ob er trübe ist) einzuschätzen (Amerine & Roessler, 1976; Durac, 1974). Um den Geruch des Weines zu beurteilen, achten die Weinverkoster zum einen auf das *Aroma* des Weines, das vor allem auch durch die verwendeten Rebsorten bestimmt ist, und auf das *Bouquet* des Weines, welches aus der Gesamtheit aller Duftstoffe besteht, die sich aus der Gärung, Verarbeitung oder Alterung herleiten (Amerine & Roessler, 1976). Wie in Kapitel 4 beschrieben, kann das Benennen mit spezifischen Namen die Geruchserkennung erleichtern. Zum Beispiel nennen viele Menschen das Aroma der weißen Sauvignon-Traube würzig (Amerine & Roessler, 1976). Zur Beurteilung des Geschmacks wird der Wein auf der Zunge gerollt, so daß alle Geschmacksrezeptoren erregt werden können. Um zu beurteilen, wie der Wein sich anfühlt, achtet der Weinverkoster auf jedes Zusammenziehen auf der Zunge sowie darauf, ob der Wein schwer oder leicht ist. Der Wein ist leicht, wenn er einen geringen Alkoholgehalt hat, und schwer, wenn der Alkoholgehalt hoch ist (Amerine & Roessler, 1976).

Es gibt verschiedene psychische Prozesse, die das genaue Weinverkosten erschweren können. Der erste ist die *Habituation* („Gewöhnung" an den Reiz). Es kann sein, daß die Sinneszellen, die den Wein

14. Küche und Weinkeller

schmecken und riechen, nach den ersten Weinproben nicht mehr so leicht auf den Reiz ansprechen (siehe Kapitel 4). Dies ist der Grund dafür, daß die Weinverkoster zwischen den Weinproben kleine Bissen Brot zu sich nehmen und den Wein sehr langsam kosten. Sie versuchen, ihre Sinneszellen auf einem konstanten Empfindlichkeitsniveau zu halten. Auch das Ausspucken des Weines kann hierbei helfen, aber der Hauptzweck besteht darin, die Aufnahme von Alkohol zu verhindern (Amerine & Roessler, 1976; Durac, 1974), der das Verhalten eines Verkosters stark beeinflussen kann (siehe Kapitel 11).

Ein anderes Problem, das beim Weinverkosten auftreten kann, betrifft die Beeinflussung eines Sinnes durch einen anderen, auch als *Reizirrtum* oder Reizfehler bezeichnet. Wenn beispielsweise ein Wein trübe erscheint, könnte der Verkoster seinen Geschmack leicht als unterdurchschnittlich bewerten, weil seiner Erfahrung nach trüber Wein oft nicht besonders gut schmeckt. Da jedoch zwischen der optischen Erscheinung und dem Geschmack nicht immer ein Zusammenhang besteht, ist es wichtig, solche intermodalen Effekte nach Möglichkeit auszuschließen. Dazu könnte der Wein aus einem schwarzen Glas getrunken werden, so daß es unmöglich ist, seine Transparenz zu beurteilen. Damit können die geschmacklichen Vorzüge eines Weines selbst beurteilt werden (Amerine & Roessler, 1976).

Ein drittes Problem beim Weinverkosten hat mit den Wörtern zu tun, die zur Beschreibung dessen, was gesehen, geschmeckt, gerochen und gefühlt wird, verwendet werden. Es werden häufig Ausdrücke wie „fruchtig", „herb" oder „honigfarben" verwendet. Es gibt jedoch keine Garantie, daß ein und dasselbe Wort, wenn es von zwei verschiedenen Menschen benutzt wird, für beide die gleiche Bedeutung hat. Außerdem kann sich der Gebrauch bestimmter Wörter mit der Zeit ändern.

Auch das Gedächtnis ist beim Weinverkosten sehr wichtig. Ein Verkoster muß Weine mit Absolutnormen vergleichen, die sich in früheren Proben herausgebildet haben. Wenn außerdem eine zu große Serie von Weinen probiert wird, werden diejenigen, die in der Mitte getestet wurden, wahrscheinlich später schlechter erinnert werden. Von einer langen Serie von Gegenständen oder Wörtern merken sich Menschen die ersten und die letzten in der Reihe besser als die mittleren. Dieser Effekt wird *Primat-* beziehungsweise *Rezenzeffekt* genannt (Norman, 1969). Eine Urteilsskala könnte dem Verkoster helfen, sich zu erinnern, was er geschmeckt hat (Amerine & Roessler, 1976).

Weinverkoster müssen außerdem auf *Kontrasteffekte* achten. Ein schlechter Wein könnte nach einem anderen schlechten Wein besser beurteilt werden, als wenn er nach einem herausragenden Wein probiert worden wäre (siehe die Diskussion zum Anreizkontrast in Kapitel 6). Werturteile sind oft relativ, und diese Tatsache sollte bei der Beurteilung von Weinen nicht außer acht gelassen werden (Amerine & Roessler, 1976).

Schließlich tritt bei der Beurteilung von Weinen oft eine *Tendenz zur Mitte* (*Extremscheu*) auf (Amerine & Roessler, 1976), das heißt die Tendenz, die Extremwerte der Urteilsskalen zu meiden. Die Urteile liegen nur im mittleren Bereich der Skala. Aus diesem Grunde schlagen einige Psychologen vor, daß die Beurteilungen nicht unter Nutzung fester Skalen, wie zum Beispiel Skalen von 1 bis 10, vorgenommen werden sollten. Wie sie meinen, sollte den Probanden statt dessen gesagt werden, daß sie dem Testobjekt bei der Bewertung eine beliebig hohe oder niedrige Zahl zuordnen sollten. Dann gibt es keine obere Grenze der verwendeten Skala, und die Urteile der Versuchspersonen sind nicht beschränkt (Cross, 1982).

Dieses Beispiel der Weinverkostung und die dahinter liegenden Prinzipien greift auf Erkenntnisse aus den Gebieten der Psychophysik sowie der Wahrnehmungs-, Lern-, Kognitions- und Sozialpsychologie zurück. Ein solcher Ansatz, der die Ergebnisse verschiedener Gebiete der Psychologie miteinander verbindet, kann für die Erklärung aller Eß- und Trinkverhaltensweisen nützlich sein.

Fazit

Die Kochkultur und und die Weinverkostung, zwei Seiten unserer Liebe zum guten Essen und Trinken, veranschaulichen viele Prinzipien, die in den vorangehenden Kapiteln dargestellt wurden. Sie sind hervorragende Beispiele für die Vorteile, die der Psychologie des Essens und Trinkens aus der Wahl einer interdisziplinären Herangehens-

14. Küche und Weinkeller

weise erwachsen. Unsere Freude am Essen und Trinken kann durch einen psychologischen Ansatz, der alle Sinne, frühere Erfahrungen, die Gene und die gegenwärtigen Umstände, einschließlich der anderen Menschen an unserem Tisch berücksichtigt, nur zunehmen. Jedenfalls hat eine Psychologie des Essens und Trinkens, die sich auf Befunde aus vielen verschiedenen Gebieten stützt, einiges zu sagen, auch im Hinblick auf zukünftige Forschungsaufgaben.

Beratungsstellen und Selbsthilfeorganisationen*

Auswirkungen von Nahrungsmitteln auf das Verhalten und Unverträglichkeiten

Allergiker- und Asthmatikerbund e. V.
Karin Grünzel
Hindenburgstraße 110
41061 Mönchengladbach
Tel: 0 21 61/1 02 07
Fax: 0 21 61/20 85 02

Deutsche Allergie- und Asthmahilfe e. V.
Bundesgeschäftsstelle
Dorotheenstraße 174
22299 Hamburg
Tel: 0 40/4 60 49 47
Fax: 0 40/48 65 49

---

* Die genannten Adressen stammen aus der Ausgabe 1993/94 der GRÜNEN ADRESSEN, dem von der Nationalen Kontakt- und Informationsstelle zur Anregung und Unterstützung von Selbsthilfegruppen (NAKOS) herausgegebenen Adreßverzeichnis bundesweit tätiger Selbsthilfevereinigungen und von Einrichtungen oder (Fach-) Verbänden, die für den Selbsthilfe-Bereich bedeutsam sind.

Arbeitskreis Überaktives Kind e. V.
Dieterichstraße 9
30159 Hannover
Tel: 05 11/3 63 27 29
Fax: 05 11/3 63 27 72

Eßstörungen

Overeaters Anonymus (OA)/
Anonyme Eßsüchtige – Deutsche Intergruppe
Postfach 10 62 06
28062 Bremen

Aktionskreis Eß-und Magersucht
Cinderella e. V.
Ingrid Mieck
Westendstraße 35
80339 München
Tel: 0 89/5 02 12 12

ANAD Selbsthilfe – Anorexia – Bulimia Nervosa e. V.
Barbara Schindler
Ungererstraße 32
80802 München
Tel: 0 89/33 38 77

Dick & Dünn – Beratung bei Eßstörungen e. V.
Innsbrucker Straße 25
10825 Berlin
Tel: 0 30/8 54 49 94

Frankfurter Zentrum für Eßstörungen
Frau Küllmer; Frau Schumann; Frau Rehklau
Hansaallee 18
60322 Frankfurt/M.
Tel: 0 69/55 01 76
Fax: 0 69/5 96 17 23

Alkoholismus

Blaues Kreuz in Deutschland e. V.
Postfach 20 02 52
42289 Wuppertal
Tel: 02 02/6 20 03-0
Fax: 02 02/6 20 03-81

Blaues Kreuz in der Evangelischen Kirche e. V.
Bernd Hedfeld; Udo Sperber
Dieterichstraße 17a
30159 Hannover
Tel: 05 11/3 63 18 15 (überkonfessionell)
Fax: 05 11/32 91 29

Deutscher Guttempler Orden (I.O.G.T.) e. V.
Herr Tiedemann; Herr Münzmaier
Adenauerallee 45
20097 Hamburg
Tel: 0 40/24 58 80
Fax: 0 40/24 14 30

Kreuzbund e. V.
Heinz Josef Janssen
Postfach 18 67
59008 Hamm
Tel: 0 23 81/6 72 72-0
Fax: 0 23 81/6 72 72-33

Selbsthilfegruppen der Ärzte
c/o Dr. med. Maria-Theresia Conradty
Bahnhofstraße 36
86971 Peiting
Tel: 0 88 61/61 15

Al-Anon-Familiengruppen
Emilienstraße 4
45128 Essen
Tel: 02 01/77 30 07
Fax: 02 01/77 30 08

Anonyme Alkoholiker Deutschland (AA)
Gemeinsames Dienstbüro
Johannes Prußky
Postfach 46 02 27
80910 München
Tel: 0 89/3 16 43 43
Fax: 0 89/3 16 51 00

Deutscher Frauenbund für alkoholfreie Kultur
Helga Rau
Kurt-Tucholsky-Straße 7
63329 Egelsbach
Tel: 0 61 03/4 27 31

Rauchen

Nichtraucher-Initiative Deutschland e. V.
Ernst-Günther Krause
Carl-von-Linde-Straße 11
85716 Unterschleißheim
Tel: 0 89/3 17 12 12

Suchtkrankenhilfe

Deutsche Hauptstelle gegen die Suchtgefahren (DHS)
Postfach 13 69
59003 Hamm
Tel: 0 23 81/90 15-0
Fax: 0 23 81/1 53 31

Bundesarbeitsgemeinschaft der Freundeskreise
für Suchtkrankenhilfe Deutschland e. V.
Käthe Körtel
Kurt-Schumacher-Straße 2
34117 Kassel
Tel: 05 61/78 04 13
Fax: 05 61/71 12 82

Literaturverzeichnis

I: Zitierte Fachliteratur

Abarca, N. & Fantino, E. (1982). *Choice and Foraging*. In: *Journal of Experimental Analysis of Behavior* 38, S. 117–123.
Abel, E. L. (1980). *Fetal Alcohol Syndrome: Behavioral Teratology*. In: *Psychological Bulletin* 87, S. 29–50.
Abel, E. L. (1981). *Behavioral Teratology of Alcohol*. In: *Psychological Bulletin* 90, S. 564–581.
Abelson, P. H. (1983). *Alcoholism Studies*. In: *Science* 220, S. 554, 556.
Abramson, E. E. (1973). *A Review of Behavioral Approaches to Weight Control*. In: *Behaviour Research and Therapy* 11, S. 547–556.
Abramson, E. E. (1977). *Behavioral Approaches to Weight Control: An Updated Review*. In: *Behaviour Research and Therapy* 15, S. 355–363.
Adler, T. (1990). *Alcoholism Gene Study Is Controversial*. In: *APA Monitor* (Juli), S. 8.
Adolph, E. F. (1947). *Water Metabolism*. In: *Annual Review of Physiology* 9, S. 381–408.
Adolph, E. F. (1969). *Physiology of Man in the Desert*. New York (Hafner).
Agras, W. S. (1987). *Eating Disorders: Management of Obesity, Bulimia, and Anorexia Nervosa*. In: New York (Pergamon).
Agras, W. S. & Kraemer, H. C. (1984). *The Treatment of Anorexia Nervosa: Do Different Treatments Have Different Outcomes?*. In: Stunkard, A. J. & Stellar, E. (Hrsg.) *Eating and Its Disorders*. New York (Raven Press).
Ainslie, G. (1981). *The Application of Economic Concepts to the Motivational Conflict in Alcoholism*. In: *Matching Patient Needs and Treatment Methods*. New York (Pergamon).
Ainslie, G. & Herrnstein, R. J. (1981). *Preference Reversal and Delayed Reinforcement*. In: *Animal Learning and Behavior* 9, S. 476–482.
Ainslie, G. W. (1974). *Impulse Control in Pigeons*. In: *Journal of Experimental Analysis of Behavior*. 21, S. 485–489.
Ainslie, G. W. (1975). *Specious Reward: A Behavioral Theory of Impulsiveness and Impulse Control*. In: *Psychological Bulletin* 82, S. 463–496.
Albert, M. S., Butters, N. & Brandt, J. (1980). *Memory for Remote Events in Alcoholics*. In: *Journal of Studies on Alcohol* 41, S. 1071–1081.
Allison, J. (1981). *Economics and Operant Conditioning*. In: Harzem, P. & Zeiler, M. D. (Hrsg.) *Predictability, Correlation, and Contiguity*. New York (John Wiley & Sons).

Allison, J. (1983). *Behavioral Substitutes and Complements*. In: Mellgren, R. L. (Hrsg.) *Animal Cognition and Behavior*. New York (North-Holland).

Altura, B. M., Altura, B. T., Carella, A., Chatterjee, M., Halevy, S. & Tejani, N. (1983). *Alcohol Produces Spasms of Human Umbilical Blood Vessels: Relationship to Fetal Alcohol Syndrome (FAS)*. In: *European Journal of Pharmacology* 86, S. 311–312.

American Psychiatric Association: *Diagnostic and Statistical Manual of Mental Disorders*. 4. rev. Aufl. (1994) Washington/DC (APA). Übersetzung in Vorbereitung. Vergleiche auch die Übersetzung der 3. Auflage von: Wittchen, H.-U., Saß, H., Zaudig, M. & Koehler, K. (1989). *Diagnostisches und statistisches Manual psychischer Störungen DSM-III-R*. Weinheim (Beltz).

Amerine, M. A. & Roessler, E. B. (1976). *Wines: Their Sensory Evaluation*. San Francisco (W. H. Freeman and Company).

Amoore, J. E. (1970). *Molecular Basis of Odor*. Springfield/Illinois (Charles C. Thomas).

Amoore, J. E. (1971). *Olfactory Genetics and Anosmia*.In: *Handbook of Sensory Physiology*, New York (Springer-Verlag), Bd. 4.

Amoore, J. E., Johnston, J. W. & Rubin, M. (1964). *The Stereochemical Theory of Odor*. In: *Scientific American* 210, S. 42–49.

Anand, B. K. & Brobeck, J. R. (1951). *Localization of a „Feeding Center" in the Hypothalamus of the Rat*. In: *Proceedings of the Society for Experimental Biology and Medicine* 77, S. 323–324.

Andersson, B. (1952). *Polydipsia Caused by Intrahypothalamic Injections of Hypertonic NaCl-Solutions*. Experientia 8, S. 157–158.

Andersson, B. (1953). *The Effect of Injections of Hypertonic NaCl-Solutions into Different Parts of the Hypothalamus of Goats*. In: *Acta Physiologica Scandinavica* 28, S. 188–201.

Andersson, B. & McCain, S. M. (1955a). *A Further Study of Polydipsia Evoked by Hypothalamic Stimulation in the Goat*. In: *Acta Physiologica Scandinavica* 33, S. 333–346.

Andersson, B. & McCain, S. M. (1955b). *Drinking, Antidiuresis and Milk Ejection from Electrical Stimulation within the Hypothalamus of the Goat*. In: *Acta Physiologica Scandinavica* 35, S. 191–201.

Andres, R. (1980). *Influence of Obesity on Longevity in the Aged*. In: *Advances in Pathobiology* 7, S. 238–246.

„Alcoholics Anonymous" (persönliche Mitteilung des Informationsbüros), August 1990.

Antelman, S. M. & Caggiula, A. R. (1977). *Tails of Stress-Related Behavior: A Neuropharmacological Model*. In: Hanin, I. & Usdin, E. (Hrsg.) *Animal Models in Psychiatry and Neurology*. New York (Pergamon).

Antons, K. & Schulz, W. (1976). *Normales Trinken und Suchtentwicklung*, Bd. 1. Göttingen (Hogrefe).

Antelman, S. M. & Rowland, N. (1981). *Endogenous Opiates and Stress-Induced Eating*. In: *Science* 214, S. 1149–1150.

Arens, W. (1979). *The Man-Eating Myth: Anthropology and Anthropophagy*. New York (Oxford University Press).

Arnold, W. N. (1989). *Absinthe*. In. *Scientific American* 260 (Juni), S. 112–117.

Arvidson, K. & Friberg, U. (1980). *Human Taste: Response and Taste Bud Number in Fungiform Papillae*. In: *Science* 209, S. 807–808.

Augustine, G. J. & Levitan, H. (1980). *Neurotransmitter Release from a Vertebrate Neuromuscular Synapse Affected by a Food Dye*. In: *Science* 207, S. 1489–1490.

Ayerst Laboratories Inc. (1986). *Antabuse^R Brand of Disulfiram in Alcoholism*. New York (Author).

Babayan, S. Y., Budayr, B. & Lindgren, H. C. (1966). *Age, Sex, and Culture as Variables in Food Aversion*. In: *The Journal of Social Psychology* 68, S. 15–17.

Baekeland, F., Lundwall, L. & Kissin, B. (1975). *Methods for the Treatment of Chronic Alcoholism: A Critical Appraisal*. In: Gibbins, R. J., Israel, Y., Kalant, H., Popham, R. E., Schmidt, W. & Smart, R. G. (Hrsg.) *Research Advances in Alcohol and Drug Problems*. New York (Wiley). Bd. 2.

Baker, T. B. & Cannon, D. S. (1979). *Taste Aversion Therapy with Alcoholics: Techniques and Evidence of a Conditioned Response*. In: *Behaviour Research and Therapy* 17, S. 229–242.

Baker, T. B., Sobell, M. B., Sobell, L. C. & Cannon, D. S. (1976). *Halfway Houses for Alcoholics: A Review, Analysis and Comparison with Other Halfway House Facilities*. In: *International Journal of Social Psychiatry* 22, S. 130–139.

Ban, T. A. (1981). *Megavitamin Therapy in Schizophrenia*. In: Miller, S. A. (Hrsg.) *Nutrition and Behavior*. Philadelphia (Franklin Institute).

Bancroft, J., Cook, A. & Williamson, L. (1988). *Food Craving, Mood and the Menstrual Cycle*. In: *Psychological Medicine* 18, S. 855–860.

Barash, D. P. (1977). *Sociobiology and Behavior*. New York (Elsevier). dt: (1980). *Sozialbiologie und Verhalten*. Berlin (Parey).

Barinaga, M. (1990a). *Amino Acids: How Much Excitement Is Too Much?*. In: *Science* 247, S. 20–22.

Barinaga, M. (1990b). *MSG: A 20-Year Debate Continues*. In: *Science* 247, S. 21.

Barlow, D. H., Bellack, A. S., Buchwald, A. M., Garfield, S. L., Hartmann, D. P., Herman, C. P., Hersen, M., Miller, P. M., Rachman, S. & Wolpe, J. (1983). *Alcoholism Studies*. In: *Science* 220, S. 554.

Barnes, D. (1988). *The Biological Tangle of Drug Addiction*. In: *Science* 241, S. 415–417.

Barnes, D. M. (1988). *Drugs: Running the Numbers*. In: *Science* 240, S. 1729–1731.

Barnett, S. A. (1963). *The Rat: A Study in Behavior*. Chicago (Aldine).

Bartoshuk, L. M. (1979). *Bitter Taste of Saccharin Related to the Genetic Ability to Taste the Bitter Substance 6-n-Propylthiouracil*. In: *Science* 205, S. 934–934.

Bartoshuk, L. M. (1980). *Separate Worlds of Taste*. In: *Psychology Today* 14, S. 48–63.

Bartoshuk, L. M. (1988). *Taste*. In: Atkinson, C., Herrnstein, R. J., Lindzey, G. & Luce, R. D. (Hrsg.) *Stevens' Handbook of Experimental Psychology*. 2. Aufl. New York (John Wiley & Sons).

Bartoshuk, L. M. (1989). *Taste: Robust Across the Age Span?* In: Murphy, C., Cain, W. S. & Hegsted, D. M. (Hrsg.) *Nutrition and the Chemical Senses in Aging: Recent Advances and Current Research Needs*. New York (New York Academy of Sciences).

Bartoshuk, L. M., Dateo, G. P., Vandenbelt, D. J., Buttrick, R. L. & Long, L. (1969). *Effects of Gymnema Sylvestre and Synsepalum Dulcificum on Taste in Man*. In: Pfaffman, C. (Hrsg.) *Olfaction and Taste: Proceedings of the Third International Symposium*. New York (Rockefeller University Press).

Baucom, D. H. & Aiken, P. A. (1981). *Effect of Depressed Mood on Eating Among Obese and Nonobese Dieting and Nondieting Persons*. In: *Journal of Personality and Social Psychology* 41, S. 577–585.

Baum, W. M. (1974). *Choice in Free-Ranging Wild Pigeons.* In: *Science* 185, S. 78–79.

Baum, W. M. (1981). *Optimization and the Matching Law as Accounts of Instrumental Behavior.* In: *Journal of the Experimental Analysis of Behavior* 36, S. 387–403.

Baum, W. M. (1987). *Random and Systematic Foraging, Experimental Studies of Depletion, and Schedules of Reinforcement.* In: Kamil, A. C., Krebs, J. R. & Pulliam, H. R. (Hrsg.) *Foraging Behavior.* New York (Plenum).

Beauchamp, G. K. (1987). *The Human Preference for Excess Salt.* In: *American Scientist* 75 (1), S. 27–33.

Beauchamp, G. K., Bertino, M. & Engelman, K. (1987). *Failure to Compensate Decreased Dietary Sodium with Increased Table Salt Usage.* In: *Journal of the American Medical Association* 258, S. 3275–3278.

Beauchamp, G. K. & Cowart, B. J. (1985). *Congenital and Experiential Factors in the Development of Human Flavor Preferences.* In: *Appetite* 6, S. 357–372.

Beauchamp, G. K., Cowart, B. J. & Moran, M. (1986). *Developmental Changes in Salt Acceptability in Human Infants.* In: *Developmental Psychobiology* 19, S. 17–25.

Beauchamp, G. K. & Moran, M. (1982). *Dietary Experience and Sweet Taste Preference in Human Infants.* In: *Appetite* 3, S. 139–152.

Beck, M. & Galef, B. G. (1989). *Social Influence on the Selection of a Protein-Sufficient Diet by Norway Rats (Rattus norvegicus).* In: *Journal of Comparative Psychology* 103, S. 132–139.

Beckwith, J. B. (1986). *Eating, Drinking, and Smoking and Their Relationship in Adult Women.* In: *Psychological Reports* 59, S. 1075–1089.

Bednarz, J. C. (1988). *Cooperative Hunting in Harris' Hawks (Parabuteo Unicinctus).* In: *Science* 239, S. 1525–1527.

Beebe-Center, J. G. (1949). *Standards for Use of the Gust Scale.* In: *The Journal of Psychology* 28, S. 411–419.

Begleiter, H., Porjesz, B., Bihari, B. & Kissin, B. (1984). *Event-Related Brain Potentials in Boys at Risk for Alcoholism.* In: *Science* 225, S. 1493–1496.

Beidler, L. (1967). *Anion Influences on Taste Receptor Response.* In: Hayashi, T. (Hrsg.) *Olfaction and Taste II.* Oxford/Great Britain (Pergamon).

Bell, R. R., Draper, H. H. & Bergan, J. G. (1973). *Sucrose, Lactose, and Glucose Tolerance in Northern Alaskan Eskimos.* In: *The American Journal of Clinical Nutrition* 26, S. 1185–1190.

Bellows, R. T. (1939). *Time Factors in Water Drinking in Dogs.* In: *American Journal of Physiology* 125, S. 87–97.

Bemis, K. M. (1978). *Current Approaches to the Etiology and Treatment of Anorexia Nervosa.* In: *Psychological Bulletin* 85, S. 593–617.

Bennett, G. A. (1987). *Behaviour Therapy in the Treatment of Obesity.* In: Boakes, R. A., Popplewell, D. A. & Burton, M. J. (Hrsg.) *Eating Habits: Food, Physiology and Learned Behavior.* Chichester/Great Britain (John Wiley & Sons).

Bennett, W. (1987). *Dietary Treatments of Obesity.* In: Wurtman, R. J: & Wurtman, J. J. (Hrsg.) *Human Obesity.* NewYork (New York Academy of Sciences).

Bennett, W. & Gurin, J. (1982). *The Dieter's Dilemma.* New York (Basic Books).

Bernard, C. (1878). *Les Phénomènes de la Vie.* Paris. Zitiert in: Cannon (1929).

Bernstein, I. L. (1978). *Learned Taste Aversions in Children Receiving Chemotherapy.* In: *Science* 200, S. 1302–1303.

Bernstein, I. L. & Borson, S. (1986). *Learned Food Aversion: A Component of Anorexia Syndromes.* In: *Psychological Review* 93, S. 462–472.

Bernstein, I. L. & Fenner, D. P. (1983). *Learned Food Aversions: Heterogeneity of Animal Models of Tumor-Induced Anorexia*. In: *Appetite* 4, S. 79–86.

Bernstein, I. L. & Goehler, L. E. (1983). *Chronic Lithium Chloride Infusions: Conditioned Suppression of Food Intake and Preference*. In: *Behavioral Neuroscience* 97, S. 290–298.

Bernstein, I. L. & Treneer, C. M. (1985). *Learned Food Aversions and Tumor Anorexia*. In: Burish, T. G., Levy, S. M. & Meyerowitz, B. E. (Hrsg.) *Cancer, Nutrition, and Eating Behavior*. Hillsdale/NJ (Lawrence Erlbaum Associates).

Bernstein, I. L. & Webster, M. M. (1980). *Learned Taste Aversions in Humans*. In: *Physiology and Behavior* 25, S. 363–366.

Bernstein, I. L. & Webster, M. M. (1985). *Learned Food Aversions: A Consequence of Cancer Chemotherapy*. In: Burish, T. G., Levy, S. M. & Meyerowitz, B. E. (Hrsg.) *Cancer, Nutrition, and Eating Behavior*. Hillsdale/NJ (Lawrence Erlbaum Associates).

Berry, S. L., Beatty, W. W. & Klesges, R. C. (1985). *Sensory and Social Influences on Ice Cream Consumption by Males and Females in a Laboratory Setting*. In: *Appetite* 6, S. 41–45.

Bigelow, G., Strickler, D., Liebson, I. & Griffiths, R. (1976). *Maintaining Disulfiram Ingestion among Outpatient Alcoholics: A Security-Deposit Contingency Contracting Procedure*. In: *Behaviour Research and Therapy* 14, S. 378–381.

Bingham, S. A., Goldberg, G. R., Coward, W. A., Prentice, A. M. & Cummings, J. H. (1989). *The Effect of Exercise and Improved Physical Fitness on Basal Metabolic Rate*. In: *British Journal of Nutrition* 61, S. 155–173.

Birch, H. G. & Gussow, J. D. (1970). *Disadvantaged Children: Health, Nutrition and School Failure*. (Harcourt, Brace & World).

Birch, L. L. (1980). *Effects of Peer Models' Food Choices and Eating Behaviors on Preschoolers' Food Preferences*. In: *Child Development* 51, S. 489–496.

Birch, L. L. (1981). *Generalization of a Modified Food Preference*. In: *Child Development* 52, S. 755–758.

Birch, L. L. (1987). *Children's Food Preferences: Developmental Patterns and Environmental Influences*. In: Vasta, R. (Hrsg.) *Annals of Child Devolopment*. Greenwich/CT (JAI Press), Bd. 4.

Birch, L. L., Billman, J. & Richards, S. S. (1984). *Time of Day Influences Food Acceptability*. In: *Appetite* 5, S. 109–116.

Birch, L. L., Birch, D., Marlin, D. W. & Kramer, L. (1982). *Effects of Instrumental Consumption on Children's Food Preference*. In: *Appetite* 3, S. 125–134.

Birch, L. L. & Deysher, M. (1985). *Conditioned and Unconditioned Caloric Compensation: Evidence for Self-Regulation of Food Intake in Young Children*. In: *Learning and Motivation* 16, S. 341–355.

Birch, L. L. & Deysher, M. (1986). *Caloric Compensation and Sensory Specific Satiety: Evidence for Self Regulation of Food Intake by Young Children*. In: *Appetite* 7, S. 323–331.

Birch, L. L., McPhee, L., Shoba, B. C., Pirok, E. & Steinberg, L. (1987). *What Kind of Exposure Reduces Children's Food Neophobia*. In: *Appetite* 9, S. 171–178.

Birch, L. L., McPhee, L., Sullivan, S. & Johnson, S. (1989). *Conditioned Meal Initiation in Young Children*. In: *Appetite* 13, S. 105–113.

Birch, L. L., McPhee, L., Sullivan, S. & Johnson, S. (1989). *Conditioned Meal Initiation in Young Children*. In: *Appetite* 13, S. 105–113.

Birch, L. L., Zimmerman, S. I. & Hind, H. (1980). *The Influence of Social-Affective Context on the Formation of Children's Food Preferences.* In: *Child Development* 51, S. 856–861.

Birnbaun, I. M., Johnson, M. K., Hartley, J. T. & Taylor, T. H. (1980). *Alcohol and Elaborative Schemas for Sentences.* In: *Journal of Experimental Psychology* 6, S. 293–300.

Björntorp, P. (1987). *Fat Cell Distribution and Metabolism.* In: Wurtman, R. J. & Wurtman, J. J. (Hrsg.) *Human Obesity.* New York (New York Academy of Sciences).

Blackburn, G. L., Wilson, G. T., Kanders, B. S., Stein, L. J., Lavin, P. T., Adler, J. & Brownell, K. D. (1989). *Weight Cycling: The Experience of Human Dieters.* In: *American Journal of Clinical Nutrition* 49, S. 1105–1109.

Blass, E.M. & Teicher, M.H. (1980). *Suckling.* In: *Science* 210, S. 15–22.

Bloch, M. R. (1978). *The Social Influence of Salt.* In: *Human Nutrition.* San Francisco (W. H. Freeman and Company).

Blum, K., Noble, E. P., Sheridan, P. J., Montgomery, A., Ritchie, T., Jagadeeswaran, P., Nogami, H., Briggs, A. H. & Cohn, J. B. (1980). *Allelic Association of Human Dopamine D_2 Receptor Gene in Alcoholism.* In: *The Journal of American Medical Association* 263, S. 2055–2060.

Blundell, J. E. (1984). *Systems and Interactions: An Approach to the Pharmacology of Eating and Hunger.* In: Stunkard, A. J. & Stellar, E. (Hrsg.) *Eating and Its Disorders.* New York (Raven Press).

Blundell, J. E. & Hill, A. J. (1986). *Paradoxical Effects of an Intense Sweetener (Aspartame) on Appetite.* In: *The Lancet* (10. Mai), S. 1092–1093.

Blundell, J. E. & Latham, C. J. (1982). *Behavioural Pharmacology of Feeding.* In: Silverstone, T. (Hrsg.) *Drugs and Appetite.* London (Academic Press).

Blundell, J. E. & Rogers, P. J. (1978). *Pharmacologic Approaches to the Understanding of Obesity.* In: Stunkard, A. J. (Hrsg.) *Symposium on Obesity: Basic Mechanisms and Treatment.* Philadelphia (W. B. Saunders).

Boal, A. S., Young, S. N., Sutherland, M., Ervin, F. R. & Coppinger, R. (1988). *The Effect of Breakfast on Social Behavior and Brain Amine Metabolism in Vervet Monkeys.* In: *Pharmacology, Biochemistry and Behavior* 29, S. 115–123.

Bobroff, E. M. & Kissileff, H. R. (1986). *Effects of Changes in Palatability on Food Intake and the Cumulative Food Intake Curve in Man.* In: *Appetite* 7, S. 85–96.

Boffey, P. M. (1982). *Showdown Nears in Feud over Alcohol Studies.* In: *The New York Times* (2. November), S. C1–C2.

Bolles, R. C. (1973). *The Comparative Psychology of Learning: The Selective Association Principle and Some Problems with 'General' Laws of Learning.* In: Bermant, G. (Hrsg.) *Perspectives on Animal Behavior.* Glenview/IL (Scott, Foresman).

Bolles, R. C. (1980). *Stress-Induced Overeating? A Response to Robbins and Fray.* In: *Appetite* 1, S. 229–230.

Bolles, R. C. (1983). *A 'Mixed' Model of Taste Preference.* In: Mellgren, R. L. (Hrsg.) *Animal Cognition and Behavior.* New York (North-Holland).

Bolles, R. C., Hayward, L. & Crandall, C. (1981). *Conditioned Taste Preferences Based on Caloric Density.* In: *Journal of Experimental Psychology: Animal Behavior Processes* 7, S. 59–69.

Booth, D. A. (1980). *Acquired Behavior Controlling Energy Intake and Output.* In: Stunkard, A. J. (Hrsg.) *Obesity.* Philadelphia (W. B. Saunders).

Booth, D. A. (1982). *How Nutritional Effects of Foods Can Influence People's Choices.* In: Barker, L. M. (Hrsg.) *The Psychobiology of Human Food Selection.*Westport/CT (AVI Publishing).

Booth, D. A. (1988). *Mechanisms from Models – Actual Effects from Real Life: The Zero-Calorie Drink-Break Option.* In: *Appetite* 11 Supplement, S. 94–102.

Booth, D. A., Mather, P. & Fuller, J. (1982). *Starch Content of Ordinary Foods Associatively Conditions Human Appetite and Satiation, Indexed by Intake and Eating Pleasantness of Starch-Paired Flavours.* In: *Appetite* 3, S. 163–184.

Booth, D. A., Toates, J. M. & Platt, S. V. (1976). *Control System for Hunger and Its Implications in Animals and Man.* In: Novin, D., Wyrwicka, W. & Bray, G. A. (Hrsg.) *Hunger: Basic Mechanisms and Clinical Implications.* New York (Raven Press).

Booth, D. S. (1985). *Commentary on 'Coyote Control and Taste Aversion': Editor's Report.* In: *Appetite* 6, S. 282–283.

Booth, P., Kohns, M. B. & Kamath, S. (1982). *Taste Acuity and Aging: A Review.* In: *Nutrition Research* 2, 95–109.

Borg, G., Diamant, H., Oakley, B., Strom, L. & Zotterman, Y. (1963). *A Comparative Study of Neural and Psychophysical Responses to Gustatory Stimuli.* In: Hayashi, T. (Hrsg.) *Olfaction and Taste II.* Oxford/Great Britain (Pergamon).

Bowman, R. E. (1981). *Behavioral Teratology of Dietary Constituents: The Vulnerability of the Developing Organism to Toxic Insult.* In: Miller, S. A. (Hrsg.) *Nutrition and Behavior.* Philadelphia (Franklin Institute).

Bradley, P. J. (1985). *Conditions Recalled to Have Been Associated with Weight Gain in Adulthood.* In: *Appetite* 6, S. 235–241.

Brake, S. C. (1981). *Suckling Infant Rats Learn a Preference for a Novel Olfactory Stimulus Paired with Milk Delivery.* In: *Science* 211, S. 506–508.

Brala, P. M. & Hagen, R. L. (1983). *Effects of Sweetness Perception and Caloric Value of a Preload on Short Term Intake.* In: *Physiology and Behavior* 30, S. 1–9.

Braucht, G. N. (1983). *How Environments and Persons Combine to Influence Problem Drinking: Current Research Issues.* In: Galanter, M. (Hrsg.) *Recent Developments in Alcoholism.* New York (Plenum). Bd. 1.

Braveman, N. S. (1974). *Poison-Based Avoidance Learning with Flavored or Colored Water in Guinea Pigs.* In: *Learning and Motivation* 5, S. 182–194.

Braveman, N. S. (1975). *Relative Salience of Gustatory and Visual Cues in the Formation of Poison-Based Food Aversions by Guinea Pigs (Cavia porcellus).* In: *Behavioral Biology* 14, S. 18–199.

Bray, G. A. (1976) *The Obese Patient.* Philadelphia (W. B. Saunders).

Bray, G. A. (1978). *Intestinal Bypass Surgery for Obese Patients.* In: Stunkard, A. J. (Hrsg.) *Symposium on Obesity: Basic Mechanisms and Treatment.* Philadelphia (W. B. Saunders).

Bray, G. A. (1987). *Overweight Is Risking Fate: Definition, Classification, Prevalence, and Risks.* In: Wurtman, R. J. & Wurtman, J. J. (Hrsg.) *Human Obesity.* New York (New York Academy of Sciences).

Bray, G. A. & Gray, D. S. (1988). *Obesity. Part II – Treatment.* In: *Western Journal of Medicine* 149, S. 555–571.

Bray, G. A. & York, D. A. (1971). *Genetically Transmitted Obesity in Rodents.* In: *Physiological Reviews* 51, S. 598–646.

Brecht, B. (1979). *Leben des Galilei.* Leipzig (Philipp Reclam jun.).

Brener, J. (1987). *Behavioural Energetics: Some Effects of Uncertainty on the Mobilization and Distribution of Energy.* In: *Psychophysiology* 24, S. 499–512.

Brener, J. & Mitchell, S. (1989). *Changes in Energy Expenditure and Work during Response Acquisition in Rats.* In: *Journal of Experimental Psychology: Animal Behavior Processes* 15, S. 166–175.

Brobeck, J. R. (1948). *Food Intake as a Mechanism of Temperature Regulation. Journal of Biology and Medicine* 20, S. 545–552.

Broberg, D. J. & Bernstein, I. L. (1989). *Preabsorptive Insulin Release in Bulimic Women and Chronic Dieters.* In: *Appetite* 13, S. 161–169.

Brody, J. E. (1981). *Jane Brody's Nutrition Book.* New York (W. W. Norton).

Brody, J. E. (1982). *Jane Brody's The New York Times Guide to Personal Health.* New York (Avon).

Brody, J. E. (1986). *Stomach Balloon for Obesity Gains Favor amid Concerns.* In: *The New York Times* (29. April), S. C1, C6.

Brower, L. P. (1969). *Ecological Chemistry.* In: *Scientific American* (Februar), S. 22–29.

Brower, L. P. & Fink, L. S. (1985). *A Natural Toxic Defense System: Cardenolides in Butterflies versus Birds.* In: Braveman, N. S. & Bronstein, P. (Hrsg.) *Experimental Assessments and Clinical Applications of Conditioned Food Aversions.* New York (New York Academy of Sciences).

Brown, P. J. & Konner, M. (1987). *An Anthropological Perspective on Obesity.* In: Wurtman, R. J. & Wurtman, J. J. (Hrsg.) *Human Obesity.* NewYork (New York Academy of Sciences).

Brown, R. & Herrnstein, R. J. (1975). *Psychology.* Boston (Little, Brown).

Brownell, K. (1988). *The Yo-Yo Trap.* In: *American Health* (März), S. 78, 80–82, 84.

Brownell, K. D. (1982). *Obesity: Understanding a Serious, Prevalent, and Refractory Disorder.* In: *Journal of Consulting and Clinical Psychology* 50, S. 820–840.

Brownell, K. D., Bachorik, P. S. & Ayerle, R. S. (1982). *Changes in Plasma Lipid and Lipoprotein Levels in Men and Women after a Program of Moderate Exercise.* In: *Circulation* 65, S. 477–484.

Brownell, K. D., Cohen, R. Y., Stunkard, A. J., Felix, M. R. J. & Cooley, N. B. (1984). *Weight Loss Competitions at the Work Site: Impact on Weight, Morale and Cost-Effectiveness.* In: *American Journal of Public Health* 74, S. 1283–1285.

Brownell, K. D., Greenwood, M. R. C., Stellar, E. & Shrager, E. E. (1986). *The Effects of Repeated Cycles of Weight Loss and Regain in Rats.* In: *Physiology and Behavior* 38, S. 459–464.

Brownell, K. D., Marlatt, G. A., Lichtenstein, E. & Wilson, G. T. (1986). *Understanding and Preventing Relapse.* In: *American Psychologist* 41, S. 765–782.

Brownell, K. D. & Stunkard, A. J. (1980). *Physical Activity in the Development and Control of Obesity.* In: Stunkard, A. J. (Hrsg.) *Obesity.* Philadelphia (W. B. Saunders).

Brownell, K. D. & Stunkard, A. J. (1981). *Differential Changes in Plasma High-Density Lipoprotein-Cholesterol Levels in Obese Men and Women during Weight Reduction.* In: *Archives of Internal Medicine* 141, S. 1142–1146.

Brozek, J. (1978). *Nutrition, Malnutrition, and Behavior.* In: *Annual Review of Psychology* 29, S. 157–177.

Bruce, D. G., Storlien, L. H., Furler, S. M. & Chisholm, D. J. (1987). *Cephalic Phase Metabolic Responses in Normal Weight Adults.* In: *Metabolism* 36, S. 721–725.

Bruch, H. (1973). *Eating Disorders.* New York (Basic Books). dt: (2. Aufl. 1992). *Eßstörungen. Zur Psychologie und Therapie von Übergewicht und Magersucht.* Frankfurt (Fischer Taschenbuch).

Bruch, H. (1978). *The Golden Cage*. Cambridge/MA (Harvard University Press). dt: (1980). *Der goldene Käfig. Das Rätsel der Magersucht*. Frankfurt (Fischer Taschenbuch).

Bruch, H. (1982). *Anorexia Nervosa: Therapy and Theory*. In: *American Journal of Psychiatry* 139, S. 1531–1538.

Burghardt, G. M. & Hess, E. H. (1966). *Food Imprinting in the Snapping Turtle*. In: *Chelydra serpentina* 151, S. 108–109.

Burish, T. G., Redd, W. H., Carey, M. P. (1985). *Conditioned Nausea and Vomiting in Cancer Chemotherapy: Treatment Approaches*. In: Burish, T. G., Levy, S. M. & Meyerowitz, B. E. (Hrsg.) *Cancer, Nutrition, and Eating Behavior*. Hillsdale/NJ (Lawrence Erlbaum Associates).

Burkhardt, B. (1982). *Preference and Response Substitutability in the Maximization of Behavioral Value*. In: Commons, M. L., Herrnstein, R. J. & Rachlin, H. (Hrsg.) *Quantitative Analyses of Behavior: Matching and Maximizing Accounts*. Cambridge/MA (Ballinger).

Burns, R. J. & Connolly, G. E. (1985). *A Comment on 'Coyote Control and Taste Aversion'*. In: *Appetite* 6, S. 276–281.

Buskist, W. F., Bennett, R. H. & Miller, H. L. (1981). *Concurrent Operant Performance in Humans: Matching When Food Is the Reinforcer*. In: The *Psychological Record* 35, S. 217–225.

Cabanac, M. (1971). *Physiological Role of Pleasure*. In: *Science* 173, S. 1103–1107.

Caddy, G. R. (1978). *Blood Alcohol Concentration Discrimination Training: Development and Current Status*. In: Marlatt, G. A. & Nathan, P. E. (Hrsg.) *Behavioral Approaches to Alcoholism*. New Brunswick/NJ (Rutgers Center of Alcohol Studies).

Caddy, G. R. & Block, T. (1983). *Behavioral Treatment Methods for Alcoholism*. In: Galanter, M. (Hrsg.) *Recent Developments in Alcoholism*. New York (Plenum). Bd. 1.

Cahalan, D. (1978). *Subcultural Differences in Drinking Behavior in U. S. National Surveys and Selected European Studies*. In: Nathan, P. E., Marlatt, G. A. & Loberg, T. (Hrsg.) *Alcoholism: New Directions in Behavioral Research and Treatment*. New York (Plenum).

Cain, W. S. (1979). *To Know with the Nose: Keys in Odor Identification*. In: *Science* 203, S. 467–470.

Cain, W. S. (1988). *Olfaction*. In: Atkinson, R. C., Herrnstein, R. J., Lindzey, G. & Luce, R. D. (Hrsg.) *Stevens' Handbook of Experimental Psychology*. 2. Aufl. New York (John Wiley & Sons).

Callahan, E. J. & Desiderato, L. (1988). *Disorders in Pregnancy*. In: Blechman, F. A, Brownell, K. (Hrsg.) *Handbook of Behavioral Medicine for Women*. New York (Pergamon).

Campbell, D. H., Capaldi, E. D. & Myers, D. E. (1987). *Conditioned Flavor Preferences as a Function of Deprivation Level: Preferences or Aversions?* In: *Animal Learning and Behavior* 15, S. 193–200.

Campfield, L. A. & Smith, F. J. (1986). *Functional Coupling between Transient Declines in Blood Glucose and Feeding Behavior: Temporal Relationships*. In: *Brain Research Bulletin* 17, S. 427–433.

Cannon, D. S. & Baker, T. B. (1981). *Emetic and Electric Shock Alcohol Aversion Therapy: Assessment of Conditioning*. In: *Journal of Consulting and Clinical Psychology* 49, S. 20–33.

Cannon, D. S., Baker, T. B. & Wehl, C. K. (1981). *Emetic and Electric Shock Alcohol Aversion Therapy: Six- and Twelve-Month Follow-Up*. In: *Journal of Consulting and Clinical Psychology* 49, S. 360–368.

Cannon, W. B. (1917–1918). *The Physiological Basis of Thirst*. In: *Proceedings of the Royal Society, London* 90, S. 283–301.

Cannon, W. B. (1929a). *Hunger and Thirst*. In: Murchison, C. (Hrsg.) *The Foundations of Experimental Psychology*. Worcester/MA (Clark University Press).

Cannon, W. B. (1929b). *Organization for Physiological Homeostasis*. In: *Physiological Reviews* 9, S. 399–431.

Cannon, W. B. & Washburn, A. L. (1912). *An Explanation of Hunger*. In: *The American Journal of Physiology* 29, S. 441–454.

Cantor, M. B. (1981). *Bad Habits: Models of Induced Ingestion in Satiated Rats and People*. In: Miller, S. A. (Hrsg.) *Nutrition and Behavior*. Philadelphia (Franklin Institute).

Cantor, M. B., Smith, S. E. & Bryan, B. R. (1982). *Induced Bad Habits: Adjunctive Ingestion and Grooming in Human Subjects*. In: *Appetite* 3, S. 1–12.

Cantor, M. B. & Wilson, J. F. (1985). *Feeding the Face: New Directions in Adjunctive Behavior Research*. In: Brush, F. R. & Overmier, J. B. (Hrsg.) *Affect, Conditioning, and Cognition: Essays on the Determinants of Behavior*. Hillsdale/NJ (Lawrence Erlbaum Associates).

Cantor, S. M. & Cantor, M. B. (1977). *Socioeconomic Factors in Fat and Sugar Consumption*. In: Kare, M. R. & Maller, O. (Hrsg.) *The Chemical Senses and Nutrition*. New York (Academic Press).

Capaldi, E. D., Bradford, J. P., Sheffer, J. D. & Pulley, R. J. (1989). *The Rat's Sweet Tooth*. In: *Learning and Motivation* 20, S. 178–190.

Capaldi, E. D., Campbell, D. H., Sheffer, J. & Bradford, J. P. (1987). *Conditioned Flavor Preferences Based on Delayed Caloric Consequences*. In: *Journal of Experimental Psychology: Animal Behavior Processes* 13, S. 150–155.

Caporael, L. R. (1976). *Ergotism: The Satan Loosed in Salem*. In: *Science* 192, S. 21–26.

Cappell, H. (1975). *An Evaluation of Tension Models of Alcohol Consumption*. In: Gibbins, R. J., Israel, Y., Kalant, H., Popham, R. E., Schmidt, W. & Smart, R. G. (Hrsg.) *Research Advances in Alcohol and Drug Problems*. New York (Wiley). Bd. 2.

Caraco, T. (1983). *White-Crowned Sparrows (Zonotrichia leucophrys): Foraging Preferences in a Risky Environment*. In: *Behavioral Ecology and Sociobioloby* 12, S. 63–69.

Caraco, T., Martindale, S. & Whittam, T. S. (1980). *An Empirical Demonstration of Risk-Sensitive Foraging Preferences*. In: *Animal Behaviour* 28, S. 820–830.

Carey, M. P. & Burish, T. G. (1988). *Etiology and Treatment of the Psychological Side Effects Associated with Cancer Chemotherapy: A Critical Review and Discussion*. In: *Psychological Bulletin* 104, S. 307–325.

Carr, W. J., Choi, S. Y., Arnholt, E. & Sterling, M. H. (1983). *The Ontogeny of a Natural Food Aversion in Domestic Rats (Rattus norvegicus) and House Mice (Mus musculus)*. In: *Journal of Comparative and Physiological Psychology* 97, S. 260–268.

Carr, W. J., Hirsch, J. T., Campellone, B. E. & Marasco, E. (1979). *Some Determinants of a Natural Food Aversion in Norway Rats*. In: *Journal of Comparative and Physiological Psychology* 93, S. 899–906.

Carr, W. J., Landauer, M. R., Wiese, R. E. & Thor, D. H. (1979). *A Natural Food Aversion in Rats*. In: *Journal of Comparative and Physiological Psychology* 93, S. 574–584.

Carrell, L. E., Cannon, D. S., Best, M. R. & Stone, M. J. (1986). *Nausea and Radiation-Induced Taste Aversions in Cancer Patients*. In: *Appetite* 7, S. 203–208.

Castellucci, V. F. (1985). *The Chemical Senses: Taste and Smell*. In: Kandel, E. R. & Schwartz, J. H. (Hrsg.) *Principles of Neural Science*. 2. Aufl. New York (Elsevier).

Castelnuovo-Tedesco, P. & Schiebel, D. (1976). *Studies of Superobesity II. Psychiatric Appraisal of Surgery for Superobesity*. In: Novin, D., Wyrwicka, W. & Bray, G. A. (Hrsg.) *Hunger: Basic Mechanisms and Clinical Implications*. New York (Raven Press).

Cermak, L. S. (1980). *Improving Retention in Alcoholic Korsakoff Patients*. In: *Journal of Studies on Alcohol* 41, S. 159–169.

Charnov, E. L. (1976). *Optimal Foraging: Attack Strategy of a Mantid*. In: *American Naturalist* 110, S. 141–151.

Chase, J. L., Salzberg, H. C. & Palotai, A. M. (1984). *Controlled Drinking Revisited: A Review*. In: Hersen, M., Eisler, R. M. & Miller, P. M. (Hrsg.) *Progress in Behavior Modification*. New York (Academic Press). Bd. 18.

Chu, G. (1972). *Drinking Patterns and Attitudes of Rooming-House Chinese in San Francisco*. In: *Quarterly Journal of Studies on Alcohol* 6 Supplement, S. 58–68.

Claiborne, C. (1987). *Cajun and Creole: French at Heart*. In: *The New York Times* (1. April), S. C1, C6.

Clay, K. (1989). *Tresspassers Will Be Poisoned*. In: *Natural History* (September), S. 8, 10, 12, 14.

Clifton, P. G., Burton, M. J. & Sharp, C. (1987). *Rapid Loss of Stimulus-Specific Satiety after Consumption of a Second Food*. In: *Appetite* 9, S. 149–156.

Cloninger, C. R. (1987). *Neurogenetic Adaptive Mechanisms in Alcoholism*. In: *Science* 236, S. 410–416.

Cloninger, C. R., Bohman, M., Sigvardsson, S. & Von Knorring, A.-L. (1985). *Psychopathology in Adopted-Out Children of Alcoholics: The Stockholm Adoption Study*. In: Galanter, M. (Hrsg.) *Recent Developments in Alcoholism*. New York (Plenum). Bd. 3.

Coburn, K. L., Garcia, J., Kiefer, S. W. & Rusiniak, K. W. (1984). *Taste Potentiation of Poisoned Odor by Temporal Contiguity*. In: *Behavioral Neuroscience* 98, S. 813–819.

Cohen, J. E. (1989). *Big Fish, Little Fish: The Search for Patterns in Predator-Prey Relationships*. In: *The Sciences* (März/April), S. 36–42.

Cohen, L. R. & Woodside, B. C. (1989). *Self-Selection of Protein during Pregnancy and Lactation in Rats*. In: *Appetite* 12, S. 119–136.

Coller, G. (1987). *Operant Methodologies for Studying Feeding and Drinking*. In: Toates, F. M. & Rowland, N. E. (Hrsg.) *Feeding and Drinking*. New York (Elsevier).

Collier, G. (1987). *The Dialogue between the House Economist and the Resident Physiologist*. In: *Nutrition and Behavior* 3, S. 9–26.

Collier, G., Kaufman, L. W., Kanarek, R. & Fragen, J. (1978). *Optimization of Time and Energy Constraints in the Feeding Behavior of Cats: A Laboratory Simulation*. In: *Carnivore* 1, S. 34–41.

Collier, G. H. (1981). *Determinants of Choice*. In: Bernstein, D. J. (Hrsg.) *Nebraska Symposium on Motivation 1981: Response, Structure and Organization*. Lincoln (University of Nebraska Press).

Collier, G. H. & Rovee-Collier, C. K. (1981). *A Comparative Analysis of Optimal Foraging Behavior: Laboratory Simulations.* In: Kamil, A. C. & Sargent, T. D. (Hrsg.) *Foraging Behavior: Ecological, Ethological, and Psychological Approaches.* New York (Garland).

Collier, G. H. & Rovee-Collier, C. K. (1983). *An Ecological Perspective of Reinforcement and Motivation.* In: Satinoff, E. & Teitelbaum, P. (Hrsg.) *Handbook of Behavioral Neurobiology*, Vol. 6. New York (Plenum).

Collins, R. L. & Marlatt, G. A. (1981). *Social Modeling as a Determinant of Drinking Behavior: Implications for Prevention and Treatment.* In: *Addictive Behaviors* 6, S. 233–239.

Collins, R. L. & Marlatt, G. A. (1983). *Psychological Correlates and Explanations of Alcohol Use and Abuse.* In: Tabakoff, B., Sutker, P. B. & Randall, C. L. (Hrsg.) *Medical and Social Aspects of Alcohol Abuse.* New York (Plenum).

Columbia University College of Physicians and Surgeons (1985). *Complete Home Medical Guide.* New York (Crown Publishers).

Conner, M. T. & Booth, D. A. (1988). *Preferred Sweetness of a Lime Drink and Preference for Sweet over Non-Sweet Foods, Related to Sex and Reported Age and Body Weight.* In: *Appetite* 10, S. 25–35.

Conners, C. K. (1981). *Artificial Colors in the Diet and Disruptive Behavior: Current Status of Research.* In: Miller, S. A. (Hrsg.) *Nutrition and Behavior.* Philadelphia (Franklin Institute).

Conners, C. K. & Blouin, A. G. (1982/83). *Nutritional Effects on Behavior of Children.* In: *Journal of Psychiatric Research* 17, S. 193–201.

Contreras, R. J. & Frank, M. (1979). *Sodium Deprivation Alters Neural Responses to Gustatory Stimuli.* In: *The Journal of General Physiology* 73, S. 569–594.

Cooper, M. (1957). *Pica.* Springfield/IL (Charles C. Thomas).

Coopersmith, R. & Leon, M. (1984). *Enhanced Neural Response to Familiar Olfactory Cues.* In: *Science* 225, S. 849–851.

Cowart, B. J. (1981). *Development of Taste Perception in Humans: Sensitivity and Preference throughout the Life Span.* In: *Psychological Bulletin* 90, S. 43–73.

Cowart, B. J. (1989). *Relationships between Taste and Smell across the Adult Life Span.* In: Murphy, C., Cain, W. S. & Hegsted, D. M. (Hrsg.) *Nutrition and the Chemical Senses in Aging: Recent Advances and Current Research Needs.* New York (Academy of Sciences).

Cox, C. (1981). *Detection of Treatment Effects When Only a Portion of Subjects Respond.* In: Miller, S. A. (Hrsg.) *Nutrition and Behavior.* Philadelphia (Franklin Institute).

Cox, J. E. & Powley, T. L. (1981). *Intragastric Pair Feeding Fails to Prevent VMH Obesity or Hyperinsulinemia.* In: *American Journal of Physiology* 240, S. E566–E572.

Cravioto, J. & DeLicardie, E. (1975). *Longitudinal Study of Language Development in Severely Malnourished Children.* In: Serban, G. (Hrsg.) *Nutrition and Mental Functions.* New York (Plenum).

Crisp, A. H. (1980). *Anorexia Nervosa: Let Me Be.* New York (Grune & Stratton).

Crisp, A. H., Palmer, R. L. & Kalucy, R. S. (1976). *How Common Is Anorexia Nervosa? A Prevalence Study.* In: *British Journal of Psychiatry* 128, S. 549–554.

Critchlow, B. (1986). *The Powers of John Barleycorn: Beliefs about the Effects of Alcohol on Social Behavior.* In: *American Psychologist* 41, S. 751–764.

Cross, D. (1982). *On Judgements of Magnitude*. In: Wegener, B. (Hrsg.) *Social Attitudes and Psychophysical Measurement*. Hillsdale/NJ (Lawrence Erlbaum Associates).

Curlee, J. (1973). *Alcoholic Blackouts: Some Conflicting Evidence*. In: *Quarterly Journal of Studies on Alcohol* 34, S. 409–413.

Dale, D. van & Saris, W. H. M. (1989). *Repetitive Weight Loss and Weight Regain: Effects on Weight Reduction, Resting Metabolic Rate, and Lipolytic Activity before and after Exercise and/or Diet Treatment*. In: *American Journal of Clinical Nutrition*.

Dalmit-McPhillips, S. (1984). *A Dietary Approach to Bulimia Treatment*. In: *Physiology and Behavior* 33, S. 769–775.

Danguir, J. (1987). *Cafeteria Diet Promotes Sleep in Rats*. In: *Appetite* 8, S. 49–53.

Darby, W. J. (1979). *The Nutrient Contributions of Fermented Beverages*. In: Gastineau, C. F., Darby, W. J. & Turner, T. B. (Hrsg.) *Fermented Food Beverages in Nutrition*. New York (Academic Press).

Davis, C. M. (1928). *Self Selection of Diet by Newly Weaned Infants*. In: *American Journal of Disease of Children* 36, S. 651–679.

Davis, C. M. (1930). *Can Babies Choose Their Food?* In: *The Parents' Magazine* (Januar), S. 22, 23, 42, 43.

Davis, C. M. (1939). *Results of the Self-Selection of Diets by Young Children*. In: *The Canadian Medical Association Journal* (September), S. 257–261.

Davis, J. D. & Smith, G. P. (1988). *Analysis of Lick Rate Measures the Positive and Negative Feedback Effects of Carbohydrates on Eating*. In. *Appetite* 11, S. 229–238.

Davis, W. J. (1984) *Motivation and Learning: Neurophysiological Mechanisms in a „Model" System*. In: *Learning and Motivation* 15, S. 377–393.

Davison, M. & McCarthy, D. (1988). *The Matching Law: A Research Review*. Hillsdale/NJ (Lawrence Erlbaum Associates).

De Soto, C. B., O'Donnell, W. E. & De Soto, J. L. (1989). *Long-Term Recovery in Alcoholics*. In: *Alcoholism: Clinical and Experimental Research* 13, S. 693–697.

Deems, D. A., Oetting, R. L., Sherman, J. E. & Garcia, J. (1986). *Hungry, But Not Thirsty, Rats Prefer Flavors Paired with Ethanol*. In: *Physiology and Behavior* 36, S. 141–144.

Denton, D. (1982). *The Hunger for Salt*. New York (Springer-Verlag).

Desor, J. A. & Beauchamp, G. K. (1987). *Longitudinal Changes in Sweet Preferences in Humans*. In: *Physiology and Behavior* 39, S. 639–641.

Desor, J. A., Greene, L. S. & Maller, O. (1975). *Preferences for Sweet and Salty in 9- to 15-Year Old and Adult Humans*. In: *Science* 190, S. 686–687.

Desor, J. A., Maller, O. & Turner, R. E. (1973). *Taste in Acceptance of Sugars by Human Infants*. In: *Journal of Comparative and Physiological Psychology* 84, S. 496–501.

Dethier, V. G. (1962). *To Know a Fly*. Oakland/CA (Holden-Day).

Dethier, V. G. (1978). *Other Tastes, Other Worlds*. In: *Science* 201, S. 224–228.

Deutsch, J. A. (1983). *Dietary Control and the Stomach*. In: *Progress in Neurobiology* 20, S. 313–332.

Deutsch, R. (1974). *Conditioned Hypoglycemia: A Mechanism for Saccharin-Induced Sensitivity to Insulin in the Rat*. In: *Journal of Comparative and Physiological Psychology* 86, S. 350–358.

Deutsche Gesellschaft für Ernährung, Ernährungsbericht 1992. Frankfurt 1992. (Anmerkung des Herausgebers). ·

Dews, P. B. (1982/83). *Comments on Some Major Methodologic Issues Affecting Analysis of the Behavioral Effects of Foods and Nutrients*. In: *Journal of Psychiatric Research* 17, S. 223–225.

DeWys, W. (1985). *Nutritional Problems in Cancer Patients: Overview and Perspective*. In: Burish, T. G., Levy, S. M. & Meyerowitz, B. E. (Hrsg.) *Cancer, Nutrition, and Eating Behavior*. Hillsdale/NJ (Lawrence Erlbaum Associates).

Di Lorenzo, P. M. & Monroe, S. (1989). *Taste Responses in the Parabrachial Pons of Male, Female and the Pregnant Rats*. In: *Brain Research Bulletin* 23, S. 219–227.

Dickey, L. D. (1976). *Clinical Ecology*. Springfield/IL (Charles C Thomas).

Dietz, W. H. (1987). *Childhood Obesity*. In: Wurtman, R. J. & Wurtman, J. J. (Hrsg.) *Human Obesity*. New York (New York Academy of Sciences).

Dinsmoor, J. A. (1952). *The Effect of Hunger on Discriminated Responding*. In: *Journal of Abnormal and Social Psychology* 47, S. 67–72.

Domjan, M. & Galef, B. G. (1983). *Biological Constraints on Instrumental and Classical Conditioning: Retrospect and Prospect*. In: *Animal Learning and Behavior* 11, S. 151–161.

Doty, R. L. (1989). *Influence of Age and Age-Related Diseases on Olfactory Function*. In: Murphy, C., Cain, W. S. & Hegsted, D. (Hrsg.) *Nutrition and the Chemical Senses in Aging: Recent Advances and Current Research Needs*. New York (Academy of Sciences).

Doty, R. L., Shaman, P., Applebaum, S. L., Giberson, R., Siksorski, L. & Rosenberg, L. (1984). *Smell Identification Ability: Changes with Age*. In: *Science* 226, S. 1441–1443.

Dourish, C. T., Rycroft, W. & Iversen, S. D. (1989). *Postponement of Satiety by Blockade of Brain Cholecystokinin (CCK-B) Receptors*. In: *Science* 245, S. 1509–1511.

Dow, S. M. & Lea, S. E. G. (1987). *Foraging in a Changing Environment: Simulations in the Operant Laboratory*. In: Commons, M. L., Herrnstein, R. J. & Rachlin, H. (Hrsg.) *Quantitative Analyses of Behavior: Matching and Maximizing Accounts*. Cambridge/MA (Ballinger).

Dowd, M. (1990). *I'm President, ' So No More Broccoli*. In: *The New York Times* (23. März), S. A14.

Doyle, T. F. & Samson, H. H. (1985). *Schedule-Induced Drinking in Humans: A Potential Factor in Excessive Alcohol Use*. In: *Drug and Alcohol Dependence* 16, S. 117–132.

Drewnowski, A. (1989). *Sensory Preferences for Fat and Sugar in Adolescent and Adult Life*. In: Murphy, C., Cain, W. S. & Hegsted, D. M. (Hrsg.) *Nutrition and the Chemical Senses in Aging: Recent Advances and Current Research Needs*. New York (New York Academy of Sciences).

Drewnowski, A., Hopkins, S. A. & Kessler, R. C. (1988). *The Prevalence of Bulimia Nervosa in the US College Student Population*. In: *American Journal of Public Health* 78, S. 1322–1325.

Drewnowski, A. & Yee, D. K. (1987). *Men and Body Image: Are Males Satisfied with Their Body Weight?* In: *Psychosomatic Medicine* 49, S. 626–634.

Dreyfus, P. M. (1981). *The Nutritional Management of Neurological Disease*. In: Miller, S. A. (Hrsg.) *Nutrition and Behavior*. Philadelphia (Franklin Institute).

Dubbert, P. M. & Martin, J. E. (1988). *Exercise*. In: Blechman, E. A. & Brownell, K. D. (Hrsg.) *Handbook of Behavioral Medicine for Women*. New York (Pergamon).

Dubbert, P. M. & Wilson, G. T. (1984). *Goal-Setting and Spouse Involvement in the Treatment of Obesity*. In: *Behaviour Research and Therapy* 22, S. 227–242.

Dubignon, J., Campbell, D., Curtis, M. & Partington, M. W. (1969). *The Relation between Laboratory Measures of Sucking, Food Intake, and Perinatal Factors During the Newborn Period*. In: *Child Development* 40, S. 1107–1120.

Durac, J. (1974). *Wines and the Art of Tasting*. New York (E. P. Dutton).

Durlach, P. J. & Rescorla, R. A. (1980). *Potentiation Rather than Overshadowing in Flavor-Aversion Learning: An Analysis in Terms of Within-Compound Associations*. In: *Journal of Experimental Psychology: Animal Behavior Processes* 6, S. 175–187.

Dwyer, J. (1980). *Sixteen Popular Diets: Brief Nutritional Analyses*. In: Stunkard, A. J. (Hrsg.) *Obesity*. Philadelphia (W. B. Saunders).

Edelman, B., Engell, D., Bronstein, P. & Hirsh, E. (1986). *Environmental Effects on the Intake of Overweight and Normal-Weight Men*. In: *Appetite* 7, S. 71–83.

Edwards, H. T., Thorndike, A. & Dill, D. B. (1935). *The Energy Requirements in Strenuous Muscular Exercise*. In: *The New England Journal of Medicine* 213, S. 532–535.

Einstein, M. A. & Hornstein, I. (1970). *Food Preferences of College Students and Nutritional Implications*. In: *Journal of Food Science* 35, S. 429–436.

Elkins, R. L. (1974). *Conditioned Flavor Aversions to Familiar Tap Water in Rats: An Adjustment with Implications for Aversion Therapy Treatment of Alcoholism and Obesity*. In: *Journal of Abnormal Psychology* 83, S. 411–417.

Elkins, R. L. (1975). *Aversion Therapy for Alcoholism: Chemical, Electrical or Imaginary?* In: *International Journal of the Addictions* 10, S. 157–209.

Elkins, R. L. & Murdock, R. P. (1977). *The Contribution of Successful Conditioning to Abstinence Maintenance Following Covert Sensitization (Verbal Aversion) Treatment of Alcoholism*. In: *IRCS Medical Science: Psychology and Psychiatry: Social and Occupational Medicine* 5, S. 167.

Elkins, R., Rapoport, J. L., Zahn, T., Buchsbaum, M. S., Weingartner, H., Kopin, I. J., Langer, D. & Johnson, C. (1981). *Acute Effects of Caffeine in Normal Prepubertal Boys*. In: Miller, S. A. (Hrsg.) *Nutrition and Behavior*. Philadelphia (Franklin Institute).

Ellins, S. R. (1985). *Coyote Control and Taste Aversion: A Predation Problem or a People Problem?* In: *Appetite* 6, S. 272–275.

Ellins, S. R., Gustavson, C. R. & Garcia, J. (1978). *Conditioned Taste Aversion in Predators: Response to Sterner and Shumake*. In: *Behavioral Biology* 24, S. 554–556.

Elliot, D. L., Goldberg, L., Kuehl, K. S. & Bennett, W. M. (1989). *Sustained Depression of the Resting Metabolic Rate After Massive Weight Loss*. In: *American Journal of Clinical Nutrition* 49, S. 93–96.

Ellison, G. D. & Potthoff, A. D. (1984). *Social Models of Drinking Behavior in Animals: The Importance of Individual Differences*. In: Galanter, M. (Hrsg.) *Recent Developments in Alcoholism*. New York (Plenum). Bd. 2.

Ellison, P. (1987). *American Scientist Interviews*. In: *American Scientist* 75, S. 622–627.

Elmes, D. G., Kantowitz, B. H. & Roediger, H. L. (1981). *Methods in Experimental Psychology*. Boston (Houghton Mifflin).

Encel, S., Kotowicz, K. C. & Resler, H. E. (1972). *Drinking Patterns in Sydney, Australia*. In: *Quarterly Journal of Studies on Alcohol* 6 Supplement, S. 1–27.

Energy Expenditure and the Control of Body Weight (1989). In: *Nutrition Reviews* 47, S. 249–252.

Energy Expenditure during the Menstrual Cycle. In: *Nutrition Reviews* 45, S. 102–103.

Engell, D. (1988). *Interdependency of Food and Water Intake in Humans.* In: *Appetite* 10, S. 133–141.

Engen, S. & Stenseth, N. C. (1984). *A General Version of Optimal Foraging Theory: The Effect of Simultaneous Encounters.* In: *Theoretical Population Biology* 26, S. 192–204.

Engen, T. (1982). *The Perception of Odors.* New York (Academic Press).

Ensrud, B. (1984). *Wine with Food: A Guide to Entertaining through the Seasons.* New York (Congdon & Weed).

Epling, W. F., Pierce, W. D. & Stefan, L. (1983). *A Theory of Activity-Based Anorexia.* In: *The International Journal of Eating Disorders* 3, S. 27–46.

Epstein, A. N. (1986). *Hormonal Synergy as the Cause of Salt Appetite.* In: Caro, G. de, Epstein, A. N. & Massi, M. (Hrsg.) *The Physiology of Thirst and Sodium Appetite.* New York (Plenum).

Epstein, L. H. & Wing, R. R. (1987). *Behavioral Treatment of Childhood Obesity.* In: *Psychological Bulletin* 101, S. 331–342.

Eriksson, K. & Rusi, M. (1981). *Finnish Selection Studies on Alcohol-Related Behaviors: General Outline.* In: McClearn, G. E., Dietrich, R. A. & Erwin, V. G. (Hrsg.) *Development of Animal Models as Pharmacogenetic Tools.* Rockville/MD (U. S. Department of Health and Human Services).

Escalona, S. K. (1945). *Feeding Disturbances in Very Young Children.* In: *American Journal of Orthopsychiatry* 15, S. 76–80.

Etscorn, F. & Stephens, R. (1973). *Establishment of Conditioned Taste Aversions with a 24-Hour CS-US Interval.* In: *Physiological Psychology* 1, S. 251–253.

Ewing, J. A. & Rouse, B. A. (1978). *Drinks, Drinkers, and Drinking.* In: *Drinking: Alcohol in American Society – Issues and Current Research.* Chicago (Nelson-Hall).

Ewing, J. A., Rouse, B. A. & Pellizzari, E. D. (1974). *Alcohol Sensitivity and Ethnic Background.* In: *American Journal of Psychiatry* 131, S. 206–210.

Fabsitz, R. R., Garrison, R. J., Feinleib, M. & Hjortland, M. (1978). *A Twin Analysis of Dietary Intake: Evidence for a Need to Control for Possible Environmental Differences in MZ and DZ Twins.* In: *Behavior Genetics* 8, S. 15–25.

Fairburn, C. (1981). *A Cognitive Behavioural Approach to the Treatment of Bulimia.* In: *Psychological Medicine* 11, S. 707–711.

Fairburn, C. G. (1984). *Bulimia: Its Epidemiology and Management.* In: Stunkard, A. J. & Stellar, E. (Hrsg.) *Eating and Its Disorders.* New York (Raven Press).

Falk, J. L. (1971). *The Nature and Determinants of Adjunctive Behavior.* In: *Physiology and Behavior* 6, S. 577–588.

Falk, J. L. & Samson, H. H. (1976). *Schedule-Induced Physical Dependence on Ethanol.* In: *Pharmacological Reviews* 27, S. 449–464.

Falk, J. L. & Tang, M. (1977). *Animal Model of Alcoholism: Critique and Progress.* In: Gross, M. M. (Hrsg.) *Alcohol Intoxication and Withdrawal.* New York (Plenum). Bd. 38.

Falk, J. L. & Tang, M. (1980). *Schedule Induction and Overindulgence.* In: *Alcoholism: Clinical and Experimental Research* 4, S. 266–270.

Fallon, A. E. & Rozin, P. (1983). *The Psychological Bases of Food Rejections by Humans.* In: *Ecology of Food and Nutrition* 13, S. 15–26.

Fallon, A. E. & Rozin, P. (1985). *Sex Differences in Perceptions of Desirable Body Shape.* In: *Journal of Abnormal Psychology* 94, S. 102–105.

Fallon, A. E., Rozin, P. & Pliner, P. (1984). *The Child's Conception of Food: The Development of Food Rejections with Special Reference to Disgust and Contamination Sensitivity.* In: *Child Development* 55, S. 566–575.

Fanselow, M. S. & Birk, J. (1982). *Flavor-Flavor Associations Induce Hedonic Shifts in Taste Preference.* In: *Animal Learning and Behavior* 10, S. 223–228.

Fantino, E. (1981). *Contiguity, Response Strength, and the Delay-Reduction Hypothesis.* In: Harzem, P. & Zeiler, M. D. (Hrsg.) *Predictability, Correlation, and Contiguity.* New York (John Wiley & Sons).

Fantino, E. & Abarca, N. (1985). *Choice, Optimal Foraging, and the Delay-Reduction Hypothesis.* In: *The Behavioral and Brain Sciences* 8, S. 315–330.

Fantino, E. & Davison, M. (1983). *Choice: Some Quantitative Relations.* In: *Journal of the Experimental Analysis of Behavior* 40, S. 1–13.

Faust, J. (1974). *A Twin Study of Personal Preferences.* In: *Journal of Biosocial Science* 6, S. 75–91.

Fedorchak, P. M. & Bolles, R. C. (1988). *Nutritive Expectancies Mediate Cholecystokinin's Suppression-of-Intake Effect.* In: *Behavioral Neuroscience* 102, S. 451–455.

Feingold, B. F. (1981). *Dietary Management of Behavior and Learning Disabilities.* In: Miller, S. A. (Hrsg.) *Nutrition and Behavior.* Philadelphia (Franklin Institute).

Ferber, C. & Cabanac, M. (1987). *Influence of Noise on Gustatory Affective Ratings and Preference for Sweet of Salt.* In: *Appetite* 8, S. 229–235.

Fernstrom, J. D. (1977). *Effects of the Diet on Brain Neurotransmitters.* In: *Metabolism* 26, S. 207–223.

Fernstrom, J. D. (1981). *Nutrition, Brain Function and Behavior.* In: Miller, S. A. (Hrsg.) *Nutrition and Behavior.* Philadelphia (Franklin Institute).

Fernstrom, J. D. (1983). *Role of Precursor Availability in Control of Monoamine Biosynthesis in Brain.* In: *Physiological Reviews* 63, S. 484–546.

Fernstrom, J. D. (1987). *Food-Induced Changes in Brain Serotonin Synthesis: Is There a Relationship to Appetite for Specific Macronutrients?* In: *Appetite* 8, S. 163–182.

Fernstrom, M. H. & Kupfer, D. J. (1988). *Imipramine Treatment and Preference for Sweets.* In: *Appetite* 10, S. 149–155.

Fichter, M. (1990) *Verlauf psychischer Erkrankungen in der Bevölkerung.* Heidelberg (Springer). (Anmerkung des Herausgebers)

Field, T. M., Woodson, R., Greenberg, R. & Cohen, D. (1982). *Discrimination and Imitation of Facial Expressions by Neonates.* In: *Science* 218, S. 179–181.

Finer, N. (1988). *Consequences of Obesity.* In: Birch, G. G. & Lindley, M. G. (Hrsg.) *Low-Calorie Products.* New York (Elsevier).

Finney, J. W., Moos, R. H. & Mewborn, C. R. (1980). *Posttreatment Experiences and Treatment Outcome of Alcoholic Patients Six Months and Two Years after Hospitalization.* In: *Journal of Consulting and Clinical Psychology* 48, S. 17–29.

Fisher, K. (1982). *Debate Rages on 1973 Sobell Study.* In: *APA Monitor* (November), S. 8–9.

Fisher, K. (1984). *'Incomplete' Report Clears Sobells.* In: APA Monitor (November), S. 2.

Fitzsimons, J. T. (1961). *Drinking by Rats Depleted of Body Fluid without Increase in Osmotic Pressure.* In: *Journal of Physiology* 159, S. 297–309.

Fitzsimons, J. T. (1972). *Thirst.* Physiological Reviews 52, S. 468–561.

Flaherty, C. F. (1982). *Incentive Contrast: A Review of Behavioral Changes Following Shifts in Reward.* In: *Animal Learning and Behavior* 10, S. 409–440.

Flatt, J. P. (1987). *The Difference in the Storage Capacities for Carbohydrate and for Fat, and Its Implications in the Regulation of Body Weight*. In: Wurtman, R. J: & Wurtman, J. J. (Hrsg.) *Human Obesity*. NewYork (New York Academy of Sciences).

Flegal, K. M. & Cauley, J. A. (1985). *Alcohol Consumption and Cardiovascular Risk Factors*. In: Galanter, M. (Hrsg.) *Recent Developments in Alcoholism*. New York (Plenum). Bd. 3.

Fleming, D. G. (1969). *Food Intake Studies in Parabiotic Rats*. In: *Annals New York Academy of Sciences* 157, S. 985–1003.

Foch, T. T. & McClearn, G. E. (1980). *Genetics, Body Weight, and Obesity*. In: Stunkard, A. J. (Hrsg.) *Obesity*. Philadelphia (W. B. Saunders).

Folkins, C. H. & Sime, W. E. (1981). *Physical Fitness Training and Mental Health*. In: *American Psychologist* 36, S. 373–389.

Foltin, R. W., Fischman, M. W. & Byrne, M. F. (1988). *Effects of Smoked Marijuana on Food Intake and Body Weight of Humans Living in a Residential Laboratory*. In: *Appetite* 11, S. 1–14.

Foltin, R. W., Fischman, M. W., Emurian, C. S. & Rachlinski, J. J. (1988). *Compensation for Caloric Dilution in Humans Given Unrestricted Access to Food in a Residential Laboratory*. In: Appetite 10, S. 13–24.

Foltin, R. W. & Moran, T. H. (1989). *Food Intake in Baboons: Effects of a Long-Acting Cholecystokinin Analog*. In: *Appetite* 12, S. 145–152.

Fonberg, E. (1976). *The Relation between Alimentary and Emotional Amygdalar Regulation*. In: Novin, D., Wyrwicka, W. & Bray, G. (Hrsg.) *Hunger: Basic Mechanisms and Clinical Implications*. New York (Raven Press).

Forthman Quick, D. L., Gustavson, C. R. & Rusiniak, K. W. (1985). *Coyote Control and Taste Aversion*. In: *Appetite* 6, S. 253–264.

Fox, R. (1973). *Treatment of the Problem Drinker by the Private Practitioner*. In: Bourne, P. G. & Fox, R. (Hrsg.) *Alcoholism: Progress in Research and Treatment*. New York (Academic Press).

Franchina, J. J. & Dyer, A. B. (1986). *Congener Characteristics Influence Aversion Conditioning to Alcoholic Beverages in Rats*. In: *Behaviour Research and Therapy* 24, S. 299–306.

Franchina, J. J., Dyer, A. B., Gilley, D. W., Ness, J. & Dodd, M. (1985). *Role of Ethanol in Conditioning Aversion to Alcoholic Beverages in Rats*. In: *Behaviour Research and Therapy* 23, S. 521–529.

Frank, M. (1977). *The Distinctiveness of Responses to Sweet in the Chorda Tympani Nerve*. In: Weiffenbach, J. M. (Hrsg.) *Taste and Development*. Bethesda/MD (Department of Health, Education, and Welfare).

Franks, C. M. (1966). *Conditioning and Conditioned Aversion Therapies in the Treatment of the Alcoholic*. In: *International Journal of the Addictions* 1, S. 61–98.

Fray, T. W. & Robbins, P. J. (1980). *Stress-Induced Eating: Rejoinder*. In: *Appetite* 1, S. 349–353.

Freund, G. (1984). *Neurobiological Relationships between Aging and Alcohol Abuse*. In: Galanter, M. (Hrsg.) *Recent Developments in Alcoholism*. New York (Plenum). Bd. 2.

Frezza, M., Di Padova, C., Pozzato, G., Terpin, M., Baraona, E. & Lieber, C. S. (1990). *High Blood Alcohol Levels in Women: The Role of Decreased Gastric Alcohol Dehydrogenase Activity and First–Pass Metabolism*. In: *The New England Journal of Medicine* 322, S. 95–99.

Literaturverzeichnis

Fries, H. (1977). *Studies on Secondary Amenorrhea, Anorectic Behavior, and Body-Image Perception: Importance for the Early Recognition of Anorexia Nervosa.* In: Vigersky, R. A. (Hrsg.) *Anorexia Nervosa.* New York (Raven Press).

Frisch, R. E. (1977). *Food Intake, Fatness, and Reproductive Ability.* In: Vigersky, R. A. (Hrsg.) *Anorexia Nervosa.* New York (Raven Press).

Frisch, R. E. (1988). *Fatness and Fertility.* In: *Science* (März), S. 88–95.

Frisch, R. E. (1988). *Fatness and Fertility.* In: *Scientific American* 258 (März), S. 88–95.

Furness, R. W. (1989). *Not by Grass Alone.* In: *Natural History* (Dezember), S. 8, 10, 12.

Furst, C. J. (1983). *Estimating Alcoholic Prevalence.* In: Galanter, M. (Hrsg.) *Recent Developments in Alcoholism.* New York (Plenum). Bd. 1.

Galef, B. G. (1977a). *Mechanisms for the Social Transmission of Acquired Food Preferences from Adult to Weanling Rats.* In: Barker, L. M., Best, M. R. & Domjan, M. (Hrsg.) *Learning Mechanisms in Food Selection.* Waco/TX (Baylor University Press).

Galef, B. G. (1977b). *Mechanisms for the Transmission of Acquired Patterns of Feeding from Adult to Weanling Rats.* In: Weiffenbach, J. M. (Hrsg.) *Taste and Development.* Bethesda/MD (U.S. Department of Health, Education, and Welfare).

Galef, B. G. (1982). *Studies of Social Learning in Norway Rats: A Brief Review.* In: *Developmental Psychobiology* 15, S. 279–295.

Galef, B. G. (1985). *Socially Induced Diet Preference Can Partially Reverse a LiCl-Induced Diet Aversion.* In: *Animal Learning and Behavior* 13, S. 415–418.

Galef, B. G. (1986). *Social Interaction Modifies Learned Aversions, Sodium Appetite, and Both Palatability and Handling-Time Induced Dietary Preference in Rats (Rattus Norvegicus).* In: *Journal of Comparative Psychology* 100, S. 432–439.

Galef, B. G. (1988). *Communication of Information Concerning Distant Diets in a Social, Central-Place Foraging Species: Rattus Norvegicus.* In: Zentall, T. R. & Galef, B. G. (Hrsg.) *Social Learning: Psychological and Biological Perspectives.* Hillsdale/NJ (Lawrence Erlbaum Associates).

Galef, B. G. (1989). *Enduring Social Enhancement of Rats' Preferences for the Palatable and the Piquant.* In: *Appetite* 13, S. 81–92.

Galef, B. G., Kennett, D. J. & Wigmore, S. W. (1984). *Transfer of Information Concerning Distant Foods in Rats: A Robust Phenomenon.* In: *Animal Learning and Behavior* 12, S. 292–296.

Galef, B. G., Mason, J. R., Preti, G. & Bean, N. J. (1988). *Carbon Disulfide: A Semiochemical Mediating Socially-Induced Diet Choice in Rats.* In: *Physiology and Behavior* 42, S. 119–124.

Galef, B. G., Mischinger, A. & Malenfant, S. A. (1987). *Hungry Rats' Following of Conspecifics to Food Depends on the Diets Eaten by Potential Leaders.* In: *Animal Behavior* 35, S. 1234–1239.

Galef, B. G. & Osborne, B. (1978). *Novel Taste Facilitation of the Association of Visual Cues with Toxicosis in Rats.* In: *Journal of Comparative and Physiological Psychology* 92, S. 907–916.

Galef, B. G. & Stein, M. (1985). *Demonstrator Influence on Observer Diet Preference: Analyses of Critical Social Interactions and Olfactory Signals.* In: *Animal Learning and Behavior* 13, S. 31–38.

Galef, B. G. & Wigmore, S. W. (1983). *Transfer of Information Concerning Distant Foods: A Laboratory Investigation of the 'Information-Centre' Hypothesis.* In: *Animal Behavior* 31, S. 748–758.

Galst, J. P. & White, M. A. (1976). *The Unhealthy Persuader: The Reinforcing Value of Television and Children's Purchase-Influencing Attempts at the Supermarket.* In: *Child Development* 47, S. 1089–1096.

Garb, J. L. & Stunkard, A. J. (1974a). *Taste Aversion in Man.* In: *American Journal of Psychiatry* 131, S. 1204–1207.

Garb, J. R. & Stunkard, A. J. (1974b). *Effectiveness of a Self-Help Group in Obesity Control.* In: *Archives of Internal Medicine* 134, S. 716–720.

Garcia, J. & Brett, L. P. (1977). *Conditioned Responses to Food Odor and Taste in Rats and Wild Predators.* In: Kare, M. R. & Maller, O. (Hrsg.) *The Chemical Senses and Nutrition.* New York (Academic Press).

Garcia, J., Ervin, F. R. & Koelling, R. A. (1966). *Learning with Prolonged Delay of Reinforcement.* In: *Psychonomic Science* 5, S. 121–122.

Garcia, J., Hankins, W. G. & Rusiniak, K. W. (1974). *Behavioral Regulation of the Milieu Interne in Man and Rat.* In: *Science* 185, S. 824–831.

Garcia, J., Kimeldorf, D. J. & Hunt, E. L. (1961). *The Use of Ionizing Radiation as a Motivating Stimulus.* In: *Psychological Review* 68, S. 383–395.

Garcia, J., Kimeldorf, D. J. & Koelling, R. A. (1955). *Conditioned Aversion to Saccharin Resulting from Exposure to Gamma Radiation.* In: *Science* 122, S. 157–158.

Garcia, J. & Koelling, R. A. (1966). *Relation of Cue to Consequence in Avoidance Learning.* In: *Psychonomic Science* 4, S. 123–124.

Garcia, J., McGowan, B. K. & Green, K. F. (1972). *Biological Constraints on Conditioning.* In: Seligman, M. E. P. & Hager, J. L. (Hrsg.) *Biological Boundaries of Learning.* New York (Appleton-Century-Crofts).

Garfinkel, P. E. & Garner, D. M. (1982). *Anorexia Nervosa.* New York (Brunner/Mazel).

Garn, S. M. & Leonard, W. R. (1989). *What Did Our Ancestors Eat?* In: *Nutrition Reviews* 47, S. 337–345.

Garner, D. M., Garfinkel, P. E., Stancer, H. C. & Moldofsky, H. (1976). *Body Image Disturbances in Anorexia Nervosa.* In: *Psychosomatic Medicine* 38, S. 327–336.

Geary, N. (1982). *Carbohydrates's Effect on Hunger and Obesity: Commentary on Geiselman and Novin.* In: *Appetite* 6, S. 60–63.

Geary, N. & Smith, G. P. (1983). *Selective Hepatic Vagotomy Blocks Pancreatic Glucagon's Satiety.* In: *Physiology and Behavior* 31, S. 391–394.

Geiselman, P. J. (1988). *Sugar-Induced Hyperphagia: Is Hyperinsulinemia, Hypoglycemia, or Any Other Factor a „Necessary" Condition?* In: *Appetite* 11 Supplement, S. 26–34.

Geissler, C. (1988). *Genetic Differences in Metabolic Rate.* In: Birch, G. G. & Lindley, M. G. (Hrsg.) *Low-Calorie Products.* New York (Elsevier).

Gelb, B. L. (1978). *The Dictionary of Food.* New York (Ballantine Books).

Geldard, F. A. (1972). *The Human Senses.* New York (John Wiley & Sons).

Gelenberg, A. J., Wojcik, J. D., Gibson, C. J. & Wurtman, R. J. (1982/83). *Tyrosine for Depression.* In: *Journal of Psychiatric Research* 17, S. 175–180.

Gemberling, G. A. (1984). *Ingestion of a Novel Flavor before Exposure to Pups Injected with Lithium Chloride Produces a Taste Aversion in Mother Rats (Rattus norvegicus).* In: *Journal of Comparative and Physiological Psychology* 98, S. 285–301.

George, W. H. & Marlatt, G. A. (1983). *Alcoholism: The Evolution of a Behavioral Perspective.* In: Galanter, M. (Hrsg.) *Recent Developments in Alcoholism.* New York (Plenum). Bd. 1.

Ghiglieri, M. P. (1985). *The Social Ecology of Chimpanzees*. In: *Scientific American* 252/6, S. 102–104, 109–113.

Gibbon, J. (1977). *Scalar Expectancy Theory and Weber's Law in Animal Timing*. In: *Psychological Review* 84, S. 279–325.

Gilbert, A. N. & Wysocki, C. J. (1987). *The Smell Survey*. In: *National Geographic* 172 (Oktober), S. 514–525.

Gilbert, R. M. (1981). *Caffeine: Overview and Anthology*. In: Miller, S. A. (Hrsg.) *Nutrition and Behavior*. Philadelphia (Franklin Institute).

Gitlow, S. E. (1973). *Alcoholism: A Disease*. In: Bourne, P. G. & Fox, R. (Hrsg.) *Alcoholism: Progress in Research and Treatment*. New York (Academic Press).

Giza, B. K. & Scott, T. R. (1983). *Blood Glucose Selectively Affects Taste-Evoked Activity in Rat Nucleus Tractus Solitarius*. In: *Physiology and Behavior* 31, S. 643–650.

Glanville, E. V. & Kaplan, A. R. (1965). *Food Preference and Sensitivity of Taste for Bitter Compounds*. In: *Nature* 205, S. 851–853.

Gleitman, H. (1981). *Psychology*. New York (W. W. Norton).

Goldberg, D. (1981). *Red Head*. In: *The Lancet* 1 (2. Mai), S. 1003.

Goldberg, M. E., Gorn, G. J. & Gibson, W. (1978). *TV Messages for Snack and Breakfast Foods: Do They Influence Children's Preferences?* In: *Journal of Consumer Research* 5, S. 73–81.

Golden, C. J., Graber, B., Blose, I., Berg, R., Coffman, J. & Bloch, S. (1981). *Differences in Brain Densities between Chronic Alcoholic and Normal Control Patients*. In: *Science* 211, S. 508–510.

Goldenring, J. R., Wool, R. S., Shaywitz, B. A., Batter, D. K., Cohen, D. J., Young, J. G. & Teicher, M. H. (1980). *Effects of Continuous Gastric Infusion of Food Dyes on Developing Rat Pups*. In: *Life Sciences* 27, S. 1897–1904.

Goldman, M. S. (1983). *Cognitive Impairment in Chronic Alcoholics*. In: *American Psychologist* 38, S. 1045–1054.

Goldstein, D. B. (1983). *Pharmacology of Alcohol*. In: New York (Oxford University Press).

Goldstein, G. & Shelly, C. H. (1971). *Field Dependence and Cognitive, Perceptual and Motor Skills in Alcoholics*. In: *Quarterly Journal of Studies on Alcohol* 32, S. 29–40.

Goldstein, G. & Shelly, C. H. (1982). *A Multivariate Neuropsychological Approach to Brain Lesion Localization in Alcoholism*. In: *Addictive Behaviors* 7, S. 165–175.

Goodall, E. & Silverstone, T. (1987). *The Effect of the 5-HT Releasing Drug d-Fenfluramine and the 5 HT Receptor Blocker, Metergoline, on Food Intake in Human Subjects*. In: Wurtman, R. J. & Wurtman, J. J. (Hrsg.) *Human Obesity*. New York (New York Academy of Sciences).

Goode, J. G., Curtis, K. & Theophano, J. (1981). *Group-Shared Food Patterns as a Unit of Analysis*. In: Miller, S. A. (Hrsg.) *Nutrition and Behavior*. Philadelphia (Franklin Institute).

Gormally, J., Black, S., Daston, S. & Rardin, D. (1982). *The Assessment of Binge Eating Severity among Obese Patients*. In: *Addictive Behaviors* 7, S. 47–55.

Green, D. M. Swets, J. A. (1974). *Signal Detection Theory and Psychophysics*. New York (Robert E. Krieger).

Green, J. & Tapp, W. N. (1986). *Feeding Cycles in Smokers, Exsmokers and Nonsmokers*. In: *Physiology and Behavior* 36, S. 1059–1063.

Green, L., Kagel, J. H. & Battalio, R. C. (1982). *Ratio Schedules of Reinforcement and Their Relation to Economic Theories of Labor Supply*. In: Commons, M. L.,

Herrnstein, R. J. & Rachlin, H. (Hrsg.) *Quantitative Analyses of Behavior: Matching and Maximizing Accounts*. Cambridge/MA (Ballinger).

Green, L., Rachlin, H. & Hanson, J. (1983). *Matching and Maximizing with Concurrent Ratio-Interval Schedules*. In: *Journal of the Experimental Analysis of Behavior* 40, S. 217–224.

Greene, B. (1979). *Cajun Country*. In: *Cuisine* (September), S. 42–54.

Greene, L. S., Desor, J. A. & Maller, O. (1975). *Heredity and Experience: Their Relative Importance in the Development of Taste Preference in Man*. In: *Journal of Comparative and Physiological Psychology* 89, S. 279–284.

Griffiths, R. R., Bigelow, G. E. & Liebson, I. A. (1989). *Reinforcing Effects of Caffeine in Coffee and Capsules*. In: *Journal of Experimental Analysis of Behavior* 52, S. 127–140.

Griffiths, R. R. & Woodson, P. P. (1988). *Caffeine Physical Dependence: A Review of Human and Laboratory Animal Studies*. In: *Psychopharmacology* 94, S. 437–451.

Grill, H. J. & Norgren, R. (1978). *Chronically Decerebrate Rats Demonstrate Satiation but Not Bait Shyness*. In: *Science* 201, S. 267–269.

Grosch, J. & Neuringer, A. (1981). *Self-Control in Pigeons under the Mischel Paradigm*. In: *Journal of Experimental Analysis of Behavior* 35, S. 3–21.

Gross, J., Stitzer, M. L. & Maldonado, J. (1989). *Nicotine Replacement: Effects on Postcessation Weight Gain*. In: *Journal of Consulting and Clinical Psychology* 57, S. 87–92.

Grossman, S. P. (1979). *The Biology of Motivation*. In: *Annual Review of Psychology* 30, S. 209–242.

Grossman, S. P., Dacey, D., Halaris, A. E., Collier, T. & Routtenberg, A. (1978). *Aphagia and Adipsia after Preferential Destruction of Nerve Cell Bodies in the Hypothalamus*. In: *Science* 202, S. 537–539.

Grunberg, N. E. (1982). *The Effects of Nicotine and Cigarette Smoking on Food Consumption and Taste Preferences*. In: *Addictive Behaviors* 7, S. 317–331.

Grunberg, N. E. (1985a). *Nicotine, Cigarette Smoking, and Body Weight*. In: *British Journal of Addiction* 80, S. 369–377.

Grunberg, N. E. (1985b). *Specific Taste Preferences: An Alternative Explanation for Eating Changes in Cancer Patients*. In: Burish, T. G., Levy, S. M. & Meyerowitz, B. E. (Hrsg.) *Cancer, Nutrition, and Eating Behavior*. Hillsdale/NJ (Lawrence Erlbaum Associates).

Grunberg, N. E., Bowen, D. J., Maycock, V. A. & Nespor, S. M. (1985). *The Importance of Sweet Taste and Caloric Content in the Effects of Nicotine on Specific Food Consumption*. In: *Psychopharmacology* 87, S. 198–203.

Grunberg, N. E. & Morse, D. E. (1984). *Cigarette Smoking and Food Consumption in the United States*. In: *Journal of Applied Social Psychology* 14, S. 310–317.

Gurney, R. (1936). *The Hereditary Factor in Obesity*. In: *Archives of Internal Medicine* 57, S. 557–561.

Guroff, G. (1981). *Inborn Errors of Amino Acid Metabolism in Relation to Diet*. In: Miller, S. A. (Hrsg.) *Nutrition and Behavior*. Philadelphia (Franklin Institute).

Gustavson, C. R. (1977). *Comparative and Field Aspects of Learned Food Aversions*. In: Barker, L. M., Best, M. R. & Domjan, M. (Hrsg.) *Learning Mechanisms in Food Selection*. Waco/TX (Baylor University Press).

Gustavson, C. R., Brett, L. P., Garcia, J. & Kelly, D. J. (1978). *A Working Model and Experimental Solutions to the Control of Predatory Behavior*. In: Markowitz, H. & Stevens, V. J. (Hrsg.) *Behavior of Captive Wild Animals*. Chicago (Nelson-Hall).

Gustavson, C. R. & Gustavson, J. C. (1985). *Predation Control Using Conditioned Food Aversion Methodology: Theory, Practice, and Implications.* In: Braveman, N. S. & Bronstein, P. (Hrsg.) *Experimental Assessments and Clinical Applications of Conditioned Food Aversions.* New York (New York Academy of Sciences).

Gustavson, C. R., Kelly, D. J., Sweeny, M. & Garcia, J. (1976). *Prey-Lithium Aversions. I: Coyotes and Wolves.* In: *Behavioral Biology* 17, S. 61–72.

Guthrie, H. A. (1975a). *Human Nutrition.* Saint Louis (C. V. Mosby).

Guthrie, H. A. (1975b). *Introductory Nutrition.* Saint Louis (C. V. Mosby).

Gwirtsman, H. E., Kaye, W. H., Obarzanek, E., George, D. T., Jimerson, D. C. & Ebert, M. H. (1989). *Decreased Caloric Intake in Normal-Weight Patients with Bulimia: Comparison with Female Volunteers.* In: *American Journal of Clinical Nutrition* 49, S. 86–92.

Hafer, H. (1984). *Die heimliche Droge – Nahrungsphosphat.* 3. Aufl. Heidelberg (Kriminalistik Verlag). (Anmerkung des Herausgebers).

Hall, S. M., Ginsberg, D. & Jones, R. T. (1986). *Smoking Cessation and Weight Gain.* In: *Journal of Consulting and Clinical Psychology* 54, S. 342–346.

Hall, S. M., McGee, R., Tunstall, C., Duffy, J. & Benowitz, N. (1989). *Changes in Food Intake and Activity after Quitting Smoking.* In: *Journal of Consulting and Clinical Psychology* 57, S. 81–86.

Halmi, D. (1980). *Gastric Bypass for Massive Obesity.* In: Stunkard, A. J. (Hrsg.) *Obesity.* Philadelphia (W. B. Saunders).

Halmi, K. A., Falk, J. R. & Schwartz, E. (1981). *Binge-Eating and Vomiting: A Survey of a College Population.* In: *Psychological Medicine* 11, S. 697–706.

Hamilton, W. D. (1964a). *The Genetical Evolution of Social Behavior I.* In: *Journal of Theoretical Biology* 7, S. 1–16.

Hamilton, W. D. (1964b). *The Genetical Evolution of Social Behavior II.* In: *Journal of Theoretical Biology* 7, S. 17–52.

Hamm, P., Shekelle, R. B. & Stamler, J. (1989). *Large Fluctuations in Body Weight during Young Adulthood and Twenty-Five-Year Risk of Coronary Death in Men.* In: *American Journal of Epidemiology* 129, S. 312–318.

Hannon, R., Butler, C. P., Day, C. L., Khan, S. A., Quitoriano, L. A., Butler, A. M. & Meredith, L. A. (1985). *Alcohol Use and Cognitive Functioning in Men and Women College Students.* In: Galanter, M. (Hrsg.) *Recent Developments in Alcoholism.* New York (Plenum). Bd. 3.

Harford, T. C. (1986). *Drinking Patterns among Black and Nonblack Adolescents: Results of a National Survey.* In: Babor, T. F. (Hrsg.) *Alcohol and Culture: Comparative Perspectives from Europe and America.* New York (New York Academy of Sciences).

Harley, J. P. (1981). *Methodological Issues in Behavioral Nutrition Research.* In: Miller, S. A. (Hrsg.) *Nutrition and Behavior.* Philadelphia (Franklin Institute).

Harley, J. P., Ray, R. S., Tomasi, L., Eichman, P. L., Matthews, C. G., Chun, R., Cleeland, C. S. & Traisman, E. (1978). *Hyperkinesis and Food Additives: Testing the Feingold Hypothesis.* In: *Pediatrics* 61, S. 818–828.

Harlow, H. F. (1958). *The Nature of Love.* In: *American Psychologist* 13, S. 673–685.

Harper, L. V. & Sanders, K. M. (1975). *The Effect of Adults' Eating on Young Children's Acceptance of Unfamiliar Foods.* In: *Journal of Experimental Child Psychology* 20, S. 206–214.

Harris, D. R. (1987). *Aboriginal Subsistence in a Tropical Rain Forest Environment: Food Procurement, Cannibalism, and Population Regulation in Northeastern Australia.* In: Harris, M. & Ross, E. B. (Hrsg.) *Food and Evolution: Toward a*

Theory of Human Food Habits. Philadelphia (Temple University Press), S. 565.
Harris, M. (1980). *India's Sacred Cow.* In: Tobias, A. L. & Thompson, P. J. (Hrsg.) *Issues in Nutrition for the 1980s: An Ecological Perspective.* Monterey/CA (Wadsworth).
Hartman, E. (1982/83). *Effects of L-Tryptophan on Sleepiness and on Sleep.* In: *Journal of Psychiatric Research* 17, S. 107–113.
Hawkins, R. C. (1977). *Learning to Initiate and Terminate Meals: Theoretical, Clinical and Developmental Aspects.* In: Barker, L. M., Best, M. & Domjan, M. (Hrsg.) *Learning Mechanisms in Food Selection.* Waco/TX (Baylor University Press).
Hayes, J. F. & McCarthy, J. C. (1976). *The Effects of Selection at Different Ages for High and Low Body Weight on the Pattern of Fat Deposition in Mice.* In: *Genetical Research* 27, S. 389–433.
Hays, W. L. (1981). *Statistics.* New York (Holt, Rinehart & Winston).
Hayward, L. (1983). *The Role of Oral and Postingestional Cues in the Conditioning of Taste Preferences Based on Differing Caloric Density and Caloric Outcome in Weanling and Mature Rats.* In: *Animal Learning and Behavior* 11, S. 325–331.
Heilbrun, A. B., Tarbox, A. R. & Madison, J. K. (1979). *Cognitive Structure and Behavioral Regulation in Alcoholics.* In: *Journal of Studies on Alcohol* 40, S. 387–400.
Henning, G. J., Brouwer, J. N., Well, H. van der & Francke, A. (1969). *Miraculin, the Sweetness-Inducing Principle from Miracle Fruit.* In: Pfaffman, C. (Hrsg.) *Olfaction and Taste: Proceedings of the Third International Symposium.* New York (Rockefeller University Press).
Henning, H. (1916), zitiert in Geldard (1972).
Herman, C. P. (1978). *Restrained Eating.* In: Stunkard, A. J. (Hrsg.) *Symposium on Obesity: Basic Mechanisms and Treatment.* Philadelphia (W. B. Saunders).
Herman, C. P. & Polivy, J. (1980). *Stress-Induced Eating and Eating-Induced Stress (Reduction?): A Response to Robbins and Fray.* In: *Appetite* 1, S. 135–139.
Herrnstein, R. J. (1961). *Relative and Absolute Strength of Response as a Function of Frequency of Reinforcement.* In: *Journal of Experimental Analysis of Behavior* 4, S. 267–272.
Herrnstein, R. J. (1970). *On the Law of Effect.* In: *Journal of the Experimental Analysis of Behavior* 13, S. 243–266.
Herrnstein, R. J. & Vaughan, W. (1980). *Melioration and Behavioral Allocation.* In: Staddon, J. E. R. (Hrsg.) *Limits to Action.* New York (Academic Press).
Hester, R. K., Smith, J. W. & Jackson, T. R. (1980). *Recovery of Cognitive Skills in Alcoholics.* In: *Journal of Studies on Alcohol* 41, S. 363–367.
Hetherington, A. W. & Ranson, S. W. (1940). *Hypothalamic Lesions and Adiposity in the Rat.* In: *Anatomical Record* 78, S. 149–172.
Hetherington, A. W. & Ranson, S. W. (1942). *The Spontaneous Activity and Food Intake of Rats with Hypothalamic Lesions.* In: *American Journal of Physiology* 136, S. 609–617.
Hetherington, M., Rolls, B. J. & Burley, V. J. (1989). *The Time Course of Sensory-Specific Satiety.* In: *Appetite* 12, S. 57–68.
Heyman, G. M. & Herrnstein, R. J. (1986). *More on Concurrent Interval-Ratio Schedules.* In: *Journal of the Experimental Analysis of Behavior* 46, S. 331–351.
Hill, K. & Hurtado, A. M. (1989). *Hunter-Gatherers of the New World.* In: *American Scientist* (September-Oktober), S. 436–443.

Hill, S. Y. & Ryan, C. (1985). *Brain Damage in Social Drinkers? Reasons for Caution*. In: Galanter, M. (Hrsg.) *Recent Developments in Alcoholism*. New York (Plenum). Bd. 3.

Hill, W. F. (1978). *Effects of Mere Exposure on Preferences in Nonhuman Animals*. In: *Psychological Bulletin* 85, S. 1177–1198.

Hinson, J. M. & Staddon, J. E. R. (1981). *Maximization on Interval Schedules*. In: Bradshaw, C. M., Szabadi, E. & Lowe, C. F. (Hrsg.) *Quantification of Steady-State Operant Behavior*. Amsterdam (Elsevier/North-Holland).

Hinson, J. M. & Staddon, J. E. R. (1983). *Hill-Climbing by Pigeons*. In: *Journal of the Experimental Analysis of Behavior* 39, S. 25–47.

Hinz, L. D. & Williamson, D. A. (1987). *Bulimia and Depression: A Review of the Affective Variant Hypothesis*. In: *Psychological Bulletin* 102, S. 150–158.

Hirsch, J. & Leibel, R. L. (1984). *What Constitutes a Sufficient Psychobiologic Explanation for Obesity?* In: Stunkard, A. J. & Stellar, E. (Hrsg.) *Eating and Its Disorders*. New York (Raven Press).

Hodges, C. M. (1981). *Optimal Foraging in Bumblebees: Hunting by Expectation*. In: *Animal Behaviour* 29, S. 1166–1171.

Hoebel, B. G. (1984). *Neurotransmitters in the Control of Feeding and Its Rewards: Monoamines, Opiates, and Brain-Gut Peptides*. In: Stunkard, A. J. & Stellar, E. (Hrsg.) *Eating and Its Disorders*. New York (Raven Press).

Hoebel, B. G. & Teitelbaum, P. (1962). *Hypothalamic Control of Feeding and Self-Stimulation*. In: *Science* 135, S. 375–377.

Hoerr, R. A. & Young, V. R. (1987). *Alterations in Nutrient Intake and Utilization Caused by Disease*. In: Wurtman, R. J. & Wurtman, J. J. (Hrsg.) *Human Obesity*. New York (New York Academy of Sciences).

Hofstetter, A., Schutz, Y., Jéquier, E. & Wahren, J. (1986). *Increased 24-Hour Energy Expenditure in Cigarette Smokers*. In: *The New England Journal of Medicine* 314, S. 79–82.

Hogan, J. A. (1977). *The Ontogeny of Food Preferences in Chicks and Other Animals*. In: Barker, L. M., Best, M. R. & Domjan, M. (Hrsg.) *Learning Mechanisms in Food Selection*. Waco/TX (Baylor University Press).

Hogan, J. A. (1980). *Homeostasis and Behaviour*. In: Toates, F. M. & Halliday, T. R. (Hrsg.) *Analysis of Motivational Processes*. London (Academic Press).

Hogan, R. B., Johnston, J. H., Long, B. W., Sones, J. Q., Hinton, L. A., Burge, J., Corrigan, S. A. (1989). *A Double-Blind, Randomized, Sham-Controlled Trial of the Gastric Bubble for Obesity*. In: *Gastrointestinal Endoscopy* 35, S. 381–385.

Hogan-Warburg, A. J. & Hogan, J. A. (1981). *Feeding Strategies in the Development of Food Recognition in Young Chicks*. In: *Animal Behavior* 29, S. 143–154.

Holden, C. (1987). *Is Alcoholism Treatment Effective?* In: *Science* 236, S. 20–22.

Houpt, K. A. & Houpt, T. R. (1977). *The Neonatal Pig: A Biological Model for the Development of Taste Preferences and Controls of Ingestive Behavior*. In: Weiffenbach, J. M. (Hrsg.) *Taste and Development*. Bethesda/MD (U.S. Department of Health, Education, and Welfare).

House, E. L. & Pansky, B. *Neuroanatomy*. New York (McGraw-Hill).

Houston, A. I. (1983). *Optimality Theory and Matching*. In: *Behaviour Analysis Letters* 3, S. 1–15.

Houston, A. I. & McNamara, J. M. (1984). *Imperfectly Optimal Animals*. In: *Behavioral Ecology and Sociobiology* 15, S. 61–64.

Houston, A. I. & McNamara, J. M. (1985a). *The Choice of Two Prey Types that Minimises the Probability of Starvation*. In: *Behavioral Ecology and Sociobiology* 17, S. 135–141.

Houston, A. I. & McNamara, J. M. (1985b). *The Variability of Behaviour and Constrained Optimization*. In: *Journal of Theoretical Biology* 112, S. 265–273.

Hrboticky, N. & Krondl, M. (1984). *Acculturation to Canadian Foods by Chinese Immigrant Boys: Changes in the Perceived Flavor, Health Value and Prestige of Foods*. In: *Appetite* 5, S. 117–126.

Hubert, H. B., Fabsitz, R. R., Feinleib, M. & Brown, K. S. (1980). *Olfactory Sensitivity in Humans: Genetic versus Environmental Control*. In: *Science* 208, S. 607–609.

Hudson, J. I., Laffer, P. S. & Pope, H. G. (1982). *Bulimia Related to Affective Disorder by Family History and Response to the Dexamethasone Suppression Test*. In: *American Journal of Psychiatry* 139, S. 685–687.

Hudson, J. I., Pope, H. G. & Jonas, J. M. (1984). *Treatment of Bulimia with Antidepressants: Theoretical Considerations and Clinical Findings*. In: Stunkard, A. J. & Stellar, E. (Hrsg.) *Eating and Its Disorders*. New York (Raven Press).

Hudson, P. (1978). *The Medical Examiner Looks at Drinking*. In: Ewing, J. A. & Rouse, B. (Hrsg.) *Drinking*. Chicago (Nelson-Hall).

Hull, J. G. & Bond, C. F. (1986). *Social and Behavioral Consequences of Alcohol Consumption and Expectancy: A Meta-Analysis*. In: *Psychological Bulletin* 99, S. 347–360.

Hunt, C. E., Linsey, J. R. & Walkey, S. U. (1976). *Animal Models of Diabetes and Obesity, Including the PBB/Ld Mouse*. In: *Federation Proceedings* 35, S. 1206–1217.

Hursh, S. R. (1978). *The Economics of Daily Consumption Controlling Food- and Water-Reinforced Responding*. In: *Journal of Experimental Analysis of Behavior* 29, S. 475–491.

Hursh, S. R. (1980). *Economic Concepts for the Analysis of Behavior*. In: *Journal of the Experimental Analysis of Behavior* 34, S. 219–238.

Hursh, S. R. (1984). *Behavioral Economics*. In: *Journal of the Experimental Analysis of Behavior* 42, S. 435–452.

Huston, A. C., Watkins, B. A. & Kunkel, D. (1989). *Public Policy and Children's Television*. In: *American Psychologist* 44, S. 424–433.

ILSI Conference Examines Effects of Calorically Restricted Diets on Health and Aging in Animals. (1990) In: *ILSI News* (März/April) 1, S. 5.

Ingalls, Z. (1982). *Higher Education's Drinking Problem*. In: *The Chronicle of Higher Education* (21. Juli), S. 1, 6, 7.

Itallie, T. B. van (1978). *Dietary Approaches to the Treatment of Obesity*. In: Stunkard, A. J. (Hrsg.) *Symposium on Obesity: Basic Mechanisms and Treatment*. Philadelphia (W. B. Saunders).

Jacobs, M. K. & Goodman, G. (1989). *Psychology and Self-Help Groups*. In: *American Psychologist* 44, S. 536–545.

Jacobson, G. R. (1983). *Detection, Assessment, and Diagnosis of Alcoholism: Current Techniques*. In: Galanter, M. (Hrsg.) *Recent Developments in Alcoholism*. New York (Plenum). Bd. 1.

Jaeger, R. G., Joseph, R. G. & Barnard, D. E. (1981). *Foraging Tactics of a Terrestrial Salamander: Sustained Yield in Territories*. In: *Animal Behaviour* 29, S. 1100–1105.

Jaffe, A. J. & Glaros, A. G. (1986). *Taste Dimensions in Cigarette Discrimination: A Multidimensional Scaling Approach*. In: *Addictive Behaviors* 11, S. 407–413.

Jahrbuch Sucht (1994). (Anmerkung des Herausgebers)
Janetos, A. C. & Cole, B. J. (1981). *Imperfectly Optimal Animals*. In: *Behavioral Ecology and Sociobiology* 9, S. 203–209.
Janowitz, H. D. & Grossman, M. I. (1949). *Some Factors Affecting the Food Intake of Normal Dogs and Dogs with Esophagostomy and Gastric Fistula*. In: *American Journal of Physiology* 159, S. 143–148.
Janowitz, H. D. & Hollander, F. (1953). *Effect of Prolonged Intragastric Feeding on Oral Ingestion*. In: *Federation Proceedings* 12, S. 72.
Jeffrey, D. B. (1975). *Treatment Evaluation Issues in Research on Addictive Behaviors*. In: *Addictive Behaviors* 1, S. 23–26.
Jeffrey, D. B. (1977). Self-Control Techniques in the Management of Obesity. In: Foreyt, J. P. (Hrsg.) *Behavior Modification Approaches to Obesity*. New York (Pergamon).
Jeffrey, D. B., Bolin, D., Lemnitzer, N. B., Hickey, J. S., Hess, M. J. & Stroud, J. M. (1980). *The Impact of Television Advertising on Children's Eating Behaviour: An Integrative Review*. In: *Catalog of Selected Documents in Psychology* 10, S. 11 (MS No. 2011).
Jeffrey, D. B. & Knauss, M. R. (1981). *The Etiologies, Treatments, and Assessments of Obesity*. In: Haynes, S. N. & Gannon, L. (Hrsg.) *Psychosomatic Disorders: A Psychophysiological Approach to Etiology and Treatment*. New York (Praeger).
Jeffrey, D. B., McLellarn, R. W. & Fox, D. T. (1982). *The Development of Children's Eating Habits: The Role of Television Commercials*. In: *Health Education Quarterly* 9, S. 174–189.
Jeffrey, D. B., McLellarn, R. W., Hickey, J. S., Lemnitzer, N. B., Hess, M. J. & Stroud, J. M. (1980). *Television Food Commercials and Children's Eating Behavior: Some Empirical Evidence*. In: *Journal of the University Film Association* 32, S. 41–43.
Jellinek, E. M. (1952). *Phases of Alcohol Addiction*. In: *Quarterly Journal of Studies on Alcohol* 13, S. 673–684.
Jenkins, D. J. A., Wolever, T. M. S., Vuksan, V., Brighenti, F., Cunnane, S. C., Rao, A. V., Jenkins, A. L., Buckley, G., Patten, R., Singer, W., Corey, P. & Josse, R. G. (1989). *Nibbling versus Gorging: Metabolic Advantages of Increased Meal Frequency*. In: *The New England Journal of Medicine* 321, S. 929–934.
Jéquier, E. (1987). *Energy Utilization in Human Obesity*. In: Wurtman, R. J. & Wurtman, J. J. (Hrsg.) *Human Obesity*. New York (New York Academy of Sciences).
Jerome, N. W. (1977). *Taste Experience and the Development of a Dietary Preference for Sweet in Humans: Ethnic and Cultural Variations in Early Taste Experience*. In: Weiffenbach, J. M. (Hrsg.) *Taste and Development*. Bethesda/MD (Department of Health, Education, and Welfare).
Joffe, J. M. (1983). *Alcohol and Pregnancy*. In: *Science* 221, S. 1244–1245.
Johnson, C. & Larson, R. (1982). *Bulimia: An Analysis of Moods and Behavior*. In: *Psychosomatic Medicine* 44, S. 341–351.
Johnson, C. L., Stuckey, M. K., Lewis, L. D. & Schwartz, D. M. (1982). *Bulimia: A Descriptive Survey of 316 Cases*. In: *International Journal of Eating Disorders* 2, S. 3–15.
Johnson, W. G., Schlundt, D. G., Kelley, M. L. & Ruggiero, L. (1984). *Exposure with Response Prevention and Energy Regulation in the Treatment of Bulimia*. In: *International Journal of Eating Disorders* 3, S. 37–46.

Johnston, D. E., Chiao, Y.-B., Gavaler, J. S. & Van Thiel, D. H. (1981). *Inhibition of Testosterone Synthesis by Ethanol and Acetaldehyde.* In: *Biochemical Pharmacology* 30, S. 1827–1831.
Jolly, A. (1972). *The Evolution of Primate Behavior.* New York (Macmillan).
Jones, M. K. & Jones, B. M. (1980). *The Relationship of Age and Drinking Habits to the Effects of Alcohol on Memory in Women.* In: *Journal of Studies on Alcohol* 41, S. 179–186.
Jones, S. L., Kanfer, R. & Lanyon, R. I. (1982). *Skill Training with Alcoholics: A Clinical Extension.* In: *Addictive Behaviors* 7, S. 285–290.
Jonsson, C.-O., Cronholm, B. & Izikowitz, S. (1962). *Intellectual Changes in Alcoholics.* In: *Quarterly Journal of Studies on Alcohol* 23, S. 221–242.
Jordan, H. A. & Spiegel, T. A. (1977). *Palatability and Oral Factors and Their Role in Obesity.* In: Kare, M. R. & Maller, O. (Hrsg.) *The Chemical Senses and Nutrition.* New York (Academic Press).
Kacelnik, A. (1987). *Introduction.* In: Commons, M. L., Kacelnik, A. & Shettleworth, S. J. (Hrsg.) *Quantitative Analyses of Behavior: Vol. 6. Foraging.* Hillsdale/NJ (Lawrence Erlbaum Associates).
Kagel, J. H., Green, L. & Caraco, T. (1986). *When Foragers Discount the Future: Constraint or Adaptation?* In: *Animal Behaviour* 34, S. 271–283.
Kagel, J. H., MacDonald, D. N., Battalio, R. C., White, S. & Green, L. (1986). *Risk Aversion in Rats (Rattus norvegicus) under Varying Levels of Resource Availability.* In: *Journal of Comparative Psychology* 100, S. 95–100.
Kalish, H. I. (1981). *From Behavioral Science to Behavior Modification.* New York (McGraw-Hill).
Kalmus, H. (1952). *Inherited Sense Defects. Scientific American* 186, S. 64–70.
Kalmus, H. (1970). *The Sense of Taste of Chimpanzees and Other Primates.* In: *The Chimpanzee* 2, S. 130–141.
Kamil, A. C. & Sargent, T. D. (1981). *Introduction.* In: Kamil, A. C. & Sargent, T. D. (Hrsg.) *Foraging Behavior: Ecological, Ethological, and Psychological Approaches.* New York (Garland).
Kanders, B. S., Lavin, P. T., Kowalchuk, M. B., Greenberg, I. & Blackburn, G. L. (1988). *An Evaluation of the Effect of Aspartame on Weight Loss.* In: *Appetite* 11 Supplement, S. 73–84.
Kaplan, B. J., McNicol, J., Conte, R. A. & Moghadam, H. K. (1989). *Dietary Replacements in Preschool-Aged Hyperactive Boys.* In: *Pediatrics* 83, S. 7–17.
Karoff, B. (1989). *Chilies.* In: *Gourmet* (Oktober), S. 114–117, 250–259.
Katz, S. H. (1982). *Food Behavior and Biocultural Evolution.* In: Barker, L. M. (Hrsg.) *The Psychobiology of Human Food Selection.* Westport/CT (AVI Publishing).
Katz, S. H. (1987). *Fava Bean Consumption: A Case for the Co-Evolution fo Genes and Culture.* In: Harris, M. & Ross, E. B. (Hrsg.) *Food and Evolution: Toward a Theory of Human Food Habits.* Philadelphia (Temple University Press), S. 565.
Kawai, M. (1965). *Newly-Acquired Pre-Cultural Behavior of the Natural Troop of Japanese Monkeys on Koshima Islet.* In: *Primates* 6, S. 1–30.
Keesey, R. E. (1980). *A Set-Point Analysis of the Regulation of Body Weight.* In: Stunkard, A. J. (Hrsg.) *Obesity.* Philadelphia (W. B. Saunders).
Keesey, R. E. & Corbett, S. W. (1984). *Metabolic Defense of the Body Weight Set-Point.* In: Stunkard, A. J. & Stellar, E. (Hrsg.) *Eating and Its Disorders.* New York (Raven Press).
Keesey, R. E. & Powley, T. L. (1986). *The Regulation of Body Weight.* In: *Annual Review of Psychology* 37, S. 109–133.

Keller, M. (1975). *Problems of Epidemiology in Alcohol Problems*. In: *Journal of Studies on Alcohol* 36, S. 1442–1451.

Kennedy, G. C. (1953). *The Role of Depot Fat in the Hypothalamic Control of Food Intake in the Rat*. In: *Proceedings of the Royal Society of London* 140B, S. 578–592.

Kermode, G. O. (1978). *Food Additives*. In: *Human Nutrition*. San Francisco (W. H. Freeman).

Kety, S. S. (1975). *Nutrition and Psychiatric Illness*. In: Serban, G. (Hrsg.) *Nutrition and Mental Functions*. New York (Plenum).

Keys, A. (1980). *Overweight, Obesity, Coronary Heart Disease and Mortality*. In: *Nutrition Reviews* 38, S. 297–307.

Killeen, P. R. (1982). *Incentive Theory*. In: Bernstein, D. J. (Hrsg.) *Response Structure and Organization*. Lincoln (University of Nebraska Press).

Killeen, P. R. (1985). *Incentive Theory: IV. Magnitude of Reward*. In: *Journal of Experimental Analysis of Behavior* 43, S. 407–417.

Killeen, P. R., Smith, J. P. Hanson, S. J. (1981). *Central Place Foraging in Rattus norvegicus*. In: *Animal Behaviour* 29, S. 64–70.

Kimball, A. W. (1983). *Alcohol and Pregnancy*. In: *Science* 221, S. 1245.

King, D. S. (1981). *Food and Chemical Sensitivities Can Produce Cognitive-Emotional Symptoms*. In: Miller, S. A. (Hrsg.) *Nutrition and Behavior*. Philadelphia (Franklin Institute).

King, G. R. & Logue, A. W. (1992). *Choice in a Self-Control Paradigm: Effects of Reinforcer Quality*. In: *Behavioural Processes* 26, S. 143–153.

Kinoy, B. P. (1984). *When Will We Laugh Again?* New York (Columbia University Press).

Kish, G. B. & Cheney, T. M. (1969). *Impaired Abilities in Alcoholism Measured by the General Aptitude Test Battery*. In: *Quarterly Journal of Studies on Alcohol* 30, S. 384–388.

Kish, G. B. & Donnenwerth, G V. (1972). *Sex Differences in the Correlates of Stimulus Seeking*. In: *Journal of Consulting and Clinical Psychology* 38, S. 42–49.

Kissileff, H. R., Walsh, B. T., Kral, J. G. & Cassidy, S. M. (1986). *Laboratory Studies of Eating Behavior in Women with Bulimia*. In: *Physiology and Behavior* 38, S. 563–570.

Kissin, B. (1977). *Medical Management of the Alcoholic Patient*. In: Kissin, B. & Begleiter, H. (Hrsg.) *Treatment and Rehabilitation of the Chronic Alcoholic*. New York (Plenum).

Kleitman, N. (1927). *The Effect of Starvation on the Daily Consumption of Water by the Dog*. In: *American Journal* 81, S. 336–340.

Klesges, R. C. & Klesges, L. M. (1988). *Cigarette Smoking as a Dieting Strategy in a University Population*. In: *International Journal of Eating Disorders* 7, S. 413–419.

Klesges, R. C. & Meyers, A. W. (1989). *Smoking, Body Weight, and Their Effects on Smoking Behavior: A Comprehensive Review of the Literature*. In: *Psychological Bulletin* 106, S. 204–230.

Knowles, J. B., Laverty, S. G. & Kuechler, H. A. (1968). *Effects of Alcohol on REM Sleep*. In: *Quarterly Journal of Studies on Alcohol* 29, S. 342–349.

Kohl, D. & Brandt, J. (1985). *An Automatic Encoding Deficit in the Amnesia of Korsakoff's Syndrome*. In: Olton, D. S., Gamzu, E. & Corkin, S. (Hrsg.) *Memory Dysfunctions: An Integration of Animal and Human Research from Preclinical and Clinical Perspectives*. New York (New York Academy of Sciences).

Kolata, G. (1982). *Consensus on Diets and Hyperactivity*. In: *Science* 215, S. 958.
Kolata, G. (1986a). *Anthropologists Suggest Cannibalism Is a Myth*. In: *Science* 232, S. 1497–1500.
Kolata, G. (1986b). *New Drug Counters Alcohol Intoxication*. In: *Science* 234, S. 1198–1199.
Kolata, G. (1986c). *Obese Children: A Growing Problem*. In: *Science* 232, S. 20–21.
Kolata, G. (1988). *Epidemic of Dangerous Eating Disorders May Be False Alarm*. In: *The New York Times* (25. August), S. B16.
Kolata, G. B. (1979). *Mental Disorders: A New Approach to Treatment?* In: *Science* 203, S. 36–38.
Kolata, G. B. (1981). *Fetal Alcohol Advisory Debated*. In: *Science* 214, S. 642, 643, 645.
Konner, M. (1988). *What Our Ancestors Ate*. In: *The New York Times Magazine* (5. Juni), S. 54–55.
Korsten, M. A., Matsuzaki, S., Feinman, L. & Lieber, C. S. (1975). *High Blood Acetaldehyde Levels after Ethanol Administration: Difference between Alcoholic and Nonalcoholic Subjects*. In: *The New England Journal of Medicine* 292, S. 386–389.
Koshland, D. E. (1988). *Drunk Driving and Statistical Mortality*. In: *Science* 244, S. 513.
Kraly, F. S. (1984). *Physiology of Drinking Elicited by Eating*. In: *Psychological Review* 91, S. 478–490.
Kraly, F. S. (1985). *Histamine: A Role in Normal Drinking*. In: *Appetite* 6, S. 153–158.
Kraly, F. S. & Blass, E. M. (1976). *Increased Feeding in Rats in a Low Ambient Temperature*. In: Novin, D., Wyrwicka, W. & Bray, G. A. (Hrsg.) *Hunger: Basic Mechanisms and Clinical Implications*. New York (Raven Press).
Krebs, J. R., Stephens, D. W. & Sutherland, W. J. (1983). *Perspectives in Optimal Foraging*. In: Brush, A. H. & Clark, G. A. (Hrsg.) *Perspectives in Ornithology*. Cambridge/Great Britain (Cambridge University Press).
Kretchmer, N. (1978). *Lactose and Lactase*. In: *Human Nutrition*. San Francisco (W. H Freeman and Company).
Krondl, M., Coleman, P., Wade, J. & Milner, J. (1983). *A Twin Study Examining the Genetic Influence on Food Selection*. In: *Human Nutrition: Applied Nutrition* 37A, S. 189–198.
Krondl, M., Hrboticky, N. & Coleman, P. (1984). *Adapting to Cultural Changes in Food Habits*. In: White, P. L. & Selvey, N. (Hrsg) *Malnutrition: Determinants and Consequences*. New York (Alan R. Liss).
Krondl, M. & Lau, D. (1982). *Social Determinants in Human Food Selection*. In: Barker, L. M. (Hrsg.) *The Psychobiology of Human Food Selection*. Westport/CT (AVI Publishing).
Kulesza, W. (1982). *Dietary Intake in Obese Women*. In: *Appetite* 3, S. 61–68.
Kupfermann, I. (1985). *Hypothalamus and Limbic System II: Motivation*. In: Kandel, E. R. & Schwartz, J. H. (Hrsg.) *Principles of Neural Science*. 2. Aufl. New York (Elsevier).
Kurihara, K., Kurihara, Y. & Beidler, L. M. (1969). *Isolation and Mechanism of Taste Modifiers; Taste-Modifying Protein and Gymnemic Acids*. In: Pfaffman, C. (Hrsg.) *Olfaction and Taste: Proceedings of the Third International Symposium*. New York (Rockefeller University Press).
Laessle, R. G., Kittl, S., Schweiger, U., Fichter, M. M. & Pirke, K. M. (1987). *The Major Affective Disorder in Anorexia Nervosa and Bulimia*. In: Wurtman, R. J. &

Wurtman, J. J. (Hrsg.) *Human Obesity*. New York (New York Academy of Sciences).

Lamon, S., Wilson, G. T. & Leaf, R. C. (1977). *Human Classical Aversion Conditioning: Nausea versus Electric Shock in the Reduction of Target Beverage Consumption*. In: *Behaviour Research and Therapy* 15, S. 313–320.

Lampman, R. M., Santinga, J. T., Savage, P. J., Bassett, D. R., Hydrick, C. R., Flora, J. D. & Block, W. D. (1985). *Effect of Exercise Training on Glucose Tolerance, in Vivo Insulin Sensitivity, Lipid and Lipoprotein Concentrations in Middle-Aged Men with Mild Hypertriglyceridemia*. In: *Metybolism* 34, S. 205–211.

Lang, A. R., Goeckner, D. J., Adesso, V. J. & Marlatt, G. A. (1975). *Effects of Alcohol on Aggression in Male Social Drinkers*. In: *Journal of Abnormal Psychology* 84, S. 508–518.

Langhans, W., Zieger, U., Scharrer, E. & Geary, N. (1982). *Stimulation of Feeding in Rats by Intraperitoneal Injection of Antibodies to Glucagon*. In: *Science* 218, S. 894–896.

LaPorte, R. E., Cauley, J. A., Kuller, L. H., Flegal, K., Gavaler, J. S. & Van Thiel, D. (1985). *Alcohol, Coronary Heart Disease, and Total Mortality*. In: Galanter, M. (Hrsg.) *Recent Developments in Alcoholism*. New York (Plenum). Bd. 3.

Larson, R. H. (1977). *Sugar Ingestion and Caries*. In: Weiffenbach, J. M. (Hrsg.) *Taste and Development*. Bethesda/MD (Department of Health, Education, and Welfare).

Lavin, M. J. (1976). *The Establishment of Flavor-Flavor Associations Using a Sensory Preconditioning Procedure*. In: *Learning and Motivation* 7, S. 173–183.

Lavin, M. J., Freise, B. & Coombes, S. (1980). *Transferred Flavor Aversions in Adult Rats*. In: *Behavioral and Neural Biology* 28, S. 15–33.

Lawick-Goodall, J. van (1971). *In the Shadow of Man*. New York (Dell).

Lawless, H., Rozin, P. & Shenker, J. (1985). *Effects of Oral Capsaicin on Gustatory, Olfactory and Irritant Sensations and Flavor Identification in Humans Who Regularly or Rarely Consume Chili Pepper*. In: *Chemical Senses* 10, S. 579–589.

Lê, A. D., Poulos, C. X. & Cappell, H. (1979). *Conditioned Tolerance of the Hypothermic Effect of Ethyl Alcohol*. In: *Science* 206, S. 1109–1110.

Lea, S. E. G. (1978). *The Psychology and Economics of Demand*. In: *Psychological Bulletin* 85, S. 441–466.

Lea, S. E. G. (1979). *Foraging and Reinforcement Schedules in the Pigeon: Optimal and Non-Optimal Aspects of Choice*. In: *Animal Behaviour* 27, S. 875–886.

Lea, S. E. G. (1981). *Correlation and Contiguity in Foraging Behavior*. In: Harzem, P. & Zeiler, M. D. (Hrsg.) *Predictability, Correlation, and Contiguity*. New York (John Wiley & Sons).

Lea, S. E. G. (1983). *The Analysis of Need*. In: Mellgren, R. L. (Hrsg.) *Animal Cognition and Behavior*. New York (North-Holland).

Leach, B. & Norris, J. L. (1977). *Factors in the Development of Alcoholics Anonymous (A.A.)*. In: Kissin, B. & Begleiter, H. (Hrsg.) *Treatment and Rehabilitation of the Chronic Alcoholic*. New York (Plenum).

Leake, C. D. & Silverman, M. (1966). *Alcoholic Beverages in Clinical Medicine*. Cleveland (World Publishing).

Lean Body Mass and Food-Induced Thermogenesis in Obesity (1987). In: *Nutrition Reviews* 45, S. 264–265.

Leathwood, P. D. & Pollett, P. (1982/83). *Diet-Induced Mood Changes in Normal Populations*. In: *Journal of Psychiatric Research* 17, S. 147–154.

Legoff, D. B. & Spigelman, M. N. (1987). *Salivary Response to Olfactory Food Stimuli as a Function of Dietary Restraint and Body Weight*. In: *Appetite* 8, S. 29–35.

Lehner, P. N. & Horn, S. W. (1985). *Research on Forms of Conditioned Avoidance in Coyotes*. In: *Appetite* 6, S. 265–267.

Leibel, R. L., Pollitt, E. & Greenfield, D B. (1981). *Methodological Problems in the Assessment of Nutrition-Behavior Interactions: A Study of Effects of Iron Deficiency on Cognitive Functions in Children*. In: Miller, S. A. (Hrsg.) *Nutrition and Behavior*. Philadelphia (Franklin Institute).

Leibowitz, S. F. (1987). *Hypothalamic Neurotransmitters in Relation to Normal and Disturbed Eating Patterns*. In: Wurtman, R. J. & Wurtman, J. J. (Hrsg.) *Human Obesity*. New York (New York Academy of Sciences).

Leibowitz, S. F. & Shor-Posner, G. (1986). *Brain Serotonin and Eating Behavior*. In: *Appetite* 7 Supplement, S. 1–14.

Leiter, L. A., Hrboticky, N. & Anderson, G. H. (1987). *Effects of L-Tryptophan on Food Intake and Selection in Lean Men and Women*. In: Wurtman, R. J. & Wurtman, J. J. (Hrsg.) *Human Obesity*. New York (New York Academy of Sciences).

LeMagnen, J. (1976). *Interactions of Glucostatic and Lipostatic Mechanisms in the Regulatory Control of Feeding*. In: Novin, D., Wyrwicka, W. & Bray, G. A. (Hrsg.) *Hunger: Basic Mechanisms and Clinical Implications*. New York (Raven Press).

LeMagnen, J. (1985). *Hunger*. Cambridge/Great Britain (Cambridge University Press).

Leon, G. R. (1979). *Cognitive-Behavior Therapy for Eating Disturbances*. In: Kendall, P. C. & Hollon, S. D. (Hrsg.) *Cognitive-Behavioral Interventions*. New York (Academic Press).

Leon, G. R. (1983a). *Eating Disorders*. Lexington/MA (Lewis Publishing).

Leon, G. R. (1983b). *Treating Eating Disorders*. Brattleboro/VT (Lewis Publishing).

Leon, G. R. (1983). *Treating Eating Disorders*. Lexington/MA (Lewis Publishing).

Lepkovsky, S., Lyman, R., Fleming, D., Nagumo, M. & Dimick, M. M. (1957). *Gastrointestinal Regulation of Water and Its Effect on Food Intake and Rate of Digestion*. In: *American Journal of Physiology* 188, S. 327–331.

Lett, B. T. (1980). *Taste Potentiates Color-Sickness Associations in Pigeons and Quail*. In: *Animal Learning and Behavior* 8, S. 193–198.

Leveille, G. A. (1970). *Adipose Tissue Metabolism: Influence of Periodicity of Eating and Diet Composition*. In: *Federation Proceedings* 29, S. 1294–1301.

Levine, A. S. (1987). *Centrally Active Peptides: Are They Useful Agents in the Treatment of Obesity?* In: Wurtman, R. J: & Wurtman, J. J. (Hrsg.) *Human Obesity*. New York (New York Academy of Sciences).

Levitsky, D. A. & Strupp, B. J. (1981). *Malnutrition and Tests of Brain Functions*. In: Miller, S. A. (Hrsg.) *Nutrition and Behavior*. Philadelphia (Franklin Institute).

Lewin, R. (1980). *Biology and Culture Meet in Milk*. In: *Science* 211, S. 40.

Lewis, A. C. (1986). *Memory Constraints and Flower Choice in Pieris Rapae*. In: *Science* 232, S. 863–865.

Li, T.-K., Lumeng, L., McBride, W. J. & Waller, M. B. (1981). *Indiana Selection Studies on Alcohol-Related Behaviors*. In: McClearn, G. E., Dietrich, R. A. & Erwin, V. G. (Hrsg.) *Development of Animal Models as Pharmacogenetic Tools*. Rockville/MD (U. S. Department of Health and Human Services).

Lieber, C. S. (1976). *The Metabolism of Alcohol*. In: *Scientific American* 234, S. 25–33.

Lieber, C. S. (1988). *The Influence of Alcohol on Nutritional Status*. In: *Nutrition Reviews* 46, S. 241–254.

Lieberman, H. R., Corkin, S., Spring, B. J., Growdon, J. H. & Wurtman, R. J. (1982/83). *Mood, Performance, and Pain Sensitivity: Changes Induced by Food Constituents*. In: *Journal of Psychiatric Research* 17, S. 135–145.

Lindgren, H. C. (1961). *Age as a Variable in Aversion*. In: *Journal of Consulting Psychology* 26, S. 101–102.

Lipton, M. A. (1975a). *Remarks on the Use of Megavitamins in the Treatment of Schizophrenia*. In: Serban, G. (Hrsg.) *Nutrition and Mental Functions*. New York (Plenum).

Lipton, M. A. (1975b). *Summary*. In: Serban, G. (Hrsg.) *Nutrition and Mental Functions*. New York (Plenum).

Litman, G. K. & Topham, A. (1983). *Outcome Studies on Techniques in Alcoholism Treatment*. In: Galanter, M. (Hrsg.) *Recent Developments in Alcoholism*. New York (Plenum). Bd. 1.

Lloyd, R. W. & Salzberg, H. C. (1975). *Controlled Social Drinking: An Alternative to Abstinence as a Treatment Goal for Alcohol Abusers*. In: *Psychological Bulletin* 82, S. 815–842.

Løberg, T. & Miller, W. R. (1986). *Personality, Cognitive, and Neuropsychological Correlates of Harmful Alcohol Consumption: A Cross-National Comparison of Clinical Samples*. In: Babor, T. F. (Hrsg.) *Alcohol and Culture: Comparative Perspectives from Europe and America*. New York (New York Academy of Sciences).

Logue, A. W. (1979). *Taste Aversion and the Generality of the Laws of Learning*. In: *Psychological Bulletin* 86, S. 276–296.

Logue, A. W. (1985). *Conditioned Food Aversion Learning in Humans*. In: Braveman, N. S. & Bronstein, P. (Hrsg.) *Experimental Assessments and Clinical Applications of Conditioned Food Aversions*. New York (New York Academy of Sciences).

Logue, A. W. (1988a). *A Comparison of Taste Aversion Learning in Humans and Other Vertebrates: Evolutionary Pressures in Common*. In: Bolles, R. C. & Beecher, M. D. (Hrsg.) *Evolution and Learning*. Hillsdale/NJ (Lawrence Erlbaum Associates).

Logue, A. W. (1988b). *Research on Self-Control: An Integrating Framework*. In: *Behavioral and Brain Sciences* 11, S. 665–709.

Logue, A. W. (1988c). *Taste Aversion Learning in Humans and Other Species*. In: Bolles, R. C. & Beecher, M. D. (Hrsg.) *Evolution and Learning*. Hillsdale/NJ (Lawrence Erlbaum Associates).

Logue, A. W., King, G. R., Chavarro, A. & Volpe, J. S. (1990). *Matching and Maximizing in a Self-Control Paradigm Using Human Subjects*. In: *Learning and Motivation* 21, S. 340–368.

Logue, A. W., Logue, K. R. & Strauss, K. E. (1983). *The Acquisition of Taste Aversions in Humans with Eating and Drinking Disorders*. In: *Behaviour Research and Therapy* 21, S. 275–289.

Logue, A. W., Logue, C. M., Uzzo, R. G., McCarty, M. J. & Smith, M. E. (1988). *Food Preferences in Families*. In: *Appetite* 10, S. 169–180.

Logue, A. W. & Mazur, J. E. (1981). *Maintenance of Self-Control Acquired through a Fading Procedure: Follow-Up on Mazur and Logue (1978)*. In: *Behavior Analysis Letters* 1, S. 131–137.

Logue, A. W., Ophir, I. & Strauss, K. E. (1981). *The Acquisition of Taste Aversions in Humans*. In: *Behavior Research and Therapy* 19, S. 319–333.

Logue, A. W. & Pena-Correal (1984). *Responding during Reinforcement Delay in a Self-Control Paradigm*. In: *Journal of Experimental Analysis of Behavior* 4, S. 267–277.

Logue, A. W. & Pena-Correal, T. E. (1985). *The Effect of Food Deprivation on Self-Control*. In: *Behavioural Processes* 10, S. 335–368.

Logue, A. W., Rodriguez, M. L., Pena-Correal, T. E. & Mauro, B. C. (1984). *Choice in a Self-Control Paradigm: Quantification of Experience-Based Differences*. In: *Journal of Experimental Analysis of Behavior* 41, S. 53–67.

Logue, A. W. & Smith, M. E. (1986). *Predictors of Food Preferences in Humans*. In: *Appetite* 7, S. 109–125.

Logue, C. M. & Moos, R. H. (1986). *Perimenstrual Symptoms: Prevalence and Risk Factors*. In: *Psychosomatic Medicine* 48, S. 388–414.

Long, J. A. & McLachlan, J. F. C. (1974). *Abstract Reasoning and Perceptual Motor Efficiency in Alcoholics: Impairment and Reversibility*. In: *Quarterly Journal of Studies on Alcohol* 35, S. 1220–1229.

Lovinger, D. M., White, G. & Weight, F. F. (1989). *Ethanol Inhibits NMDA-Activated Ion Current in Hippocampal Neurons*. In: *Science* 243, S. 1721–1724.

Lowe, M. G. (1982). *The Role of Anticipated Deprivation in Overeating*. In: *Addictive Behaviors* 7, S. 103–112.

Lowe, M. R. (1986). *Dieting and Binging: Some Unanswered Questions*. In: *American Psychologist* 41, S. 326–327.

Lozoff, B. (1989). *Nutrition and Behavior*. In: *American Psychologist* 44, S. 231–236.

Lubin, Y. D. (1983). *Eating Ants is No Picnic*. In: *Natural History* 92 (Oktober), S. 54–59.

Lucas, G. A., Gawley, D. J. & Timberlake, W. (1988). *Anticipatory Contrast as a Measure of Time Horizons in the Rat: Some Methodological Determinants*. In: *Animal Learning and Behavior* 16, S. 377–382.

Lucas, G. A. & Timberlake, W. (1988). *Interpellet Delay and Meal Patterns in the Rat*. In: *Physiology and Behavior* 43, S. 259–264.

Lytle, L. D. (1977). *Control of Eating Behavior*. In: Wurtman, R. J. & Wurtman, J. J. (Hrsg.) *Nutrition and the Brain*, Vol. 2. New York (Raven).

Mahoney, M. J. (1978). *Behavior Modification in the Treatment of Obesity*. In: Stunkard, A. J. (Hrsg.) *Symposium on Obesity: Basic Mechanisms and Treatment*. Philadelphia (W. B. Saunders).

Mair, R. G., Bouffard, A. & Engen, T. (1978). *Olfactory Sensitivity during the Menstrual Cycle*. In: *Sensory Processes* 2, S. 90–98.

Maisto, S. A., Sobell, L. C., Cooper, A. M. & Sobell, M. B. (1982). *Comparison of Two Techniques to Obtain Retrospective Reports of Drinking Behavior from Alcohol Abusers*. In: *Addictive Behaviors* 7, S. 33–38.

Mandell, W. (1983). *Types and Phases of Alcohol Dependence Illness*. In: Galanter, M. (Hrsg.) *Recent Developments in Alcoholism*. New York (Plenum). Bd. 1.

Manley, R. S. & Boland, F. J. (1983). *Side-Effects and Weight Gain Following a Smoking Cessation Program*. In: *Addictive Behaviors* 8, S. 375–380.

Marlatt, G. A. (1978a). *Behavioral Assessment of Social Drinking and Alcoholism*. In: Marlatt, G. A. & Nathan, P. E. (Hrsg.) *Behavioral Approaches to Alcoholism*. New Brunswick/NJ (Rutgers Center of Alcohol Studies).

Marlatt, G. A. (1978b). *Craving for Alcohol, Loss of Control, and Relapse: A Cognitive-Behavioral Analysis*. In: Nathan, P. E., Marlatt, G. A. & Loberg, T.

(Hrsg.) *Alcoholism: New Directions in Behavioral Research and Treatment*. New York (Plenum).
Marlatt, G. A. (1979). *Alcohol Use and Problem Drinking: A Cognitive-Behavioral Analysis*. In: Kendall, P. C. & Hollon, S. D. (Hrsg.) *Cognitive-Behavioral Interventions*. New York (Academic Press).
Marlatt, G. A. (1983). *The Controlled-Drinking Controversy*. In: *American Psychologist* 38, S. 1097–1110.
Marlatt, G. A., Demming, B. & Reid, J. B. (1973). *Loss of Control Drinking in Alcoholics: An Experimental Analogue*. In: *Journal of Abnormal Psychology* 81, S. 233–241.
Marques, D. M., Fisher, A. E., Okrutny, M. S. & Rowland, N. E. (1979). *Tail Pinch Induced Fluid Ingestion: Interactions of Taste and Deprivation*. In: *Physiology and Behavior* 22, S. 37–41.
Marshal, J. F. & Teitelbaum, P. (1974). *Further Analysis of Sensory Inattention Following Lateral Hypothalamic Damage in Rats*. In: *Journal of Comparative and Physiological Psychology* 86, S. 375–395.
Martin, C. E. (1982). *Appalachian House Beautiful*. In: *Natural History* 91 (2), S. 4, 6–8, 10, 12, 14–16.
Mason, J. R., Clark, L. & Morton, T. H. (1984). *Selective Deficits in the Sense of Smell Caused by Chemical Modification of the Olfactory Epithelium*. *Science* 226, S. 1092–1094.
Mason, J. R. & Reidinger, R. F. (1983). *Conspecific Individual Recognition between Starlings after Toxicant-Induced Sickness*. In: *Animal Learning and Behavior* 11, S. 332–336.
Matossian, M. D. (1982). *Ergot and the Salem Witchcraft Affair*. In: *American Scientist* 79 (Juli/August), S. 355–357.
Mayer, J. & Marshall, N. B. (1956). *Specificity of Gold Thioglucose for Ventromedial Hypothalamic Lesions and Hyperphagia*. In: *Nature* 178, S. 1399–1400.
Mayer, W. (1983). *Alcohol Abuse and Alcoholism*. In: *American Psychologist* 38, S. 1116–1121.
Maynard Smith, J. (1978). *Optimization Theory in Evolution*. In: *Annual Review of Ecology and Systematics* 9, S. 31–56.
Maynard Smith, J. M. (1984). *Game Theory and the Evolution of Behaviour*. In: *Sciences* 7, S. 95–125.
Mazur, J. E. (1981). *Optimization Theory Fails to Predict Performance of Pigeons in a Two-Response Situation*. In: *Science* 214, S. 823–825.
Mazur, J. E. & Logue, A. W. (1978). *Choice in a Self-Control Paradigm: Effects of a Fading Procedure*. In: *Journal of Experimental Analysis of Behavior* 30, S. 11–17.
McBurney, D. H. & Gent, J. F. (1979). *On the Nature of Taste Qualities*. In: *Psychological Bulletin* 86, S. 151–167.
McCarron, A. & Tierney, K. J. (1989). *The Effect of Auditory Stimulation on the Consumption of Soft Drinks*. In: *Appetite* 13, S. 155–159.
McCrady, B. S. (1988). *Alcoholism*. In: Blechman, E. A. Brownell, K. (Hrsg.) *Handbook of Behavioral Medicine for Women*. New York (Pergamon).
McDonald, K. A. (1989). *Rutgers Journal Forced to Publish Paper Despite Threats of Libel Lawsuit*. In: *The Chronicle of Higher Education* (13. September), S. A5, A12.
McGowan, C. R., Epstein, L. H., Kupfer, D. J., Bulik, C. M. & Robertson, R. J. (1986). *The Effect of Exercise on Non-Restricted Caloric Intake in Male Joggers*. In: *Appetite* 7, S. 97–105.

McNamara, J. M. & Houston, A. I. (1983). *Optimal Responding on Variable Interval Schedules.* In: *Behavior Analysis Letters* 3, S. 157–170.

McNamara, J. M. & Houston, A. I. (1985). *Optimal Foraging and Learning.* In: *Journal of Theoretical Biology* 117, S. 231–249.

McNamara, J. M. & Houston, A. I. (1987a). *A General Framework for Understanding the Effects of Variability and Interruptions on Foraging Behavior.* In: *Acta Biotheoretica* 36, S. 3–22.

McNamara, J. M. & Houston, A. I. (1987b). *Foraging in Patches: There's More to Life than the Marginal Value Theorem.* In: Commons, M. L., Kacelnik, A. & Shettleworth, S. J. (Hrsg.) *Quantitative Analyses of Behavior: Vol. 6. Foraging.* Hillsdale/NJ (Lawrence Erlbaum Associates).

McNamara, J. M. & Houston, A. I. (1987c). *Partial Preferences and Foraging.* Animal Behaviour 35, S. 1084–1099.

Meck, W. H. & Church, R. M. (1987). *Nutrients That Modify the Speed of Internal Clock and Memory Storage Processes.* In: *Behavioral Neuroscience* 101, S. 467–475.

Mecklenburg, R. S., Loriaux, D. L., Thompson, R. H., Andersen, A. E. & Lipsett, M. B. (1974). *Hypothalamic Dysfunction in Patients with Anorexia Nervosa.* In: *Medicine* 53, S. 147–157.

Mehiel, R. & Bolles, R. C. (1984). *Learned Flavor Preferences Based on Caloric Outcome.* In: *Animal Learning and Behavior* 12, S. 421–427.

Meiselman, H. L. (1977). *The Role of Sweetness in the Food Preference of Young Adults.* In: Weiffenbach, J. M. (Hrsg.) *Taste and Development.* Bethesda/MD (U.S. Department of Health, Education, and Welfare).

Meiselman, H. L., VanHorne, W., Hasenzahl, B. & Wehrly, T. (1972). *The 1971 Fort Lewis Food Preference Survey.* Natick/MA (United States Army Natick Laboratories).

Meiselman, H. L., Waterman, D. & Symington, L. E. (1974). *Armed Forces Food Preferences.* Natick/MA (United States Army Natick Development Center).

Mello, N. K. (1968). *Some Aspects of the Behavioral Pharmacology of Alcohol.* In: Efron, D. H. (Hrsg.) *Psychopharmacology: A Review in Progress, 1957–1967.* Washington/DC (U. S. Government Printing Office).

Mellor, C. S. & White, H. P. (1978). *Taste Aversions to Alcoholic Beverages Conditioned by Motion Sickness.* In: *American Journal of Psychology* 135, S. 125–126.

Menzel, E. W. & Wyers, E. J. (1981). *Cognitive Aspects of Foraging Behavior.* In: Kamil, A. C. & Sargent, T. D. (Hrsg.) *Foraging Behavior: Ecological, Ethological, and Psychological Approaches.* New York (Garland).

Meyer, J. (1952). *The Glucostatic Theory of Regulation of Food Intake and the Problem of Obesity.* In: *Bulletin of the New England Medical Center* 14, S. 43–49.

Meyer, J. (1955). *Regulation of Energy Intake and the Body Weight: The Glucostatic Theory and the Lipostatic Hypothesis.* In: *Annals New York Academy of Sciences* 63, S. 15–43.

Meyerowitz, B. E., Burish, T. G. & Levy, S. M. (1985). *Cancer, Nutrition, and Eating Behavior: Introduction and Overview.* In: Burish, T. G., Levy, S. M. & Meyerowitz, B. E. (Hrsg.) *Cancer, Nutrition, and Eating Behavior.* Hillsdale/NJ (Lawrence Erlbaum Associates).

Michener, J. A. (1988). *Alaska.* New York (Fawcett Crest). S. 65. dt: (1992). *Alaska.* Bergisch Gladbach (Lübbe).

Miller, H. L. (1976). *Matching-Based Hedonic Scaling in the Pigeon.* In: *Journal of Experimental Analysis of Behavior* 26, S. 335–347.

Miller, N. E. & Kessen, M. L. (1952). *Reward Effects of Food via Stomach Fistula Compared with Those of Food via Mouth*. In: *Journal of Comparative and Physiological Psychology* 45, S. 555–564.

Miller, N. E., Sampliner, R. I. & Woodrow, P. (1957). *Thirst-Reducing Effects of Water by Stomach Fistula vs. Water by Mouth Measured by a Consummatory and and Instrumental Response*. In: *Journal of Comparative and Physiological Psychology* 50, S. 1–5.

Miller, P. M. (1978). *Behavior Therapy in the Treatment of Alcoholism*. In: Marlatt, G. A. & Nathan, P. E. (Hrsg.) *Behavioral Approaches to Alcoholism*. New Brunswick/NJ (Rutgers Center of Alcohol Studies).

Miller, P. M. & Eisler, R. M. (1976). *Alcohol and Drug Abuse*. In: Craighead, W. E., Kazdin, E. & Mahoney, M. J. (Hrsg.) *Behavior Modification: Principles, Issues, and Applications*. Boston (Houghton Mifflin).

Miller, W. R. (1985). *Motivation for Treatment: A Review with Special Emphasis on Alcoholism*. In: *Psychological Bulletin* 98, S. 84–107.

Miller, W. R. & Hester, R. K. (1986). *Inpatient Alcoholism Treatment: Who Benefits?* In: *American Psychologist* 41, S. 794–805.

Mischel, W.(1966). *Theory and Research on the Antecedents of Self-Imposed Delay of Reward*. In: Maher, A. (Hrsg.) *Progress in Experimental Personality Research*. New York (Academic Press).

Mischel W., Shoda, Y. and Rodriguez, M. L. (1989). *Delay of Gratification in Children*. In: *Science* 244, S. 933–938.

Money, J. & Ehrhardt, A. A. (1972). *Man and Woman, Boy and Girl*. In: Baltimore/MD (Johns Hopkins University Press).

Montgomery, M. F. (1931). *The Role of the Salivary Glands in the Thirst Mechanism*. In: *American Journal of Physiology* 96, S. 221–227.

Monti, P. M., McCrady, B. S. & Barlow, D. H. (1977). *Effect of Positive Reinforcement, Informational Feedback, and Contingency Contracting on a Bulimic Anorexic Female*. In: *Behavior Therapy* 8, S. 258–263.

Moore, F. W. (1970). *Food Habits in Non-Industrial Societies*. In: Dupont, J. (Hrsg.) *Dimensions of Nutrition*. Boulder/CO (Colorado Associated University Press).

Moore, R. A. (1983). *Current Status of the Field: Contrasting Perspectives. C. A Medical Clinician's Perspective*. In: Galanter, M. (Hrsg.) *Recent Developments in Alcoholism*. New York (Plenum). Bd. 1.

Morgan, H. G. & Russell, G. F. M. (1975). *Value of Family Background and Clinical Features as Predictors of Long-Term Outcome in Anorexia Nervosa: Four-Year Follow-Up Study of 41 Patients*. In: *Psychological Medicine* 5, S. 355–371.

Morin, L. P. (1975). *Effects of Various Feeding Regimens and Photoperiod or Pinealectomy on Ovulation in the Hamster*. In: *Biology of Reproduction* 13, S. 99–103.

Morley, J. E. & Levine, A. S. (1980). *Stress-Induced Eating Is Mediated through Endogenous Opiates*. In: *Science* 209, S. 1259–1261.

Morley, J. E. & Levine, A. S. (1981). *Endogenous Opiates and Stress-Induced Eating*. In: *Science* 214, S. 1150–1151.

Morrow, G. R. & Dobkin, P. L. (1988). *Anticipatory Nausea and Vomiting in Cancer Patients Undergoing Chemotherapy Treatment: Prevalence, Etiology, and Behavioral Interventions*. In: *Clinical Psychology Review* 8, S. 517–556.

Morrow, G. R. & Morrell, C. (1982). *Behavioral Treatment for the Anticipatory Nausea and Vomiting Induced by Cancer Chemotherapy*. In: *The New England Journal of Medicine* 307, S. 1376–1380.

Moskowitz, H. & Murray, J. T. (1976). *Decrease of Ionic Memory after Alcohol*. In: *Journal of Studies on Alcohol* 37, S. 278–283.

Mouratoff, G. J., Carroll, N. V. & Scott, E. M. (1967). *Diabetes Mellitus in Eskimos*. In: *The Journal of the American Medical Association* 199, S. 107–112.

Mower, G. D., Mair, R. G. & Engen, T. (1977). *Influence of Internal Factors on the Perceived Intensity and Pleasantness of Gustatory and Olfactory Stimuli*. In: Kare, M. R. & Maller, O. (Hrsg.) *The Chemical Senses and Nutrition*. New York (Academic Press).

Mozell, M. M. & Hornung, D. E. (1985). *Peripheral Mechanisms in the Olfactory Process*. In: Pfaff, D. W. (Hrsg.) *Taste, Olfaction, and the Central Nervous System*. New York (Rockefeller University Press).

Mrosovsky, N. & Sherry, D. F. (1980). *Animal Anorexias*. In: *Science* 207, S. 837–842.

Mukherjee, A. B. & Hodgen, G. D. (1982). *Maternal Ethanol Exposure Induces Transient Impairment of Umbilical Circulation and Fetal Hypoxia in Monkeys*. In: *Science* 218, S. 700–702.

Mukherjee, A. B. & Hodgen, G. D. (1983). *Alcohol and Pregnancy*. In: *Science* 221, S. 1245.

Munro, J. F. & Ford, M. J. (1982). *Drug Treatment of Obesity*. In: Silverstone, T. (Hrsg.) *Drugs and Appetite*. London (Academic Press).

Munro, J. F., Stewart, I. C., Seidelin, P. H., Mackenzie, H. S. & Dewhurst, N. G. (1987). *Mechanical Treatment for Obesity*. In: Wurtman, R. J: & Wurtman, J. J. (Hrsg.) *Human Obesity*. New York (New York Academy of Sciences).

Murray, R. M., Clifford, C. A. & Gurling, H. M. D. (1983). *Twin and Adoption Studies: How Good Is the Evidence for a Genetic Role?* In: Galanter, M. (Hrsg.) *Recent Developments in Alcoholism*. New York (Plenum). Bd. 1.

Myers, R. D. & McCaleb, M. L. (1980). *Feeding: Satiety Signal from Intestin Triggers Brain's Noradrenergic Mechanism*. In: *Science* 109, S. 1035–1037.

Nachman, M. (1959). *The Inheritance of Saccharin Preference*. In: *Journal of Comparative and Physiological Psychology* 52, S. 451–457.

Nachman, M. & Ashe, J. H. (1973). *Learned Taste Aversions in Rats as a Function of Dosage, Concentration, and Route of Administration of LiCl*. In: *Physiology and Behavior* 10, S. 73–78.

Nair, K. N. (1987). *Animal Protein Consumption and the Sacred Cow Complex in India*. In: Harris, M. & Ross, E. B. (Hrsg.) *Food and Evolution: Toward a Theory of Human Food Habits*. Philadelphia (Temple University Press), S. 565.

Naj, A. K. (1986). *Hot Topic: Chilies Cause Pleasant Pain, Even Mild Euphoria*. In: *Wall Street Journal* (25. November), S. 1, 20.

Nash, J. D. & Farquhar, J. W. (1978). *Community Approaches to Dietary Modification and Obesity*. In: Stunkard, A. J. (Hrsg.) *Symposium on Obesity: Basic Mechanisms and Treatment*. Philadelphia (W. B. Saunders).

Nathan, P. E. (1978a). *Behavioral Theory and Behavioral Theories of Alcoholism*. In: Marlatt, G. A. & Nathan, P. E. (Hrsg.) *Behavioral Approaches to Alcoholism*. New Brunswick/NJ (Rutgers Center of Alcohol Studies).

Nathan, P. E. (1978b). *Studies in Blood Alcohol Level Discrimination*. In: Nathan, P. E., Marlatt, G. A. & Loberg, T. (Hrsg.) *Alcoholism: New Directions in Behavioral Research and Treatment*. New York (Plenum).

Nathan, P. E. (1983). *Failures in Prevention: Why We Can't Prevent the Devastating Effect of Alcoholism and Drug Abuse*. In: *American Psychologist* 38, S. 459–467.

Literaturverzeichnis

Nathan, P. E. (1985). *Aversion Therapy in the Treatment of Alcoholism: Success and Failure*. In: Braveman, N. S. & Bronstein, P. (Hrsg.) *Experimental Assessments and Clinical Applications of Conditioned Food Aversions*. New York (New York Academy of Sciences).

Nationale Verkehrsstudie – Materialien zur Gesundheitsforschung. Schriftenreihe zum Programm der Bundesregierung, Bd. 18, Bonn 1991. (Anmerkung des Herausgebers).

Needleman, H. L., Geiger, S. K. & Frank, R. (1985). *Lead and IQ Scores: A Reanalysis*. In: *Science* 227, S. 701–702, 704.

Nemeroff, C. & Rozin, P. (1987). *Sympathetic Magic in Kosher Practice and Belief at the Limits of the Laws of Kashrut*. In: *Jewish Folklore and Ethnology* 9, S. 31–32.

Nemeroff, C. B. (1981). *Monosodium Glutamate-Induced Neurotoxicity: Review of the Literature and Call for Further Research*. In: Miller, S. A. (Hrsg.) *Nutrition and Behavior*. Philadelphia (Franklin Institute).

Neubuerger, O. W., Matarazzo, J. D., Schmitz, R. E. & Pratt, H. H. (1980). *One Year Follow-Up of Total Abstinence in Chronic Alcoholic Patients Following Emetic Conterconditioning*. In: *Alcoholism: Clinical and Experimental Research* 4, S. 306–312.

Nisbet, J. (1980). *22 Celebs Bellyache about the Worst Food They Were Ever Asked to Eat*. In: *Moneysworth* (März), S. 14–15.

Nisbett, R. E. & Gurwitz, S. B. (1970). *Weight, Sex and the Eating Behavior of Human Newborns*. In: *Journal of Comparative and Physiological Psychology* 73, S. 245–253.

Norman, C. (1982). *No Fraud Found in Alcoholism Study*. In: *Science* 218, S. 771.

Norman, D. A. (1969). *Memory and Attention*. New York (John Wiley & Sons).

O'Leary, K. D. (1980). *Pills or Skills for Hyperactive Children*. In: *Journal of Applied Behavior Analysis* 13, S. 191–204.

O'Leary, K. D. (1981). *Assessment of Hyperactivity: Observational and Rating Methodologies*. In: Miller, S. A. (Hrsg.) *Nutrition and Behavior*. Philadelphia (Franklin Institute).

Oatley, K. (1971). *Dissocation of the Circadian Drinking Pattern from Eating*. In: *Nature* 229, S. 494–496.

Officers of Medical Economics Company (1980). *Physician's Desk Reference*. 34. Aufl. Oradell/NJ (Medical Economics Company).

Olafsdottir, M., Sjoden, P. O. & Westling, B. (1986). *Prevalence and Prediction of Chemotherapy-Related Anxiety, Nausea and Vomiting in Cancer Patients*. In: *Behavioral Research and Therapy* 24, S. 59–66.

Olton, D. S., Handelmann, G. F., & Walker, J. A. (1981). *Spatial Memory and Food Searching Strategies*. In: Kamil, A. C. & Sargent, T. D. (Hrsg.) *Foraging Behavior: Ecological, Ethological, and Psychological Approaches*. New York (Garland).

Oomura, Y. (1976). *Significance of Glucose, Insulin, and Free Fatty Acid on the Hypothalamic Feeding and Satiety Neurons*. In: Novin, D., Wyrwicka, W. & Bray, G. A. (Hrsg.) *Hunger: Basic Mechanisms and Clinical Implications*. New York (Raven Press).

Ornstein, S. I. & Levy, D. (1983). *Price and Income Elasticities of Demand for Alcoholic Beverages*. In: Galanter, M. (Hrsg.) *Recent Developments in Alcoholism*. New York (Plenum). Bd. 1.

Overmann, S. R. (1976). *Dietary Self-Selection by Animals*. In: *Psychological Bulletin* 83, S. 218–235.

Owen, J. (1980). *Feeding Strategy*. Chicago (University of Chicago Press). S. 7–9.

Page, R. D. & Linden, J. D. (1974). *'Reversible' Organic Brain Syndrome in Alcoholics*. In: *Quarterly Journal of Studies on Alcohol* 35, S. 98–107.

Page, R. D. & Schaub, L. H. (1977). *Intellectual Functioning in Alcoholics during Six Months Abstinence*. In: *Journal of Studies on Alcohol* 38, S. 1240–1246.

Pager, J. (1977). *Nutritional States, Food Odors, and Olfactory Function*. In: Kare, M. R. & Maller, O. (Hrsg.) *The Chemical Senses and Nutrition*. New York (Academic Press).

Palazzoli, M. S. (1974). *Self-Starvation*. London (Human Context Books).

Palmer, R. L. (1980). *Anorexia Nervosa*. New York (Penguin).

Parham, E. S. & Parham, A. R. (1980). *Saccharin Use and Sugar Intake by College Students*. In: *Journal of the American Dietetic Association* 76, S. 560–563.

Park, J. J., Huang, Y.-H., Nagoshi, C. T., Yuen, S., Johnson, R.-C., Ching, C. A. & Bowman, K. S. (1984). *The Flushing Response to Alcohol Use among Koreans and Taiwanese*. In: *Journal of Studies on Alcohol* 45, S. 481–485.

Partridge, L. (1981). *Increased Preferences for Familiar Foods in Small Mammals*. In: *Animal Behavior* 29, S. 211–216.

Pasquali, R., Strocchi, E., Malini, P., Casimirri, F., Ambrosioni, E., Melchionda, N. & Labo, F. (1985). *Altered Erythrocyte Na-K Pump in Anorectic Patients*. In: *Metabolism* 34, S. 670–674.

Passmore, R. (1979). *The Energy Value of Alcohol*. In: Gastineau, C. F., Darby, W. J. & Turner, T. B. (Hrsg.) *Fermented Food Beverages in Nutrition*. New York (Academic Press).

Paul, S. M., Hulihan-Giblin, B. & Skolnick, P. (1982). *(+)-Amphetamine Binding to Rat Hypothalamus: Relation to Anorexic Potency of Phenylethylamines*. In: *Science* 218, S. 487–490.

Pauling, L. (1968). *Orthomolecular Psychiatry*. In: *Science* 160, S. 265–271.

Peele, S. (1984). *The Cultural Context to Psychological Approaches to Alcoholism: Can We Control the Effects of Alcohol?* In: *American Psychologist* 39, S. 1337–1351.

Pelchat, M. L., Grill, H. J., Rozin, P. & Jacobs, J. (1983). *Quality of Acquired Responses to Tastes by Rattus norvegicus Depends on Type of Associated Discomfort*. In: *Journal of Comparative Psychology* 97, S. 140–153.

Pelchat, M. L. & Rozin, P. (1982). *The Special Role of Nausea in the Acquisition of Food Dislikes by Humans*. In: *Appetite* 3, S. 341–351.

Pendery, M. L., Maltzman, I. M. & West, L. J. (1982). *Controlled Drinking by Alcoholics?: New Findings and a Reevaluation of a Major Affirmative Study*. In: *Science* 217, S. 169–175.

Perkins, K. A., Denier, C., Mayer, J. A., Scott, R. R. & Dubbert, P. M. (1987). *Weight Gains Associated with Decreases in Smoking Rate and Nicotine Intake*. In: *International Journal of the Addictions* 22, S. 575–581.

Perkins, K. A., Epstein, L. H., Marks, B. L., Stiller, R. L. & Jacob, R. G. (1989). *The Effect of Nicotine on Energy Expenditure during Light Physical Activity*. In: *The New England Journal of Medicine* 320, S. 898–903.

Peryam, D. R., Polemis, B. W., Kamen, J. M., Eindhoven, J. & Pilgrim, F. J. (1960). *Food Preferences of Men in the U.S. Armed Forces*. Chicago (Quartermaster Food and Container Institute for the Armed Forces).

Petersen, D. R. (1983). *Pharmacogenetic Approaches to the Neuropharmacology of Ethanol*. In: Galanter, M. (Hrsg.) *Recent Developments in Alcoholism*. New York (Plenum). Bd. 3.

Pfaffmann, C. (1941). *Gustatory Afferent Impulses*. In: *Journal of Cellular and Comparative Psychology* 17, S. 243–258.

Pfaffmann, C. (1955). *Gustatory Nerve Impulses in Rat, Cat and Rabbit*. In: *Journal of Neurophysiology* 18, S. 429–440.

Pfaffmann, C. (1977). *Biological and Behavioral Substrates of the Sweet Tooth*. In: Weiffenbach, J. M. (Hrsg.) *Taste and Development*. Bethesda/MD (U.S. Department of Health, Education, and Welfare).

Pfaffmann, C., Frank, M. & Norgren, R. (1979). *Neural Mechanisms and Behavioral Aspects of Taste*. In: *Annual Review of Psychology* 3, S. 283–325.

Pi-Sunyer, F. X. (1987). *Exercise Effects on Calorie Intake*. In: Wurtman, R. J: & Wurtman, J. J. (Hrsg.) *Human Obesity*. New York (New York Academy of Sciences).

Pietrewicz, A. T. & Kamil, A. C. (1979). *Search Image Formation in the Blue Jay (Cyanocitta cristata)*. In: *Science* 204, S. 1332–1333.

Pietrewicz, A. T. & Richards, J. B. (1985). *Learning to Forage: An Ecological Perspective*. In: Johnston, T. D. & Pietrewicz, A. T. (Hrsg.) *Issues in the Ecological Study of Learning*. Hillsdale/NJ (Lawrence Erlbaum Associates).

Pimm, S. L. (1982). *Food Webs*. New York (Chapman & Hall).

Pirk, K. M. & Ploog, D. (1986). *Psychobiology of Anorexia Nervosa*. In: Wurtman, R. J. & Wurtman, J. J. (Hrsg.) *Nutrition and the Brain*, Vol. 7. New York (Raven Press).

Pliner, P. (1982). *The Effects of Mere Exposure on Liking for Edible Substances*. In: *Appetite* 2, S. 283–290.

Pliner, P. & Pelchat, M. L. (1986). *Similarities in Food Preferences between Children and Their Siblings and Parents*. In: *Appetite* 7, S. 333–342.

Pliner, P., Polivy, J. & Herman, C. P. (1980). *Short-Term Intake of Overweight Individuals and Normal Weight Dieters and Non-Dieters with and without Choice among a Variety of Foods*. In: *Appetite* 1, S. 203–213.

Plutchik, R. (1976). *Emotions and Attitudes Related to Being Overweight*. In: *Journal of Clinical Psychology* 32, S. 21–24.

Poehlman, E. T. & Horton, E. S. (1989). *The Impact of Food Intake and Exercise on Energy Expenditure*. In: *Nutrition Reviews* 47, S. 129–137.

Poehlman, E. T., Tremblay, A., Fontaine, E., Depres, J. P., Nadeau, A., Dussault, J. & Bouchard, C. (1986). *Genotype Dependency of the Thermic Effect of a Meal and Associated Hormonal Changes Following Short-Term Overfeeding*. In: *Metabolism* 35, S. 30–36.

Polich, J. M. (1982). *The Validity of Self-Reports in Alcoholism Research*. In: *Addictive Behaviors* 7, S. 123–132.

Polich, J. M., Armor, D. J. & Braiker, H. B. (1980). *The Course of Alcoholism: Four Years after Treatment*. Santa Monica/CA (Rand).

Polivy, J. & Herman, C. P. (1976a). *Clinical Depression and Weight Change: A Complex Relation*. In: *Journal of Abnormal Psychology* 85, S. 338–340.

Polivy, J. & Herman, C. P. (1976b). *Effects of Alcohol on Eating Behavior: Influence of Mood and Perceived Intoxication*. In: *Journal of Abnormal Psychology* 85, S. 601–606.

Polivy, J. & Herman, C. P. (1985). *Dieting and Binging*. In: *American Psychologist* 40, S. 193–201.

Polivy, J. & Herman, C. P. (1986). *Dieting and Binging Reexamined: A Response to Lowe*. In: *American Psychologist* 41, S. 327–328.

Polivy, J., Herman, C. P., Younger, J. C. & Erskine, B. (1979). *Effects of a Model on Eating Behavior: The Induction of a Restrained Eating Style*. In: *Journal of Personality* 47, S. 100–117.

Polivy, J. & Thomsen, L. (1988). *Dieting and Other Eating Disorders*. In: Blechman, E. A. Brownell, K. (Hrsg.) *Handbook of Behavioral Medicine for Women*. New York (Pergamon).

Pollitt, E., Lewis, N. L., Garcia, C. & Shulman, R. J. (1982/83). *Fasting and Cognitive Function*. In: *Journal of Psychiatric Research* 17, S. 169–174.

Pomerleau, O., Bass, F. & Crown, V. (1975). *Role of Behavior Modification in Preventive Medicine*. In: *The New England Journal of Medicine* 292, S. 1277–1282.

Pope, H. G. & Hudson, J. I. (1984). *New Hope for Binge Eaters*. New York (Harper & Row).

Pope, H. G., Hudson, J. I., Jonas, J. M. & Yurgelun-Todd, D. (1983). *Bulimia Treated with Imipramine: A Placebo-Controlled, Double-Blind Study*. In: *American Journal of Psychiatry* 140, S. 554–558.

Porikos, K. P. & Koopmans, H. S. (1988). *The Effect on Non-Nutritive Sweeteners on Body Weight in Rats*. In: *Appetite* 11 Supplement, S. 12–15.

Powers, W. K. & Powers, M. N. (1986). *Putting on the Dog*. In: *Natural History* 95 (Februar), S. 6, 8, 10, 14–16.

Powley, T. L. (1977). *The Ventromedial Hypothalamic Syndrome, Satiety, and a Cephalic Phase Hypothesis*. In: *Psychological Review* 84, S. 89–126.

Praag, H. M. van & Lemus, C. (1986). *Monoamine Precursors in the Treatment of Psychiatric Disorders*. In: Wurtman, R. J. & Wurtman, J. J. (Hrsg.) *Nutrition and the Brain: Vol. 7. Food Constituents Affecting Normal and Abnormal Behaviors*. New York (Raven Press).

Proctor, W. R. & Dunwiddie, T. V. (1984). *Behavioral Sensitivity to Purinergic Drugs Parallels Ethanol Sensitivity in Selectively Bred Mice*. In: *Science* 224, S. 519–521.

Pulliam, H. R. (1974). *On the Theory of Optimal Diets*. In: *American Naturalist* 108, S. 59–74.

Pyke, G. H. (1981a). *Honeyeater Foraging: A Test of Optimal Foraging Theory*. In: *Animal Behaviour* 29, S. 878–888.

Pyke, G. H. (1981b). *Optimal Foraging in Hummingbirds: Rule of Movement between Inflorescences*. In: *Animal Behaviour* 29, S. 889–896.

Pyke, G. H. (1981c). *Why Hummingbirds Hover and Honeyeater Perch*. In: *Animal Behaviour* 29, S. 861–867.

Pyke, G. H., Pulliam, H. R. & Charnov, E. L. (1977). *Optimal Foraging: A Selective Review of Theory and Tests*. In: *Quarterly Review of Biology* 52, S. 137–154.

Pyle, R. L., Mitchell, J. E. & Eckert, E. D. (1981). *Bulimia: A Report of 34 Cases*. In: *The Journal of Clinical Psychiatry* 42, S. 60–64.

Quinn, J. & Henbest, R. (1967). *Partial Failure of Generalization in Alcoholism Following Aversion Therapy*. In: *Quarterly Journal of Studies on Alcohol* 28, S. 70–75.

Rabin, M. D. & Cain, W. S. (1984). *Odor Recognition: Familiarity, Identifiability, and Encoding Consistency*. In: *Journal of Experimental Psychology: Learning, Memory, and Cognition* 10, S. 316–325.

Rabow, J. & Watts, R. K. (1983). *The Role of Alcohol Availability in Alcohol Consumption and Alcohol Problems*. In: Galanter, M. (Hrsg.) *Recent Developments in Alcoholism*. New York (Plenum). Bd. 1.

Rachlin, H. (1980). *Economics and Behavioral Psychology*. In: Staddon, J. E. R. (Hrsg.) *Limits to Action*. New York (Academic Press).

Rachlin, H. (1985). *Pain and Behavior*. In: *The Behavioral and Brain Sciences* 8, S. 43–83.

Rachlin, H., Battalio, R., Kagel, J. & Green, L. (1981). *Maximization Theory in Behavioral Psychology*. In: *The Behavioral and Brain Sciences* 4, S. 371–417.

Rachlin, H. & Green, L. (1972). *Commitment, Choice and Self-Control*. In: *Journal of the Experimental Analysis of Behavior* 17, S. 15–22.

Rand, C. S. W. (1978). *Treatment of Obese Patients in Psychoanalysis*. In: Stunkard, A. J. (Hrsg.) *Symposium on Obesity: Basic Mechanisms and Treatment*. Philadelphia (W. B. Saunders).

Rapoport, J. L. (1982/83). *Effects of Dietary Substances in Children*. In: *Journal of Psychiatric Research* 17, S. 187–191.

Rapoport, J. L., Buchsbaum, M. S., Zahn, T. P., Weingartner, H., Ludlow, C. & Mikkelsen, E. J. (1978). *Dextroamphetamine: Cognitive and Behavioral Effects in Normal Prepubertal Boys*. In: *Science* 199, S. 560–563.

Ravelli, G.-P., Stein, Z. A. & Susser, M. W. (1976). *Obesity in Young Men after Famine Exposure in Utero and Early Infancy*. In: *The New England Journal of Medicine* 259, S. 349–353.

Ravussin, E., Lillioja, S., Knowler, W. D., Christin, L, Freymond, D., Abbott, W. G. H., Boyce, V., Howard, B. V. & Bogardus, C. (1988). *Reduced Rate of Energy Expenditure as a Risk Factor for Body-Weight Gain*. In: *The New England Journal of Medicine* 318, S. 467–472.

Reid, J. B. (1978). *Study of Drinking in Natural Settings*. In: Marlatt, G. A. & Nathan, P. E. (Hrsg.) *Behavioral Approaches to Alcoholism*. New Brunswick/NJ (Rutgers Center of Alcohol Studies).

Reinecker, H. (1994) *Lehrbuch der Klinischen Psychologie*. Göttingen (Hogrefe). (Anmerkung des Herausgebers)

Revusky, S. H. (1977). *Learning as a General Process with an Emphasis on Data from Feeding Experiments*. In: Milgram, N. W., Krames, L. & Alloway, T. M. (Hrsg.) *Food Aversion Learning*. New York (Academic Press).

Revusky, S., Coombes, S. & Pohl, R. W. (1980). *US Preexposure: Effects on Flavor Aversions Produced by Pairing a Poisoned Partner with Ingestion*. In: *Animal Learning and Behavior* 10, S. 83–90.

Richter, C. P. (1942–43). *Total Self-Regulatory Functions in Animals and Human Beings*. In: *The Harvey Lecturers* 38, S. 63–103.

Richter, D. P. (1956). *Salt Appetite of Mammals: Its Dependence on Instinct and Metabolism*. In: Fondation Singer-Polignac (Hrsg.) *L'Instinct dans le comportement des animaux et de l'homme*. Paris (Masson).

Riley, A. L. & Clarke, C. M. (1977). *Conditioned Taste Aversions: A Bibliography*. In: Barker, L. M., Best, M. R. & Domjan, M. (Hrsg.) *Learning Mechanisms in Food Selection*. Waco/TX (Baylor University Press).

Riley, A. L. & Wetherington, C. L. (1989). *Schedule-Induced Polydipsia: Is the Rat a Small Furry Human? (An Analysis of an Animal Model of Human Alcoholism)*. In: Klein, S. B. & Mowrer, R. R. (Hrsg.) *Contemporary Learning Theories: Instrumental Conditioning Theory and the Impact of Biological Constraints on Learning*. Hillsdale/NJ (Lawrence Erlbaum Associates).

Ritter, S. (1986). *Glucoprivation and the Glucoprivic Control of Food Intake*. In: Ritter, R. C., Ritter, S. & Barnes, C. D. (Hrsg.) *Feeding Behavior: Neural and Humoral Controls*. New York (C. D. Barnes).

Roballey, T. C., McGreevy, C., Rongo, R. R., Schwantes, M. L., Steger, P. J., Wininger, M. A. & Gardner, E. B. (1985). *The Effect of Music on Eating Behavior.* In: *Bulletin of the Psychonomic Society* 23, S. 221–222.

Robbins, T. W. & Fray, P. J. (1980a). *Stress-Induced Eating: Fact, Fiction or Misunderstanding?* In: *Appetite* 1, S. 103–133.

Robbins, T. W. & Fray, P. J. (1980b). *Stress-Induced Eating: Reply to Bolles, Rowland and Marques, and Herman and Polivy.* In: *Appetite* 1, S. 231–239.

Roberts, S. B., Savage, J., Coward, W. A., Chew, B. & Lucas, A. (1988). *Energy Expenditure and Intake in Infants Born to Lean and Overweight Mothers.* In: *The New England Journal of Medicine* 318, S. 461–466.

Roberts, W. A. & Ilersich, T. J. (1989). *Foraging on the Radial Maze: The Role of Travel Time, Food Accessibility, and the Predictability of Food Location.* In: *Journal of Experimental Psychology: Animal Behavior Processes* 15, S. 274–285.

Robertson, R. G. Y. & Garcia, J. (1985). *X-Rays and Learned Taste Aversions: Historical and Psychological Ramifications.* In: Burish, T. G., Levy, S. M. & Meyerowitz, B. E. (Hrsg.) *Cancer, Nutrition, and Eating Behavior.* Hillsdale/NJ (Lawrence Erlbaum Associates).

Rodin, J. (1979). *Obesity: Why the Losing Battle?* In: *JSAS: Catalog of Selected Documents in Psychology* 9 (2), S. 17 (Manuskript Nr. 1839).

Rodin, J. (1980). *The Externality Theory Today.* In: Stunkard, A. J. (Hrsg.) *Obesity.* Philadelphia (W. B. Saunders).

Rodin, J. (1981). *Current Status of the Internal-External Hypothesis for Obesity.* In: *American Psychologist* 36, S. 361–372.

Rodin, J. (1985). *Insulin Levels, Hunger, and Food Intake: An Example of Feedback Loops in Body Weight Regulation.* In: *Health Psychology* 4, S. 1–24.

Rodin, J. (1987). *Weight Change Following Smoking Cessation: The Role of Food Intake and Exercise.* In: *Addictive Behaviors* 12, S. 303–317.

Rodin, J., Wack, J., Ferrannini, E. & DeFronzo, R. A. (1985). *Effect of Insulin and Glucose on Feeding Behavior.* In: *Metabolism* 34, S. 826–831.

Rodriguez, M. L., Mischel, Y. & Shoda, Y. (1989). *Cognitive Person Variables in the Delay of Gratification of Older Children at Risk.* In: *Journal of Personality and Social Psychology* 57, S. 358–367.

Rogers, Q. R. & Leung, P. M. B (1977). *The Control of Food Intake: When and How Are Amino Acids Involved?* In: Kare, M. R. & Maller, O. (Hrsg.) *The Chemical Senses and Nutrition.* New York (Academic Press).

Rolls, B. J. (1985). *Experimental Analyses of the Effects of Variety in a Meal on Human Feeding.* In: *The American Journal of Clinical Nutrition* 42, S. 932–929.

Rolls, B. J., Hetherington, M. & Laster, L. J. (1988). *Comparison of the Effects of Aspartame and Sucrose on Appetite and Food Intake.* In: *Appetite* 11 Supplement, S. 62–67.

Rolls, B. J., Laster, L: J. & Summerfelt, A. (1989). *Hunger and Food Intake Following Consumption of Low-Caloric Foods.* In: *Appetite* 13, S. 115–127.

Rolls, B. J. & Phillips, P. A. (1990). *Aging and Disturbances of Thirst and Fluid Balance.* In: *Nutrition Reviews* 48, S. 137–144.

Rolls, B. J. & Rolls, E. T. (1982). *Thirst.* New York (Cambridge University Press).

Rolls, B. J., Rolls, E. T. & Rowe, E. A. (1982). *The Influence of Variety on Human Food Selection and Intake.* In: Barker, L. M. (Hrsg.) *The Psychobiology of Human Food Selection.* Westport/CT (AVI Publishing).

Rolls, B. J., Rowe, E. A., Rolls, E. T., Kingston, B., Megson, A. & Gunary, R. (1981). *Variety in a Meal Enhances Food Intake in Man.* In: *Physiology and Behavior* 26, S. 215–221.

Roosevelt, A. (1987). *The Evolution of Human Subsistence.* In: Harris, M. & Ross, E. B. (Hrsg.) *Food and Evolution: Toward a Theory of Human Food Habits.* Philadelphia (Temple University Press), S. 565.

Root, W. (1980). *Food.* New York (Simon & Schuster). siehe auch dt: (1994). *Das Mundbuch. Eine Enzyklopädie alles Eßbaren.* Frankfurt (Eichborn).

Rosen, J. C. & Leitenberg, H. (1982). *Bulimia Nervosa: Treatment with Exposure and Response Prevention.* In: *Behavior Therapy* 13, S. 117–124.

Rosenberg, L. E. (1975). *Contrast between Vitamin-Response Inherited Metabolic Diseases and Vitamin Use in Schizophrenia.* In: Serban, G. (Hrsg.) *Nutrition and Mental Functions.* New York (Plenum).

Rosengarten, F. (1969). *The Book of Spices.* Wynnewood/PA (Livingston Publishing).

Rosenthal, N. E. & Heffernan, M. M. (1986). *Bulimia, Carbohydrate Craving, and Depression: A Central Connection?.* In: Wurtman, R. J. & Wurtman, J. J. (Hrsg.) *Nutrition and the Brain,* Vol. 7. New York (Raven).

Rosenzweig, M. R. & Leiman, A. L. (1982). *Physiological Psychology.* Lexington/ME (D. C. Heath).

Rossiter, E. M., Agras, W. S. & Losch, M. (1988). *Changes in Self-Reported Food Intake in Bulimics as a Consequence of Antidepressant Treatment.* In: *International Journal of Eating Disorders* 7, S. 779–783.

Rossiter, E. M., Agras, W. S., Losch, M., Telch, C. F. (1988). *Dietary Restraint of Bulimic Subjects Following Cognitive-Behavioral or Pharmacological Treatment.* In: *Behaviour Research and Therapy* 26, S. 495–498.

Rosso, P. (1987). *Regulation of Food Intake during Pregnancy and Lactation.* In: Wurtman, R. J. & Wurtman, J. J. (Hrsg.) *Human Obesity.* New York (New York Academy of Science).

Rowland, N. E. & Antelman, S. M. (1976). *Stress-Induced Hyperphagia and Obesity in Rats: A Possible Model for Understanding Human Obesity.* In: *Science* 191, S. 310–312.

Rowland, N. E. & Marques, D. M. (1980). *Stress-Induced Eating: Misrepresentation?* In: *Appetite* 1, S. 225–228.

Roze, U. (1985). *How to Select, Climb, and Eat a Tree.* In: *Natural History* (Mai), S. 63–69.

Rozin, E. (1982). *The Structure of Cuisine.* In: *The Psychobiology of Human Food Selection.* In: Barker, L. M. (Hrsg). *The Psychobiology of Human Food Selection.* Westport/CT (AVI Publishing).

Rozin, E. (1983). *Ethnic Cuisine: The Flavor-Principle Cookbook.* Brattleboro/VT (The Stephen Greene Press).

Rozin, E. & Rozin, P. (1981). *Culinary Themes and Variations.* In: *Natural History* (Februar), S. 6, 8, 12, 14.

Rozin, P. (1972). *Specific Aversions as a Component of Specific Hungers.* In: Seligman, M. E. P. & Hager, J. L. (Hrsg.) *Biological Boundaries of Learning.* New York (Appleton-Century-Crofts). dt: In: Seligman, M. E. (Hrsg.) (erw. Aufl. 1992). *Erlernte Hilflosigkeit.* Weinheim (Psychologie Vlgs Union).

Rozin, P. (1976a). *Psychobiological and Cultural Determinants of Food Choice.* In: Silverstone, T. (Hrsg.) *Appetite and Food Intake.* Berlin (Dahlem Konferenzen).

Rozin, P. (1976b). *The Selection of Foods by Rats, Humans, and Other Animals*. In: Rosenblatt, J. S., Hinde, R. A., Shaw, E. & Beer, C. (Hrsg.) *Advances in the Study of Behavior*. New York (Academic Press), Bd. 6.

Rozin, P. (1982). *Human Food Selection: The Interaction of Biology, Culture and Individual Experience*. In: Barker, L. M. (Hrsg.) *The Psychobiology of Human Food Selection*. Westport/CT (AVI Publishing).

Rozin, P. (1984). *The Acquisition of Food Habits and Preferences*. In: Matarazzo, J. D. (Hrsg.) *Behavioral Health: A Handbook of Health Enhancement and Disease Prevention*. New York (John Wiley & Sons).

Rozin, P. (1986). *One-Trial Acquired Likes and Dislikes in Humans: Disgust as a US, Food Predominance, and Negative Learning Predominance*. In: *Learning and Motivation* 17, S. 180–189.

Rozin, P. (1987). *Sweetness, Sensuality, Sin, Safety, and Socialization: Some Speculations*. In: Dobbing, J. (Hrsg.) *Sweetness*. New York (Springer-Verlag).

Rozin, P. (1990). *Getting to Like the Burn of Chili Pepper: Biological, Psychological, and Cultural Perspectives*. In: Green, B. G., Mason, J. R. & Kare, M. R. (Hrsg.) *Chemical Senses: Vol. 2. Irritation*. New York (Marcel Dekker).

Rozin, P. & Cines, B. M. (1982). *Ethnic Differences in Coffee Use and Attitudes to Coffee*. In: *Ecology of Food and Nutrition* 12, S. 79–88.

Rozin, P. & Fallon, A. (1980). *The Psychological Categorization of Foods and Non-Foods: A Preliminary Taxonomy of Food Rejections*. In: *Appetite* 1, S. 193–201.

Rozin, P. & Fallon, A. (1988). *Body Image, Attitudes to Weight, and Misperceptions of Figure Preferences of the Opposite Sex: A Comparison of Men and Women in Two Generations*. In: *Journal of Abnormal Psychology* 97, S. 342–345.

Rozin, P. & Fallon, A. E. (1987). *A Perspective on Disgust*. In: *Psychological Review* 94, S. 23–41.

Rozin, P., Fallon, A. E. & Augustoni-Ziskind, M. (1985). *The Child's Conception of Food: The Development of Contamination Sensitivity to 'Disgusting' Substances*. In: *Developmental Psychology* 21, S. 1075–1079.

Rozin, P., Fallon, A. E. & Augustoni-Ziskind, M. (1986). *The Child's Conception of Food: The Development of Categories of Acceptable and Rejected Substances*. In: *Journal of Nutrition Education* 18, S. 75–81.

Rozin, P., Fallon, A. E. & Mandell, R. (1984). *Family Resemblance in Attitudes to Foods*. In: *Developmental Psychology* 20, S. 309–314.

Rozin, P., Hammer, L., Oster, H., Horowitz, T. & Marmora, V. (1986). *The Child's Conception of Food: Differentiation of Categories of Rejected Substances in the 16 Months to 5 Year Age Range*. In: *Appetite* 7, S. 141–151.

Rozin, P. & Kalat, J. W. (1971). *Specific Hungers and Poison Avoidance as Adaptive Specializations of Learning*. In: *Psychological Review* 78, S. 459–486.

Rozin, P. & Kennel, K. (1983). *Acquired Preferences for Piquant Foods by Chimpanzees*. In: *Appetite* 4, S. 69–77.

Rozin, P., Mark, M. & Schiller, D. (1981). *The Role of Desensitization to Capsaicin in Chili Pepper Ingestion and Preference*. In: *Chemical Senses* 6, S. 23–31.

Rozin, P. & Millman, L. (1987). *Family Environment, Not Heredity, Accounts for Family Resemblances in Food Preferences and Attitudes: A Twin Study*. In: *Appetite* 8, S. 125–134.

Rozin, P., Millman, L. & Nemeroff, C. (1986). *Operation of the Laws of Sympathetic Magic in Disgust and Other Domains*. In: *Journal of Personality and Social Psychology* 50, S. 703–712.

Rozin, P. & Pelchat, M. L. (1988). *Memories of Mammaries: Adaptations to Weaning from Milk*. In: *Progress in Psychobiology and Physiological Psychology* 13, S. 1–29.

Rozin, P., Reff, D., Mark, M. & Schull, J. (1984). *Conditioned Opponent Responses in Human Tolerance to Caffeine*. In: *Bulletin of the Psychonomic Society* 22, S. 117–120.

Rubington, E. (1977). *The Role of the Halfway House in the Rehabilitation of Alcoholics*. In: Kissin, B. & Begleiter, H. (Hrsg.) *Treatment and Rehabilitation of the Chronic Alcoholic*. New York (Plenum).

Rubini, M. E. (1971). *The Many-Faceted Mystique of Monosodium Glutamate*. In: *The American Journal of Clinical Nutrition* 24, S. 171.

Ruderman, A. J. (1986). *Dietary Restraint: A Theoretical and Empirical Review*. In: *Psychological Bulletin* 99, S. 247–262.

Russ, M. J. & Ackerman, S. H. (1987). *Salivation and Depression: A Role for Appetitive Factors*. In: *Appetite* 8, S. 37–47.

Russ, M. J. & Ackerman, S. H. (1988). *Antidepressants and Weight Gain*. In: *Appetite* 10, S. 103–117.

Russell, G. (1977). *The Present Status of Anorexia Nervosa*. In: *Psychological Medicine* 7, S. 363–367.

Russell, G. (1979). *Bulimia Nervosa: An Ominous Variant of Anorexia Nervosa*. In: *Psychological Medicine* 9, S. 429–448.

Russell, J., Storlien, L. & Beumont, P. (1987). *A Proposed Model of Bulimic Behavior: Effect on Plasma Insulin, Noradrenalin, and Cortisol Levels*. In: *International Journal of Eating Disorders* 6, S. 609–614.

Russell, P. J. D., Abdelaal, A. E. & Mogenson, G. J. (1975). *Graded Levels of Hemorrhage, Thirst and Angiotensin II in the Rat*. In: *Physiology and Behavior* 15, S. 117–119.

Russell, P. O. & Epstein, L. H. (1988). *Smoking*. In: Blechman, E. A. Brownell, K. (Hrsg.) *Handbook of Behavioral Medicine for Women*. New York (Pergamon).

Ryan, C. (1980). *Learning and Memory Deficits in Alcoholics*. In: *Journal of Studies on Alcohol* 41, S. 437–447.

Ryan, L. J., Barr, J. E., Sanders, B. & Sharpless, S. K. (1979). *Electrophysiological Responses to Ethanol, Pentobarbital, and Nicotine in Mice Genetically Selected for Differential Sensitivity to Ethanol*. In: *Journal of Comparative and Physiological Psychology* 93, S. 1035–1052.

Ryback, R. S. (1971). *The Continuum and Specificity of the Effects of Alcohol on Memory*. In: *Quarterly Journal of Studies on Alcohol* 32, S. 995–1016.

Saito, M., Minokoshi, Y. & Shimazu, T. (1985). *Brown Adipose Tissue After Ventromedial Hypothalamic Lesions in Rats*. In: *American Journal of Physiology* 248, S. E20–E25.

Sandler, M. & Silverstone, T. (Hrsg.) (1985). *Psychopharmacology and Food*. Oxford/Great Britain (Oxford University Press).

Sanjur, D. & Scoma, A. D: (1971). *Food Habits of Low-Income Children in Northern New York*. In: *Journal of Nutrition Education* 2, S. 85–95.

Sawchenko, P. E. (1982). *Anatomic Relationships between the Paraventricular Nucleus of the Hypothalamus and Visceral Regulatory Mechanisms: Implications for the Control of Feeding*. In: Hoebel, B. G. & Novin, D. (Hrsg.) *The Neural Basis of Feeding and Reward*. Brunswick/ME (Haer Institute for Electrophysiological Research).

Schachter, S. (1971). *Some Extraordinary Facts about Obese Humans and Rats*. In: *American Psychologist* 26, S. 129–144.

Scharrer, E. & Langhans, W. (1986). *Control of Food Intake by Fatty Acid Oxidation.* In: *American Journal of Physiology* 250 (*Regulatory Integrative Comparative Physiology* 19), R1003–1006.

Schiffman, S. S. & Warwick, Z. S. (1989). *Use of Flavour-Amplified Foods to Improve Nutritional Status in Elderly Persons.* In: Murphy, C., Cain, W. S. & Hegsted, D. (Hrsg.) *Nutrition and the Chemical Senses in Aging: Recent Advances and Current Research Needs.* New York (Academy of Sciences).

Schlesier-Stropp, B. (1984). *Bulimia: A Review of the Literature.* In: *Psychological Bulletin* 95, S. 247–257.

Schneider, J. E. & Wade, G. N. (1989). *Availability of Metabolic Fuels Controls Estrous Cyclicity of Syrian Hamsters.* In: *Science* 244, S. 1326–1328.

Schotte, D. E. & Stunkard, A. J. (1987). *Bulimia vs. Bulimic Behaviors on a College Campus.* In: *Journal of the American Medical Association* 258, S. 1213–1215.

Schuckit, M. A. (1985). *Behavioral Effects of Alcohol in Sons of Alcoholics.* In: Galanter, M. (Hrsg.) *Recent Developments in Alcoholism.* New York (Plenum). Bd. 3.

Schuckit, M. A. & Rayses, V. (1979). *Ethanol Ingestion: Differences in Blood Acetaldehyde Concentrations in Relatives of Alcoholics and Controls.* In: *Science* 203, S. 54–55.

Schutz, Y. (1988). *Nutrient Ingestion and Body Weight Regulation.* In: Birch, G. G. & Lindley, M. G. (Hrsg.) *Low-Calorie Products.* New York (Elsevier).

Schwartz, R. S., Ravussin, E., Massari, M., O'Connell & Robbins, D. C. (1985). *The Thermic Effect of Carbohydrate versus Fat Feeding in Man.* In: *Metabolism* 34, S. 285–293.

Schweiger, U., Poellinger, J., Laessle, R., Wolfram, G., Fichter, M. M. & Pirke, K.-M. (1987). *Altered Insulin Response to a Balanced Test Meal in Bulimic Patients.* In: *International Journal of Eating Disorders* 6, S. 551–556.

Schweitzer, J. B. & Sulzer-Azaroff, B. (1988). *Self-Control: Teaching Tolerance for Delay in Impulsive Children.* In: *Journal of the Experimental Analysis of Behavior* 50, S. 173–186.

Sclafani, A. (1980). *Dietary Obesity.* In: Stunkard, A. J. (Hrsg.) *Obesity.* Philadelphia (W. B. Saunders).

Sclafani, A. & Kirchgessner, A. (1986). *The Role of the Medial Hypothalamus in the Control of Food Intake: An Update.* In: Ritter, R. C., Ritter, S. & Barnes, C. D. (Hrsg.) *Feeding Behavior: Neural and Humoral Controls.* New York (Academic Press).

Sclafani, A. & Springer, D. (1976). *Dietary Obesity in Adult Rats: Similarities to Hypothalamic an Human Obesity Syndromes.* In: *Physiology and Behavior* 17, S. 461–471.

Scrimshaw, N. S. & Taylor, L. (1980). *Food.* In: *Scientific American* (September), S. 78–88.

Season, Latitude, and Ability of Sunlight to Promote Synthesis of Vitamin D3 in Skin. In: *Nutrition Reviews* 47, S. 252–253.

Seligman, M. E. P. (1970). *On the Generality of the Laws of Learning.* In: *Psychological Review* 77, S. 406–418.

Seligman, M. E. P. & Hager, L. (Hrsg.) (1972) *Biological Boundaries of Learning.* New York (Appleton-Century-Crofts). dt: (erw. Aufl. 1992). *Erlernte Hilflosigkeit.* Weinheim (Psychologie Vlgs Union).

Serban, G. (Hrsg.) (1975). *Nutrition and Mental Functions.* New York (Plenum).

Settleworth, S. J. (1983). *Function and Mechanism in Learning.* In: Zeiler, M. D. & Harzem, P. (Hrsg.) *Advances in Analysis of Behavior: Vol. 3. Biological Factors in Learning.* New York (John Wiley & Sons).

Shakespeare, W. (1975). *Was ihr wollt.* (Übersetzung von Schlegel, A. W.) In: Schlösser, A. (Hrsg.) *William Shakespeare. Sämtliche Werke.* Berlin und Weimar (Aufbau-Verlag), Bd. 1.

Share, I. & Martyniuk, E. (1952). *Effect of Prolonged Intragastric Feeding on Oral Food Intake in Dogs.* In: *American Journal of Physiology* 169, S. 229–235.

Shaywitz, B. A., Goldenring, J. R. & Wool, R. S. (1979). *Effects of Chronic Administration of Food Colorings on Activity Levels and Cognitive Performance in Developing Rat Pups Treated with 6-Hydroxydopamine.* In: *Neurobehavioral Toxicology* 1, S. 41–47.

Shepherd, G. M. (1985). *Are There Labeled Lines in the Olfactory Pathway?* In: Pfaff, D. W. (Hrsg.) *Taste, Olfaction, and the Central Nervous System.* New York (Rockefeller University Press).

Shepherd, R., Farleigh, C. A. & Wharf, S. G. (1989). *Limited Compensation by Table Salt for Reduced Salt within a Meal.* In: *Appetite* 13, S. 193–200.

Sherman, J. E., Hickis, C. F., Rice, A. G., Rusiniak, K. W. & Garcia, J. (1983). *Preferences and Aversions for Stimuli Paired with Ethanol in Hungry Rats.* In: *Animal Learning and Behavior* 11, S. 101–106.

Sherman, J., Rusiniak, K. W. & Garcia, J. (1984). *Alcohol-Ingestive Habits: The Role of Flavor and Effect.* In: Galanter, M. (Hrsg.) *Recent Developments in Alcoholism.* New York (Plenum). Bd. 2.

Shettleworth, S. J. (1972). *Constraints on Learning.* In: Lehrman, S., Hinde, R. A. & Shaw, E. (Hrsg.) *Advances in the Study of Behavior.* New York (Academic Press), Bd. 4.

Shettleworth, S. J. (1989). *Animal Foraging in the Lab: Problems and Promises.* In: *Journal of Experimental Psychology: Animal Behavior Processes* 15, S. 81–87.

Siegel, S. (1976). *Morphine Analgesic Tolerance: Its Situation Specificity Supports a Pavlovian Conditioning.* In: *Science* 193, S. 323–325.

Siegel, S., Hinson, R. E., Krank, M. D. & McCully, J. (1982). *Heroin 'Overdose' Death: Contribution of Drug-Associated Environmental Cues.* In: *Science* 216, S. 436–437.

Silva, P. de & Rachman, S. (1987). *Human Food Aversions: Nature and Acquisition.* In: *Behaviour Research and Therapy* 25, S. 457–468.

Silverstone, T. (1987). *Mood and Food: A Psychopharmacological Enquiry.* In: Wurtman, R. J. & Wurtman, J. J. (Hrsg.) *Human Obesity.* New York (New York Academy of Sciences).

Silverstone, T. & Kyriakides, M. (1982). *Clinical Pharmacology of Appetite.* In: Silverstone, T. (Hrsg.) *Drugs and Appetite.* London (Academic Press).

Simon, C., Schlienger, J. L., Sapin, R. & Imler, M. (1986). *Cephalic Phase Insulin Secretion in Relation to Food Presentation in Normal and Overweight Subjects.* In: *Physiology and Behavior* 36, S. 465–469.

Simoons, F. J. (1982). *Geography and Genetics as Factors in the Psychobiology of Human Food Selection.* In: Barker, L. M. (Hrsg.) *The Psychobiology of Human Food Selection.* Westport/CT (AVI Publishing).

Simopoulos, A. P. (1987). *Characteristics of Obesity: An Overview.* In: Wurtman, R. J. & Wurtman, J. J. (Hrsg.) *Human Obesity.* New York (New York Academy of Sciences).

Sisopoulos, A. P. (1987). *Characteristics of Obesity: An Overview*. In: Wurtman, R. J. & Wurtman, J. J. (Hrsg.) *Human Obesity*. New York (New York Academy of Sciences).

Sjöström, L. (1978). *The Contribution of Fat Cells to the Determination of Body Weight*. In: Stunkard, A. J. (Hrsg.) *Symposium on Obesity: Basic Mechanisms and Treatment*. Philadelphia (W. B. Saunders).

Sjöström, L. (1980). *Fat Cells and Body Weight*. In: Stunkard, A. J. (Hrsg.) *Obesity*. Philadelphia (W. B. Saunders).

Skinner, B. F. (1966). *The Phylogeny and Ontogeny of Behavior*. In: *Science* 153, S. 1205–1213.

Skinner, B. F. (1984). *The Evolution of Behavior*. In: *Journal of the Experimental Analysis of Behavior* 41, S. 217–221.

Slattery, J. M. & Potter, R. M. (1985). *Hyperphagia: A Necessary Precondition to Obesity?* In: *Appetite* 6, S. 133–142.

Slochower, J. & Kaplan, S. P. (1980). *Anxiety, Perceived Control, and Eating in Obese and Normal Weight Persons*. In: *Appetite* 1, S. 75–83.

Slochower, J., Kaplan, S. P. & Mann, L. (1981). *The Effects of Life Stress and Weight on Mood and Eating*. In: *Appetite* 2, S. 115–125.

Smell Survey: Effects of Age Are Heterogenous. In: Murphy, C., Cain, W. S. & Hegsted, D. M. (Hrsg.) *Nutrition and the Chemical Senses in Aging: Recent Advances and Current Research Needs*. New York (Academy of Sciences).

Smith, A. & Leekam, S. (1988). *The Influence of Meal Composition on Post-Lunch Changes in Performance Efficiency and Mood*. In: *Appetite* 10, S. 195–203.

Smith, D. V. (1985). *Brainstem Processing of Gustatory Information*. In: Pfaff, D. W. (Hrsg.) *Taste, Olfaction, and the Central Nervous System*. New York (Rockefeller University Press).

Smith, E. A. (1987). *Optimization Theory in Anthropology: Applications and Critiques*. In: Dupre, J. (Hrsg.) *The Latest on the Best: Essays on Evolution and Optimality*. Cambridge/MA (MIT Press).

Smith, G. P. (1984). *Gut Hormone Hypothesis of Postprandial Satiety*. In: Stunkard, A. J. & Stellar, E. (Hrsg.) *Eating and Its Disorders*. New York (Raven Press).

Smith, G. P. & Gibbs, J. (1987). *The Effect of Gut Peptides on Hunger, Satiety, and Food Intake in Humans*. In: Wurtman, R. J. & Wurtman, J. J. (Hrsg.) *Human Obesity*. New York (New York Academy of Sciences).

Smith, J. C., Blumsack, J. T. & Bilek, F. S. (1985). *Radiation-Induced Taste Aversions in Rats and Humans*. In: Burish, T. G., Levy, S. M. & Meyerowitz, B. E. (Hrsg.) *Cancer, Nutrition, and Eating Behavior*. Hillsdale/NJ (Lawrence Erlbaum Associates).

Smith, J. W., Burt, D. W. & Chapman, R. F. (1973). *Intelligence and Brain Damage in Alcoholics: A Study in Patients of Middle and Upper Social Class*. In: *Quarterly Journal of Studies on Alcohol* 34, S. 414–422.

Sobal, J. & Stunkard, A. J. (1989). *Socioeconomic Status and Obesity: A Review of the Literature*. In: *Psychological Bulletin* 105, S. 260–275.

Sobell, M. B. & Sobell, L. C. (1978). *Behavioral Treatment of Alcohol Problems: Individualized Therapy and Controlled Drinking*. New York (Plenum).

Sobell, M. B. & Sobell, L. C. (1982). *Controlled Drinking: A Concept of Coming of Age*. In: Blankstein, K. R. & Polivy, J. (Hrsg.) *Self-Control and Self-Modification of Emotional Behavior*. New York (Plenum).

Sobell, M. B. & Sobell, L. C. (1984). *The Aftermath of Heresy: A Response to Pendery et al.'s (1982) Critique of 'Individualized Behavior Therapy for Alcoholics'*. In: *Behaviour Research and Therapy* 22, S. 413–440.

Sokolov, R. (1989). *Insects, Worms, and Other Tidbits*. In: *Natural History* (September), S. 84, 86–88.

Soland, F. J., Mellor, C. S. & Revusky, S. (1978). *Chemical Aversion Treatment of Alcoholism: Lithium as the Aversive Agent*. In: *Behaviour Research and Therapy* 16, S. 401–409.

Solomon, R. L. (1980). *The Opponent-Process Theory of Acquired Motivation*. In: *American Psychologist* 35, S. 691–712.

Sopko, G., Leon, A. S., Jacobs, D. R., Foster, N., Hoy, J., Kuba, K., Anderson, J. T., Casal, D., McNally, C. & Frantz, I. (1985). *The Effects of Exercise and Weight Loss on Plasma Lipids in Young Obese Men*. In: *Metabolism* 34, S. 227–236.

Sørensen, I. L. A.; Stunkard, A. J. (1993). *Does obesity sum in families because of genes?* In: *Acta Psychiat. Scand.* 370, S. 67–73. (Anmerkung des Herausgebers).

Spiegel, T. A., Shrager, E. E. & Stellar, E. (1989). *Responses of Lean and Obese Subjects to Preloads, Deprivation, and Palatability*. In: *Appetite* 13, S.45–69.

Spitzer, L., Marcus, J. & Rodin, J. (1980). *Arousal-Induced Eating: A Response to Robbins and Fray*. In: *Appetite* 1, A. 343–348.

Spitzer, L. & Rodin, J. (1981). *Human Eating Behavior: A Critical Review of Studies in Normal Weight and Overweight Individuals*. In: *Appetite* 2, S. 293–329.

Sprague, R. L. (1981). *Measurement and Methodology of Behavioral Studies: The Other Half of the Nutrition and Behavior Equation*. In: Miller, S. A. (Hrsg.) *Nutrition and Behavior*. Philadelphia (Franklin Institute).

Spring, B. (1986). *Effects of Foods and Nutrients on the Behavior of Normal Individuals*. In: Wurtman, R. J. & Wurtman, J. J. (Hrsg.) *Nutrition and the Brain: Vol. 7. Food Constituents Affecting Normal and Abnormal Behaviors*. New York (Raven Press).

Spring, B., Chiodo, J. & Bowen, D. J. (1987). *Carbohydrates, Tryptophan, and Behavior: A Methodological Review*. In: *Psychological Bulletin* 102, S. 234–256.

Spring, B., Chiodo, J., Harden, M., Bourgeois, M. J., Mason, J. D. & Lutherer, L. (1980). *Psychobiological Effects of Carbohydrates*. In: *Journal of Clinical Psychiatry* 50 Supplement, S. 27–33.

Spring, B., Maller, O., Wurtman, J., Digman, L. & Cozolino, L. (1982/83). *Effects of Protein and Carbohydrate Meals on Mood and Performance: Interactions with Sex and Age*. In: *Journal of Psychiatric Research* 17, S. 155–167.

Spring, B., Wurtman, J., Gleason, R., Wurtman, R. & Kessler, K. (1991). *Weight Gain and Withdrawal Symptoms after Smoking Cessation: A Preventative Intervention Using d-Fenfluramine*. In: *Health Psychology*, 10, S. 216–223.

Staddon, J. E. R. (1980a). *Obesity and the Operant Regulation of Feeding*. In: Toates, F. M. & Halliday, T. R. (Hrsg.) *Analysis of Motivational Processes*. London (Academic Press). S. 105.

Staddon, J. E. R. (1980b). *Optimality Analyses of Operant Behavior and Their Relation to Optimal Foraging*. In: Staddon, J. E. R. (Hrsg.) *Limits to Action*. New York (Academic Press).

Staddon, J. E. R. (1983a). *Adaptive Behavior and Learning*. Cambridge/Great Britain (Cambridge University Press).

Staddon, J. E. R. (1983b). *Adaptive Behavior and Learning*. New York (Cambridge University Press).

Staddon, J. E. R. & Hinson, J. M. (1983). *Optimization: A Result or a Mechanism?* In: *Science* 221, S. 976–977.

Stang, D. J. (1975). *When Familiarity Breeds Contempt, Absence Makes the Heart Grow Fonder: Effects of Exposure and Delay on Taste Pleasantness Ratings.* In: *Bulletin of the Psychonomic Society* 6, S. 273–275.

Statistisches Jahrbuch des Statistischen Bundesamts (1994). Stuttgart (Metzler). (Anmerkung des Herausgebers)

Steen, S. N., Oppliger, R. A. & Brownell, K. D. (1988). *Metabolic Effects of Repeated Weight Loss and Regain in Adolescent Wrestlers.* In: *The Journal of the American Medical Association* 260, S. 1–50.

Steggerda, F. R. (1941). *Observations on the Water Intake in an Adult Man with Dysfunctioning Salivary Glands.* In: *American Journal of Physiology* 132, S. 517–521.

Steiner, J. E. (1977). *Facial Expressions of the Neonate Infant Indicating the Hedonics of Food-Related Chemical Stimuli.* In: Weiffenbach, J. M. (Hrsg.) *Taste and Development.* Bethesda/MD (United States Department of Health, Education and Welfare).

Stellar, E. (1954). *The Physiology of Motivation.* In: *Psychological Review* 61, S. 5–22.

Stellar, J. R. & Stellar, E. (1985). *The Neurobiology of Motivation and Reward.* New York (Springer-Verlag).

Stellman, S. D. & Garfinkel, L. (1988). *Patterns of Artificial Sweetener Use and Weight Change in an American Cancer Society Prospective Study.* In: *Appetite* 11 Supplement, S. 85–91.

Stephens, D. W. (1981). *The Logic of Risk-Sensitive Foraging Preferences.* In: *Animal Behaviour* 29, S. 628–629.

Stephens, D. W. & Krebs, J. R. (1986). *Foraging Theory.* Princeton/NJ (Princeton University Press).

Stern, J. S. (1984). *Is Obesity a Disease of Inactivity?* In: Stunkard, A. J. & Stellar, E. (Hrsg.) *Eating and Its Disorders.* New York (Raven Press).

Sterner, R. T. & Shumake, S. A. (1978). *Bait-Induced Prey Aversions in Predators: Some Methodological Issues.* In: *Behavioral Biology* 22, S. 565–566.

Stevens, D. A. & Lawless, H. L. (1981). *Age-Related Changes in Flavor Perception.* In: *Appetite* 2, S. 127–136.

Stevens, J. C., Bartoshuk, L. M. & Cain, W. S. (1984). *Chemical Senses and Aging: Taste versus Smell.* In: *Chemical Senses* 9, S. 167–179.

Stewart, M. A. (1970). *Hyperactive Children.* In: *Scientific American* 222 (April), S. 94–99.

St. Jeor, S. T., Sutnick, M. R. & Scott, B. J. (1988). *Nutrition.* In: Blechman, E. A. & Brownell, K. D. (Hrsg.) *Handbook of Behavioral Medicine for Women.* New York (Pergamon).

Stockwell, T. R., Hodgson, R. J., Rankin, H. C. & Taylor, C. (1982). *Alcohol Dependence, Beliefs and the Priming Effect.* In: *Behaviour Research and Therapy* 20, S. 513–522.

Streissguth, A. P., Landesman-Dwyer, S., Martin, J. C. & Smith, D. W. (1980). *Teratogenic Effects of Alcohol in Humans and Laboratory Animals.* In: *Science* 209, S. 353–361.

Stricker, E. M. (1982). *The Central Control of Food Intake: A Role for Insulin.* In: Hoebel, B. G. & Novin, D. (Hrsg.) *The Neural Basis of Feeding and Reward.* Brunswick/ME (Haer Institute for Electrophysiological Research).

Stricker, E. M. & Verbalis, J. G. (1988). *Hormones and Behavior: The Biology of Thirst and Sodium Appetite.* In: *American Scientist* 76(3), S. 261–267.

Striegel, R. H., Silberstein, L. R., Frensch, P. & Rodin, J. (1989). *A Prospective Study of Disordered Eating among College Students*. In: *International Journal of Eating Disorders* 8, S. 499–509.

Strober, M., Salkin, B., Burroughs, J. & Morrell, W. (1982). *Validity of the Bulimia-Restricter Distinction in Anorexia Nervosa: Parental Personality Characteristics and Family Psychiatric Morbidity*. In: *The Journal of Nervous and Mental Disease* 170, S. 345–351.

Stuart, R. B. & Davis, B. (1972). *Slim Chance in a Fat World*. Champaign/IL (Research Press).

Stuart, R. B. & Mitchell, C. (1980). *Self-Help Groups in the Control of Body Weight*. In: Stunkard, A. J. (Hrsg.) *Obesity*. Philadelphia (W. B. Saunders).

Stundard, A. (1980). *The Social Environment and the Control of Obesity*. In: Stunkard, A. J. (Hrsg.) *Obesity*. Philadelphia (W. B. Saunders).

Stunkard, A. J. (1980). *Psychoanalysis and Psychotherapy*. In: Stunkard, A. J. (Hrsg.) *Obesity*. Philadelphia (W. B. Saunders).

Stunkard, A. J. (1984). *The Current Status of Treatment for Obesity in Adults*. In: Stunkard, A. J. & Stellar, E. (Hrsg.) *Eating and Its Disorders*. New York (Raven Press).

Stunkard, A. J., Foch, T. T. & Hrubec, Z. (1986). *A Twin Study of Human Obesity*. In: *The Journal of the American Medical Association* 256, S. 51–54.

Stunkard, A. J. & Fox, S. (1971). *The Relationship of Gastric Motility and Hunger: A Summary of the Evidence*. In: *Psychosomatic Medicine* 33, S. 123–134.

Stunkard, A. J., Levine, H. & Fox, S. (1970). *The Management of Obesity: Patient Self-Help and Medical Treatment*. In: *Archives of Internal Medicine* 125, S. 1067–1072.

Stunkard, A. J. & Messick, S. (1985). *The Three-Factor Eating Questionnaire to Measure Dietary Restraint, Disinhibition and Hunger*. In: *Journal of Psychosomatic Research* 29, S. 71–83.

Stunkard, A. J., Sorensen, T. I. A., Hanis, C., Teasdale, T. W., Chakraborty, R., Schull, W. J. & Schulsinger, F. (1986). *An Adoption Study of Human Obesity*. In: *The New England Journal of Medicine* 314, S. 193–198.

Suboski, M. D. & Bartashunas, C. (1984). *Mechanisms for Social Transmission of Pecking Preferences to Neonatal Chicks*. In: *Journal of Experimental Psychology* 10, S. 182–194.

Sugihara, G., Schoenly, K. & Trombla, A. (1989). *Scale Invariance in Food Web Properties*. In: *Science* 245, S. 48–52.

Sulik, K. K., Johnston, M. C. & Webb, M. A. (1981). *Fetal Alcohol Syndrome: Embryogenesis in a Mouse Model*. In: *Science* 214, S. 936–938.

Sullivan, A. C., Hogan, S. & Triscari, J. (1987). *New Developments in Pharmacological Treatments for Obesity*. In: Wurtman, R. J. & Wurtman, J. J. (Hrsg.) *Human Obesity*. New York (New York Academy of Sciences).

Sunday, S. R., Sanders, S. A. & Collier, G. (1983). *Palatability and Meal Patterns*. In: *Physiology and Behavior* 30, S. 915–918.

Suzdak, P. D., Glowa, J. R., Crawley, J. M., Skolnick, P. & Paul, P. M. (1988). *Is Ethanol Antagonist Ro15-4513 Selective for Ethanol?* In: *Science* 239, S. 649–450.

Suzdak, P. D., Glowa, J. R., Crawley, J. N., Schwartz, R. D., Skolnick, P. & Paul, S. M. (1986). *A Selective Imidazobenzodiazepine Antagonist of Ethanol in the Rat*. In: *Science* 234, S. 1243–1247.

Swanson, J. M. & Kinsbourne, M. (1980). *Food Dyes Impair Performance of Hyperactive Children on a Laboratory Learning Test*. In: *Science* 207, S. 1485–1487.

Szmukler, G. I. (1982). *Drug Treatment of Anorexic States*. In: Silverstone, T. (Hrsg.) *Drugs and Appetite*. London (Academic Press).

Szmukler, G. I. (1987). *Anorexia Nervosa: A Clinical Review*. In: Boakes, R. A., Popplewell, D. A. & Burton, M. J. (Hrsg.) *Eating Habits: Food, Physiology and Learned Behavior*. Chichester/Great Britain (John Wiley & Sons).

Szmukler, G., McCance, C., McCrone, L. & Hunter, D. (1986). *Anorexia Nervosa: A Psychiatric Case Register Study from Aberdeen*. In: *Psychological Medicine* 16, S. 49–58.

Taasan, V. C., Block, A. J., Boyson, P. G., Wynne, J. W., White, C. & Lindsey, S. (1981). *Alcohol Increases Sleep Apnea and Oxygen Desaturation in Asymptomatic Men*. In: *The American Journal of Medicine* 71, S. 240–245.

Tabakoff, B., Melchior, C. L. & Hoffman, P. (1984). *Factors in Ethanol Tolerance*. In: *Science* 224, S. 523–524.

Tannahill, R. (1974). *Food in History*. New York (Stein and Day).

Tannahill, R. (1988). *Food in History*. New York (Crown Publishers).

Tarter, R. E., Buonpane, N. & Wynant, C. (1975). *Intellectual Competence of Alcoholics*. In: *Journal of Studies on Alcohol* 36, S. 381–386.

Tarter, R. E. & Ryan, C. M. (1983). *Neuropsychology of Alcoholism: Etiology, Phenomenology, Process, and Outcome*. In: Galanter, M. (Hrsg.) *Recent Developments in Alcoholism*. New York (Plenum). Bd. 1.

Teghtsoonian, M., Becker, E. & Edelman, B. (1981). *A Psychophysical Analysis of Perceived Satiety: Its Relation to Consummatory Behavior and Degree of Overweight*. In: *Appetite* 2, S. 217–229.

Teitelbaum, P. (1961). *Disturbances in Feeding and Drinking Behavior after Hypothalamic Lesions*. In: Jones, M. R. (Hrsg.) *Nebraska Symposium on Motivation*. Lincoln (University of Nebraska Press).

Teitelbaum, P. & Epstein, A. N. (1962). *The Lateral Hypothalamic Syndrome: Recovery of Feeding and Drinking after Lateral Hypothalamic Lesions*. In: *Psychological Review* 69, S. 74–90.

Tenth Edition of the RDA. In: *Nutrition Review* 48, S. 28–30.

The Feingold Association of New York, e. V. (1982). Smithtown/NY (Flugschrift).

The National Advisory Committee on Hyperkinesis and Food Additives (1980). *Final Report to the Nutrition Foundation*. New York (The Nutrition Foundation).

Thomas, A., Chess, S. & Birch, H. G. (1970). *The Origin of Personality*. In: *Scientific American* 223(2), S. 102–109.

Thompson, J. K., Jarvie, G. J., Lahey, B. B. & Cureton, K. J. (1982). *Exercise and Obesity: Etiology, Physiology, and Intervention*. In: *Psychological Bulletin* 91, S. 55–79.

Thompson, R. F. (1967). *Foundations of Physiological Psychology*. New York (Harper & Row).

Thomsom, D. M. H. (1989). *Meeting Report: The Psychology of Food*. In: *Appetite* 13, S. 229–232.

Timberlake, W. (1984). *A Temporal Limit on the Effect of Future Food on Current Performance in an Analogue of Foraging and Welfare*. In: *Journal of the Experimental Analysis of Behavior* 41, S. 117–124.

Timberlake, W., Gawley, D. J. & Lucas, G. A. (1988). *Time Horizons in Rats: The Effect of Operant Control of Access to Future Food*. In: *Journal of the Experimental Analysis of Behavior* 50, S. 405–417.

Timberlake, W. & Melcer, T. (1988). *Effects of Poisoning on Predatory and Ingestive Behavior toward Artificial Prey in Rats (Rattus norvegicus).* In: *Journal of Comparative Psychology* 102, S. 182–187.

Tinklenberg, J. R. (1973). *Alcohol and Violence.* In: Bourne, P. G. (Hrsg.) *Alcoholism: Progress in Research and Treatment.* New York (Academic Press).

Toates, F. M. (1979). *Homeostasis and Drinking.* In: *Behavioral and Brain Sciences* 2, S. 95–139.

Tordoff, M. G. (1988). *Saccharin and Food Intake.* In: In: Birch, G. G. & Lindley, M. G. (Hrsg.) *Low-Calorie Products.* New York (Elsevier).

Tordoff, M. G. & Freedman, M. I. (1988). *Hepatic Control of Feeding: Effect of Glucose, Fructose, and Mannitol Infusion.* In: *American Journal of Physiology* 250 *(Regulatory Integrative Comparative Physiology* 19), R969–976.

Tordoff, M. G. & Friedman, M. I. (1989a). *Drinking Saccharin Increases Food Intake and Preference – I. Comparison with Other Drinks.* In: *Appetite* 12, S. 1–10.

Tordoff, M. G. & Friedman, M. I. (1989b). *Drinking Saccharin Increases Food Intake and Preference – IV. Cephalic Phase and Metabolic Factors.* In: *Appetite* 12, S. 37–56.

Trillin, C. (1982). *Crescent City, Fla.: Just Try It.* In: *The New Yorker* (31. Mai), S. 70–73.

Tuomilehto, J., Nissinen, A., Puska, P, Salonen, J. T. & Jalkanen, L. (1986). *Long-Term Effects of Cessation of Smoking on Body Weight, Blood Pressure and Serum Cholesterol in the Middle-Aged Population with High Blood Pressure.* In: *Addictive Behaviors* 11, S. 1–9.

Tuorila, H. (1987). *Selection of Milks with Varying Fat Contents and Related Overall Liking, Attitudes, Norms and Intentions.* In: *Appetite* 8, S. 1–14.

Tuorila-Ollikainen, H. & Mahlamaki-Kultanen, S. (1985). *The Relationship of Attitudes and Experiences of Finnish Youths to Their Hedonic Responses to Sweetness in Soft Drinks.* In: *Appetite* 6, S. 115–124.

Turkewitz, G. (1975). *Learning in Chronically Protein-Deprived Rats.* In: Serban, G. (Hrsg.) *Nutrition and Mental Functions.* New York (Plenum).

U.S. Department of Health and Human Services (1988). *The Surgeon General's Report on Nutrition and Health: Summary and Recommendations.* (DHHS Publication No. 88-50211), Washington/DC (U.S. Government Printing Office).

Uttal, W. R. (1973). *The Psychobiology of Sensory Coding.* New York (Harper & Row).

Uvnas-Moberg, K. (1989). *Gastrointestinal Tract in Growth and Reproduction.* In: *Scientific American* (Juli), S. 78–83.

Vaillant, G. E. & Milofsky, E. S. (1982). *The Etiology of Alcoholism: A Prospective Viewpoint.* In: *American Psychologist* 37, S. 494–503.

Van Buskirk, S. S. (1977). *A Two-Phase Perspective on the Treatment of Anorexia Nervosa.* In: *Psychological Bulletin* 84, S. 529–538.

Van Itallie, T. S. (1984). *The Enduring Storage Capacity for Fat: Implications for Treatment of Obesity.* In: Stunkard, A. J. & Stellar, E. (Hrsg.) *Eating and Its Disorders.* New York (Raven Press).

Van Itallie, T. B., Yang, M. U. & Poprikos, K. P. (1988). *Use of Aspartame to Test the „Body Weight Set Point" Hypothesis.* In: *Appetite* 11 Supplement, S. 68–72.

Van Thiel, D. H. & Gavaler, J. S. (1985). *Myocardial Effects of Alcohol Abuse: Clinical and Physiologic Consequences.* In: Galanter, M. (Hrsg.) *Recent Developments in Alcoholism.* New York (Plenum). Bd. 3.

Van Thiel, D. H., Gavaler, J. S. & Lehotay, D. C. (1985). *Biochemical Mechanims Responsible for Alcohol-Associated Myocardiopathy.* In: Galanter, M. (Hrsg.) *Recent Developments in Alcoholism.* New York (Plenum). Bd. 3.

Van Vort, W. & Smith, G. P. (1987). *Sham Feeding Experience Produces a Conditioned Increase of Meal Size.* In: *Appetite* 9, S. 21–29.

VanderWeele, D. A. (1985). *Hyperinsulinism and Feeding; Not All Sequences Lead to the Same Behavioral Outcome or Conclusions.* In: *Appetite* 6, S. 47–52.

Vasselli, J. R. (1985). *Carbohydrate Ingestion, Hypoglycemia, and Obesity.* In: *Appetite* 6, S. 53–59.

Vernace, B. J. (1974). *Controlled Comparative Investigation of Mazindol, D-Amphetamine, and Placebo.* In: *Obesity and Bariatric Medicine* 3, S. 124–129.

Victor, M. & Wolfe, S. M. (1973). *Causation and Treatment of the Alcoholic Withdrawal Syndrome.* In: Bourne, P. G. & Fox, R. (Hrsg.) *Alcoholism: Progress in Research and Treatment.* New York (Academic Press).

Vigersky, R. A., Andersen, A. E., Thompson, R. H. & Loriaux, D. L. (1977). *Hypothalamic Dysfunction in Secondary Amenorrhea Associated with Simple Weight Loss.* In: *The New England Journal of Medicine* 297, S. 1141–1145.

Villa, P., Bouville, C., Courtin, J., Helmer, D., Mahieu, E., Shipman, P., Belluomini, G. & Branca, M. (1986). *Cannibalism in the Neolithic.* In: *Science* 233, S. 431–438.

Villiers, P. de (1977). *Choice in Concurrent Schedules and a Quantitative Formulation of the Law of Effect.* In: Honig, W. K. & Staddon, J. E. R. (Hrsg.) *Handbook of Operant Behavior.* Englewood Cliffs/NJ (Prentice-Hall).

Vogel-Sprott, M. D. & Banks, R. K. (1965). *The Effect of Delayed Punishment on an Immediately Rewarded Response in Alcoholics and Nonalcoholics.* In: *Behaviour Research and Therapy* 3, S. 69–73.

Volavka, J., Pollock, V., Gabrielli, W. F. & Mednick, S. A. (1985). *The EEG in Persons at Risk for Alcoholism.* In: Galanter, M. (Hrsg.) *Recent Developments in Alcoholism.* New York (Plenum). Bd. 3.

Vuchinich, R. E. & Tucker, J. A. (1988). *Contributions from Behavioral Theories of Choice to an Analysis of Alcohol Abuse.* In: *Journal of Abnormal Psychology* 97, S. 181–195.

Vuchinich, R. E., Tucker, J. A. & Rudd, E. J. (1987). *Preference for Alcohol Consumption as a Function of Amount and Delay of Alternative Reward.* In: *Journal of Abnormal Psychology* 96, S. 259–263.

Wadden, T. A. & Stunkard, A. J. (1987). *Psychopathology and Obesity.* In: Wurtman, R. J: & Wurtman, J. J. (Hrsg.) *Human Obesity.* New York (New York Academy of Sciences).

Wade, D. A. (1986). *Brief Comment on 'Coyote Control and Taste Aversion'.* In: *Appetite* 6, S. 268–271.

Wager-Srdar, S. A., Levine, A. S., Morley, J. E., Hoidal, J. R. & Niewoehner, D. E. (1984). *Effects of Cigarette Smoke and Nicotine on Feeding and Energy.* In: *Physiology and Behavior* 32, S. 389–395.

Waller, M. B., McBride, W. J., Gatto, G. J., Lumeng, L. & Li, T.-K. (1984). *Intragastric Self-Infusion of Ethanol by Ethanol-Preferring and -Nonpreferring Lines of Rats.* In: *Science* 225, S. 78–80.

Walsh, B. T., Gladis, M. & Roose, S. P. (1987). *Food Intake and Mood in Anorexia Nervosa and Bulimia.* In: Wurtman, R. J. & Wurtman, J. J. (Hrsg.) *Human Obesity.* New York (New York Academy of Sciences).

Walsh, B. T., Kissileff, H. R., Cassidy, S. M. & Dantzic, S. (1989). *Eating Behavior of Women with Bulimia*. In: *Archives of General Psychiatry* 46, S. 54–58.

Walsh, B. T., Stewart, J. W., Wright, L., Harrison, W., Roose, S. P. & Glassman, A. H. (1982). *Treatment of Bulimia with Monoamine Oxidase Inhibitors*. In: *The American Journal of Psychiatry* 139, S. 1629–1630.

Wanberg, K. W. & Horn, J. L. (1983). *Assessment of Alcohol Use with Multidimensional Concepts and Measures*. In: *American Psychologist* 38, S. 1055–1069.

Wardle, J. & Beales, S. (1986). *Restraint, Body Image and Food Attitudes in Children from 12 to 18 Years*. In: *Appetite* 12, S. 209–217.

Warren, M. P. (1988). *Reproductive Endocrinology*. In: Blechman, E. A. & Brownell, K. D. (Hrsg.) *Handbook of Behavioral Medicine for Women*. New York (Pergamon).

Warren, R. M. & Pfaffmann, C. (1959). *Suppression of Sweet Sensitivity by Potassium Gymnemate*. In: *Journal of Applied Physiology* 14, S. 40–42.

Was the Ill-Fated Franklin Expedition a Victim of Lead Poisoning? In: *Nutrition Reviews* 47, S. 322–323.

Watson, D. W. & Sobell, M. B. (1982). *Social Influences on Alcohol Consumption by Black and White Men*. In: *Addictive Behaviors* 7, S. 87–91.

Weingarten, H. P. (1983). *Conditioned Cues Elicit Feeding in Sated Rats: A Role for Learning in Meal Initiation*. In: *Science* 220, S. 431–433.

Weingarten, H. P., Hendler, R. & Rodin, J. (1988). *Metabolism and Endocrine Secretion in Response to a Test Meal in Normal-Weight Bulimic Women*. In: *Psychosomatic Medicine* 50, S. 273–285.

Weingarten, H-P. & Powley, T. L. (1980). *Ventromedial Hypothalamic Lesions Elevate Basal and Cephalic Phase Gastric Acid Output*. In: *American Journal of Physiology* 239, S. G221–G229.

Weingartner, H., Faillance, L. A. & Markley, H. G. (1971). *Verbal Information Retentin in Alcoholics*. In: *Quarterly Journal of Studies on Alcohol* 32, S. 293–303.

Weingartner, H., Grafman, J., Boutelle, W., Kaye, W. & Martin, P. R. (1983). *Forms of Memory Failure*. In: *Science* 221, S. 380–382.

Weisinger, R. S. (1975). *Conditioned and Pseudoconditioned Thirst and Sodium Appetite*. In: Peters, G., Fitzsimons, J. T. & Peters-Haefeli, L. (Hrsg.) *Control Mechanisms of Drinking*. Berlin (Springer-Verlag).

Weiss, B. (1981). *Behavior as a Common Focus of Toxicology*. In: Miller, S. A. (Hrsg.) *Nutrition and Behavior*. Philadelphia (Franklin Institute).

Weiss, B., Williams, J. H., Margen, S., Abrams, B., Caan, B., Citron, L. J., Cox, C., McKibben, J., Ogar, D. & Schulz, S. (1980). *Behavioral Responses to Artificial Food Colors*. In: *Science* 207, S. 1487–1489.

Weller, A., Smith, G. P. & Gibbs, J. (1990). *Endogenous Cholecystokinin Reduces Feeding in Young Rats*. In: *Science* 247, S. 1589–1591.

Wenger, J. R., Tiffany, T. M., Bombarier, C., Nicholls, K. & Woods, S. C. (1981). *Ethanol Tolerance in the Rat Is Learned*. In: *Science* 213, S. 575–577.

Wenger, J. R. & Woods, S. C. (1984). *Factors in Ethanol Tolerance*. In: *Science* 224, S. 524.

West, M. O. & Prinz, R. J. (1987). *Parental Alcoholism and Childhood Psychopathology*. In: *Psychological Bulletin* 102, S. 204–218.

Wiens, A. N. & Menustik, C. E. (1983). *Treatment Outcome and Patient Characteristics in an Aversion Therapy Program for Alcoholism*. In: *American Psychologist* 38, S. 1089–1096.

Wiens, A. N., Montague, J. R., Manaugh, T. S. & English, C. J. (1976). *Pharmacological Aversive Conterconditioning to Alcohol in a Private Hospital; One-Year Follow-Up*. In: *Journal of Studies on Alcohol* 37, S. 1320–1324.

Wilcoxon, H. C., Dragoin, W. B. & Kral, P. A. (1971). *Illness-Induced Aversions in Rat and Quail: Relative Salience of Visual and Gustatory Cues*. In: *Science* 171, S. 826–828.

Wilkins, L. & Richter, C. P. (1940). *A Great Craving for Salt by a Child with Cortico-Adrenal Insufficiency*. In: *Journal of the American Medical Association* 114, S. 866–868.

Willi, J. & Grossman, S. (1983). *Epidemiology of Anorexia Nervosa in a Defined Region of Switzerland*. In: *American Journal of Psychiatry* 140, S. 564–567.

Williams, B. A. (1985). *Choice Behavior in a Discrete-Trial Concurrent VI-VR: A Test of Maximizing Theories of Matching*. In: *Learning and Motivation* 16, S. 423–443.

Williams, B. A. (1988). *Reinforcement, Choice, and Response Strength*. In: Atkinson, C., Herrnstein, R. J., Lindzey, G. & Luce, R. D. (Hrsg.) *Stevens' Handbook of Experimental Psychology*. 2. Aufl. New York (John Wiley & Sons).

Williams, P. L. & Warwick, R. (1980). *Gray's Anatomy*. Philadephia (W. B. Saunders).

Wilson, G. T. (1978a). *Alcoholism and Aversion Therapy: Issues, Ethics and Evidence*. In: Marlatt, G. A. & Nathan, P. E. (Hrsg.) *Behavioral Approaches to Alcoholism*. New Brunswick/NJ (Rutgers Center of Alcohol Studies).

Wilson, G. T. (1978b). *Booze, Beliefs, and Behavior: Cognitive Processes in Alcohol Use and Abuse*. In: Nathan, P. E., Marlatt, G. A. & Loberg, T. (Hrsg.) *Alcoholism: New Directions in Behavioral Research and Treatment*. New York (Plenum).

Wilson, G. T. (1978c). *Methodological Considerations in Treatment Outcome Research on Obesity*. In: *Journal of Consulting and Clinical Psychology* 46, S. 687–702.

Wilson, G. T. (1979). *Behavioral Treatment of Obesity: Maintenance Strategies and Long-Term Efficacy*. In: Sjoden, P.-O., Bates, S. & Dockens, W. S. (Hrsg.) *Trends in Behavior Therapy*. New York (Academic Press).

Wilson, G. T. (1980). *Behavior Modification and the Treatment of Obesity*. In: Stunkard, A. J. (Hrsg.) *Obesity*. Philadelphia (W. B. Saunders).

Wilson, G. T. (1982). *Alcohol and Anxiety: Recent Evidence on the Tension Reduction Theory of Alcohol Use and Abuse*. In: Blankstein, K. R. & Polivy, J. (Hrsg.) *Self-Control and Self-Modification*. New York (Plenum).

Wilson, G. T., Rossiter, E., Kleifield, E. I. & Lindholm, L. (1986). *Cognitive-Behavioral Treatment of Bulimia Nervosa: A Controlled Evaluation*. In: *Behaviour Research and Therapy* 24, S. 277–288.

Wilson, J. F. & Cantor, M. B. (1987). *An Animal Model of Excessive Eating: Schedule-Induced Hyerphagia in Food-Satiated Rats*. In: *Journal of the Experimental Analysis of Behavior* 47, S. 335–346.

Wing, E. S. & Brown, A. B. (1979). *Paleonutrition*. New York (Academic Press).

Winick, M. (1975). *Nutrition and Brain Development*. In: Serban, G. (Hrsg.) *Nutrition and Mental Functions*. New York (Plenum).

Winterhalder, B. (1987). *The Analysis of Hunter-Gatherer Diets: Stalking an Optimal Foraging Model*. In: Harris, M. & Ross, E. B. (Hrsg.) *Food and Evolution: Toward a Theory of Human Food Habits*. Philadelphia (Temple University Press), S. 565.

Winterhalder, B. & Smith, E. A. (Hrsg.) (1981). *Hunter-Gatherer Foraging Strategies: Ethnographic and Archeological Analyses*. Chicago (University of Chicago Press).

Wittchen, H.-U., Saß, H., Zaudig, M. & Koehler, K. (1989). *Diagnostisches und statistisches Manual psychischer Störungen DSM-III-R*. Weinheim (Beltz).

Wittenborn, J. R. (1975). *Premorbid Adjustment and Response to Nicotinic Acid*. In: Serban, G. (Hrsg.) *Nutrition and Mental Functions*. New York (Plenum).

Wooley, S. C. & Wooley, O. W. (1984). *Should Obesity Be Treated at All?* In: Stunkard, A. J. & Stellar, E. (Hrsg.) *Eating and Its Disorders*. New York (Raven Press).

Wooley, S. C., Wooley, O. W. & Dyrenforth, S. R. (1979). *Theoretical, Practical, and Social Issues in Behavioral Treatments of Obesity*. In: *Journal of Applied Behavior Analysis* 12, S. 3–25.

Wright, P. (1987). *Hunger, Satiety and Feeding Behavior in Early Infancy*. In: Boakes, R. A., Popplewell, D. A. & Burton, M. J. (Hrsg.) *Eating Habits: Food, Physiology and Learned Behavior*. Chichester/Great Britain (John Wiley & Sons).

Wurtman, J. J. (1981). *Neurotransmitter Regulation of Protein and Carbohydrate Consumption*. In: Miller, S. A. (Hrsg.) *Nutrition and Behavior*. Philadelphia (Franklin Institute).

Wurtman, J. J. (1987). *Disorders of Food Intake: Excessive Carbohydrate Snack Intake among a Class of Obese People*. In: Wurtman, R. J. & Wurtman, J. J. (Hrsg.) *Human Obesity*. New York (New York Academy of Sciences).

Wurtman, J. J. & Wurtman, R. J. (1979). *Sucrose Consumption Early in Life Fails to Modify the Appetite of Adult Rats for Sweet Foods*. In: *Science* 205, S. 321–322.

Wurtman, R. J. (1982). *Nutrients That Modify Brain Function*. In: *Scientific American* 246 (April), S. 50–59.

Wurtman, R. J. & Fernstrom, J. D. (1976). *Control of Brain Neurotransmitter Synthesis by Precursor Availability and Nutritional State*. In: *Behavioral Pharmacology* 25, S. 1691–1696.

Wurtman, R. J. & Wurtman, J. J. (1984). *Nutrients, Neurotransmitter Synthesis, and the Control of Food Intake*. In: Stunkard, A. J. & Stellar, E. (Hrsg.) *Eating and Its Disorders*. New York (Raven Press).

Wurtman, R. J. & Wurtman, J. J. (Hrsg.) (1986). *Nutrition and the Brain: Vol. 7. Food Constituents Affecting Normal and Abnormal Behaviors*. New York (Raven Press).

Wurtman, R. J. & Wurtman, J. J. (1987). *Introduction*. In: Wurtman, R. J. & Wurtman, J. J. (Hrsg.) *Human Obesity*. New York (New York Academy of Sciences).

Wurtman, R. J. & Wurtman, J. J. (1988). *Do Carbohydrates Affect Food Intake via Neurotransmitter Activity?* In: *Appetite* 11 Supplement, S. 42–47.

Wurtman, R. J. & Wurtman, J. J. (1989). *Carbohydrates and Depression*. In: *Scientific American* 260 (Januar), S. 68–75.

Wyrwicka, W. (1981). *The Development of Food Preferences*. Springfield/Il. (Charles C Thomas).

Wysocki, C. J. & Gilbert, A. N. (1989). *National Geographic*.

Yogman, M. W., Zeisel, S. H. & Roberts, C. (1982/83). *Assessing Affects of Serotonin Precursors on Newborn Behavior*. In: *Journal of Psychiatric Research* 17, S. 123–133.

Yost, T. J. & Eckel, R. H. (1988). *Fat Calories May Be Preferentially Stored in Reduced-Obese Women: A Permissive Pathway for Resumption of the Obese State*. In: *Journal of Clinical Endocrinology and Metabolism* 67, S. 259–264.

Young, J. Z. (1968). *Influence of the Mouth on the Evolution of the Brain*. In: Person, P. (Hrsg.) *Biology of the Brain*. Washington/DC (American Association for the Advancement of Science). S. 21.

Young, S. N. (1986). *The Clinical Psychopharmacology of Tryptophan*. In: Wurtman, R. J. & Wurtman, J. J. (Hrsg.) *Nutrition and the Brain: Vol. 7. Food Constituents Affecting Normal and Abnormal Behaviors*. New York (Raven Press).

Yudkin, J. (1964). *Patterns and Trends in Carbohydrate Consumption and Their Relation to Disease*. In: *Nutrition Society Proceedings* 23, S. 149–162.

Yules, R. B., Freedman, D. X. & Chandler, K. A. (1966). *The Effect of Ethyl Alcohol on Man's Electroencephalographic Sleep Cycle*. In: *Electroencephalography and Clinical Neurophysiology* 20, S. 109–111.

Zahorik, D. M. & Houpt, K. A. (1977). *The Concept of Nutritional Wisdom: Applicability of Laboratory Learning Models to Large Herbivores*. In: Barker, L. M., Best, M. R. & Domjan, M. (Hrsg.) *Learning Mechanisms in Food Selection*. Waco/TX (Baylor University Press).

Zahorik, D. M. & Maier, S. F. *Appetitive Conditioning with Recovery from Thiamine Deficiency as the Unconditional Stimulus*. In: Seligman, M. E. P. & Hager, J. L. (Hrsg.) *Biological Boundaries of Learning*. New York (Appleton-Century-Crofts).

Zajonc, R. B. (1968). *Attitudinal Effects of Mere Exposure*. In: *Journal of Personality and Social Psychology* Monograph Supplement 9 (No. 2, Teil 2), S. 1–27.

Zeiler, M. D. (1987). *On Optimal Choice Strategies*. In: *Journal of Experimental Psychology: Animal Behavior Processes* 13, S. 31–39.

Zeisel, S. H. (1986). *Dietary Influences on Neurotransmission*. In: *Advances in Pediatrics* 33, S. 23–48.

Zellner, D. A., Rozin, P., Aron, M. & Kulish, C. (1983). *Conditioned Enhancement of Human's Liking for Flavor by Pairing with Sweetness*. In: *Learning and Behavior* 14, S. 338–350.

Zellner, D. A., Stewart, W. F., Rozin, P. & Brown, J. M. (1988). *Effect of Temperature and Expectations on Liking for Beverages*. In: *Physiology and Behavior* 44, S. 61–68.

Zimmermann, R. R., Geist, C. R. & Strobel, D. A: (1975). *Behavioral Deficiencies in Protein-Deprived Monkeys*. In: Serban, G. (Hrsg.) *Nutrition and Mental Functions*. New York (Plenum).

Ziriax, J. M. & Silberberg, A. (1984). *Concurrent Variable-Interval Variable-Ratio Schedules Can Provide Only Weak Evidence for Matching*. In: *Journal of the Experimental Analysis of Behavior* 41, S. 83–100.

Zuckerman, M. (1979). *Sensation Seeking: Beyond the Optimal Level of Arousal*. Hillsdale/NJ (Lawrence Erlbaum Associates).

Zuckerman, M. (Hrsg.) (1983). *Biological Basis of Sensation Seeking, Impulsivity, and Anxiety*. Hillsdale/NJ (Lawrence Erlbaum Associates).

Zuckerman, M., Buchsbaum, M. S. & Murphy, D. L. (1980). *Sensation Seeking and Its Biological Correlates*. In: *Psychological Bulletin* 88, S. 187–214.

II: Ergänzende deutschsprachige Literatur*

Ahrens, D. (1992). *Das große Buch der gesunden Ernährung. Ratgeber für eine gesunde Küchenpraxis.* Berlin (Ullstein).
Bender, H. (1994). *Ernährung: Gesund mit Messer und Gabel.* (Govi).
Binder, F. & Wahler, J. (1993). *Handbuch der gesunden Ernährung. Von Ahornsirup bis Zusatzstoffe.* München (dtv).
Collier, R. (1984). *Natürliche Ernährung in der modernen Welt. Gesund überleben mit lebendiger Nahrung.* (Halft).
Czermak, H., Gregori, E. & Kastner, A. (1990). *Gesund durch richtige Ernährung. Eine Ernährungslehre und Lebensmittelkunde.* (Bohmann).
Diedrichsen, I. (1990). *Ernährungspsychologie.* Berlin, Heidelberg, New York (Springer).
Dittmar, F. (1987). *Wichtige Tips zum Gesundbleiben „durch richtige Ernährung".* (Wolf, Heinz).
Dries, J. & Dries, I. (1994). *Lebensmittel richtig kombinieren. Der erste Schritt zu einer gesunden Ernährung.* (Waldthausen).
Elmadfa, I. & Leitzmann, C. (1990). *Ernährung des Menschen.* Stuttgart (UTB).
Geest-Rack, S. (1992). *Gesunde Ernährung.* Stuttgart (Ulmer).
Glatzel, H. (1984). *Nahrung und Ernährung. Altbekanntes und Neuerforschtes.* Berlin, Heidelberg, New York (Springer).
Günster, K. H. & Henschel, H. (1986). *Gesunde Ernährung aus dem Supermarkt? Zur Fremdstoffbelastung unserer Nahrungsmittel. Ursachen – Wirkungen – Lösungen.* Heidelberg (Haug).
Heyer, O. K. *Gesunde Ernährung in Theorie und Praxis. Ein Handbuch mit 1000 Rezepten und Ratschläge für optimale Ernährung in gesunden und kranken Tagen.* (Humata).
Holtmeier, H. J. (1986). *Diät bei Übergewicht und gesunde Ernährung. Mit 112 Kostvorschlägen auch für Magen-, Darm-, Leber-; Galle-, Herz-, Zuckerkranke und die neue ballaststoffreiche Abmagerungsdiät.* Stuttgart, New York (Thieme).
Hüni, A. *Gesund durch bewußte Ernährung.* (Humata).
Kaegelmann, H. (1993). *Gesunde Ernährung für alle. Was jeder über gesunde Ernährung wissen sollte, um ein frohes Leben ohne quälende Krankheiten führen zu können.* (Kaegelmann, I).
Kastner, A. (1990). *Gesund durch richtige Ernährung. Eine einfache Ernährungs- und Nahrungsmittellehre.* (Handwerk u. Technik).
Köster, H. & Pudel, V. (1992). *BILD Aktion Gesund und für immer schlank.* Berlin (Ullstein).
Köster, H. & Pudel, V. (1992). *Der Pudel-Plan zum Wunschgewicht. Das Expertenprogramm mit großem Eßtyp-Test und köstlichen Rezepten – auch für Berufstätige.* Niederhausen/Ts. (Falken).

---

* Diese Auswahl allgemeiner Literatur zum Thema Ernährung umfaßt neben einigen allgemeinen Ernährungsratgebern auch einige Lexika und Lehrbücher, die im Buchhandel erhältlich sind. Die Auswahl wurde ausschließlich nach Thematik anhand des VLB vorgenommen (Anmerkung der Redaktion).

Lebenskde-Schriftenr. 4 (1988). *Gesund durch natürliche Ernährung.* (Waldthausen).
Life Fit u. Gesund (1988). *Die richtige Ernährung.* (Time-Life).
Links, H. H. (1987). *Richtige Ernährung für Gesunde und Kranke. Ein zeitgemäßes Ernährungsbuch.* (Artus).
Loeckle, W. E. (1983). *Bewußte Ernährung. Ein Wegweiser für Gesunde und Kranke.* Schaffhausen (Novalis).
Menden, E., Muskat, E., Steiner, C., Schneider, W. & Aign, W. (1990). *Die Ernährung.* Aus der Reihe: *Wie funktioniert das?* Mannheim (Bibliographisches Institut).
Meyer, H. J. (1994). *Ernährung. Sinnvolle Ernährung und ihre Bedeutung für die Gesundheit.* Altenholz (Kastner).
Münzing-Ruef, I. (1991). *Kursbuch für gesunde Ernährung.* München (Heyne).
Muermann, B. (1991). *Lexikon Ernährung.* Reinbek b. Hamburg (Rowohlt).
Pudel, V. (1993). *Fit ohne Fett – Die neue Pfundskur.* Niederhausen/Ts. (Falken).
Pudel, V. (1991). *Praxis der Ernährungsberatung.* Berlin, Heidelberg, New York (Springer).
Pudel, V. & Westenhöfer, J. (1991). *Ernährungspsychologie. Eine Einführung.* Göttingen, Zürich, Seattle, WA (Hogrefe).
Rose, K. (1994). *Gesunde Ernährung.* Frankfurt/M. (Eichborn).
Schwarz, R. (1991). *Bewußte Ernährung.* Bietigheim-Bissingen (Lorber- und Turm).
Shelton, H. M. (1993). *Richtige Ernährung mit natürlicher Nahrung.* München, Wien (Goldmann).
Skobranek, H. (1985). *Blickpunkt Ernährung. Bedingungen und Grundlagen einer zeitgemäßen Ernährung.* München (Lexika).
Thelen, S. (1992). *Das 1 x 1 der gesunden Ernährung.* Düsseldorf (Econ).
Ulmer, G. A. (1985). *Ernährung mit Vernunft. Gesund – Gerecht – Human.* Stuttgart (Ulmer).
Von Backes, C., Michel-Drees, A., Pudel, V. & Storm-Oellerich, C. *Ernährung aktuell.* (Handwerk u. Technik).
Von Fricke, S. & Pütz, J., Reihe Hobbythek (1994). *Schlank und gesund durch richtige Ernährung.* Köln (vgs).
Von Fritsch, Sybille (1988). *Richtige Ernährung – gesund bleiben.* München (Compact).
Von Günther, B. & Walcher, K. (1984). *Eine leichtverständliche Ernährungslehre.* Bad Homburg vor der Höhe (Gehlen).
V. Hoffmann, P. (Hrsg.) (1991). *ABC der Ernährung.* (pmi).
V. Hoffmann, P. (Hrsg.) (1990). *Ballaststoffe – Ihre Bedeutung für Ernährung und Gesundheit.* (pmi).
Weber, M. (1991). *Lexikon der gesunden Ernährung.* Weil der Stadt (Hädecke).
Weber, M., Goll, H. W. & Küllenberg, B. (1989). *Lebensmittel-Allergien. Erkennen und Behandeln durch gezielte Ernährung mit 100 Rezepten.* Weil der Stadt (Hädecke).
Weidner, K. (1992). *Ärztlicher Ratgeber. Hausmittel und Natürliche Ernährung.* (Lipp).
Weise, D. O. (1990). *Harmonische Ernährung. Wie Sie bewußter werden und Ihre persönliche gesunde Ernährung intuitiv selbst finden.* (Tabula Smaragdina).
Worm, N. *Ratgeber Ernährung. Ein Wegweiser in die Ernährungsphysiologie.* (TR Verlagsunion).

Namensindex

A

Agras, W. S. 279
Amoore, J. E. 113f
Anand, B. K. 64
Andersson, B. 90
Antelman, S. M. 306
Armor, D. I. 368
Arvidson, K. 108
Augustine, G. J. 246

B

Baekeland, F. 378
Ban, T. A. 233
Bartoshuk, L. 20
Beauchamp, G. K. 130, 132, 136, 143
Beebe-Center, J. G. 100
Beidler, L. M. 109, 113
Bernard, C. 45
Bernstein, I. L. 261–263
Berry, S. L. 310
Bigelow, G. 377
Bingham, S. A. 299
Birch, L. L. 157, 164, 182, 279
Blundell, J. E. 264
Bolles, R. C. 163
Booth, D. A. 73f, 163f
Braiker, H. B. 368
Brecht, B. 251
Brener, J. 299
Brobeck, J. R. 64
Brower, L. P. 173
Brown, K. S. 118
Bruch, H. 267f, 308f, 326

Burghardt, G. M. 156
Buskirk, S. S. van 278

C

Cannon, W. B. 45–48, 88
Cantor, M. B. 306f
Cappell, H. 347
Caraco, T. 212
Carr, W. J. 178f
Contreras, R. J. 139
Cowart, B. J. 136
Crandall, C. 163
Crisp, A. H. 268
Curtis, J. L. 271

D

Davis, C. M. 161f
Desor, J. A. 127f, 132f, 136, 141
Deutsch, J. A. 51
Deysher, M. 164
Donnenwerth, G. V. 152
Dragoin, W. B. 169
Dwyer, J. 319f

E

Eggen, T. 149
Eisler, R. M. 359
Elkins, R. L. 375
Elliot, D. 298
Escalona, S. K. 180

F

Fabsitz, R. R. 118
Falk, J. L. 93, 360
Fallon, A. E. 186, 271
Fantino, E. 218
Feingold, B. F. 246
Feinleib, M. 118
Finney, J. W. 366, 378
Fleming, D. G. 56
Foltin, R. W. 321
Fonberg, E. 267
Frank, M. 139
Franklin, J. 244
Fray, P. J. 307
Friberg, U. 108

G

Galef, B. G. 176, 231
Garcia, J. 165f
Garner, D. M. 270
Gibbon, J. 218
Glanville, E. V. 152
Gogh, V. van 244
Goldenring, J. R. 247
Goodall, J. 35–37
Greenberg Lowe, M. 309
Greene, L. S. 132f, 136
Greenfield, D. B. 231
Gross, J. 408
Grossman, M. I. 51f
Grunberg, N. E. 404
Gurwitz, S. B. 133
Gustavson, C. R. 173

H

Handelmann, G. E. 211
Harlow, H. F. 77
Harper, L. V. 182
Harris, M. 424f
Hayward, L. 163
Henning, H. 103
Herman, C. P. 343f
Herrnstein, R. J. 192f
Hess, E. H. 156
Hetherington, A. W. 61f
Hogan, J. A. 76

Hogan, R. B. 265
Hubert, H. B. 118

I

Ilersich, T. J. 210

J

Janowitz, H. D. 51f
Jeffrey, D. B. 313
Jellinek, E. M. 337, 358, 366f
Jones, S. L. 372

K

Kalucy, R. S. 268
Kanfer, R. 372
Kaplan, A. R. 152
Kaplan, B. J. 247
Kaplan, S. P. 294
Kessen, M. L. 51
Killeen, P. R. 218
King, D. S. 239
King, G. R. 203
Kinsbourne, M. 247, 249
Kish, G. B. 152
Kissin, B. 378
Koelling, R. A. 166
Korsten, M. A. 355
Kraemer, H. C. 279
Kral, P. A. 169

L

Lanyon, R. I. 372
Lê, A. D. 347
Leibel, R. L. 231
Leon, G. R. 279, 330
Levine, A. S. 308
Levitan, H. 246
Lindgren, H. C. 151
Logue, A. W. 132f, 152f, 171, 199, 202f, 212f, 374f
Logue, K. R. 374
Lowe, M. G. 309
Lucas, G. A. 79f
Lundwall, L. 378

M

Mair, R. G. 149
Maldonado, J. 408
Maller, O. 127f, 132f, 136
Maltzman, I. M. 368–370
Mann, L. 294
Marlatt, G. A. 340, 358
Mayer, J. 57, 59f
Mazur, J. E. 199, 212
Melcer, T. 174
Menustik, C. E. 374
Mewborn, C. R. 366, 378
Miller, H. L. 203
Miller, N. E. 51
Miller, P. M. 359
Milofsky, E. S. 353–355
Mischel, W. 201
Mitchell, C. 326
Monroe, M. 271
Moos, R. H. 366, 378
Moran, M. 130
Morley, J. E. 308
Morse, D. E. 404
Mower, G. D. 149

N

Nathan, P. E. 358
Nisbett, R. E. 133

O

Olton, D. S. 211
Ophir, I. 171

P

Pager, J. 149
Palmer, R. L. 268
Pauling, L. 232f
Pawlow, I. 71
Pelchat, M. L. 188
Pendery, M. L. 368–370
Pfaffmann, C. 106
Platt, S. V. 73f
Pliner, P. 157
Plutchik, R. 294
Polich, I. M. 368
Polivy, J. 311, 343f
Pollitt, E. 231
Pope, H. G. 288
Poulos, C. X. 347
Pyke, G. H. 209

R

Rand, C. S. W. 326f
Ranson, S. W. 61f
Rapoport, J. L. 236
Rayses, V. 355
Reid, J. B. 362
Richter, C. P. 140f, 161
Robbins, T. W. 307
Roberts, W. A. 210
Rodin, J. 292f, 304f, 307, 409
Rolls, B. J. 158
Rolls, E. T. 158
Rowe, E. A. 158
Rowland, N. E. 306
Rozin, E. 20, 414, 417
Rozin, P. 19f, 160, 186, 188, 271, 422
Rubini, M. E. 238

S

Sanders, K. M. 182
Schachter, S. 303, 307
Schneider, J. E. 387
Schuckit, M. A. 355
Seligman, M. E. P. 171
Siegel, S. 347
Slochower, J. 294
Smith, M. E. 132f, 152f
Sobell, L. 368–370
Sobell, M. 368–370
Sobell, M. B. 363
Spitzer, L. 292f
Spring, B. 236, 409
Staddon, J. E. R. 79f, 216
Stang, D. 158
Steiner, J. E. 128
Stellar, E. 65f, 70
Stern, J. 319
Stitzer, M. L. 408
Strauss, K. E. 171, 374
Stuart, R. B. 326

Stunkard, A. J. 326–328
Swanson, J. M. 247, 249

T

Timberlake, W. 79f, 174
Toates, F. M. 73f, 93, 266
Turner, R. E. 127f

V

Vaillant, G. E. 353

W

Wade, G. N. 387
Walker, J. A. 211
Waller, M. B. 352
Washburn, A. L. 46f
Watson, D. W. 363
Weingarten, H. P. 308
Weisinger, R. S. 85
Weiss, B. 249
West, L. J. 368–370
Wiens, A. N. 374
Wilcoxon, H. C. 169
Wilkins, L. 140
Wilson, G. T. 313, 358
Wurtman, J. J. 131f, 150
Wurtman, R. J. 131f, 150

Z

Zellner, D. A. 175
Zuckerman, M. 152

Sachindex

A

Abbrecher 313
Abführmittel 269, 282f, 287
Abhängigkeit 317, 337
 physiologische 242, 423
 physische 337, 346, 352
 psychische 337
Ablehnungsreaktionen 151, 153f, 181
Abmagerung 260–281
Abnehmen, siehe Gewichtsreduktion
Abrufhilfen 350
Abschwächungsprozedur, siehe Fading-Technik
Absinth 243
Absolutschwellen, siehe Wahrnehmungsschwellen
Abstinenz 367–370, 378f
 während der Schwangerschaft 395
Abstinenzverlust 358
Acetaldehyd 342, 346, 355f, 376
Adaptation 110
ADH, siehe antidiuretisches Hormon
Adipositas 61, 259, 290–333, 386, 392, 404
 Ätiologie 295–312
 Behandlung 313–332
 bei Kindern 300, 397f
 Eßverhalten 292f
 genetische Prädisposition 295f
 Interventionsmethoden 313–332
 Prävalenz 292
 und Stimmung 293–295
Adipsie 65, 90

Adrenalin 237
Affektlage, siehe Stimmung
Aggressionen 342f
Aktivität 246f, 267, 299
Aktivitätsniveau 65, 234, 236f, 247, 299, 399, 408, 412
Akzeptanzreaktionen 151, 153, 181
Alaproklat 264
Aldosteron 92, 139
Aliästhesie 101
Alkohol 118, 153, 324, 334–380
 aktivierende und dämpfende Wirkung 342
 Todesfälle 335f
 und Energieumsatz 348
 und Eßverhalten 344f, 348
 und Schwangerschaft 392
Alkoholabhängigkeit 339
 siehe auch Alkoholismus
Alkoholembryopathie 392–396
Alkoholempfindlichkeit 353–358
Alkoholfolgen 232, 335f, 346–350
Alkoholgegenspieler 377
Alkoholismus 232, 337–380, 433f
 Ätiologie 350–365
 Behandlung 365–379
 Definition 338f
 Phasen, nach Jellinek 338
 Prävalenz 339f
 Prävention 379
Alkoholkonsum 253, 334–380
Alkoholmißbrauch 334–380
 siehe auch Alkoholismus
Alkoholpräferenz 351–353
Alkoholspiegel, siehe Blutalkoholspiegel

Alkoholtoleranz 338, 346–348
Alkoholvergiftung 335 f
Alkoholwirkung 340–346
Allesfresser 35, 100, 108, 159, 205
Alternativreaktionen 372
Amenorrhöe 269, 275, 387 f
Aminosäuren 233–237, 239
Aminosäuregehalt des Blutes 61
Amitriptylin 264
Amphetamine 245 f, 263, 267, 317
Amphetamin-Rezeptorstellen 263 f
Anerkennung, soziale 359
Angiotensin 91 f, 139
Angleichungstheorem, siehe Theorem der Wahrscheinlichkeitsangleichung
Angst 255, 267, 287, 294, 307
Angstexposition, und Reaktionsverhinderung 287
Angstreduktion 287, 359
Annahmereaktionen, siehe Akzeptanzreaktionen
Anonyme Alkoholiker 367, 378, 435
Anonyme Eßsüchtige 325, 433
Anorexia nervosa 255, 267–281
    Ätiologie 271–277
    Behandlung 278–281
    Prävalenz 267 f
    Prognose 281
    Symptomatik 268–271
    Verlauf 276 f
Anorexie 255, 260–281
    bulimische 269
    restictive 269
    und Pharmaka 263–266
    und Selbstwahrnehmung 270 f
    und Stimmung 266 f
Anosmien, partielle 113, 119
Anreizkontrast 175
Anreiztheorie 218
Anthropologie 206 f, 215
Antidepressiva 264, 267, 288
    trizyklische 279
antidiuretisches Hormon (ADH) 91 f
Äpfel 246
Aphagie 65, 90
Appetit 297, 316 f, 321, 403, 408
Appetitlosigkeit 268

Appetitzügler 317
Aroma 99 f, 427 f
Aromastoffe, künstliche 241, 246 f
arteriovenöse Blutzuckerdifferenz (A.-V.-Differenz) 57–59
Arterkennung 172 f
Aspartam 239
Assoziationstheorie 188, 416
Atemstillstand, siehe Schlafapnoe
Äthanol 342
ätherisch 113, 115
Auffütterung 278, 280
Aufmerksamkeit 231, 242, 245 f
Aufmerksamkeitsmangel-Hyperaktivitäts-Störung 245–250
    siehe auch Hyperaktivität
Außenreizabhängigkeit, siehe Externalität
Außenreize 307
Aussehen 157, 376
Austrocknung, siehe Dehydrierung
Auswahl der Nahrungsmittel, siehe Nahrungsmittelauswahl
A.-V.-Differenz 57–59
Aversionen gegen bestimmte Nahrungsmittel, siehe Nahrungsmittelaversionen
Aversionstherapie 373–376
Azetylcholin 221, 237

B

Babys, siehe Säuglinge
Balancierung 340
Ballaststoffe 122
Barorezeptoren 91
bedingter Reflex 166
bedingter Reiz 168 f
Bedingungskontrolle 223, 227
Behandlung
    ambulante 281, 367
    stationäre 281, 367
Behandlungspaket 280 f, 330
Belohnung 175, 194
    Nahrungsmittel 135, 175
Beobachtungslernen 179, 183, 190, 231, 311
    siehe auch Modellernen

Bestrahlungstherapie 170, 261
Betätigung
  körperliche 299
  siehe auch Sport
Bewegung, siehe Sport
BHA 246
BHT 246
Biologie 217
bitter 100f, 103–106, 108–111, 113, 150–154, 168, 190, 415
Bitterezeptoren 111, 113
Blackouts, siehe Palimpseste
Blätterpapillen 105, 107
Blei 244
Bleivergiftung 244
blumig 113, 115
Blutalkohol-Diskriminationstraining 370f
Blutalkoholspiegel 352, 360, 371, 377, 396
Blutdruck 324, 346
  arterieller 91f
Blutdrucksteigerung 317
  siehe auch Bluthochdruck
Bluthirnschranke 235f
Bluthochdruck 143, 291
Blutplasma 83f
Blutverlust 84
Blutzucker 303
Blutzuckerspiegel 53, 56f, 59, 64, 66, 92, 133, 236, 403
  siehe auch Glukosegehalt des Blutes
BMI (*Body Mass Index*) 259f, 290f
Bouquet 427f
Brechreflex, siehe Würge- und Brechreflexe
Brennstoffe 303, 387
Brot 153
Brusternährung, siehe Stillen
Bruttoenergiegewinn 208
  siehe auch Nettoenergiegewinn
Bulbus olfactorius 116
Bulimia nervosa 117, 282–288
  Ätiologie 285–287
  Behandlung 287f
  Prävalenz 284f
  Symptomatik 282–288

Bulimie 255, 269, 281, 323
  und Selbstwahrnehmung 286
Bypass-Chirurgie 315f, 328, 332

C

Capsaicin 422
carry-over-effect 226
CCK, siehe Cholecystokinin
cephalische Phase, siehe nervale Phase
chemische Sinne 99, 102
Chemotherapie 170, 261f
Chili 152, 415, 420–423
China-Restaurant-Syndrom 237f
Chinin 160
Cholecystokinin (CKK) 60, 75, 317, 390f
Cholesterin 185, 322, 324f
  siehe auch HDL-Cholesterin
Cholesterinspiegel 322
Cholin 221, 233, 237
Chorda tympani 106–108, 110, 131f, 139
chronische Phase des Alkoholismus 338
Computersimulation 209–211
constraints, siehe Einschränkungen
Corpus luteum (Gelbkörper) 385
Corpus-luteum-Phase 385f, 390f

D

Darmpeptide 60, 81, 317, 390, 398
Datenauswertung 228f
Dateninterpretation 313
Dehydrierung (Austrocknung des Körpers) 139, 283, 320
Depression 233, 240, 255, 266f, 286f, 294, 318
Desensibilisierung 422
  systematische 262
Diabetes mellitus 57, 291
Diät 309f, 319–323, 326, 389
  Komplikationen 320
Diäthalten 294, 331, 392
Diazepam (Valium) 222
Diskriminationstraining, siehe Blutalkohol-Diskriminationstraining

Disulfiram 376f
Diuretika 282
Domestikation 147
Dopamin 67, 69f
Doppelblindversuch 223f
Drogentoleranz 347
 siehe auch Toleranzentwicklung
Duftklassen, siehe Grundqualitäten des Geruchs
Durst 41, 82–95
 im Alter 94
 Modelle 88–95
 periphere Faktoren 88, 95
 siehe auch Trinken
 und Hunger 82
 siehe auch Nahrung und Wasser
 zentrale Faktoren 90, 95
dynamische Phase 64, 66, 293
dysphorische Störung in der späten Corpus-luteum-Phase 384

E

EEG 355
Effekte, intermodale 429
Eier 185
Einnistung 384f
Einschränkungen 206, 210–212, 216, 365, 415
 kulturelle 423
Einzeltherapie 366
 siehe auch Individualtherapie
Eisen 160, 389f
Eisenmangel 231f
Eisprung, siehe Ovulation
Eiweiße, siehe Proteine
Ekel 186–188
Elektroschocks 374, 376
Eliminierung 227
Embryo 384, 389
 siehe auch Fetus
emotionale Konflikte, siehe Konflikte
Energieabsoptionsrate 74
Energiebedarf 56, 71, 77, 387
Energiebilanz 299
 negative 299, 388
Energiedefizit 299, 389
Energiegehalt 73, 101
 siehe auch Kalorien
Energiehaushalt 79f
Energiequelle 109, 361
Energieumsatz 79, 283, 297–300, 321, 323, 331, 348, 390, 405–408, 411, 413
 Kurz- und Langzeitregulation 44
Energieverbrauch 55–60, 204, 207, 216, 283, 297–300, 385f, 398f, 405–407
Energiezufuhr 56, 204, 207f, 216, 293, 297–300, 389
 siehe auch Kalorien
Entgiftungsphase 366
Entwöhnung 398
Entzug 347, 365
Entzugserscheinungen 346
Entzugssymptome 401
Enzyme 91, 145, 232, 239
epileptische Anfälle 283
Erbrechen 72, 100, 261, 269, 282f, 285, 287f, 390f
 siehe auch Würge- und Brechreflexe
Erde 160
Erfahrung 159, 163, 189, 202
 kulinarische 136
Erfrischungsgetränke 241
Ergotismus 243
Erinnerungsvermögen 349
Erkrankung
 Art 188
 gastrointestinale 188
Ernährung
 antizipatorische, siehe antizipatorisches Essen
 und Pharmaka 265
 und Streß 306–308
 und Verhalten 222, 250
Ernährungsgewohnheiten 324
Ernährungsinformationen 325, 330
Ernährungsstörung 230–234
 siehe auch Fehlernährung
Ernährungstypen 324
 siehe auch Eßmuster
Ernährungszustand 159–164
Erregung 307
 sexuelle 342
Erregungsmuster 106, 116

Erregungsmustertheorie der Sinneswahrnehmung 107f, 114
Erregungsniveau, siehe Aktivitätsniveau
Erwartungen 342, 360
Erwünschtheit, soziale 214, 223
Essen
  als Belohnung 135, 175
  als Ersatz 308
  antizipatorisches 32, 85, 94
  bei Angst oder Einsamkeit 79
  gezügeltes, siehe Eßverhalten
  in Gesellschaft 310–312
  Kopplung mit Krankheit 165–169, 174
  siehe auch Geschmack
  siehe auch Eßverhalten
  übermäßiges 290–333
  und Trinken, siehe Trinken
Esser
  gezügelte 266, 294, 312, 323, 343f
  spontane 266, 294, 312, 343f
Essigsäure 342
Eßanfall 269, 282–288, 293, 306
Eßgeschwindigkeit, siehe Eßrate
Eßhäufigkeit 79f
Eßmuster 410
  siehe auch Ernährungstypen
Eßphasen 43
  Beginn und Ende 43–81, 310
Eßrate 49, 74, 80, 293, 307, 329
Eß- und Trinkstörungen 253–380, 433
Eßverhalten 292f, 343, 348
  gezügeltes 286, 323, 343f
  siehe auch Esser
  Steuerung 45–81
  und Alkohol 344, 348
ethnische Gruppen 111, 144–146, 354f
Evolution 101, 108, 141, 169, 190, 192, 213, 301, 332, 383, 391, 400
Evolutionstheorie 28
Evolutionsvorteil 126f, 147
  siehe auch Selektion
evoziertes Potential P3 355
Experiment 221-230
Experimentalgruppe 225f

Externalität (Außenreizabhängigkeit) 303–305, 307
extrazellulärer Flüssigkeitsraum 91
extremes Übergewicht, Gesundheitsrisiken 291
Extremscheu 430

F

Fadenpapillen 105, 107
Fading-Technik 199, 212
Familie 366
Familientherapie 280f, 366
Farbe 160
Farbstoffe, künstliche 241, 246–250
Fasten, proteinsubstituiertes modifiziertes 298
Fastendiät, siehe Diät
faulig 113, 115
Faustregeln 217
Fava-Bohnen 415
Feedback 120
Fehlernährung 232, 323
  siehe auch Ernährungsstörung; Mangelernährung
Feingold-Diät 246–250
Fernsehen 300
Fernsehwerbung 183f, 300
Fertigkeitentraining (*skill training*) 372
Fetales Alkoholsyndrom, siehe Alkoholembryopathie
Fett 163, 190, 237, 300f, 303, 390, 400, 410, 423
  gespeichertes 73
  siehe auch Fettdepots
  Speicherung und Umwandlung 71
Fettanteil 269, 290f, 384
  siehe auch Fettgewebe
Fettdepots 56–58, 73f, 290f, 297, 320, 387f, 391f
Fettgehalt 423
Fettgewebe 298
  siehe auch Fettanteil
  braunes 300, 406
  weißes 300
Fettleibigkeit, siehe Übergewicht
Fettlöslichkeit 105
Fettpolster, siehe Fettdepots

Fettsäuren 387, 398
  freie 59
  gesättigte 122, 324
Fettstoffwechselstörungen 291
Fettsucht 290
Fettverbrauch 164
Fettzellen 297, 300f, 321, 331, 392
Fetus 384, 389f, 392, 396, 400
Flankenkiemer, siehe Meeresschnecken
Flaschennahrung 397
Fluoxetin 264
Flüssigkeitsverlust 83f, 92
  siehe auch Wassermangel
  extrazellulärer 83f, 91
  intrazellulärer 83f, 90f
Flüssigkeitszufuhr 90
Flüssigprotein-Diät 320
Follikelphase 385f
Formula-Diäten 320
Forschungsmethodik 219–230, 313
Fortpflanzung 383f
Freizeitaktivitäten 366
Freßanfall, siehe Eßanfall
Freßverhalten, wählerisches 64, 67, 71f
Fröhlichsche Krankheit 63
Fruchtbarkeit 388
Früchte 126f, 134, 162
Frühstück 236
Fruktose 134f
Fruktoseintoleranz 134, 148
Funktionsprotein 320
Füttern, intragastrisches 50f

G

gastrointestinale Erkrankung 188, 192
Gebärmutterhals 387
Geburtsgewicht 393
Gedächtnis 342f, 349f, 429
Gedächtnisdefizite 233
Gedächtnishilfen 349
Gedächtnisstörung 232, 350f
Gedanken
  „heiße" 201
  „kalte" 201

Gehirnzentren 65f, 81
Gelbkörper (Corpus luteum) 385
Gene 125, 154, 206, 217, 296, 351, 354, 357
Generalisierungstendenz 171
genetische Determinanten 149, 153f, 218, 295, 351, 379
Geruch 79f, 99–121, 163, 166, 376
Geruchsempfindlichkeit 117–121, 386f
  im Alter 118, 121
Geruchserkennung 428
  Prinzipien 120
Geruchsmoleküle 114
Geruchspräferenzen 353
Geruchsqualitäten 102f, 160, 166
  siehe auch Grundqualitäten
Geruchsschwellen 418, 428
Geruchssinn 99–121
Gesamttauglichkeit der Art (inclusive fitness) 27, 125, 192, 217, 399
Gesamtumsatz 297–299
  siehe auch Energieumsatz
Geschmack 79f, 99–121, 157, 163, 166, 168, 171, 174, 238, 376
  Kopplung mit Übelkeit bzw. Krankheit 26, 168, 171, 188f, 261–263, 373
  scharfer 100
Geschmacksaversionen 261f, 282f, 373–376, 387, 391
  Übelkeit bzw. Krankheit, siehe Geschmack
Geschmacksaversionslernen 165–169, 172, 179, 263, 375, 377, 391
Geschmacksaversionsparadigma 172f, 261
Geschmacksaversionstherapie 374f
Geschmacksempfindlichkeit 26, 117, 151f, 261
  im Alter 117, 121
Geschmacksnachwirkung 427
Geschmackspapillen 105–108
  siehe auch Geschmacksrezeptoren
Geschmackspräferenzen 37, 124f, 301, 353, 387, 404
  genetische Determinanten 136–138

Geschmacksqualitäten 102–113, 160, 166
  siehe auch Grundqualitäten
Geschmacksrezeptoren 100, 107f, 428
  siehe auch Geschmackspapillen
Geschmacksschwellen 117, 428
Geschmackssinn 99–121
Geschmacksstoff, Konzentration bzw. Intensität 106
Geschmacksverstärkung 237
geschütztes Wohnen 366, 379
Gesichtsausdruck 128, 130, 150, 181
Getreide 153
Gewebe, fettfreies 298
  siehe auch Körpermasse, magere
Gewicht, siehe Körpergewicht
Gewichtsabnahme-Wettbewerbe 325
Gewichtsreduktion 264, 325, 401–413
  Methoden 313–332
Gewichts-und-Größen-Tabellen 256–260, 291
Gewichtsverlust 260f, 269, 275
Gewichtszunahme 61–64, 72, 264, 278–280, 295, 298, 305, 391, 401–413
  initiale 279
gezügeltes Eßverhalten, siehe Eßverhalten
giftige Stoffe 100, 109, 151, 168
Gleichgewicht
  elektroytisches 283
  energetisches 71
  von Nahrung und Wasser 61, 82, 205f
  siehe auch Trinken und Essen
glucostatische Mechanismen 57, 59f
glucostatische Theorie des Hungers 56–60, 64
Glukagon 60, 317
Glukorezeptoren 64f
Glukose 130, 133, 145
Glukoseanaloga 64
Glukosegehalt des Blutes, siehe Blutzuckerspiegel
Glukoselösung 130f
Glukosespiegel, siehe Blutzuckerspiegel

Glukosestoffwechsel 232
Glutamat, siehe Natriumglutamat
Glykogen 59
Grunddüfte, siehe Grundqualitäten des Geruchs
Grundqualitäten
  des Geruchs 102f, 113–116
  siehe auch Geruchsqualitäten
  des Geschmacks 102–113
  siehe auch Geschmacksqualitäten
Grundumsatz 297–299, 385, 406, 411
  siehe auch Energieumsatz
Gruppentherapie 280, 366
Gruppenverhalten 214
gustatorisches System, siehe Geschmackssinn
gustofaziale Reaktion 128
  siehe auch Gesichtsausdruck
Gymnemasäure 110

H

Habituation 428
Halluzinationen 244
Halsentzündungen 283
Hände 410
Harnwegsinfektionen 283
Hauttemperatur 420
HDL-Cholesterin 319, 322f, 346
  siehe auch Cholesterin
hedonischer Wert, siehe Mögen
„heiße" Gedanken 201
Heißhungerattacke, siehe Eßanfall
Hepatitis 346
Herrnsteins Angleichungsgesetz, siehe Theorem der Wahrscheinlichkeitsangleichung
Herzflimmern 320
Herzklopfen 317
Herz-Kreislauf-Erkrankungen 127, 291
  siehe auch kardiovaskuläre Erkrankungen; koronare Herzkrankheit
Herzrhythmusstörungen 283
Hexenprozesse von Salem 243
Hilflosigkeit 330
Hippocampus 342

Hirnaktivität 355
Hirnschädigungen 244, 348
Hirnzentrenhypothese 65–71
    siehe auch Hungerzentrum, Sättigungszentrum
Histamin 94
Homöostase 45, 54, 56, 76f, 83f, 109, 149f, 347
Honig 134
Hormone 92, 125, 263, 275, 342, 385, 387f
hormonelle Mechanismen 60
hormonelle Störung 68
hormonelle Veränderungen 390
Hunger 41, 43–81, 305, 403, 408
    gastrointestinale Faktoren 49–54
    glucostatische Theorie 56–60, 64, 80
    lipostatische Theorien 58–60, 80
    Modelle 73–80
    periphere Faktoren 46–61, 67
    physiologische Faktoren 73–76
    sensorische Faktoren 49–54
    spezifischer 160f, 165, 390
    zentrale Faktoren 61–73
Hungergefühl, siehe Hunger
Hungern 275f
Hungersignale, periphere 46, 80
Hungerzentrum 64–71, 81, 91, 304
Hyperaktivität 241, 245–250, 275, 433
Hyperphagie 62, 68, 72
Hyperthermie 347
Hypophyse 61–63
Hypothalamus 61–73, 90f, 263, 275, 392
    lateraler 64–71, 81, 90f, 267
    paraventrikulärer Kern 69
    ventromedialer 62–73, 81, 303f
Hypovolämie 84
Hysterese 85f

I

Idealfigur 272
Impulsivität 195–204, 213, 372f
inclusive fitness, siehe Gesamttauglichkeit der Art
Individualtherapie 280, 326
    siehe auch Einzeltherapie
Informationsaustausch 67
Informationsintegration 64f, 70f, 81, 90
Informationsübertragung 70, 109, 114
Informationsverarbeitung 342
Insekten 188
Insulin 235f
Insulinreaktion 284, 303, 305, 310
    konditionierte 331
Insulinsekretion 53, 71, 283, 322
Insulinspiegel 305, 410
Integration, zentrale 64
    siehe auch Informationsintegration
Intelligenz 230, 244, 348
    siehe auch kognitive Funktionen; Lernfähigkeit
interdisziplinäre Herangehensweise 430f
Interview, strukturiertes 228
intrazellulärer Flüssigkeitsraum 83f
Ionen 105
    Zerfall 105
Ionenkonzentration 83f

J

jaw wiring 316
Joghurt 145

K

Kaffee 174f, 241f, 397, 400, 415, 422
Kaffeeverbrauch 241
Kalium 140, 143, 283, 423
    und Natrium 140
Kaliumionen 83
Kalorien 101, 126f, 138, 164, 190, 282, 293, 299, 310, 320, 322, 324, 330, 332, 385–387, 389f, 398, 403f, 408, 410f, 423
    siehe auch Energiezufuhr
Kalorienbedarf 132f
Kaloriengehalt 52f, 163
    siehe auch Energiegehalt

Kalorienzufuhr 163f, 321, 409
  siehe auch Energiezufuhr
„kalte" Gedanken 201
Kalzium 147, 160, 423
kampferartig 113, 115
Kannibalismus 179, 426f
kardiovaskuläre Erkrankungen 324f, 334
  siehe auch Herz-Kreislauf-Erkrankungen; koronare Herzkrankheit
kardiovaskuläres Risiko 346
Karies 127, 283
Karzinom, siehe Krebs
Karzinomtherapie, siehe Krebstherapie
Käse 145
Katecholamine 67
Kieferverdrahtung 316
Kinder 183–185
klassisches Konditionieren 165f
Kochsalz 84, 109, 136
  siehe auch Natriumchlorid
Köderargwohn 165
Kodierung 102, 104, 108, 113f, 116
Koffein 111, 241f, 248, 396, 423
Koffeinismus 242
Koffeinvergiftung 242
Kognitionspsychologie 430
kognitive Defizite 349
kognitive Funktionen 232, 236, 348
  siehe auch Intelligenz
Kohlendioxid 342
Kohlenhydrate 108, 150, 163, 234–237, 282, 295, 300–302, 318, 386, 404, 423
Konditionieren 305
  abergläubisches 171f
  aversives 373
  klassisches 165f
  operantes 207
Konflikte, emotionale 315, 327f
Konfliktniveau 366
Konkordanz 357
Konservierungsmittel 241, 246
Kontakt mit Speisen, bloßer (mere exposure effect) 156–158
Kontakt zwischen Organismen 176–186

Kontakte, soziale 331
Kontiguitätsprinzip 188, 416
Kontingenz, siehe Verhaltenskontingenzen
Kontrasteffekte 430
Kontrollgruppe 225f
Kontrollverlust 338, 346, 358
Konzeption 385–387, 389
Kopfsalat 82
Kopfschmerzen 342
koronare Herzkrankheit 323, 401
  siehe auch Herz-Kreislauf-Erkrankungen; kardiovaskuläre Erkrankungen
Körperbautyp 256–260
Körperfett, siehe Fettdepots
Körpergewicht 79f, 256, 283, 285, 290, 324
  und Rauchen 401–413
Körpermasse, magere 290
  siehe auch Gewebe, fettfreies
Körper-Massen-Index, siehe BMI
Körperschema
  Störung bei Anorexie 270f
  Störung bei Bulimie 286
Körpertemperatur 54
Körperübungen, siehe Sport
Korsakow-Syndrom 232, 350f
Kosten-Nutzen-Analyse 363
Kosten-Nutzen-Relation 314
krankheitsinduzierte Nahrungsmittelaversionen, siehe Nahrungsmittelaversionen
Krankheit, siehe Essen, Kopplung mit Krankheit
Krebs 260–263, 401
Krebs-Anorexie 260–263
Krebstherapie 170, 261f
Kreuzadaptation 110
Kriterienauswahl 225
kritische Phase des Alkoholismus 338
Kultur 155, 184–186
Kurzzeitgedächtnis 350

L

Laktase 145–148
Laktose 130, 136f, 144–148

Laktoseintoleranz 144–148, 398, 415
Langzeiteffekte 317, 331, 366
lateraler Hypothalamus 81, 90f
Laxantien, siehe Abführmittel
Laxantien-Gebrauch 285
Lebensmittel, kalorienarme 321f
Lebensmittelauswahl, siehe Nahrungsmittelauswahl
Leber 342
Leberzirrhose 335f, 346
Lehm 160
Leistung 234, 236
Lernen 32, 34, 75–77, 85, 93, 134, 169, 247, 308–310, 359
 bei Tieren 206
 soziales 359, 362, 372
 siehe auch Modellernen; soziale Übertragung
Lernerfahrungen mit Nahrungsmitteln 156–190
Lernfähigkeit 72, 244
 siehe auch Intelligenz
Lernprinzipien 169, 360
Lernpsychologie 430
Lerntheorie 167f, 328
Lezithin 237
LH, siehe Hypothalamus, lateraler
LH-Syndrom 64f
 siehe auch Hypothalamus, lateraler
lipostatische Mechanismen 59f
lipostatische Theorien des Hungers 58–60
Lithiumchlorid 165
Lokalisationen im Gehirn 68

M

Magenballon 316
Magenbewegungen 422
Magen-Darm-Erkrankungen, siehe gastrointestinale Erkrankung
Magendehnung 49–55, 60, 67, 80, 316
Magenentleerungsrate 73
Magenfistel 50f
Magenknurren, siehe Magenkontraktionen
Magenkontraktionen 46–48, 60, 80

Magenresektion 316
Magensaftsekretion 71
Magerkeit 271
Magnesium 423
Mahlzeiten, mehrere kleinere 322
Mahlzeitengröße 79
 siehe auch Nahrungsmenge
Makroansatz 214
Mandeln 246
Mangelernährung 230f, 268, 335, 387
 siehe auch Fehlernährung; Nahrungsmangel
Manie 255, 266f
Marihuana 402
Maximierung 192f, 196, 204, 214
Medikamente, siehe Pharmaka
Meeresschnecken 32–34
Menarche 269
Menstruation 269, 275
Menstruationszyklus 275, 384–390
mere exposure effect, siehe Kontakt mit Speisen, bloßer
Metabolit 58
Methylquecksilber 145, 396
Mikroansatz 207–214
Milch 124f, 144–149, 153f, 162, 174f, 187–189, 423
Milchpräferenz 144–148
 genetische Basis 148
Milchprodukte 124f, 144–148, 248
Milchproduktion 399
Milchverbrauch 148
Milchzucker, siehe Laktose
milder Geschmack 152
milieu intérieur (optimales inneres Milieu) 45, 76f, 84
Mindestnährstoffgehalt 320
Mineralstoffe 126, 160, 390
Mirakelfrucht 111
Modelle
 nichthomöostatische 88, 93, 95
 nichtphysiologische 75–80
 physiologische 73f, 81
 verhaltenstheoretische 79f
Modellernen 176–186, 189f, 231, 311, 363
 siehe auch Lernen, soziales

Mögen 168, 189
 von Nahrungsmitteln 124, 134
moschusartig 113, 115
Motivation 72, 77, 91, 93, 191, 314, 428
Müdigkeit 236, 390, 399
Muskelentspannung 329
Mutter 182
 Wärme und Aufmerksamkeit 77
 Weichheit 77
Mutterkorn 243
Muttermilch 397f

N

Nachuntersuchungen 314, 366
Nährstoffe 159, 164, 205, 219–221, 319, 398
 essentielle 389, 423
Nährstoffmangel 230–234
Nahrung und Wasser, Verhältnis von 61, 82, 205f
 siehe auch Trinken und Essen
Nahrungsaufnahme
 Auslösung und Beendigung 43–81
 mangelnde, siehe Mangelernährung
 Regulation 45–81
Nahrungsauswahlverhalten 216–218
 siehe auch Nahrungsmittelauswahl
Nahrungsaversionen, siehe Nahrungsmittelaversionen
Nahrungsentzug 283, 323
Nahrungsknappheit 332, 383
Nahrungsmangel 149, 385, 392, 400
 siehe auch Mangelernährung
Nahrungsmenge 44–81, 307, 388
 soziale Faktoren 310–312
Nahrungsmittel, Kopplung mit Krankheit, siehe Nahrungsmittelaversionen
Nahrungsmittelallergien 239, 432f
Nahrungsmittelauswahl 97, 124, 191–218
 ökonomische Faktoren 215
 soziale Faktoren 214

Nahrungsmittelaversionen 122–190, 192, 311, 415
 krankheitsinduzierte 168, 170f, 190
 siehe auch Geschmack
 Klassifikation 186–189
 soziale Faktoren 179
Nahrungsmittelempfindlichkeiten 239f
Nahrungsmittelintoleranz 239f
Nahrungsmittelpräferenzen 122–192, 218, 231, 261, 311, 390, 397, 408, 415, 420
 genetische Determinanten 149, 153f, 218
 im Alter 151–153
 interindividuelle Unterschiede 214
 ökonomische Faktoren 135
 soziale Faktoren 179–183, 189
 Übertragung 177
 und Altersunterschiede 151–153
 und Umwelt 155–190
Nahrungsmittelzusätze 241–250
Nahrungspräferenzen, siehe Nahrungsmittelpräferenzen
Nahrungssuche 204–218
 Theorie 192, 423–426
Nahrungssuchverhalten 208–211
Nahrungsverfügbarkeit, siehe Verfügbarkeit
Nahrungszufuhr 71, 298, 300, 391, 411
Nahrungszusammenstellung 161f
Naloxon 308
nationale Küchen 155, 414
Natrium 91f, 140
 und Kalium 140
Natriumchlorid 84, 90, 109f, 136f, 140
Natriumentzug 139f
Natriumglutamat 237f, 248
Natriumhunger 143
Natriumionen 83, 109
Natriumkonzentration 91f, 139
Natrium-Rückresorption 92
Nebeneffekte, unerwünschte 314, 317
Neophobie 156–158, 417

nervale Phase 71–73, 303, 310, 323
Nervenbahnen, aufsteigende und absteigende 69
Nervenfasern, dopaminergische 69f
Nervus facialis 106
Nervus vagus 70, 72, 94
Nettoenergiegewinn 217
siehe auch Bruttoenergiegewinn
Neuartigkeit 283, 299
siehe auch Konditionieren, abergläubisches
von Nahrungsmitteln 156–158, 172
Neurotransmitter 67, 221, 234–238, 246, 263, 318
Neurotransmittervorstufen 234–237
Niazin 233f
Niere 91f
Nierenfunktion 138
Nierenversagen 283
Nikotin 402, 407f, 410
Nikotinentzug 408
Nikotinkaugummi 407, 411f
Nikotinsucht 401
Noradrenalin 67, 237
Norepinephrin, siehe Noradrenalin
Normalgewicht 259, 291
6-n-Propylthiorazil (PROP) 152

O

Ökologie 206f
  klinische 239
Ökonomie 206f, 363
olfaktorisches System, siehe Geruchssinn
oligo-antigene Diät 246
operantes Konditionieren 207
Opiate 308, 342
optimale Nahrungssuche, Theorie 204, 218, 423–426
Optimierung 192, 204, 211f, 216f
Orthomolekularpsychiatrie 232
Osmorezeptoren 90f
Osmose 83
osmotischer Druck 145
Ösophagotomie 49
Osteoporose 319
Ovulation 384f, 387

P

P3-Komponente, im EEG 355
Palimpseste (Blackouts) 338, 349
Parallelisierung 225
Parasympathikus 71
Paraventrikulärer Kern 69
periphere Mechanismen 73
periphere Signale 46–61, 88
periphere Theorien 46–61, 66
Persönlichkeitstypen 357
Pestizide 392
pfefferminzartig 113, 115
Pharmaka 263–266, 279f, 289, 317f, 332, 376–378
Phasen des Alkoholismus nach Jellinek 338
Phenylalanin 239
Phenylketonurie (PKN) 239
Phenylthiocarbamid (PTC) 35, 111–113, 117
phosphatreduzierte Diät 246
Photoverzerrtechnik 270
Pica 160
pilzförmige Papillen 105, 107f
PKU, siehe Phenylketonurie
Placebo 223–228
Polydipsie (SIP), schemainduzierte 86, 93f, 306f, 360
Porus 107, 109
präalkoholische Phase des Alkoholismus 337f, 358
Präferenzen, für bestimmte Nahrungsmittel, siehe Nahrungsmittelpräferenzen
Präferenzumkehr 197, 202, 373
Prägung 130f
prämenstruelles Syndrom (PMS) 384, 386, 388
precommitment device, siehe Vorverpflichtung
Preload 303
Primärqualitäten, siehe Grundqualitäten
Primateffekt 429
Primaten 35–37
Probleme, emotionale 315, 327f
prodromale Phase des Alkoholismus 338

Prohibition 365
PROP, siehe 6-n-Propylthiorazin
Proteine 150, 163, 231, 234–236, 390, 399, 416, 423
 siehe auch Funktionsprotein
Proteinmangel 231
Psychoanalyse 326–328, 332
psychodynamische Therapie 307f, 326–328
psychodynamischer Ansatz 77–79, 280
Psychologie 26, 217
Psychopharmaka 264, 266
Psychophysik 430
Psychotherapie 280f, 287, 323–332, 366, 370–376
PTC, siehe Phenylthiocarbamid
Pubertätsmagersucht, siehe Anorexia vervosa
Pyridoxin (Vitamin B$_6$) 233f

Q

Quecksilbervergiftung 245

R

Ratingskala (Urteilsskala) 136
Ratten 38
Räuber-Beute-Beziehungen 172
Rauchen 393, 401–413, 436
 Todesfälle 401
 und Körpergewicht 401–413
Reaktion
 aversive 373, 422
 hypothermische 347
 kompensatorische 347
 positive 422
 unbedingte 166
reflektorische Phase, siehe nervale Phase
Reflexe 32, 71f, 130, 181
 bedingte 71f, 166
 psychische, siehe bedingte Reflexe
Regulation
 der Nahrungsaufnahme 45–81
 des Wasserhaushalts 82–95
Reihenfolgeeffekte, Bedingungskontrolle 227

Reiz
 aversiver 329f
 bedingter 168f, 309
 neutraler 166
 positiver 329f
 unbedingter 166, 168f, 283
Reizbarkeit 240
Reizirrtum 429
Reizkontrolltechniken 329
Reizsuche 152–154, 358
REM-Schlaf 342
Renin 91
Renin-Angiotensin-System 92
restrained eating, siehe Eßverhalten, gezügeltes
Rezenzeffekt 429
Ribonukleinsäure (RNA) 232
Riechen 99–121, 163, 174
Riechepithel 114–116, 387
Riechsinneszellen 114–116
Riechstoffe 114f
Risikomeidung 212f
Risikopräferenz 212f
RNA, siehe Ribonukleinsäure
Rückfall, programmierter 367
Rückfälle 366f, 408
Rückkopplung 80
 negative 45, 76, 79, 84, 101
 positive 76, 79

S

Saccharin 111, 305
Saccharose 131f, 134–137, 307, 410
 siehe auch Zucker
Saccharose-Konzentration, siehe Zuckerkonzentration
Saisonal-abhängige Depression (Winter-Depression) 295, 301, 318, 386
Salizylate 246
Salz 109, 138, 149, 164, 190, 324, 416
 Fähigkeit, Salz zu schmecken 143f
Salzbedarf 140–143
Salzgehalt 144
salzig 100f, 103–106, 108–110, 149, 189, 282, 300, 415

Salziges 124f, 153f, 192, 301f
  Vorliebe 138–144
Salzkonzentration, im Blut 138
Salzlösung 139, 143
Salzpräferenz 138–144
Salzverzehr 141, 143
Sättigung 49, 60–64, 75
  siehe auch Hunger
  sensorisch spezifische 158, 302
Sättigungssignale, periphere 46, 55, 80
Sättigungszentrum 61–73, 81, 91, 304
sauer 100f, 103–106, 108–110, 150f
Sauerstoff 105
Säugetiere 35, 383
Säuglinge 127, 133, 139, 143, 150f, 161f, 181
Säuren 105
Schalentiere 153
scharfer Geschmack 100, 152
Scheinfütterung 49, 75
Schein-Trinken 89
schemainduzierte Polydipsie (SIP) 86, 93f, 306f, 360
Schimpansen 35–37
  gemeinschaftliche Jagd 37
  Werkzeugherstellung 35
Schizophrenie 233
Schlachtverbot für Rinder 423
Schlaf 234–236
Schlafapnoe (Atemstillstand) 342
Schlaf-Wach-Rhythmus 72, 84
Schlankheitsideal 271–275, 333, 389
Schlankheitskur, siehe Diät
Schleimsekretion 387
schmecken 99–121, 163, 174, 186
Schmeißfliege, schwarze 30–32
Schmerzempfindung 100, 420
Schokolade 241, 423
Schwangerschaft 383, 389–396, 400
  und Alkohol 392
  und Rauchen 393
Schweine 37
Schwellenempfindlichkeit
  für Geruchsstoffe 118
  für Geschmacksreize 117

siehe auch Wahrnehmungsschwellen
Schwitzen 138
Schwundtechnik, siehe Fading-Technik
Selbstbedienungsfütterung 161
Selbstbeurteilungen 314
Selbsthilfegruppen 281, 324–326, 332, 378
Selbstkontrolle 194–204, 212f, 286, 329, 372f
  exzessive 279
Selbstkontrolltraining 372f
Selbstmanagement 326
Selbstüberwachungstechnik 371
Selbstverstärkung 373
Selbstwahrnehmung, siehe Körperschema
Selektion 28, 138f, 147, 217, 399
  siehe auch Evolution
Sensationslust, siehe Reizsuche
Sensibilisierung
  offene 376
  verdeckte 373, 375
Sensomotorik 65
sensorische Qualität 49, 157f
Serotonin 67, 234f, 237, 301, 318, 386
Serotoninmangel 386
Setpoint, siehe Sollwert
Sexualverhalten 72
Sicherheit 318
Signalentdeckungstheorie 428
Signifikanz
  klinische 228
  statistische 228f
Similaritätsprinzip 188, 416
Sinneszellen 104, 428
SIP, siehe schemainduzierte Polydipsie
Skalare Erwartungstheorie 218
skill training, siehe Fertigkeitstraining
Skinner-Box 126
Sollgewicht 259
Sollwert 45, 59, 76f, 84, 297
Solomons Gegenprozeßmodell 347

soziale Schichten 155, 185
soziale Übertragung 177, 180, 182, 231
sozialer Kontext 182
soziales Lernen, siehe Lernen, soziales
Sozialpsychologie 430
Spannungsreduktionstheorie 362
Speicheldrüsen 89
  geschwollene 283
Speichelfluß 88, 166
Speichelreflex 71
Speichelsekretion 71f, 88f, 266, 323, 422
Speisen, bloßer Kontakt 156–158
Speisenzubereitung 414
Sport 270, 318, 322, 330–332, 388, 412
Sprachentwicklung 230
Sprechgeschwindigkeit 242
Stanford Three Community Study 324f
statische Phase 64, 66, 293
stechend 113, 115
stereochemische Theorie der Geruchsdiskrimination 113f
Stichproben
  abhängige (auch korrelierende oder verbundene) 227
  Größe 228
Stichprobenbildung 224–226
Stichprobenkriterien 225
Stickstoff 105
Stillen 383, 397–400
Stimmung 242, 266f, 293–295, 319, 344
Stimmungsstörungen 289
Stimuli, orale 49, 60, 81
Stoffwechselstörung 68
Streß 233, 299, 306–308, 372, 409, 411, 413
Substituierbarkeit (Austauschbarkeit) 206, 216
Sucht 347, 436
Suchtentwicklung 317
süß bzw. Süße 52–54, 100f, 103–106, 108–111, 126–138, 149, 153f, 162, 189, 282, 300, 302, 404f, 410f, 415

Süßes 26, 124f, 153f, 192, 264, 301f, 318
  Altersunterschiede 132
  genetische Determination 127f, 131f
  Geschlechtsunterschiede 133f
  Umweltdeterminante 130
  Vorliebe 126–138
Süßgeschmack, siehe Süße
Süßkartoffel-Waschverhalten 36
Süßrezeptoren 110, 131
Süßstoff, künstlicher 53, 239, 302, 305, 321
Sympathikus 71
Synapse 67

T

Tachykardie 317, 320
Tageszeit 234, 386
Tastsinn 99
Tätigkeiten, körperliche 299
  siehe auch Sport
Tee 174f, 241
Temperaturempfindung 100
Tendenz zur Mitte 430
Testosteron 342
Theorem der Wahrscheinlichkeitsangleichung 192–204, 206f, 215–218, 365
Theorie
  der optimalen Nahrungssuche 192, 204–218, 423–426
  der selektiven Nervenfasern 106–108, 114
Thermogenese, siehe Wärmebildung
thermostatische Mechanismen 60
Thiamin (Vitamin B_1) 160, 232
Thiamindefizit 232, 351
Thorazin 222
Thujon 243
Tierexperimente 29–39
Tier-Mensch-Übergangsfeld 154
Toleranzentwicklung 360
Tomaten 246
Toxine 241, 243, 392, 397, 400
Tracking-Aufgabe 306
Tradition 136, 156–158, 184–186
Transketolase 232

Trieb, oraler 409
Trinken
    antizipatorisches 85, 94
    Auslösung und Beendigung 82–95
    exzessives 94
    homöostatisches 83f
    kontrolliertes 367–370
    nichthomöostatisches 83–87
    soziales 368, 370
    und Eiweiße 86
    und Essen 82, 85, 94
    und Kohlehydrate 86
    und Salz 85
Trinkgeschwindigkeit 371
Trinkverhalten 358–360
Trinkverhaltenstypen 83
Trockener-Mund-Theorie 88–90
Trockenheitsgefühl 88
Tryptophan 233–236
Tumor 260–263
Tyrosin 233, 237

U

Übelkeit 170, 189, 261f, 329, 373, 376, 390–392
    antizipatorische 262
    und Geschmack, siehe Geschmack
Überessen 290–333
Übergewicht 127, 256, 259, 290–333, 392
    Gesundheitsrisiken, siehe extremes Übergewicht
Übertragung, soziale 177, 180, 182, 231
Überzeugungen, kulturelle 416
Umgebungstemperatur 54f, 66, 80
Umwelt 93, 117–119, 125, 134–136, 149, 154f, 202, 218, 295, 354, 358, 367
Umweltempfindlichkeit 68
unbedingte Reaktion 166
unbedingter Reiz 166, 168f, 283
Ungewißheit, umweltbedingte 299
Untergewicht 256, 259
    Gefahren 256
Unterschiedsschwelle 428

Unverträglichkeitsreaktionen auf Alkohol 354
Unwohlsein 165–169
    siehe auch Geschmack
Urteilsskala (Ratingskala) 430

V

Vagusnerv, siehe Nervus vagus
Valium, siehe Diazepam
Vasopressin 91
Verdrahten des Kiefers 316
Verfügbarkeit
    von Alkohol 362f, 365
    von Nahrungsmitteln 26, 124, 127, 135, 191, 215, 218, 302, 318, 415
    zukünftige 211
Verhalten 26, 80, 217, 219–223, 228
    abnormes 222, 233, 253
    adaptives 28, 31, 94, 212f
    adjunktives 93, 307, 361, 409
    antizipierendes 32, 85, 94, 310
    erlerntes 360
    kulturelles 425
    normales 221, 253
    operantes 79f, 373
    siehe auch operantes Konditionieren
    reaktives 223
    soziales 359
Verhaltensbeobachtung 228
Verhaltenshomöostase 76f
Verhaltenskette 358
Verhaltenskomponenten 68, 91
Verhaltenskontingenzen 329, 373
Verhaltenskontrolle 314
Verhaltensmechanismen 217
Verhaltensmodelle 81
Verhaltensmodifikation 278f, 314
Verhaltensmuster 246, 273
Verhaltensspezifität 67f, 91
Verhaltenstechniken 320, 326
Verhaltenstherapie 279f, 328–332, 358, 366–376, 402
    individualisierte 368
    kognitive 279, 287f, 330, 359, 373

Verhaltensweisen, siehe Verhalten
Verlangen (*craving*)
  nach bestimmten Nahrungsmitteln 384, 389
  physiologisches 366
Verstärker 171, 194–204, 216, 242, 365, 372f
  Wert (auch Valenz oder Nutzen) 196, 201f
Verstärkerpläne 207
  intermittierende 306
Verstärkertypen 203–205, 365
Versuch und Irrtum 177
Versuchsdurchführung 227
Versuchspersonenauswahl 224–226
Versuchsplan 226
  abhängiger 226f
  unabhängiger 226
Versuchsplanung 223–226, 313
Vertrautheit von Nahrungsmitteln 156–158
Verzögerungsreduktionsmodell 218
Vitamin A 161, 234, 422f
Vitamin B 423
Vitamin B_1, siehe Thiamin
Vitamin B_6, siehe Pyridoxin
Vitamin C 233, 422
Vitamin-C-Mangel 233
Vitamin D 147, 161, 234
Vitamine 126, 205, 237
VMH, siehe Hypothalamus, ventromedialer
VMH-Syndrom 62–64, 303f
  siehe auch Hypothalamus, ventromedialer
Vögel 34
  gemeinschaftliche Jagd 34
voralkoholische Phase, siehe präalkoholische Phase
Vorverpflichtung 197, 199, 329, 373, 377

W

Wachheit 242
Wachstumsgeschwindigkeit 403, 406
Wahrnehmungspsychologie 430

Wahrnehmungsschwellen 111, 428
  siehe auch Schwellemempfindlichkeit
Wahrscheinlichkeitsangleichung
  Theorem 192–204, 215–218, 365
Wallpapillen 105, 107
Wärmebildung 54, 298, 300, 399, 406
Wärmebildungsreaktion 300f
Wäschestärke 160
Wasser 82–95, 342
Wasserhaushalt, Regulation 82–95
Wassermangel 84, 88, 92, 94
  siehe auch Flüssigkeitsverlust
Wasserstoff 105, 346
Wasserverlust, siehe Flüssigkeitsverlust
Weinprobe 427–430
Weißbrot 185
Werbespots 183f
Werkzeugherstellung bei Schimpansen 35
Wiederholungsplan, siehe abhängiger Versuchsplan
Winter-Depression, siehe Saisonalabhängige Depression
Würge- und Brechreflexe 71f, 100f
Würzprinzipien 417f, 420, 422

Z

Zeitfenster 211–213
Zellteilungsrate 230
zentrale Mechanismen 61, 73, 88
Zigaretten 404
Zigarettenrauch 403, 406
Zilien 114
Zucker 53, 126, 134f, 144, 148f, 174f, 187, 190, 215, 236f, 248, 302, 324, 361, 404, 410, 423
  siehe auch Saccharose
Zuckerkonzentration 127, 132, 134, 136
Zuckerlösung 209
Zucker-Wasser-Lösung, siehe Glukoselösung
Zufallsauswahl 225
Zunge 100, 104

Zusatzstoffe 241–250
Zuvielessen, siehe Überessen
Zwangsernährung 278, 281
Zwillingsstudien 118f, 136–138, 153
Zwölffingerdarm 70